Cambridge Monographs in African Archaeology
81
Series Editors: Laurence Smith

Métallurgie du fer et Sociétés africaines

Bilans et nouveaux paradigmes dans la recherche anthropologique et archéologique

Édité par

Caroline Robion-Brunner
Bruno Martinelli

BAR International Series 2395
2012

Published by

Archaeopress
Publishers of British Archaeological Reports
Gordon House
276 Banbury Road
Oxford OX2 7ED
England
bar@archaeopress.com
www.archaeopress.com

BAR S2395
Cambridge Monographs in African Archaeology 81

Métallurgie du fer et Sociétés africaines: Bilans et nouveaux paradigmes dans la recherche anthropologique et archéologique

ISBN 978 1 4073 0988 0

Le colloque a été organisé avec le soutien des institutions suivantes
Centre d'Etudes des Mondes Africains (CEMAf-UMR 8171) Maison Méditerranéenne des Sciences de l'Homme Université de Provence
Programme ANR Systèmes de Savoirs et d'apprentissage (SYSAV) Laboratoire Archéologie, Terre, Histoire, Sociétés (ARTeHIS-UMR 5594)
Programme CORUS 2 (6116) Impacts anthropologiques et climatiques sur la dynamique éolienne et les aérosols terrigènes
Laboratoire Travaux et Recherches Archéologiques, Cultures, Espaces et Sociétés (TRACES-UMR 5608)

Comité scientifique
Caroline Robion-Brunner (TRACES-UMR 5608), Bruno Martinelli (Université de Provence), Philippe de Barros (Palomar College), Alain Gallay (Université de Genève), Annabelle Gallin (LAMPEA- UMR 6636), Eric Huysecom (Université de Genève), Gaspard Pagès (Université de Liège), Vincent Serneels (Université de Fribourg)

Comité d'organisation
Caroline Robion-Brunner (TRACES-UMR 5608), Bruno Martinelli (Université de Provence), Caroline Testanière (CEMAf-Aix)

Graphisme
Couverture : Antoine Constans; Mise en page : Antoine Constans; Gestion des fichiers : Caroline Robion-Brunner et Antoine Constans

Printed in England by CMP (UK) Ltd

All BAR titles are available from:

Hadrian Books Ltd
122 Banbury Road
Oxford
OX2 7BP
England
www.hadrianbooks.co.uk

The current BAR catalogue with details of all titles in print, prices and means of payment is available free from Hadrian Books or may be downloaded from www.archaeopress.com

Table des matières / Contents

Avant-propos 1

T. Tamari
De l'apparition et de l'expansion des groupes
de spécialistes endogames en Afrique : essai d'explication 5

O. Langlois
L'endogamie des forgerons dans les monts Mandara :
origine et réification d'un concept nomade 33

N. David & J. Sterner
Smith and society: patterns of articulation in the Mandara mountains
(Northeast Nigeria and Northern Cameroon) 47

C. Baroin
Les forgerons des Toubou :
vers un nouveau regard sur l'endogamie des forgerons en Afrique 61

P. de Barros
The Bassar chiefdom in the context of theories of political economy 73

S. Dugast
Entre four et forge
ou jusqu'à quel point efficacité magique et savoir technique sont-ils conciliables ? (Bassar du Togo) 97

C. Robion-Brunner
Lecture historique, économique et spatiale de la production sidérurgique : les sites de réduction du village de Wol (pays dogon, Mali) 125

B. Eichhorn
Woody resource exploitation for iron metallurgy of the Fiko Tradition:
Implications for the environmental history of the Dogon Country, Mali 141

R. Guillon, C. Petit, J.-L. Rajot, V. Bichet, O. A. Idé, Z. Garba, D. Sebag & A. A. Touré
Analyse de la répartition spatiale de bas fourneaux d'un territoire sidérurgique au sud-ouest du Niger (4e-14e siècle ap. J.-C.) 153

J.-M. Fabre
Données archéologiques et ethnographiques :
une confrontation parfois difficile.
L'exemple du district sidérurgique de Markoye (Burkina Faso) 165

S. N. Birba
La paléométallurgie du fer dans la province du Bam (Burkina Faso) :
identité des acteurs et mobilité des techniques 177

H. Kiénon & K. Timpok
Bilan de recherche sur la siderurgie directe dans la province du Bulkiemde au Burkina-Faso:
un exemple d'approche pluridisciplinaire 185

E. C. Lyaya, B. B. Mapunda, & T. Rehren
The Bloom Refining Technology in Ufipa, Tanzania (1850-1950) 195

E. Kose
The role of iron in foraging societies of northern Namibia in the 15th to the 20th century AD 209

T. Burka
Technological Variability in Iron Metallurgy:
the case of two Oromo traditional smelting sites in Wollega, Ethiopia 217

P. Andrieux
La réduction métallurgique : des sens aux savoirs transmis 227

A. Gallay
Anthropologie, ethnohistoire, ethnoarchéologie et archéologie du fer :
quelle place accorder au discours des acteurs ? 245

Avant-propos

Le colloque international et interdisciplinaire « *Métallurgie du fer et Sociétés africaines : Bilans et nouveaux paradigmes dans la recherche anthropologique et archéologique* » s'est déroulé à Aix-en-Provence, les 23 et 24 avril 2010, au sein de la Maison Méditerranéenne des Sciences de l'Homme. Il a permis de réunir une trentaine de spécialistes appartenant à douze nationalités différentes. Aujourd'hui, les actes de cette manifestation sont publiés dans un volume qui compte 17 articles rédigés par 27 auteurs.

Les raisons de l'organisation de ce colloque sont multiples. D'une part, il nous semblait indispensable, après deux colloques consacrés aux origines de la métallurgie du fer en Afrique (Descoeudres et al. eds. 2001 ; Bocoum ed. 2002-2004), de poursuivre la réflexion en s'interrogeant aujourd'hui sur la place du fer dans la formation et la transformation des sociétés africaines passées et actuelles. Dans la littérature scientifique, il est couramment admis que la généralisation de la production et de l'usage du fer au cours de la protohistoire a entraîné de profondes mutations dans l'organisation des sociétés et la gestion de leur territoire. Toutefois, il est encore difficile d'expliquer l'immense diversité technique, sociale et culturelle de la sidérurgie africaine. D'autre part, même si cette thématique a déjà donné lieu à des colloques ou a déjà été abordée dans des sessions, ceux-ci n'ont jamais rassemblé des spécialistes appartenant à plusieurs disciplines (anthropologie, ethnologie, archéologie, histoire, géographie, écologie, etc.). Le thème du fer et des forgerons en Afrique suscite depuis très longtemps un intérêt dans des disciplines différentes. Il nous semblait donc intéressant et porteur de trouver des thématiques pouvant réunir, autour d'une même table, des chercheurs appartenant à des domaines et champs disciplinaires divers. Les organisateurs de cette rencontre ont donc souhaité mettre l'accent sur la place du fer dans les sociétés africaines en abordant :

- L'organisation socio-économique, gestion du territoire et transmission des savoirs métallurgiques ;
- La variabilité technologique et les styles dans la sidérurgie africaine.

Cet ouvrage débute par l'analyse des raisons et conséquences de l'endogamie des artisans et plus spécifiquement des forgerons. Avec l'article de *Tal Tamari*, nous percevons la multiplicité des systèmes organisant les sociétés africaines. A partir d'un bilan exhaustif des données historiques et ethnographiques sur la question de l'endogamie des artisans à l'échelle continentale, Tal Tamari expose les facteurs « déclenchants » qu'elle retient pour expliquer la mise en place des groupes de spécialistes endogames. Son explication se distingue des points de vue fonctionnalistes et révèle la possibilité de dégager des scénarios historiques, même si l'apparition de ces groupes reste contingente et limitée dans l'espace-temps. Elle nous montre que l'histoire n'est pas seulement une présentation de situations spécifiques, mais qu'il est possible en l'étudiant d'identifier des configurations récurrentes débouchant sur des régularités transculturelles. Les articles suivants présentent des études de cas. *Olivier Langlois* aborde la question de l'origine de l'endogamie des forgerons des monts Mandara. Pour lui, elle est le résultat d'un processus à la fois complexe et spécifique. Grâce à l'archéologie et l'étude des céramiques appartenant à la technique TCA, Olivier Langlois démontre que l'endogamie des spécialistes s'est développée alors que les piémonts orientaux des monts Mandara accueillaient des populations venues des plaines alentour. L'utilisation de la technique TCA serait alors l'empreinte matérielle de la diffusion de l'endogamie des artisans, des plaines aux montagnes. Ainsi, il établit un lien entre mouvements de population, processus de domination d'une population sur une autre et émergence de groupes spécialisés. *Nicholas David et Judith Sterner* ont quant à eux une lecture beaucoup plus fonctionnaliste. L'endogamie des artisans serait née de leur volonté de conserver le monopole de leurs savoirs impliqués par leur activité. En adoptant une approche régionale et inter-régionale, Nicholas David et Judith Sterner proposent six systèmes de relations forgeron/société leur permettant de discuter l'émergence et la diversité des groupes de spécialistes endogames présents dans les monts Mandara. Avec l'article de *Catherine Baroin*, nous décortiquons les raisons et conséquences de l'endogamie des forgerons des Toubou. La thèse proposée montre que cette composante essentielle du statut des artisans du fer peut être expliquée par le lien indéfectible entre la protection accordée au forgeron par son maître - interdit de mort - à l'obligation pour ce dernier de se marier strictement à l'intérieur de sa caste - interdit de vie. Afin de valider ou non cette analyse, Catherine Baroin clôt son article en dressant un premier bilan des connaissances sur l'existence ou l'absence de ce pacte entre maîtres et gens de caste dans d'autres sociétés africaines.

A partir d'échelles d'observations très différentes, *Philip de Barros* et *Stéphane Dugast* examinent la relation entre production du fer et société bassar. La première contribution présente la construction historique de la chefferie bassar à l'aube des modèles théoriques de politique économique. Philip de Barros démonte point par point l'idée selon laquelle la hausse et la croissance d'une société seraient le résultat du développement du commerce à longue distance, du pouvoir militaire et/ou de l'intensification de la production sidérurgique. Il précise que cette industrie se serait développée dans une société « hétérarchique » où l'idéologie matérialiste et l'enrichissement personnel seraient absents. Afin d'assoir sa démonstration, Philipp de Barros compare la chefferie bassar aux systèmes politiques Sikar et Sukur des monts Mandara du Nord Cameroun. Il en tire des similitudes mais également des différences, notamment dans la place qu'occupait le chef, le niveau d'intensification de l'industrie sidérurgique, le rôle des esclaves dans cette activité économique, etc. La seconde contribution examine le dualisme signalé par Bruno Martinelli (1992) entre les auteurs de la réduction et de la forge. Partant de la constatation que ces pratiques ne sont pas toujours séparées en pays bassar, Stephan Dugast s'engage dans une caractérisation des divers types de relation que les métallurgistes ont développé avec leur activité. Pour cela, il s'appuie sur le récit de l'abandon du travail de forge dans la localité de Bikucaab et explore plusieurs thématiques montrant le rapport qui lie étroitement la dimension technique de la métallurgie au monde symbolique de ses auteurs : la relation aux ancêtres (ou comment on naît ou on devient forgeron), la transmission des savoir-faire, la protection de l'atelier et l'intrusion de la sorcellerie.

Les articles de *Caroline Robion-Brunner, Barbara Eichhorn* et *Rodrigue Guillon et al.* s'attachent à montrer la relation intime qu'entretient la production sidérurgique avec le territoire sur lequel elle est implantée. L'enquête menée par Caroline Robion-Brunner fournit pour la première fois en pays dogon une étude de cas détaillée sur l'organisation de la production du fer par des agriculteurs appartenant aux classes franches de la société. L'analyse des données archéologiques à la lumière des informations ethnohistoriques révèle l'enracinement culturel des hommes dans un terroir qu'ils ont façonné. L'ordonnance des lieux et des acteurs suivant les étapes de la chaîne opératoire de la sidérurgie matérialiserait l'histoire du peuplement du village et des relations entre les différents lignages qui s'y sont établis. Les recherches archéobotaniques de Barbara Eichhorn reprennent la question de l'impact environnemental de la sidérurgie et la réponse généralement admise du rôle de cette activité dans la dégradation du couvert végétal africain. Grâce à des analyses anthracologiques menées sur des charbons de bois provenant des sondages effectués sur des sites sidérurgiques dogon, Barbara Eichhorn étudie le mode de sélection des essences boisées et détecte les changements survenus au cours du temps dans la végétation. Sa méthode de calcul prend en compte bien évidemment l'ampleur volumétrique et l'emprise chronologique de la production du fer, mais également la capacité génératrice de la biomasse ligneuse. Ses résultats montrent que l'histoire économique de chaque atelier et l'espace dans lequel il s'est développé influencent grandement la magnitude de dégradation du paysage. Avec la contribution de Rodrigue Guillon et al., nous abordons un nouveau territoire sidérurgique, celui du sud-ouest du Niger. Les prospections pédestres menées dans ce secteur ont permis de révéler un nouveau district métallurgique de plus de 4000 bas fourneaux implantés sur une superficie de 32 km^2. A l'aide d'un Système d'Information Géographique (SIG) et d'outils mathématiques (Fonction K de Ripley et densité par méthode du noyau), Rodrigue Guillon discute de l'organisation spatiale des fourneaux et montre l'importance des facteurs anthropiques dans le choix de l'implantation des ateliers sidérurgiques.

Avec l'article de Jean-Marc Fabre, nous débutons une autre thématique, celle de la variabilité technologique et des styles dans la sidérurgie africaine. S'appuyant sur des exemples concrets pris dans la boucle du Niger, Jean-Marc Fabre entreprend une réflexion méthodologique sur l'emploi des données ethnographiques dans l'interprétation des vestiges archéologiques. Il reste prudent dans l'utilisation des premières pour éclairer les périodes anciennes de la métallurgie du fer. Jean-Marc Fabre rappelle qu'elles sont le témoin de situations subactuelles et qu'il est préférable de se fonder sur l'archéologie pour reconstituer le passé. Salif Noaga Birba tente au contraire une restitution de l'histoire de la production sidérurgique de la province du Bam (Burkina Faso) en mobilisant données archéologiques et ethnohistoriques. Son premier état des lieux fait l'inventaire des sites métallurgiques repérés et des différents « acteurs » locaux ayant participé à leur fonctionnement. La diversité des bas fourneaux et la présence de différents clans de forgerons au sein de sociétés sédentaires et agricoles sont interprétés par Salif Noaga Birba comme le résultat d'une histoire du peuplement complexe ayant entraîné une mobilité importante des techniques sidérurgiques. Avec la contribution d'*Hélène Timpoko*

Kienon-Kabore nous restons au Burkina Faso, mais partons dans la province du Bulkiemdé. Grâce à une approche pluridisciplinaire où recherches de terrain et en laboratoire sont mobilisées, Hélène Timpoko Kienon-Kabore montre que la variabilité des structures de réduction et des déchets métallurgiques observés sur un même atelier et appartenant à une même unité stratigraphique ne reflète pas forcément deux techniques différentes, mais deux étapes d'une chaîne opératoire unique. Le minerai aurait été alors réduit dans un premier type de fourneau, puis épuré dans une seconde structure plus petite. Cette question de raffinage et de déchets produits en conséquence est également examinée dans l'article d'*Edwinus Lyaya et al.* L'objet de ses recherches archéométriques menées en Tanzanie est de découvrir si l'on peut rapprocher ou distinguer macroscopiquement, chimiquement et/ou macroscopiquement le processus de raffinage de celui de réduction du minerai de fer. Même si les résultats et les interprétations des analyses métallographiques et chimiques sont préliminaires, elles initient ce type de démarche analytique.

Le thème de la diversité en métallurgie peut également être abordé d'un point de vue du contexte sociétal dans lequel cette activité a évolué. Les recherches archéologiques ont généralement tenté d'interpréter l'impact de la sidérurgie sur le développement des sociétés agricoles négligeant le rôle du fer dans l'organisation des communautés de chasseurs-cueilleurs. Les travaux d'*Eileen Kose* menés au Nord de la Namibie, chez les peuples Kovango, s'inscrivent dans un monde où la survie des hommes ne dépendait pas de la métallurgie pour assurer la production alimentaire. Malgré des techniques simples, les métallurgistes et les forgerons bénéficiaient d'une certaine position sociale de part la production d'armes de chasse prestigieuses. L'éclairage d'Eileen Kose sur l'évolution des rapports entre artisans du fer et chasseurs-cueilleurs permet de traiter de la variabilité des systèmes socio-économiques maîtrisant la fabrication et l'usage du fer. Cette thématique est également à l'honneur dans l'article de *Temesgen Burka*. Les recherches ethnoarchéologiques qu'il a menées dans la région de Wollega (Ethiopie occidentale) lui permettre de discuter de la diversité des pratiques d'acquisition et de forgeage du fer à la lumière de leur contexte culturel, historique et idéologique et du lien étroit que les populations font entre production sidérurgique, production agricole et procréation humaine. Comme dans d'autres régions d'Afrique, le bas fourneau est décoré d'attributs anthropologiques féminins tels que des seins afin de symboliser au plus prés une femme donnant la vie.

Les articles de *Philippe Andrieux* et d'*Alain Gallay* clôturent ces actes de colloque en rappelant ce qu'est fondamentalement un processus sidérurgique - une suite de gestes précis guidés par des sens en action - et une approche interdisciplinaire. Philippe Andrieux, praticien et expérimentateur en arts du feu, propose de suivre la phase de réduction du minerai non plus à travers l'interprétation d'une fouille archéologique ou l'analyse physique et chimique des vestiges mais grâce à quatre sens dits « témoins sensuels » que sont la vue, l'ouïe, l'odorat et le toucher. Cette démarche atypique nous rapproche certainement du savoir des métallurgistes et nous éclaire sur leurs modalités de transmission des connaissances empiriques. La contribution d'Alain Gallay se penche également sur la question de l'approche et de la démarche analytique. Elle présente de manière claire une thématique importante sur le plan méthodologique pour toutes les études qui cherchent à intégrer les observations scientifiques et le discours des acteurs, y compris les recherches sur la métallurgie du fer, surtout celles qui portent sur la métallurgie africaine - le discours des acteurs y occupant une place importante.

Avant de laisser la place aux 17 articles, je voudrais remercier tout spécialement le Centre d'Etude des Mondes Africains, la Maison Méditerranéenne des Sciences de l'Homme d'Aix-en-Provence et l'Université de Provence qui ont permis la réalisation de la conférence et du présent volume. Je suis également reconnaissante envers des collègues, personnes et institutions pour leur indéfectible support tant technique que moral : le professeur Bruno Martinelli pour son accueil et nos échanges scientifiques ; le professeur Jacky Bouju pour son soutien amical et professionnel ; les membres du comité scientifique (Philippe de Barros, Annabelle Gallin, Eric Huysecom, Gaspard Pagès et Vincent Serneels) pour leur avis, recommandations et relectures ; les laboratoires et programmes de recherches [ARTeHIS-UMR 5594, TRACES-UMR 5608, SYSAV, CORUS 2 (6116)] pour leur soutien financier ; les secrétaires du CEMAf d'Aix-en-Provence (Caroline Testanière et Odile Couture) pour leur aide logistique. Pour tous ceux qui ne sont pas explicitement nommés ici mais qui ont apporté leur aide dans la réalisation de ce projet, je les remercie très sincèrement. Enfin, toute notre reconnaissance va aux British Archaeological Reports pour avoir intégré les actes de ce colloque dans leur collection.

Caroline Robion-Brunner
Février 2012

De l'apparition et de l'expansion des groupes de spécialistes endogames en Afrique : essai d'explication

Tal TAMARI
CEMAf, Paris

Des groupes endogames, spécialisés selon les cas dans l'artisanat, la musique, la chasse et/ou certains rituels, sont caractéristiques de plusieurs régions de l'Afrique subsaharienne : Afrique occidentale soudano-sahélienne, Sahel et Sahara centraux, monts Mandara et Alantika, et Afrique de l'Est (Soudan, Ethiopie, pays somali, Kenya, zone interlacustre), réparties entre quelque vingt-cinq Etats contemporains. Dans certaines régions, ces spécialistes font l'objet de comportements d'évitement extrême. Nous émettons l'hypothèse que dans toutes les sociétés agricoles ou pastorales préindustrielles, en raison principalement des représentations symboliques associées à l'artisanat et à la musique, les personnes qui exercent ces activités (ces deux domaines étant symboliquement et socialement fortement liés l'un à l'autre) forment des groupes endogames en puissance. Cependant, le passage à une endogamie effective n'a lieu que dans des situations d'inégalité politique marquée : typiquement (a) quand des populations de chasseurs-cueilleurs sont englobées dans des sociétés agricoles ou pastorales, ou (b) lorsque des dynasties, et particulièrement celles des rois-forgerons, sont renversées. Dans certains cas, le nouveau statut est délibérément mis en place par les groupes devenus dominants. Dès qu'un ou plusieurs groupes endogames sont formés dans une région donnée (événement de faible probabilité), cette institution est facilement adoptée par les populations voisines (forte probabilité). De tels groupes n'apparaissent pas lors de la découverte initiale des techniques, mais lors des étapes ultérieures d'une histoire tourmentée, marquée par de fortes inégalités entre communautés. En d'autres termes : des processus cognitifs opérant dans la plupart des milieux culturels aboutissent, dans certaines conditions historiques seulement, à la formation des groupes spécialisés discriminés.

Endogamie, minorités, inégalités, comportements d'évitement, castes, intentionnalité, artisanat, musique, chasse, forgerons.

Endogamous groups, variously specialised in craftwork, music, hunting, and/or certain rituals, are characteristic of several regions of sub-Saharan Africa: the Western Sudanic and Sahelian zones; the central Sahel and Sahara; the Alantika and Mandara mountains; and East Africa (Sudan, Ethiopia, the Somali lands, Kenya, and the interlacustrine zone), an area that includes some twenty-five contemporary states. In some regions, specialists are subject to extreme avoidance behaviour. It is hypothesized that in all pre-industrial agricultural or pastoral societies, mainly because of the symbolic representations associated with craftwork and music (two domains that are closely linked to each other), persons who engage in them potentially form endogamous groups. However, the transition to endogamy only takes place in situations of marked political inequality: typically when (a) hunting-gathering populations are encapsulated in agricultural or pastoral societies; or (b) dynasties, especially ones with blacksmith kings, are overthrown. In some instances, the new status is deliberately put in place by the newly dominant groups. Whenever one or more endogamous groups have formed in a given area (a low-probability event), this institution is readily adopted by neighbouring populations (a high-probability event). Such groups form not at the time of the initial discovery of the techniques, but during the later phases of a conflict-ridden history marked by significant inequalities among communities. In other words: cognitive processes that operate in most cultures result, in certain historical circumstances only, in the formation of discriminated specialist groups.

Endogamy, minorities, inequality, avoidance behaviour, caste, intentionality, craftwork, music, hunting, metalsmiths.

Les dernières décennies ont été marquées par des progrès importants dans la connaissance des techniques artisanales africaines, particulièrement en ce qui concerne le travail des métaux et la poterie et la datation de l'apparition de la fonte. Elles ont également vu la publication de nombreuses monographies, nuancées et détaillées, portant sur le statut social d'artistes et d'artisans africains.

En revanche, l'interprétation théorique des statuts accordés aux artisans des métaux, et particulièrement de leur endogamie, constatée dans certaines sociétés, a donné lieu à des progrès moins décisifs. Si les interprétations avancées depuis une trentaine d'années sont nettement plus sophistiquées que les hypothèses antérieures, elles oscillent toujours entre trois pôles : explications symboliques ; corrélations avec certaines caractéristiques de l'organisation sociale, politique et/ou économique ; et (plus rarement) lien à une particularité technologique. A notre sens, ces hypothèses identifient des facteurs qui sont, pour certains, nécessaires à l'émergence de groupes de spécialistes endogames, mais jamais suffisants.

Problèmes de méthode

Définition

Une première difficulté est de définir l'institution dont nous allons tenter d'expliquer l'apparition et l'expansion. Nous pensons que toute tentative de théorisation qui porterait exclusivement sur les artisans du fer ou des métaux, ou même les artisans en général, ne saurait être adéquate, dans la mesure où elle ne tient pas compte de certaines réalités ethnographiques :

1) Comme il a été souvent noté dans la littérature, les forgerons et fondeurs-forgerons ont le plus souvent aussi d'autres spécialités : artisanales (travail du bois ; poterie souvent pratiquée par les femmes), musicales, thérapeutiques et/ou rituelles ; chasse (au Sahel central ainsi qu'en Afrique de l'Est) ;

2) Dans certaines sociétés (notamment en Afrique occidentale soudano-sahélienne, en Ethiopie et en milieu somali), les forgerons et fondeurs-forgerons ne forment qu'un groupe parmi plusieurs de spécialistes endogames ;

3) Dans quelques sociétés (wolof, toucouleur, peule, soninké et mandingue en Afrique occidentale ; milieu somali et certains milieux éthiopiens) possédant une pluralité de groupes endogames spécialisés, toutes les personnes relevant de ces groupes peuvent être désignées au moyen d'un même terme générique.

Ces trois configurations peuvent se combiner.

À la lumière de celles-ci, nous pensons que le terme minimal choisi pour l'analyse doit être : « groupe professionnel endogame », ce qui permet de tenir compte des musiciens et artisans-musiciens (fréquents en Afrique occidentale) ainsi que des chasseurs et artisans-chasseurs (fréquents au Sahel central ainsi qu'en Afrique orientale). Nous croyons qu'il serait encore mieux de partir du terme « spécialistes endogames », de manière à pouvoir inclure les groupes dont la spécialité est exclusivement ou essentiellement de caractère rituel[1]. En outre, il apparaît que la plupart des groupes professionnels endogames (tous ?) possèdent des rituels propres. Enfin, l'opposition entre technique et rituel, caractéristique des sociétés occidentales récentes, n'est sans doute pas pertinente pour d'autres.

Dans le cadre limité de cette étude, nous entendons par « groupe endogame », un groupe dont l'appartenance se transmet uniquement du fait de naître de parents tous deux membres du groupe. Cette forme d'endogamie se distingue de celle plus relative des groupes qui ont un mode de recrutement ouvert, mais qu'on ne peut quitter (perméables à l'entrée mais non à la sortie) : de nouveaux membres accèdent volontairement ou involontairement au groupe et transmettent cette appartenance à leurs descendants. Cette forme d'endogamie est caractéristique de quelques groupes de ritualistes en Afrique[2], mais d'aucun groupe à vocation artisanale. On peut cependant imaginer que dans certaines circonstances, une endogamie relative de ce type soit appelée à devenir rigoureuse.

Endogamie sociale ne signifie pas isolat démographique. Nous ne considérons pas comme faisant exception au principe d'endogamie la possibilité, admise en Afrique occidentale soudano-sahélienne encore que reconnue comme rare, pour les membres des groupes répondant à des désignations différentes mais exerçant des métiers analogues de se marier. Plus ambigu est le cas des personnes, voire des populations, qui font admettre leur prétention d'appartenir au groupe, alors que vraisemblablement, elles n'y étaient pas nées[3].

Il ne nous semble pas nécessaire, pour identifier et donc définir les groupes de spécialistes endogames, de préciser que chacun occupe une position hiérarchique déterminée par rapport aux autres groupes constitutifs

[1] Nous pensons notamment aux *yibir* chez les Somali, aux *kaysaf* et *geima* présents respectivement chez les Dimé et Dizi d'Ethiopie, et aux *dupi kaderak* des Bari (voir *infra*).

[2] Nous pensons ici aux *osu*, serviteurs rituels du milieu ibo (voir par exemple Uchendu 1977), ainsi qu'aux *zama* et aux *yaralentiise*, respectivement les personnes accusées de nécrophilie en milieu samo et de zoophilie en milieu mossi (voir Héritier-Izard 1973, Izard 1979).

[3] Voir notamment Amselle 1979 à propos des forgerons Kooroko au Mali.

de la société. Cependant, il nous semble que dans la pratique, cela est toujours le cas. Si plusieurs auteurs occidentaux ont récemment soutenu que les premiers descripteurs européens ont simplement projeté les hiérarchies de leurs propres sociétés sur celles de l'Afrique occidentale soudano-sahélienne[4], aucun auteur africain n'a jamais admis que ces sociétés (chez lesquelles les comportements d'évitement à l'égard des membres des groupes endogames sont pourtant les moins marqués de tout le continent) soient égalitaires[5]. Les discours d'au moins certaines sociétés de cette région affirment explicitement la valeur différente accordée à chacune des catégories constitutives de la société[6]. Quant aux groupes de spécialistes endogames caractéristiques des autres régions du continent, nous serons amené à constater que la ségrégation sociale à laquelle ils sont confrontés est souvent extrême.

La plupart des africanistes considèrent que le concept de « caste » ne doit pas être employé par rapport à ce continent. Nous ne nous engagerons pas ici dans ce débat, qui nous semble souvent manifester une méconnaissance de l'un ou l'autre des termes de la comparaison (Afrique ou Inde). Toutefois, nous estimons que le concept de « groupe de spécialistes endogame » pourrait servir de définition transculturelle à ce que l'on dénomme habituellement « caste », dans la mesure où il s'applique à de nombreuses institutions européennes et asiatiques, dont l'une des composantes les plus importantes de la société indienne[7]. Mais pour mieux montrer que notre argumentation ne dépend pas essentiellement d'un parti pris par rapport à ce concept, nous ne le mentionnerons plus dans ce texte.

Dans les pages qui suivent, nous pensons simplement rendre explicites les interprétations présentées (de manière implicite et parfois aussi explicite) dans nos écrits antérieurs, mais qui sont passées inaperçues, peut-être en raison de l'abondance de la matière ethnographique et du détail historique. Pour cette raison, nous présenterons les données de manière schématique, renvoyant à nos travaux antérieurs ainsi qu'aux documents cités ici même pour un complément d'informations ethnographiques, historiques et bibliographiques. En même temps, nous tenterons d'évaluer les hypothèses les plus récentes concernant la formation de ces groupes endogames.

Principales hypothèses explicatives récentes : état de la question

Avant de présenter notre propre point de vue, nous passons en revue les principales hypothèses concernant la formation des groupes de spécialistes endogames formulées au cours des trente dernières années. Les hypothèses plus anciennes ont été examinées dans les thèses soutenues par John Corlett (1974) et Michael Coy (1982) ainsi que par nous-même (1988). En pratique (et cela est peut-être déjà une faiblesse), presque toutes les hypothèses n'envisagent que le cas des artisans de métaux.

- Pierre de Maret (1980, 1985) s'attache à analyser les variations dans les représentations, globalement favorables, relatives aux fondeurs et aux forgerons (très rarement endogames) de l'Afrique centrale et à expliciter les liens entre travail des métaux et pouvoir royal ; il perçoit une forte association entre fonte et fécondité et estime que dans certaines sociétés au moins, l'artisan des métaux représente une sorte de féminité culturalisée (opposée à celle, naturelle, des femmes).

- Pascal Boyer (1983) propose une approche cognitive des différences de statut constatées dans différentes sociétés africaines. A partir de l'analyse de trois cas (Fang [Gabon], Mafa [également appelés Matakam ; monts Mandara au nord-Cameroun], Dimé [Ethiopie]), il établit des corrélations entre la nature des discours portant sur les artisans et leur statut social. Sa démarche, qui dans cette étude nous paraît tautologique, renonce en fait à répondre à la question : « Pourquoi y a-t-il des artisans endogames dans certaines sociétés et pas dans d'autres ? ». En outre, nous pensons qu'il sous-estime la capacité des sociétés à réfléchir sur elles-mêmes, lorsqu'il postule (p. 61) « qu'il n'existe pas dans l'univers culturel des sociétés traditionnelles de définition (même implicite) des statuts ».

- Judy Sterner et Nicholas David évoquent les liens entre représentations relatives au genre et aux artisans (1991), ainsi que les bases technologiques de la distinction sociale entre artisans et non-artisans, notamment la volonté des premiers de conserver le monopole des savoirs (techniques ou rituels) impliqués par leur activité (Sterner 2003).

- Bruno Martinelli (1992, 2000, 2002) souligne qu'il convient de distinguer les situations des : (a) fondeurs ; (b) simples forgerons ; et (c) personnes qui cumulent

4 Voir notamment Conrad et Frank 1995.

5 Il s'agit d'auteurs aussi divers que Cheikh Anta Diop 1999 [1954], 533-5, 538-9, 542, 544 ; A.B. Diop 1981 ; Koné 1997, 2-4, 16-22, 29-30 ; ou Mbow 2000.

6 Par exemple, en milieu bambara, on affirme souvent au cours de conversations que les membres de telle catégorie sociale sont *a ka fisa* (« meilleurs ») que ceux de telle autre.

7 A notre sens, le système social indien s'est progressivement mis en place à partir des idéologies et des classifications sociales historiquement et morphologiquement distinctes, pour atteindre sa forme moderne vers la fin du premier millénaire. Plusieurs auteurs distinguent les *varna*, ou « ordres », qui s'enracinent dans l'idéologie de la tripartition commune aux anciens Indo-Européens (cf. Dumézil 1968-1978) et les *jati*, ou unités endogames et professionnelles effectives.

ces deux activités. Il émet l'hypothèse selon laquelle les deux fonctions sont disjointes (attribuées à des personnes différentes) dans les sociétés segmentaires et cumulées dans les sociétés à Etat (ou ayant subi l'influence des sociétés étatiques). Il indique, en outre, des corrélations entre les techniques employées (en particulier pour la fonte) et le statut des artisans.

- Sur la base d'une documentation ethnographique très riche, Eugenia Herbert (1993) souligne les représentations symboliques liées au travail du fer et à la poterie, et particulièrement leurs interférences avec des représentations liées au genre, à la sexualité et à la reproduction.

Si nous ne pensons pas que ces représentations suffisent pour rendre compte de l'émergence des groupes de spécialistes endogames (on devrait dans ce cas les rencontrer presque partout), nous considérons qu'ils permettent de comprendre pourquoi artisans, musiciens et spécialistes du corps ont le plus souvent un statut à part, même là où ils ne sont pas enfermés dans des groupes endogames. En outre, le point de vue de Sterner et David, selon lequel la présence de spécialistes infléchit les représentations relatives au genre, reçoit de belles illustrations ethnographiques[8].

- Roderick McIntosh, qui a mené des recherches archéologiques de la première importance à Djenné-Djeeno, identifie comme facteurs impliqués dans l'émergence des groupes de spécialistes endogames en milieu mandé, outre l'apparition des techniques elles-mêmes : (1) l'émergence des villes ; (2) le concept mandé de *nyama* (généralement, et à notre avis adéquatement, traduit par « force vitale ») ; (3) la croyance selon laquelle certains sites naturels seraient investis, à un degré exceptionnel, par cette force vitale (voir notamment 1993, 1998, 2000a, 2000b, 2005 ; les arguments de McIntosh sont également résumés par Rashid 2006 ; cf. aussi la critique de MacEachern 1994).

Comme Roderick McIntosh le reconnaît lui-même (1998, 177), cette démarche suppose que les concepts mandé actuels existaient déjà dans un passé reculé, car il considère que les groupes de spécialistes endogames pourraient remonter au milieu du premier millénaire. Cependant, à notre sens, la principale difficulté réside ailleurs : les concepts qu'il considère comme propres aux peuples de langue mandé sont en fait caractéristiques de la plupart (voire de la totalité) des sociétés africaines et, plus généralement, traditionnelles (par lesquelles nous entendons : préindusrielles). On devrait donc rencontrer des spécialistes endogames dans la plupart des sociétés africaines, et au lieu de s'interroger sur leur présence dans une minorité de sociétés, soulever la question de leur absence - ou de leur disparition - chez la majorité.

- A partir d'une confrontation entre données archéologiques et quelques sources orales, Hamady Bocoum (2000), travaillant en Sénégambie, postule un statut très élevé pour certains fondeurs dans le passé et attribue les représentations généralement négatives qui s'attachent aux artisans des métaux à l'époque moderne principalement à une dégradation de leur statut provoquée par le commerce européen[9].

- Elisée Coulibaly (2006) insiste sur le fait que la compréhension du statut des artisans des métaux passe par celle des relations qu'ils entretiennent avec d'autres membres de la société, et reprend l'hypothèse de Hamady Bocoum concernant l'impact négatif du commerce européen sur le statut des artisans africains.

- Dena Freeman (2003) et Olivier Langlois (2005-2006) rejettent, chacun de leur côté, la possibilité d'établir des corrélations entre les traits économiques et politiques des sociétés (économie pastorale ou agricole, pouvoir centralisé ou non) et la présence de spécialistes endogames. Ils soutiennent que, par conséquent, il convient de rechercher des explications dans les processus historiques propres à chaque région (processus qui peuvent présenter certaines analogies entre eux).

Dena Freeman ajoute que les interprétations qui mettent l'accent sur les facteurs symboliques dans l'émergence de ces groupes ne sont pas satisfaisantes, dans la mesure où l'on retrouve des représentations symboliques très semblables relatives à l'artisanat dans des sociétés où les personnes exerçant ces activités ont pourtant des statuts très différents. Pour notre part, nous pensons que ces fortes élaborations symboliques ne peuvent pas être sans incidence sur la condition des personnes concernées, et que si ce sont toujours les mêmes métiers (à quelques variantes près) qui sont affectés à des personnes à statut particulier, d'un bout à l'autre du continent et même au-delà, il ne peut s'agir d'une simple coïncidence. Il s'agit, selon nous, de facteurs nécessaires, mais non suffisants ; c'est pourquoi il convient également de se référer, comme le prône Freeman, à l'histoire politique de chaque région.

A la suite de plusieurs décennies d'éclipse, Alula Pankhurst (1999, 2003 ; A. Pankhurst et Nida 1999), Dena Freeman et Olivier Langlois (particulièrement 2005-2006, 2010) réhabilitent, sur la base des données de terrain grandement renouvelées, l'impact des mouvements migratoires sur la répartition géographique des spécialistes. En outre, Alula

[8] Outre les sociétés étudiées par Sterner et David eux-mêmes, nous pensons particulièrement aux rapprochements établis par Sory Camara (1976) entre les comportements vestimentaires des griots et ceux des femmes en milieu malinké, ainsi qu'au fait que chez les Gurage d'Ethiopie, des spécialistes hommes initient les femmes de la population majoritaire alors que des spécialistes femmes initient les hommes (Shack 1964).

[9] Nous poursuivons plus loin la critique des positions de McIntosh, Bocoum, Sterner et David.

Pankhurst et Dena Freeman admettent que, dans certains cas, des processus de domination d'une population par une autre ont eu une incidence sur l'émergence des groupes spécialisés.

De son côté, Olivier Gosselain (1999b), se fondant sur les techniques de la fabrication de la poterie, identifie quelques grandes régions géographiques dans lesquelles ces techniques, de même que le principe endogamique, auraient pu apparaître de manière indépendante, puis se généraliser en se diffusant de proche en proche. Les interprétations que nous présenterons ici, à partir de l'analyse des données ethnographiques et historiques, rejoignent parfaitement les siennes.

La plupart des hypothèses, anciennes ou récentes, relatives à l'émergence des spécialistes comme aussi au devenir et aux transformations des sociétés africaines en général, mettent l'accent sur le caractère graduel, progressif, du changement. Il est incontestable que beaucoup de processus sociaux opèrent lentement et même subrepticement. Mais nous n'exclurons pas *a priori* le rôle des soudains renversements de fortune, des révolutions de toutes sortes, qui sont si bien attestés dans les sociétés dont le passé est connu grâce à une abondance d'écrits.

On a tendance à considérer l'ingénierie sociale comme le propre des sociétés modernes, ou du moins de celles qui possèdent l'écriture et une administration développée[10]. Or, nous verrons que des traditions orales recueillies récemment étayent l'hypothèse selon laquelle des sociétés africaines, aussi, ont délibérément modifié et manipulé leurs institutions.

Représentations symboliques relatives à l'artisanat et à la musique

Les activités artisanales font l'objet de représentations symboliques très développées dans l'ensemble des sociétés traditionnelles. Des représentations semblables sont constatées dans les sociétés avec ou sans groupes endogames. Cela est tout particulièrement le cas pour le travail du fer, qui, selon les sociétés et les moments, peut être associé tant avec la royauté qu'avec des êtres surnaturels maléfiques. De manière étonnante, l'identification du roi au fer, à la fonte et à la forge se rencontre tant dans des sociétés où les activités correspondantes sont attribuées à des groupes infériorisés que dans celles où des personnes de lignée royale accomplissent (de manière non exclusive) ce travail. L'abattage de grands arbres, le travail de leur bois, la fabrication et le jeu d'instruments de musique, le façonnage de la poterie et la recherche de l'argile, sont autant d'activités qui impliquent des relations avec des êtres surnaturels. Tout comme les artistes dans les sociétés occidentales contemporaines, les sculpteurs et les musiciens de renom sont considérés comme des personnalités à part, qui souvent ne respectent pas les normes du vivre ensemble; traits qui, dans les sociétés africaines, sont expliqués par leurs relations avec leurs génies protecteurs[11].

L'examen de ces représentations fait apparaître un lien très fort entre musique et techniques artisanales, et particulièrement entre : musique et travail du fer ; musique et tissage. Il fait également apparaître des associations très fortes entre : soins du corps et musique ; soins du corps et artisanat (particulièrement le travail du fer). Ces liens symboliques sont attestés tant en Europe (y compris au XXe siècle, en milieu rural) qu'en Asie et en Afrique.

Ces liens expliquent très probablement que – comme on le verra – les artisans et particulièrement ceux qui travaillent les métaux ont aussi un répertoire musical spécifique et assurent des soins du corps (même si l'on rencontre des groupes qui se définissent principalement par leur activité musicale essentiellement en Afrique occidentale soudano-sahélienne). Les valeurs très contrastées associées avec le fer expliquent sans doute qu'elles ont tendance à se polariser en positives et négatives – polarisation qui pourrait être un facteur dans le renversement radical des statuts qu'ont connu, selon leurs traditions orales, certains groupes de forgerons.

L'élaboration symbolique autour de ces activités est si importante qu'étant donné aussi la tendance à la transmission héréditaire, nous dirions que dans la plupart des sociétés traditionnelles, artisans et musiciens forment des groupes endogames en puissance. Cependant, ils ne le deviennent effectivement que dans des circonstances particulières, que l'on ne peut apparemment inférer ni de la structure

[10] Comme exemples d'ingénierie sociale à l'époque pré-moderne, nous pensons par exemple à l'introduction puis la suppression de la distinction entre patriciens et plébéiens à Rome, aux politiques de transferts de populations pratiquées par les empires babyloniens et incas.

[11] Dans les quatre premiers paragraphes de cette section, nous résumons notre article de 1993. Parmi les travaux qui y sont cités, d'Azevedo (1973) est la source la plus importante concernant les artistes (artisans, musiciens ou conteurs) dans les sociétés africaines traditionnelles. Les institutions examinées au cours de cette étude fournissent de nouvelles et belles illustrations du lien entre artisanat et musique. Ainsi, Edouard Conte (1983a, 92) note que *duu* ou *dugu*, la désignation des spécialistes en milieu kanembou, signifie « musicien » en kanouri, une langue très proche. Mahamat Adoum Doutoum (1990, 150) explique que la désignation des *kabarak*, pl. *kabartu* (dont le travail du fer était l'une des principales prérogatives ; milieu maba) « serait dérivé du terme *kébérèk* (pl. *kébéré*) », qui désigne une calebasse qui sert à fabriquer des flûtes. Jean-Claude Muller (2001) indique qu'en pays dii, l'usage d'une grande harpe est réservé aux seuls forgerons (cf. *infra*, pp. 22-27).

sociale, ni des traits culturels, et qui relèvent donc (comme le voudraient Dena Freeman et Olivier Langlois par exemple) des spécificités de l'histoire ; encore que l'on puisse avancer quelques hypothèses concernant la nature des événements ou des circonstances en question.

Comme on le verra, un grand nombre de sociétés du Sahel central et de l'Afrique de l'Est connaissent des groupes de chasseurs ou artisans-chasseurs endogames. Doit-on y voir, dans ces cas aussi, un effet des représentations symboliques ? Bien que cette hypothèse ait été proposée par de bons auteurs (Pierre de Maret 1980, 1985 ; Eugenia Herbert 1993), elle n'emporte pas notre conviction. Alors que le lien entre musique et artisanat apparaît comme transculturel, pour ne pas dire universel (jusqu'à l'époque moderne), les représentations qui rapprochent travail de métaux et activité cynégétique sont limitées, à notre connaissance, à l'aire bantoue, où le roi est souvent symboliquement associé à tous les principaux domaines d'activité (parmi lesquels figure également l'élevage) ; il s'agirait donc des liens culturellement spécifiques, voire des liens *ex post facto*. On s'attendrait à ce que des liens symboliques, entre la chasse et différentes activités artisanales, soient perçus par les artisans-chasseurs ; mais de tels liens, qui n'ont pas encore été décrits, pourraient bien revêtir un caractère *ex post facto* (être parmi les conséquences, plutôt que les causes, de l'apparition de ces groupes).

Marie-Claude Dupré et Bruno Pinçon (1997) montrent que dans la société tsayi (Congo Brazzaville), caractérisée par une tension complémentaire entre deux idéaux de vie et de gouvernance, respectivement représentés par les « maîtres des gens » (idéal de bonne entente) et les « maîtres de la terre » (idéal de richesse), les artisans des métaux se trouvaient du côté des seconds ; cette tension aurait déterminé des fluctuations importantes dans la production du fer. Sans qu'il ne soit question dans ce cas de l'émergence d'une endogamie, cet exemple permet de comprendre comment, dans une même société, la perception du forgeron pouvait basculer rapidement du positif au négatif.

Transmission préférentiellement héréditaire versus transmission au sein des groupes strictement héréditaires et endogames

Afin de mieux cerner la question « Pourquoi y a-t-il des spécialistes endogames dans certaines sociétés mais pas dans d'autres ? », il nous semble essentiel de connaître les modalités de la répartition et de la transmission des activités correspondantes aussi dans ces dernières. Le plus souvent, on constate une certaine tendance à la transmission dans la parenté ou entre alliés, sans que l'exercice du métier soit obligatoire ni que d'autres personnes en soient complètement exclues. Cette tendance est particulièrement marquée pour ce qui concerne le travail des métaux.

Ainsi, chez certains Yorouba, le travail du fer se transmettait préférentiellement mais non exclusivement dans certains lignages, qui formaient leurs quartiers propres mais qui n'étaient nullement astreints à l'endogamie (Lloyd 1953)[12]. Chez les Nupe et chez les Edo, la plupart des spécialisations artisanales étaient transmises dans certains lignages qui, en ville, occupaient des quartiers à part sans être astreints à l'endogamie ; quelques métiers étaient organisés en guildes tenus à certaines obligations à l'égard des rois (Nadel 1942, Dark 1973). Dans certains villages bassar (Togo), des Grassfields du Cameroun, ou encore à Sukur (monts Mandara, Nigeria), une forte proportion des hommes s'adonnait au travail du fer (De Barros 1986 ; Martinelli 1982 ; Warnier et Fowler 1979). Presque tous les hommes awka (de langue et culture ibo) travaillaient comme forgerons ; un grand nombre voyageait chaque année afin d'exercer ce métier, s'installant parfois pendant plusieurs années en dehors de leurs régions d'origine, sans être nullement astreints à l'endogamie ni soumis à des comportements d'évitement (Neaher 1979).

Chez les Diola du Sénégal, la forge se transmettait le plus souvent de père en fils, sans que d'autres en soient exclus. Toutefois, les descendants d'un homme qui avait pratiqué ce métier devaient le continuer (Thomas 1959). Chez les Bobo du Burkina (Le Moal 1980), comme chez les Haoussa de l'Ader (Echard 1965, 1968, 1970), le travail du fer était transmis dans certains lignages, qui formaient des ensembles sans doute préférentiellement, mais non obligatoirement, endogames. Dans les villes haoussa, de nombreuses spécialisations étaient transmises préférentiellement, mais non exclusivement, au sein de certains lignages (M. G. Smith 1957, 1959 ; Pilaszewicz 1991). Dans ces derniers cas, cependant, on peut penser à une influence des sociétés voisines, marquées par la présence de spécialistes endogames.

Plus à l'est, Jean Brown (1995, 119-122) indique que chez les populations du Kenya n'ayant pas de groupes endogames, à défaut d'un père, l'apprenti forgeron a presque toujours un oncle, un grand-père paternel ou maternel, ou encore un ancêtre plus lointain, ayant pratiqué cet art. Toutefois, un homme sans lien ancestral avec le métier peut aussi l'apprendre, à condition d'apporter une compensation appropriée à

12 Nous pensons aussi au beau conte d'Odun Balogun ([1978], 1985), dans lequel il décrit l'apprentissage d'un garçon de souche royale successivement auprès de deux forgerons, dont chacun défend une vision différente de l'objet et de sa place dans la société. Récit inconcevable dans les sociétés à spécialistes endogames de l'Afrique de l'Ouest.

son maître. Dans la mouvance de fondeurs-forgerons barongo (Tanzanie), le métier se transmettait le plus souvent de père en fils, mais d'autres jeunes gens pouvaient également rejoindre le groupe, alors que des captifs y étaient parfois affectés. Les Barongo, qui ne constituaient pas un groupement linguistique ou culturel homogène, s'installaient facilement auprès de plusieurs ethnies de la région, sans subir de comportements d'évitement (Schmidt 1996).

Pierre de Maret (1980, 1985) indique que chez la plupart des populations de langue bantoue, le travail du fer était une activité respectée, ouverte à tous, mais transmise le plus souvent de manière héréditaire.

Le tissage est, dans la plupart des sociétés de l'Afrique de l'Ouest, une activité ouverte à tous, ce qui n'empêche pas qu'elle soit devenue une spécialité héréditaire pour certains (Bray 1968), ni la spécialité (principale ou secondaire) de quelques groupes endogames, ou encore un travail de captifs, spécialement acquis à cet effet par des commerçants de tissus.

La pratique de la poterie était souvent transmise de belle-mère à belle-fille, ainsi que de mère à fille, et ceci, quels que soient les statuts sociaux des potières. Cependant, dans certaines sociétés, une potière pouvait également accepter des apprenties qui ne relevaient pas du cercle de la famille ou de ses alliés[13].

Des lignées de musiciens et de généalogistes de cour se rencontraient dans plusieurs sociétés, notamment en milieu akan, au Bornou, au Rwanda et au Burundi, sans que ceux-ci soient astreints à l'endogamie[14].

Ce caractère héréditaire est conforme à celui de la transmission de la plupart des activités (y compris des charges rituelles et politiques) dans les sociétés traditionnelles. Il est vraisemblablement lié à des notions de secret et d'héritage, ainsi qu'aux avantages matériels ou de prestige que ces activités peuvent éventuellement conférer. Plusieurs activités artisanales et musicales sont en fait des charges rituelles, dans la mesure où elles ne peuvent être accomplies que par des personnes initiées ou qui maîtrisent certains rituels.

La formation de groupes endogames de spécialistes correspond ainsi à un passage :

transmission préférentiellement héréditaire → transmission obligatoirement héréditaire, assortie d'une obligation d'endogamie.

Il n'y a donc qu'un pas à franchir pour passer d'une situation à l'autre. Dans beaucoup de sociétés, il y a des groupes spécialisés (clans, lignages, populations localisées ou migrantes...) susceptibles de servir de support ou de noyau à la formation d'un groupe endogame. Pourtant, ce pas n'est franchi que dans une minorité de cas.

On a souvent spéculé sur les avantages relatifs, d'un point de vue économique, d'une transmission préférentiellement héréditaire, strictement héréditaire, ou à la fois héréditaire et endogamique du métier. Il nous semble que tous les avantages reviennent au premier mode de transmission. Celui-ci rend probable qu'à chaque génération, au moins certaines personnes pratiqueront l'activité en question, tout en facilitant le recrutement d'autres personnes, en fonction de la demande ainsi que des aptitudes ou vocations individuelles. Les deuxième et troisième modes d'organisation rendent probable un certain nombre de praticiens à chaque génération, mais compliquent l'adaptation à une évolution de la demande.

Il importe à cet égard de préciser que toutes les sociétés pourvues de groupes de spécialistes endogames interdisent la plupart des activités concernées, voire toutes, au restant de leurs membres. En revanche, la quasi-totalité des sociétés de l'Afrique occidentale soudano-sahélienne[15] ainsi que certaines sociétés de l'Afrique de l'Est n'exigent pas de tous les membres des groupes endogames qu'ils exercent ces activités, et corrélativement, leur autorisent l'agriculture et/ou l'élevage. Dans ces conditions, le principe héréditaire-endogamique peut avoir pour effet de restreindre le nombre d'artisans.

On peut toutefois admettre que le principe endogamique permet, sur le très long terme, une meilleure conservation des secrets du groupe.

A travers l'Afrique : ethnographie et histoire

Afrique occidentale soudano-sahélienne, zones limitrophes du Sahara et de la forêt

La présence d'artisans et musiciens endogames est caractéristique de plus de quinze ethnies[16] de l'Afrique occidentale soudano-sahélienne, des zones limitrophes du Sahara et de la forêt, réparties entre quatorze Etats contemporains[17]. Les activités le plus souvent représentées sont : le travail des métaux ; le travail du

[13] Concernant ces différentes formes de transmission, voir par exemple : Dupuis et Echard 1971 ; Frank 2007 ; Gosselain 1999a ; Herbich 1987.

[14] Voir, par exemple : Yankah 1995 ; Patterson 1926 ; D'Hertefelt et Coupez 1964 ; Ndoricimpa et Guillet 1983.

[15] Les Dogon, qui interdisent aux forgerons (mais non aux griots et aux artisans du cuir) de travailler la terre, fournissent, semble-t-il, la seule exception.

[16] Nous employons ce terme dans un sens proche de ce que Jean-Pierre Magnant (1989) appelle l'« ethnie pour soi » : c'est-à-dire une population qui, présentant le plus souvent des caractéristiques linguistiques ou culturelles propres, a conscience de son unité, au point de pouvoir se penser en opposition à d'autres populations.

[17] Mali, Mauritanie, Sénégal, Gambie, Guinée, Guinée-Bissau, Côte d'Ivoire, Burkina Faso, Niger, Ghana, Algérie,

bois ; le travail du cuir ; la poterie ; le tissage ; l'activité des musiciens-louangeurs. La fonte, le travail du fer, du cuivre et des métaux précieux étaient le plus souvent confiés à un même groupe nommé (dans une société ou une région donnée) et pouvaient être accomplis par les mêmes individus. Toutefois, on rencontre quelques groupes qui s'adonnent préférentiellement ou exclusivement au travail des métaux précieux ou encore des métaux blancs[18].

De fait, la plupart des groupes endogames sont préférentiellement associés à deux ou plusieurs activités, si bien que les « forgerons » travaillent également le fer et les « griots » sont également artisans du cuir ou tisserands ; les femmes de statut « griot » et « forgeron » sont potières ; les forgerons, ainsi que les femmes des statuts « forgeron », « griot » et « cordonnier », assurent différents soins du corps. Alors que seuls les « griots » étaient définis principalement par leur rapport à la musique et à la parole, la plupart des groupes (voire tous) avaient un répertoire musical spécifique. La plupart des activités caractéristiques des gens de métier (à l'exception du tissage) étaient interdites aux membres de la population majoritaire. En revanche, sauf en milieu dogon où le forgeron n'avait pas le droit de travailler la terre, toutes les principales activités de la société (agriculture, élevage et commerce) étaient accessibles aux spécialistes, qui avaient le plus souvent une activité agricole. En revanche, en dépit de leurs rôles souvent importants comme conseillers, les spécialistes ne pouvaient détenir un pouvoir politique en leur propre nom. Ils étaient presque toujours exclus du port d'armes[19] et corrélativement, ne pouvaient être tués ou réduits en esclavage.

La plupart des sociétés reconnaissent deux à dix groupes différents, dont un au moins a le travail des métaux pour spécialité principale. Quelques sociétés ne reconnaissent qu'un groupe professionnel endogame : soit les griots, soit les forgerons. L'on a estimé que les groupes endogames constituent environ 5% de la population en milieu mandingue et soninké, mais jusqu'à 20% en milieu wolof. La plupart des sociétés reconnaissent une division sociale tripartie, distinguant personnes libres (ou « nobles »)[20], spécialistes, et captifs ou descendants de captifs (avec quelques distinctions à l'intérieur de la catégorie des « captifs »). Quelques-unes reconnaissent également des distinctions statutaires à l'intérieur de la catégorie des « nobles » : par exemple, entre lignées qui ont ou non accès au pouvoir politique[21], ou encore entre lignées qui exercent le pouvoir et celles qui doivent fournir des lettrés et guides religieux[22].

Une stricte endogamie sépare la population majoritaire des gens de métiers. En revanche, le mariage entre certains groupes de spécialistes était autorisé, selon un principe de réciprocité ou encore, selon un principe hypergamique : un homme pouvait épouser une femme d'un statut légèrement inférieur au sien. Seuls les groupes au statut le plus bas (par exemple, les *funè* et les *kule* en milieu bambara) étaient fermés à tout mariage extérieur. Les statuts relatifs se manifestaient aussi dans l'octroi de dons (faits uniquement par des supérieurs à des inférieurs).

Les spécialistes habitent le plus souvent des quartiers, voire des hameaux à part. Cependant, ces usages s'expliquent en partie par une tendance générale : chaque lignage maximal cherche à fonder son quartier propre (ou bien encore, à occuper une série de concessions contiguës à l'intérieur d'un même quartier). Les spécialistes ne sont pas frappés d'un interdit de commensalité et sont soumis à assez peu d'interdits relatifs au contact direct ou indirect. Toutefois, jusqu'à récemment, en milieu wolof et toucouleur, les griots n'avaient pas droit à une sépulture, alors qu'en milieu mandingue au Mali, les « hâbleurs » *funè* n'avaient pas le droit de traverser le champ d'autrui pendant l'époque des semailles. Deux auteurs de langue portugaise rapportent qu'en Sénégambie, au XVIe siècle, artisans et griots n'avaient pas le droit de prendre l'eau aux mêmes sources que les autres personnes tant que celles-ci étaient présentes, ne pouvaient pas entrer dans les maisons d'autrui, et ne pouvaient pénétrer dans un village sans avoir reçu l'autorisation expresse de son « seigneur » (Fernandes

Cameroun, Libéria, Sierra Leone. On doit ajouter à cette liste la Centrafrique et le Soudan, car les Peuls y ont été suivis par leurs griots et artisans.

18 Dont les *cagi* en milieu mandingue, les *kpeebele* et les *cagibele* en milieu sénoufo, et les *siyaake* en milieu peul et toucouleur. Dans cet article, l'orthographe des mots africains a été grandement simplifiée ; voir les documents cités, ainsi que nos travaux de 1988, 1991 et 1997, pour des transcriptions phonétiquement ou phonologiquement plus adéquates.

19 Sauf en milieu maure, où ils combattaient mais ne devaient être tués.

20 L'appartenance à cette catégorie, généralement la plus nombreuse, est pourtant perçue comme très prestigieuse. Le mot arabe *hurr*, d'où proviennent les désignations mandingue et soninké (respectivement *hòròn* [ou ses variantes] et *hoore*) connote, selon le contexte, soit simplement le fait d'être libre des liens de servitude, soit l'élévation de caractère ou de naissance. Alors que dans la plupart des sociétés du continent, les distinctions étudiées s'enracinent dans les concepts des religions traditionnelles, dans certains cas, elles ont été également (re)pensées en fonction des idées et des catégories sémantiques fournies par l'islam et la langue arabe.

21 En milieu wolof. Pour des conceptualisations récentes des structures sociales wolof, voir notamment : A.B. Diop 1981, Diouf 1981, Ogawa 2009.

22 Milieux toucouleur, maure et touareg.

1951[rédigé vers 1506-1510], 8-11 ; Alvares de Almada 1946 [rédaction achevée vers 1594], 23-24).

Nous avons proposé une reconstitution (nécessairement lacunaire et partielle, étant donné les limitations des sources) de l'histoire des groupes d'artisans et musiciens endogames de l'Afrique occidentale. De façon très succincte, elle peut être résumée comme suit.

Des sources écrites (de langue arabe) indiquent que des musiciens-louangeurs étaient absents de la cour royale du Ghana (élément ethnique principal : soninké) jusqu'au milieu du XIIe, alors qu'ils étaient présents à la cour du Mali (élément dominant : malinké) au milieu du XIVe siècle ; d'autres sources écrites (de langue arabe ou européenne) indiquent que des groupes de spécialistes, exerçant différents métiers, étaient présents chez plusieurs populations (notamment mandingues, soninké, wolof, songhay et peules) autour de 1500. Pour autant que ces sources citent des termes africains, il apparaît que ces groupes étaient déjà connus sous leurs désignations actuelles. L'examen des désignations pour les artisans et musiciens endogames, de leurs généalogies et de leurs traditions orales propres ainsi que celles des populations majoritaires à leur sujet, indique que les groupes actuels, nombreux et divers, se sont développés à partir de trois foyers tout au plus, situés en milieu mandingue, soninké et/ou wolof. L'analyse de l'épopée de Sunjata, qui relate les débuts de l'empire du Mali et qui est connue de toutes les populations malinké, indique qu'un changement dans le statut des fondeurs-forgerons et des musiciens est survenu en relation avec la formation de cet Etat (datée, sur la base des sources arabes extérieures, au XIIIe s.)

Plus précisément, nous avons proposé que le roi de Sosso et ses associés, qui dérivaient leur prestige et leur pouvoir de leurs liens tant techniques que rituels avec la fonte et le travail du fer, auraient vu la nature de leur relation à ces activités réinterprétée à la suite de leur défaite par les forces malinké, et sont à la longue devenus un groupe endogame, statutairement exclu du pouvoir politique. On constate une certaine diversité dans les caractéristiques actuelles des groupes de métier, liée à leur extension dans l'espace et leur évolution dans le temps, à leurs adaptations à différents milieux sociaux et culturels. Ce sont les déplacements des spécialistes, qu'ils aient été effectués dans le cadre des mouvements migratoires de populations, à l'initiative des rois ou des chefs ou encore sur leur initiative individuelle, qui expliquent leur répartition actuelle.

Cette interprétation s'oppose sur certains points aux interprétations antérieures, qui elles-mêmes ne sont pas toujours compatibles entre elles : chaque population (ou ethnie) aurait constitué ses groupes de manière indépendante ; ces groupes seraient apparus dans le cadre de l'empire du Ghana, première formation étatique connue de cette région (hypothèse récemment reprise par Charry, 2000, 54, 107-109) ; ces groupes seraient liés à l'influence de l'islam (Murdock 1959, 76, repris par Vaughan 1970, 63-65, 90-91).

Plus récemment, d'autres points de vue ont été soutenus concernant l'émergence de ces groupes. Nous avons déjà observé que l'hypothèse de Roderick McIntosh présente l'inconvénient d'impliquer que l'affectation de certains métiers à des groupes endogames doit être un fait général, ce qui ne semble pas être le cas. Ou bien encore, que si tous les gens de métier ne forment pas toujours des groupes endogames, c'est qu'ils ont perdu cette caractéristique. Cette dernière possibilité ne peut être exclue (vu la haute époque à laquelle devaient remonter ces groupes selon cette hypothèse), mais elle n'est étayée par aucun fait. Pis encore, les données ethnographiques, tant celles qui se rapportent à l'Afrique occidentale soudano-sahélienne qu'aux autres régions du continent, suggèrent que cette institution a tendance à s'étendre et à se renforcer beaucoup plus que de s'effacer ou de perdre de sa rigueur[23].

Roderick McIntosh soutient que dès le milieu du premier millénaire dans la zone de Djenné (ou plus exactement, celle constituée par les anciennes villes qui l'ont précédée), le travail du fer était apparemment localisé dans certains hameaux ou quartiers seulement, et donc, qu'un statut distinctif de fondeur-forgeron aurait pu apparaître dès cette époque. Mais, étant donné qu'une telle organisation spatiale se rencontre également dans des sociétés où ces travaux sont simplement à tendance héréditaire, ce fait ne peut être considéré comme un indice probant ni d'une endogamie de groupe, ni d'une transmission strictement héréditaire du métier.

Enfin, un tel point de vue s'accorde mal avec les autres données dont nous disposons. Non seulement les sources arabes ne mentionnent pas des personnes que l'on pourrait assimiler à des griots à la cour du Ghana, mais deux d'entre elles (al-Bakri, milieu du XIe siècle ; al-Idrisi, milieu du XIIe) décrivent des pratiques incompatibles avec cette institution : le roi s'adresse directement à son peuple, sans aucun intermédiaire ; les instruments sont d'une facture fort différente de celle des instruments modernes. Par contre, un auteur du XIVe s (al-ᶜUmari) décrit tant un forgeron qu'un griot maître des cérémonies royales, alors que deux auteurs de la même époque décrivent des griots (Ibn Battuta et

23 Ainsi, Stanislaw Pilaszewicz (1991) argumente qu'en milieu haoussa, certains groupes statutaires, à appartenance largement héréditaire, étaient autrefois endogames. Selon Martin Ford (1990, 12, 55), au Libéria, des artisans et griots malinké auraient été assimilés par la société dan et auraient ainsi perdu leur statut social d'origine.

Ibn Khaldun) et l'un d'eux (Ibn Battuta) décrit aussi de longs poèmes de louange. Ce point de vue s'accorde difficilement aussi avec les traditions orales (étayées dans quelques cas par des documents écrits) selon lesquelles certains groupes endogames se seraient installés auprès de leurs hôtes actuels (notamment songhay, sénoufo et peul) seulement à partir du XVe siècle, voire plus tard (XVIIIe siècle pour certains groupes établis en milieux dogon et sénoufo)[24].

De manière générale, l'hypothèse de Roderick McIntosh implique que chaque population aurait pu développer ses propres institutions de manière indépendante - ce qui est contredit par de nombreuses généalogies et traditions orales, ainsi que par les données linguistiques (qui montrent que la plupart des désignations pour les spécialistes endogames proviennent de seulement quelques langues) et certaines sources écrites. En somme, les données que nous avons rassemblées impliquent non seulement que de groupes de spécialistes endogames étaient en formation aux XIIe-XIVe siècles, mais que vraisemblablement, de tels groupes n'existaient pas ou étaient très rares auparavant - ou encore, que s'ils avaient existé, ils avaient disparu et n'avaient pas de lien direct avec ceux attestés par les sources écrites à partir du XIVe siècle.

Roderick McIntosh développe aussi une seconde ligne d'analyse, qui ne doit pas être considérée comme intrinsèquement liée à la première, bien qu'il établisse un lien entre les deux. Selon lui, la différenciation sociale qu'auraient connue les sociétés de la future aire culturelle mandé à partir du Ve siècle doit être qualifiée de « hétérarchie » plutôt que de hiérarchie. Par hétérarchie, il entend (après d'autres théoriciens) une forme de stratification sociale horizontale, qui s'oppose à la stratification verticale qui définit la hiérarchie. Il estime que dans la hétérarchie, des groupes distincts et pourtant égaux auraient tenté de prévenir l'émergence d'une hiérarchie et donc d'un Etat centralisé ; il admet cependant que de tels Etats sont apparus à une époque plus tardive.

Ce point de vue nous semble, pour plusieurs raisons, fort contestable. D'une part, le concept de « distincts mais égaux » nous semble contradictoire en soi, nous pensons qu'aucun de nos collègues ne songerait à le défendre dans un contexte de modernité[25]. Deuxièmement, il semble difficile de soutenir que des sociétés auraient tenté de se prémunir contre une institution qu'elles n'avaient pas connue. Troisièmement, Roderick McIntosh ne produit aucun exemple d'une société, passée ou actuelle, dont les caractéristiques seraient assez bien connues et qui se conformerait à ce modèle, car il reconnaît aux sociétés plus récentes un caractère hiérarchique[26]. L'existence même de telles sociétés est donc pour le moins hypothétique.

Un second auteur, Hamady Bocoum (2000, 199-207), développe une réflexion concernant l'évolution des statuts des fondeurs et des forgerons dans la région sénégambienne. La recherche archéologique de Hamady Bocoum a permis d'identifier des sites de fonte et de forgeage datant du IIe s. avant au IIIe s. après l'ère commune. Il considère que ces sites relèvent d'une « civilisation Jaa-ogo », du nom d'un groupe de fondeurs qui aurait régné sur la région pendant un à trois siècles, sans doute vers la fin du premier millénaire ou au début du suivant (d'après des traditions orales mises par écrit entre le milieu du XIXe et le début du XXe siècle). A partir de quelques phrases à propos des Jaa-ogo (ou plutôt : de la synthèse de Guy Thilmans et d'Annie Ravisé, 1980, 175-189), il propose une histoire détaillée de ce groupe social sur une longue durée. Alors que certaines traditions établissent parfois une relation entre les Jaa-ogo et des groupes encore existants aujourd'hui, aucune n'établit une relation avec des groupes de forgerons récents ou contemporains [27].

Hamady Bocoum poursuit également d'autres pistes d'analyse. Ainsi, il propose que l'organisation des métiers dans l'empire du Mali, l'islam et le contact avec l'Europe ont tous eu un impact négatif sur le statut social des fondeurs et des forgerons (2000, 208-211). En particulier, le commerce avec l'Europe, en rendant superflu certaines productions artisanales dont la fonte du fer, aurait entraîné leur dégradation sociale. Nous ne pouvons que remarquer que cette hypothèse, si elle

[24] Des traductions des textes arabes cités ici figurent dans Cuoq 1975. Les références détaillées de l'ensemble des sources et données qui sous-tendent notre argumentation ici se trouvent dans notre ouvrage (1997).

[25] En particulier, il nous semble que rien ne le distingue du *« separate but equal »* qui a servi à justifier la ségrégation raciale aux Etats-Unis pendant plus d'un demi-siècle. (L'expression est employée dans le jugement de la Cour suprême des Etats-Unis, affaire Plessy vs. Ferguson, 1896, dont la jurisprudence n'a été définitivement renversée que par le Civil Rights Act de 1964.)

[26] Notons au passage que le concept de hétérarchie, tel qu'il est manié par Roderick McIntosh, ressemble fort à celui de « la société contre l'Etat » de Pierre Clastres (par exemple, dans ses essais rassemblés en 1974 et 1980), et présente les mêmes apories. Les études historiques et archéologiques n'ont pas non plus conforté le point de vue de Pierre Clastres, et suggèrent que les chefferies réduites, aux chefs sans pouvoir coercitif, de l'Amazonie du XXème siècle, sont les débris des formations politiques autrement plus importantes (voir par exemple Roosevelt 1994). Voir aussi la discussion à propos des Monts Mandara, *infra*.

[27] Il nous semble à peine nécessaire d'insister sur le caractère fantaisiste, imaginé, de la reconstitution proposée. A notre avis, les traditions très fragmentaires publiées jusqu'ici permettent tout au plus d'affirmer qu'un groupe qui connaissait la fonte a détenu une position prééminente pendant quelque temps. En revanche, des enquêtes auprès des personnes qui se réclament des Jaa-ogo pourraient permettre des avancées significatives.

n'est pas contredite par les sources, n'y est guère confortée, car c'est au XVIe siècle que, d'après les récits des voyageurs, les artisans et musiciens font l'objet de la ségrégation sociale la plus sévère.

En tout cas, cette hypothèse peut difficilement être généralisée à d'autres régions d'Afrique. Quel rapport entre l'importation des produits européens, en quantités parfois très réduites, et les conditions des « forgerons » au Sahel central ou en Afrique de l'Est (nous pensons particulièrement à la Corne et au pays masai), conditions qui semblent particulièrement dures au moment des premières descriptions détaillées à la fin du XIXe et au début du XXe, et qui s'adoucissent progressivement par la suite ? (Cf. *infra,* pp. 21-23).

Il convient d'observer également, étant donné l'ampleur qu'ont pris les débats autour de cette question, que Roderick McIntosh et Hamady Bocoum ont des points de vue contrastés concernant la réalité, ou non, d'une hiérarchie sociale chez les populations soudaniennes. Pour Roderick McIntosh, les distinctions admises par les sociétés soudaniennes ne mettent pas en cause leur caractère égalitaire (jusqu'à l'émergence de grands empires, que pourtant elles devaient prévenir). Pour Hamady Bocoum, ces sociétés sont fortement inégalitaires, mais cette situation ne date que de quelques siècles et aurait été induite principalement par le contact avec l'Europe.

Les recherches menées au cours de ces dernières décennies confirment l'importance des migrations des spécialistes comme facteurs dans l'expansion et la généralisation de cette institution. Ainsi, les recherches de l'équipe fondée par Alain Gallay à Genève démontrent que les fondeurs-forgerons *jèmè-yélin* du pays dogon sont d'origine malinké. D'après l'analyse de leurs généalogies et traditions orales, ils auraient quitté le nord de l'actuelle Guinée vers la fin du XVIe siècle. En outre, ils conservent des incantations en langue malinké, et leurs techniques de fonte sont très semblables à celles encore employées dans la zone qu'ils désignent comme leur lieu d'origine (Huysecom 1997, 2001).

Les recherches récentes confirment également l'importance de l'ingénierie sociale dans la formation et l'évolution des groupes de métier. Ainsi, Michel Izard (1983, 1985), puis Jean-Baptiste Kiethéga (1993, 2009), ont démontré la modification délibérée du statut des forgerons par les souverains du Yatenga (région du pays mossi) au XVIe siècle, les faisant dépendre directement du pouvoir royal et les obligeant « au port infâmant d'une marque distinctive : un morceau de bois porté en sautoir » (Izard 1983, 262). Par ailleurs, le pouvoir mossi a considéré comme constituant un seul groupe, défini par son métier, les fondeurs et forgerons issus de populations et ethnies différentes.

L'équipe de Genève a montré que la transformation délibérée des statuts sociaux peut aussi être le fait de sociétés acéphales. Ainsi, des Dogon, constatant qu'ils manquaient de forgerons, auraient obligé de jeunes cultivateurs à se mettre en apprentissage auprès des fondeurs-forgerons *jèmè-na* (Robion-Brunner 2010 ; cf. aussi Gallay 1994, 2000). Ces jeunes gens devinrent les *jèmè-irin* (la seconde partie de leur désignation signifie littéralement « gens du fer ») ; ils forgent mais ne fondent pas, et sont exclus des tâches rituelles réservées à d'autres catégories de forgerons. Par la suite, d'autres personnes, d'origines diverses (appartenant à des lignées de forgerons ou de cultivateurs, longuement établis ou non en pays dogon) seraient venus s'adjoindre à eux.

Cet exemple montre aussi (on verra plusieurs autres cas par la suite) qu'une organisation en groupe héréditaire et endogame peut être adoptée et propagée par des personnes qui n'y sont pas nées. Les *jèmè-irin* ne peuvent plus se marier avec les Dogon cultivateurs, alors que les *jèmè-na* et *jèmè-yélin* refusent le plus souvent de s'allier avec eux.

Le fait que les Mossi aient chassé les Dogon de leurs territoires d'origine tout en capturant la plupart de leurs artisans du fer expliquerait en partie la grande diversité des statuts des fondeurs, fondeurs-forgerons et forgerons constatés chez ces derniers. Afin de combler le déficit ainsi provoqué, les Dogon auraient encouragé des fondeurs-forgerons d'origines différentes à s'installer parmi eux et contraint certains des leurs à devenir forgerons. Les forgerons anciennement associés aux Dogon auraient formé des lignages spécialisés, non tenus à l'endogamie.

Les recherches d'Anne-Lise Granier-Duermaël (2003) concernant les *jau* (dont les femmes effectuent la teinture à l'indigo et les hommes sont souvent artisans du cuir) et les *gon* (artisans du cuir-généalogistes) indiquent l'importance, pour la constitution et le devenir de ces groupes, tant des apports d'origine extérieure que des déplacements à l'intérieur du pays dogon et l'assimilation des cultivateurs exclus, pour diverses raisons, de leur statut d'origine.

Marguerite Dupire (1985) a montré comment au XXe siècle certaines populations acéphales de langue sérère (Sénégal) ont permis à des étrangers de s'établir auprès d'eux à condition d'assurer le jeu cérémoniel des tambours ainsi que la fonction de boucher. Ces étrangers, d'origines diverses, forment un groupe endogame par rapport à la population majoritaire.

De manière générale, les recherches récentes sur les « alliances à plaisanteries » (également appelées « parentés à plaisanteries ») confirment que les populations de la région soudano-sahélienne, qu'elles soient ou non organisées en chefferies ou en Etats, cherchent à gérer leurs relations, intra- ou interethniques, en modifiant les statuts sociaux. Ces alliances à plaisanteries sont en effet des traités conclus cérémoniellement (le plus souvent par un échange de sang), visant à définir sur le long terme (en principe, à perpétuité) les relations entre groupes, en assignant à chacun des comportements et obligations spécifiques (dont l'échange de « plaisanteries », ou plus exactement des obscénités et des insultes, n'est qu'un des éléments). (Cf. notamment Galloway 1975 ; Olivier de Sardan 1982 ; Fay 1995 ; Geysbeek 2003 ; Giesing et Vydrine 2007)[28].

Monts Mandara et Alantika

Les groupes de « forgerons » endogames, caractéristiques de certaines sociétés des monts Mandara et des monts Alantika (nord-Nigéria et nord-Cameroun) ainsi que du massif de Poli (nord-Cameroun), ont fait l'objet de plusieurs excellentes études ethnologiques et ethnoarchéologiques[29]. Dans beaucoup de cas, il s'agit en réalité des spécialistes qui détiennent l'exclusivité de presque toutes les activités artisanales : les hommes assurent le travail du bois et du cuir, les femmes fabriquent les poteries (y compris celles destinées essentiellement à un usage rituel). En outre, les hommes sont très souvent guérisseurs ou devins, détiennent un répertoire musical spécifique, et assurent de manière exclusive le traitement rituel des cadavres et leur enterrement. Les femmes sont très souvent accoucheuses. En revanche, la collecte du minerai (présent le plus souvent sous forme de magnétite, en surface) peut également être assurée par d'autres membres de la société (le plus souvent, par des femmes et des enfants). Dans certaines sociétés, la fonte est accomplie par des hommes membres de la population majoritaire, alors que dans d'autres, elle est l'apanage de spécialistes. D'après les quelques recensements effectués, les spécialistes forment entre 2,5 et 5 % de la population totale. Autrefois, les spécialistes ne cultivaient pas.

Dans de nombreuses sociétés de ces régions, les spécialistes font l'objet d'une ségrégation sociale marquée. Les mariages avec les membres de la population majoritaire sont interdits, interdiction strictement respectée. Toutefois, certains chefs marghi devaient épouser une femme de statut forgeron peu de temps après leur accession au trône (Vaughan 1970, 87). Les spécialistes et les membres de la population majoritaire n'ont pas le droit de pénétrer dans les habitations les uns des autres. En outre, les membres de la population majoritaire ne peuvent pas consommer la nourriture préparée par les spécialistes ni prendre leurs repas avec eux. Cependant, les spécialistes peuvent consommer la bière préparée par les membres de la population majoritaire, à condition d'apporter leurs propres récipients. Les membres de la population majoritaire considèrent (semble-t-il, à tort) que les spécialistes consomment des animaux qu'eux-mêmes s'interdisent.

Plusieurs hypothèses ont été avancées pour expliquer le statut particulier des spécialistes dans cette région. Outre un lien entre les représentations relatives au genre et l'émergence de ces groupes endogames, Sterner et David (1995) ont proposé que ces populations présentent un modèle d'organisation social original : relativement égalitaires, chez elles la différentiation sociale n'aboutirait pas à l'émergence d'un Etat. Notre point de vue est différent : nous pensons qu'au moins quelques-unes des sociétés de cette région sont fondées sur les débris d'anciens Etats, ou du moins de chefferies importantes. Comme le soulignent Dierk Lange (1972, 1977, 1987) et Scott MacEachern (1993, 2001), les sources écrites, de langues italienne et arabe, indiquent que les Mandara (ultérieurement appelés Wandala) et les Marghi étaient constitués en royaumes aux XVe et XVIe siècles. A notre sens, Heinrich Barth (1857) décrit en fait les ultimes étapes de la désintégration du royaume marghi sous le coup des razzias esclavagistes du Bornou et de ses alliés. En outre, le fait que le terme *talaka*, en usage en milieu haoussa, kanembou et kanouri, soit également utilisé par plusieurs populations montagnardes pour désigner les roturiers (c'est-à-dire, dans ce contexte, les membres de la population majoritaire à l'exception du lignage royal) suggère une importante influence des grands Etats sur l'évolution culturelle des sociétés qui, au début du XXe siècle, étaient pour la plupart acéphales[30].

Notons au passage que l'interprétation avancée par Sterner et David, pour les monts Mandara, n'est pas sans rappeler celle de Roderick McIntosh concernant l'aire mandé : la société accepte une certaine différentiation sociale afin de mieux se prémunir contre l'éventuelle émergence d'un pouvoir centralisé. Les restrictions imposées aux groupes minoritaires ne remettent pas en cause, pour ces auteurs, le caractère fondamentalement égalitaire des sociétés en question.

Plusieurs chercheurs, notamment Scott MacEachern

[28] Nous avons déjà présenté cette interprétation des « alliances à plaisanteries », principalement sur la base des sources plus anciennes et moins détaillées, en 1988 (417-424) et 1997 (131-136). Une interprétation qui prend en compte la plupart des sources récentes a été publiée en 2006.

[29] Parmi les plus importantes, on peut citer : Podlewski 1966 ; Vaughan 1970, 1973 ; Barley 1983 ; Fardon 1988, 225-234 ; 1990, *passim* ; Sterner et David 1991 ; David et Robertson 1996 ; Sterner 2003 ; Müller 2001.

[30] Le terme *talaka* et ses variantes proviennent vraisemblablement de l'arabe *taliq*, pl. *tulaqa'*, « affranchi ». Les Mossi du Burkina emploient également un terme (*talga*, pl. *talse*) dérivé de ce mot arabe pour désigner les roturiers (voir par exemple Izard 1985, 27 ; emprunt vraisemblablement effectué de manière indépendante).

(1992, 1993, 2001) et Olivier Langlois (2005-2006, 2010, voir aussi Langlois et Bonnabel 2003), ont suggéré, à partir de l'analyse des traditions orales et des données archéologiques, que plusieurs populations des Monts Mandara s'y sont établies, au cours des derniers siècles, afin d'échapper aux prédations du Bornou, du Baguirmi ou de leurs alliés ; la grande densité démographique de cette zone serait vraisemblablement due à son rôle de refuge. Des traditions orales très détaillées, recueillies principalement par Christian Seignobos (notamment 1986, 1987, 1991a), mais aussi par Jean Pahai (1991) et Olivier Langlois, indiquent que certains forgerons et fondeurs-forgerons, originaires de la plaine, se seraient installés dans cette zone après avoir perdu leur autonomie (cf. *infra*, p. 19). Dans ce contexte, Olivier Langlois émet l'hypothèse selon laquelle, dans cette région caractérisée par un traitement rituel particulièrement complexe des cadavres, les populations établies auraient exigé des forgerons nouveaux venus qu'ils assurent cette tâche, ce qui aurait achevé de les constituer en groupes à part. Cette hypothèse nous semble d'autant plus probante que (comme Podlewski l'avait déjà remarqué en 1966), dans cette région, les forgerons sont contraints à l'endogamie uniquement chez les populations où ils sont aussi fossoyeurs. Toutefois, on peut suggérer que dans certains cas, les « gens du fer » ont simplement conservé le statut des « gens à part » qu'ils possédaient déjà en plaine, au moins sous forme naissante ; l'attribution des fonctions funéraires serait venue confirmer et renforcer, mais non pas créer, leur ségrégation sociale. Le statut social des « gens de fer » en montagne apparaîtrait, au moins dans certains cas, comme le prolongement ou l'adaptation de celui constaté en plaine.

Le fait que, dans les monts Mandara, les spécialistes cumulent toutes les activités artisanales et soient aussi musiciens peut s'expliquer par les liens symboliques entre ces activités, qui « s'attirent » mutuellement.

En raison de la grande distance qui sépare les spécialistes de la zone ouest-soudanienne de ceux des monts Mandara et des monts Alantika, nous ne pensons pas qu'il y ait lieu de postuler une influence des premiers sur la constitution des seconds. En outre, comme l'ont déjà remarqué quelques auteurs, les différences sociologiques sont considérables. Toutefois, dès la fin du XVIIIe siècle, des spécialistes issus de chacune de ces régions ont dû se côtoyer, à la suite de l'expansion peule. En effet, les Peuls de l'Est ont quelquefois des griots et des forgerons, même s'ils sont moins nombreux que chez les Peuls de l'Ouest. Certains mythes des Dii des monts Alantika concernant l'origine des forgerons correspondent exactement à ceux relatés par les Peuls du Wasoulou (région sise de part et d'autre de la frontière Mali - Guinée ; comparer Muller 2001, 210 à Doumbia 1936).

Olivier Gosselain (1999a) montre comment les potières des Koma Ndera (monts Alantika), qui auraient appris leur métier auprès des femmes d'une ethnie voisine, acceptent désormais l'idée selon laquelle cette activité doit être pratiquée de manière héréditaire par les membres d'un groupe dont les hommes sont forgerons. Ainsi, cet exemple – de même que d'autres que nous examinerons plus loin – suggère qu'un modèle d'organisation héréditaire et endogamique peut, dans certaines circonstances, être propagé par des personnes sans liens de parenté (ou n'ayant que peu de liens de parenté) avec les détenteurs originaux des techniques.

Sahel et Sahara centraux

De nombreuses populations du Sahel central, dont les Daza (Niger et Tchad), les Teda (Tchad), Kanembou (Tchad), Beri (Bideyat et Zaghawa) et tribus arabophones (Tchad et Soudan) ont des groupes d'artisans, d'artisans-chasseurs et/ou de chasseurs endogames[31]. Les Teda du Tibesti ont un groupe de forgerons. Les Kanembou, Daza et arabophones distinguent au moyen de qualificatifs, à l'intérieur d'une même catégorie sociale nommée, des sous-groupes de : forgerons ; chasseurs à l'arc ; et chasseurs au filet. Les membres de chacun de ces groupes exercent souvent, à titre accessoire ou principal, diverses activités artisanales (particulièrement le travail du bois ou du cuir ; poterie pour les femmes). Chez les Zaghawa, un même groupe cumule la chasse selon des techniques spécifiques avec l'ensemble des activités artisanales (dont le travail du fer). Plusieurs groupes de forgerons pratiquaient autrefois la fonte. La plupart des groupes spécialisés ont un répertoire musical spécifique. Tous ces spécialistes peuvent être désignés, dans l'arabe véhiculaire du Tchad, par le terme *haddadi*, pl. ou collectif *haddad* (de l'arabe classique *haddad*, pl. *haddadun*, « forgeron »). Ils sont séparés de la population majoritaire par des interdits de commensalité et de mariage, et érigent leurs logements à une certaine distance d'eux. Ils n'avaient pas le droit, autrefois, de posséder la terre ou du bétail.

Les spécialistes représentent environ vingt pour cent de la population kanembou, mais plus de la moitié dans certaines régions (Conte 1983a, 1983b). Les mariages entre familles de tradition cynégétique et de tradition forgeronne étaient assez fréquents, même si

[31] Parmi les principaux travaux récents portant sur les artisans chez ces populations, on peut mentionner : Brandily 1974, 1988 ; Baroin 1991 ; M.-J. Tubiana 1990, M.-J. Tubiana *et al.* 2008. Parmi les travaux plus anciens, on peut citer Carbou 1912, vol. 1, 49-72 ; Chapelle 1958, 7, 207-210, 341-343 ; Le Rouvreur 1962, 375-382. Parmi les travaux consacrés aux chasseurs, voir notamment Nicolaisen 1968.

ces dernières préféraient se marier avec d'autres familles également de tradition forgeronne (Conte 1979). Au cours des dernières décennies, la grande majorité de ces spécialistes se sont convertis à l'agriculture.

Mahamat Adoum Doutoum (1990) indique que chez les Maba (population dominante du sultanat de Ouaddaï du XVIe au XIXe siècle), les *kabarak*, pl. *kabartu*, que les voyageurs de la deuxième moitié du XIXe siècle[32] décrivent comme les musiciens et bourreaux du roi, sont également forgerons (pratiquant autrefois la fonte), bouchers, artisans du bois et du cuir. Leurs femmes sont souvent potières. Selon leurs traditions orales ainsi que celles de la population majoritaire, les *kabartu* étaient, à l'origine, des chasseurs aux filets. Endogames, ils doivent loger et manger à part, mais peuvent prendre l'eau aux mêmes puits et en même temps que les autres Maba. Depuis quelque temps, les *kabartu* délaissent le travail du fer en faveur de forgerons arabophones et de descendants de captifs.

Les traditions orales très détaillées recueillies par Christian Seignobos (particulièrement 1986, 1991a) et Jean Pahai (1991) jettent un tout autre éclairage sur la formation de certains groupes de forgerons, situés surtout à l'ouest et au sud-ouest de la zone considérée. Selon ces traditions, ces forgerons seraient originaires des cités entourées de murailles, qui avaient des rois et comptaient beaucoup de fondeurs-forgerons parmi leurs habitants. Dispersés à la suite de la destruction de leurs cités par plus forts qu'eux (le royaume du Baguirmi et la société segmentaire pastorale naissante des Masa), ils devaient choisir entre la conservation de leur activité métallurgique, entraînant leur stigmatisation, et l'abandon de cette activité, entraînant leur assimilation culturelle. Ainsi, certains groupes de forgerons endogames (ou dans d'autres cas, simplement héréditaires) seraient le résidu des ethnies ou des populations distinctes, autrefois autonomes. Comme le souligne Christian Seignobos, si ces spécialistes correspondent à une catégorie statutaire plus qu'à une « race. Toutefois, [...] [ils] proviennent d'ethnies précises » (1986, 115). Les Mbara, Jorok, Budugur et Kawalke étudiés par cet auteur ne seraient sans doute que quelques-unes parmi les victimes les plus récentes des processus de destruction qui remonteraient à une époque beaucoup plus haute.

Toujours selon cet auteur, afin de mieux asseoir leur revanche, le Baguirmi ainsi que vraisemblablement certains autres royaumes et chefferies se seraient approprié les rites assimilant le roi à un forgeron, caractéristiques des anciennes cités.

En résumé, il apparaît que les spécialistes endogames se sont constitués à partir d'au moins deux types de populations : chasseurs-cueilleurs ; résidents de cités fortifiées maîtrisant le travail du fer (et ne pratiquant la chasse, comme les autres populations d'agriculteurs, de pasteurs et de pêcheurs du Tchad, qu'à titre accessoire)[33]. Le fort pourcentage de spécialistes dans certaines régions, particulièrement chez les Kanembou, étaye l'hypothèse (Conte 1983a) selon laquelle il s'agit, dans certains cas, des populations partiellement assimilées par une population dominante. En outre, des captifs et des réfugiés divers auraient pu rejoindre les rangs des spécialistes endogames (Conte 1983a, 95; peut-être surtout dans les régions où ceux-ci se seraient déjà convertis à une activité agricole ?).

Si le cumul, par un même groupe, de la chasse, du travail du bois et du cuir (voire le passage de la première activité aux deux autres) est relativement aisé à comprendre d'un point de vue technique[34], il reste à expliquer comment un même groupe (cas des spécialistes beri et maba) peut cumuler, en mettant apparemment sur un même plan, activité cynégétique et travail du fer. Intermariage entre groupes chasseurs et groupes forgerons ? Apprentissage d'un groupe auprès d'un autre ? Absence d'autres moyens de subsistance, pour ces groupes exclus de la propriété du bétail et de la terre ? Edouard Conte (1991) avance – mais cela demeure entièrement hypothétique – que certaines populations auraient pu allier, dès le départ, chasse et travail du fer[35].

Comme on l'a vu plus haut, certains groupes d'artisans endogames des monts Mandara trouvent vraisemblablement leur origine parmi les spécialistes infériorisés de cette zone, ou bien ont vu leurs effectifs renforcés grâce à eux.

En certains lieux, les spécialistes originaires de l'Afrique occidentale côtoient ceux du Sahel central. Ainsi, Viviana Pâques (1977, 121-123), puis Christian Seignobos (1986, 105-106), font état des *baylao*, forgerons-éleveurs. Or, ces personnes sont très

32 Notamment El-Tounsy 1851, 327, 367-368, 722 ; Nachtigal 1967 [1889], vol. 3, 70, 82, 234-235, 239.

33 Un homme mbara participait, en tenue de chasseur, aux rituels de la cour barma. S'agissait-il d'une continuité partielle avec les activités traditionnelles mbara, ou bien d'une réinterprétation, inspirée par l'association artisanat-chasse par ailleurs si fréquente dans la région ?

34 Ce cumul ou passage suppose néanmoins la production pour une population dominante.

35 Conte se réfère aux travaux de Dierk Lange (1977) et de Françoise Treinen-Claustre (1982), qui cependant ne développent pas les mêmes perspectives. Cette dernière indique simplement que l'archéologie n'a pas apporté la preuve de la domestication des céréales à l'époque du « Fer Ancien » ; cette preuve est apportée à la phase suivante (le « Fer Moyen »), également caractérisée par une importante activité d'élevage. L'emploi de l'expression « culture haddadienne » pour désigner cette époque, usage introduit par Yves Coppens, est malencontreux, dans la mesure où les éventuelles continuités de culture et, surtout, de structures sociales, sont à démontrer.

probablement une branche avancée, ou encore un groupe en partie dérivé, des forgerons *baylo*, pl. *waylube*, associés aux Peuls de l'Afrique occidentale.

République du Soudan

Les forgerons forment des groupes endogames chez les populations arabophones et les Zaghawa du nord Soudan[36]. La situation des spécialistes présents chez les Bari, population de langue nilotique du sud-Soudan, a été décrite de manière relativement détaillée[37].

Les Bari distinguent, outre les forgerons, plusieurs groupes endogames ou à tendance endogame : chasseurs, chasseurs aquatiques et une catégorie de serviteurs rituels, les *dupi kaderak*. Ceux-ci aidaient leurs patrons bari dans leurs travaux agricoles et pastoraux, assuraient les corvées d'eau et de bois, et participaient à la préparation des repas cérémoniels (d'où leur nom, qui signifie littéralement « serfs cuisiniers ») ; certains assistaient les faiseurs de pluie bari (qui avaient parfois la charge de plusieurs villages) et étaient enterrés avec eux. Pour importants que furent leurs rôles dans la société, la situation des *dupi* était peu enviable : si on ne pouvait mettre à mort les adultes (sauf dans le contexte funéraire mentionné ci-dessus), leurs enfants étaient parfois supprimés, car les Bari bien nés estimaient que leur trop grand nombre porterait atteinte à leur propre procréation.

Le cas bari (comme ceux des Dimé et des Dizi d'Ethiopie, ainsi que des Somali, *infra*) indique qu'en Afrique aussi, une activité rituelle peut devenir le principal marqueur d'un groupe endogame. En outre, il suggère (comme chez les Somali) qu'un système complexe, réunissant plusieurs groupes endogames ou à tendance endogame, dont des forgerons, peut se développer à partir de la coïncidence sur un même territoire d'une pluralité de groupes d'origines différentes. Les ethnographes considèrent que les *dupi*, les chasseurs et chasseurs aquatiques dérivent de populations à l'origine distinctes des Bari.

Il y a lieu de penser qu'en certaines régions du Soudan, comme au Sahel central, des spécialistes issus de l'ouest du continent côtoient ceux de l'Est. Beaucoup de Peuls, parmi ceux qui se rendaient en pèlerinage à La Mecque ou en retournaient, se sont établis dans l'actuel Soudan (particulièrement dans les régions du Darfour, du Kordofan et de la Gézira). En outre, de nombreux membres de l'élite peule du Sokoto ont rallié le Mahdi (dès les années 1870), ou bien y sont installés à la suite de la conquête britannique du nord Nigéria (conquête achevée en 1903)[38]. Des forgerons, désignés par les termes arabes *hadahid* ou *haddadin* mais associés à des populations peules, ainsi que des griots qui transmettent des récits en langues peule et haoussa, sont mentionnés dans la littérature (Braukämper 1992, 204 ; Abu-Manga 1985).

Ethiopie

La présence de groupes de spécialistes endogames est caractéristique de la plupart des populations d'Ethiopie : on a distingué des groupes de forgerons (dont les épouses sont le plus souvent potières), des artisans du bois, des artisans du cuir, des tisserands, des chasseurs et des groupes qui cumulent activités cynégétiques et artisanales (surtout travail du bois ou du cuir). Plusieurs de ces groupes ont des répertoires musicaux spécifiques, mais la musique est rarement, voire jamais, l'activité principale d'un groupe endogame[39]. A la différence de l'Afrique de l'Ouest, le travail des métaux précieux (or et argent), prestigieux, n'est pas le fait de groupes endogames. En milieu amhara, il se transmet le plus souvent de père en fils, parmi de familles de bon statut ; il peut également être confié à des spécialistes d'origine étrangère (européenne ou moyen-orientale, par exemple ; R. Pankhurst 1992, 60-62, 225). Les Dimé et les Dizi distinguent également une catégorie de serviteurs rituels (qu'ils appellent respectivement *kaysaf* et *geima* ; voir Todd 1977, Deguchi 1996).

Ces spécialistes étaient autrefois (et dans certains cas, sont encore) soumis à une ségrégation sociale sévère : obligation d'habiter des hameaux à part ; interdit de commensalité ; interdiction de pénétrer dans les villes ou sur les marchés, ou encore de traverser les champs ou de s'approcher des animaux appartenant aux membres de la population majoritaire ; interdiction de consommer certains aliments valorisés (le beurre, par exemple).

Les spécialistes éthiopiens n'ont pas fait l'objet d'une étude historique à proprement parler. Cependant, il est plausible, étant donné l'ancienneté des royaumes dans cette région et les fortes relations entre rois et

36 Voir par exemple : El Tigani 1982 ; Tobert 1984, 1988.

37 Les principales sources concernant les spécialistes bari sont Whitehead 1929 et 1953, ainsi que Simonse 1992 *(passim)*. Cet ouvrage est remarquable tant pour ses apports théoriques que pour les recherches empiriques (ethnographiques et dans les archives coloniales) qu'il présente.

38 Voir par exemple Delmet 2000, Schlee 2000.

39 Parmi les très nombreux travaux consacrés aux spécialistes endogames de l'Ethiopie, on peut citer : Shack 1964 ; Levine 1973, 39, 45-46, 56-57, 62, 169-170, 195-198 ; R. Pankhurst 1992; Silverman (éd.) 1999 ; A. Pankhurst 1999 ; D. Freeman et A. Pankhurst (éd.) 2003 ; Lyons et A. Freeman 2009. L'ouvrage de Freeman et Pankhurst présente les résultats des enquêtes de terrain, réalisées principalement par des chercheurs éthiopiens, dans le sud-ouest du pays.

spécialistes exprimées dans les cérémonies et les mythes, que les royaumes aient joué un rôle important dans le développement de ces groupes (inauguration, redéfinition ou manipulation). Le fait que de nombreux groupes désignent la chasse comme leur activité originelle, voire cumulent chasse et activité artisanale, suggère qu'ils trouvent leur origine parmi des populations de chasseurs-cueilleurs autrefois autonomes. Les désignations par lesquelles les spécialistes sont connus n'ont pas non plus fait l'objet d'une étude linguistique détaillée, mais le fait que des désignations semblables sont en usage chez les différentes ethnies et que les traditions orales tant des populations d'accueil que des spécialistes eux-mêmes font état des mouvements migratoires de ceux-ci, donne à penser que la multiplicité des groupes actuels dérive d'un petit nombre de foyers.

L'histoire d'une seule population éthiopienne, qui au cours de ces derniers siècles est devenue endogame et largement spécialisée dans l'artisanat, a été étudiée : il s'agit des Falasha (désignation qui en amharique signifierait « les dispersés » ou « les expulsés » ; les intéressés se disent Beta Israël), qui pratiquent une religion inspirée de l'Ancien Testament[40]. Or, l'on sait d'après les sources écrites qu'aux XIIIe et XIVe siècles ceux-ci étaient des cultivateurs organisés en royaumes indépendants, qui ont été progressivement intégrés dans le royaume chrétien d'Ethiopie à la suite d'une série de défaites militaires. A partir du XVe siècle, ils ont commencé à perdre leurs droits sur leurs terres et parallèlement, à inclure de nombreux artisans - fournissant, en particulier, de nombreux maçons et menuisiers pour les travaux royaux (palais et églises). Aux XIXe et XXe siècles, devenus minoritaires dans leurs terroirs d'origine, ils étaient dispersés dans le nord de l'Ethiopie. Leurs travaux emblématiques étaient la forge (pour les hommes) et la poterie (pour les femmes et une partie des hommes) ; ils pratiquaient aussi des artisanats divers, et certains étaient bourreaux ou fossoyeurs.

Leur exemple suggère que l'artisanat, et particulièrement le travail de la forge, peut être attribué à un groupe simplement en raison de sa faiblesse politique. La pratique de l'artisanat vient confirmer une dévalorisation qui, au départ, reposait sur d'autres bases. Rien n'indique qu'à l'époque de leur autonomie, les artisans étaient surreprésentés parmi les Falasha. Tout comme certains forgerons infériorisés du Tchad, du nord-Nigéria et du nord-Cameroun, les forgerons falasha revendiquent leur appartenance à des sociétés qui avaient autrefois leurs propres rois.

Milieu somali

Les populations de langue somalie distinguent trois groupes de spécialistes endogames : les *tumaal*, qui travaillent tant le fer que les métaux précieux ; les *midgaan*, qui comptent parmi leurs rangs surtout des chasseurs à l'arc et des artisans du cuir, mais aussi des artisans du bois, des coiffeurs et des balayeurs ; les magiciens *yibir*, qui bénissent les nouveaux mariés ainsi que les nouveaux-nés. Certains *yibir* exercent des métiers divers, dont le travail du cuir ; certaines femmes *yibir* et *midgaan* s'adonnent à la poterie ou à la vannerie. Les Somali du sud distinguent également un quatrième groupe marginal, les chasseurs à l'arc *aweer* ; ceux-ci ne formaient cependant pas un groupe strictement endogame, car ils accueillaient dans leurs communautés, suivant un rituel précis, des hommes somali (bannis ou dépourvus de moyens d'existence). Les *midgaan* et les *aweer* avaient des répertoires musicaux spécifiques. Les Somali du nord désignaient ces groupes collectivement par le terme *sab*, alors que ceux du sud employaient le terme *bon*[41]. Ces groupes ont de faibles effectifs : I.M. Lewis (1961, 14) a estimé que dans les années 1950, la Somalie britannique comptait environ 9.000 *midgaan*, 2.250 *tumaal* et 1.300 *yibir* (pour une population totale d'environ 2.500.000 habitants). Mohamed Mohamed-Abdi (1998, 264) a estimé qu'en 1989, les Aweer n'étaient pas plus de 2.000 en Somalie, alors que Christian Bader (2000, 56) a estimé que les *yibir* n'étaient pas plus de 1500, dont 300 à Djibouti.

Les membres des trois premiers groupes au moins étaient soumis à des stricts comportements d'évitement. Ils ne pouvaient pénétrer dans les domiciles des Somali ni s'approcher de leurs animaux, ne pouvaient prendre leurs repas ni prier avec eux. Les Somali considéraient en effet que les membres de ces groupes étaient *najaas* (se trouvaient en état d'impureté rituelle permanente)[42].

Christian Bader (2000) a argumenté, de manière convaincante, que les *yibir* appartiennent à des lignages spécialisés dans certains rituels, qui ont perdu leur prestige à la suite de la conversion des Somali à l'islam (à partir du XIIIe siècle). Il relève que chez les Rendille, une population voisine qui parle une langue couchitique très proche, les membres de la moitié Iibir détiennent des rituels semblables, sans être astreints à l'endogamie ou tout autre forme d'évitement.

Les forgerons somali ne sont vraisemblablement pas

[40] Concernant l'histoire de cette population, voir notamment Quirin 1992 et Kaplan 1992. Concernant sa situation vers la fin du XXe siècle en Ethiopie, voir par exemple : Krempel 1974 ; Abbink 1987.

[41] Les principales sources récentes concernant ces groupes sont : Mohamed-Abdi 1998 (particulièrement pp. 263-294), Mohamed-Abdi 2000 et Bader 2000.

[42] De l'arabe *nadjasa* ou *nadjis*, termes qui désignent la souillure qui doit être effacée par les ablutions ou le bain, avant la prière.

sans relation avec ceux, également endogames, des populations limitrophes du nord-ouest (Ethiopie et Soudan) ou du sud (Kenya).

Afrique de l'Est (populations pastorales du Kenya et de la Tanzanie)

Chez plusieurs populations (surtout pastorales) du Kenya et de la Tanzanie, le travail du fer est transmis préférentiellement (mais pas toujours obligatoirement) de manière héréditaire. Dans certaines régions, les forgerons étaient également fondeurs. Les populations pastorales (et quelques populations agricoles fortement influencées par elles) évitent de se marier avec les artisans du fer (ou dans leurs familles) ; un interdit de mariage est avéré dans quatre sociétés (masai, nandi, rendille et sambourou). Diverses populations de la région (dont les Masai) interdisent la commensalité avec les forgerons, qui devaient loger à part. Les objets en fer devaient souvent être traités rituellement avant d'être livrés aux membres de la population majoritaire. Les Masai considéraient tous les membres de certains lignages comme « forgerons » *(Il Konono)*, bien que tous leurs hommes ne s'adonnaient pas à ce métier. Ces « forgerons » avaient leurs propres systèmes de classes d'âge, et leurs troupeaux ne devaient en aucun cas entrer en contact avec ceux des Masai ordinaires. Enfin, un Masai pouvait tuer impunément un forgeron[43].

On dispose de peu de données concernant l'histoire des forgerons de cette zone. Toutefois, les forgerons nandi indiquent qu'ils sont d'origine masai. De manière générale, les quelques traditions orales et généalogies recueillies indiquent des mouvements migratoires des forgerons, notamment vers des populations jusqu'alors dépourvues de ces artisans (ou chez lesquelles ils étaient très rares). Parfois, grâce à un apprentissage, un non-forgeron a fondé une nouvelle lignée de forgerons[44]. Vers le milieu du XXe siècle encore, plusieurs populations dépendaient des productions des sociétés voisines (Brown 1995, particulièrement 107-112). Le fait que les attitudes les plus négatives à l'égard des forgerons se rencontrent chez les populations en contact avec les Somali et les Oromo rend plausible qu'elles résultent, comme le suggère Jean Brown (1995, 137-138), d'une influence culturelle de la Corne.

Une seconde activité artisanale, la poterie, est souvent le fait d'un groupe social particulier. Plusieurs populations pastorales (dont les Rendille, les Turkana, les Sambourou, les Arial, les Masai et les Nandi) obtiennent la majeure partie de leurs céramiques (voire toutes) auprès des femmes des groupes de chasseurs-cueilleurs. Des potières masai et nandi sont encore mentionnées dans les ethnographies du début du XXe siècle (Hinde 1901, 88-90 ; Hollis 1905, 33 ; Hollis 1909, 35-36). Doit-on considérer qu'elles ont progressivement délaissé cette activité en faveur des chasseurs-cueilleurs ?

Un développement particulier chez les Rendille (ou chez certains Rendille) suggère que la détention ne serait-ce que d'une seule spécialisation peut conduire à l'attribution de plusieurs. Aussi, aux hommes qui appartiennent à des lignées des forgerons mais ne pratiquent pas la forge, ces Rendille confient les activités suivantes : la boucherie (à l'exclusion de celle, rituelle, liée aux sacrifices) ; le travail du bois ; le creusage des puits et des tombes[45]. On reconnaît sans peine des activités souvent attribuées à des groupes endogames dans d'autres aires culturelles.

Le Rwanda et le Burundi

Enfin, considérons les cas du Rwanda et du Burundi. Ces sociétés ont été décrites comme constituées respectivement de trois et de cinq catégories sociales, à tendance héréditaire et endogame. Les trois principales sont celles : des Tutsi (globalement associés avec le pastorat et le pouvoir politique) ; des cultivateurs Hutu ; et des Twa. Ces catégories ont été diversement comparées aux ordres d'un Etat féodal, à des castes ou (plus récemment et avec les conséquences que l'on sait) à des ethnies. Les Twa, qui descendent en partie des chasseurs-cueilleurs autrefois autonomes, conservèrent longtemps, dans certaines régions, leurs activités sylvestres. Certains hommes twa étaient musiciens, archers ou espions des rois. Beaucoup de Twa, hommes et femmes, étaient potiers. Les Twa étaient considérés avec un certain mépris et ne pouvaient en aucun cas prendre leurs repas en compagnie des membres des autres catégories sociales[46].

Les représentations relatives au travail des métaux

[43] Parmi les principales sources concernant les activités artisanales dans cette région, on peut citer Merker 1904, 110-114, 214 ; Spencer 1973, 62-63, 118-119 ; Galaty 1979 ; Coy 1982 ; Larick 1986, 1991 ; Barbour et Wandibba 1989 ; et surtout, Brown 1995.

[44] Voir particulièrement Coy 1982, 93-105, 137-161. Selon certaines traditions (Hollis 1909, 36-38), la plupart des forgerons exerçant en milieu nandi seraient d'origine pastorale masai (en rupture avec leur société d'origine) plutôt que les descendants des personnes qui exerçaient déjà ce métier dans leur milieu initial. Ces traditions, ainsi que les informations de Coy, suggèrent que des personnes qui n'ont pas reçu le travail du fer en héritage peuvent contribuer à répandre le modèle de forgerons préférentiellement (voire obligatoirement) héréditaires et endogames.

[45] Brown 1995, 136, 147 (n. 241-244), sur la base des observations d'Anders Grum.

[46] Parmi les ouvrages les plus marquants de la littérature très étendue portant sur ces royaumes, on peut citer : Maquet 1954 ; D'Hertefelt 1971 ; De Heusch 1972, 1982, 2000 ; Chrétien 1993. Concernant le travail du fer et la poterie, voir notamment : Celis et Nzikobanyanka 1976 ;

dans cette région sont particulièrement intéressantes. Les rois rwandais et burundais sont présentés, dans les mythes et les cérémonies, comme des rois forgerons. Les mythes attribuent la découverte des techniques métallurgiques à leurs ancêtres, et une enclume et des outils surdimensionnés figuraient parmi leurs regalia, bien qu'ils ne travaillaient jamais le fer. En revanche, toute l'activité de fonte - et l'essentiel du forgeage - étaient assurés par des Hutu. Quelques hommes twa étaient également forgerons.

Tout se passe comme si les activités artisanales avaient tendance à devenir l'apanage de la catégorie la moins valorisée : les Twa affirment avoir appris le forgeage auprès des Hutu et emploient les mêmes outils (éventuellement en modèle réduit), qu'ils désignent par les mêmes termes (Celis et Nzikobanyanka 1976, 161-163 ; Celis 1987, 17). Dans les sociétés voisines (Buganda, Bunyoro...), la poterie était généralement fabriquée par des hommes de statut cultivateur ; quelques hommes hutu fabriquaient la poterie, au Rwanda et au Burundi, encore dans les années 1950 (Trowell et Wachsmann 1953, 117 ; d'Hertefelt *et al.* 1962, 34, 127-128, 19). Configuration qui suggère que cette activité a été délaissée par les Hutu au profit des Twa. Et qui évoque immanquablement la vocation potière des chasseurs-cueilleurs vivant en symbiose avec des pasteurs en Afrique de l'Est.

Conclusions

A la lumière de cette étude, il apparaît clairement que, comme l'ont déjà remarqué Dena Freeman (2003) et Olivier Langlois (2006) ainsi que nous-même (1988), des groupes de spécialistes endogames peuvent se rencontrer tant dans des sociétés avec que sans Etats, et dans ces dernières, qu'elles soient organisées en chefferies ou aient seulement des leaders rituels ou informels.

Toutefois, il est possible que ces groupes ne se forment que dans des sociétés organisées en royaumes ou Etats. L'Afrique occidentale soudano-sahélienne a connu plusieurs Etats depuis une haute époque et en outre, l'apparition de certains groupes est corrélée à l'émergence de l'empire médiéval du Mali. Par ailleurs, on ne peut exclure l'éventualité que les groupes des spécialistes endogames des monts Mandara et des monts Alantika dérivent ou s'inspirent de ceux du Sahel central, région caractérisée depuis longtemps par des royaumes et des Etats. Certaines sociétés des Monts Mandara auraient elles-mêmes connu autrefois des chefferies puissantes. On ne peut non plus exclure l'éventualité que les groupes endogames caractéristiques de différentes populations de l'Afrique de l'Est remonteraient à un foyer en Ethiopie, ni même qu'il y ait des liens entre les groupes du Sahel central et ceux de la Corne, car de l'est du Niger jusqu'à la Mer rouge et l'Océan indien, leur répartition est continue. Si ces hypothèses de diffusion régionale devaient se confirmer, elles renforceraient l'idée selon laquelle les groupes endogames naissent dans des sociétés à Etats ou à royaumes.

Il est tout aussi clair que les groupes de spécialistes endogames peuvent se rencontrer dans des sociétés ayant des modes de vie et des systèmes économiques contrastés (sociétés agricoles, pastorales ou agropastorales, ayant ou non une importante composante marchande ou urbaine). En outre, il apparaît que ces institutions se maintiennent, en s'assouplissant quelque peu, dans des sociétés en voie de modernisation et d'industrialisation.

En revanche, il est possible qu'elles ne se forment que dans des sociétés à base agricole (cas de l'Afrique occidentale soudano-sahélienne, de l'Ethiopie et de plusieurs sociétés du Soudan central). Cette hypothèse est l'inverse de celles, courantes au début et au milieu du XXe siècle, selon lesquelles les groupes endogames auraient été créés essentiellement par des populations pastorales. Par ailleurs, les données dont nous disposons n'étayent pas le point de vue selon lequel les populations pastorales auraient imposé une ségrégation sociale particulièrement rigoureuse aux membres de ces groupes. Si la condition des artisans endogames est particulièrement dure chez les pasteurs masai, somali et zaghawa par exemple, elle l'est tout autant chez les populations agricoles de l'Ethiopie.

En même temps et de manière assez surprenante, ces données suggèrent qu'aucune caractéristique (ou ensemble de caractéristiques), parmi celles habituellement relevées par les typologies sociales, ne suffit à expliquer la formation de ces groupes. Si cela était le cas, on devrait rencontrer de tels groupes dans une forte proportion de sociétés. Or, non seulement on ne les rencontre que dans une minorité (importante) des sociétés, mais à l'intérieur de chacune de leurs zones de répartition, ils ne semblent provenir que d'un petit nombre de foyers d'origine. Ce qui implique que des facteurs contingents par rapport aux structures sociales, car non déductibles de ces dernières, sont à l'œuvre. Nous proposons de les appeler : « facteurs déclenchants ».

Ces facteurs sont assez divers, et même contrastés ; cependant, ils ont un trait commun : une situation d'inégalité entre groupes perçus comme étant d'origines différentes.

Dans le cadre de nos explorations historiques, nous avons en effet constaté les séquences suivantes :

(1) Transformation des groupes (lignages, clans, ethnies, populations) symboliquement et/ou

Celis 1987 ; De Maret 1980, 1985 ; De Carolis 1978 ; Kanimba 1994.

techniquement liés au travail du fer en groupes de spécialistes endogames.

Nous avons noté deux cas de figure :

a) Les membres du groupe endogame se présentent comme les descendants du roi forgeron ou de ses associés (appartenance aux mêmes clans). (Cas de l'ancien empire du Mali.)

b) Des forgerons infériorisés, constitués en groupes endogames ou à tendance endogame, affirment provenir de populations (cités ou ethnies) autrefois gouvernées par leurs propres rois, qui étaient eux-mêmes symboliquement et/ou pratiquement associés au travail du fer (fonte et forge). Christian Seignobos (1991b) résume ce processus par la formule : « du roi-forgeron au forgeron-fossoyeur ».

(2) Attribution des activités artisanales, ainsi qu'éventuellement musicales et/ou rituelles, à des populations initialement autonomes qui n'y étaient pas spécialisées au départ.

Ici encore, nous avons noté deux cas de figure :

a) Une population agricole organisée en royaumes perd son autonomie à la suite d'une série de défaites politiques et militaires, est progressivement dispersée et amenée à se spécialiser dans des activités artisanales, dont la fonte, la forge et la poterie (cas des Falasha d'Ethiopie).

b) Une population de chasseurs-cueilleurs devenue très minoritaire dans une région donnée devient un groupe endogame, spécialisé dans l'artisanat et/ou la chasse. (Cas de plusieurs sociétés du Tchad, du Soudan, de l'Ethiopie et de la Somalie. A considérer les cas des chasseurs et artisans-chasseurs à tendance endogame, on devrait ajouter les chasseurs-potiers associés aux Masai et aux Nandi, ainsi que les Twa du Rwanda et du Burundi.). Dans ce second ensemble des cas, tout se passe comme si des activités artisanales étaient attribuées au groupe le plus faible, en raison même de sa faiblesse.

La relation, encore relativement équilibrée, entre cultivateurs de langue bantoue, d'une part, et chasseurs-cueilleurs maîtres du fer de langue khoe, d'autre part, décrite par Eileen Kose (2012) en Namibie, pourrait être une étape vers l'émergence de liens de dépendance plus marqués. Dans ce cas particulier, les chasseurs-cueilleurs auraient connu les techniques de la fonte et du travail du fer dès avant l'installation des cultivateurs dans la région.

Nous n'excluons pas que de recherches ultérieures révèlent d'autres processus : nous retenons surtout le caractère inégalitaire de la situation initiale. Il s'agit, une fois encore, d'un facteur nécessaire mais non suffisant : les confrontations inégales sont légion et de toute évidence, ne donnent pas systématiquement lieu à la formation de groupes endogames. De ce point de vue, on pourrait dire que le fait historique est comme le « battement d'aile d'un papillon », qui en provoquant des réactions en série, engendre un cataclysme.

Dans la mesure où il nous semble que l'organisation endogamique ne confère pas d'avantages économiques ou techniques significatifs et surtout, que les cumuls constatés (par exemple, fer et musique, fer et soins du corps) ne répondent pas à une rationalité économique, alors que les activités en question font l'objet de représentations symboliques très élaborées, nous sommes amené à formuler l'hypothèse selon laquelle ces représentations, opérant dans un certain contexte politique, ont un rôle prépondérant dans l'émergence des groupes endogames.

Il ne s'agit pas pour autant de méconnaître la valeur économique et technique immense des métaux et du fer en particulier ; cependant, il semblerait que ces facteurs jouent plutôt en amont - sous-tendant certaines représentations symboliques et expliquant l'émergence des rois-forgerons - ou en aval, justifiant la manipulation des institutions existantes.

Ce point de vue peut être formalisé ainsi :

représentations quasi-universelles relatives à l'artisanat et à la musique + opérant dans le contexte des sociétés traditionnelles (ou peut-être : seulement des sociétés agricoles organisées en royaumes) + facteurs déclenchant contingents (ayant pour trait commun une situation d'inégalité) → groupes de spécialistes endogames.

Dans la mesure où le travail du fer est assigné à des groupes endogames dans presque toutes les sociétés où de tels groupes existent, on peut penser qu'il a une propension exceptionnelle à être attribué à des groupes au statut marqué. Les autres branches de l'artisanat, la musique, les services rituels, les soins corporels, auraient cette propension à moindre degré.

Mais dans la mesure où les forgerons et fondeurs-forgerons exercent presque toujours aussi d'autres fonctions spécialisées, les représentations relatives à celles-ci doivent aussi avoir une incidence sur leur statut. Etant donné les forts liens symboliques entre certaines activités, on peut avancer à titre d'hypothèse, qu'à partir du moment où l'une d'elles est attribuée à un groupe endogame, d'autres le seront également (qu'elles soient réparties entre plusieurs groupes ou attribuées à un seul), par une sorte de réaction en chaîne.

L'émergence initiale de groupes de spécialistes endogames dans une région donnée apparaît ainsi comme un fait exceptionnel. Cependant, une fois apparus, ceux-ci semblent le plus souvent se maintenir et se répandre (diversification et complexification à l'intérieur d'une même société ; adoption de cette institution par d'autres sociétés). Leur expansion géographique est principalement liée à leurs propres déplacements, le plus souvent volontaires ou liés à des mouvements migratoires plus vastes, quelquefois contraintes par des rois ou des chefs, mais aussi par la création de nouveaux groupes endogames sur le modèle de ceux qui existaient déjà (comme dans certains milieux mossi ou dogon). C'est - comme la royauté ou l'Etat (cf. De Heusch 1987) - un concept qui a du succès.

Les résonances symboliques de leurs métiers, ainsi que le complément de techniques, de savoirs et de produits qu'ils apportent (au prix parfois de provoquer la perte de certaines techniques de la société hôte) sont vraisemblablement parmi les facteurs qui contribuent au renforcement et à la généralisation de cette institution ; ainsi que peut-être le désir humain malheureusement assez bien partagé, d'avoir des boucs émissaires et des souffre-douleur à portée de main[47].

Soulignons encore quelques aspects.

Alors que selon un point de vue autrefois répandu, les spécialistes descendraient des premiers détenteurs d'une technique dans une région donnée (ou auraient eu un lien de continuité avec eux), il semble que dans quelques cas, les spécialistes adoptent les techniques d'autres groupes statutaires (Twa au Rwanda et au Burundi ; les Fuga chez les Gurage d'Ethiopie). Bien entendu, dans d'autres cas, ils imposent leurs propres techniques aux populations hôtes.

Des systèmes complexes (rassemblant plusieurs groupes de spécialistes) peuvent apparaître à la suite d'une simple coïncidence, sur un même territoire, des groupes aux origines distinctes. Comme le rappelle Alula Pankhurst (2003, 16) par rapport au sud-ouest de l'Ethiopie, tous les spécialistes d'une société donnée n'ont pas nécessairement une origine commune ; remarque également valable par rapport aux Bari du Soudan, aux populations de langue somalie, aux forgerons et chasseurs-cueilleurs associés avec les Masai et les Nandi.

Des individus et lignages non héréditairement associés à une activité (particulièrement le fer ou la poterie) peuvent véhiculer le modèle d'organisation endogamique et fonder de nouveaux groupes endogames (comme dans certains milieux dogon, chez les Kome Vere [Cameroun] ou encore chez les Kalenjin).

Randi Haaland (1985, 61) a avancé l'idée selon laquelle les groupes de spécialistes endogames apparaissent surtout dans des sociétés complexes, ayant une longue histoire d'organisation étatique. Ce point de vue est moins tautologique qu'il ne paraît (critique de De Barros 2000, 183), car comme nous l'avons vu, de tels groupes semblent émerger surtout à la suite de la confrontation de groupes (et singulièrement de dynasties) préexistants.

Sterner et David (1991 ; cité in De Barros 2000, 184) ont comparé l'enfermement de forgerons en des groupes endogames à une « conspiration inavouée » à leur égard, visant à profiter de leur travail tout en leur déniant toute participation au pouvoir. A la lumière des exemples réunis ici, nous dirions qu'il s'agit plus probablement d'une manipulation dont les acteurs sont bien conscients des enjeux, même si le souvenir de ceux-ci, habilement camouflés par les traditions orales du groupe dominant, s'estompe avec le temps.

Une remarque finale. On a tendance à considérer que (sauf bien entendu en Inde) les groupes de spécialistes endogames sont une rareté ethnographique, de l'ordre de l'exception. Sur la base de nos investigations, nous estimons qu'il convient de changer quelque peu de perspective, à savoir : les groupes de spécialistes endogames se rencontrent dans une minorité significative des sociétés traditionnelles (agricoles ou pastorales préindustrielles) et incluent (précisément sous forme de groupes endogames subordonnés) certaines populations de chasseurs-cueilleurs. A l'aube du XXe siècle, celles-ci formaient une bande presque ininterrompue de l'Ouest à l'Est du continent, englobant le sud-Sahara, le Sahel et la savane d'est en ouest, incluant toute la Corne puis plongeant profondément vers le sud-est. Des spécialistes endogames originaires de l'Afrique de l'Ouest étaient parvenus jusqu'au centre, voire jusqu'à l'est, de la bande sahélo-soudanienne. Au XXe siècle, l'institution a poursuivi son expansion, gagnant de nouveaux terrains d'implantation, même si elle a parfois aussi régressé. Un système panafricain de spécialistes endogames était-il sur le point d'émerger, stoppé seulement par la colonisation, puis la globalisation ?

47 C'est dans ce sens que Jean-Paul Sartre a écrit (1993 [1946], 14) : « Si le Juif n'existait pas, l'antisémite l'inventerait. » Remarquons toutefois que dans la plupart des cas, les groupes qui subissent une ségrégation sociale marquée sont censés être d'origine allochtone ; les populations plus homogènes doivent donc le plus souvent se passer de ce type d'exutoire.

Bibliographie

Abensour, M. (éd.) 1987. *L'esprit des lois sauvages. Pierre Clastres ou une nouvelle anthropologie politique*. Paris, Seuil.

Abbink, J. 1987. A socio-structural analysis of the Beta Esra'el as an "infamous group" in traditional Ethiopia. *Sociologus* n.s. 37(2), 140-154.

Abu-Manga, A. 1985. *Baajankaro. A Fulani Epic from Sudan*. (*Africana Marburgensia*, special issue 9).

Alvares de Almada, A. Edité par L. Silveira. 1946. [Ouvrage achevé vers 1594]. *Tratado breve dos Rios de Guiné*. Lisbonne, Oficina Grafica.

Amselle, J.-L. 1977. *Les négociants de la savane. Histoire et organisation sociale des Kooroko (Mali)*. Paris, Anthropos.

Bader, C. 2000. *Les Yibro. Mages somali*. Paris, L'Harmattan.

Balogun, O. 1985 [1978]. The Apprentice, *in* C. Achebe et C.L. Innes (éd.), *African Short Stories*. Londres, Heinemann [1ère parution de cette nouvelle dans la revue *Okike* 14, 1978].

Barbour, J. et Wandibba, S. (éd.) 1989. *Kenyan Pots and Potters*. Nairobi, Oxford University Press.

Barley, N. 1983. *Symbolic Structures. An Exploration of the Culture of the Dowayos*. Cambridge, Cambridge University Press.

Baroin, C. 1991. Dominant-dominé : complémentarité des rôles et des attitudes entre les pasteurs teda-daza du Niger et leurs forgerons. *In* Y. Monino (éd.), *Forge et forgerons*. Actes du IVe colloque Méga-Tchad, 329-381. Paris, ORSTOM.

Barth, H. 1857-1858. *Reisen und Entdeckungen in Nord- und Central-Afrika in den Jahren 1849 bis 1855*. Gotha, Justus Perthes. 5 vol.

Barth, H. 1965 [1857] *Travels and Discoveries in North and Central Africa, being a journal of an expedition undertaken under the auspices of H.B.M.'s government in the years 1849-1855*. Londres, Frank Cass. 3 vol. 1ère éd. : Londres, Longmans Green.

Bocoum, H. 2000. *L'âge du fer au Sénégal : histoire et archéologie*. Dakar, Institut fondamental d'Afrique noire.

Boyer, P. 1983. Le status des forgerons et ses justifications symboliques : une hypothèse cognitive. *Africa* 53(1), 44-63.

Brandily, M. 1974. *Instruments de musique et musiciens instrumentistes chez les Teda du Tibesti*. Tervuren, Musée royal de l'Afrique centrale.

Brandily, M.1988. Les inégalités dans la société du Tibesti. *In* C. Baroin (éd.), *Gens du roc et du sable. Les Toubou. Hommage à Charles et Marguerite Le Coeur*, 37-71. Paris, CNRS.

Braukämper, U. 1992. *Migration und ethnischer wandel. Untersuchungen aus der östlichen Sudanzone*. Stuttgart, Franz Steiner.

Bray, J. M. 1968. The organization of traditional weaving in Iseyin, Nigeria. *Africa* 38(3), 270-280.

Brown, J. 1995. *Traditional Metalworking in Kenya*. Oxford, Oxbow Books.

Camara, S. 1992 [1976]. *Gens de la parole. Essai sur la condition et le rôle des griots dans la société malinké*. Paris, Karthala. 1ère éd. : Paris, Mouton.

Carbou, H. 1912. *La region du Tchad et du Ouadaï*. Paris, Ernest Leroux. 2 vol.

Celis, G. et Nzikobanyanka, E. 1976. *La métallurgie traditionnelle au Burundi*. Tervuren, Musée royal de l'Afrique centrale.

Celis, G. 1987. *Introduction à la métallurgie traditionnelle au Rwanda*. Butare, Institut National de Recherche Scientifique.

Chapelle, J. 1982 [1958] *Nomades noirs du Sahara. Les Toubous*. 2ème éd. : Paris, L'Harmattan. 1ère éd. : Paris, Plon.

Charry, E. 2000. *Mande Music. Traditional and Modern Music of the Maninka and Mandinka of Western Africa*. Chicago, University of Chicago Press.

Chrétien, J.-P. 1993. *Burundi, l'histoire retrouvée. Vingt-cinq ans du metier d'historien*. Paris, Karthala.

Clastres, P. 1974. *La société contre l'Etat. Recherches d'anthropologie politique*. Paris, Editions de Minuit.

Clastres, P. 1980. *Recherches d'anthropologie politique*. Paris, Seuil.

Conrad, D. C. et Frank, B. E. 1995. Introduction, *in* D. C. Conrad et B. E. Frank (éd.), *Status and Identity in West Africa. Nyamakalaw of Mande*, 1-23. Bloomington, Indiana University Press.

Conte, E. 1979. Politics and marriage in South Kanem (Chad): a statistical presentation of endogamy from 1895 to 1975. *Cahiers O.R.S.T.O.M.*, sciences humaines, 16(4), 275-297.

Conte, E. 1983a. *Marriage Patterns, Political Change and the Perpetuation of Social Inequality in South Kanem, Chad*. Paris, ORSTOM.

Conte, E. 1983b. Castes, classes et alliance au sud-Kanem. *Journal des Africanistes* 53(12), 147-169.

Conte, E. 1991. Herders, hunters and smiths: mobile populations in the history of Kanem, *in* J. G. Galaty et P. Bonte (éd.), *Herders, Warriors, and Traders. Pastoralism in Africa.* Boulder (Colorado),Westview Press.

Corlett, J. A. 1974. *Despised Occupational Groups in Ethiopia*. Thèse de B.Litt., Oxford University.

Coulibaly, E. 2006. *Savoirs et savoir-faire des anciens métallurgistes d'Afrique. Procédés et techniques de la sidérurgie directe dans le Bwamu (Burkina Faso et Mali)*. Paris, Karthala.

Coy, M. W. *The Social and Economic Relations of Blacksmiths among Kalenjin-Speaking Peoples of the Rift Valley, Senegal*. Thèse de doctorat, Pittsburgh University.

Cuoq, J. M. (éd.) 1975. *Recueil des sources arabes concernant l'Afrique occidentale du VIIIe au XVIe siècle. (Bilad al-Sudan)*. Paris, Editions du CNRS.

Dark, P. J. C. 1973. *An Inroduction to Benin Art and Technology.* Oxford, Clarendon Press.

David, N. et Robertson, I. 1996. Competition and change in two traditional African iron industries. *In* P. R. Schmidt (éd.), *The Culture and Technology of African Iron Production*. Gainesville, University Press of Florida.

David, N. et Sterner, J. 1999. Wonderful society: the Burgess shale creatures, Mandara polities, and the nature of prehistory. *In* S. K. McIntosh (éd.), *Beyond Chiefdoms. Pathways to Complexity in Africa*, 97-109. Cambridge, Cambridge University Press.

De Barros, P. 1986. Bassar: a quantified, chronologically controlled, regional approach to a traditional iron production centre in West Africa. *Africa* 56(2), 148-174.

De Barros, P. 2000. Iron metallurgy: sociocultural context. *In* J. O. Vogel (éd.), *Ancient African Metallurgy. The Sociocultural Context*, 147-198. Walnut Creek (Californie), AltaMira Press.

De Carolis, A. 1978. *Il popolo dell'argilla. Pregiudizio etnico ed emarginazione sociale dei pigmoidi Twa del Burundi*. Rome, Officina Edizioni.

Deguchi, A. 1996. Rainbow-like Hierarchy : Dizi Social Organization. *Senri Ethnological Studies* 43, 121-143.

De Heusch, L. 1972, 1982, 2000. *Mythes et rites bantous. I. Le roi ivre ou l'origine de l'Etat. II. Rois nés d'un coeur de vache. III. Le roi de Kongo et les monstres sacrés*. Paris, Gallimard.

De Heusch, L. 1987. L'inversion de la dette (propos sur les royautés sacrées africaines). *In* M. Abensour (éd.), *L'Esprit des lois sauvages. Pierre Clastres ou une nouvelle anthropologie politique*, 41-59. Paris, Seuil.

Delmet, C. 2000. Les Peuls nomades au Soudan, *in* Y. Diallo et G. Schlee (éd.), *L'Ethnicité peule dans des contextes nouveaux*, 191-206. Paris, Karthala.

De Maret, P. 1980. Ceux qui jouent avec le feu : la place du forgeron en Afrique centrale. *Africa* 50(3), 263-279.

De Maret, P. 1985. The smith's myth and the origin of leadership in Central Africa, *in* R. Haaland et P. Shinnie (éd.), *African Iron Working, Ancient and Traditional.* Oslo, Norwegian University Press.

D'Hertefelt, M., Trouwborst, A., et Scherer, J. H. 1962. *Les anciens royaumes de la zone interlacustre méridionale. Rwanda, Burundi, Buha.* Tervuren, Musée royal de l'Afrique centrale.

D'Hertefelt, M. et Coupez, A. 1964. *La royauté sacrée de l'ancien Rwanda*. Tervuren, Musée royal de l'Afrique centrale.

Diop, A.-B. 1981. *La société wolof. Tradition et changement. Les systèmes d'inégalité* et *de domination.* Paris, Karthala.

Diop, C. A. 1999 [1954]. *Nations nègres et cultures.* 4ème éd. augmentée. Paris, Présence africaine.

Diouf, M. 1981. Le problème des castes dans la société wolof. *Revue sénégalaise d'histoire* 2(1), 25-37.

Doumbia, P.-E.-N. 1936. Etude du clan des forgerons. *Bulletin du Comité d'Etudes Historiques et Scientifiques de l'A.O.F.* 19(2-3), 334-380.

Doutoum, M. A. 1990. Place et statut des forgerons dans la société maba du Tchad. *Journal des Africanistes* 60(2), 149-160.

Dumézil, G. 1968-1978. *Mythe et épopée.* Paris, Gallimard. 3 t.

Dupire, M. 1985. A nomadic caste: the Fulani woodcarvers, historical background and evolution. *Anthropos* 80, 85-100.

Dupré, M.-C. et Pinçon, B. 1997. *Métallurgie et politique en Afrique centrale. Deux mille ans de vestiges sur les plateaux batéké. Gabon, Congo, Zaïre.* Paris, Karthala.

Dupuis, A. et Echard, N. 1971. La poterie traditionnelle hausa de l'Ader. (Rép. du Niger). *Journal de la Société des Africanises* 41(1), 7-34.

Echard, N. 1965. Notes sur les forgerons de l'Ader (pays hausa, République du Niger). *Journal de la Société des Africanistes* 35(2), 353-372.

Echard, N. 1968. *Noces de feu.* Meudon, CNRS Audiovisuel. [Film, 32 minutes.]

Echard, N. 1970. *Forgerons, fils des femmes.* Meudon, CNRS Audiovisuel. [Film, 9 minutes.]

El Tigani, M. M. S. 1982. The Position of Blacksmiths among the Zaghawa. *Sudan Notes and Records* 43, 73-81.

El-Tounsy, M. 1851. *Voyage au Ouaday.* Traduit de l'arabe par le Dr. Perron. Paris, Benjamin Duprat.

Fardon, R. 1988. *Raiders and Refugees: Trends in Chamba Political Development, 1750 to 1950.* Washington, D.C., Smithsonian Institution Press.

Fardon, R. 1990. *Between God, the Dead and the Wild.* Londres, Edinburgh University Press for the International African Institute.

Fay, C. 1995. 'Car nous ne faisons qu'un'. Identités, équivalences, homologies au Maasina (Mali). *Cahiers des sciences humaines* 31(2), 427-456.

Fernandes, V. 1951 [ouvrage rédigé vers 1506-1510] *Description de la Côte occidentale d'Afrique (Sénégal au Cap de Monte, Archipels).* Edition critique et traduction annotée de T. Monod, A. Teixeira da Mota et R. Mauny. Bissau, Centro de Estudos da Guiné Portuguesa.

Ford, M. J. 1990. *Ethnic Relations and the Transformation of Leadership among he Dan of Nimba, Liberia (ca. 1900-1940).* Thèse de doctorat, Binghamton, State University of New York.

Frank, B. E. 2007. Marks of identity. Potters of the Folona (Mali) and their "mothers". *African Arts*, 30-41.

Freeman, D. 2003. Conclusion I – Understanding marginalisation in Ethiopia, *in* D. Freeman et A. Pankhurst (éd.), *Peripheral People. The Excluded Minorities of Ethiopia*, 301-333. Londres, Hurst.

Freeman, D. et Pankhurst, A. (éd.) 2003. *Peripheral People. The Excluded Minorities of Ethiopia.* Londres, Hurst.

Galaty, J. G. 1979. Pollution and pastoral antipraxis: the issue of Maasai inequality. *American Ethnologist* 6(4), 803-816.

Gallay, A. Société englobées et traditions céramiques. Le cas du pays dogon (Mali) depuis le XIIIe siècle, *in Terre cuite et société.* XIVe rencontres internationales d'archéologie et d'histoire d'Antibes, 435-457. Juan-les-Pins (France), Association pour la promotion et la diffusion des connaissances archéologiques.

Gallay, A. 2000. Peuplement et histoire de la boucle du Niger (Mali) : un exemple de recomposition sociale dans l'artisanat du feu, *in* P. Pétrequin *et al.* (éd.), *Arts du feu et productions artisanales.* XXe rencontres internationales d'archéologie et d'histoire d'Antibes, 237-260. Antibes, Association pour la promotion et la diffusion des connaissances archéologiques.

Geysbeek, T. W. 2003. *History from the Musadu Epic: The Formation of Manding Power on the Southern Frontier of the Mali Empire.* Thèse de doctorat, East Lansing, Michigan State University. 2 vol.

Giesing, C. et Vydrine, V. 2007. *Ta:rikh Mandinka de Bijini (Guinée-Bissau). La mémoire des Mandinka et des Sòoninkee du Kaabu.* Leiden, Brill.

Gosselain, O. 1999a. Poterie, société et histoire chez les Koma Ndera du Cameroun. *Cahiers d'études africaines* 153, 39(1), 73-105.

Gosselain, O. 1999b. Castes, pottery technology and historical processes in the Mande area, West Africa, *in* B. Sillar et B. Boyd (coordinateurs), *Lampeter Workshop on Embedded Technologies. Reworking Technological Studies in Archaeology.* 21 pp.

Granier-Duermaël, A.-L. 2003. *Les artisans-médiateurs en milieu dogon. Etude des groupes jan et gon.* These de doctorat nouveau régime, Ecole des Hautes Etudes en Sciences Sociales, Marseille, 2003.

Herbert, E. W. 1993. *Iron, Gender, and Power. Rituals of Transformation in African Societies.* Bloomington, Indiana University Press.

Herbich, I. 1987. Learning patterns, potter interaction and ceramic style among the Luo of Kenya. *African Archaeological Review* 5, 193-204.

Héritier-Izard, F. 1973. La paix et la pluie. Rapports d'autorité et rapport au sacré chez les Samo. *L'Homme* 13(3), 121-138.

Hinde, S. L. et Hinde, H. 1901. *The Last of the Masai.* Londres, William Heinemann.

Hollis, A. C. 1971 [1905] *The Masai. Their Language and Folklore.* Freeport, N.Y., Books for Libraries Press.

Hollis, A. C. 1969 [1909] *The Nandi. Their Language and Folklore.* Edited with a new introduction by G. W. B. Huntingford. Oxford, Clarendon Press.

Huysecom, E. et Agustoni, B. 1997. *Inagina, l'ultime maison du fer.* Genève. [Film, 52 minutes.]

Huysecom, E. 2001. Technique et croyance des forgerons africains, éléments pour une approche ethnoarchéologique. *Mediterranean Archaeology. Australian and New Zealand Journal for the Archaeology of the Mediterranean World* 14, 73-83.

Izard, M. 1979. Transgression, transversalité, errance, *in* M. Izard et P. Smith (éd.), *La fonction symbolique*, 289-306. Paris, Gallimard.

Izard, M. 1983. Le royaume du Yatênga et ses forgerons : une recherche d'histoire du peuplement (Haute-Volta). *In* N. Echard (éd.), *Métallurgies africaines. Nouvelles contributions*, 253-279. Paris, Société des africanistes.

Izard, M. 1985. *Gens du pouvoir, gens de la terre. Les institutions politiques de l'ancien royaume du Yatenga (Bassin de la Volta Blanche).* Cambridge, Paris, Cambridge University Press, Editions de la Maison des sciences de l'homme.

Kanimba, M. 1994. La poterie et les potières batwa de Tongo, au Nord-Kivu, Zaïre. *Ethnographisch-archäologische Zeitschrift* 35, 573-592.

Kaplan, S. 1992. *The Beta Israel (Falasha) in Ethiopia. From Earliest Times to the Twentieth Century.* New York, New York University Press.

Kiethéga, J.-B. 1993. Les conditions sociales des travailleurs du feu. Forgerons et potières du Burkina Faso. *Berichte des Sonderforschungsbereichs* 268(1), 55-69.

Kiethéga, J.-B. 2009. *La métallurgie lourde du fer au Burkina Faso. Une technologie à l'époque précoloniale.* Paris, Karthala.

Koné, K. 1997. *Bamana Verbal Art: An Ethnographic Study of Proverbs.* Thèse de doctorat, Bloomington, Indiana University.

Kose, E. 2012. The role of iron in foraging societies of northern Namibia in the 15th to 20th century AD, in C. Robion-Brunner et B. Martinelli (eds.), *Métallurgie du fer et sociétés africaines*, Oxford, Archaeopress, 205-212.

Krempel, V. 1974. Eine Berufskaste in Nordwest-Athiopen - die Kayla (Falascha). *Sociologus* n.s. 24(1), 37-55.

Lange, D. et Berthoud, S. 1972. L'Intérieur de l'Afrique occidentale d'après Giovanni Lorenzo Anania (XVIe siècle). *Cahiers d'histoire mondiale* 14(2), 299-349.

Lange, D. 1977. *Le Diwan des sultans du [Kanem-] Bornu. Chronologie et histoire d'un royaume africain (de la fin du Xe siècle jusqu'à 1808).* Wiesbaden, Franz Steiner.

Lange, D. 1987. *A Sudanic Chronicle: The Borno Expeditions of Idris Alauma (1564-1576) according to the account of Ahmad b. Furtu.* Wiesbaden, Franz Steiner.

Langlois, O. et Bonnabel, L. 2003. Traditions funéraires et religions au Diamaré : apports historiques d'une approche ethnoarchéologique (Nord-Cameroun). *Journal des Africanistes* 73(2), 26-76.

Langlois, O. 2005-2006. De l'organisation bipartite du travail du fer dans les monts Mandara septentrionaux. *Techniques et cultures* 46-47, 175-209.

Langlois, O. 2009. Aux origines de l'endogamie des forgerons dans les monts Mandara (Nord-Cameroun) : mythes, hypothèses historiques et arguments matériels. *Journal des Africanistes* 79(2), 334-383.

Larick, R. 1986. Iron smelting and interethnic conflict among precolonial Maa-speaking pastoralists of north-central Kenya. *African Archaeological Review* 4, 165-176.

Larick, R. 1991. Warriors and blacksmiths: mediating ethnicity in East African spears. *Journal of Anthropological Archaeology* 10, 299-331.

Le Moal, G. 1999 [1980]. *Les Bobo : nature et fonction des masques.* Tervuren, Musée royal de l'Afrique centrale ; 1ère éd. : Paris, ORSTOM.

Le Rouvreur, A. 1989 [1962]. *Sahéliens et Sahariens du Tchad.* 3ème éd. revue. Paris, L'Harmattan, 1989. 1ère éd. : Paris : Berger-Levrault.

Levine, D. N. 1973. *Greater Ethiopia. The Evolution of a Multiethnic Society.* Chicago, University of Chicago Press.

Lewis, I. M. 1982 [1961]. *A Pastoral Democracy. A Study of Pastoralism and Politics among the Northern Somali of the Horn of Africa.* Londres, Oxford University Press.

Lloyd, P. 1953. Craft organization in Yoruba towns. *Africa* 23(1), 30-44.

Lyons, D. et Freeman, A. 2009. 'I'm not evil': materializing identities of marginalised potters in Tigray Region, Ethiopia. *Azania* 44(1), 75-93.

MacEachern, S. 1990. *Du Kunde: Processes of Montagnard Ethnogenesis in the Northern Mandara Mountains of Cameroon*. Thèse de doctorat, University of Calgary.

MacEachern, S. 1993. Selling the iron for their shackles: Wandala Montagnard interactions in Northern Cameroon. *Journal of African History* 34(2), 247-270.

MacEachern, S. 1994. 'Symbolic reservoirs' and inter-group relations: West African examples. *African Archaeological Review* 12, 205-224.

MacEachern, S. 2001. State formation and enslavement in the Southern Lake Chad basin. *In* Christopher De Corse (éd.), *West Africa During the Atlantic Slave Trade*. Londres, Leicester University Press.

McIntosh, R. J. 1993. The pulse model: genesis and accommodation of specialization in the Middle Niger. *Journal of African History* 34(2), 181-220.

McIntosh, R. J. 1998. *The Peoples of the Middle Niger*. Oxford, Malden (Massachusetts), Blackwell.

McIntosh, R. J. 2000a. Clustered cities of the Middle Niger: alternative routes to authority in prehistory, *in* D. M. Anderson et R. Rathbone (éd.), *Africa's Urban Past*, 19-35. Oxford, Portsmouth (New Hampshire), James Currey, Heinemann.

McIntosh, R. J. 2000b. Social memory in Mande, *in* R. J. McIntosh, J. A. Tainter, et S. K. McIntosh (éd.), *The Way the Wind Blows: Climate, History, and Human Action*, 141-180. New York, Columbia University Press.

McIntosh, R. J. 2005. *Ancient Middle Niger. Urbanism and the Self-Organizing Lanscape*. Cambridge, Cambridge University Press.

Magnant, J.-P. 1989. La conscience ethnique chez les populations sara, *in* J.-P. Chrétien et G. Prunier (éd.), *Les ethnies ont une histoire*, 328-336. Paris, Karthala.

Maquet, J. 1954. *Le système des relations sociales dans le Ruanda ancien*. Tervuren, Musée royal du Congo belge.

Martinelli, B. 1982. *Métallurgistes bassar : techniques et formation sociale*. Lomé, Institut national des sciences de l'éducation.

Martinelli, B. 1992. Agriculteurs métallurgistes et forgerons en Afrique soudano-sahélienne. *Etudes rurales* 125-126, 25-41.

Martinelli, B. 2000. Le choix de la combustion lente – Mutation technique et mutation sociale au Yatenga, Burkina Faso, *in* P. Pétrequin *et al.* (éd.), *Arts du feu et productions artisanales*. XXe rencontres internationales d'archéologie et d'histoire d'Antibes, 237-260. Antibes, Association pour la promotion et la diffusion des connaissances archéologiques.

Martinelli, B. 2002. Au seuil de la métallurgie intensive – Le choix de la combustion lente dans la boucle du Niger (Burkina Faso et Mali). *In* H. Bocoum (éd.), *Aux origines de la métallurgie du fer en Afrique*, 165-188. Paris, UNESCO.

Mbow, P. 2000. Démocratie, droits humains et castes au Sénégal. *Journal des Africanistes* 70(1-2), 71-91.

Merker, M. 1904. *Die Masai. Ethnographische Monographie eines ostafrikanischen Semitenvolkes*. Berlin, Dietrich Reimer.

Mohamed-Abdi, M. 1998. *Recherches sur une société riche d'une structure complexe : la société somalie*. Thèse d'habilitation, Université de Franche-Comté.

Mohamed-Abdi, M. 2000. Les bouleversements induits par la guerre civile en Somalie : castes marginales et minorités. *Autrepart* 15, 131-147.

Muller, J.-C. 2001. Le foyer des metaphores mal soudées. Forgerons et potières chez les Dii de l'Adamaoua (Nord-Cameroun). *Anthropologica* 43, 209-220.

Murdock, G. P. 1959. *Africa: Its Peoples and Their Culture History*. New York, McGraw Hill.

Nachtigal, G. 1967 [1879, 1881, 1889]. *Sahara und Sudan. Ergebnisse sechsjähriger reisen in Afrika*. Grasse (Autriche), Akademische Druck und Verlagsanstalt. 3 vol.

Nadel, S.F. 1942. *A Black Byzantium: The Kingdom of Nupe in Nigeria*. Londres, Oxford University Press for the International African Institute.

Ndoricimpa, L. et Guillet, C. 1983. *Les tambours du Burundi*. Bujumbura, Centre de Civilisation Burundaise.

Neaher, N. C. 1979. Awka who travel: itinerant metalsmiths of southern Nigeria. *Africa* 49(4), 352-366.

Nicolaisen, J. 1968. The Haddad, a hunting people in Chad. Preliminary report of an ethnographical reconnaissance. *Folk* 10, 91-109.

Ogawa, R. 2010. Pour une meilleure compréhension de la structure sociale des Wolofs. *Journal of Asian and African Studies* 78, 113-130.

Olivier de Sardan, J.-P. 1982. *Concepts et conceptions songhay-zarma*. Paris, Nubia.

Pahai, J. 1991. Les migrations des forgerons djorok chez les Massa du Cameroun. *In* Y. Monino (éd.), *Forge et forgerons.* Actes du IVe colloque Méga-Tchad, 31-41. Paris, ORSTOM.

Pankhurst, A. 1999. 'Caste' in Africa : the evidence from south-western Ethiopia reconsidered. *Africa* 69(4), 485-509.

Pankhurst, A. 2003. Introduction, *in* D. Freeman et A. Pankhurst (éd.), *Peripheral People. The Excluded Minorities of Ethiopia,* 1-26. Londres, Hurst.

Pankhurst, A. et Nida, W. 1999. Menjiye Tabeta - artist and actor. The life and work of a Fuga woodworker. *In* R. A. Silverman (éd.), *Ethiopia: Traditions of Creativity,* 113-131. Seattle, University of Washington Press.

Pankhurst, R. 1992 [1990] *A Social History of Ethiopia. The Northern and Central Highlands from Early Medieval Times to the Rise of Emperor Téwodros II.* Trenton (New Jersey), The Red Sea Press; 1ère éd. : Addis-Abéba, Institute of Ethiopian Studies.

Pâques, V. 1977. *Le roi pêcheur et le roi chasseur.* Strasbourg, Institut d'anthropologie.

Patterson, J. R. (éd. et trad.) 1926. *Kanuri Songs.* Lagos, Government Printer.

Pilaszewicz, S. 1991. The image of Hausa smiths in some written sources. *In* Y. Monino (éd.), *Forge et forgerons.* Actes du IVe colloque Méga-Tchad, 241-262. Paris, ORSTOM.

Podlewski, A.-M. 1966. *Les forgerons mafa. Description et evolution d'un groupe endogame.* Paris, ORSTOM.

Quirin, J. 1992. *The Evolution of the Ethiopian Jews. A History of the Beta Israel (Falasha) to 1920.* Philadelphie, University of Pennsylvania Press.

Rashid, I. 2006. Class, caste and social inequality in West African history. *In* E. K. Akyeampong (éd.), *Themes in West Africa's History,* 118-140. Athens (Ohio), Oxford, Ohio University Press, James Currey.

Robion-Brunner, C. 2010. *Forgerons et sidérurgie en pays dogon. Vers une histoire de la production du fer sur le plateau de Bandiagara (Mali) durant les empires précoloniaux.* Francfort, Africa Magna. (Journal of African Archaeology. Monograph Series, 3)

Roosevelt, A. (éd.) 1994. *Amazonian Indians from Prehistory to the Present.* Tucson, University of Arizona Press.

Sartre, J.-P. 1993 [1946]. *Réflexions sur la question juive.* Paris, Gallimard.

Schmidt, P. R. 1996. Reconfiguring the Barongo: reproductive symbolism and reproduction among a work association of smelters. *In* P. R. Schmidt (éd.), *The Culture and Technology of Iron Production,* 74-127. Gainesville, University Press of Florida.

Schlee, G. 2000. Les Peuls du Nil, *in* Y. Diallo et G. Schlee (éd.), *L'Ethnicité peule dans des contextes nouveaux,* 207-223. Paris, Karthala.

Seignobos, C. 1986. *Les Mbara et autres gens du fer et de la muraille dans l'interfluve Chari-Logone, in* H. Tourneux, C. Seignobos et F. Lafarge, 15-118. *Les Mbara et leur langue (Tchad).* Paris, Société d'études linguistiques et anthropologiques de France.

Seignobos, C., accompagné de contributions par H. Tourneux et D. Plancheneault. 1987. *Le Poney du Logone et les derniers peuples cavaliers. Essai d'approche historique.* [Maisons-Alfort], Institut d'Elevage et de Médecine Vétérinaire des Pays Tropicaux.

Seignobos, C. 1991a. Les Murgur ou l'identification ethnique par la forge (Nord-Cameroun). *In* Y. Monino (éd.), *Forge et forgerons.* Actes du IVe colloque Méga-Tchad, 43-225. Paris, ORSTOM.

Seignobos, C. 1991b. La forge et le pouvoir dans le bassin du lac Tchad, ou : du roi-forgeron au forgeron-fossoyeur. *In* Y. Monino (éd.), *Forge et forgerons.* Actes du IVe colloque Méga-Tchad, 383-384. Paris, ORSTOM.

Shack, W. A. 1964. Notes on occupational castes among the Gurage of south-west Ethiopia. *Man,* mars-avril, 50-52. (Article n° 54).

Silverman, R. A. (éd.) 1999. *Ethiopia: Traditions of Creativity.* Seattle, University of Washington Press.

Simonse, S. 1992. *Kings of Disaster. Dualism, Centralism and the Scapegoat King in Southeastern Sudan.* Leiden, E.J. Brill.

Smith, M. G. 1957. The social functions and meaning of Hausa praise-singing. *Africa* 27(1), 26-45.

Smith, M. G. 1959. The Hausa system of social status. *Africa* 29(3), 239-252.

Spencer, P. 1973. *Nomads in Alliance. Symbiosis and Growth among the Rendille and Samburu of Kenya.* Londres, Oxford University Press.

Sterner, J. 2003. *The Ways of the Mandara Mountains. A Comparative Regional Approach.* Cologne, Rüdiger Köppe, 2003.

Sterner, J. et David, N. 1991. Gender and caste in the Mandara highlands: northeastern Nigeria and northern Cameroon. *Ethnology* 30(4), 355-369.

Tamari, T. 1988. *Les castes au Soudan occidental : étude anthropologique et historique*. Thèse de doctorat d'Etat, Université de Paris X.

Tamari, T. 1991. The development of caste systems in West Africa. *Journal of African History* 32(2), 221-250.

Tamari, T. 1993. Relations symboliques de l'artisanat et de la musique, *in* M.-J. Jolivet et D. Rey-Hulman (éd.), *Jeux d'identités. Etudes comparatives à partir de la Caraïbe*, 217-234. Paris, L'Harmattan.

Tamari, T. 1995. Linguistic evidence for the history of West African castes, *in* D. C. Conrad et B. E. Frank (éd.), *Status and Identity in West Africa: The Nyamakalaw of Mande*, 55-82. Bloomington, Indiana University Press.

Tamari, T. 1997. *Les castes de l'Afrique occidentale. Artisans et musiciens endogames*. Nanterre, Société d'ethnologie.

Tamari, T. 2005. Kingship and caste in Africa: history, diffusion and evolution. *In* D. Quigley (éd.), *The Character of Kingship*, 141-169. Oxford, Berg.

Tamari, T. 2006. Joking pacts in Sudanic West Africa: a political and historical perspective. *Zeitschrift für Ethnologie* 131(2), 215-243.

Thilmans, G. et Ravisé, A. 1980. *Protohistoire du Sénégal : recherches archéologiques*. T. II : *Sintiou-Bara et les sites du fleuve*. Dakar, Institut fondamental d'Afrique noire.

Thomas, L.-V. 1959. *Les Diola. Essai d'analyse fonctionnelle sur une population de Basse-Casamance*. Dakar, Institut français d'Afrique noire. 2 vol.

Tobert, N. 1984. Potters of El-Fasher: one technique practised by two ethnic groups. *In* J. Picton (éd.), *Earthenware in Asia and Africa*, 219-237. Londres, Percival David Foundation.

Tobert, N. 1988. *The Ethnoarchaeology of the Zaghawa of Darfur (Sudan)*. Oxford, British Archaeological Reports.

Todd, D.M. 1977. Caste in Africa ? *Africa* 47(4), 398-412.

Treinen-Claustre, F. 1982. *Sahara et Sahel à l'âge du fer. Borkou, Tchad*. Paris, Société des Africanistes.

Trowell, M. et Wachsmann, K.P. 1953. *Tribal Crafts of Uganda*. Londres, Oxford University Press.

Tubiana, M.-J. 1990. "Hommes sans voix". De l'image que les Beri donnent de leurs forgerons. *Paideuma* 36, 335-350.

Tubiana, M.-J., Tubiana, J. et Tubiana, J. 2008. *Hommes sans voix. Forgerons du nord-est du Tchad et de l'est du Niger*. Paris, L'Harmattan.

Uchendu, V. C. 1977. Slaves and Slavery in Igboland, Nigeria, *in* S. Miers et I. Kopytoff (éd.), *Slavery in Africa: Historical and Anthropological Perspectives*, 121-132. Madison: The University of Wisconsin Press.

Vaughan, J. H. 1970. Caste systems in the Western Sudan, *in* A. Tuden et L. Plotnicov (éd.), *Social Stratification in Africa*, 59-92. New York, Londres, The Free Press, Collier Macmillan.

Vaughan, J. H. 1973. *enkyagu* as artists in Marghi society. *In* W. L. d'Azevedo (éd.) , *The Traditional Artist in African Societies*, 162-193. Bloomington, Indiana University Press.

Warnier, J.-P. et Fowler, I. 1979. A nineteenth-century Ruhr in Central Africa. *Africa* 49(4), 329-351.

Whitehead, G. O. 1929. Social change among the Bari. *Sudan Notes and Records* 12(1), 91-97.

Whitehead, G. O. 1953. Suppressed classes among the Bari and Bari-speaking tribes. *Sudan Notes and Records* 34(2), 265-280. [Publication posthume.]

Yankah, K. 1995. *Speaking for the Chief. Okyeame and the Politics of Akan Royal Oratory*. Bloomington, Indiana University Press.

L'endogamie des forgerons dans les monts Mandara : origine et réification d'un concept nomade

Olivier LANGLOIS
UMR 6130 CEPAM, Nice

En Afrique, la question de l'origine de l'endogamie des « forgerons » a fait l'objet d'approches diverses, théoriques et historiques, qui ont orienté les conclusions. Dans les monts Mandara, ce type d'organisation sociale présente de réelles spécificités qui, selon certains auteurs, témoigneraient de leur caractère indigène. Or, localement, seules les potières endogames utilisent la technique de façonnage dite *TCA*, qui semble (ré)apparaître au début du 2nd millénaire apr. J.-C, alors que la poterie témoigne déjà de l'influence de populations des plaines. Le concept d'isoler socialement les « spécialistes » et la technique *TCA* pourraient donc être parvenus ensemble dans la montagne. S'ancrant dans un contexte spécifique, cette idée nomade se serait réifiée de manière particulière, s'éloignant beaucoup du modèle initial.

Endogamie, système de castes, forgerons, artisans, poterie, archéologie, Cameroun, épistémologie, emprunt, organisation sociale.

In Africa, the question of the origin(s) of the endogamy of smiths has been tackled from various theoretical and historical perspectives that have in turn influenced the types of answers obtained. In the Mandara Mountains, this form of social organization shows real specificities that, for some authors, are arguments for a local origin. However, only endogamous potters currently use the TCA (tamper and concave anvil) pot-forming technique, which seems to (re)appear in the region during the 2nd millennium AD at a time when regional pottery assemblages already show influences from the plains. The concept of endogamy and the TCA technique may have penetrated the mountains as a complex. Taking root in a very particular context, this nomadic concept would have reified itself in a specific way, diverging from its initial form.

Endogamy, caste systems, smiths, crafts, pottery, archaeology, Cameroon, epistemology, diffusion, social organization.

En Afrique nord-tropicale, sur une large bande latitudinale qui s'étend de l'océan Atlantique à la mer Rouge, de nombreuses sociétés ont choisi d'isoler les artisans, et autres « spécialistes », au sein d'un ou plusieurs groupes endogames. Malgré l'abondante littérature consacrée à ce mode particulier d'organisation sociale, sa représentation sur un espace géographique à la fois immense et circonscrit reste largement inexpliquée. Il faut convenir que cet objet d'étude est difficile à cerner, tant ses formes et les contextes sociaux et culturels où il se rencontre peuvent varier. Pourtant, au-delà de cette diversité, les caractéristiques de ce que nous dénommerons, indifféremment et de manière générique, « l'endogamie des spécialistes » ou « les systèmes de castes »[1], présentent des récurrences que les nombreuses exceptions ne parviennent pas à masquer : elle concerne généralement la forge et la poterie ; sans être nécessairement méprisés, les spécialistes sont souvent mal considérés par le reste de la population ; leur mise à l'écart se traduit souvent par des restrictions de commensalité... Comment ce réseau complexe de différences et de ressemblances formelles et contextuelles s'est-il développé ?

Un survol de la littérature montre que la plupart des auteurs ont cherché à apporter des réponses globales à cette question, et que celle-ci fut communément considérée à travers des prismes théorique et méthodologique qui ont largement orienté les conclusions.

Les premiers auteurs à s'intéresser au problème ont cherché à lier les systèmes de castes à des sociétés particulières. Le mépris particulier dans lequel les pasteurs nomades tiennent leurs forgerons a été remarqué très tôt. Les sociétés pastorales furent ainsi considérées comme les promotrices ou les véhicules des systèmes de castes (Cline 1937, Frobenius 1910, Schurtz 1900, cités par Clément 1948, 38, 46). Une influence arabe (Murdock 1959, 76, cité par Vaughan 1970, 65) ou le rôle joué par les Peuls ont même été envisagés (Meek 1931, 285). Il fut aussi remarqué très tôt que l'endogamie des spécialistes recouvrait une complexité particulière dans les régions contrôlées depuis longtemps par des Etats, tels l'empire du Mali ou le royaume d'Ethiopie (Baumann et Westerman 1970/1948, 397 ; Haaland 1985, 61, cité par de Barros 2000, 183). Jusque dans les années 1960, l'accent fut ainsi davantage porté sur la diffusion des systèmes de castes que sur l'origine d'un phénomène rattaché, plus ou moins explicitement, aux civilisations arabes ou indiennes (Kroeber 1931, cité par Vaughan 1970, 61).

Plus récemment, d'autres auteurs ont envisagé les nombreux bénéfices qu'une société pouvait tirer de l'isolement des « forgerons ». Celui-ci aiderait notamment au maintien d'une technologie indispensable à l'ensemble de la population (de Barros 2000, 183 ; Lewis 1970, 185 ; Sterner et David 1991). Il pourrait alors aussi bien être favorable aux artisans, en assurant la transmission de leurs connaissances techniques à leur bénéfice exclusif, qu'à leurs « clients », assurés d'être approvisionnés régulièrement et en suffisance. D'autres auteurs y ont vu un instrument de régulation politico-économique. Dans le cadre d'une économie d'autosubsistance, isoler socialement les forgerons permettrait de neutraliser la puissance économique que pourrait procurer la maîtrise d'une technologie essentielle (Meillassoux 1999/1960, 58). Cette limitation pourrait alors aussi bien s'envisager dans le cadre de sociétés égalitaires, et désireuses de le rester, que dans celui de sociétés étatiques (tel le Darfour ; *cf.* Haaland *et al.* 2002, 42) soucieuses de contrôler ou d'éliminer tout pouvoir potentiellement concurrent. D'autres auteurs ont lié l'isolement des forgerons à la forte charge symbolique de la métallurgie, dont témoignent les nombreux rituels associés à cette activité. De fait, en Afrique, les travailleurs du fer, en particulier les sidérurgistes, ont un rapport surnaturel à la matière, qui a été comparé à celui des alchimistes (Eliade 1977). Personnage à la fois exceptionnel et potentiellement dangereux, le forgeron se démarque *de facto* du reste de la population. Bien des raisons pouvant expliquer que les sociétés aient isolé les spécialistes, ce mode d'organisation a pu apparaître, indépendamment et spontanément, en de multiples lieux. Dès lors, la recherche d'éventuelles diffusions devient secondaire.

Ces hypothèses, qui ont toutes une valeur explicative, ont plus souvent été confrontées qu'associées. Tout indique pourtant que nous sommes en présence de processus complexes ancrés dans des histoires particulières qui associent des évolutions endogènes et des influences extérieures. Si l'endogamie des spécialistes présentait des avantages tels qu'elle puisse apparaître spontanément en de multiples contextes, pourquoi n'existe-t-elle pas partout ? Si l'endogamie des spécialistes n'est qu'une histoire de diffusion, pourquoi présente-t-elle des formes aussi variées ?

De fait, si l'on en croit les rares études historiques qui ont traité du développement des systèmes de castes en Afrique de l'ouest et dans le bassin du lac Tchad, ceux-ci auraient souvent pris corps dans un contexte

[1] Ce faisant, nous reprenons à notre compte la position de Sterner et David (1991 : 357) : « in our view there is no logical necessity for the number of castes to be greater than two, and we do not consider hierarchical dominance relationships between groups a *sine qua non* of a caste system."

géographique précis, à un moment donné, puis se seraient étendus aux régions voisines. De telles études, fondées sur une analyse des textes anciens, des sources orales, de l'information ethnographique, sur la linguistique et les données archéologiques ont été menées au Yatenga (au Burkina ; Martinelli 1992), dans le pays Dogon (au Mali ; Martinelli 1992, 2002 ; Robion-Brunner 2008, 2010), dans le pays Mandingue (Tamari 1997, 2005), au Baguirmi (au Tchad ; Seignobos *et al.* 1987 ; Tourneux *et al.* 1986), et au nord du Cameroun (Langlois 2010 ; Seignobos 1991a, 1991b). Du Sénégal au Soudan, la mise à l'écart des forgerons (et parfois d'autres « gens de caste »), trouverait souvent ses origines dans les nombreux processus de hiérarchisation intervenus localement entre le XIIIe et le XVIIIe siècle. La plupart des études placent l'émergence des « castes » dans le cadre d'un processus politique visant à écarter définitivement du pouvoir des populations de forgerons qui en étaient les détentrices. Ce découpage de la société se serait mis en place dans ces régions particulières, puis aurait gagné les régions voisines, parfois elles aussi aux mains de « pouvoirs-forgerons ». Ainsi, selon Tamari (1997, 2005), les systèmes de castes représentés en Afrique de l'ouest seraient tous liés, plus ou moins directement, à un même événement fondateur, intervenu en milieu mandingue à la fin du XIIIe siècle : la mise en place de l'empire du Mali. Selon cet auteur, même si deux foyers secondaires (les pays wolof et soninké) peuvent avoir créé des institutions de castes particulières, « la répartition actuelle des gens de caste est, pour l'essentiel, le résultat de mouvements migratoires. » (Tamari 1997, 155, *cf.* aussi 258). Bref, ces études tendent d'une part à rattacher les systèmes de castes aux sociétés hiérarchisées, d'autre part à expliquer la distribution et la diversité actuelles de ces systèmes par la complexité des processus - où se combinent évolutions endogènes, phénomènes de diffusion, voire migrations, - dont ils résultent.

Considérant cela, la question de l'origine de l'endogamie des spécialistes semble particulièrement intéressante appliquée aux rares cas où ce mode d'organisation est représenté au sein de sociétés segmentaires d'agriculteurs sédentaires. Là, les influences des pasteurs et des sociétés hiérarchisées n'ont rien d'évident. Comment l'endogamie des spécialistes est-elle alors apparue dans ce type de contexte ? Faut-il y voir un développement endogène, comme le pense Vaughan, et d'autres auteurs à sa suite, concernant les Margi du rebord occidental des monts Mandara. Fut-elle véhiculée par des pasteurs nomades comme l'envisage Meek (1931, 285) à propos de leurs voisins Njen (ou Nzangi) ? Ces sociétés égalitaires ou peu hiérarchisées ont-elles « assimilé une partie des distinctions catégorielles des sociétés étatiques voisines », comme l'envisagent Martinelli (2002, 170) pour qui les Dogon ont emprunté l'endogamie aux Bambara, et Seignobos (1991b) qui suggère que les sociétés des monts Mandara ont été influencées, indirectement, par le Baguirmi ?

Comme l'illustre la diversité des hypothèses mentionnées, l'origine de l'endogamie des spécialistes dans les sociétés monts Mandara et ses alentours reste discutée. Deux théories s'opposent : l'une envisage la mise en caste des spécialistes des monts Mandara comme un phénomène globalement endogène, l'autre comme un emprunt aux sociétés des plaines. Cette dernière théorie est soutenue, en particulier, par Seignobos qui fonde son argumentation sur une analyse des sources orales et des pratiques funéraires (Seignobos 1991a, 1991b ; Seignobos *et al.* 1987 ; Tourneux *et al.* 1986). Dans un texte récent (Langlois 2010), nous avons cherché à montrer que le scénario politique proposé par cet auteur était compatible avec les données archéologiques. Nous avons toutefois remarqué qu'il négligeait une dimension essentielle du problème : la focalisation des mythes sur la charge funéraire des « spécialistes ». Nous avons donc proposé un second scénario, complémentaire ou alternatif du précédent, qui rattache, lui aussi, l'endogamie des « fossoyeurs-forgerons » des monts Mandara à celle représentée dans les plaines alentour. Ces scénarios étant exposés ailleurs, nous renvoyons le lecteur aux publications concernées, et nous laissons à nos collègues le soin de les critiquer (*cf.* David et Sterner, ce volume). Pour notre part, nous allons nous intéresser à l'argumentaire des auteurs qui avancent que l'endogamie des spécialistes des monts Mandara est un phénomène endogène. Ce sera l'occasion de remarquer que considérer la question d'un point de vue exclusivement théorique n'est pas sans présenter une dimension tautologique. Nous mettrons aussi en doute l'intérêt de se fonder sur les caractéristiques de l'endogamie pour en déduire l'origine. Mais comment alors envisager la question de l'endogamie des spécialistes dans le contexte particulier des monts Mandara ? Dans cette région, nous pensons que l'archéologie peut contribuer au débat. Nous nous intéresserons donc à la poterie, l'une des activités des « spécialistes », et plus précisément à la technique de façonnage utilisée par les potières endogames. Ce faisant, nous montrerons que l'endogamie des spécialistes s'est probablement développée alors que les piémonts orientaux des monts Mandara accueillaient des populations venues des plaines alentour.

Mais avant toute chose, afin de familiariser le lecteur avec la région d'étude, nous en ferons une présentation succincte et nous exposerons sommairement les caractéristiques locales de l'endogamie des spécialistes.

Les sociétés des monts Mandara

Les monts Mandara, qui s'élèvent au sud-ouest de l'immense bassin endoréique du lac Tchad, sont un espace de concentration humaine célèbre pour le modèle d'agriculture intensive qui y est pratiqué. Cette région compte parmi les zones dites « refuges » qui seraient pour partie peuplées par des populations originaires des plaines alentour contrôlées et/ou razziées par différents royaumes soudaniens (Bornou, Baguirmi et Mandara). Les populations qui y sont installées, de langues tchadiques, sont classiquement divisées en groupes ethnolinguistiques composés de nombreux clans aux origines diverses. Parmi ces groupes, certains sont organisés sur un mode égalitaire, d'autres se distribuent en petites chefferies souvent limitées à un massif. Indépendamment de leur niveau de hiérarchisation, certaines sociétés sont divisées en deux groupes endogames, l'un rassemblant les « spécialistes », l'autre les « cultivateurs ». Ce découpage est toutefois loin de concerner toutes les sociétés montagnardes. En effet, diverses populations, pour la plupart installées au nord de la chaîne, ne sont pas organisées de la sorte. Dans les sociétés ou les « spécialistes » appartiennent à un groupe endogame, leurs tâches sont toujours multiples. Le travail du métal (fer et localement cuivre) leur est toujours réservé, contrairement à la production du fer qui est souvent l'affaire de tous, « forgerons » comme « cultivateurs » (Langlois 2006). Leur sont également réservées les pratiques funéraires qui se caractérisent, partout dans les montagnes, par une grande sophistication. Ils sont aussi parfois devins, guérisseurs, musiciens, maroquiniers, mais ces activités ne leur sont pas toujours spécifiques. Les femmes des « forgerons », qui sont parfois obstétriciennes, sont les seules à fabriquer les poteries. A ces activités s'ajoutent souvent le travail de la terre, l'agriculture ne leur étant pas interdite (sauf peut-être chez les Margi, *cf.* Vaughan 1973, 167).

Les forgerons, souvent considérés comme sales et impurs, et soumis à des restrictions de commensalité, font couramment l'objet de sentiments ambigus de la part des « cultivateurs ». Leur impureté supposée et leurs aptitudes techniques inspirent souvent à leur égard un sentiment ambivalent de mépris teinté de crainte. Rien de comparable, toutefois, avec le mépris dont font généralement l'objet les groupes forgerons du Tchad (Haddad, Tama, Aza...). Dans les monts Mandara, la majorité des mythes qui expliquent l'endogamie des « forgerons » font référence à un cadavre que l'aîné d'une fratrie fut chargé d'inhumer par ses cadets (Langlois 2010). Dans ces récits, il n'est presque jamais fait mention des activités artisanales des « forgerons », qu'il conviendrait donc plutôt de dénommer « fossoyeurs ».

Sans entrer dans les détails (puisque nous ne pas comparerons pas les « formes » d'endogamie représentées dans le bassin tchadien, *cf. infra*), on remarquera que les systèmes de castes présents dans les monts Mandara montrent à la fois des analogies et des différences avec ceux observés dans les régions voisines. Au rang des analogies, on notera qu'une notion de pollution et de saleté est attachée aux forgerons et que leurs femmes sont « potières » ; au rang des différences, on remarquera qu'ils ne sont pas méprisés comme le sont les forgerons endogames des plaines du Tchad, que les forgerons des monts Mandara semblent constituer des groupes plus homogènes que les Haddad des plaines, terme générique qui recouvre différents clans aux activités souvent pour partie spécifiques (chasseurs à l'arc, forgerons...), et surtout qu'ils ont la charge, obligée, des pratiques funéraires.

Argumentaires et fondements théoriques de l'hypothèse « endogène »

Plusieurs auteurs ont soutenu que l'endogamie des spécialistes des monts Mandara était un phénomène globalement endogène. A l'appui de cette hypothèse, ils ont apporté deux arguments, l'un d'ordre technologique, l'autre se rapportant aux sentiments entretenus à l'égard des groupes endogames.

L'argument technologique a été avancé par Vaughan (1970, 89) et par Sterner et David (1991, 361-2). Selon Vaughan, l'endogamie des spécialistes représentée chez les Margi a essentiellement un rôle ascriptif qui aiderait les sociétés sans écriture à pérenniser des technologies (céramiques et métallurgiques) indispensables. Si cela semble très vraisemblable, les précisions apportées par Sterner et David (1991) ne nous satisfont guère car elles mettent l'accent sur la technologie de production qui, dans les sociétés à endogamie des monts Mandara, est très souvent accessible aux non-forgerons (Langlois 2006, 196-198). Nous retiendrons donc que la contribution de l'endogamie à la pérennisation des activités artisanales est un facteur qui mérite considération. Mais on serait tenté de dire que si les sociétés n'y avaient trouvé aucun avantage, elles n'auraient pas isolé leurs « spécialistes ». L'explication peut ainsi sembler quelque peu tautologique. La vraie question est donc de savoir si ces avantages ont suffi pour que certaines sociétés des monts Mandara aient inventé la partition sociale qui les caractérise aujourd'hui.

Or, comme le reconnaît Vaughan (1970, 89) lui-même, on peut douter que le rôle ascriptif de l'endogamie des spécialistes suffise à expliquer pourquoi ce mode d'organisation sociale s'est développé dans le contexte particulier des monts Mandara. Il conclut pourtant son texte en affirmant que le « système de caste » des Margi est le résultat d'un développement parallèle à celui qui a conduit au système représenté dans les régions sahéliennes, qui selon Baumann et Murdock (qu'il cite), serait, lui, fortement influencé par la culture arabe (Vaughan 1970, 91). MacEachern (2003, 282) semble soutenir cette affirmation. Tous deux se fondent sur le fait que les forgerons endogames des monts Mandara ne constituent pas une « despised caste » comme cela est souvent le cas dans les régions plus septentrionales. Rappelons qu'il existe une autre différence, pour nous plus importante, qui fait de l'endogamie des forgerons des monts Mandara un phénomène spécifique : la charge des morts, qui est ici fondamentale. Pour autant, ces différences « morphologiques » supposent-elles que l'endogamie des spécialistes des monts Mandara soit sans lien avec celle représentée dans les plaines alentour (Haddad...) qui, elle, répond aux canons de l'endogamie observée dans l'aire soudanienne ? Nous ne le pensons pas. Dans une région donnée, les caractères « morphologiques » de l'endogamie pourraient en effet être l'expression des contextes (sociaux, culturels, économiques) particuliers où l'idée d'isoler une partie de la population chargée de tâches spécifiques s'est concrétisée, qu'elle soit née sur place ou qu'elle ait été empruntée. Il ne faut pas confondre le processus et sa racine. La « morphologie » observée n'est pas seulement le reflet de la genèse du phénomène, mais de l'ensemble des processus intervenus par la suite. Considérer la « morphologie » de l'endogamie des spécialistes comme l'expression de sa seule origine reviendrait à considérer ce mode d'organisation sociale comme un objet statique, intemporel, et imperméable au contexte (culturel, social, économique, historique...) dans lequel il s'inscrit. Nous pensons à l'inverse que l'endogamie observée en un contexte et à un moment donnés ne doit être considérée que dans les cadres sociaux, culturels et historiques qui l'ont façonnée. Bien des évolutions récentes montrent que les formes de l'endogamie sont malléables et évolutives[2]. Si une analogie formelle ne permet guère d'assurer une diffusion, une différence morphologique ne permet pas davantage de réfuter une influence. Certes, la « morphologie » que nous observons étant le résultat d'un processus, elle peut théoriquement nous renseigner sur ce dernier. Toutefois, elle n'est probablement que le dernier avatar d'une forme instable, soumise aux aléas de l'histoire et aux évolutions des sociétés. Si cette forme est potentiellement informative, elle n'est intelligible qu'à travers le processus historique qui l'a modelée. C'est de cette manière que nous avons tenté de comprendre pourquoi les forgerons endogames des monts Mandara sont, cas rare à l'échelle du continent, chargés des morts (Langlois 2010). Il nous paraît finalement nécessaire de dissocier le concept (d'isoler socialement les « spécialistes ») de ses nombreuses réifications. Ce concept a certes pu naître en différents lieux. Mais admettre que l'endogamie des spécialistes procure de multiples bénéfices à différents types de société c'est aussi accepter que ce mode d'organisation puisse facilement être adopté, donc se diffuser.

Au terme de son papier, Vaughan rejette la possibilité que l'endogamie des forgerons des monts Mandara soit une simple variante d'un modèle commun aux plaines et aux monts Mandara : « It might be assumed that we merely have a variation in a single caste pattern, but this seems unsatisfactory when most scholars accept that the despised castes of the Western sudan are Arab-derived while the tribes of the Mandara and Adamawa massif are relatively independent of the Moslem influences. » (Vaughan 1970, 90). Aujourd'hui l'hypothèse d'une origine arabe des systèmes de castes africains est contestée (Tamari 1997, 15), si bien que l'argument ne tient plus guère. Du reste, Vaughan (1970, 91) lui-même pense que les castes ont probablement précédé l'influence de l'islam en Afrique subsaharienne. Mais le fait que les « despised castes » du Soudan occidental soient ou non à rattacher au monde arabe est de peu d'importance pour notre propos. Pour autant, nous conviendrons avec Vaughan que l'endogamie des monts Mandara n'est certainement pas une simple variante de celle (ou plutôt celles) représenté(es) plus au nord. C'est plus probablement, comme nous avons tenté de le montrer ailleurs (Langlois 2010), le résultat d'un processus à la fois complexe et spécifique.

Finalement, parmi les arguments présentés par les auteurs qui ont insisté sur les différences qui existaient entre l'endogamie des monts Mandara et celle des régions plus septentrionales, aucun ne permet d'exclure que le concept d'isoler socialement les artisans est arrivé dans les monts Mandara depuis les plaines alentour. On comprend alors que ces auteurs n'aient pas rejeté formellement cette éventualité, même s'ils ont plutôt mis l'accent sur le caractère endogène du processus qui a conduit au système de caste représenté localement. Cet accent fut d'ailleurs à ce point marqué que Sterner et David (1991, 359) semblent considérer que Vaughan en est arrivé à attribuer une origine locale au système de caste représenté dans les monts

[2] Cf. par exemple Conte 1983, 159-165 et Le Rouvreur 1989/1962, 383, concernant les sociétés du Tchad.

Mandara, ce qui n'est pas le cas.

Pour voir si les systèmes de caste représentés dans les monts Mandara trouvent leur source dans ceux représentés dans les plaines, nous allons maintenant nous intéresser à la poterie, l'activité principale des femmes des « forgerons » endogames, tant dans les monts Mandara que dans les plaines alentour. Nous allons en particulier nous intéresser à la technique de façonnage utilisée par ces potières : le *martelage sur forme concave*, autrement dénommé *Tamper and Concave Anvil pot-forming technique* ou *TCA* (Sterner et David 2003), qui consiste à écraser une motte d'argile sur une surface concave[3] en la frappant avec un « tampon » à la partie active convexe[4].

Le couple « TCA-endogamie » dans les monts Mandara

Si nous nous intéressons à la technique *TCA*, c'est que, dans notre région, les données disponibles semblent montrer que seules les potières endogames l'utilisent (Fig. 1). Cette technique est ainsi pratiquée, notamment, par les potières mafa, mofu-gudur, gizigа-Lulu, cuvok, hide, kapsiki, mabas, sukur, margi..., toutes femmes de « forgerons », mais pas par les potières podokwo, vame-breme, mora, mofu-Diamaré..., qui ne sont pas endogames (Langlois 2001 ; Sterner et David 2003)[5]. Les potières Mofu-Diamaré, Zulgo, Gemjek, Muyang..., dont les productions se rattachent à une même tradition, dite « de Tokombéré », montent intégralement leurs poteries par *adjonction de colombins*. A l'extrémité nord-est des monts Mandara, les Podokwo, les Vame-Breme, les Mora... moulent la partie inférieure des pots sur un vase retourné (*moulage sur forme convexe*). L'association, que nous pouvons penser à la fois systématique et exclusive, entre l'utilisation de la technique *TCA* et l'endogamie des potières a souvent été remarquée (David 2008, 74-75 ; Delneuf 1991, 80 ; Langlois 2001, 244). Elle est d'autant plus difficile à expliquer, qu'elle se vérifie aussi, mais de manière bien moins systématique, à une échelle plus large.

De nombreux auteurs ont en effet constaté qu'à l'échelle du continent les potières endogames

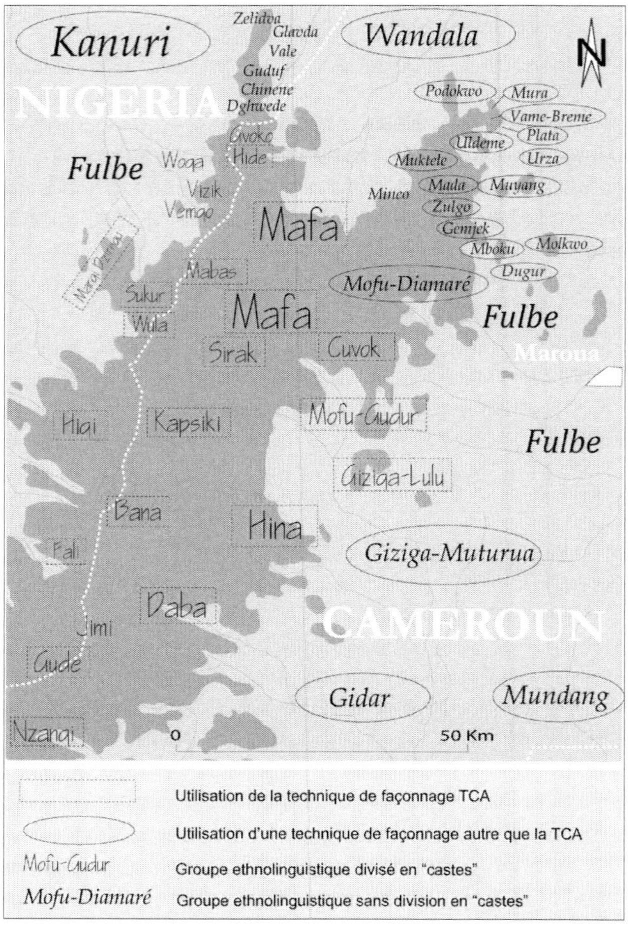

Fig. 1 : Distributions des groupes ethnolinguistiques, de la technique TCA et de l'endogamie dans les monts Mandara

pratiquaient souvent la technique *TCA* (Gosselain 2001, 2002, 138 ; Huysecom 1992, 73 ; Sterner et David 2003, 27). L'association « *TCA*/potières endogames » est également récurrente à l'échelle du bassin tchadien, puisqu'elle peut s'observer non seulement dans les monts Mandara, mais aussi sur l'immense territoire parcouru par les Haddad[6]. Elle est toutefois loin d'être systématique. Ainsi, à l'ouest des monts Mandara, les artisans hausa qui utilisent la technique *TCA* ne sont pas, ou plus, endogames (Jaggar 1994)[7]. Inversement, dans la haute vallée de la Bénoué, les potières dìì, doayo, duupa, koma, vere..., pourtant endogames, utilisent la technique de montage dite *par étirement d'une motte* et non la technique *TCA*. Comment alors expliquer cette association récurrente qui outrepasse les frontières linguistiques ? Elle fut parfois considérée

[3] Une « enclume » manufacturée dans les monts Mandara et en pays hausa, ou un simple trou creusé dans le sol et recouvert d'une natte dans la plaine du Tchad

[4] La poterie peut être montée ainsi jusqu'au sommet de la panse. Souvent, quelques colombins seront ensuite ajoutés afin de façonner le col et le bord.

[5] ... et probablement pas non plus par les potières non-endogames qui occupent la pointe septentrionale : Chinene, Guduf, Vale... (com. pers. de Nicholas David, du 03/07/2010).

[6] Désignation générique (signifiant « forgeron » en arabe) de populations endogames très diverses.

[7] Selon Pilaszewicz (1991, 260), les forgerons hausa avaient autrefois un statut beaucoup plus différencié qu'aujourd'hui. Peut-être en était-il de même des artisans de la terre ?

comme la conséquence de diffusions, voire de déplacements d'artisans endogames (Gosselain 2001, 106). Sur la base de la linguistique (des noms des percuteurs en particulier), Huysecom (1992), qui a travaillé au Mali, pense que cette technique a pu être diffusée par les Peuls. Mais l'association *TCA*/endogamie pourrait s'expliquer tout autrement. La technique *TCA* demande en effet une grande habileté et un long apprentissage, qui pourraient expliquer qu'elle est souvent pratiquée par des artisans spécialisés (Sterner et David 2003, 27-28, 30). En outre, cette technique est très rapide (Simmonds 1984, 57 ; Sterner et David 2003, 21-23, 28). Elle peut donc permettre à un nombre restreint d'artisans spécialisés de répondre aux besoins de l'ensemble de la population. La technique *TCA* a donc pu contribuer au développement de l'endogamie des artisans. Inversement, en favorisant les mariages interethniques, ce mode d'organisation social fut certainement un facteur de propagation des techniques (Sterner et David 2003, 30). Dans les plaines du bassin tchadien, la technique *TCA* a pu se diffuser à la faveur des déplacements des artisans spécialisés (haddad et hausa), particulièrement mobiles.

La récurrence du couple « *TCA*-endogamie » est donc, elle aussi, expliquée diversement par des auteurs qui, pour les uns privilégient les diffusions, pour les autres mettent en avant des dynamiques endogènes et convergentes. Pourtant, là encore, il est probable que les deux phénomènes ont joué de concert. Mais qu'en est-il concernant, plus particulièrement, les monts Mandara ? Dans cette région, l'association « *TCA*-endogamie » présente une particularité : elle semble systématique[8]. La dynamique interne susceptible de former le couple « *TCA*-endogamie » à partir de l'un des termes nous semble très insuffisante pour expliquer ce caractère systématique. Celui-ci laisse plutôt penser que le couple « *TCA*-endogamie » a été emprunté, déjà formé, aux sociétés des plaines alentour.

Voyons maintenant dans quelle mesure cette hypothèse se voit confortée par les données linguistiques et matérielles.

Ancienneté et origine de la technique TCA dans les monts Mandara et les plaines alentour

A l'échelle de la planète, la technique *TCA* est exceptionnelle puisqu'elle n'est représentée que dans une partie limitée de l'Afrique. Considérant cela, il est très improbable que les potières des monts Mandara l'aient inventée indépendamment du reste du continent. Elle est plus vraisemblablement parvenue dans ces montagnes à partir des plaines alentour où elle est utilisée depuis plusieurs millénaires. Des tampons en céramique ont en effet été découverts dans le Djourab, à une période (dite Haddadienne) comprise entre le début du Ier millénaire apr. J.-C. et le XIIIe siècle (Treinen-Claustre 1982, 178-9, 186-7). Mais la technique *TCA* est assurément beaucoup plus ancienne dans le bassin du lac Tchad. Des tampons en terre cuite ont en effet été retrouvés à Zilum, au nord-est du Nigeria, dans ces niveaux datés du Ier millénaire av. J.-C. (Magnavita com. pers., cité in Sterner et David 2003, 24). Si les autres mentions de tampons archéologiques relatives au bassin tchadien sont plus incertaines (Langlois 2001, 248 ; Sterner et David 2003, 24), ces objets suffisent à attester la grande ancienneté de la technique *TCA* dans les plaines tchadiennes, tant au nord-est qu'au nord-ouest de la chaîne des Mandara. Dans les monts Mandara, la technique *TCA* pourrait être beaucoup plus récente. De nos jours, à l'échelle de la frange méridionale du bassin tchadien, elle n'est pratiquée que par certaines potières des monts Mandara. La *TCA* s'y présente comme un isolat au milieu d'autres traditions techniques qui s'étendent sur des territoires bien plus vastes : ébauchage par *étirement d'une motte* au sud et au sud-est, par *enroulement d'un colombin* à l'est, par *moulage sur forme convexe* au nord (Langlois 2001). Dans la littérature, les exemples les plus proches d'utilisation de la technique *TCA* se rapportent aux Haddad du Tchad et aux potiers itinérants hausa installés à Yola, au Nigeria (Simmonds 1984, 71). Nous avons aussi remarqué (Langlois 2001, 241) qu'à l'échelle du bassin tchadien méridional, des monts Mandara au massif du Guéra (au Tchad), la technique par *enroulement d'un colombin* était souvent utilisée par les potières de langue tchadique. Dans les monts Mandara, la technique *TCA* pourrait donc s'être surimposée à la technique par *enroulement d'un colombin*.

La linguistique confirme l'isolement de la technique *TCA*. Selon Tourneux (com. pers. du 30/06/2010), les noms de tampons relevés dans les monts Mandara sont de formes typiquement tchadiques[9]. Ils ne semblent toutefois pas d'origine hausa, une langue pourtant, elle aussi, tchadique[10]. La proximité des noms de tampons

[8] Les compléments d'information apportés par Nicholas David (com. pers. du 03/07/2010), que nous remercions ici, permettent de penser que les « blancs » qui subsistent encore sur la carte de répartition des techniques de façonnage ne sont pas de nature à remettre en cause le caractère (quasi ?) systématique de cette association.

[9] A l'est de la chaîne, le tampon se dénomme : *motungtung* (Sirak et Mafa), *ntota*, (Mafa), *matum* (Cuvok) ; *maatam* ou *matatam* (Mofu-gudur), *matutun, mututun* (Giziga). A l'ouest de la chaîne, il est appelé : *ndati* (Sukur), *dati* (Wula), *ndashke* (Bana) et *ndati* (Margi) (Barreteau 1988 ; Barreteau et Delneuf 1990 ; Barreteau et Sorin-Barreteau 1988 ; Sterner et David 2003 ; Vaughan 1973).

[10] Les Hausa dénomment ces outils : *dunwunge* (Adarawa de

dans les langues *hausa* et dans nombre de parlers du sud-ouest malien montre que la technique *TCA* s'est diffusée au sein d'un vaste espace qui s'étend du sud-ouest du Mali au nord-ouest du Nigeria (Sterner et David 2003). Les noms des tampons dans les langues des monts Mandara sont donc différents de ceux donnés à cet outil, plus à l'ouest. Ils ne se rapprochent pas davantage de *tutûdo*, nom que les Haddad du Kanem donnent au tampon (Nicolaisen 2010, 377). Dans les monts Mandara, les noms donnés à cet outil semblent donc locaux. Chez les Mofu-Gudur, ce nom (*maatam* ou *matatam*) dérive de *tam tam* ou *tem tem* qui évoque, peut être de manière onomatopéique, l'action de « taper pour façonner une poterie » (Barreteau 1988, 187, 242). Bref, la linguistique ne permet pas de relier la technique *TCA* des monts Mandara aux techniques analogues pratiquées dans les plaines environnantes. Pour aller plus loin, nous allons tenter de préciser l'ancienneté et le contexte d'apparition de la technique *TCA* dans les monts Mandara et ses environs en nous intéressant à l'archéologie de cette région.

L'ancienneté de la technique *TCA* pourrait théoriquement être déterminée à partir des outils utilisés - en particulier des tampons, les enclumes étant aujourd'hui en bois- et des poteries produites. Malheureusement, jusqu'à présent, dans la région qui nous intéresse, aucun objet que l'on peut assurément identifier comme un tampon de potière n'a été découvert *in situ*. En l'attente de nouvelles découvertes, il nous faut donc nous satisfaire de l'information apportée par les objets produits : les poteries. Or, tous les archéologues qui ont eu à étudier des assemblages céramiques se rapportant au périmètre Mandara-Diamaré ont dû admettre qu'il était très difficile de déterminer les techniques de façonnage à partir d'une étude macroscopique des tessons, car les traces de façonnage sont souvent masquées par les opérations de finition (David 2008 : 74 ; Delneuf 1998 , 111 ; Langlois 2001, 248-49 ; Walde *et al.* 2000). Il nous faudra donc nous satisfaire d'informations indirectes, relatives à la forme des poteries.

Plusieurs auteurs ont remarqué la liaison mécanique qui relie la technique *TCA* et la forme sphéroïde des poteries (Delneuf 1985, 51, 1991, 74-77, 1998, 110 ; Huysecom 1992, 81). De fait, l'application d'un tampon convexe sur une concavité imprime à la paroi une courbure régulière qui produit une panse sphéroïde en prolongement de la base en calotte de sphère. Cette technique, incompatible avec la réalisation de fonds coniques[11], produit donc, naturellement, des formes plutôt globulaires. Il est également admis que la technique *TCA* permet d'obtenir des pots aux parois particulièrement fines (Simmonds 1984, 63 ; Sterner et David 2003, 23). Toutefois, concernant notre matériel, l'épaisseur moyenne des tessons semble largement fonction de la représentation des formes ouvertes, souvent plus fine que les formes fermées (Langlois 2005). Nous n'évoquerons donc le caractère épaisseur qu'à titre subsidiaire.

Nous pouvons tenter d'utiliser ces critères morphologiques pour distinguer les productions archéologiques potentiellement réalisées avec la technique *TCA* de celles qui renvoient à d'autres techniques. Il convient toutefois de remarquer que toutes les techniques permettent d'obtenir des formes sphéroïdes. Ainsi, si une production de formes à fonds coniques et à panses ovoïdes est peu compatible avec la technique *TCA*, une production de formes sphéroïdes ne supposera pas que cette technique a été utilisée. On notera même que la technique *TCA*, à condition d'être utilisée *a minima*, peut permettre d'obtenir des formes ovoïdes. Pour cela, il suffit de limiter l'usage de la technique *TCA* au montage de la partie inférieure du pot, et de poursuivre le façonnage de la panse en utilisant une autre technique, souvent *l'adjonction de colombins*. D'ailleurs, cette succession de séquences techniques existe dans les monts Mandara. Ainsi, Sterner et David (2003, 9) distinguent deux variantes de techniques *TCA* : l'une, pratiquée par les potières Sirak, Kapsiki, Sukur et probablement Margi Nzirngu, où la technique *TCA* est utilisée pour monter l'essentiel de la panse ; l'autre, partagée par les potières Mafa et Hide, où l'*adjonction de colombins* remplace rapidement cette technique qui ne sert qu'à monter la partie inférieure des vases. La variante Mafa peut étonner, considérant qu'elle revient à sous-utiliser la technique *TCA*, dont nous avons pourtant noté la rapidité. Les potières Mafa produisant souvent de grandes jarres de formes ovoïdes, on peut se demander si l'utilisation *a minima* de la technique *TCA* ne traduit pas une volonté de préserver cette morphologie (Langlois 2001, 243). Si tel est le cas, cela confirmerait que la morphologie ovoïde a préexisté à l'usage de la technique *TCA*, et que ce procédé de façonnage a succédé à un autre, peut-être l'*adjonction de colombins* (*cf. supra*).

Ceci étant précisé, examinons les données archéologiques relatives aux trois sites sondés, localisés dans des zones où les potières (endogames) utilisent actuellement la technique *TCA* : DGB-2 et DGB-8, tous deux situés dans une zone occupée par les Mafa ; et Mowo, une des principales implantations des Mofu-Gudur.

Sokoto), *dundunge* (Zamfarawa), *dindinge* (Hausa de Zaria et Bambadawa) (Sterner et David 2003, 38).

[11] Il serait plus juste de parler de fonds en forme de paraboloïde.

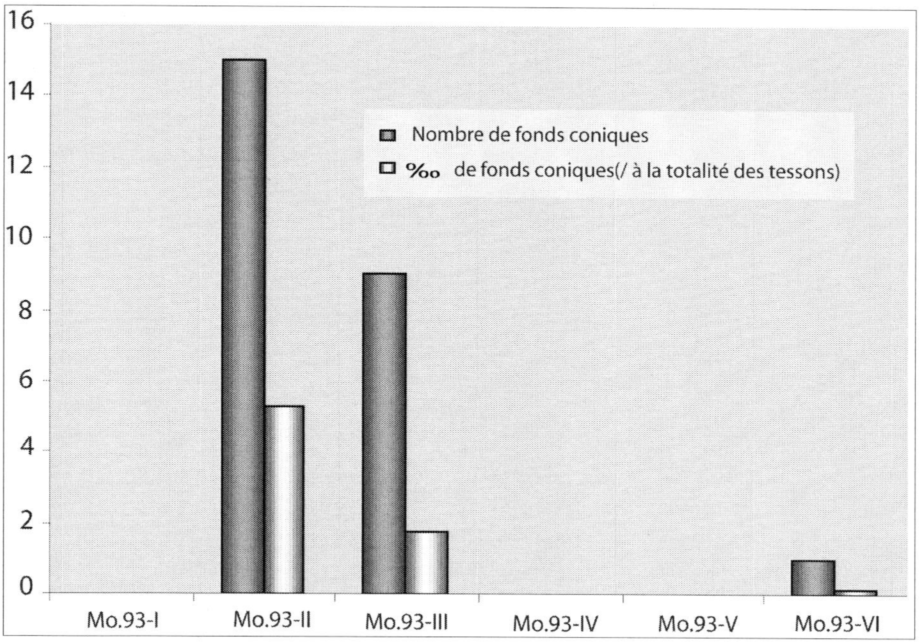

Fig. 2 : Représentation des fonds coniques dans le sondage 1993 de Mowo, par assemblage

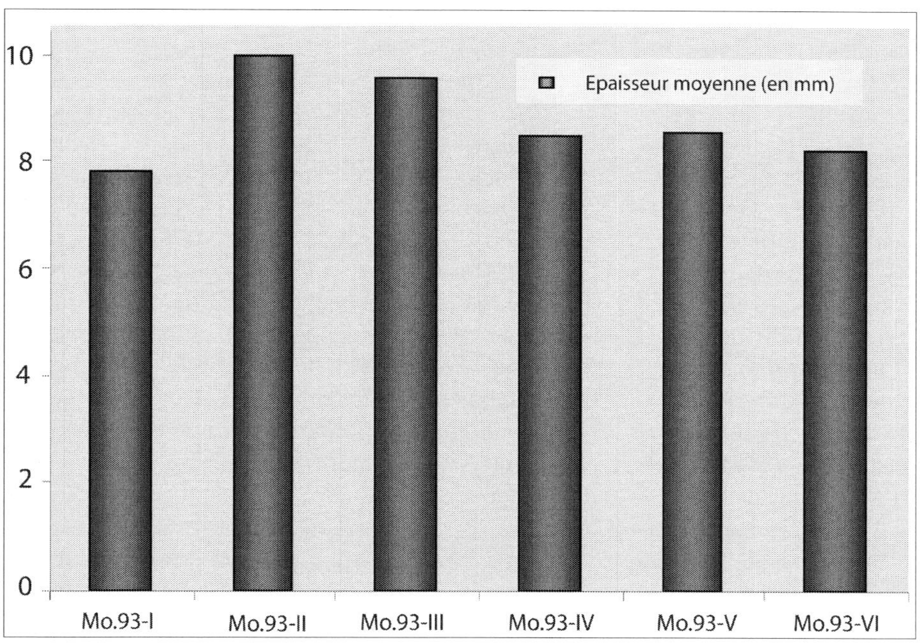

Fig. 3 : Epaisseur moyenne du matériel céramique extrait du sond. 1993 de Mowo, par assemblage

Les deux premiers gisements comptent parmi la quinzaine de sites architecturaux en pierres sèches dits « DGB », implantés au nord du mont Upay, sur le rebord septentrional de la chaîne (David 2008), et datés de la première moitié du XVe siècle. Cette zone est aujourd'hui peuplée de communautés mafa qui auraient trouvé ces ruines à leur arrivée, il y a deux ou trois siècles. Les traditions orales, ainsi que des indices matériels, permettent d'envisager un lien entre les habitants de ces sites et les populations qui occupent les Gwoza hills, à une trentaine de kilomètres en direction du nord-ouest. Selon David (2008, 74) : « The Mafa series contains no complete pots and few large sherds; however it is exceedingly improbable that the pottery was not made by the tamper and concave anvil pot forming technique used by casted potters of the region today... ». Cet auteur, considérant la finesse des parois et la base sphérique de trois poteries complètes retrouvées à DGB-2 (qui se rapportent aux phases II et II-III), suggère que la technique *TCA* était aussi utilisée par les bâtisseurs des sites (David 2008, 74). Dans la partie nord des monts Mandara, la technique *TCA* est donc très vraisemblablement présente au XVIIe siècle (arrivée supposée des populations Mafa aux alentours du mont Upay), et pourrait avoir été déjà utilisée deux siècles plus tôt.

Le site de Mowo, haut lieu de l'histoire des Mofu-Gudur[12], présente un intérêt tout particulier. Si l'on en juge par la forme et l'épaisseur des poteries (Fig. 2 et 3), la technique *TCA* a pu y exister au PN1 (assemblage Mo.93-I), mais elle était probablement inusitée durant le PN2 et peut-être durant une partie du PN3 (assemblages Mo.93-II et Mo.93-III)[13]. Ensuite (Mo.93-IV), on assiste à une quasi-disparition des fonds

[12] La chefferie de Mowo est la « chefferie-mère » de Goudour, une chefferie très importante au XVII-XVIIIe siècles.

[13] Le matériel de l'assemblage Mo.93-II relève d'une tradition céramique, dénommée « Salakien » (Marliac 1991), qui fut aussi reconnue dans la partie sud de la plaine du Diamaré (notamment à Salak et Goray). Les formes salakiennes, souvent épaisses, sont classiquement pourvues d'une base conique surmontée d'une panse ovoïde.

coniques et à une diminution importante des épaisseurs. Ces caractéristiques, qui correspondent à ce que l'on peut attendre d'une production réalisée avec la technique *TCA*, se maintiendront jusqu'à la fin de la séquence. Or, le matériel issu des assemblages Mo.93-V et Mo.93-VI présente déjà de fortes analogies (morphologiques et décoratives) avec la céramique produite de nos jours, localement. Comme elle, ce matériel a certainement été réalisé à l'aide de la technique *TCA*. Celle-ci apparaît donc avec, ou après, le dépôt des niveaux qui renfermaient l'assemblage Mo.93-IV. Un des niveaux associés à cet assemblage a été daté de 1120 ± 40 BP, soit du Xe siècle apr. J.-C. Mais, un niveau sous-jacent (correspondant à l'assemblage Mo.93-III) ayant été daté de 800 ± 100 BP, soit entre le milieu du XIIe siècle et la fin du siècle suivant, cette datation est très douteuse. En l'attente de nouvelles datations, l'apparition possible de la technique *TCA* sur ce site reste donc très imprécise. Toutefois, on peut considérer que cette technique n'apparaît (ou ne réapparait) pas avant le Xe siècle apr. J.-C. L'assemblage Mo.93-IV, qui initie l'ère des poteries fines à fond rond, présente une autre particularité : il est le seul de toute la séquence à être composé, pour partie, de tessons à dégraissants de chamotte. Comme sur les sites de la plaine méridionale voisine, ces tessons sont particulièrement peu épais (ép. moy. : 8,1 mm). Ainsi, si la technique *TCA* est apparue à cette période, cette apparition est probablement à mettre en relation avec l'arrivée de la chamotte sur le site. Mais les données sont trop imprécises pour que nous puissions affirmer que la production à dégraissant de chamotte était obtenue avec la technique *TCA*. Elle pourrait tout aussi bien avoir été réalisée par *moulage sur forme convexe*. En revanche, nous pouvons dire que la technique *TCA* est soit contemporaine de l'arrivée d'une céramique chamottée sur le site, soit plus tardive. Or, de nos jours, à l'échelle de l'ensemble du bassin tchadien, la chamotte est surtout utilisée dans les plaines alluviales, les potières installées dans les montagnes se satisfaisant généralement des argiles d'altération locales, ce qui ne les empêche d'ailleurs pas d'utiliser ce matériau (réduit en une poudre imperceptible à l'examen macroscopique) comme anti-adhésif. La chamotte peut donc être considérée comme la marque d'une influence des sociétés des plaines. Cela laisse supposer que, lorsque la technique *TCA* apparaît à Mowo, la région est, ou a été, soumise à des influences des plaines. Vu que l'apparition de la chamotte s'accompagne d'un changement des décors, on peut même sérieusement envisager l'arrivée de populations depuis les plaines environnantes.

On peut finalement avancer que la technique *TCA* est apparue (ou réapparue) dans les piémonts orientaux monts Mandara au cours du second millénaire apr. J.-C. et qu'elle était probablement déjà présente dans le nord des monts Mandara vers le XVe siècle. Mais surtout, le fait que la chamotte fasse son apparition au moment même où les indices de forme et d'épaisseur changent nous amène à penser que la technique *TCA* est apparue à une période où la région était perméable aux influences des plaines. Il nous paraît donc très probable que l'endogamie, cette fidèle accompagnatrice de la technique *TCA* dans les monts Mandara, trouve elle aussi son origine dans les plaines.

Conclusion

La question de l'origine du « système de caste » représenté dans les monts Mandara fut envisagée en suivant des approches qui ne pouvaient qu'aboutir à des conclusions différentes. Certains auteurs ont surtout cherché à montrer que l'endogamie avait bien des raisons d'apparaître dans ce contexte spécifique, d'autres ont lié cette apparition à des mouvements de populations, causes et conséquences de changements politiques. Mais, si les conclusions sont différentes, elles ne sont en rien divergentes. Dire que l'endogamie existe dans les monts Mandara parce qu'elle est utile aux sociétés qui y vivent, en particulier parce qu'elle leur permet de maintenir une technologie indispensable, est certainement juste. Mais cette proposition relève de la tautologie car on ne peut guère envisager qu'une partition de la société en groupes endogames se développerait et se maintiendrait si elle ne présentait aucun avantage. Dire que l'endogamie a des raisons de se développer dans différents contextes n'implique évidemment en aucune manière que l'endogamie soit, partout où elle est représentée, une création indigène. Et il nous paraît important de ne pas voir dans la « morphologie » particulière de l'endogamie, telle qu'elle se présente en un lieu, un contexte et un temps donnés, l'indice d'une autochtonie. Cette « morphologie » est avant tout l'expression d'un contexte et le résultat du processus spécifique qui y est intervenu. L'idée d'isoler socialement les artisans s'est probablement propagée d'un endroit à un autre, notamment véhiculée par les artisans endogames eux-mêmes puisqu'ils sont très souvent itinérants (Tamari 1997, 51 ; Le Rouvreur 1989/1962) et qu'il leur faut parfois chercher conjoint dans des régions distantes, au-delà des frontières ethniques et linguistiques (Sterner et David 2003, 28). A chacun de ces endroits, cette idée, que l'on peut penser avantageuse à bien des égards, est susceptible d'être adoptée, réifiée et réinterprétée par des sociétés très diverses. Partout, où ce mode d'organisation est représenté, il nous semble important de retracer ces trajectoires particulières dans le cadre d'études historiques précises. Les approches théoriques qui se focalisent sur les raisons logiques qui ont pu conduire les sociétés à isoler les artisans, et les approches historiques qui considèrent à la fois l'importance des phénomènes de diffusion et celle des évolutions endogènes n'ont aucune raison de s'opposer puisqu'elles s'intéressent à des phénomènes complémentaires. Les systèmes de caste que nous observons aujourd'hui sont de toute évidence les résultats de trajectoires diverses, faites d'évolutions endogènes et d'emprunts idéels et matériels. Depuis longtemps, la recherche sur les systèmes de caste représentés en Afrique suit deux voies parallèles qui traitent différentes parties d'une même question. Il conviendrait de les faire converger et de considérer les systèmes de caste comme les résultats de processus complexes et variés, où interagissent des dynamiques transculturelles et des spécificités contextuelles (d'ordres écologique, social, économique, historique...), qui ne peuvent être compris que dans leurs grandes complexités. Il nous paraît bien peu vraisemblable que l'idée d'enfermer les spécialistes au sein d'un ou plusieurs groupes endogames soit née en un grand nombre de lieux. Nous pensons plutôt que cette idée s'est propagée de place en place, parfois portée par les spécialistes eux-mêmes, à travers les sociétés pastorales et les sociétés étatiques de l'Afrique sahélienne et saharienne qui, y trouvant avantage, l'ont réifiée. Parfois, cette idée nomade a atteint des contextes particuliers et y a germé. Les monts Mandara, où l'endogamie s'est probablement implantée au cours du second millénaire apr. J.-C., à une période où l'influence des plaines alentour ne cesse de croitre, et le pays Dogon où la société segmentaire locale a « assimilé une partie des distinctions catégorielles » de la société bambara voisine (Martinelli 2002, 170), comptent parmi ces contextes. A elles seules, les sociétés agraires montagnardes du nord du Cameroun, qui présentent pourtant de nombreux traits communs, nous offrent un bel aperçu de la diversité des réifications possibles d'une même idée. Qu'y-a-t-il de commun entre les spécialistes endogames des monts Mandara, qui sont considérés comme impurs et qui ont pour fonction première d'enterrer les morts, ceux du massif de Poli et des monts Alantika qui sont plutôt méprisés et, pour certains, doivent procéder aux inhumations, et les Naŋ (les forgerons Dìì) qui sont très bien considérés et n'ont pas de rôle funéraire particulier ? Probablement que les sociétés auxquelles ils se rattachent ont été influencées, à un moment de leur histoire, par des sociétés des plaines où les « forgerons » étaient isolés du reste de la population, et qu'elles ont adopté ce système d'organisation, en l'aménageant, chacune à sa manière, pour répondre à ses besoins spécifiques. Dans les monts Mandara, l'utilisation de la technique *TCA* pourrait bien être l'empreinte matérielle de cette influence. Dans ce cas précis, cette technique ayant probablement été transmise avec l'idée d'isoler les forgerons-potières, on peut même penser que des artisans endogames venus des plaines ont été le véhicule par lequel cette idée est arrivée dans les montagnes. Concernant les monts Alantika et le massif de Poli, la technique *TCA* n'étant pas utilisée, il est possible que l'idée d'enfermer les artisans se soit diffusée par contacts de proche en proche, ou par l'intermédiaire de groupes qui n'étaient pas eux-mêmes des artisans endogames, mais qui venaient de plaines où existaient déjà des castes artisanales. Quoi qu'il en soit, il est probablement plus important de comprendre les processus de réification et les évolutions qui ont suivi l'apparition de cette idée nomade, dans chacun des contextes où elle a fait souche, que de tenter de suivre les chemins qu'elle a empruntés ou d'indentifier les vecteurs qui l'ont propagée.

Bibliographie

Barreteau, D. 1988. *Description du Mofu-Gudur. Langue de la famille tchadique parlée au Cameroun, Livre II* : lexique. Paris, IRD.

Barreteau, D. et Delneuf, M. 1990. La céramique traditionnelle giziga et mofu (Nord-Cameroun) : étude comparée des techniques, des formes et du vocabulaire, in D. Barreteau et H. Tourneux (éds.), *Relations interethniques et culture matérielle dans le bassin du lac Tchad*, 121-156. Paris Orstom.

Barreteau, D. et Sorin-Barreteau, L. 1988. La poterie chez les Mofu-Gudur : des gestes, des formes et des mots, in D. Barreteau et H. Tourneux (éds.), *Le milieu et les hommes, recherches comparatives et historiques dans le basin du lac Tchad*, 287-339. Paris, Orstom.

Baumann, H. et Westermann, D. 1970. *Les peuples et civilisations de l'Afrique*. Paris, Payot.

Clément, P. 1948. Le forgeron en Afrique noire, quelques attitudes du groupe à son égard. *Revue de géographie humaine et d'ethnologie* 2, 35-58.

Cline, W. 1937. *Mining and metallurgy in Negro Africa*. Menasha, Wisconsin General Series in Anthropology, 5.

Conte, E. 1983. Castes, classes et alliance au Sud-Kanem. *Journal des Africanistes*, 53(1), 157-169.

David, N. 2008. *Performance and agency: The DGB sites of northern Cameroon*. Oxford, British Archaeological Reports, International Series, 1830.

de Barros, P. 2000. Iron metallurgy: sociocultural context, in M. S. Bisson, S. Terry Childs, P. de Barros et A. Holl (éds.), *Ancien african metallurgy, the socio-cultural context*, 147-198. Walnut Creek, Altamira Press.

Delneuf, M. 1985. *Approche régionale systématique du peuplement ancien du Diamaré. Préhistoire et archéologie du Nord-Cameroun, bilan 1982-1985*. Rapport multigraphié, Maroua, Mesres-ISH / Orstom.

Delneuf, M. 1991. Un champ particulier de l'expérimentation en céramique : les ateliers de poterie traditionnelle du Nord-Cameroun, in *25 ans d'études technologiques en préhistoire*, 65-82. Juan-les-Pins, APDCA.

Delneuf, M., 1998. Les recherches archéologiques menées par l'Orstom au Cameroun septentrional, in M. Delneuf, J.-M. Essomba, et A. Froment (éds.), *Paléo-anthropologie en Afrique centrale. Un bilan de l'archéologie au Cameroun*, 91-124. Paris, L'Harmattan.

Eliade, M. 1977 (1956). *Forgerons et alchimistes*, Paris, Payot.

Frobenius, L. 1910. *Kulturtypen aus dem westsudan*, Berlin, Ghota.

Gosselain, O. P. 2001. Globalizing local pottery studies, in S. Beyries et P. Pétrequin (éds.), *Ethno-archaeology and its transfers: papers from a session held at the European association of archaeologists fifth annual meeting in Bournemouth,* 95-111. Oxford, Archeopress.

Gosselain, O. P. 2002. *Poteries du Cameroun méridional. Styles techniques et rapports à l'identité*. Paris, CNRS Editions.

Haaland, R. 1985. Iron production, its socio-cultural context and ecological implications, in R. Haaland et P. Shinnie, P. (éds.), *African iron working: ancient and traditional*, 50-72. Bergen, Norwegian University Press.

Haaland, G., Haaland, R. et Rijal, S. 2002. The social life of iron, a cross-cultural study of technological, symbolic and social aspects of iron making, *Anthropos* 97, 35-54.

Huysecom, E. 1992. Les percuteurs d'argile : des outils de potières africaines utilisés de la préhistoire à nos jours, *Bulletin du Centre genevois d'anthropologie*, 3, 71-98.

Jaggar, P. J. 1994. *The blacksmiths of Kano city*, Cologne, Rüdiger Köppe, Westafrikanische Studien.

Kroeber, A. L. 1931. Caste, in *Encyclopedia of the social sciences*. New York, Macmillan.

Langlois O., 2001. Distribution des techniques actuelles de façonnage céramique au sud du bassin tchadien : un outil pour la recherche historique régionale, *Journal des Africanistes* 71(1), 225-256.

Langlois, O. 2005. Aliments solides, aliments liquides : un regard ethno-archéologique sur la poterie ancienne du Diamaré (Nord-Cameroun), in C. Raimond, E. Garine et O. Langlois (éds.), *Ressources vivrières et choix alimentaires dans le bassin du lac Tchad*, 349-375. Paris, IRD-Prodig.

Langlois, O. 2006, De l'organisation bipartite du travail du fer dans les monts Mandara septentrionaux, *Techniques et Culture* 46-47, 175-209.

Langlois, O. 2010. Aux origines de l'endogamie des forgerons dans les monts Mandara (Nord-Cameroun) : mythes, hypothèses historiques et arguments matériels, *Journal des Africanistes* 79(2), 335-380.

Le Rouvreur, A. 1989 (1962). *Sahéliens et sahariens du Tchad*. Paris, L'Harmattan.

Lewis, H. S. 1970. Wealth, influence, and prestige among the Shoa Galla, in A. Tuden et L. Plotnicov (éds), *Social stratification in Africa*, 163-186. New-York, Free-Press.

MacEachern, S. 2003 (1990). *Du Kunde: processes of montagnard ethnogenesis in the northern Mandara Mountains of Cameroon*. Thèse non publiée (en ligne), Université de Calgary.

Marliac, A. 1991. *De la Préhistoire à l'Histoire au Cameroun septentrional*. Paris, Orstom.

Martinelli, B. 1992. Agriculteurs métallurgistes et forgerons en Afrique soudano-sahélienne, *Études Rurales* 125-126, 25-41.

Martinelli, B. 2002. Au seuil de la métallurgie intensive. Le choix de la combustion lente dans la boucle du Niger (Burkina Faso et Mali), in H. Bocoum (éd.), *Aux origines de la métallurgie du fer en Afrique, une ancienneté méconnue*, 165-188. Paris, Unesco.

Meek, C. K. 1931. *Tribal studies in Northern Nigeria*, volume 1. London, Kegan Paul, Trench.

Meillassoux, C. 1999 (1960). *Terrains et théories 1*, Lausanne, Page deux.

Murdock, G. P. 1959. *Africa: its peoples and their culture history*, New York, McGraw Hill.

Nicolaisen, I. 2010. *Elusive hunters. The Haddad of Kanem and the Bahr el Ghazal*. Aarhus, Aarhus University Press.

Pilaszewicz, S. 1991. The image of Hausa smiths in some written sources. In Y. Moñino (éd.), *Forge et forgerons*, 241-262. Paris, Orstom.

Robion-Brunner, C. 2008. *Vers une histoire de la production du fer sur le plateau de Bandiagara (pays Dogon, Mali) durant les empires coloniaux : peuplement des forgerons et traditions sidérurgiques*. Thèse, Université de Genève.

Robion-Brunner, C. 2010. *Forgerons et sidérurgie en pays dogon. Vers une histoire de la production du fer sur le plateau de Bandiagara (Mali) durant les empires précoloniaux* (Journal of African Archaeology Monograph Series 3, Peuplement humain et paléoenvironnement en Afrique de l'Ouest, Série Monographique 1). Frankfurt, Africa Magna Verlag.

Schurtz, H. 1900. *Das Afrikanische Gewerbe*. Leipzig, 22-35.

Seignobos, C. 1991a. Les Murgur ou l'identification ethnique par la forge (Nord-Cameroun), in Y. Moñino (éd.), *Forge et forgerons*, 43-225. Paris, Orstom.

Seignobos, C. 1991b. Le rayonnement de la chefferie théocratique de Gudur, in J. Boutrais (éd.), *Du politique à l'économique, études historiques dans le bassin du lac Tchad*, 225-315. Paris, Orstom.

Seignobos, C., Tourneux H., Hentic A. et Planchenault, D. 1987. *Le poney du Logone*, Paris, IEMVT.

Simmonds, D. 1984. Pottery in Nigeria, in J. Picton (éd.), *Earthenware in Asia and Africa*, 54-92. Londres, Percival David Foundation of Chinese art.

Sterner, J. et David, N. 1991. Gender and caste in the Mandara Highlands: northeastern Nigeria and northern Cameroon, *Ethnology* 30(4), 355-369.

Sterner, J. et David, N. 2003. Action on matter: the history of the uniquely African tamper and concave anvil pot-forming technique, *Journal of African Archaeology* 1(1), 3-38.

Tamari, T. 1997. *Les castes de l'Afrique occidentale : artisans et musiciens endogames*, Nanterre, Société d'Ethnologie.

Tamari, T. 2005. Kingship and caste in Africa: history, diffusion and evolution, in D. Quigley (éd.), *The character of kingship*, 141-169. Oxford, Berg.

Tourneux, H., Seignobos, C. et Lafarge, F. 1986. *Les Mbara et leur langue (Tchad)*. Paris, SELAF.

Treinen-Claustre, F. 1982. *Sahara et Sahel à l'Âge du Fer. Borkou, Tchad*, Paris, Mémoires de la Société des Africanistes.

Vaughan, J. H. 1970. Caste systems in the western Sudan, in A. Tuden et L. Plotnicov (éds), *Social stratification in Africa*, 59-92. New-York, Free-Press.

Vaughan, J. H. 1973. ☆≈kyagu as artists in marghi society, in W.L. D'Azevedo (éd), *The traditional artist in African societies*, 162-193. Bloomington, Indiana University Press.

Walde, D., David, N. et MacEachern, S. 2000. Style and the identification of artefact-production systems: an explicitly scientific approach, in C. Roy (éd.), *Clay and fire: pottery in Africa*, 79-108, Iowa City, University of Iowa.

Smith and society: patterns of articulation in the Mandara mountains (Northeast Nigeria and Northern Cameroon)

Nicholas DAVID[1], Judith STERNER[2]

[1] Archaeology, University of Calgary
[2] Liberal Studies, Alberta College of Art & Design

Dans les monts Mandara, à la période précoloniale, la technologie métallurgique présentait une relative uniformité qui contraste avec la variété des systèmes de production et de distribution du fer, et avec la diversité des modalités d'articulation des forgerons au sein de leurs sociétés. Dans ce papier, nous décrirons brièvement les techniques de réduction et de forge pratiquées par les montagnards, et nous traiterons de la distribution du métal dans le cadre d'échanges, pour certains commerciaux. L'intégration de l'économie du fer à des échelles intra et inter régionales peut être largement expliquée par la théorie de l'avantage comparatif de Ricardo, mais les morphologies sociales qui y sont associées relèvent de facteurs culturels qui ne sont pas réductibles à la seule dimension économique. Six modèles d'articulation des forgerons au sein de leurs sociétés peuvent être identifiés, deux d'entre eux se caractérisant par une ségrégation des forgerons et des potières au sein de castes. En adoptant une approche régionale et inter-régionale, nous dresserons un schéma provisoire de l'émergence de ces modèles où interagissent (a) diverses stratégies visant à accéder à un élément essentiel de production et de destruction, (b) des événements historiques, en particulier l'impact, direct et indirect, des Etats soudanais sur les sociétés montagnardes.

Nigéria, Cameroun, Monts Mandara, Métallurgie du fer, Forgerons, Organisation de la production, Organisation sociale, Economie, Ricardo, Théorie de l'avantage comparatif, Transformateur, Caste.

While pre-colonial iron metallurgy in the Mandara mountains was characterized by overall similarity in technical practices, the production and distribution of iron varied over the region and the articulation of smiths with their societies was also variable. In this paper we offer a brief description of smelting and blacksmithing by montagnards and of the distribution of metal by exchange and trade. The integration of the iron economy within and beyond the region can be largely explained in terms of Ricardo's comparative advantage model but the associated social forms realize cultural themes that are not reducible to economics. Six patterns of articulation of smiths with their societies can presently be identified, two of which involve the segregation of smiths and potters in a caste. Taking a regional and inter-regional approach, we sketch a provisional reconstruction of the emergence of these patterns in terms of the interaction of (a) varying strategies for obtaining access to a critical factor of production and destruction and (b) historical events and in particular the impact, both direct and indirect, of Sudanic states on montagnard societies.

Nigeria, Cameroon, Mandara mountains, iron metallurgy, smiths, organization of production, social organization, economy, Ricardo, comparative advantage, transformer, caste

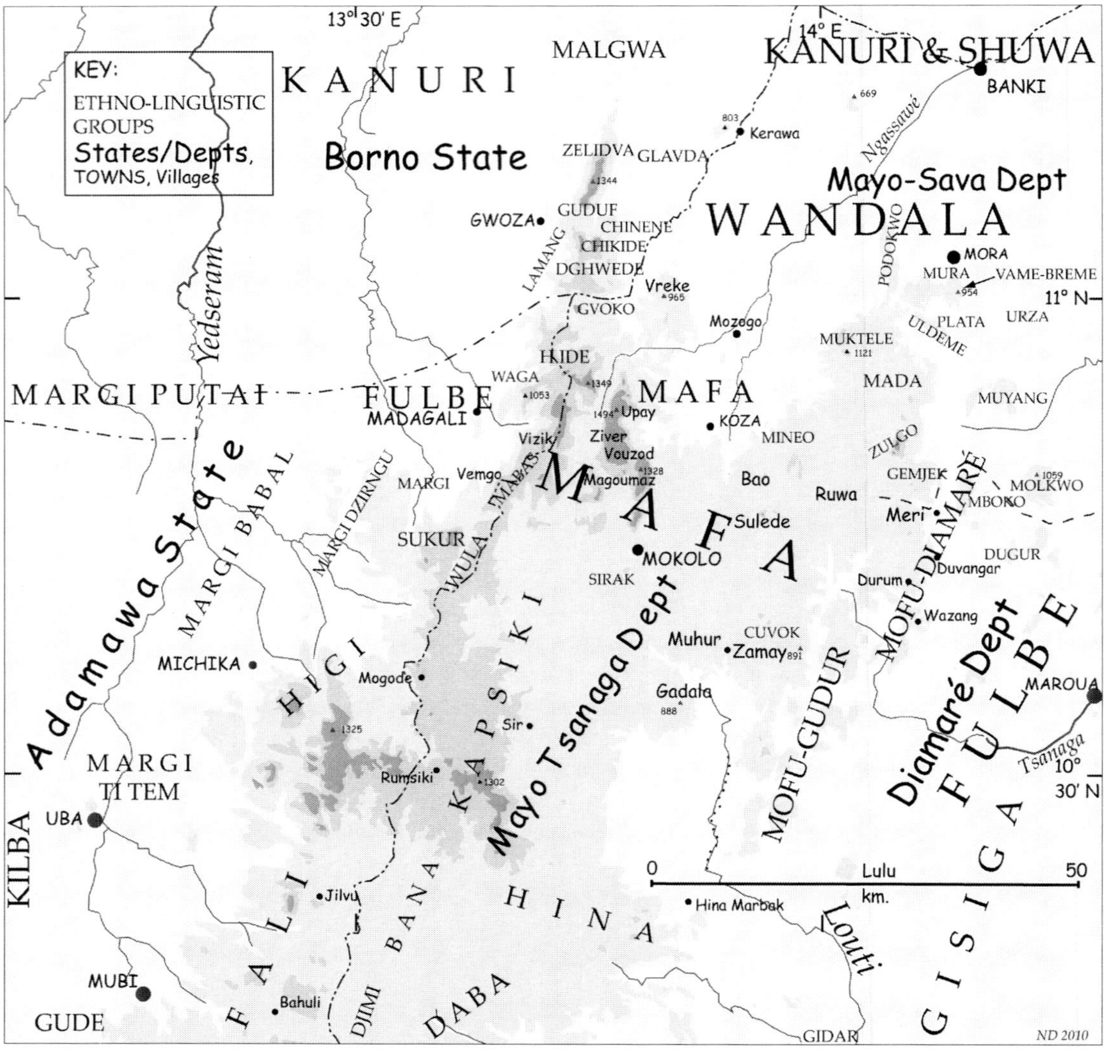

Fig. 1 : Map of the northern Mandara mountains and surrounding inselbergs and plains showing topographic features and selected ethno-linguistic groups, towns and villages. Contours at 607, 914 and 1067 m (2000, 3000 and 3500 feet).

Iron in the Mandara mountains

In the northern Mandara mountains and surrounding inselbergs, remarkable for the variety and density of their ethno-linguistic groups (Fig. 1), the smelting technologies of the ethnographic present – for smelting had everywhere ceased by the early 1960s – are all variations on a unique theme, characterized most obviously by air introduced down a tuyère into the shaft by a person pumping pot bellows seated on a platform above the shaft and behind a shield. Three types of furnace – Mafan, Sukurian and Teleki-Banan – are known to exist, the last only recognized very recently (David 2010). Mafan furnaces, tall and massive, produced a bloom mass after many continuous hours of smelting (Fig. 2). Sukurian furnaces, smaller and less bulky, produced a number of blooms over the course of a day's work (Fig. 3). The special feature of the Teleki-Banan type, first noted by René Gardi (1954, 114-21) under circumstances that precluded accurate characterization, is a constriction forming a ledge in the lower part of the furnace shaft on top which the bloom forms and through which liquid slag can drip, so that the furnace is slag-releasing (Fig. 4). This type, intermediate in size, occurs in a little studied region just south of the area considered in this paper. All three types produced wrought iron, steel and, in the case of Mafan furnaces though less probably in others, a quantity of cast iron in the form of pellets (David, Heimann, Killick and Wayman 1989).

A full technical explanation for the unique form of the Mandara region furnace and its variants awaits publication of analyses by David Killick and colleagues of materials mainly collected by Mandara Archaeological Project (MAP) members in the 1980s and 1990s. However, it is adapted to the local ore,

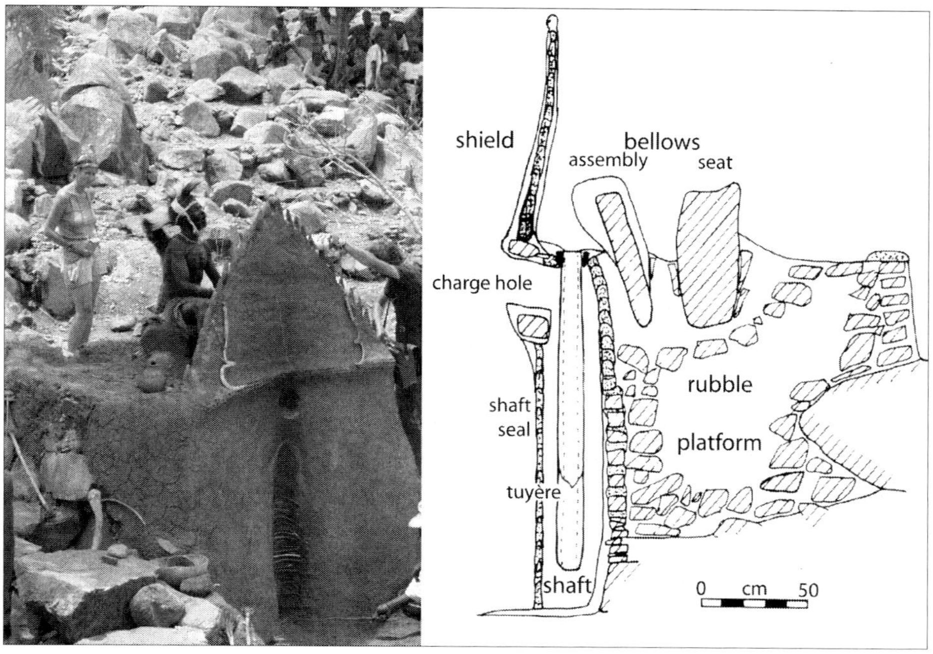

Fig. 2 : The furnace built by the Mafa iron-master Dokwaza. The left hand picture shows the continuous 1986 smelt in progress. Dokwaza is blowing the bellows egged on by the singing and playing of a harpist who is largely hidden behind the furnace shield. Judy Sterner and Yves Le Bléis are making sound recordings. The right hand picture shows a cross section of the furnace.

Fig. 3 : The batch furnace built by Plata smelter Ajokfa in use in 1989. Note the poor closing of the furnace shaft. Photo: David Killick.

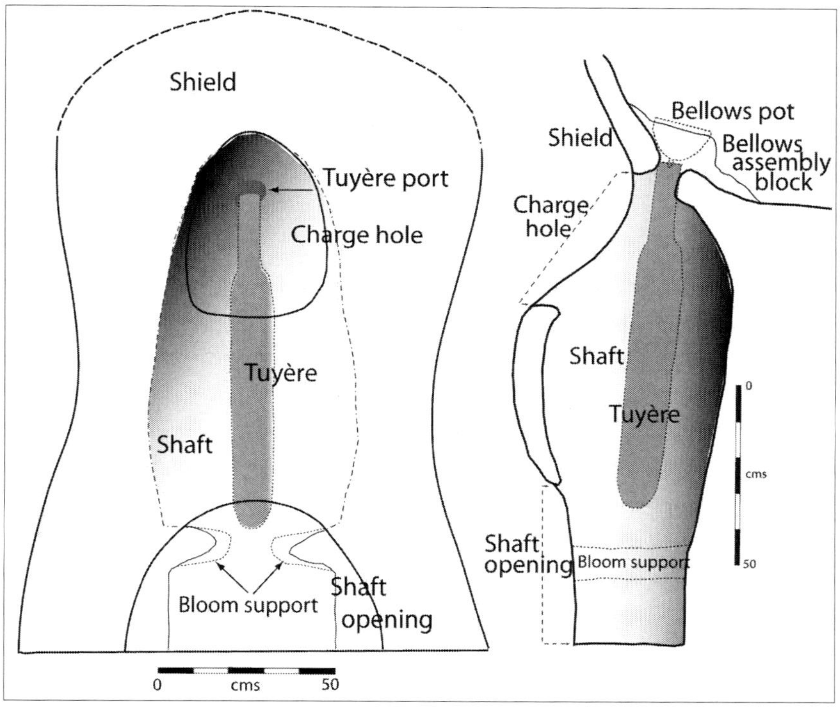

Fig. 4 : Front and side views of examples of Teleki-Banan furnaces at Guili, the Bana center.

primarily magnetite with some hematite, eroded in sand-sized particles from the local granites. At present we can not evaluate the relative productivity of different furnace types but there is no reason to suspect substantial overall differences between Sukurian and Teleki-Banan furnaces as both were utilized by groups specializing in the production of iron for export (see David 2010).

In the absence of any region-wide technical study of montagnard blacksmithing or even of detailed descriptions of the practice of individual smiths, the following account relies primarily upon our and other

MAP team members' field observations among numerous groups over the period 1984-2008. Throughout the mountains it appears that established forges can all be considered as variations on a pattern exemplified in mature form by that of the Mafa master smith Dokwaza (Fig. 5), also pictured in David and Le Bléis's (1988) video. The forge is a low sub-circular building about 3.5 - 4 m in diameter, with low walls preferably and roughly built of rocks supporting an unkempt conical thatched roof loose or open at its apex. Close to the low entrance on the western side the smith sits on a rock with a range of anvils in the well-lit area to his right and front. (We have yet to meet a left-handed blacksmith). To his left the firebox is within reach and a supply of charcoal to hand against the wall. In older forges the smith works in a shallow pit and in all forges of any age the ground surface is somewhat higher on the side of the forge opposite the smith, delimited in the figure by a line formed by the anvils, a water-filled grindstone basin used for cooling and quenching metal, and the firebox. The most important installation in the upper area, in which visitors sit and chat, and where a striker will weld or forge under the smith's direction, is the bellows which delivers air to the firebox through a downwards-tilted tuyère, here short and thick but elsewhere sometimes well over a meter in length.

Other substantive variations from this pattern include differences in the placement of the bellows, which may be set in line with the firebox or even deliver their air from the side nearest the wall. Dokwaza's placement is the most efficient as it allows the bellows blower to move quickly to the anvils to act as striker. In forges where bloomery iron was welded and forged there was often a large, taller rock anvil placed a little further from the smith (approximately where the stone hammer no. 16 is shown on the plan). This enabled the striker, using a massive, unhafted, stone hammer, to stand rather than squat while welding or forging metal to the smith's instructions. Such anvils were much more common before the collapse of the smelting industry in the mid-20th century. The positioning and the material of the cooling basin are variable but it is always in easy reach of the smith.

Presently smithing involves a subtractive process in which blanks are cut, using chisels, out of larger pieces of metal or scrap before forging into shape. In the past the process was additive as pieces of bloomery iron were welded together, with or without the use of crucibles, to make larger tools. All montagnard smiths could fine[1], weld, anneal, cut, draw, shrink, bend and upset (compress the length of) iron, and create a decorative pattern by punching, usually with a chisel. Smiths hardened tool edges by cold hammering. Quench hardening, only rarely practiced in sub-Saharan Africa, has not been reported except in recent pieces, for example an ax made by Badadak, son of Dokwaza, and probably also his and others' chisels (D. Killick, pers. com. 2010). The technique may be a colonial introduction or a local discovery consequent upon the spread of European stock and scrap metal after about 1945. In recent years various bulky pieces of scrap are sometimes laterally cycled for use as anvils. The smooth and ridged (crested) stone hammers used by montagnards to weld and to spread metal respectively have since at least the 1980s been complemented by imported sledge hammers. Chisels are now far more common than in the smelting era and bar hammers are now often made of car axles. Otherwise the essential hand tools, bar hammers, tongs and poker/rake, are little changed.

Where they are in direct competition, Muslim smiths on the plains who can obtain iron more cheaply and who use bag rather than pot bellows, spike anvils and sledge hammers have for some time been out-selling their montagnard counterparts, in part through more efficient marketing of their wares (David and Robertson 1996). Nonetheless montagnard blacksmiths still supply their communities with the vast majority of iron tools, weapons and ornaments.

Before colonial and mandate powers popularized weekly markets, within the mountains iron was distributed in the form of blooms and bloom fragments by smelters, who might also be smiths, to smiths of their own or neighboring communities. The smiths would then fine and forge these materials into a variety of artifacts or into an intermediate product, a form of iron bar (Fig. 6) that served both as a store of metal convenient for transport and as a medium of exchange. It was, for example, commonly used in bride payments. Montagnard clients usually purchased or bartered tools, weapons, decorative and other items from smiths who formed part of their own communities and to whom they might well be linked by ties of kinship and affinity. Nonetheless a substantial quality of metal was exported from mountains and inselbergs to plains dwellers, often of the same states that on occasion raided the montagnards for livestock and slaves (MacEachern 1993). Trade and warfare are notoriously two sides of the same coin, and even in times of conflict there were middlemen with access to both sides of the montagnard/state divide.

In the sub-region occupied by the Mafa, Kapsiki, Sukur and their neighbors ND has shown that the production and distribution of iron was regionally integrated and usefully considered in the light of Ricardo's comparative advantage model (David In press). Although in the eastern and central part of this

[1] Fining involves both the mechanical breaking up and crushing of blooms, especially bloom masses, in order to remove slag and charcoal, and subsequent removal of such impurities during welding and forging.

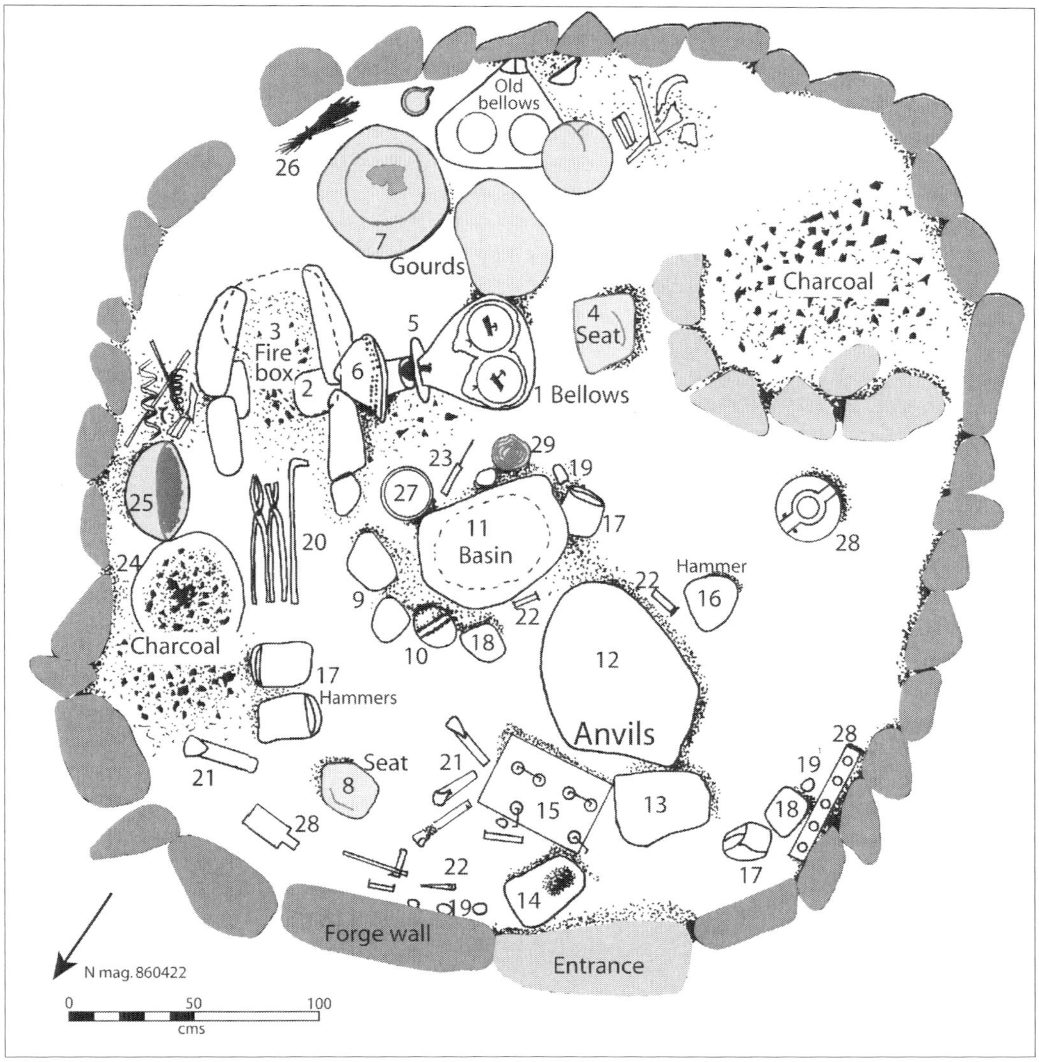

Key:

The bellows and firebox

1. double pot bellows
2. tuyère
3. firebox, sunken and enclosed by stone walls on two sides and a steep slope to the east on the side away from the smith. A stone slab on which there are various items of scrap partially covers the firebox.
4. bellows man's seat
5. hoe blade (placed in between bellows and tuyère opening when bellows not in use)
6. large sherd, part of firebox enclosure
7. gourd bellows cover (with cloth repair over hole), and three other gourds.

The smith's fixed equipment (granite except for 15)

8. smith's seat
9. pair of embedded rocks used as an anvil in the forging of sockets, the piece being forged between them
10. embedded and grooved rock anvil used in forging sockets
11. cooling basin (old lower grindstone)
12. main anvil
13. secondary anvil
14. anvil with shallow depression used for forming hoe blades
15. steel casting pinned to ground by home made 'staples' used as an anvil for fine work such as making arrowheads

Stone hammers

16. Massive smooth stone hammer
17. Massive ridged stone hammers used for spreading metal (4)
18. Smaller rocks used as hammers (2)
19. Polished, abraded quartz cobbles (5) and one battered basaltic cobble.

Iron tools

20. Two pairs of tongs, ash rake/poker
21. Iron bar hammers, cylindrical but with splayed ends.
22. Various chisels (9 - not all shown)
23. Awls (3 - 1 shown)

Other

24. Basket holding charcoal
25. Gourd holding bloomery iron fragments
26. Broom
27. Pottery bowl
28. Cast iron truck parts
29. Roof support

Fig : 5. Dokwaza Kawa's forge, 1986. Original plan by Ian Robertson, redrawn by Nicholas David.

zone there were occasional kin-based groups of highly active smelters, the best known of whom are the three brothers from Oudoumzaray near Sulede whose work was recorded in 1953 by Gardi (1954, 1955, 1959) and Hinderling (1955), most communities were barely self-sufficient or imported iron from the west, where Sukur, a chiefdom in Nigeria, and its Wula and Mabas neighbors on the Nigerian-Cameroonian frontier specialized in iron production and export (David and Sterner 1995, 1996), as, to a lesser extent, did the Hide and, further south, the Bana and by inference also the latter's Teleki neighbors (David 2010).

Fig. 6 : A selection of blooms, iron bars and, in the jar, bloomery iron fragments still retained by a Sukur in 1993.

Until the 1960s except during the rains Sukur held a weekly iron market that was exceptional in attracting not only customers from round about but also traders from the north known to the Sukur as Vuwa. Sukur's preeminence in the iron business stemmed not from superior technology or raw materials but from three other factors. First, the Sukur chieftaincy was considered ritually senior to most of those of its neighbors, this being manifested most notably at the time of accession of neighbor chiefs. The ritual relationship facilitated arrangements negotiated between chiefs, that, in return for iron and access to Sukur's iron market, allowed Sukur men to burn hardwood charcoal and Sukur women to collect ore on neighbors' territories. The second factor was community commitment to smelting, which was practiced by smiths and farmers alike, by men and sometimes women, the latter however contributing mainly by their collection of ore. The third factor was a location on the eastern edge of the Mandara mountains that combined relatively easy, if steep, access to traders with a defensibility against raiders that was not overcome until the early 1920s. It is likely that the repeated and ultimately successful attempts by Hamman Yaji, Fulbe ruler of Madagali, to conquer Sukur (Vaughan and Kirk-Greene, eds, 1995) were in part aimed at controlling the long distance iron trade.

Montagnard societies benefited from trade with the plains, obtaining salt, livestock and other products. In the 19th century a north-south trade route ran west of the mountains between Adamawan Yola on the Benue river to the south of our area, the Wandala or Mandara state[2] and Borno to the north. This made it advantageous for central and western montagnards to trade their goats, hides, a special kind of hot pepper and other agricultural and perhaps craft products westwards in return for iron and, one may imagine, a limited amount of exotic goods introduced into the system mainly by Vuwa traders. A final factor of importance in this regional system was the very low level of demand for iron, estimated at only 0.87 kg a year for an average montagnard family of seven (David In press). Thus introduction into the system of quite small quantities of scrap and imported stock rendered smelting uneconomic, leading to collapse of the industry.

Before leaving the topic of the iron economy it should be mentioned that, east of the central Mandara mountain region, iron was integrated into local economies differently. Vincent (1991, 98-99) has described how the more important Mofu-Diamaré chiefdoms, on the edge of the plains and exposed to Fulbe and earlier domination by the Mandara (Wandala) state, sought to buy off their enemies by paying tribute in goods, particularly hoes. This must inevitably have stimulated smelting and forging and the demand for smiths. Further north other montagnards were actively engaged in exchanging blooms, ingots, artifacts and ore with the Wandala (Denham 1966 [1826], 357; MacEachern 1993; Seignobos 1991, 145-53).

Given the mountain region's ethnic, political and caste divisions, an explanation for the overall similarity in montagnard iron metallurgy must take account of social and political processes. Exterior pressure exerted for four centuries by Sudanic states led to migrations, some ethnologically well-documented (e.g., Seignobos

2 Mandara is the Kanuri corruption of Wandala (Barkindo 1989:17).

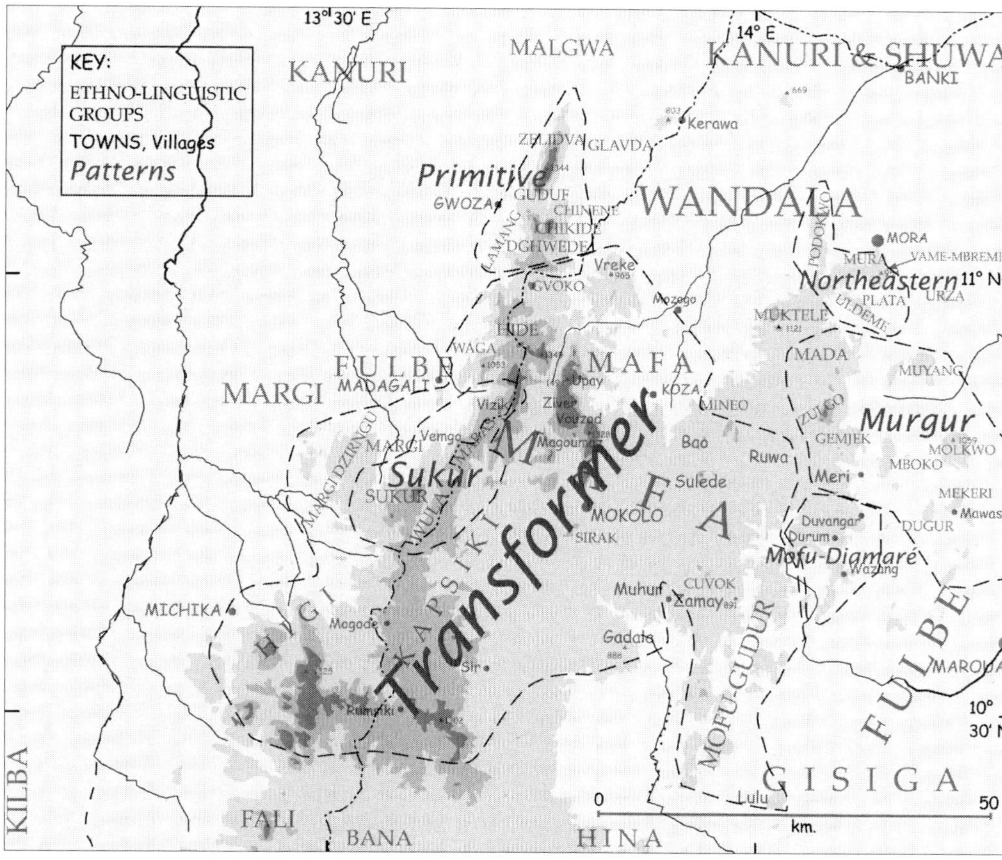

Fig. 7 : Patterns of articulation of smiths and societies in the Mandara mountains.

1991, Vincent 1991), into the mountains. These contributed to growing population pressure stimulated by the demands of labor-intensive agriculture and defense. Tensions relating to land and labor became endemic, affecting alike small ethnic units, independent polities within larger ethnic groups such as the Mafa, and more powerful chiefdoms such as some found among the Mofu-Diamaré. There was constant interaction between communities in the forms of trade and exchange, inter-community violence, intermarriage and migration at multiple scales (Sterner 2003, 70-89). Metal workers were particularly mobile and might be enticed or forced to settle by a community in need of their expertise (Sterner 2003, 169-97). The Brownian motion of persons generated by these socio-political circumstances combined with the widespread, though not equal or ubiquitous, availability of high-quality ore and hard wood for charcoal to favor the spread of very similar smelting and forging technologies and typologies through the mountains. At the same time the dispersed nature of the material resources required for smelting and the concentration of ore in and immediately around the mountains made it difficult for plains states to take over production. That said, we have virtually no archaeo-metallurgical knowledge of the history of iron in the mountains, nor indeed whether other forms of furnace had penetrated the highlands before the invention of the shaft furnace with vertical tuyère, first very tentatively identified in excavations by Peter Breunig and colleagues at the Guduf Buba Yagwa rock shelter in the mountains five kms from the Nigerian town of Gwoza. They there found evidence of what, in ND's estimation, could be a Sukurian furnace dated to the early 15th century A.D (Peter Breunig, pers. comm. 2000). Wente-Lukas (1972, 125) illustrates just such a furnace from Guduf.

Patterns of articulation

In the light of these overall similarities in smelting and blacksmithing and the integration of the iron economy in the central portion of the region under study, the social articulation of smiths into montagnard societies is more varied than might perhaps be expected. Six patterns and a possible seventh can be identified (Fig. 7), although available data do not permit assignation of every ethnic group to a pattern, and there are ethnic groups that can not be shown to fall within any of the defined patterns. Thus, for example, according to Juillerat (1971, 31, 61), the Muktele of the northeastern Mandara mountains did not smelt and all their smiths are of a single descent group that claims to have arrived ten or more generations ago from the

Waza hills located on the plains 60 kms northeast of Mora. However, there is no indication in Juillerat's brief description that their blacksmithing is in any way differentiated from the montagnard norm (Fig. 7).

The northwestern horn of the Mandara mountains is a little-studied sub-region in which there appears to exist an unspecialized or **Primitive pattern** characterized by the transmission of smithing, unassociated with packages of other arts and crafts, within families that are neither casted nor attached to localized descent group territories. Among the Dghwede smelting might be practiced during the dry season by anyone who had acquired the skill (G. Müller-Kosack, pers. comm. 2000). Despite the archaeological evidence previously noted of what might be the ethnographically known form of smelting in this area going back some 600 years, intensity appears to have been significantly less than among, say, the Plata of the northeast, where remains of furnaces are frequently encountered.

A degree of craft and ritualist specialization by descent groups, usually described as lineages and sometimes localized, appear characteristic of the pattern of articulation found among the peoples of the northeastern Mandara mountains south of Mora. Unfortunately, ethnographic accounts of the peoples of this region have paid little attention to smiths but it is clear from MacEachern's (2003, 266-8; 1992) synthesis of the meager sources that smithing descent groups are neither endogamous, nor is there any association between iron working and potting, nor with other crafts or professions (see also Sterner 2003, 208). That particular skills should be associated with certain patrilines is, in these patriarchal montagnard societies, no surprise. What is apparently distinctive about the **Northeastern pattern**, is the association of blacksmithing, and in the Plata case smelting, with descent groups that own particular territories.

The **Transformer pattern** is characterized by a smith-potter caste. The smiths do all the blacksmithing, smelting and funeral direction, in which latter activity they can also be said to act as priests. They are the most important diviners, and are heavily involved in healing. The women monopolize potting, using the tamper and concave anvil technique of pot-forming (Sterner and David 2003), are sometimes specialist midwives and healers, and are directly involved in placation of certain disease spirits. This package of arts and crafts justifies their being designated as 'transformers,' responsible for the transformation of fetus into person, ore into iron, clay into ceramic and person into ancestor. Transformer smiths are variably associated with a variety of other crafts and professions, wood- and leather-working, and professional musicianship amongst them. The pattern is found across the central portions of the northern Mandara mountains amongst the Kapsiki, Mafa, *mefele*-speakers (the 'Bulahay'), Cuvok, Mofu-Gudur and at least some of the Gisiga of Lulu, all speakers of Mafa-Mofu (Biu-Mandara A5) languages (Dieu, Renaud et al., eds, 1983; Lewis, ed., 2009). It extends south to the Kapsiki/Higi, west to the Margi Dzirngu (Vaughan 1970, 1973), speakers of Bura-Bana (A2) group languages, and north to the Hide and Gvoko, speakers of languages in the Xêdi-Wandala (A4) group. Aspects of the pattern are found further south among the little studied Daba, Hina, Gidar and 'Fali' of Delneuf (1988, 100-110), the last-named perhaps being the Djimi (Brunetière 1982), a Cameroonian member of the otherwise Nigerian cluster of Chadic-speaking Fali. However, although casted Nigerian Fali practice the tamper and concave anvil technique of pot forming, they are never members of the same clans as the farmers (Wade in press) and for this reason alone cannot be assigned to the Transformer pattern. Amongst the Fali the elaboration of caste appears greater than elsewhere and it may one day be possible to define and delimit a seventh, Fali, pattern of articulation of smiths and society.

Whereas most groups characterized by the Transformer pattern were barely or not self-sufficient in iron, the **Sukur pattern** is characteristically associated with smelting, practiced intensively by smiths and farmers alike with a view to production for trade. At Sukur itself, village industry and participation in the iron trade was associated with routinization of smelting and the development of a chiefdom with secular powers evidenced *inter alia* by major public works (Smith and David 1995). Increased division of labor included specialization within the smith-potter category that was expressed in formal titles (e.g., the *Hidi day* 'funerary smiths') and extended also to ritual labor. Significant secularization is seen in the de-emphasis of family, lineage and clan-based ritual in favor of rites carried out by part-time specialists, notably the priestly Mbesefwoy title holders, who seek to ensure the well-being of Sukur as a whole, or to support the political hierarchy. If divination was ever the monopoly of smiths, this has for long not been the case. While smith-potter and farmer(-smelter) symbiosis became even more important economically, farmers' dependence on smith-potters' transforming capabilities was lessened. Once again the pattern crosses language group boundaries. Our inquiries among the Wula, speakers of a Kapsiki dialect, and Mabas, whose language is related to that of the Hide, suggest that their smith-potters are articulated with society in a manner comparable to those of Sukur. Despite the differences in linguistic affiliation, these groups share common traditions of origin (see www.sukur.info).

South of the Kapsiki, the Bana and we infer also the Teleki practiced smelting as a village industry, but we do not know enough about other aspects of their culture to assign them to a specifically Sukur pattern of articulation.

The Mofu-Diamaré grouping defined by Vincent (1991, 193) comprises relatively powerful chiefdoms ('princedoms' in her terminology) and smaller, less inegalitarian, societies with the pettiest of chiefs. The **Mofu-Diamaré pattern** as defined here relates only to the princedoms though aspects of it may extend beyond. Smelting and smithing are separate specializations. Smiths' status is low and they may be considered dirty, but they do not constitute a caste. Neither is there an association of smiths and potters, and any woman may pot. On the other hand, smiths are involved, in various capacities, in funerary rites. Some are possessed by spirits and specialize in divination. These are called *mbidla*, a term that can, depending on context, be simply translated as smith. Most but not all are men. It is clear from Vincent's (1971; 1991, 193, 286, 435-53) accounts that the *mbidla* category, representing less than 1% of the population, was highly variable in its combination of the functions of diviner, blacksmith, undertaker, healer and other kinds of specialist.

Lastly, the **Murgur pattern** of articulation, identified and found in the scatter of inselbergs east of the northern part of the Mandara chain, is of a very different nature. Here we rely upon the detailed account of the history of the Murgur recovered by Christian Seignobos (1991) using oral traditions and ethnological analysis. The Murgur are specialist smiths and smelters linked by their crafts and by a common but complex and peripatetic history. Latecomers in the long term flow of immigrants into the Mandara region from the Logone river and Chadian plains, they washed up – Seignobos (p. 172) suggests in the period 1675-1725 – on the inselbergs north and northwest of Maroua, where their subgroups became incorporated into the region's multiplicity of Mofu- and Gisiga-related ethnolinguistic units. Losing their original language and much of their plains culture, they adapted their metallurgical skills to regional circumstances, for example borrowing the Sukurian type of furnace, and became the most successful smelters in the area. From centers in the massifs of Mekiri, Mboku and Molkwo and other settlements they furnished iron in the form of blooms, ingots and forged artifacts to their communities and to other groups, including for example the Mada, Gemzek, Zulgo and Muyang, all or most of whose smiths gave up smelting. Murgur exported iron also to the Wandala and the Fulbe. Although often regarded with ambivalence, they were neither casted nor endogamous, nor despite some expertise in divination did they monopolize this or any other craft or practice, including smelting and smithing. Although they became Mofu and Gisiga, they retain a Murgur identity founded on their history and craft.

The emergence of specialist packages and castes

Smelting and forging iron are crafts that require lengthy training and regular practice to achieve and maintain competence. To ensure both the transmission of metallurgical skills from generation to generation and access to this critical factor of production, the montagnards relied on two primary strategies: the manipulation of kinship and alliance, and the incorporation whether by force or by favor of specialists into their communities. In a situation in which iron technology was everywhere transmitted primarily through the patriline, access to iron products was obtained in a variety of ways, ranging from

a) a linkage of consumers to producers by associating them as sections of the same or closely linked clans, so that iron was ideally obtained from clan brothers,

b) the establishment of affinal links, so that iron was paradigmatically obtained from in-laws, to

c) acquisition of iron from non-kin, usually members of the same or a related community, and from smiths and others at markets that were established in some instances before the colonial period, though more generally afterwards, and finally

d) recruitment of smiths by enticement or by force.

The Transformer pattern favored the first solution as an ideal, although fluctuations in clan and caste numbers in practice militated against farmers being serviced by smiths of their own clan. Where, as in communities with a component of Murgur residents, smelters married into non-smelting families, their in-laws would have had privileged access to iron. The third solution was undoubtedly the most common. The fourth is well-documented in Mofu-Diamaré 'principalities' and among the Sukur, in the latter case sometimes taking the form of a farmer clan acting as the patron of smith immigrants. Amongst the Mofu-Diamaré the urgency of acquiring smiths, if necessary by force, may well, as noted above, have been stimulated by the need to produce hoes for tribute. Their "princes" involvement in organizing these payments may similarly have been a factor in their achieving or maintaining secular power greater than that of the Sukur chief, and far greater than that of the priest-chiefs associated with the Transformer pattern (David and Sterner 1999).

Explanation of the various articulations of smiths and smelters with their societies requires a regional and inter-regional approach. Regarding the latter, it is for example certainly not the case that Mafa potters invented the widespread tamper and concave anvil pot-forming technique, and it is important to recognize that the form taken by caste in the Mandara mountains is very different from that described by, for example, Tal Tamari (1991) in West Africa (Vaughan 1970). Our approach assumes that

a) except in the case of the Murgur, more specialized patterns emerged within the area under study from the less specialized and thus from something comparable to the Primitive pattern, in which iron working is like other crafts and specialist activities associated with and normally handed down in certain families but with some provision for other community members to learn and practice craft skills, and

b) the primary driver of pattern differentiation and elaboration was the development of complex, state- or near state-level, societies on the surrounding plains that interacted with the montagnards through various forms of asymmetric exchange including trade, extraction of tribute and armed raiding.

Although there were other macro-factors including increasing population densities, droughts and locust infestations that affected the whole or large parts of the area at various times over the past half millennium, none, we believe, had greater influence than that of states on the demand for iron, a prime factor of production and destruction, and thus on the articulation of montagnard smiths and their societies.

The Northeastern pattern differs from the Primitive primarily in the association of some crafts and other skills with territorial descent groups. The dominance within the area covered by this pattern of Plata smelters (Seignobos 1991, 151) is unexplained but might have become advantageous to these northeastern groups as they came under pressure following the rise of the Wandala state. Unfortunately we do not understand the role in iron production and trade played by a site on the plain 19 kms east of Mora. This is Mehé Djiddere (Wahome 1989) at which there are numerous mounds with plentiful evidence of iron working including smelting (David Killick pers. comm. 1989) dating to the second millennium AD. There was in this area no further development of a specialist package in the mountains though closely related plains-dwelling smiths were incorporated into the Wandala state, and perhaps as early as the 17th century introduced to smithing practices of the Muslim world, adopting the spike anvil stuck into a buried log and bag bellows (Robertson 1992).

As to the Transformer pattern, in which iron workers are most distanced by caste and practice from the rest of the community, one may make a good 'functionalist' case for the rationality of the smith-potter association in terms of scheduling of activities and in particular the competing demands on time for farming, smithing and potting. Since the demand for smiths' work is highest in the late dry season and early rains when fields must be cleared, planted and weeded, smiths can not also be much engaged in cultivation. Potting is also carried out in the dry season, with pots purchased most intensively towards the end of the dry season when housewives are concerned to build up their stocks before the rains set in and potting more or less ceases. At that time, with farmers fully occupied in their fields, smiths' wives and daughters are frequently called on to assist them in the forge. Thus the technical demands and seasonality of pottery manufacture combine with those of the forge to minimize smith-potters' opportunities to farm.

Not only is complementarity of blacksmith and farmer, potter and farmer's wife beneficial from economic and craft transmission perspectives, but accretion of other crafts and professional activities related to birth, death, sickness, and divination, can be explained in similar terms. This is less clear in relation to several of the other crafts variably associated with the smithing and potting core (Fig. 8).

The complex of crafts and professions practiced by the smith-potters is of course analytically distinct from the attitudes the rest of society takes towards them. In 1991 JS and ND argued that, in the Transformer pattern, concepts of cosmology, of transformations of persons and things from one state to another, of gender relations and of social control underlie an ambivalent relationship between farmer and smith-potter, modeled on that between the sexes. Wade's 'structuralist' development of this suggestion (2005 and in press) based upon his work amongst the Nigerian Fali is that the development of a smith-potter caste involved the progressively closer association of specialists practicing a variety of crafts. As specialists and non-specialists tended more and more to marry amongst themselves, the two categories came to be regarded as both socially and morally distinct. Ideologically, specialists are both marginalized like women and central in that, like the chief, they mediate between the positive/normative and the negative/anti-normative. As such they exist in a zone of inherent ambiguity, manifested in their case as pollution, and of complementarity to the chief.

Langlois (in press and this volume) addresses the question of the emergence of a smith-potter caste from a much needed historical perspective, one that marshals the available archaeological evidence relating to migratory and political events affecting the southern Lake Chad basin over the past millennium while giving explanatory weight to cultural values, specifically those relating to the dead. His interpretation is not in conflict with functionalist and structuralist approaches and it places caste emergence in the period of state development. Nonetheless, before it can be fully accepted, this interpretation requires fuller instantiation and better chronological control of migrations at various scales, besides extension of archaeological coverage from the eastern inselbergs and Mandara mountains piedmont into the heart of the area in which caste is present.

Transformer smith-potters are the most specialized

	Mofu-Diamaré	Mafa	Sirak	Kapsiki	Sukur	Margi	Fali of Nigeria
Native term	*mbidla*	*ngwazla*	*ngwazla*	*rerhɛ*	*ɗay*	*əŋkyagu*	*mihin*
Forging	♂monopoly	♂monop.	♂monop	♂monopoly	♂monopoly	♂monopoly	♂monopoly
(Smelting)	♂ practice	♂monop.	♂monop.	♂monopoly	♂ practice	♂ practice	iron imported
Potting	♀ practice	♀ monop.	♀ monop.	♀ monopoly	♀ monopoly	♀ monopoly	♀ monopoly
Funeral direction	♂monopoly	♂monop.	♂monop	♂monopoly	(♂ monopoly)*	♂monopoly	♂monopoly
Divination	♂♀ specialists	♂ special.	♂ special.	♂ special.	♂ special.	♂ practice?	♂ monopoly
General medicine	♂ practice	♂ special. ♀ practice	♂♀ specialists	♂ specialists	♂♀ practice	♂ practice	?
Magical removal of foreign objects	♂♀monopoly	?	?	♀ practice	♀ specialists	?	?
Midwifery	♂♀ specialists	♂♀ spec.	♀ spec.	?	♂specialists	?	♀ specialists
Pediatrics	♂ practice?	♂ special.	♂ special.	♂ specialists	♂ practice?	?	?
Formal music	♂ practice	♂ practice	♂ practice	♂monopoly	♂ specialists	♂ specialists	♂ specialists
Other				♂ brass casting	♂ (brass casting)	♂ leatherwork ♂ cicatrization	♂ brass casting ♂ weaving ♂ leather & woodwork ♂ cicatrization
Chief/chief smith complementarity	no	yes	yes	yes	very limited	yes	yes
'Castedness'	+	+++	+++	+++	++	+++	+++

* Sukur former monopoly of burials limited to important elders.

Key: ♂ men, ♀ women

monopoly: includes cases of near monopoly

specialists: indicates smiths or potters are not exclusive practitioners

practice: indicates that practice is optional

?: uncertain or information unavailable

( ): indicates practiced in the past (including all cases of smelting)

"Castedness": the extent to which smiths are socially and morally separate from farmers, is crudely indicated in the table by '+' signs, ranging from one to three.

Fig. 8 : Craft and professional activities of some Mandara montagnard smith-potters (including, for comparison, the Nigerian Fali). In the northernmost part of the region, specialization extends only to smithing and formerly smelting. Primary sources: Sirak and Sukur: J. Sterner and N. David fieldnotes; Mofu-Diamaré: Vincent 1971, 1991; Mafa: N. David fieldnotes, Genest 1976; Kapsiki: van Beek 1982, 1991: Margi: Vaughan 1970, 1973; and Fali :Wade 1989, 2005, in press, and pers. comm.

of any in the Mandara mountains. We suggest that this is so because under circumstances of increasing population density and agricultural intensification over the past centuries the farmer/smith-potter distinction proved the most efficient and productive, and because the groups characterized by this pattern were, generally speaking, the least affected by the incursions of the plains states. This might account for the apparent paradox of a caste system that is apparently unrelated to those found elsewhere in West Africa, but which makes use of a widely distributed pot-forming technique that everywhere else in West Africa is associated with specialists, though not always with castes (Sterner and David 2003).

Turning to the Sukur pattern, there is ethnohistorical evidence that Sukur's industrial phase was preceded by one in which the articulation of smiths was similar to that characteristic of the Transformer pattern (David and Sterner 1995, 1996). We conclude that the former is rooted in the latter, emerging as the result of economic specialization in iron production that kept smiths so busy with the processing of blooms that others became as competent in certain specializations such as divination and ritualism, while smiths' wives and daughters also found that participation in smelting and the fining and forging of bloomery iron was more profitable than potting. Under such circumstances, smith-potters have over time tended to lose their transformer identity, and, as one might expect, ambivalence towards them has become less marked. At Sukur the rapid decline of smelting and accelerated migration from the mountain settlement to the plains, where land was still plentiful through the 1970s, has led to ever greater approximation of smith-potters to the farmer norm.

The Mofu-Diamaré pattern is best understood as a contact phenomenon, developed on a Primitive base in interaction with both the Northeastern and Transformer patterns and some Murgur contacts (Seignobos 1991, 156-63). While we do not fully comprehend the importance of *mbidla* possession and its significance for *mbidla*-farmer relations and attitudes, it is clear from Vincent's work that the Mofu-Diamaré have been at pains to incorporate smiths, whether originally casted or not, into the princely chiefdoms. However, pottery manufacture did not become a craft linked to iron working, perhaps because, as at Sukur, pots never achieved the same degree of elaboration as they do in societies characterized by the Transformer pattern where still today, in communities that have not capitulated to a world religion, there is very limited division of ritual labor, and each household head is his own priest. Social and economic interaction with other Mofu-Diamaré groups were presumably also inhibiting factors in any potential development of caste.

Unlike the other patterns, the Murgur developed from the migration into the area from the east of a group of refugee smelter-smiths that rapidly integrated themselves into the plethora of small-scale ethnic groups in the inselbergs north and west of Maroua, adapting their technology and skills to local conditions. Rather than replacing existing iron workers in the massif and foothill villages in which they settled, they appear often to have combined forces to create centers of iron production that out-competed those on the pattern's peripheries where for the most part only a few smiths continued to practice. Communities with strong Murgur complements also showed considerable skill in managing relations with the Wandala and, in the 19th and early 20th centuries, the Fulbe. The rulers of these complex and notionally at least state-level societies appear on the whole to have valued Murgur centers more as semi-tributary suppliers of iron than as potential conquests. How stable the pattern would have proved in the absence of European colonization is uncertain. Seignobos (1991, 151) mentions deforestation at Molkwo leading to problems of defense.

In summary, while political and economic factors underpin the socio-cultural contexts of iron production and iron producers in the Mandara, they have been variously interpreted and elaborated among montagnard peoples by processing through a conceptual matrix of which the basic coding or schemata are in large part shared, the symbolic reservoir of which we have written elsewhere (e.g., Sterner 1992). This common fund of ideas, which came to be shared even by immigrant Murgur, has been affected and manipulated in different ways in response to diverse historical stimuli both endogenous and exogenous. We have sketched the resulting patterns and their emergence but are still far from able to explicate or document their development in any detail. We are only too aware that however productive the pattern of articulation is as conceptual tool, two of the six patterns proposed are built upon shaky evidential foundations.

As always we need more data, ethnographic, historical and archaeological. There are still major gaps in both topical and ethnic ethnographic coverage; historians have shown little interest in the pre- and early colonial past; and archaeological data in the mountains are hard to come by due to the destruction and dispersal of sites consequent upon the combination of non-nucleated settlements with high population densities and a common pattern of compound abandonment for both economic and ritual reasons. There is of course a corresponding joy in the opportunities for research and attempts at synthesis that this situation offers and will continue to offer *Mandarisants* of all stripes.

Acknowledgments

We are grateful to the Social Science and Humanities Research Council of Canada for major support over more than two decades of research. We thank the responsible governmental authorities of Cameroon and Nigeria that have permitted us to work in their countries, especially the late Mohammadou Eldridge and the similarly defunct Cameroonian Institute of Human Studies, and the National Commission for Museums and Monuments of Nigeria. Our great debt to them pales besides those we owe to the people with and amongst whom we have worked. We pay special tribute to a succession of assistants, the late Isa Emmanuel Kawalde, Kodje Daday, John Habga, Philip Emmanuel Sukur, Markus Ezra Mkarma, and the late Isnga Dalli Sukur: their contributions to this work are inestimable. James H. Wade and Márta Galántha-Wade in Maiduguri and Gerhard Müller-Kosack and Stella Cattini in London have been fine colleagues besides generous hosts, informants and critics. Peter Breunig kindly made available material on the results of his excavations at Guduf and we have benefited from our debates on culture history with Olivier Langlois.

Bibliographie

Barkindo, B.M. 1989. *The Sultanate of Mandara to 1902*. Stuttgart: Franz Steiner Verlag.

Brunetière, D. 1982. *Les Djimi: Montagnards du Cameroun septentrional*. Thèse de 3e cycle, Université de Paris VII.

David, N. 2010. Identification of a slag-draining bloomery furnace in the Mandara Mountains (Cameroon). *Historical Metallurgy* 44, 36-47.

David, N. In press. Ricardo in the Mandara mountains: iron, comparative advantage, and specialization. In N. David (ed.), *Metals in Mandara Mountains' Society and Culture*. Trenton, NJ: Red Sea Press.

David, N., R. Heimann, D. Killick and M. Wayman, 1989. Between bloomery and blast furnace: Mafa iron smelting in North Cameroon. *African Archaeological Review* 7, 183-208.

David N. and Y. Le Bléis, 1988. *Dokwaza: Last of the African Iron Masters*. Video recording (50 mins). University of Calgary, Dept of Communications Media.

David, N. and I. G. Robertson. 1996. Competition and change in two traditional African iron industries. In P.R. Schmidt (ed.), *The Culture and Technology of African Iron Production*, 128-44. Gainesville, University Press of Florida.

David, N. and J. A. Sterner, 1995. Constructing a historical ethnography of Sukur, part I: demystification. *Nigerian Heritage* 4, 11-33.

David, N. and J. A. Sterner. 1996. Constructing a historical ethnography of Sukur, part II: the 'classless industrial' society. *Nigerian Heritage* 5, 11-33.

David, N. and J. A. Sterner. 1999. Wonderful society: the Burgess Shale creatures, Mandara chiefdoms and the nature of prehistory. In S.K. McIntosh (ed.), *Beyond Chiefdoms: Pathways to Complexity in Africa*, 97-109. Cambridge, Cambridge University Press.

David, N., J. A. Sterner, and K. B. Gavua. 1988. Why pots are decorated. *Current Anthropology* 29, 365-89.

Delneuf, M. 1988. *La Céramique néolithique du Sahara occidental: Approche archéologique et ethno-archéologique*. Doctoral dissertation, Université de Paris X-Nanterre.

Denham, D. 1966 [1826]. Major Denham's narrative. In E. W. Bovill (ed.), *Missions to the Niger, volume III, The Bornu Mission 1822-25*, 317-536. London, Cambridge University Press for the Hakluyt Society.

Dieu, M., P. Renaud, et al. (eds). 1983. *Situation Linguistique en Afrique Centrale, Inventaire Préliminaire: le Cameroun*. Atlas Linguistique de l'Afrique Centrale (ALAC). Yaoundé: Agence de Coopération Culturelle et Technique (Paris), Centre Régional de Recherche et de Documentation sur les Traditions Orales et pour le Développement des Langues Africaines (CERDOTOLA, Yaoundé), Délégation Générale à la Recherche Scientifique et Technique - Institut des Sciences Humaines (Yaoundé).

Gardi, R. 1954. *Der schwarze Hephästus*. Bern, Privately published.

Gardi, R. 1955. *Eisengewinnung bei den Matakam (Mandara-Bergland)* (with sections by G. Spannaus and H. Thede).Göttingen, Institut für den Wissenschaftlichen Film.

Gardi, R. 1959. *Eisengewinnung in den Mandarabergen*. (Film, 19 minutes.). Göttingen, Institut für den Wissenschaftlichen Film.

Genest, S. 1976. *La transmission des connaissances chez les forgerons Mafa (Nord-Cameroun)*. Université Laval, Québec: Laboratoire d'anthropologie.

Hinderling, P. 1955. Schmelzöfen und Eisenverarbeitung in Nord-Kamerun. *Stahl und Eisen* 75 (19), 1263-66.

Hinderling, P. 1984. *Die Mafa: Ethnographie eines Kirdi-Stammes in Nordkamerun*. Vol. 1 - Soziale und religïose strukturen; Vol. 3 -Materialien. Hanover, Verlag für Ethnologie.

Juillerat, B. 1971. *Les Bases de l'Organisation sociale chez les Mouktélé (Nord-Cameroun): Structures lignagères et Mariage*. Mémoires de l'Institut de l'Ethnologie, 8. Paris, Université de Paris.

Langlois, O. In press. The development of endogamy among smiths of the Mandara mountains eastern piedmont: myths, history and material evidence. In N. David (ed.), *Metals in Mandara Mountains' Society and Culture*. Trenton, NJ: Red Sea Press.

Lewis, M. P. (ed.). 2009. *Ethnologue: Languages of the World*. Dallas, SIL International.

MacEachern, A. S. 1992. Ethnicity and stylistic variation around Mayo Plata, northern Cameroon. In J. A. Sterner and N. David (eds.), *An African Commitment: Papers in Honour of Peter Lewis Shinnie*, 211-30. Calgary, University of Calgary Press.

MacEachern, A. S. 1993. Selling the iron for their shackles: Wandala-*montagnard* interactions in northern Cameroon. *Journal of African History* 34, 247-70.

MacEachern, A. S. 2003 (1991). Du Kunde: *Processes of Montagnard Ethnogenesis in the Northern Mandara Mountains of Cameroon*. PhD dissertation, Department of Archaeology, University of Calgary. Mandaras Publishing, London. (http://www.mandaras.info/electronicISBNpublication/MacEachern_DuKunde_PhD.pdf)

Seignobos, C. 1991. Les Murgur ou l'identification ethnique par la forge (Nord-Cameroun). In Y. Moñino (ed.), *Forges et Forgerons* (Actes du 4e Colloque Méga-Tchad, 1988, vol. 1), 43-225. Paris, Éditions ORSTOM.

Smith, A. and N. David. 1995. The production of space and the house of Xidi Sukur. *Current Anthropology* 36, 441-71.

Sterner, J. A., 1992. Sacred pots and 'symbolic reservoirs' in the Mandara Highlands of Northern Cameroon. In J. A. Sterner, J. A. and N. David (eds), *An African Commitment: Papers in Honour of Peter Lewis Shinnie*, 171-79. Calgary, University of Calgary Press.

Sterner, J. A. 2003. *The Ways of the Mandara Mountains: a Comparative Regional Approach*. Köln, Rüdiger Köppe Verlag.

Sterner, J. A. and N. David, 1991. Gender and caste in the Mandara Highlands: northeastern Nigeria and northern Cameroon. *Ethnology* 30, 355-69.

Sterner, J. A. and N. David. 2003. Action on matter: the history of the uniquely African tamper and concave anvil pot-forming technique. *Journal of African Archaeology* 1, 1-36.

Tamari, T. 1991. The development of caste systems in West Africa. *Journal of African History* 32, 221-50.

van Beek, W.E.A. 1982. 'Eating like a blacksmith': symbols in Kapsiki ethno-zoology. In *Symbolic anthropology in the Netherlands*, P.E. de Josselin de Jong and E. Schwimmer (eds.), pp. 114-24. The Hague: Martinus Nijhoff.

van Beek, W.E.A. 1991. Iron, brass and burial: the Kapsiki blacksmith and his many crafts. In *Forge et forgerons (Actes du 4e Colloque Méga-Tchad, 1988, vol. 1)*, Y. Moñino (ed.), pp. 281-310. Paris: Éditions de l'ORSTOM.

Vaughan, J. H. 1970. Caste systems in the Western Sudan. In A. Tuden and L. Plotnicov (eds.), *Social Stratification in Africa*, 59-92. New York, The Free Press.

Vaughan, J. H. 1973. ənkyagu as artists in Marghi society. In W.L. d'Azevedo (ed.), *The traditional Artist in African Societies*, 162-93. Bloomington, Indiana University Press.

Vaughan, J. H. and Kirk-Greene, A. H. M. (eds). 1995. *The Diary of Hamman Yaji: Chronicle of a West African Muslim Ruler.* Bloomington and Indianapolis, Indiana University Press.

Vincent, J.-F. 1971. Divination et possession chez les Mofu montagnards du Nord-Cameroun. *Journal de la Société des Africanistes* 41, 71-132.

Vincent, J.-F., 1991. *Princes montagnards du Nord-Cameroun. Les Mofu-Diamaré et le Pouvoir politique*. Paris, Editions l'Harmattan.

Wade, J. H. 1989. The context of adoption of brass technology in northeastern Nigeria and its effects on the elaboration of culture. In S. E. van der Leeuw and R. Torrence (eds), *What's new? A closer look at the process of innovation*, 225-44. London, Unwin Hyman.

Wade, J. H. 2005. Caste, gender and chieftaincy: a view from the southern Mandaras. In C. Baroin, G. Seidensticker-Brikay, and K. Tijani (eds), *Man and the Lake (Proc. 12th Mega Chad Conference)*, 279-303. Maiduguri, Centre for Trans-Saharan Studies.

Wade, J. H. In press. The wife of the village: understanding caste in the Mandara Mountains. In N. David (ed.), *Metals in Mandara Mountains' Society and Culture*. Trenton, NJ: Red Sea Press.

Wahome, E.W. 1989. *Ceramics and History in the Iron Age of North Cameroon*. MA Thesis, University of Calgary.

Wente-Lukas, R. 1972. Eisen und Schmied in südlichen Tschadraum. *Paideuma* 18, 112-43.

Les forgerons des Toubou : vers un nouveau regard sur l'endogamie des forgerons en Afrique

Catherine BAROIN
UMR 7041 MAE, Nanterre

Les Toubou occupent au nord du lac Tchad un quart du Sahara. L'unité culturelle et linguistique de ce monde pastoral et guerrier se traduit notamment dans les activités et le statut réservés aux 'forgerons'.

Ceux-ci sont des artisans aux activités multiples. Certains sont forgerons, d'autres chasseurs, cordonniers, puisatiers ou devins, et leurs femmes parfois potières. Elles seules tressent les grandes nattes de doum qui recouvrent les tentes. Certains sont griots ; leur musique est spécifique.

Beaucoup ont ainsi toujours ignoré le travail du fer, mais tous sont unis par un statut commun. Ce sont des 'protégés'. Pourtant, le statut social des forgerons s'est aujourd'hui fortement amélioré. Beaucoup pratiquent l'élevage, qui leur était autrefois interdit.

On en est d'autant plus frappé par la permanence de leur statut de marginaux. Le mariage avec eux reste inconcevable, comme il est indigne de les tuer. La coupure symbolique est totale, tant en matière de vie que de mort, ce qui paraît logiquement lié. La comparaison avec d'autres sociétés africaines permet de dégager certaines permanences, mais aussi la diversité de situations sur lesquelles il y a lieu de s'interroger.

Forgerons, endogamie, Toubou, guerre, armes, Tchad, Niger

To the North of Lake Chad, the Tubu herd their flocks over one fourth of the Sahara. The cultural and linguistic unity of these warlike nomads shows through the specific status and activities of their 'smiths'.

They are craftsmen with various specializations. Some are smiths, others are hunters, leatherworkers, well-diggers or diviners, and their wives sometimes are potters. These women are the only ones to weave the wide palm mats which cover Tubu tents. Other 'smiths' are griots, and play a specific music.

Many of them do not forge and never did, but all of them share the same status. They are 'protected'. Yet their social status has improved a lot. Many became herders, which was impossible before.

The permanency of their marginal status is all the more surprising. Marriage with them is unthinkable, and killing them unworthy. The all-out symbolic break with them covers life as well as death matters, which seems logical enough. Comparison with other African societies brings out a number of similarities, but the diversity of situations is also a matter of debate.

Smiths, endogamy, Tubu, war, weapons, Chad, Niger

Les forgerons, dans de vastes régions d'Afrique, sont des artisans castés, voire méprisés. Cette situation a suscité l'étonnement et l'interrogation de nombreux observateurs et chercheurs, et donné lieu à d'innombrables études. Nous ajouterons une nouvelle pierre à ce monument, avec le cas des Toubou. L'analyse de ces données nous incitera à porter un nouveau regard sur l'endogamie des forgerons si souvent observée dans les sociétés africaines.

Les Toubou occupent un quart du Sahara. Leur territoire s'étend depuis le sud de la Libye jusqu'à la zone sahélienne à la latitude du lac Tchad, et d'est en ouest du Niger au Soudan. Il est dominé par le massif du Tibesti dans le nord du Tchad, qui culmine à 3 415 m. Au Niger à l'ouest, le désert du Ténéré sépare l'espace toubou du monde touareg, tandis qu'il s'étend vers l'est jusqu'aux massifs de l'Ennedi et du Ouaddaï au Tchad, et du Darfour au Soudan (Fig. 1). Les Toubou sont, pour la plupart, des pasteurs nomades. Ils élèvent des dromadaires et des chèvres en zone désertique, auxquels s'ajoutent les vaches au Sahel. La langue toubou, dite 'saharienne', se rattache au phylum nilo-saharien. Elle se réalise en trois dialectes proches, le *teda-ga*, le *daza-ga* et le *beRi-a*, qui sont parlés respectivement par les trois grands sous-groupes qui composent le monde toubou : les Teda au nord et à l'ouest, les Daza (appelés Goranes par l'Administration coloniale française) au sud des précédents, et les BeRi ou Zaghawa à l'est. Ces derniers, qui occupent les massifs montagneux de l'Ennedi, du Ouaddaï et du Darfour, sont agropasteurs tandis que les Teda et les Daza vivent essentiellement de l'élevage. Entre Teda et Daza les interactions et les intermariages sont plus fréquents qu'avec les BeRi, dont la parenté linguistique et culturelle est plus lointaine. Mais bien des traits sont communs aux trois, de sorte qu'une véritable unité caractérise cet ensemble. Les convergences s'observent non seulement dans la langue, mais aussi dans des aspects majeurs de la vie sociale tels que le système de parenté et l'organisation politique. Les règles de mariage en effet sont identiques. Elles prohibent toute union dans la parentèle cognatique, et induisent une importante circulation de bétail entre les familles lors des mariages. Celle-ci s'opère de la manière suivante. Le jeune homme d'abord sollicite de ses divers parents des dons d'animaux pour l'aider à payer la compensation matrimoniale. Celle-ci est remise au père de la jeune fille, et redistribuée par lui à de nombreux parents de la future épouse. Le jour du mariage ensuite, et parfois longtemps après, les parents de la mariée qui ont bénéficié de ces dons, à leur tour, donnent du bétail au jeune couple. Ces animaux forment la plus grosse partie du cheptel qui assurera l'indépendance économique du jeune ménage. Ces échanges ont donc un grand impact sur la vie économique dont ils sont une composante majeure. Quant au pouvoir politique, il est partout faible ou inexistant (Baroin 1985, 2008). Cette unité culturelle du monde toubou se manifeste aussi dans les activités et le statut réservés aux forgerons.

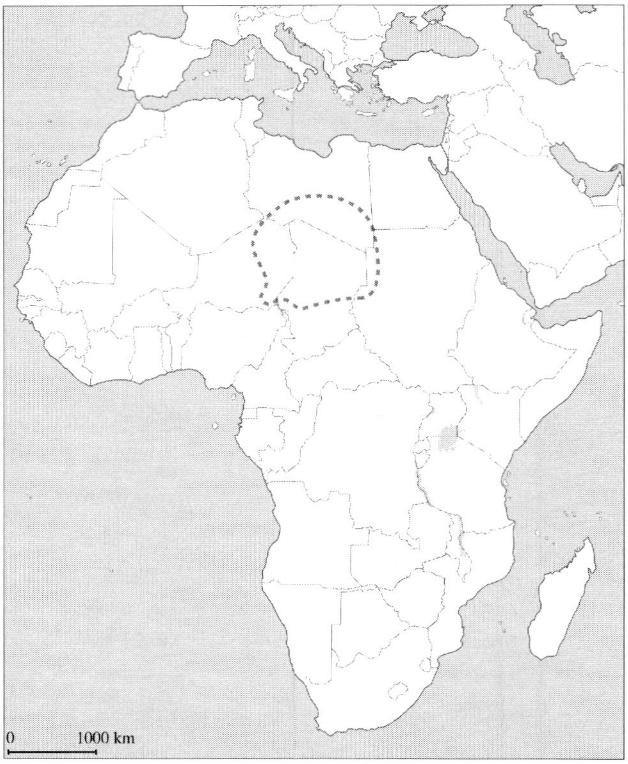

Fig. 1 : Le domaine toubou

Ceux-ci sont désignés dans chacune des trois langues par un terme unique qui désigne le forgeron (*èzzè*, pl. *azza* en daza-ga ; *duudi*, pl. *duude* en teda-ga ; *mayi*, pl. *may* en beRi-a). Mais en dépit de cette activité emblématique, beaucoup exercent d'autres métiers qui leur sont également réservés, et ont toujours ignoré le travail des métaux. Les 'forgerons', quelque artisanat qu'ils pratiquent, ne forment au total qu'une faible proportion de la population. Ils se fondent le plus souvent au milieu des autres Toubou, dont ils partagent l'aspect physique. Dès que leur nombre augmente cependant, ils tendent à se regrouper. En pays beRi leurs habitations se situent à l'écart des villages. Dans l'est du Niger par contre, ils ont leurs propres campements mais leur mode de vie ne les distingue guère de leurs voisins daza (Baroin 1991). Ils sont mêlés aux autres habitants chez les Teda, où ils sont les moins nombreux.

Les divers artisanats des forgerons

Les forgerons toubou depuis plusieurs décennies ont abandonné la réduction du minerai de fer. Les témoignages à cet égard sont peu nombreux, mais selon

Fig. 2 : Forgeron battant son tambour *kiri* (Borkou, Tchad, 1990) – cliché C. Baroin

Peter Fuchs (1970) elle était encore pratiquée en Ennedi en 1953. Cet auteur l'a filmée lors d'une reconstitution en 1963. Les forgerons proprement dits, qui pratiquent ce métier, sont appelés en daza-ga *aza egila* 'forgerons de l'enclume', du terme *egile* (pl. *egila*) qui désigne l'enclume dans leur langue. Ils forgent, avec du métal de récupération, des objets (armes, caveçons, bijoux, etc.) dont le style paraît fruste au regard de l'artisanat touareg.

D'autres 'forgerons' sont en réalité musiciens, et le terme par lequel on les désigne renvoie à cette activité. On les appelle en daza-ga *aza kiri-da*, 'forgerons au tambour', du nom du tambour (*kiri*) qu'ils sont les seuls à utiliser (Fig. 2). Ces griots chantent lors des fêtes, ce qui les démarque radicalement des autres hommes, qui jamais ne s'autoriseraient à chanter en public. Ils frappent en chantant leur tambour *kiri*, de forme allongée, qu'ils portent en bandoulière. Cette activité leur rapporte des bénéfices substanciels, car ceux dont ils chantent les louanges se doivent de les rémunérer de façon ostentatoire. Au Tibesti la forge et la musique sont les seules activités des forgerons, tandis qu'ailleurs l'éventail de leurs artisanats est plus large.

Le travail du cuir est une autre spécialité répandue, notamment chez les Daza. Ces artisans sont appelés *aza kordonie* (du français 'cordonnier'), *aza bagasha* (probablement du français 'bagage') ou *aza malamala*, du nom du grand sac de cuir à franges rouges que les Toubou accrochent à leur selle de chameau. Ces artisans du cuir fabriquent les sacs de voyage, les fourreaux des poignards, les enveloppes des amulettes coraniques, les chaussures (avant qu'elles ne soient supplantées par les chaussures en plastique). D'autres forgerons sont, à l'occasion, puisatiers. Ce sont souvent eux qui creusent les puits coffrés de bois en zone sahélienne, travail dangereux en raison des risques d'effondrement. Les femmes aza sont parfois potières, et seules ces dernières tressent les grandes nattes de doum qui recouvrent toutes les tentes daza.

La chasse est aussi le domaine réservé des forgerons : la chasse par piégeage, mais aussi et surtout la chasse d'antilopes au filet (Baroin 2006). Cette dernière les caractérise si bien qu'on les appelle *aza segide*, du terme qui désigne le filet en daza-ga. Cette chasse collective permettait d'abattre à la sagaie ou à la lance des troupeaux entiers d'antilopes addax ou oryx, rabattus et empêtrés dans les filets. La viande, découpée en lanières et séchée, était source d'un important revenu. Cette chasse a beaucoup régressé avec la raréfaction de la faune, mais n'a pas entièrement disparu.

Une autre catégorie spécifique de 'forgerons' est (était) celle des chasseurs à l'arc, les *aza firi*, du terme qui désigne en daza-ga la pointe de flèche. Mais ces 'gens de l'arc', comme l'ont observé Ida et Johannes Nicolaïsen, ne relèvent pas du monde toubou. Ce sont des Kanembou, dix fois plus nombreux au Kanem que les forgerons toubou. J. Nicolaïsen en effet estime leur nombre en 1963 à 25 000, alors que les forgerons toubou n'étaient alors que 2000 à 3000. Ces derniers, pour leur part, ne pratiquent que la chasse au filet (I. Nicolaïsen 2010, 221 et J. Nicolaisen 1968, 92-96). Les archers kanembou, dont les flèches empoisonnées étaient redoutables, sont comme les autres forgerons appelés *Duu* en langue kanembou. Ils forment au Kanem un groupe endogame mais ce sont des hommes libres, devenus agriculteurs après la raréfaction du gibier au début du 20ème siècle (Conte 1983, 152 & 163).

Une dernière activité, enfin, est présumée caractéristique des forgerons, du moins dans le nord et l'est du monde toubou. Ils sont réputés devins et guérisseurs en Ennedi (M.-J. Tubiana 2008, 83-84), mais les intéressés eux-mêmes n'ont pas confirmé cette information. Au Tibesti il y a près d'un siècle et demi, ils étaient soupçonnés de sorcellerie comme le note Gustav Nachtigal (1971, vol. 1, 401), médecin allemand qui fut le premier européen à visiter ce massif en 1869. Tel était encore le cas en Ennedi à la fin des années 1950, selon l'administrateur colonial Louis Caron (1988, 99). Rien de tel cependant n'est mentionné par Monique Brandily (1988), dont les observations au Tibesti datent de 1965. Le fait n'est pas davantage attesté chez les Daza du Niger chez lesquels furent menées nos principales enquêtes au début des années 1970.

On retiendra de cette énumération que les 'forgerons' des Toubou pratiquent divers métiers, comme cela s'observe ailleurs en Afrique, et que beaucoup ont toujours ignoré le travail des métaux. Il pourrait donc sembler plus juste de les qualifier d''artisans' ou de 'spécialistes' que de forgerons à proprement parler. Une question se pose donc : pourquoi, dans ces conditions, est-ce toujours le métier de forgeron qui, dans le nom qu'on leur donne, prime sur les autres ? Le cas est d'autant plus frappant qu'il est loin d'être unique. Nombreuses sont les sociétés africaines où les forgerons pratiquent divers métiers mais où, néanmoins, c'est par le terme de forgeron qu'on les désigne. A cet égard une première constatation s'impose : cette forge emblématique renvoie à une communauté de statut. Voyons donc quel est ce statut, pour ce qui concerne les forgerons toubou.

Le statut des forgerons

Quel que soit leur métier, les forgerons chez les Toubou constituent une catégorie à part. Ils sont, comme l'exprime Nachtigal, 'outside the society of citizens' (1971, vol. 1, 401). Ils sont castés, c'est-à-dire qu'ils ne peuvent se marier qu'entre eux. Cette condition certes n'a rien d'original en Afrique, et nous y reviendrons. Mais dressons d'abord un tableau précis de la situation chez les Toubou. Celle-ci varie, en partie, selon les trois grands sous-ensembles concernés : les Teda au nord, les Daza au sud et les BeRi à l'est.

Au Tibesti chez les Teda, les forgerons sont endogames. Telle est la règle générale. Mais il existe quelques cas limites. A titre exceptionnel, ils peuvent se marier avec des individus 'déconsidérés' selon Charles Le Cœur, qui fut le premier ethnologue à enquêter sur les Toubou de cette région au début des années 1930 (Le Cœur 1950, 95). Jean Chapelle, ancien administrateur colonial, précise : 'A la rigueur un homme dépourvu de toute prétention prendra faute de mieux une fille de forgeron ; mais, si pauvre et si honteux soit-il, il ne donnerait jamais la sienne à un forgeron' (Chapelle 1957, 274). C'est d'ailleurs d'un tel mariage, celui d'un Tede (sing. de Teda) avec une fille de forgeron, que seraient issus les forgerons du Tibesti, selon une légende rapportée par l'ethnomusicologue Monique Brandily (voir plus bas). Cette origine mixte explique, selon cet auteur, que les forgerons du Tibesti soient mieux considérés qu'ailleurs, au point que certains préfèrent renoncer aux substanciels bénéfices que leur apporterait l'activité de griots, par souci de ne pas se démarquer socialement du reste de la population (Brandily 1988, 58).

Mais en dépit de ce mariage légendaire, M. Brandily insiste sur la vivacité de l'interdit de mariage avec les forgerons au Tibesti. Il y est 'si intériorisé, dès l'enfance, que son observance n'implique même pas un effort mais apparaît comme un comportement pour ainsi dire naturel'. Il y est même si fort que si un homme du Tibesti, en voyage au Borkou (région située au sud du Tibesti), venait à y solliciter les faveurs d'une femme en ignorant sa qualité de forgeronne, 'elle le préviendrait avant que l'irréparable soit accompli, craignant pour sa vie au cas où elle ne le ferait pas'. Le seul cas rapporté d'une union (probablement une union libre) entre un forgeron et une femme du clan teda Maadéna avait exposé le couple au massacre (Brandily 1988, 55-58).

Chez les BeRi l'interdit du mariage avec un forgeron semble plus fort encore qu'au Tibesti. En effet, un BeRi et un forgeron ne peuvent se marier ni entre eux, ni même dans la même famille, fut-elle extérieure à leur société, comme le rapporte l'ethnologue Marie-José Tubiana (2008, 78). Cette dernière cite le cas d'un forgeron qui avait épousé une femme arabe (la prohibition de mariage avec un forgeron ne jouant en effet qu'au sein du monde toubou) mais qui fut contraint par un BeRi de divorcer, parce que ce dernier avait lui-même pris femme dans cette famille arabe. L'enfant né de l'union avec le forgeron resta dans la famille de sa mère. En d'autres termes, c'est la paternité même du forgeron fut niée dans cette affaire. Il était inconcevable pour cet homme BeRi, non-forgeron, d'avoir les mêmes parents par alliance qu'un forgeron, à fortiori de compter parmi ceux-ci un enfant de forgeron. Ce n'est donc pas seulement le mariage direct avec un forgeron qui est prohibé, mais aussi le mariage dans le même groupe que celui où se marie un forgeron. Un tel mariage serait analogue à l'inceste 'de deuxième type' défini par Françoise Héritier (1994).

Compte tenu, d'une part, de la très large extension des prohibitions matrimoniales qui caractérise le monde toubou, et d'autre part du faible effectif des forgerons, la règle d'endogamie qui leur est imposée est source de problèmes : ils trouvent difficilement à se marier. C'est pourquoi les forgerons du Tibesti n'ont 'pas à satisfaire aux mêmes exigences que les Teda purs en ce qui concerne les degrés prohibés. Le mariage avec leurs cousines les plus proches est, en effet, autorisé' (Brandily 1988, 57). La situation est voisine chez les Daza du Niger : leurs forgerons sont moins stricts que les Daza eux-mêmes dans le respect des prohibitions de mariage. Toutefois aucun mariage avec une cousine directe n'a été relevé, les mariages les plus proches étant contractés avec des cousines classificatoires (Baroin 1985, 186-187). Chez les Daza de l'Ennedi, Louis Caron rapporte que les forgerons avaient de grandes difficultés à se marier en raison de leur petit nombre, et que les litiges pour mariages non tenus étaient nombreux (Caron 1988, 99).

Si l'obligation d'endogamie est une composante essentielle du statut des forgerons, la seconde caractéristique importante de ce statut est qu'ils sont des 'protégés'. Ils étaient et sont encore liés, généralement par famille ou par clan, à des familles ou des clans toubou dominants. Entre ces partenaires les liens économiques et sociaux étaient multiples (échanges de cadeaux, d'hospitalité, protection), plus subis par les forgerons que véritablement consentis (Baroin 1991). En vertu de ces liens, le forgeron devait faire appel à son maître et protecteur pour défendre ses intérêts en cas de dommage. Il conservait néanmoins une certaine liberté, car il pouvait changer de maître le cas échéant. Sur ce point, bien entendu, le statut des forgerons s'oppose radicalement à celui des esclaves, qui sont la propriété de leurs maîtres au même titre que du bétail (Baroin 1981). Les forgerons sont perçus et se perçoivent comme des gens pacifiques, qui répugnent à prendre les armes. Les Daza les méprisent pour leur manque de courage. En fait, il leur est *interdit* de prendre les armes contre des non-forgerons, qu'ils soient Teda, Daza ou BeRi, c'est-à-dire de même statut que leurs 'protecteurs'. Inversement et corollairement, il serait honteux pour ceux-ci de se battre contre un forgeron. Ce serait une disgrâce 'not easily to be effaced' comme le remarque Nachtigal (1971, vol. 1, 402).

Les préjugés des Toubou contre leurs forgerons sont très forts : ils sont laids, sales, couards. Il ne saurait être question toutefois de les insulter, et la déférence est de mise avec eux. Au Tibesti ils étaient craints pour leurs pouvoirs magiques et personne ne s'autorisait à insulter un forgeron. Par contre, traiter quelqu'un de forgeron était une insulte qui se lavait dans le sang (Nachtigal, vol. 1, 401-402). Selon Monique Brandily, dans la vie quotidienne aucune discrimination ne s'observe au Tibesti envers les forgerons, et l'on peut partager un plat avec eux sans problème (Brandily 1988, 56). Ce n'est pas le cas des Daza, qui ne mangent ni ne boivent le thé avec les forgerons (Jérôme Tubiana 2008, 113). Mais c'est chez les BeRi de l'Ennedi que les préventions contre les forgerons sont les plus marquées, aussi bien en matière de mariage (voir ci-dessus) que de conduite quotidienne : ils refusent de manger au même plat ou de s'asseoir sur la même natte qu'un forgeron (M.-J. Tubiana 2008, 78).

Cette situation, cependant, évolue au fil du temps. Les partenariats entre Toubou protecteurs et forgerons protégés tendent à se dissoudre actuellement. Le statut social des forgerons s'est peu à peu amélioré. A cet égard, trois facteurs majeurs ont joué dans le même sens : la colonisation, l'islamisation et la scolarisation.

La colonisation a contribué à l'émancipation des forgerons, du simple fait que l'autorité coloniale, se chargeant de faire régner l'ordre, traitait en égaux maîtres et protégés. Sous l'effet de la sécurité générale toute relative qu'elle apportait, la protection des maîtres envers leurs forgerons perdait de sa pertinence.

En second lieu l'islamisation, qui depuis un siècle s'intensifie de plus en plus, a joué elle aussi en faveur des forgerons. Ceux-ci, quand ils le pouvaient, ont saisi l'opportunité de faire des études islamiques afin d'acquérir le prestige du lettré musulman dans des communautés largement analphabètes. Certains forgerons du Niger, par exemple, sont allés dans les écoles coraniques du Bornou (en Nigeria), qui est depuis longtemps un grand centre régional d'enseignement de l'islam. D'autres vont plus loin, jusqu'en Egypte notamment. Le savoir qu'ils acquièrent n'est pas seulement source de prestige, il procure aussi d'appréciables revenus, par la pratique du 'maraboutage'. Le lettré, sollicité par exemple pour guérir la maladie d'une personne ou d'un animal, ou pour assurer le succès d'une entreprise, récite des prières et écrit à l'encre noire des versets du Coran sur une planchette de bois. L'encre en est ensuite rincée à l'eau, qui est donnée à boire au solliciteur, au malade ou à l'animal. Le lettré confectionne aussi, à la demande, des amulettes aux vertus protectrices. Il reçoit, pour ses services, un don généralement en nature. Ces pratiques sont loin d'être particulières aux Toubou, mais il se trouve que chez eux, en outre, les lettrés de l'islam parfois se marient gratuitement. Leur futur beau-père peut en effet les exempter de payer la compensation matrimoniale normalement demandée pour un premier mariage, dans l'espoir par ce geste pieux d'aller au paradis après sa mort. Or ces paiements sont très importants en règle habituelle, il s'agit donc d'un avantage économique considérable (Baroin 1985, 174-175).

La scolarisation, en troisième lieu, a joué comme les deux facteurs précédents dans le sens de l'émancipation des forgerons. Ceux-ci, pour les mêmes raisons qui en portaient certains vers le savoir islamique, se sont montrés souvent, plus que leurs anciens maîtres, désireux de s'instruire à l'école des Blancs, dans l'espoir d'échapper au joug de la 'protection' qui pesait sur eux. Le savoir scolaire ouvre la porte à l'obtention de postes dans l'administration, qui sont une source autant de prestige que d'un salaire envié. Dans l'est du Tchad cependant, les BeRi qui avaient pris conscience de l'avantage d'une telle formation ont souvent empêché les enfants de forgerons d'aller à l'école, car ils n'admettaient guère que leurs propres enfants s'asseyent sur les mêmes nattes ou les mêmes bancs que ces derniers (M.-J. Tubiana 2008, 61-62).

Un quatrième facteur semble avoir aussi contribué à l'amélioration du statut des forgerons : ce sont les conflits armés qui pendant plusieurs décennies ont affecté le Tchad et maintenant le Soudan. En effet, les forgerons ont été enrôlés comme combattants au même titre que les autres Toubou et se sont battus à leurs côtés. Ce fait peu étudié mériterait de plus larges enquêtes.

Toujours est-il que le statut des forgerons s'est indéniablement amélioré au fil du temps, et que leurs activités se sont diversifiées. Certains artisanats ont fortement régressé, comme la chasse au filet, d'autres ont disparu comme la réduction du minerai de fer ou la chasse à l'arc. Le savoir, musulman ou laïque, contribue à cette diversification. Ainsi le 'maraboutage' est source d'activités et de revenus le plus souvent occasionnels, tandis que la scolarisation permet à quelques uns d'accéder à un poste dans l'appareil d'Etat. Par ailleurs l'élevage, autrefois interdit aux forgerons, est souvent devenu leur activité principale.

On en est d'autant plus frappé par la permanence de leur statut de marginaux. Les forgerons restent, pour les autres Toubou, des individus avec lesquels il est inconcevable de se marier. A cet égard les pratiques, comme les attitudes, semblent ne pas avoir évalué d'un iota. Cette situation nous porte donc à nous interroger : quel est donc le motif qui pousse, sur ce point précis, à tant de conservatisme ?

Pourquoi l'endogamie ?

Pour répondre à cette question, il y a lieu tout d'abord d'examiner ce que disent les Toubou eux-mêmes sur l'origine de leurs forgerons. A cet égard les traditions recueillies sont minces. Elles sont rapportées par trois auteurs : Monique Brandily (1988), Marie-José Tubiana (2008) et Charles Le Cœur (1950).

La légende narrée par M. Brandily (1988, 55) peut se résumer comme suit. Au Tibesti deux frères teda, ancêtres du clan gouboda, ressentent le manque d'outils de fer comme un handicap pour obtenir de bonnes récoltes. Ils décident donc que l'un d'eux ira au Borkou, où les forgerons sont nombreux, pour en ramener un forgeron. Mais comme aucun des forgerons du Borkou ne veut le suivre, il apprend le métier sur place, épouse une fille de forgeron et revient avec elle au Tibesti. C'est de leur union que descendent tous les forgerons du Tibesti. Cette légende exprime donc clairement la parenté entre les 'Gouboda purs' et les Gouboda forgerons. Selon M. Brandily, elle explique l'absence de mépris qui s'observe au Tibesti envers les forgerons, et leur statut plutôt meilleur qu'ailleurs en pays toubou.

L'explication que cette légende formule sur l'origine des forgerons est essentiellement d'ordre pratique : c'est en raison de la pénurie locale de forgerons qu'un Tede se décide lui-même à devenir forgeron. Ce type d'explication est assez répandu en Afrique. Chez les Dogon par exemple, Caroline Robion-Brunner rapporte de façon similaire que, si l'on manque de fer, on peut envoyer un parent devenir forgeron (Robion-Brunner 2008, 107). On peut cependant se poser la question suivante : si c'est un parent qui devient forgeron, pourquoi donc doit-il être mis en caste à partir du moment où il pratique ce métier ? La thèse pratique, on le voit, peut expliquer l'origine de certains forgerons, mais elle n'explique pas pourquoi ils doivent être endogames.

Le mythe rapporté par M.-J. Tubiana sur l'origine des forgerons chez les BeRi Bilia du massif de l'Ennedi est d'une toute autre nature. Le voici résumé : les forgerons des Bilia sont d'anciens autochtones artisans-cueilleurs-chasseurs, autrefois organisés en chefferies. Quand arrivèrent les Bilia, vivant d'élevage, ces autochtones leur donnèrent d'abord leurs filles en mariage, tout en percevant d'eux un tribut. Mais comme les éleveurs bilia ne supportaient plus les exigences grandissantes de ces premiers occupants, ils décidèrent de se libérer une bonne fois pour toutes de leur joug en les exterminant tous. Peu nombreux furent ceux qui survécurent et ils entrèrent, en tant que forgerons, dans la dépendance des Bilia (M.-J. Tubiana 2008, 64-65).

C'est donc l'inversion d'un rapport de forces qui explique ici l'origine des forgerons. Ce schème explicatif, de nature politique, est loin d'être un cas isolé. Nombreux sont les auteurs qui, pour d'autres sociétés africaines, ont défendu la thèse de la mise en caste des forgerons pour raison politique. Le schéma général en est le suivant. Les forgerons seraient d'anciens chefs, mais ils ont été vaincus par des envahisseurs qui les ont relégués au statut d'artisans et mis en caste, afin de mieux les écarter du pouvoir politique qu'ils détenaient auparavant. Les forgerons ainsi soumis conservent néanmoins, dans de nombreux cas, un rôle rituel important. C'est une légende, le plus souvent, qui relate ces événements, et l'une des questions qui se posent est de savoir si ces récits traduisent des faits historiques, qui par ailleurs n'ont laissé qu'assez peu de traces. Toujours est-il qu'ils rendent compte de situations qui s'observent ou s'observaient encore, dans un passé récent, en de nombreux endroits. Pour ce qui concerne la proximité immédiate du monde toubou, il y a lieu de citer à cet égard les royaumes du Ouaddaï et du Darfour (Nachtigal 1971, vol. 4, 179 & 331-339), ainsi que celui du Baguirmi plus au sud (Pâques 1967). Au Ouaddaï, comme l'a observé Nachtigal en 1873, le chef des forgerons était cantonné à un rôle de 'sultan de l'ombre', aux fonctions rituelles importantes (Nachtigal 1971, vol. 4, 179). En Afrique de l'Ouest s'observent de nombreuses situations analogues, parmi lesquelles le royaume mandé est un cas bien connu (Tamari 1997 ; de Barros 2000).

Faut-il pour autant considérer que cette explication politique du statut des forgerons a une valeur générale ? C'est ce que tente de montrer Tal Tamari dans un article de 2005, où elle élargit sa recherche à l'ensemble du continent africain. Il existe certes des liens étroits entre les forgerons et le pouvoir politique dans le cas de royaumes bien structurés, comme dans le Mandé, au Baguirmi ou en Ethiopie. Mais ces liens sont absents dans les sociétés dénuées de pouvoir fort, qu'il s'agisse de sociétés acéphales comme celle des Toubou, ou de sociétés à systèmes d'âge comme on en trouve en Afrique de l'Est. Les Maasaï en sont un bon exemple, et c'est en vain que Tal Tamari cherche à déceler chez ces pasteurs une corrélation entre les forgerons et les *loibon*, qui sont des chefs religieux davantage chargés de faire tomber la pluie que pourvus d'un réel pouvoir politique. Chez d'autres pasteurs réputés pour leur esprit d'anarchie comme le sont les Toubou, il serait saugrenu d'imaginer qu'un ancien pouvoir de forgerons aurait été subjugué par de nouveaux venus. On n'en trouve chez eux nulle mention en dehors de la légende des Bilia de l'Ennedi énoncée plus haut. Or le pays bilia est géographiquement proche de l'ancien royaume du Ouaddaï, et c'est peut-être à cette proximité qu'il faut imputer cette légende.

Toujours est-il que ces deux légendes, celle des Bilia de l'Ennedi (thèse politique) et celle des Teda Gouboda du Tibesti (thèse pratique), ne concernent que certains groupes précis. En dehors d'elles, rien n'explique dans le monde toubou la mise en caste des forgerons, si ce n'est cette brève remarque de Charles Le Cœur sur les forgerons du Tibesti : 'ce sont des individus isolés, généralement d'humble origine, tombés dans la dépendance d'une famille, souvent par suite d'un dommage causé à cette famille, meurtre d'un de ses membres par exemple' (Le Cœur 1950, 95).

Mais cette remarque de Ch. Le Cœur est loin d'être anodine. Ce qu'il indique en substance, c'est qu'un meurtrier qui n'a pas les moyens de faire face à la conséquence normale de son acte, c'est-à-dire à la menace de mort qui pèse sur lui, peut échapper à la vengeance *en recherchant la protection des parents de sa victime*. En d'autres termes, en demandant leur protection, il bloque leur devoir de vengeance. Cette situation est analogue à celle qu'évoque Antonin Jaussen (1948) chez les Arabes moabites : un meurtrier ou un voleur poursuivi par la vengeance peut, en vertu du caractère sacré de l'hospitalité, se mettre sous la protection même de ses poursuivants en entrant sous leur tente. Dans les deux cas, c'est un autre devoir qui prime sur le devoir de vengeance et le réduit à néant : celui de protéger son hôte ou son subordonné. Ces phénomènes d'inversion tout à fait saisissants concernent, dans ces deux exemples, un individu unique. Mais le processus joue aussi pour la mise en caste de groupes entiers, ce qui rejoint la thèse de l'endogamie pour cause politique énoncée plus haut.

Cette mise en caste s'assortit donc de deux obligations : celle de protéger le forgeron, et l'interdiction de le tuer. Ce point est essentiel pour comprendre la nature profonde de la relation au forgeron. Le forgeron est avant tout un vassal qu'il faut protéger (c'est une affaire d'honneur que de protéger correctement son forgeron), et prendre les armes contre un forgeron est un déshonneur. Il n'est honorable de se battre qu'avec des adversaires de même statut que soi.

Réciproquement, il est interdit au forgeron de porter les armes contre son (ses) maîtres. Cet interdit est rarement formulé comme tel. Mais il est tout aussi fort que l'autre. C'est à lui qu'il faut attribuer le caractère 'pacifique' des forgerons observé par divers auteurs. Comme l'exprime un forgeron originaire de Fada, en Ennedi : 'les forgerons n'aiment pas faire la guerre. Ils ne tuent pas les gens. Lorsqu'ils se bagarrent, ils se battent à coups de poings mais jamais ils ne tuent : il n'y a pas de criminels chez les forgerons' (M.-J. Tubiana 2008, 51). En fait ils n'ont pas le droit de tuer autrui, même quand ils en auraient les motifs les plus pressants.

Cette situation est parfaitement illustrée par un conte recueilli à Fada, dans l'est du Tchad. Marie-José Tubiana le relate (M.-J. Tubiana 2008, 66-70), sans en dégager l'analyse. L'histoire se passe chez les Sar, qui sont un clan beRi. Elle s'ouvre sur une double transgression : les maîtres sar tuent un de leurs forgerons, et de surcroît ils donnent son foie à manger à la mère de la victime. Pour venger cette impardonnable offense, les forgerons n'agissent pas directement. Ils ont recours à des tiers. Ils font appel aux ennemis de leurs maîtres, auxquels ils fournissent les armes nécessaires, puis ils attirent leurs maîtres dans un piège afin que leurs ennemis puissent les tuer aisément. La raison de ce stratagème est tacite, car elle est évidente pour l'auditoire local, mais elle n'est pas décryptée par M.-J. Tubiana pour le lecteur occidental. Or si les forgerons ont recours à ce procédé bien plus compliqué qu'une vengeance directe, c'est bien parce qu'il leur est interdit de prendre eux-mêmes les armes contre leurs maîtres. Ce qui est remarquable dans cette histoire, c'est qu'en dépit de la première transgression dont ils sont victimes (les Sar tuent un de leurs forgerons alors qu'ils sont censés les protéger), les forgerons ne s'autorisent pas pour autant à transgresser à leur tour l'interdit qui les lie à leurs maîtres, en prenant les armes contre eux.

Ce conte témoigne donc de la force de l'interdit qui frappe les forgerons : leur rôle est de fabriquer des armes, mais *ils n'ont pas le droit eux-mêmes de s'en servir* contre leurs maîtres ou d'autres gens non castés. Ce point est essentiel. Le pacte qui lie le maître toubou à son forgeron est un interdit de mort : ils ne peuvent se tuer l'un l'autre.

Le corollaire de cet interdit de mort est l'interdit de vie : les forgerons et leurs maîtres ne peuvent s'unir pour procréer. C'est sous ce jour qu'il faut comprendre le sens profond de l'endogamie qui frappe les forgerons. Le lien entre ces deux interdits, celui de mort et celui de vie, se traduit dans le fait que la rupture de l'un entraîne la rupture de l'autre. C'est ce que souligne l'ancien administrateur Louis Caron : 'L'adultère commis par un forgeron avec une femme gorane n'était pas inconnu mais il comportait de grands risques pour le séducteur, car le meurtre de ce dernier ne prêtait pas à conséquence à moins que nous ne l'apprenions. En commettant un adultère de cette sorte le forgeron rompait en effet le contrat tacite qui assurait habituellement sa protection' (Caron 1988, 99).

'Ni vie ni mort entre nous' : ce pacte affecte les fondements mêmes de l'existence. Dans cette perspective, on comprend mieux quelle dimension symbolique majeure affecte l'interdit d'épouser un forgeron, et donc pourquoi cet interdit est si profondément enraciné dans les mentalités des Toubou, au point qu'il perdure obstinément en dépit des améliorations matérielles du statut de ces artisans.

Ailleurs en Afrique

C'est donc en termes de vie et de mort qu'il faut comprendre le pacte qui lie les forgerons toubou aux autres membres de cette société. La force symbolique de cette association explique son enracinement dans les mentalités, et sa persistance en dépit des changements et de la promotion sociale de certains forgerons. Mais la situation des forgerons toubou, ainsi décrite et décryptée, ressemble sur de multiples points à celle d'autres forgerons africains. L'analyse qui précède est-elle transposable à d'autres sociétés ? Telle est la question qu'il reste à aborder. Dans les autres sociétés africaines évoquées ci-dessous, où comme chez les Toubou les 'gens de caste' sont souvent spécialisés dans d'autres métiers que le travail du fer, nous utiliserons néanmoins le terme de 'forgerons', renvoyant par là à leur statut et non à leur activité.

Il se trouve que le double interdit sur la mort et sur le mariage, qui caractérise dans la société toubou le rapport entre les forgerons et les autres, s'observe aussi dans d'autres sociétés. Tel est le cas des Maures et des Touaregs, dont les forgerons sont endogames comme chez les Toubou. Chez les Maures, les griots (qui relèvent de la catégorie des 'forgerons') ne participaient pas au combat, et personne n'a le droit de prendre la vie d'un forgeron (Tamari 1997, 249-250). De même 'les forgerons touaregs participent exceptionnellement au combat, mais leur adversaire n'a pas le droit de les tuer' (Tamari 1997, 254).

Chez les Soninké (Mali), le lien entre l'interdit de donner la mort et celui de se marier, entre forgerons et non-forgerons, est souligné avec la plus grande clarté par Eric Pollet et Grace Winter (1971). En effet, ces auteurs citent un exemple où c'est le déclenchement même de l'interdit sur la mort qui provoque la mise en caste des forgerons, c'est-à-dire la mise en place de l'interdit sur la vie. Ce basculement se produit lors de la fameuse bataille entre le roi de Soso, Sumanguru Santé (un Soninké), et celui du Mali, Sundyata : 'plusieurs nobles à cause de leur lâcheté perdirent leur statut et furent à l'origine d'une branche *nyakamala* [terme qui désigne les gens de caste] de leur clan, les uns ... choisissant ... d'appartenir à la caste inférieure afin de ne plus devoir se battre, les autres après la bataille se prétendant *nyakamala* afin d'échapper au massacre' (Pollet et Winter 1971, 234).

Ce récit témoigne de l'équivalence entre les deux interdits de mort réciproques, l'un positif (celui de porter les armes, et donc de donner la mort), l'autre négatif (celui d'en être victime). L'un ou l'autre suffit à provoquer la mise en caste, c'est-à-dire à instituer la règle d'endogamie des forgerons. Dans les circonstances qui sont évoquées, c'est l'interdit sur l'usage des armes qui précède celui sur le mariage. Le premier entraîne le second. D'autres épisodes de l'histoire des Soninké vont dans le même sens, comme celui du chef Dyaguraga (Pollet et Winter 1971, 234, note 97). Ce chef, parce qu'il était mécontent de trois de ses guerriers peu courageux, fit d'eux des griots, c'est-à-dire des gens de caste. C'est la même logique qui transparaît dans un événement similaire relaté par Charles Monteil (1966, 169), repris par Pollet et Winter dans la même note : 'La plupart des gens libres de Simangourou, pour échapper à une mort certaine, n'hésitèrent pas à se faire passer pour griots... '.

Il s'agit toutefois de circonstances très particulières qui, chez les Soninké, n'ont provoqué la mise en caste que d'une partie seulement des forgerons. Elles ne concernent que ceux des forgerons qui portent le même nom de clan que des clans nobles dont ils sont issus. Pour les autres, les Soninké considèrent qu'ils sont forgerons depuis toujours et n'expliquent pas pourquoi ni comment ils sont devenus forgerons.

Chez les Malinké, ce scénario de mise en caste n'est pas mentionné mais le même rôle crucial du port d'armes dans la détermination du statut des forgerons est flagrant (Camara 1976). Sory Camara indique en effet que la société malinké se répartit en trois catégories d'individus : les maîtres, les esclaves et les gens de caste (*nyamakala*). Or seuls ces derniers (les forgerons) ne font pas la guerre, au contraire des maîtres et de leurs esclaves. Toutefois les forgerons sont de statut libre chez les Malinké, et à ce titre ils peuvent eux-mêmes posséder des esclaves. Mais du fait qu'ils ne participent pas aux combats, ils ne peuvent accéder aux fonctions politiques (Camara 1976, 64-65). A ce propos, remarquons que le cas des Malinké illustre bien la différence radicale, observée chez les Toubou, entre le statut des esclaves et celui des forgerons. Toutefois les forgerons malinké ne semblent pas 'protégés' par des maîtres, au contraire des forgerons toubou. Aucune indication, du moins, n'est fournie sur ce point. Et la raison pour laquelle il est interdit aux forgerons malinké de porter les armes n'est pas indiquée.

Si ces quelques cas vont clairement dans le même sens que notre analyse du statut des forgerons toubou, les difficultés surviennent avec d'autres sociétés. Le problème tient aux lacunes de l'information. En effet, si l'endogamie des forgerons a attiré l'attention de nombreux auteurs, il n'en est pas de même de l'interdit du port d'armes. L'endogamie des forgerons est un fait suffisamment bien renseigné pour qu'il soit possible d'en dresser une cartographie à l'échelle du continent africain, à l'instar de Clément (1948) ou Vaughan (1970). Par contre cet autre aspect du statut des forgerons, à savoir leur qualité éventuelle de 'protégés', ou l'interdit qui leur est fait de porter les armes et de donner la mort, est un sujet sur lequel les ethnographies sont beaucoup moins disertes. Nous avons vu pourtant ci-dessus, dans les cas où il s'observe, que ce point est premier par rapport à l'endogamie, qui en est la conséquence.

Pour illustrer cette difficulté, citons par exemple le cas des Marghi des monts Mandara (Nigeria et Cameroun) étudiés par James Vaughan (1970). Chez ces montagnards, tout oppose les forgerons aux non-forgerons : les activités spécifiques des forgerons (qui sont aussi fossoyeurs) et leur endogamie très stricte. La scissure entre les uns et les autres est perçue comme une différence de nature, elle relève selon Vaughan d'une conception du monde quasi religieuse (1970, 81). Mais cet auteur ne donne aucune indication sur l'existence (ou non) de liens de protection envers les forgerons, ni sur leur participation (ou non) aux combats. L'ethnographie des Marghi ne permet donc ni d'infirmer, ni de conforter notre hypothèse d'un lien entre l'endogamie des forgerons (interdit de vie) et l'interdiction de les tuer ou celle qui leur est faite de porter les armes (interdit de mort).

C'est la même impossibilité d'apporter une réponse à cette question, qu'elle soit positive ou négative, à laquelle le chercheur se trouve confronté dans de nombreux autres cas. De ce fait, nous ne sommes pas en mesure aujourd'hui d'établir la cartographie d'une corrélation positive, qui conforterait notre hypothèse, entre l'interdit du port d'armes et l'endogamie des forgerons. Cette cartographie serait d'ailleurs à compléter par celle du phénomène inverse : là où il n'est pas interdit aux forgerons de participer aux combats, selon notre hypothèse aucune endogamie ne devrait logiquement s'observer.

Certes nous ne sommes pas en mesure, dans l'état actuel des choses, de mesurer la validité (en dehors des cas qui précèdent) ni la généralité de cette corrélation. Mais pour autant, aucun exemple venant à l'encontre de notre proposition ne semble non plus avéré : il n'existe pas, du moins à notre connaissance, de société où les forgerons sont admis à participer aux combats au même titre que les autres, tout en étant frappés d'endogamie.

C'est donc un vaste chantier de recherches comparatives qui reste ouvert à l'investigation. Faute de l'explorer ici plus avant, nous nous bornerons à conclure que les forgerons africains, lorsqu'ils sont endogames, sont peut-être à envisager comme les objecteurs de conscience des sociétés où ils vivent.

Bibliographie

Baroin, C. 1981. Les esclaves chez les Daza du Niger. In *Itinérances, en pays peul et ailleurs, mélanges offerts à la mémoire de Pierre-Francis LACROIX*, vol. 2, *Littératures et cultures*, 321-341. Paris : Société des africanistes (Mémoire de la Société des africanistes).

Baroin, C. 1985. *Anarchie et cohésion sociale chez les Toubou : les Daza Kécherda (Niger).* Cambridge and Paris, Cambridge University Press/Editions de la Maison des sciences de l'homme, collection 'Production pastorale et société' (ouvrage publié avec le concours du CNRS).

Baroin, C. 1991. Dominant-dominé : complémentarité des rôles et des attitudes entre les pasteurs téda-daza du Niger et leurs forgerons. In Y. Moñino, (ed.), *Forge et forgerons, Actes du IVème colloque Méga-Tchad, CNRS:ORSTOM, Paris, du 14-16 septembre 1988,* 329-381. Paris, Editions de l'ORSTOM (Institut français de recherche scientifique pour le développement en coopération), vol. 1.

Baroin, C. 2006. La chasse et le statut des chasseurs au Sahara et en Arabie. In I. Sidera (dir.) avec la collaboration de E. Vila et de P. Erikson, *La chasse. Pratiques sociales et symboliques,* 87-96. Paris, De Boccard.

Baroin, C. 2008. La circulation et les droits sur le bétail, clés de la vie sociale chez les Toubou (Tchad, Niger). *Journal des africanistes* 78, 1 & 2, 120-142.

Brandily, M. 1988. Les inégalités dans la société du Tibesti. In C. Baroin (ed.), *Gens du roc et du sable - Les Toubou. Hommage à Charles et Marguerite Le Cœur,* 37-71. Paris, Editions du C.N.R.S., (Réédition 2002 par CNRS Editions).

Camara, S. 1976. *Gens de la parole. Essai sur la condition et le rôle des griots dans la société Malinké*. Paris, Mouton.

Caron, L. 1988. Administration militaire et justice coutumière en Ennedi au moment de l'indépendance. In C. Baroin (ed.), *Gens du roc et du sable - Les Toubou. Hommage à Charles et Marguerite Le Cœur,* 87-110. Paris, Editions du C.N.R.S. (Réédition 2002 par CNRS Editions).

Chapelle, J. 1957. *Nomades noirs du Sahara*. Paris, Plon.

Clément, P. 1948. Le forgeron en Afrique noire : Quelques attitudes du groupe à son égard. *Revue de géographie humaine et d'ethnologie* 2, 35-58.

Conte, E. 1983. Castes, classes et alliance au Sud-Kanem. *Journal des africanistes* 53 (1), 147-169.

De Barros, P. 2000. Iron metallurgy : sociocultural context. In M. Bisson, T. Childs , P. De Barros, and A. Holl (eds), *Ancien african metallurgy, the socio-cultural context,* 147-198. Altamira Press.

Fuchs, P. 1970. Eisengewinnung und Schmiedetum im Nördlichen Tschad. *Baessler-Archiv, Beiträge zur Völkerkunde* 18, 295-333.

Héritier, F. 1994. *Les deux sœurs et leur mère. Anthropologie de l'inceste*. Paris, Odile Jacob.

Jaussen, A. 1948. *Coutumes des Arabes au pays de Moab*. Paris, Maisonneuve.

Le Cœur, C. 1950. *Dictionnaire ethnographique téda*. Paris, Larose.

Monteil, C. 1966. Fin de siècle à Médine (1898-1899). *Bulletin de l'Institut Français d'Afrique Noire*, série B, 28, 1-2, 84–171.

Nachtigal, G. 1971. *Sahara and Sudan*. Fisher A. and H. Fisher (eds). London, Hurst.

Nicolaïsen, I. 2010. *Elusive hunters : The Haddad of Kanem and the Bahr El Ghazal*. Aarhus, Aarhus University Press.

Nicolaïsen, J. 1968. The haddad. A hunting people in Tchad. *Folk, Dansk etnografisk tidsskrift*, 10, 91–109.

Pâques, V. 1967. Origine et caractères du pouvoir royal au Baguirmi. *Journal des africanistes* 37 (2), 183–214.

Pollet, E. et Winter, G. 1971. *La société soninké (Dyahunu, Mali)*. Bruxelles, Université Libre de Bruxelles.

Robion-Brunner, C. 2008. *Vers une histoire de la production du fer sur le plateau de Bandiagara (pays dogon, Mali) durant les empires précoloniaux : Peuplement des forgerons et traditions sidérurgiques*. Thèse d'archéologie préhistorique, Université de Genève.

Tamari, T. 1997. *Les castes de l'Afrique occidentale. Artisans et musiciens endogames*. Nanterre, Société d'ethnologie.

Tamari, T. 2005. Kinship and caste in Africa: history, diffusion and evolution. In D. Quigley (ed.), *The Character of Kingship*, 141–169. Oxford, Berg.

Tubiana, J. 2008. Forgerons-chasseurs des Teda-Daza et des BeRi. In M.-J. Tubiana (ed.), *Hommes sans voix, Forgerons du Nord-Est du Tchad et de l'Est du Niger*, 93–168. Paris, L'Harmattan.

Tubiana, M.-J. (ed.) 2008. *Hommes sans voix, Forgerons du Nord-Est du Tchad et de l'Est du Niger*. Paris, L'Harmattan.

Vaughan, J. H. 1970. Caste systems in the Western Sudan. In A. Tuden and L. Plotnicov (eds), *Social Stratification in Africa*, 59–92. New York, The Free Press.

The Bassar chiefdom in the context of theories of political economy

Philip de BARROS
Palomar College, San Marcos

La chefferie Bassar est un bon exemple pour mettre en lumière les différentes voies qui conduisent à la complexification des sociétés : 1) l'hétérarchie avec un focus sur la primauté des premiers venus et le pouvoir de décentralisation des groupes de descendants ; 2) l'idéologie comme source de pouvoir liée au contrôle des forces occultes et d'équilibre entre le pouvoir sacré et séculier ; 3) la dissociation entre le pouvoir politique et économique dans les contextes de la spécialisation de l'industrie du fer, l'absence d'une idéologie matérialiste et d'une position sociale basée sur la richesse personnelle ; 4) la porosité des « frontières internes » de Kopytoff et l'emploi "d'éléments étrangers" dans l'arbitration des conflits qui se déroulent dans une population hétérogène fuyant la traite et l'influence des états voisins. Nous examinerons également le développement volontaire d'une société hiérarchisée et l'influence relative des actions individuelles et collectives. Finalement, la chefferie Bassar sera comparée aux régimes politiques de Sirak et Sukur des montagnes Mandara dans le Nord Cameroun.

hétérarchie, primauté des premiers venus, idéologie comme pouvoir, traite des esclave, frontières internes, influences régionales, richesse du peuple.

The Bassar Chiefdom highlights the theme of multiple pathways to societal complexity emphasizing: 1) *heterarchy* with a focus on firstcomer primacy and the decentralizing power of corporate descent groups; 2) *ideology as a source of power* linked to the control of occult forces and the balance of divine and secular power; 3) *the disassociation between political and economic power* in the contexts of complex specialization within ironworking, the absence of a materialized ideology, and status based on a wealth in people; 4) *and the fluidity of Kopytoff's "internal frontier,"* including the use of "foreign elements" to arbitrate disputes arising within a heterogeneous refugee population fleeing regional slave raiders and the ever-present influence of neighboring states. The voluntary rise of ranked society and the relative roles of individual human agency and collective action are also examined. Finally, the Bassar Chiefdom is compared with the Sirak and Sukur polities of the Mandara Highlands in northern Cameroon.

heterarchy, firstcomer primacy, ideology as power, slave trade, internal frontier, regional influences, wealth in people.

TABLE OF CONTENTS

Part 1: MAJOR APPROACHES TO THE RISE OF POLITICAL COMPLEXITY

1a: Neoevolutionary Typological and Materialist Perspectives
1b: Cultural Historical Baggage and Pathways to Political Complexity
1c: Sources of Power and the Role of the Individual
Social Power
Economic Power
Military Power
Ideological or Ritual Power
1d: Hierarchy vs. Heterarchy
1e: Voluntarism and Resistance
1f: Africa's Internal Frontier (Kopytoff)

Part 2: THE BASSAR CHIEFDOM

2a: What is a Chiefdom?
2b: The Bassar Region: Environment and Culture
2c: Brief History of the Bassar Region
The Iron Age & the Growth and Impact of Large-Scale Iron Production
Effects of Slave Raiding by the Dagomba and Tyokossi
The Kabu Chiefdom
Hausa Caravans and Long-Distance Trade
2d: Origins of the Bassar Chiefdom and Bassar Populations
Who were the "Indigenous" Populations of Bassar?
The Chiefly Nataka Clan
Rebirth of a Chiefdom
Counterbalanced Power - the Sorghum Harvest Ceremony
Counterbalanced Power - Alternating Chiefs
Counterbalanced Power - Indigenous Firstcomers, Immigrant Latecomers
2e: The Formal Organizational Structure of the Bassar Chiefdom
2f: The Bassar Chief's Sources of Power
Economic Powers
Religious or Ritual Powers
Military Powers
Judicial or Political Powers

Part 3: THE BASSAR CHIEFDOM & THEORIES OF POLITICAL ECONOMY

3a: Influence of Hierarchical Neoevolutionary Models
Economic Powers and Systems of Staple or Wealth Finance
Military Power and Warfare
Ideology and Ritual, Conceptions of Power and Core Values
Hierarchy vs. Heterarchy
3b: Specialization and Domestic Production or Exchange
3c: Coercion vs. Voluntarism and the Rise of Ranked Society
3d: The Role of the Individual vs. Collective Action
3e: The Bassar Region and the Internal Frontier
3f: Sirak and Sukur Polities of the Mandara Highlands (Cameroon)
Sirak
Sukur

ACKNOWLEDGEMENTS
BIBLIOGRAPHY

The first part of this essay briefly summarizes major approaches to the rise of political complexity. The second describes the structure and powers of the Bassar Chiefdom, and the third examines this chiefdom in the context of these approaches to complexity, placing it in a regional context whenever possible (Stahl 2004).

PART 1: MAJOR APPROACHES TO THE RISE OF POLITICAL COMPLEXITY

1a: Neoevolutionary Typological and Materialist Perspectives

Chronologically, this concerns Steward (1955), Service (1962), Fried (1967), Rappaport (1967), Netting (1968), Carneiro (1970), Sahlins (1972), Harris (1974, 1977), Johnson and Earle (1987, 2000), and Earle (1978, 1987, 1994, 1997). Their works have variably focused on social organization and social control, materialist causes of evolutionary change (e.g., population growth, environmental variability, and/or environmental circumscription), and the rise of centralized control with an emphasis on economic power, materialized ideological power, and the role of the individual. There is also a focus on a typology.

1b: Cultural Historical Baggage and Pathways to Political Complexity

The formalist-substantivist (later ecological vs. structural) debate has contrasted rational human economic behavior with cultural values that may outweigh strictly economic concerns; more recent emphasis has focused on how the ownership of the means of production helps structure and maintain social inequalities (Johnson and Earle 1987:8; Friedman 1974, Godelier 1977, Meillassoux 1972, Polanyi 1957). It is now recognized the two approaches are complementary and that "cultural historical baggage" (Sahlins 1976) acts as a constraint on choice. African scholarship has also demonstrated the importance of core cultural values or "conceptual or symbolic reservoirs" (David and Sterner 1999; see Asombang 1999:85; De Maret 1999; Kopytoff 1987, 1999; MacEachern 1993, 1994; McIntosh 1999a; Sterner 1992; Vansina 1989, 1990, 1999), that variable cultural outcomes occur in similar environments, and that strict evolutionary typological thinking is unwarranted (Yoffee 1993:72).

1c: Sources of Power and the Role of the Individual

Earle (1997) sees the evolution of political complexity as resulting from the interplay between available sources of power and the ambitions of certain individuals in their quest for prestige and dominance, while recognizing that some cultures "discourage political striving," that power struggles are often complicated and heterarchical, and that there is nothing inevitable about leaders emerging in all social contexts. McIntosh (1999a) sees this view of power as heavily biased by Western thought, where power is exercised toward practical ends in a context of domination and submission with an emphasis on individual rather than collective goals, and where ideology is seen as *primarily instrumental*, as opposed to viewing ideology and ritual as an integral part of cultural values.

Social Power

Earle (1997:5-6) sees social power as a given that can be used to increase other sources of power, i.e., it can be manipulated (increased) through strategic and multiple marriages, adoptions, godfathering, the purchase of slaves, and other alliance strategies that create or reinforce individual power networks. In Sub-Saharan Africa, this is called "wealth in people" (Miers and Kopytoff 1977; Goody 1976), where social power (with ritual power) can become a major form of *resistance* to the emergence of powerful leaders, particularly because of strong corporate descent groups and a multiplicity of associations (McIntosh 1999a).

Economic Power

Economic power can be institutionalized as staple finance or wealth finance (Earle 1997:6). Staple finance is based on tribute payments to the central polity and requires investment in food production to produce a surplus (Earle 1997:70-71). Wealth finance consists of the use of cultural valuables, prestige goods or money "to compensate people within ruling institutions," and in chiefdoms, "wealth is the means of symbolizing relationships upon which social ranking rests" (Earle 1997:73). It is optimized by controlling elite goods production and/or exchange (Arnold 1995, Brumfiel and Earle 1987, Junker 1990, Saenz 1991). In Africa, low agricultural output and land abundance generally precluded a focus on staple finance; instead, polities emerged as groups manipulated long-distance trade to obtain revenues (McIntosh 1999a; Coquery-Vidrovitch 1969).

Military Power

Military power means coercive compliance, including warfare used to create and extend the power of centralized polities (Earle 1997:110). It works best in the context of productive and variable ecological zones and rapid population growth (Webster 1985:467), often leading to environmental circumscription (Carneiro 1970, 1977, 1981). But, military power relies on fear, and chiefs must in turn fear warriors who can rebel and betray; it is most effective when used in a controlled and restrained manner (Earle 1997:8).

Ideological or Ritual Power

Earle's (1997:149) view of ideology is essentially instrumental, *"manipulated strategically by social segments, most important the ruling elite, to establish and maintain positions of social power."* Ideology must be materialized in the form of monuments, symbolic objects, ceremonial events, and writing, to become social (Earle 1997:151), but it is most powerful for elites when it is "rooted in economic control" over production and exchange (Earle 1997:13). A major question is to what extent ideology and ritual are used instrumentally as opposed to simply being an integral part of a society's world view (Kearney 1984). The former emphasizes human agency, the latter tends to see the evolution of culture as a largely unconscious, non-teleological process, like natural selection or Adam Smith's invisible hand.

1d: Hierarchy vs. Heterarchy

Neoevolutionary thinking assumes a relatively tight and predictable set of relationships between population density, environmental potential, agricultural intensification, political centralization and hierarchy, heterogeneity, and social and economic inequality (Earle 1997; Feinman 1995; Feinman and Neitzel 1984; Johnson and Earle 2000; McIntosh 1999a:9; Nelson 1995; Northrup 1978; Shipton 1984, 1994; Tuden and Plotnicov 1970). Others have focused on the often heterarchical nature of political organization and power (Crumley 1987, 1995; Ehrenreich et al. 1995; Mann 1986) - with multiple, often diffuse, nodes of power held by different cooperating and/or competing interest groups within society, each with their own "internal hierarchies" (Brumfiel 1992, 1994; Earle 1997:1). Heterarchy is particularly applicable to Southeast Asian and African polities (Apter 1992; Brooks 1993; Junker 2004; Southall 1956, 1988, 1989, 1999; McIntosh (1999a&b), where corporate groups often "successfully resisted [...] the consolidation of power by individuals" and where "social and ritual resources are [often] mobilized and collective action made possible in the absence of significant economic control" (McIntosh 1999a:4).

1e: Voluntarism and Resistance

Why did egalitarian societies develop social ranking? Many argue that coercion was important to this transformation (Carneiro 1970, 1977, 1981; Earle 1997), but Stanish (2004) sees it as a voluntary act. Using evolutionary game theory behavior (Bowles et al. 1997; Gintis 2000; Nowak et al. 2000; Shalizi 1999), he sees humans as "conditional cooperators" who will voluntarily give up some economic and political autonomy if the benefits are sufficiently high -- benefits coming from "cooperative labor organizations" that "create economic efficiencies from specialized production" (Stanish 2004:8), including economies of scale. To work, there must be a social mechanism that ensures cheaters will be punished and individual benefits will be maintained. Stanish (2004:14-19) sees ritual as the mechanism that achieves this, rituals that promote an ideology of reciprocity. Once the process is engaged, the generation of surplus wealth permits emerging elites to maintain control through increased economic and ideological power.

1f: Kopytoff's Africa's Internal Frontier

Kopytoff (1987, 1999) argues that most African political entities did not evolve out of pre-existing simpler forms; rather, they grew out of immigrant settlements that split off from existing central polities - immigrants who migrated into the "internal frontiers" between fully formed regional political systems (Kopytoff 1999:88). These areas were empty or occupied by small, decentralized groups or "weak local hegemonies". These new groups brought with them pre-existing social and political models from their former polity (Kopytoff 1987:14). The principle of firstcomer primacy, a key to legitimate authority in African societies, led newcomers to struggle to "co-opt the mystical powers of the earliest settlers in relation to the land"; and in the context of acephalous societies, "a hierarchy can emerge through the simple process of adding new layers of immigrants under the kin groups that settled the area first" (McIntosh 1999a:21).

A recently arrived immigrant group sought to attract adherents as kinsmen or pseudo-kinsmen using a corporate kin group model; however, as the new polity became well established and had developed a *modus vivendi* with earlier firstcomer groups, including the ritual "owners of the land," adherents increasingly were added under a contractual model between ruler and subjects (Kopytoff 1987:40-52). An ideological duality thus develops that tells the story of the polity's creation from the differing views of ruler and subjects. This process of polity creation is useful for understanding processes of political change and continuity among and between African polities, large and small (Kopytoff 1987; McIntosh 1999a; Robertshaw 1999; Schoenbrun 1999; Vansina 1990, 1999).

Part 2: THE BASSAR CHIEFDOM

2a: What is a Chiefdom?

The office of chief is usually hereditary; however, a new chief might be: only mildly related to the former chief as a member of a chiefly lineage or clan; selected from outside the clan or be a foreigner; or selected from alternating clans or lineages. Fried (1967) distinguished between simple and complex chiefdoms. The former was chief of a single village with satellite hamlets or farmsteads; the latter minimally had a paramount chief ruling over local village chiefs in a regional polity. Simple chiefdoms have populations in the thousands and complex chiefdoms in the tens of thousands. Johnson and Earle (2000) view chiefdoms as a continuum of variability evolving from the Big Man collectivity to the threshold of the state; chiefly hierarchies and heterarchies are also viewed on a continuum, with the latter typical of sub-Saharan Africa (Johnson and Earle 2000:266; McIntosh 1999a). For some, the term "chiefdom" has lost much of its meaning (Yoffee 1993), essentially covering all intermediate-level societies (Stanish 2004). For Bassar, the position of chief is quasi-hereditary and its scale and degree of hierarchy most closely resemble a simple chiefdom.

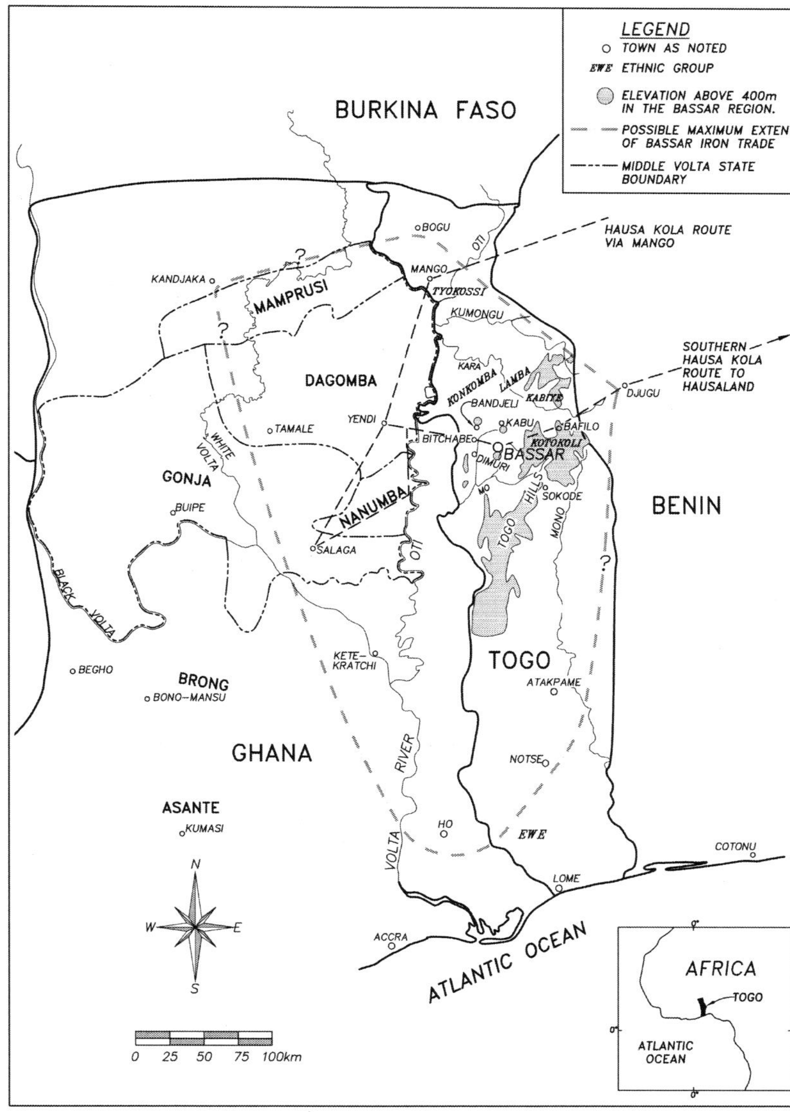

Fig. 1 : Bassar and Bassar iron trade in West Africa. Relationship to states of the Middle Volta Basin and Hausa kola routes c. AD 1800.

2b: The Bassar Region: Environment and Culture

The Bassar region of northern Togo is bisected by the Katcha River and is bordered by iron-rich hills and mountains, including the nearly pure hematite ores at Bandjeli (Fig. 1 and 2). It has alternating dry and rainy seasons with an annual rainfall of 140 cm. The savanna-woodland vegetation has been heavily impacted by cultivation and deforestation. Subsistence is based on shifting agriculture focused primarily on yams and sorghum with millet and beans (*arachides*) as major secondary crops; cassava, okra, peppers, kapok, shea butter nuts and *nere* also play a role. For centuries, Bassar exported foodstuffs and iron products for cloth, charcoal, slaves, and cattle.

Since ca. 1800, most Bassar have lived in the four centers of Bassar (now 20,000 people), Kabu-Sara, Bandjeli, and Bitchabe. The Bassar are an amalgam of indigenous paragourma-speaking groups and immigrants from the north (Lamba, Konkomba, Gangan, Tyokossi, Gurma), west (Gouang or Gondja and Dagomba), and east (Tem or Kotokoli and Tchamba). Immigrants came to Bassar for its farm land, its iron industry, and as a place of refuge from regional slave-raiding (Cornevin 1962:24). The neighboring Kabiye

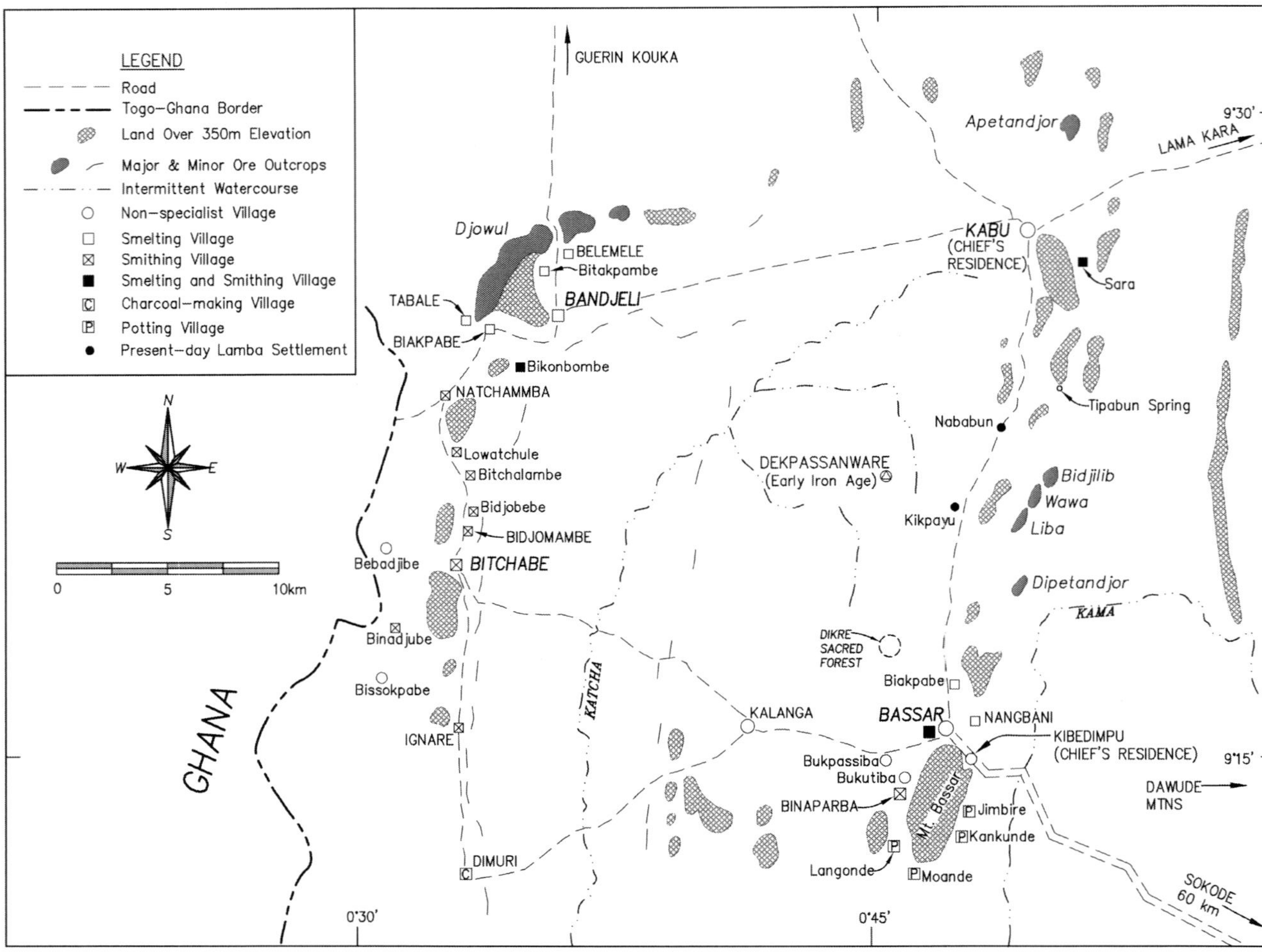

Fig. 2 : Bassar region showing iron ores, chiefdoms centered on Bassar and Kabu, and specialist villages at contact (1890s). The Early Iron Age (400 BC-150 AD) ironworking site of Dekpassanware is also shown.

often traded surplus population as slaves to the Bassar for food. Slaves were used for field labor and as wives who farmed, made charcoal, and mined iron ore. Children of married slaves became freemen (Cornevin 1962; Klose 1903a, 1903b, 1964). Most immigrants have been assimilated and speak Bassar. The largest and most important Bassar clan, the Nataka Clan, claims an origin from the sacred forest of Dikre (Dikili) northwest of Bassar (Dugast 1992).

Communities are composed of a localized exogamous kin group or clan or an amalgam of several residence groups or "quartiers" (*kitiŋgban*) belonging to one or more clans. Many clans are split among different communities, such as the Bissib, Koli, and Nataka clans. The oldest indigenous elements live in Tabale and Bidjomambe to the west, and in Kibedimpu, Tchadumpu (Nangbani), Kankunde (near Mt. Bassar), Taapu Napalib (Binaparba), and possibly in Biakpabe (Bassar) to the east. Many indigenous villages, such as Tabale, absorbed later migrants from other ethnic groups. At contact (1890s), many villages specialized in smelting, smithing, charcoal-making, and potting, while also farming (Fig . 2).

At contact, Bassar political organization consisted of the Bassar and Kabu chiefdoms in the east and relatively autonomous groups to the west from Bandjeli to Bitchabe to Dimuri. The chiefdom at Bandjeli is not discussed in colonial period literature, but it probably resulted from a Bissib (Lamba) migration in the later 19th century. Prior to colonial times, most western communities were likely presided over by lineage elders (*ukpil)*.

2c: Brief History of the Bassar Region

The Iron Age and the Growth and Impact of Large-Scale Iron Production

Research at Dekpassanware (Fig . 2) dates early iron production to 400-200 B.C. (de Barros 2003, 2011) when small bellow-driven furnaces were used by probable ancestral Lama populations. Induced draft furnace technology appears in the late 13th century (de Barros 1985, 1986) with iron products traded to

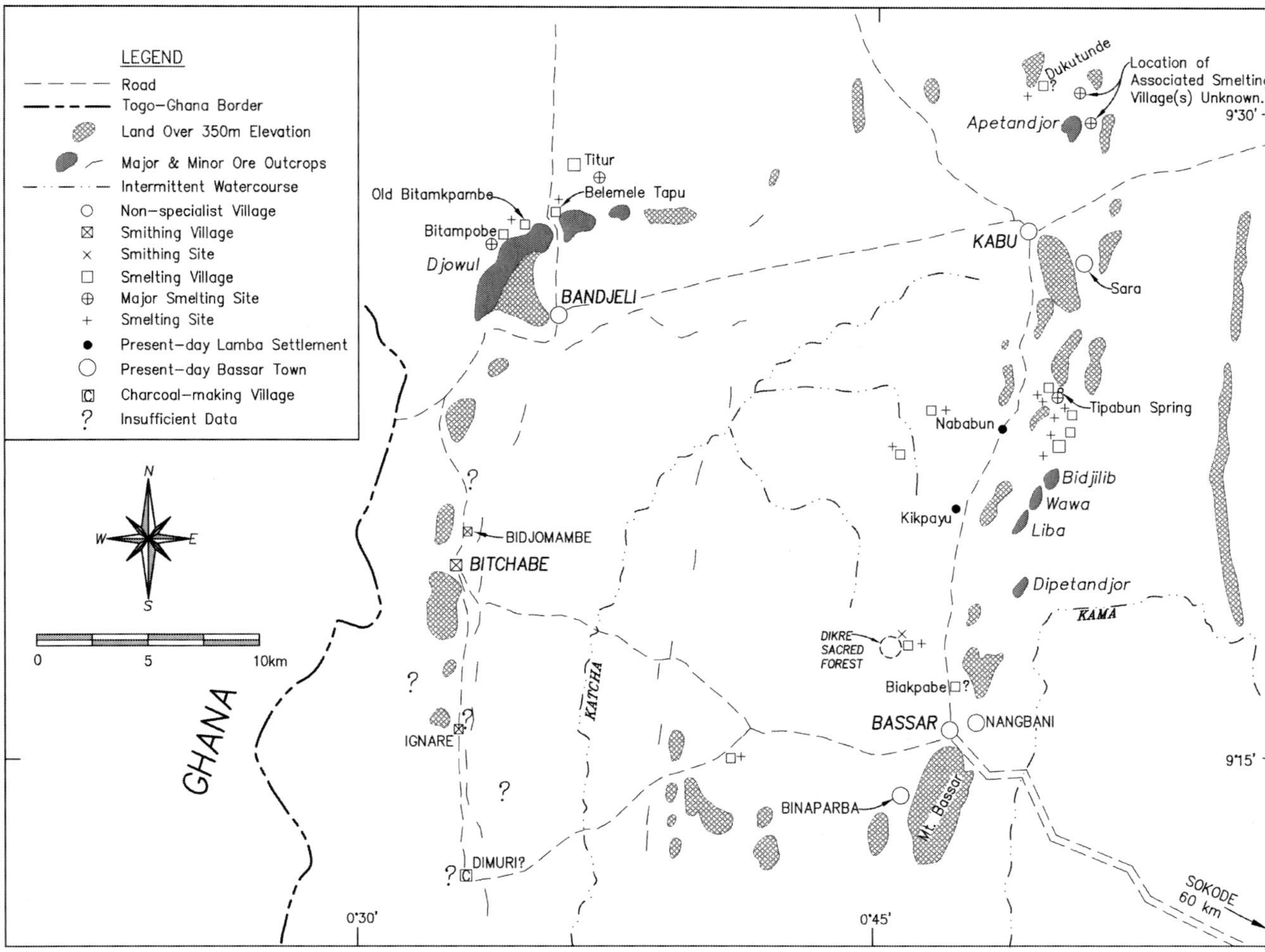

Fig. 3 : Bassar region c. AD 1600-1750. Major ironworking villages and sites are shown near Bandjeli, Kabu, Nababun (Tipabun), and Bassar. Insufficient data are available for the Bitchabe area.

neighboring populations.

The emergence of the Dagomba, Mamprusi and Gonja states (Fig . 1) during the fifteenth and sixteenth centuries greatly increased the demand for iron weapons, horse paraphernalia, and protective chain mail for their cavalries. These states, along with Bono-Mansu and then Asante, stimulated long-distance trade into the Middle Volta Basin by the Hausa. Bassar responded with a spectacular growth in iron production between the late sixteenth and eighteenth centuries (de Barros 1986, 2001). Major iron production centers developed north of Bandjeli and Kabu and at Tipabun (Fig . 3). Bassar iron markets thrived (e.g., Natchammba) and Bassar blacksmiths organized trading parties to adjacent areas. Bassar iron was traded throughout Togo and eastern Ghana with the help of Tyokossi and perhaps Hausa traders (de Barros 1985, 1986; Dugast 1986, 1988). The thriving iron industry led to a marked population increase due to better living standards, the importation of slaves as field laborers, and the immigration of ironworkers from regions that had exhausted local wood supplies (Goucher 1984) or were plagued by local strife or slave raiding.

Industrial growth led to larger, more sedentary villages; a population shift closer to major ore deposits (de Barros 1988); specialization within the iron industry (Fig. 3 and 4); and, a rising standard of living for ironworkers, especially clan elders who often became rich men - amassing wealth in the form of food, cowrie shells, cattle, slave labor, and imported goods (Dagomba brass rings, Kirotashi agate beads on the Niger, and European glass and native ground beads; Klose 1964:162-163). It is not known whether the new regional settlement pattern of larger villages with satellite hamlets resulted in incipient big men or simple chiefdoms (de Barros 1988). A chiefdom was perhaps present at Dikre before the rise of the Bassar Chiefdom (Dugast 1988), but no chief names are remembered.

Effects of Slave Raiding by the Dagomba and Tyokossi

Beginning in the late 1700s, Bassar was subjected to major slave raiding by the Dagomba and the Tyokossi kingdom to the north (de Barros 2001). The Dagomba

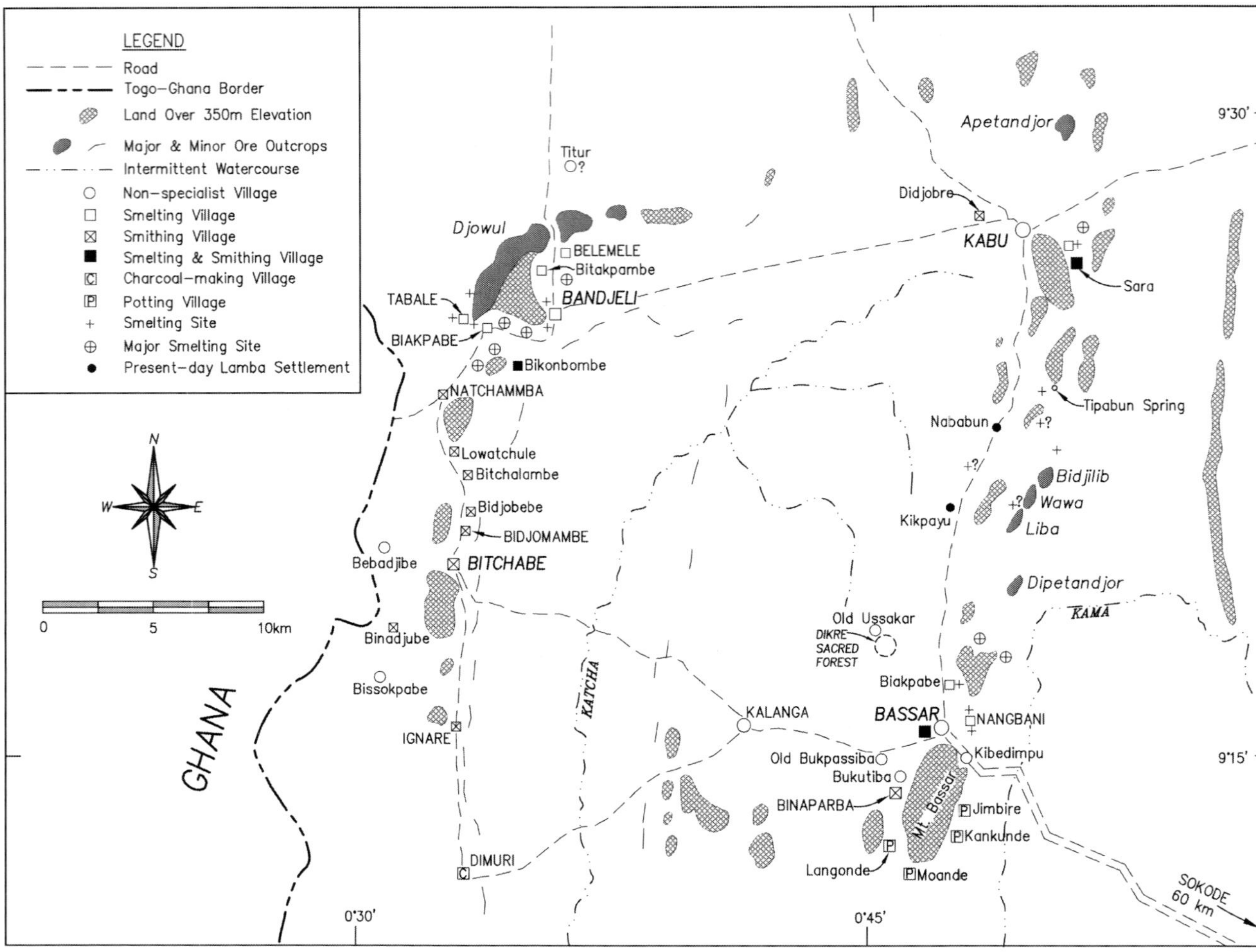

Fig. 4 : Bassar region c. AD 1825/1850. There has been a major shift in the distribution of smelting settlements to south of Bandjeli and closer to the large mountains adjacent to Kabu and Bassar. Tipabun and Dikre have been abandoned and two major smelting centers appear north of Bassar.

sought slaves and cattle to pay tribute to the Ashanti and the Tyokossi sought slaves to raise food. In this effort, the Dagomba laid siege to the town of Bassar from ca. 1873-1876. While the Dagomba never conquered Bassar, there is some evidence Bandjeli may have periodically paid tribute or gifts (Dugast 1992:62; Rattray 1932:580). The Tyokossi may have briefly collected tribute from Kabu (de Barros 2001:69-70), but never from Bassar (Dugast 8/1/10, p.c.).

This slave raiding led to the abandonment of the Bassar peneplain between 1775 and 1825 and the regrouping of populations in mountain refuge areas like today (Fig . 4). Major ironworking centers moved to new locations: south of Djowul Mountain near Bandjeli, at Sara near Kabu, north of Nangbani near Bassar, and closer to the mountains at Bitchabe. Populations left Dikre and settled near Mount Bassar at Nangbani, Bukpassiba, Wadande-Bassar, and Kibedimpu. This slave raiding and population shift coincided with the rise of the Bassar Chiefdom.

At contact (1890s), community specialization was common in the west with smelting near Bandjeli, smithing from Ignare to Natchammba, and charcoal-making at Dimuri. In the east, smelting and smithing communities were associated with the Bassar and Kabu chiefdoms (Fig . 2). Some communities only farmed and a few did both smelting and smithing. The women of Kankunde, Langonde, Jimbire, and Moande near Mount Bassar specialized in potting. Tanning took place but was not a community specialization. Kotokoli cloth, obtained in exchange for iron, was dyed by Bassar women (Klose 1903b:342), but there was no group of Kotokoli weavers in Wadande-Bassar as has been reported (Dugast 1992:194-196).

The Kabu Chiefdom

This small chiefdom was founded in the 1850s by elements from Kalanga who had fled after losing a battle to the Bassar chiefdom. Its founding elements were influenced by Islamic models associated with the neighboring Kotokoli chiefdoms in Sokode and Bafilo. Kabu exploited the trade of iron, food, and slaves between the Kabiye and Bassar regions (Gnon 1967).

Some traditions state the founding chief, Oukpane, ensured his chiefdom of an independent supply of iron bloom and tools by inducing smelters and smiths to settle at Sara (Gnon 1967), but recent research indicates these migrations were voluntary (Dugast 1992:162).

Hausa Caravans and Long-Distance Trade

A major Hausa caravan route passed through Bassar as early as the late eighteenth century, coinciding with the rise of the Bassar Chiefdom and a steep demand for kola among the Hausa. Hausa caravans exchanged primarily cloth and cattle for kola nuts in Salaga and later Kete Kratchi (Fig . 1). The route through Bassar was the shortest which helped preserve the perishable kola. In times of insecurity, as during the Dagomba siege, caravans entered Ghana further south. With the German colonial peace in the 1890s, caravans traveled once again through Bassar. By 1900, 30 000 Hausa merchants passed through each dry season (Norris (1984:168).

2d: Origins of the Bassar Chiefdom and Bassar Populations

Early German observers tended to exaggerate the power and extent of the Bassar Chiefdom, suggesting it once held sway over the entire Bassar region, and that the Dagomba War had weakened its power. Actually, the chiefdom was relatively small -- 25 to 80 sq km with a population of five to ten thousand (Cornevin 1957:96; de Barros 1985; Dugast 1988). It was centered on Bassar and may have included Kalanga at times. It was created between A.D.1780 and 1810 (de Barros 1985:723-729), which coincides with the onset of intensive slave raiding and the Hausa kola route through Bassar (Barbier 1982; Norris 1984; de Barros 1985:325-329).

Archaeological data confirm that intensive slave raiding led to the abandonment of the Bassar plain, with the last group at Dikre leaving in the early 1800s. Oral traditions from Nangbani Tchadumpu and Obridumpu, Kibedimpu, Kuwadimpu-Wadande (Bassar), and Bukpassiba state their ancestors left Dikre under the leadership of Bangaraku. Kibedimpu became the Bassar Chief's residence, close to Mount Bassar for protection; Nangbani, Bukpassiba, and Wadande were spaced across the landscape to alert the Bassar of impending slave raids (de Barros 1985:662-667). Bissib smelters settled at Binadjube-Nangbani (and later Sara) and Bissib smiths settled in Bukutchabe-Bassar (Gbikpi-Benissan 1976; Dugast 1992:125). Byakpabe and Nangbani also became important smelting communities (Fig . 4). Smiths of the Koli clan settled in several Bassar communities, including Bitchabe and Binaparba. However, not all Bissib and Koli clan members practiced metallurgy, and many smelters and smiths were from other clans (Dugast 1992:120-193; see Martinelli 1982, 1984).

Who were the "indigenous" populations of Bassar?

Oral traditions collected by Mercier (1954:15), Froelich and Alexandre (1960), Froelich et al. (1963:16), and Gbikpi-Benissan (1976, 1978, 1979) suggest there were once indigenous "Lama" populations (ancestors of the Lamba and Kabiye) in the Bassar region (Dugast 1992:138ff). Archaeological evidence (ceramics and mortuary patterns) from the industrial site of Dekpassanware (Fig . 2) strongly suggests the presence of ancestral Kabiye (Lama) in the region from ca. 800 B.C. to 150 A.D. (de Barros 2011); and present-day Kabiye blacksmiths continue to use the heavy stone hammers once used by the Bassar (Dugast 1986). For the Lamba, Dugast (1992:136-137ff) notes that local informants are virtually unanimous that Bissib (Lamba) smelters of Binadjube-Nangbani are the "owners" of the four iron hills north of Bassar (Fig . 2), yet they apparently migrated to the region only recently. Gbikpi-Benissan (1976, 1978) also suggests Lamba are present in the indigenous community of Kankunde. Dugast (3/12/09, p.c.) found no evidence of this, but admits their ethnic origins are a mystery.

The Naafal clan of Byakpabe-Bassar also claims firstcomer status. Once described as of Mossi or Losso origin, they are, in fact, of Gurmantché (Gurma) origin (Dugast 1992:117, 169), from neighboring Burkina Faso. It claims an important ritual role in the installation of the chief, which the Nataka clan categorically rejects (Dugast 1992:54, 868-869).

The Chiefly Nataka Clan

The pioneering elements of the relatively heterogeneous Nataka clan consisted primarily of Gondja (Guang) peoples from near Kete Kratchi in Ghana (Fig . 1), some fleeing the Dagomba (Gbikpi-Benissan 1976:81), before establishing themselves at the sacred forest of Dikre several centuries ago. Some elements may also be of Kotokoli origin (Dugast 3/12/09, p.c.; 1992). Lineages of the Nataka clan are found in Kibedimpu, Nangbani, and Bukpassiba-Ussakar; in Wadande-Kiwadimpu, Ketangbao, and Kpaajadumpu in Bassar; and in indigenous Kankunde by incorporation (Dugast 1987, 1992; Gbikpi-Benissan 1978:8). In legitimizing the indigenous status of the whole clan, given the conflicting oral traditions about firstcomer status, Chief Ouro Bassabi Atakpa told Gbikpi-Benissan (1978:7) that the first Nataka lived in holes in Bassar Mountain.

Rebirth of a Chiefdom

Dugast (1988:274-279) argues the Bassar chiefdom was a reinvention and improvement upon an earlier, less centralized, perhaps even failed "chiefdom." The primary goal was to reduce clan factionalism and to create an institution that could deal with the huge influx of foreign refugees created by intense slave raiding, especially by rendering fair judicial decisions (Dugast 1992:854-886; 2004). The chief was selected from the Nataka clan and ruled with the help of a council of its elders. The clan was a political composite consisting of indigenous and foreign elements and associated ritual leaders. The latter include: 1) the *utandaan* or ritual servant (chosen through divination) of the clan's place of origin and its associated powerful medicine (*digtaŋgbandi* or "skin of the earth") buried in the Dikre sacred forest by clan firstcomers (*bitindaambi*) in order to "capture the locality", i.e., humanize or civilize the land prior to occupation (Dugast 2004; Liberski-Bagnoud 2002); and, 2) other ritual leaders linked to rain, wind, fertility, and the locusts that devastate crops. This grouping of indigenous and other ritual leaders within a single clan provided the spiritual legitimacy the chief needed to rule, but at the same time tightly circumscribed his authority (Dugast 1988:274-275; 2004:231)

Counterbalanced Power - the Sorghum Harvest Ceremony

The sorghum harvest ceremony takes place in three phases that symbolically represent the diffuse and heterarchical nature of the Nataka clan and the Bassar Chiefdom (Dugast 1988:275-276). First, clan members split into two groups, one performing ritual acts in the chief's quarter (Kibedimpu), the other in the quarter of the Dikre *utandaan*. Second, everyone from both groups gets together in the *utandaan*'s quartier, and after a ceremony, they go to the Dikre sacred forest where the Dikre divinity (*ditaŋgbandi*) lives. Third, the chief ends the ceremonies with a ritual he performs at Kibedimpu (Dugast 1988:275). The last two phases express the duality between the chief's group and the *utandaan*'s group - phase two excludes the chief who is never allowed to enter the sacred forest and phase three excludes the *utandaan* (Dugast 1988:275). The sorghum beer libations are meant to give life and vigor to both parties. A libation is done on the stone used during the installation of a new chief, symbolizing how the chief's power is conditioned by his need to satisfy all of the local deities whose help are essential for the exercise of his power (Dugast 1988:276). During his reign, the chief is symbolically associated with the Bassar (town) *ditaŋgbandi* at Kibedimpu, marking his separation from his clan's Dikre *ditangbandi* until his death, when he disappears into the ground at Dikre (Dugast 2004:234-242).

Counterbalanced Power - Alternating Chiefs

The duality expressed above is reflected in the precolonial tradition of alternating between the two groups each time a new chief is selected through divination. This tradition rose out of the goal to bring in a neutral, impartial outsider who could best arbitrate the constant disputes that were creating anarchy within the old chiefdom as its population grew and became increasingly heterogeneous due to refugees from slave raiding and immigrant ironworkers (Dugast 1988:277-279). This older chiefdom was too diffuse and was not functioning well. The solution was to capture a foreigner, a good Kotokoli man, and make him chief. Of the alternating groups, the first is associated with Chief Ouro Atakpa's lineage (Nyandin of Tchadumpu-Nangbani) associated with reorganization of the chiefdom; the other, indigenous group is associated with the Dikre *utandaan* and Chief Jintija's lineage that used to provide the chief before the reorganization (Kuniagbu lineage of Kibedimpu). Tchadumpu and Obridumpu-Nangbani alternate in handling the installation of the chief, but Tchadumpu alone reenacts the original capture of the chief (Dugast 1988:278; 1992:868-871). Local informants do not recollect chief names prior to Bangaraku who led the Nataka from Dikre to Mount Bassar, though Chief Ouro Atakpa said 14 chiefs are buried in a tomb at Dikre and eight at Kibedimpu (Szwark 1981:19).

Counterbalanced Power - Indigenous Firstcomers, Immigrant Latecomers

Kankunde is an indigenous community whose status virtually no one disputes. This is reflected in its relationship to the Nataka chiefly clan. Kankunde is integrated into the Nataka clan which begrudgingly accepts it provided them with land to settle when they arrived; however, it does not participate in the annual sorghum harvest festival to honor the Dikre divinity and has no legitimate right to the position of chief - even discussing the possibility is an extremely volatile subject (Dugast 3/12/09, p.c.). Nonetheless, Kankunde plays a ritual role that is an essential part of the installation of a new Bassar chief (Dugast 1992:759-760; 10/11/10, p.c.). It is not possible to verify Gbikpi's (1978:121) claim that Lamba elements are present there.

Both Biakpabe (of Gurma origin) and Bukundjiba-Bassar (of Kabiye origin) also claim firstcomer status (even over Kankunde), although they do not claim to be indigenous (Dugast 1992:874-876; Cornevin 1962:45; Gbikpi-Benissan 1978:4ff). Oral traditions obtained by the author reflected Biakpabe claims of involvement in the selection and/or installation of the Bassar chief. One informant recounted how the new chief has to choose between two stones, one representing the "earth" and the other representing "secular power"; and that if he chooses the "earth" stone by mistake, a special ceremony must be performed in Biakpabe, and a secret one in Bukpassiba where his head is shaved. He also said Biakpabe brings the first harvest of yams to the chief and has the right to sow the first millet (actually fonio) seeds (Biakpabe means "fonio farmer"; Dugast 1992:877). Dugast (8/1/10, p.c.) has heard similar stories, but it involved a stone and a wooden bench; he was even shown the place in the vestibule of the *utandaan* of the Naafal clan of Biakpabe. A second informant said Biakpabe does not select the chief, but does perform the final phase of the installation ceremony.

In later research, Gbikpi-Benissan (1984:17-18) learned the following from four Biakpabe informants: Biakpabe introduced yam farming to the area; the people of Biakpabe are more interested in deities than the office of chief and that is why the chief is at Kibedimpu; and, the people of Kibedimpu choose the chief, who is then elected in Nangbani. However, the chief is only installed after showing he can distinguish the royal stone from other stones presented to him in Biakpabe and can identify those who belong to the royal line and those in the "earth priest" (probably *utandaan*) line. Although firstcomer and chiefly installation claims by Biakpabe are completely rejected by the Nataka clan, Dugast (1992:679, 868-870) emphasizes that all of the clans in Bassar attribute important (magical) powers to Biakpabe, especially related to yam germination; Biakpabe is also exempted from the harder physical labor required in the chief's fields and has the honor of planting the first yams. These conflicting stories of firstcomer status reflect the *modus vivendi* that develops between indigenous firstcomers and immigrant latecomers described by Kopytoff (1987).

2e: The Formal Organizational Structure of the Bassar Chiefdom

Gbikpi-Benissan's (1976:123, 130) analyzed the structure of the Bassar Chiefdom and described its specialized political terminology. It is not clear, however, whether the structure was as formal as he suggests or whether these terms were often used (Dugast 10/13/10, p.c.). The word *obote* was used to indicate chief, as opposed to *odjindjinkpli* (military chief or leader) or *utandaan*. Common phrases used in reference to the chief include o*bote ni ouzamao*, "the chief is the people," and another translates as "the chief holds together all Bassar" (Dugast 1992:230). Title holding was not important in Bassar. The head of a quartier (*kitiŋgban*) or head lineage elder (which became a chief in colonial times) is called d*ebotebre;* his political, judicial, and ritual responsibilities are largely local, but Gbikpi-Benissan asserts his judgments could be overturned by the *bosolib*. The latter is a traditional "court" consisting of four judges (*natchimbe*) selected from clan elders (including *debotebre*) and the Bassar chief. It judges assaults, murders, land boundary and tree ownership disputes, theft, quarrels, unpaid debts, adultery, the kidnapping of women, and so on. Murder was punishable by death. If a defendant refuses to cooperate, the case was sent to the *akpambal* (Gbikpi-Benissan 1976:131), apparently a kind of appeals court made of a group of elders. The uncooperative defendant before the *bosolib* was tied to a cut-down tree and his fate decided. This assembly also met if a *kitiŋgban* refuses to obey a chief's order. The elders of the recalcitrant *kitiŋgban* are forced to explain the reasons for their behavior, and then told by the assembly to either submit or choose another chief, i.e., be exiled (Gbikpi-Benissan 1976:131). There was thus a three-tiered judicial system: at the clan or clan segment level (*debotebre);* above the clan level relating to serious disputes or crimes between individuals (*bosolib*); and one handling disputes between residential groups or clans (*akpambal)* (Gbikpi-Benissan 1976:131).

Gbikpi-Benissan also describes two other bodies, the *unatchebe* and the *diber*. The former was an assembly made up of all *debotebre,* village "chiefs" under the authority of the Bassar Chief (a probable colonial development as no indigenous term for village chief is provided), and the *natchimbe* of the *bosolib*. Gbikpi-Benissan says it discusses laws (*mara*) proposed by the chief which it can reject or unanimously approve, operating through consensus, not majority rule. Dugast (8/1/10, p.c.) states this is incorrect - *mara* is a Hausa term and no formal legislative body exists in Bassar, only judgments. The *diber* was a government (executive) council headed by the chief that includes the *natchimbe*, *debotebre*, and "police." It transmits the chief's orders and judgments and communicates the peoples' concerns and wishes to the chief. Police were selected by the chief to question people, to do errands or missions for the chief or to arrest potential criminals; they were also farmers. They were part-time police who had no authority beyond what the chief asked them to do (Gbikpi-Benissan (1976:132).

Inter- and intra-clan conflicts were common (Gbikpi-Benissan (1976:123-126). The first were often between the Nataka and foreign (latecomer) clans; the latter between senior and junior clan members. Sources of conflict included women, cattle, and farm land. Control over iron resources was not a major issue, though communities valued having smelters and smiths in close proximity. Gbikpi-Benissan (1976:126) describes clans as pressure groups, reflecting the chiefdom's heterarchical nature. The use of physical force to make people comply was problematic; moral persuasion and peer pressure were the best tactics, including the threat of exile. No formal police force existed to enforce decisions (Gbikpi-Benissan 1976:134-135).

2f: The Bassar Chief's Sources of Power

Economic Powers

The Bassar Chief had no influence over planting and harvesting decisions; during droughts, the elders, the chief, the *utandaan*, and those with power over nature prayed to the deities for rain. Chief Atakpa stated that the chief was the "owner" of the land as head of the Nataka clan, whose ancestors were viewed as firstcomers; that each *kitiŋgban* had a granary in the chief's courtyard which it filled with grain after each harvest and kept it filled at his request; and, that there was a big hut for people to provide yams for the chief (Gbikpi-Benissan 1976). However, a very different story was heard from informants in Nangbani-Tchadumpu (Gbikpi-Benissan 1976:128). They denied food was given to the chief in this manner; rather, the Nataka of Nangbani Tchadumpu and Obridumpu and in Wadande helped farm the chief's fields, and part of the hunt was given to the chief. During colonial times, all *kitiŋgban* helped the chief farm his fields because he had so many administrative duties. Atakpa later admitted the granary system was replaced by field labor. Gbikpi-Benissan believes either food or labor was provided for the chief as needed - an economic privilege granted to the chief (Gbikpi-Benissan 1976:129). In Bassar and Kabu, the chief decided when and where new arrivals were granted land to farm, though some informants say such decisions were made by *kitiŋgban* heads who then informed the chief of their actions (Gnon Konde 4/10/06, p.c.).

Religious or Ritual Powers

The chief and representatives of his clan presided over harvest festivals, but libations were done by the clan's *utandaan*. The *utandaan* is an important ritual leader in Bassar because he is the ritual servant of the divinity (*ditaŋgbandi*) associated with the Nataka clan's place of origin at Dikre, and because he is chosen by divination instead of by genealogy, thereby separating him from kinship ties. This institution helps unite the heterogeneous clans of the Bassar region (Dugast 2004:229). The Nataka clan is viewed as the firstcomer clan for all Bassar. The chief derives his ritual power through his association with the *ditaŋgbandi* of the entire Bassar agglomeration; moreover, his installation emphasizes this link to Bassar and his separation from his clan's *ditaŋgbandi* at Dikre, thereby elevating him above clan rivalries.

At the level of residential group (*kitiŋgban*), a critical duty of the head diviner and clan firstcomers is to keep the place "beautiful," i.e., to keep out evil influences and make it attractive to foreigners. This is largely done by organizing a fire dance with neighboring *kitiŋgban*. The fire dance is central to Bassar ritual activity and involves diviners discerning the silhouette of potential evil influences in the flames, concentrating this evil in the cinders, and then disposing of them at a crossroads at the edge of town. The chief and his clan have the responsibility of organizing a fire dance for all Bassar; more importantly, if the chief has the visionary powers to foresee evil, he can order ritual action to render harmless that evil at the town's crossroads without a fire dance. No one else has such power in Bassar (Dugast 2004:210, 232-234).

The health and fate of chiefs and kings in Sub-Saharan Africa is often directly linked to the health and vitality of his polity (Kopytoff 1987:63-64). The Bassar Chief could not resign or refuse to be chief once chosen, and the resignation or departure of a chief was seen as disastrous - it would lead to deaths within clans, widespread disease among the population, and famine (Gbikpi-Benissan 1976:130). However, in Bassar, it is expected that a chief's health will *decline* as he works hard to keep Bassar beautiful by removing evil influences. He can be reinvigorated through a periodic ceremony involving a dissident group of his clan (at Kpaajadumpu-Bassar), but this only puts off the inevitable end when he will disappear into the ground at Dikre (Dugast 2004:237-242). This symbolic journey that begins with the chief's allegiance to the Bassar divinity and ends with his rejoining his clan's divinity at Dikre also shows the Bassar were unwilling to allow a complete rupture between the chief and his clan that is typical of sacred kingship in many parts of Africa (Dugast 2004:231).

Military Powers

According to Dugast (1988), the Bassar did not go to war to conquer territory. They went on raids to attack, burn, steal cattle and show one is strong. The chief could decide to go to war, in principle with the consent of his council. He was protected during war and did not enter the battlefield. Chief Dintidja (Jintija) defended

Bassar against the Dagomba in 1873-76 and the first Chief Atakpa is linked to a major precolonial battle, but they did not take part in combat (Gbikpi-Benissan 1976:129-130). Bassar chiefs should never be exposed to real danger. The absence of formal police and the problematic effectiveness of the use of force suggest the chief's military powers were limited.

Judicial or Political Powers

The chief was head of the judicial tribunal (*bosolib*), the judicial assembly of elders (*unatchebe*), and the government (executive) council (*diber*). While only the chief could propose rules and while he played a major role in judicial matters, decisions were generally reached through consensus. The chief's judicial powers are emphasized by a triennial remaking of the roof of the palace vestibule where judgments are rendered, and all segments of Bassar must contribute (Dugast 2004:243). In colonial times, he became more powerful and was referred to as "Chef Supérieur" (paramount chief). Some traditions state the chief received important sums for his judicial decisions, but this was only true in colonial times. Traditionally, only gifts were offered if the plaintiff or defendant was happy with his decision (Dugast 1988).

The chief's power was focused on preventing and settling internal disputes, encouraging cooperation at all levels, mitigating social inequalities, and keeping Bassar "beautiful" (Gbikpi-Benissan 1976; Dugast 2004). His authority was legitimated at several levels: practical - justice and order and the welfare of the people were promoted and maintained; religious - the chiefly installation and harvest festival ceremonies provided the ritual support and legitimation he needed to rule; and ideological - he was chosen from and by the "indigenous" Nataka clan and its composite elements.

Part 3: THE BASSAR CHIEFDOM & THEORIES OF POLITICAL ECONOMY

3a: Influence of Hierarchical Neoevolutionary Models

Such models focus primarily on economic power and would see the rise and growth of the Bassar Chiefdom as potentially the result of long-distance trade (Hausa caravans), warfare, and/or large-scale iron production.

Economic Powers and Systems of Staple or Wealth Finance

Aside from Chief O.B. Atakpa's unsubstantiated claim about food tribute, there is no evidence the Bassar Chief supervised or controlled a system of staple finance. There was no intensification of production other than extra labor for the chief's fields provided by Nataka clan members and others. Traditional gifts predominated, not formal tribute (Dugast 1988, 1992; de Barros 1985).

This author (de Barros 1985:331-337) once suggested the Gurma chiefdom at Djugu (Benin), the Kotokoli chiefdoms in Bafilo and Sokode, and the Bassar chiefdom arose in response to the Hausa kola route through Bassar. Martinelli (1982:31, 36, 81-82) even claimed there was a system of wealth finance, i.e., the Bassar chief levied tolls on caravans and taxes on market operations and received iron products as tribute from local smelters and smiths. However, no informants in either Bassar or Kabu could verify these points. Martinelli's source was apparently Chief O.B. Atakpa.

Dugast (1988:269-273) and de Barros (1985, 1986, 2001) have shown the chief did not significantly benefit either directly or indirectly from the passage of the long-distance Hausa caravans or from iron production and trade. First, there is no evidence that anything other than symbolic gifts (millet beer, poultry) were offered to the chief by Hausa caravan leaders, though one could argue such gifts added up over time (Nicholas David 8/10/06, p.c.). Second, the chief did not obtain tribute, taxes, or judgment fees in the form of prestige or other trade goods that could be commercialized via long-distance or regional trade. So called "tribute" was minimal and consisted of short, once-per-year labor requirements, contributions of food and a part of the hunt, and poultry when needed for ritual sacrifices (de Barros 1985:67-68; Dugast 1988:272). Judgment fees consisted of providing millet beer if the plaintiff was satisfied. Such tribute was primarily to help support the chief and indigent followers (including widows), and was more symbolic than economic in nature (Dugast 1988:272). Third, neither the chief nor his immediate subordinates exercised control over iron production, which was directed by local clans, clan segments or extended families (Gbikpi-Benissan 1976:164, 238). The iron tool trade was controlled by Bassar smelters and smiths who sold iron products at local markets and by smiths who organized regional caravans to neighboring peoples (Dugast 1988:269-270). The production of pottery, hides, and dyed cloth was tied to the household, was essentially for local needs, and was not part of a system of tribute. Finally, slavery was strictly a domestic institution in Bassar; slaves were not organized into work groups to produce a political surplus (Dugast

1988:269-273).

Military Power and Warfare

Was the Bassar Chiefdom expansionary? Did it develop as a defensive response to slave raiding (de Barros 1986:166-167)? Several sources noted the military rivalry between the Bassar and Kabu (de Barros 2001:71). However, Dugast (1988:273) concludes the Bassar Chiefdom was not warlike and rarely engaged in anything more than minor pillaging raids (see Gbikpi-Benissan (1976:104-106). The chiefdom controlled primarily the area 5 to 10 km north and west of Bassar, including at times the village of Kalanga (Dugast 1988, Pawlik 1988). A major attack on Kabu by Bassar involved a dispute with the people from Kalanga and was not an attempt to incorporate it into the chiefdom; and, Bassar was defeated!

The primary motive for the creation of the Bassar Chiefdom was political (Dugast 1988, 2004). The Tyokossi and Dagomba slave raiding led to an increasingly heterogeneous population aggregated near Mount Bassar. Horton (1971), Cohen (1974), and Vincent (1991) (see David and Sterner 1995) have argued that increased settlement size and aggregation, primarily due to warfare, leads to increased clan heterogeneity. This increased heterogeneity, aggregation, and circumscription of the population inevitably calls forth the need for more centralized political institutions to deal with disputes. In Bassar, the population was so concerned about disputes that the first chief was selected from a foreign group to ensure impartiality in his decisions. Subsequently, the chief's office was to alternate between these foreign and indigenous elements of the Nataka clan.

Ideology and Ritual, Conceptions of Power and Core Values

Neoevolutionary models focus on the instrumental nature of ideology, the materialization of ideology, and how chiefly power is rooted ultimately in economic power. McIntosh (1999a:14) emphasizes that sacred kingship in Africa was based on indigenous concepts of power, prosperity, and legitimacy not shared by Europeans (Fortes and Evans-Pritchard 1940:16) and that ritual modes of power were often of major importance in providing a centralizing focus in otherwise decentralized, heterarchical societies (Netting 1972). Asombang (1999:85), discussing the sacred centers of the Bafut Kingdom of the Cameroon Grassfields, stresses how power is not coercive; that it is not only rooted in ritual and religion, but also linked to generosity and the ability to feed people; that the concept of power in Sub-Saharan Africa "has more to do with the ability to engage or contain occult forces than with military force, administrative authority, or economic control."

Kopytoff (1999:93) notes how neoevolutionary theories focus on material advantages both as a means to power and as an important goal of power, whereas in African societies status and hierarchical display are valued for their own sake. This fits the African cultural tendency to emphasize "wealth [and investment] in people" as opposed to "wealth in things," and that one gains status from such wealth in people (Miers and Kopytoff 1977; Goody 1976; McIntosh 1999a:6-7, 16; Guyer and Belina 1995).

This importance of ritual power to control occult forces and the status of "wealth in people" can be seen as part of the "conceptual reservoir" (David and Sterner 1999) of sub-Saharan African cultures. Moreover, the strong, largely unilineal corporate descent groups often staunchly resisted attempts at centralization (Vansina 1990, 1999:161, 166-167; McIntosh 1999a:17-18). The decentralizing power of such kinship groups is reinforced by common cultural conceptions: the ritual importance of firstcomer primacy; the existence of multiple deities linked to fertility, rain, wind; and the idea that ritual power could be collectively coordinated or supervised, but was dangerous if centered in a single individual who might use it for evil instead of good (McIntosh 1999a:15-17; Packard 1981; Guyer and Belinga 1995; Herbert 1992). So important was this balancing of secular and ritual power, it often led to sacred kings who reigned "over a central ritual domain but [did] not govern" (MacGaffey 1987; McIntosh 1999a:15; De Maret 1999:162).

The Bassar Chief's political power and authority were legitimated by the beneficial nature of maintaining justice and promoting the general welfare (keeping Bassar beautiful); by his role in collective harvest festivals; and by an installation ceremony that balanced secular and ritual power, giving weight to firstcomer primacy, clan autonomy, multiple ritual figures, and both indigenous and foreign chiefly elements, all drawn from the composite Nataka clan.

Hierarchy vs. Heterarchy

The Bassar Chiefdom is clearly a chiefly heterarchy (Ehrenreich et al. 1995; Johnson and Earle 2000). The political economy was weakly developed with food and iron production firmly in the hands of corporate descent groups. The chief's military and quasi-legislative powers, and to a lesser extent his judicial powers, were greatly circumscribed by the power of local descent groups with decisions largely reached through consensus (Gbikpi-Benissan (1976:141-148, 167, 238-239; see also Meillassoux 1960, 1981). Finally, the chief's ideological or ritual power was counterbalanced by that of other groups, based on firstcomer primacy, the independent power of the *utandaan*, and relative clan autonomy.

3b: Specialization and Domestic Production for Exchange

Feinman and Nicholas (2004) show how previous work on chiefdoms and early states present a simplified dichotomy where independent household specialists are replaced by nondomestic "workshops" attached to ruler or ruling elite as the political economy becomes more complex and centralized (Costin 2004:189). However, one should not assume specialization equals nondomestic production or describe the social relations of production as either independent or attached (Costin 2004:196). Local networks of production and distribution were often outside the control of central polities (McAnany 2004:145, 164).

What is striking about Bassar is the degree to which specialization developed within the iron industry without any concomitant rise in political centralization (see also McIntosh 1999a&b). While the Bassar and Kabu chiefdoms may have encouraged smelters and smiths to reside in their vicinity, such specialization was already present. In western part of the Bassar region, regional and/or community specialization in smelting, smithing and charcoal-making was not associated with centralized political organization; and the chiefs of Bassar and Kabu exercised virtually no control over iron production and exchange. Such specialization was linked to two sources: 1) it was often associated with a particular clan or clans: like the Bissib who were primarily farmer-smelters (but sometimes did smithing), and others, like the Koli, who were primarily smiths (but some may have once been smelters, and some only farmed); and, 2) specialization was sometimes tied to environmental variation. When the Bassar region became deforested over time, specialization in charcoal-making developed at Dimuri where forest remained. Local informants also emphasized that the smelting-smithing dichotomy between the Bandjeli and Bitchabe zones was due to high-quality ores at Bandjeli and high-quality stone for anvils and hammers near Bitchabe (de Barros 2001:67). It should be noted, however, that some communities, such as Bikonbombe near Bandjeli, Bukutchabe (Bassar), and the community of Sara had both smelters and smiths. Finally, some clans or clan segments only farmed.

Specialization *within* smelting and smithing was probably the result of the arrival of induced draft furnace technology and its attendant economies of scale in the face of greatly expanded regional demand after the sixteenth century. Within smelting operations, work groups, often differentiated by gender, specialized in mining, charcoal-making, furnace construction, and smelting. Within smithing, women generally crushed iron bloom and the male smithing team consisted of bellows operator, stone hammer specialist, and master smith who directed operations and was usually the only one who converted iron bloom into usable iron (Dugast 1986; Goucher 1984). Specialized ironworking activities operated at the household or residence group level, though there is some evidence for cooperation at the clan level across communities (de Barros 2000:198).

3c: Coercion vs. Voluntarism and Rise of Ranked Society

Stanish (2004) argues the crossing of the threshold from an egalitarian to a ranked society was a voluntary step, not the result of coercion, and that this step was taken due to the benefits of specialization and simple economies of scale. In discussing the formation of the Alur segmentary state (Uganda-Congo), Southall (1999:30-31) notes how different groups were incorporated into a more centralized polity through "an exchange of services." An external group, the Atyak, managed to get a number of smaller groups to accept them as their leader, because they were larger, had respect for a superior leader and knew how to rule, and entertained the local populations with food, beer, music, and dancing and provided ritual services and arbitration in disputes. While "there may have been threats of force [...] neither side speaks of forceful conquest" (Southall 1999:30). Different groups voluntarily collaborated and provided different services – the Okebo provided ironworking, the Lendu agricultural labor, and so on (Southall 1999:132).

The Alur case fits Stanish's (2004) voluntary model insofar as it involved inducing existing specialists to collaborate in a larger polity. It also parallels the formation of the Bassar Chiefdom in that a foreigner (Kotokoli) was invited, without coercion or conquest, to become chief because it would provide a neutral, external element better able to resolve disputes within a growing, heterogeneous refugee population. It did not result in a ranked society, but it did create a stronger chiefdom and did involve a voluntary, though limited, reduction in clan autonomy (Dugast 1988). However, the striking element that does not fit Stanish's model is the development of a high degree of specialization *before* any significant centralizing tendencies. In the western region little significant ranking developed; in the eastern region, the Bassar and Kabu chiefdoms were created without any major material benefit accruing to the chief and with no major loss of autonomy on the part of local households and their *kitiŋban*.

3d: The Role of the Individual vs. Collective Action

Earle (1997:2) assumes "the benefits of leadership are sufficient to explain the quest for prestige and dominance" and that there are individuals who wish prominence in all societies. This Western concept of power emphasizes the individual and the secular, whereas in sub-Saharan Africa the emphasis is on ritual power and collective action linked to the power of corporate kin groups (McIntosh 1999a). In Bassar, secular power must respect the primacy of firstcomer ritual power and the ritual importance of the Bassar and Dikre *utandaan*; the chief's power is diffuse and rests on a balance between secular and ritual power.

Despite this apparent dichotomy between the Western and African views, there is room for both collective action and ambitious individuals in the African context. Kopytoff (1999:92-93), while discussing how chiefdoms can emerge through a process of "layered growth" by the accumulation of increasing numbers of immigrant populations who must recognize the primacy of firstcomers, describes how Aghem chiefs in western Cameroon often tried to institutionalize new demands from their subjects with varying degrees of success.

> They would claim that control of all raffia bushes [for prized raffia wine] was ultimately a chiefly prerogative. They would try to extend the chief's existing rights to certain large animals [...] to other large and even not so large animals. They would try to assert a monopoly of all meat resources. Several chiefs tried to extrapolate their normal ritually sanctioned right to first fruits into rights to a larger harvest tribute. Some redefined existing communal hunts in a way to make them benefit the chiefs directly; and some instituted special grass-cutting days to provide fresh material for their houses. In this drive for power, Aghem chiefs adapted certain elements of the regional culture (Kopytoff 1999:92).

Kopytoff (1999:93) goes on to show how a chief of WaeNdu used the new German colonial presence to transform his authority into a "murderous despotism that included the killing of several chiefs." This process occurred in other parts of early colonial Africa and is echoed by Kamehameha's use of British technology to conquer the Hawaiian Islands (Earle 1997). In fact, it is likely that the first Chief Atakpa at contact is responsible for early German views of a hegemonic Bassar Chiefdom that once ruled the entire region, perhaps hoping to use German power to create one. Later Bassar Chiefs managed to utilize French conceptions of chieftaincy to expand their powers to become Chef Supérieur.

Vansina (1989, 1990, 1999), well-known for his dislike of neoevolutionary models in his studies of Central African Bantu society - with its contrasting ideologies of power and resistance, "one asserting the supernatural powers of leaders ["big men"] and the other the equality of all people" - observes that the institution of sacred kingship eventually developed out of the former through "the ambition of gifted leaders and their invention of new institutions to enlarge and perpetuate their power" (Vansina 1999:168).

3e: The Bassar Region and the Internal Frontier

In many ways, the Bassar region parallels the processes operating within Kopytoff's (1987:16-17) "internal frontier." It was a region of small, decentralized groups or "weak local hegemonies" with little or no evidence of centralized polities in the archaeological record for centuries prior to the Bassar Chiefdom (de Barros 1985). Another key similarity is the importance of in-migration from neighboring regions - some seeking to avoid internal disputes in their homeland, others seeking better farmland, still others fleeing slave raiders, as well as farmer-ironworkers who left areas whose wood fuel was depleted or whose ores were no longer accessible due to civil strife. Immigrants came from different cultural areas but most were assimilated into the structure of Bassar society, though they never forgot their origins. Firstcomer primacy also played an important role in the structuring and legitimization of the Nataka clan and the Bassar Chiefdom.

Kopytoff (1987) emphasizes that the internal frontier often attracted royal or chiefly elements that fissioned off from nearby centralized polities, and who might then gradually develop into a polity modeled upon the one they had left. This may have been the case for the elements that became the Bissib chiefdom in Bandjeli (Dugast 1992:138-162), but it was not the case for the Bassar chiefdom. A foreign element (Kotokoli) was involved, but it was not a royal or chiefly element that had fissioned off from the Kotokoli chiefdom based in Sokode. One critical difference between the Bassar Chiefdom and the neighboring Dagomba, Gondja, Tyokossi and Kotokoli centralized polities was that the latter were all influenced by Islam, whereas the Bassar Chiefdom was not. The Kabu Chiefdom, however, was partly influenced by the organizational structure of Islamic Kotokoli chiefdoms and adopted some of its administrative terms (de Barros 1985:68).

While the arrival of immigrant latecomers did contribute to the rise of the Bassar Chiefdom as a way of settling disputes among such a heterogeneous population, it is not a close fit with Kopytoff's model which focuses on recently arrived immigrant groups seeking to attract adherents as kinsmen or pseudo-kinsmen under a corporate kin group model, leading to the eventual rise of a contractual model between ruler and subjects.

However, the composite nature of the Nataka clan (and other clans) does lend itself to Kopytoff's (1987:40-48) kin-group model for attracting adherents, where latecomers become incorporated as 'pseudo-kinsmen" as the polity grew by increasing its "wealth in people." In fact, established firstcomer communities in the region gauged the success of their community in large part by its ability to attract strangers (foreigners), which were indeed forged into pseudo-kinsmen through a process of assimilation where such newcomers were integrated into an existing clan and residential group (*kitiŋgban)* (Dugast 1992:244-248). Finally, there is clear evidence of a *modus vivendi* that attempts to resolve conflicting versions of firstcomer status between the chiefly Nataka clan on the one hand and the indigenous community of Kankunde and other rival firstcomer groups, especially Biakpabe (see Kopytoff 1987:53-69). We see this in the conflicting versions about the candidacy, selection and installation of the chief and the participatory roles of these groups in the chief's installation and the planting of the first yams.

3f: Sirak and Sukur Polities of the Mandara Highlands

In a broader regional context, it is useful to compare the Bassar Chiefdom with the Sirak and Sukur polities of the Mandara Highlands of northern Cameroon (David and Sterner 1999), especially in terms of the degree of central control over ironworking and exchange - which essentially did not exist in Bassar.

Sirak

Sirak has about 2 000 people. Its origins are similar to the Bassar Chiefdom in that "political unrest and fission" resulting from "exploitation and raiding by state societies" are implicated in its creation which involved the amalgamation of "a small number of clans" coming from different directions (David and Sterner 1999:101). It is also a decentralized society with widely dispersed and minimal coercive powers. The chief's role was to oversee the ceremonial cycle, offerings, and sacrifices on behalf of the community to a distant god, and to the main spirit of the place, that of the mountain around which the settlement clusters [...] Privileged access to the spirit constitutes the basis of the chief's authority. While he has sacred responsibility for the land, he does not own or control it. In such matters, he acts not on his own initiative but rather as spokesman for the ill-defined grouping of clan elders that act as his counselors (David and Sterner 1999:101-102).

He has no power to raise taxes and can be quite poor. He has no monopoly on the use of force, and faced with serious disputes, he can "refuse to carry out his ritual duties, thus mobilizing the community's moral pressure against those responsible" or he can (in theory) get his own relatives to use physical force (David and Sterner 1999:103). The authors conclude he is a "priest-chief" as described by Netting (1972:221) and is a relatively powerless figure. His main role is to "represent the community to itself" for which he "receives respect, materialized in his position at the apex of community rites and in minor gifts, especially of beer" (David and Sterner 1999:103).

This description parallels Bassar in many respects; however, the Bassar Chief played a more important role as a mediator of disputes between the various elements of a larger, more heterogeneous refuge population (more clans) than in Sirak. Sirak also lacks a specialized ironworking industry; and its small size and subsistence economy, with limited potential for intensification, provided limited means for generating a surplus that could be used to increase central power (David and Sterner 1999:106).

Sukur

This polity partially resembles the Bassar Chiefdom - it was larger than Sirak, with a more dense population (perhaps 5'000) and it had an important iron industry that exported large quantities to the surrounding region. However, it was a net importer of food, whereas Bassar was a food exporter. Its iron industry was similar to Bassar's in that both are largely household based, but differed in that slaves were not significant for food or iron production; in fact, David (1996) has described it as a classless industrial society, unique in Africa and perhaps the world (David and Sterner 1999:104).

Unlike the Sirak chief, "whose authority emerges from politically neutral, cosmological origins," the powers of the Sukur chief had to be "constantly negotiated" (David and Sterner 1999:104). Like the Bassar Chief, he was not responsible for actual sacrifices to local mountain spirits, nor did he directly intervene to control rain - i.e., ritual power was widely distributed in Sukur society. Again, like the Bassar Chief, he played a role in initiating community ceremonies (David and Sterner 1999:Table 8.1). However, "in comparison with other Mandara chiefs [and the Bassar Chief], *xidi* Sukur lacked legitimating authority" (Smith and David 1995).

Like Bassar, its population was very heterogeneous (22 clans) and resulted from centuries of immigration. The reasons may be similar to those of Bassar (e.g., those seeking farm land, immigrant ironworkers, refugees from political strife), but they are only hinted at by David and Sterner (1999:104). Immigrants were assimilated but it included a ritual mechanism unknown in Bassar, i.e., many clans claim an origin in Gudur, a sort of pan-Mandara magico-religious center to which many Mandara communities were linked, including Sirak (David and Sterner 2009, in press). Integration was also "assisted through elaboration of the institution of title holding [...] distributed among all the clans anciently installed" (David and Sterner 1999:104). Title holding is not significant in Bassar.

Another major difference lay in the Sukur chief's economic powers. He benefits from corvée labor and can mobilize male initiates (who probably created paved pathways and the large royal residence); more importantly, he had greater access to wealth through his participation in the iron industry and export trade (David and Sterner 1995:10-11, 13; David and Sterner 1999:Table 8.1). In short, his sources of economic power were more developed than in Bassar. He also had more judicial and administrative power as he could enforce his legal decisions, sometimes with armed support, and could appoint some title-holders (David and Sterner 1999:104-105). Yet, he had to constantly negotiate his ritual, economic, judicial and political powers, because of countervailing power centers associated with factions within his own chiefly clan (the Dur), including frequent and often successful coup attempts, as well as the relatively decentralized, familial organization of iron production which "ensure its benefits were widely shared" (David and Sterner 1999:106). Indeed, it would appear that an ingrained resistance by clan groups to the centralization of power was part of the "conceptual reservoir" of the Mandara highlands (David and Sterner 1999:106-107).

ACKNOWLEDGEMENTS

The following people reviewed the original manuscript and offered constructive comments: Tim Earle, Nic David, Scott MacEachern, Susan McIntosh, Chip Stanish, David Killick, and Cameron Monroe. I am especially indebted to Stephan Dugast who has spent nearly three decades studying Bassar culture. His knowledge and insights and our in-depth discussions have greatly improved and strengthened this paper, even if we occasionally disagreed. I would also like to thank Tim Earle for inspiring me to write about African political economies in the first place and Joel Paulson for producing the maps. Finally, I would like to thank Merrick Posnansky for leading me through the door of African archaeology.

Bibliographie

Apter, A. 1992. *Black Critics & Kings: The Hermeneutics of Power in Yoruba Society.* Chicago, University of Chicago Press.

Arnold, J. 1995. Transportation Innovation and Social Complexity among Marine Hunter Gatherer Societies. *American Anthropologist* 94, 733-747.

Asombang, R. N. 1999. Sacred centers and urbanization in West Central Africa, in S. K. McIntosh (ed.), *Beyond Chiefdoms: Pathways to Complexity in Africa*, 80-87. Cambridge, Cambridge University Press.

Barbier, J.-C. 1982. *L'Histoire présente, Exemple du Royaume Kotokoli du Togo.* Bordeaux, Centre d'Etudes d'Afrique Noire.

Bowles, S., Boyd, R., Fehr, E. and Gintis, H. 1997. Homo reciprocans: A Research Initiative on the Origins, Dimensions, and Policy Implications of Reciprocal Fairness. (Manuscript available at: http://www.unix.oit.umass.edu/~gintis/homo_abst.html).

Brooks, G. 1993. *Landlords and Strangers: Ecology, Society, and Trade in Western Africa, 1000-1630.* Colorado, Westview, Boulder.

Brumfiel, E. 1992. Distinguished Lecture in Archaeology: Breaking and entering the ecosystem – gender, class and faction steal the show. *American Anthropologist* 94, 551-567.

Brumfiel, E. 1994. Introduction, in J. Brumfiel and J. Fox (eds.), *Factional Competition and Political Development in the New World,* 3-13. Cambridge, Cambridge University Press.

Brumfiel, E. and Earle, T. 1987. Specialization, exchange, and complex societies, in E. Brumfiel and T. Earle (eds.), *Specialization, Exchange, and Complex Societies*, 1-9. Cambridge, Cambridge University Press.

Carneiro, R. 1970. A Theory of the Origin of the State. *Science* 169, 733-738.

Carneiro, R. 1977. Political expansion as an expression of the principle of competitive exclusion, in R. Cohen and E. Service (eds.), *The Origins of the State: the Anthropology of Political Evolution,* 205-223. Philadelphia, ISNI.

Carneiro, R. 1981. The chiefdom: precursor of the state, in G. D. Jones and P.R. Krautz (eds.), *Transition to Statehood in the New World*, 39-79. Cambridge, Cambridge University Press.

Cohen, R. 1974. The evolution of hierarchical institutions: a case study from Biu, Nigeria. *Savanna* 3(2), 153-174.

Coquery-Vidrovich, C. 1969. Recherches sur un mode de production africain. *La Pensée* 144 (avril), 61-78.

Cornevin, R. 1957. Etude sur le Centre urbain de Bassari (Togo). *Bulletin de l'IFAN* 19 (Série B) No. 1, 72-110.

Cornevin, R. 1962. *Les Bassari du nord Togo.* Paris, Berger-Levrault (Mondes d'Outre Mer).

Costin, C. L. 2004. Craft Economies of Ancient Andean States, in G. Feinman and L. Nicholas (eds.), *Archaeological Perspectives on Political Economies*, 189-222. Salt Lake City, University of Utah Press (Foundations of Archaeological Inquiry).

Crumley, C. 1987. A Dialectical Critique of Hierarchy, in T. Patterson and C. Gailey (eds.), *Power Relations and State Formation*, 155-159. Washington, D.C, American Anthropological Association.

Crumley, C. 1995. Heterarchy and the Analysis of Complex Societies, in R. Ehrenreich, C. Crumley, and J. Levy (eds.), *Heterarchy and the Analysis of Complex Societies,* 1-6. Archaeological Papers of the American Anthropological Association 6.

David, N. 1996. A New Political Form? The Classless Industrial Society of Sukur (Nigeria), in G. Pwiti and R. Soper (eds.), *Proceedings of the 10th Pan-African Congress on Prehistory and Related Studies (Harare, June 1995)*, 593-600. Harare, University of Zimbabwe Press.

David, N. and Sterner, J. 1995. The Wonderful Society: the Burgess Shale Creatures, Mandara Polities and the Nature of Prehistory. Paper presented at *the Conference for the Archaeology of Complex Societies,* Complex Societies Group, California State University at San Bernardino, October 21, 1995.

David, N. and Sterner, J. 1999. Wonderful Society: the Burgess Shale Creatures, Mandara Politics, and the Nature of Prehistory, in S. K. McIntosh (ed.), *Beyond Chiefdoms: Pathway to Complexity in Africa*, 97-109. Cambridge, Cambridge University Press.

David, N. and Sterner, J. 2009. La chefferie de Gudur (Monts Mandara, Cameroun): une hypothèse minimaliste, in H. Tourneux (ed.), *Migrations et Mobilité spatial dans le Bassin du Lac Tchad,* Actes du 13ème Colloque Méga-Tchad 2005. Paris, Editions IRD.

de Barros, P. 1985. Bassar: A Quantified, Chronologically Controlled, Regional Approach to a Traditional Iron Production Centre in West Africa. *Africa* 56 (2), 148-174.

de Barros, P. 1986. *The Bassar: Large-Scale Iron Producers of the West African Savanna.* Ph.D. dissertation, University of California, Los Angeles.

de Barros, P. 1988. Societal Repercussions of the Rise of Large-Scale Traditional Iron Production: a West African Example. *African Archaeological Review* 6, 91-113.

de Barros, P. 2000. Iron Metallurgy in its Sociocultural Context, in J. Vogel (ed.), *Ancient African Metallurgy,* 147-198. Walnut Creek, California, AltaMira Press.

de Barros, P. 2001. The Effect of the Slave Trade on the Bassar Ironworking Society, in C. De Corse (ed.), *West Africa During the Atlantic Slave Trade: Archaeological Perspectives*, 59-80.

de Barros, P. 2003. Recent Early Iron Age Research in Bassar, Togo. *Nyame Akuma* 59, 76-78.

de Barros, P. Submitted. A Comparison of the Early and Later Iron Age Societies of the Bassar Region of Togo, in *Proceedings of the World of Iron Conference, February 16-20, 2009, London.* London, Archetype Publications.

de Maret, P. 1999. The Power of Symbols and the Symbols of Power Through Time: Probing the Luba Past, in S. K. McIntosh (ed.), *Beyond Chiefdoms: Pathways to Complexity in Africa*, 151-165. Cambridge, Cambridge University Press.

Dugast, S. 1986. La pince et le soufflet: deux techniques de forge traditionnelles au Nord-Togo. *Journal des Africanistes,* LVI (2), 29-53.

Dugast, S. 1987. L'agglomération de Bassar: classement selon le clan fondateur; classement par Village. Lome, Togo, ORSTOM.

Dugast, S. 1988. Déterminations économiques *versus* fondements symboliques: la chefferie de Bassar. *Cahiers d'Etudes africaines* 110, XXVIII (2), 265-280.

Dugast, S. 1992. Rites et organisation sociale: l'agglomération de Bassar au Nord-Togo. Doctoral thesis, EHESS, Paris.

Dugast, S. 2004. Une agglomeration très rurale: lien clanique et lien territorial dans la ville de Bassar (Nord-Togo). *Journal des Africanistes* 74 (1-2), 203-248.

Earle, T. K. 1978. *Economic and Social Organization of a Complex Chiefdom, the Halelea District, Kaua'i, Hawaii.* Museum of Anthropology, University of Michigan, Anthropological Papers 63.

Earle, T. K. 1985. Chiefdoms in Archaeological and Ethnohistorical Perspective. *Annual Review of Anthropology* 16, 279-308.

Earle, T. K.1994. Political Domination and Social Evolution, in T. Ingold (ed.), *Companion Encyclopedia of Anthropology: Human, Culture, and Social Life*, 940-961. London, Routledge.

Earle, T. K. 1997. *How Chiefs Come to Power: The Political Economy in Prehistory.* Stanford, Stanford University Press.

Ehrenreich, R., C. Crumley and Levy, J. (eds.). 1995. *Heterarchy and the Analysis of Complex Societies.* Washington, D.C, Archaeological Papers of the American Anthropological Association 6.

Feinman, G. 1995. The Emergence of Inequality: Focus on Strategies and Processes, in T.D. Price and G.M. Feinman (eds.), *Foundations of Social Inequality,* 255-279. New York, Plenum Press.

Feinman, G. and Neitzel J. 1984. Too Many Types; an Overview of Sedentary Prestate Societies in the Americas. *Advances in Archaeological Method and Theory* 7, 39-102.

Feinman, G. and Nicholas L. (eds). 2004. *Archaeological Perspectives on Political Economies.* Salt Lake City, University of Utah Press (Foundations of Archaeological Inquiry).

Fortes, M. and Evans-Pritchard E.E. 1940. *African Political Systems.* London, Oxford University Press.

Fried, M. 1967. *The Evolution of Political Society.* New York, Random House.

Friedman, J. 1974. Marxism, Structuralism, and Vulgar Materialism. *Man* 9, 444-469.

Froelich, J.-C. and Alexandre, P. 1960. Histoire traditionnelle des Kotokoli et des BiTchambi du Nord-Togo. *Bulletin de l'IFAN* 12 (Série B), 1-2.

Froelich, J.C., Alexandre, P. and Cornevin, R. 1963. *Les Populations du Nord-Togo.* Paris, Presses Universitaires de France.

Gbikpi-Benissan, D.F.J. 1976. Pouvoirs politiques anciens et pouvoir politique moderne au Togo – la Chefferie dans la National contemporaine – Essais de Sociologie politique sur les Chefferies en Pays Bassari, Akposso et Mina. Thèse de IIIème Cycle, Université R. Descartes, Paris V.

Gbikpi-Benissan, D.F.J. 1978. Entretiens en Pays Bassar, I, Origines, Migrations, Fondations de Villages, Conflits armés. *Etudes de Documents de Sciences Humaines*, Série B, No. 1. Lome, INSE, Université du Bénin.

Gbikpi-Benissan, D.F.J. 1979. Entretiens en Pays Bassar, II, Organisation politique, Stratification sociale, Période coloniale. *Etudes de Documents de Sciences Humaines*, Série B, No. 2. Lome, INSE, Université du Bénin.

Gbikpi-Benissan, D.F.J. 1984. Rapport d'enquêtes du 27-03-84 dans le Village de Kibedipou sur L'Histoire Bassar. Mimeographed. Lome, Togo.

Gintis, H. 2000. Strong Reciprocity and Human Sociality. *Journal of Theoretical Biology* 205, 169-179.

Gnon, A. 1967. L'aménagement de l'espace en Pays Bassari - Kabou et sa région. Masters Thesis, DES Géographie, Université de Caën.

Godelier, M. 1977. *Perspectives in Marxist Anthropology.* Cambridge, Cambridge University Press.

Goody, J. 1976. *Production and Reproduction.* Cambridge, Cambridge University Press.

Goucher, C. 1984. *The Iron Industry of Bassar Togo: an Interdisciplinary Investigation of African Technological History.* Ph.D. Dissertation, University of California and Los Angeles.

Guyer, J. and Belinga S.E. 1995. Wealth in People as Wealth in Knowledge: Accumulation and Composition in Equatorial Africa. *Journal of African History* 36, 91-120.

Harris, M. 1974. *Cows, Pigs, Wars, and Witches: the Riddles of Culture.* New York, Random House.

Harris, M. 1977. *Cannibals and Kings: the Origin of Cultures.* New York, Random House.

Herbert, E. 1992. *Iron, Gender, and Power.* Bloomington, Indiana University Press.

Horton, R. 1971. Stateless Societies in the History of Africa, in J.F. Ajayi and M. Crowder *(eds.), History of West Africa*, Vol. 1, 78-119. London, Longman.

Johnson, A.W. and Earle, T.K. 1987. *The Evolution of Human Societies.* Stanford, Stanford University Press.

Johnson, A.W. and Earle, T.K. 2000 (Second Edition). *The Evolution of Human Societies.* Stanford, Stanford University Press.

Junker, L. L. 1990. The Organization of Intra-Regional and Long-Distance Trade in Prehispanic Philippine Complex Societies. *Asian Perspectives* 29, 29-89.

Junker, L. L. 2004. Political Economy in the Historic Period Chiefdoms and States of Southeast Asia, in G. Feinman and L. Nicholas *(eds.), Archaeological Perspectives on Political Economies*, 223-252. Salt Lake City, University of Utah Press (Foundations of Archaeological Inquiry).

Kearney, M. 1984. *World View.* Novato, California, Chandler and Sharp.

Klose, H. 1903a. Das Bassarivolk I. *Globus* 83 (20), 309-314.

Klose, H. 1903b. Das Bassarivolk II. *Globus* 83 (22), 341-344.

Klose, H. 1964. Klose's Journey to Northern Ghana, 1894. Translated by Inge Killick. Institute of African Studies, University of Legon, Ghana. Mimeographed. [Originally published as *Togo unter deutscher Flagge*, 1899, pp. 285-544].

Kopytoff, I. 1987. The Internal African Frontier, in I. Kopytoff (ed.), *The African Frontier*, 3-84. Bloomington, Indiana University Press.

Kopytoff, I. 1999. Permutations in Patrimonialism and Populism: the Aghem Chiefdoms of Western Cameroon, in S. K. McIntosh (ed.), *Beyond Chiefdoms: Pathways to Complexity in Africa*, 88-96. Cambridge, Cambridge University Press.

Liberski-Bagnoud, D. 2002. *Les dieux du territoire: penser autrement la généologie.* Paris, Editions CNRS/Editions de la Maison des Sciences de l'Homme.

MacEachern, S. 1993. The Project Maya-Wandala: Preliminary Results of the 1992 Field Season. *Nyame Akuma* 39, 7-13.

MacEachern, S. 1994. The Project Maya-Wandala: Preliminary Results of the 1993 Field Season. *Nyame Akuma* 41, 48-55.

MacGaffey, W. 1987. Kingship in Sub-Saharan Africa, in M. Eliade (ed.), *The Encyclopedia of Religion,* Vol. 8, 322-325. Princeton, Princeton University Press.

McAnany, P. A. 2004. Appropriate Economies: Labor Obligations and Luxury Goods in Ancient Maya Societies, in G. Feinman and L. Nicholas (eds.), *Archaeological Perspectives on Political Economies*, 145-166. Salt Lake City, University of Utah Press (Foundations of Archaeological Inquiry).

McIntosh, S. K. (ed.). 1999a. Pathways to Complexity: an African Perspective, in S. K. McIntosh (ed.), *Beyond Chiefdoms: Pathways to Complexity in Africa*, 1-30. Cambridge, Cambridge University Press.

McIntosh, S. K. (ed.). 1999b. Modeling Political Organization in Large-Scale Settlement Clusters: a Case Study from the Inland Niger Delta, in S. K. McIntosh (ed.), *Beyond Chiefdoms: Pathways to Complexity in Africa*, 66-79. Cambridge, Cambridge University Press.

Mann, M. 1986. *The Sources of Social Power.* Cambridge, Cambridge University Press.

Martinelli, B. 1982. *Métallurgistes Bassar: techniques et formation sociale. Etudes de documents de Sciences Humaines*, Série A, No. 5. Lome, INSE, Université du Bénin.

Martinelli, B. 1984. *La Production politique de Lodjoukrou. Une société lignagère à classes d'âge (Côte d'Ivoire).* Paris, Présence Africaine,.

Meillassoux, C. 1960. Essai d'interprétation du phénomène économique dans les sociétés traditionnelles d'auto-subsistance. *Cahiers d'Etudes Africaines* 4, 38-67.

Meillassoux, C. 1972. From Reproduction to Production. *Economy and Society* 1, 93-105.

Meillassoux, C. 1981. *Maidens, Meals and Money.* Cambridge, Cambridge University Press.

Mercier, P. 1954. *Cartes ethno-démogaphiques de l'Afrique occidentale.* Feuilles no. 5, Dakar, IFAN.

Miers, S. and Kopytoff, I. (eds.). 1977 *Slavery in Africa: Historical and Anthropological Perspectives.* Madison, University of Wisconsin Press.

Nelson, B. 1995. Complexity, Hierarchy and Scale: a Controlled Comparison Between Chaco Canyon, New Mexico and La Quemada, Zacatecas. *American Antiquity* 60 (4), 597-618.

Netting, R. 1968. *Hill Farmers of Nigeria: Cultural Ecology of the Kofyar of the Jos Plateau.* Seattle, University of Washington Press.

Netting, R. 1972. Sacred Power and Centralization, in B. Spooner (ed.), *Population Growth: Anthropological Implications.* Cambridge, MIT Press.

Norris, E.G. 1984. The Hausa Kola Trade Through Togo, 1899-1912: Some Qualifications. *Paideuma* 30, 161-184.

Northrup, D.1978. *Trade Without Rulers: Pre-colonial Economic Development in Southeastern Nigeria*. Oxford, Clarendon Press.

Nowak, M.A., K.M. Page and Sigmund, K. 2000. Fairness versus Reason in the Ultimatum Game. *Science* 289, 1773-1775.

Packard, R. 1981. *Chiefship and Cosmology.* Bloomington, Indiana University Press.

Pawlik, J. 1988. *La mort, expérience d'un peuple. Etude des rites funéraires des Bassar du Nord-Togo.* Doctoral Thesis, Université de Paris V.

Polanyi, K. 1957. The Economy as Instituted Process, in K. Polanyi, C. Arensberg, and H. Pearson (eds.), *Trade and Market in the Early Empires*, 243-270. New York, Free Press.

Rappaport, R. 1967. *Pigs for Ancestors.* New Haven, Yale University Press.

Rattray, R.S. 1932. *The Tribes of the Ashanti Hinterland.* Oxford, Clarendon Press.

Robertshaw, P. 1999. Seeking and Keeping Power in Bunyoro-Kitara, Uganda, in S. K. McIntosh (ed.), *Beyond Chiefdoms: Pathways to Complexity in Africa*, 124-135. Cambridge, Cambridge University Press.

Saenz, C. 1991. Lords of the Waste: Predation, Pastoralism, and the Process of Stratification Among the Eastern Twaregs, in T. Earle (ed.), *Chiefdoms: Power, Economy, and Ideology,* 100-118. Cambridge, Cambridge University Press.

Sahlins, M. 1972. *Stone Age Economics.* Chicago, Aldine.

Sahlins, M. 1976. *Culture and Practical Reason*. Chicago, University of Chicago Press.

Schoenbrun, D. L. 1999. The (In)visible Roots of Bunyoro-Kitara and Buganda in the Lakes Region: A.D. 800-1300, in S. K. McIntosh (ed.), *Beyond Chiefdoms: Pathways to Complexity in Africa*, 136-150. Cambridge, Cambridge University Press.

Service, E. 1962. *Primitive Social Organization*. New York, Random House.

Shalizi, C. R. 1999. *Homo reciprocans*: Political Economy and Cultural Evolution. *Bulletin of the Santa Fe Institute* 14 (2), 1-5.

Shipton, P. 1984. Strips and Patches: a Demographic Dimension in Some African Land-holding and Political Systems. *Man* 19, 613-634.

Shipton, P. 1994. Land and Culture in Tropical Africa. *Annual Review of Anthropology* 23, 347-377.

Smith, A. and David. N. 1995. The Production of Space and the House of Xidi Sukur. *Current Anthropology* 36 (3), 441-471.

Southall, A. 1956. *Alur Society: A Study in Processes and Types of Domination*. Cambridge, W. Heffer and Sons.

Southall, A. 1988. The Segmentary State in Africa and Asia. *Comparative Studies in Society and History* 30 (1), 52-82.

Southall, A. 1989. Power, Sanctity, and Symbolism in the Political Economy of the Nilotes, in W. Arens and I. Karp (eds.), *Creativity of Power*, 183-221. Bloomington, Indiana University Press.

Southall, A. 1999. The Segmentary State and the Ritual Phase in Political Economy, in S. K. McIntosh (ed.), *Beyond Chiefdoms: Pathways to Complexity in Africa*, 31-38. Cambridge, Cambridge University Press.

Stahl, A. B. 2004. Comparative Insights into the Ancient Political Economies of West Africa, in G. Feinman and L. Nicholas (eds.), *Archaeological Perspectives on Political Economies*, 253-270. Salt Lake City, University of Utah Press (Foundations of Archaeological Inquiry).

Stanish, C. 2004 The Evolution of Chiefdoms: An Economic Anthropological Model, in G. Feinman and L. Nicholas (eds.), *Archaeological Perspectives on Political Economies*, 7-24. Salt Lake City, University of Utah Press (Foundations of Archaeological Inquiry).

Sterner, J. 1992. Sacred Pots and "Symbolic Reservoirs" in the Mandara Highlands of Northern Cameroon, in J. Sterner and N. David (eds.), *An African Commitment: Papers in Honour of Peter Lewis Shinnie*, 171-179. Calgary, University of Calgary Press, Calgary.

Steward, J. 1955. *Theory of Culture Change*. Urbana University of Illinois Press.

Szwark, M., F. 1981. *Proverbes et Traditions des Bassar du Nord-Togo.* Collections Instituti Anthropos 22. St. Augustin, Haus Voker und Kulturen.

Tuden, A. and Plotnicov, L. (eds). 1970. *Social Stratification in Africa*. New York, Free Press.

Vansina, J. 1989. Deep-down Time: Political Tradition in Central Africa. *History in Africa* 16, 341-362.

Vansina, J. 1990. *Paths in the Rainforests.* Madison, University of Wisconsin Press.

Vansina, J. 1999. Pathways of Political Development in Equatorial Africa and Neo-Evolutionary Theory, in S. K. McIntosh (ed.), *Beyond Chiefdoms: Pathways to Complexity in Africa*, 166-172. Cambridge, Cambridge University Press.

Vincent, J. F. 1991. *Princes montagnards du Nord-Cameroun: les Mofu-Diamaré et le Pouvoir politique*. Paris, L'Harmattan.

Webster, D. 1985. Warfare and the Evolution of the State. *American Antiquity* 4, 464-470.

Yoffee, N. 1993. Too Many Chiefs? (or, Safe Tests for the '90s), in N. Yoffee and A. Sherratt (eds.), *Archaeological Theory: Who Sets the Agenda?*, 60-78. Cambridge, Cambridge University Press.

Entre four et forge

ou jusqu'à quel point efficacité magique et savoir technique sont-ils conciliables ? (Bassar du Togo)

Stéphan DUGAST
IRD - UMR 208, Paris

Parmi les nombreux groupes qui prirent part à l'expansion de la métallurgie bassar — l'une des plus importantes du continent par le volume de sa production à en croire les mesures archéologiques —, une observation attentive révèle l'existence de communautés au profil atypique : en premier lieu, au lieu de se ranger, à l'instar de la majorité des métallurgistes de cette zone, de manière univoque parmi les groupes spécialisés à titre exclusif soit dans la réduction soit dans la forge, ces communautés ont, à une certaine époque, pratiqué les deux activités à la fois ; en second lieu, bien avant le début de la colonisation, elles semblent avoir toutes abandonné le travail de la forge pour se concentrer sur les activités de réduction. Partout, cet abandon est expliqué à l'aide d'un petit récit qui n'apporte pratiquement aucun éclairage d'ordre directement historique mais recèle une foison d'indices dont le décryptage requiert un détour par les catégories de pensée locales. Au terme de ce parcours, se dégage une nouvelle appréhension des rapports que les différents types d'acteurs de la métallurgie bassar ont entretenu avec leur activité.

Forge, réduction du fer, spécialisation, Bassar, ancêtres, génies de brousse, magie, apprentissage, symbolisme

Among the numerous groups that took part in the expansion of Bassar metallurgy — one of the most important on the continent according to archaeological measurements —, careful observation reveals the existence of some atypical communities. Firstly, in contrast to the majority of the metallurgists of the region who side themselves univocally either with groups specialized in smelting or those concentrated on smithing activities, these communities have at a certain point in their history practised both activities together; secondly, long before colonial contact they seem to have all abandoned smithing work in order to concentrate on smelting activities. Wherever it occurred, this abandonment is explained by a short tale that clarifies little in terms of direct historical interest, but which contains a number of clues whose deciphering requires a detour via local thinking categories. Through this process, a new understanding emerges of the relations which different types of actors engaged in Bassar metallurgy have maintained towards their activity.

Smith, smelt, specialization, Bassar, ancestors, bush spirits, magic, apprenticeship, symbolism

Depuis l'extraction du minerai jusqu'au travail de façonnage dans l'atelier du forgeron, en passant par la fabrication du charbon et l'opération de réduction, la longue chaîne opératoire du travail métallurgique a donné lieu en Afrique à des formes de division du travail d'une grande variété. L'une des tentatives les plus suggestives de fournir une analyse de cette diversité est sans doute celle proposée par Bruno Martinelli (1992). Dans un article synthétisant la matière et les réflexions tirées d'observations faites en plusieurs terrains d'Afrique de l'Ouest, l'auteur expose certaines idées sur quelques traits essentiels des métallurgies africaines. L'intérêt principal de ce texte réside dans le tableau brossé tant des acteurs en présence que de leurs rapports à la part de l'activité métallurgique qui leur revient. Distinguant ceux qu'il appelle les « ferriers », ou agriculteurs-métallurgistes, d'une part, et les forgerons, seuls véritables artisans, d'autre part, l'auteur caractérise en effet ces différents acteurs en fonction non seulement de l'activité dans laquelle ils se sont éventuellement spécialisés, mais aussi et surtout de leur degré d'implication dans celle-ci. Les premiers, relativement polyvalents, s'opposent ainsi aux seconds, plus nettement spécialisés. En fait, ces différences de degré prennent l'allure de différences de nature tant leur ampleur est importante : « ferriers » et forgerons apparaissent non plus comme occupant des positions distinctes qui, se situant sur un même plan, seraient avant tout complémentaires, mais comme entretenant avec leur activité des rapports de types fort différents. En particulier, « l'exploitation du minerai, prolongée par la maîtrise des techniques de réduction en fours », propre aux « ferriers », était souvent considérée « plutôt comme une forme spécialisée d'exploitation des ressources naturelles » que « comme une véritable activité artisanale » (Martinelli 1992 : 27), qualificatif plus approprié au travail de la forge.

Une telle caractérisation des acteurs de la métallurgie africaine, et, plus encore, de la nature de leurs activités, fournit une acuité de perception dont peu de modèles antérieurs pouvaient se prévaloir. Si sur ce plan le gain paraît appréciable[1], la suite de l'étude, qui se livre à une sorte de mise en musique des éléments de lecture proposés, débouchant notamment sur l'esquisse d'une typologie des configurations observables, paraît moins assurée dans certains de ses développements. Cette autre partie a pourtant inspiré quelques-uns de ses lecteurs[2], enclins à retenir de l'article une contribution avant tout typologique. Pour un chercheur spécialiste de l'une des sociétés prises en exemple (les Bassar du Togo), cet écho relatif donné à cette entreprise typologique requiert pourtant une légère rectification factuelle : la configuration bassar, érigée en archétype du modèle dit « dualiste » (où « ferriers » et forgerons seraient rigoureusement séparés), compte en réalité des groupes — peu nombreux il est vrai, mais présents de façon significative — qui, au moins à une époque, ont pratiqué simultanément les deux activités de fonte et de forge. La qualification de « système dualiste » paraît ainsi devoir être nuancée pour le pays bassar.

Exprimer quelques réserves sur le bien-fondé du rattachement de la configuration bassar au modèle « dualiste » ne signifie cependant pas lui dénier toute pertinence, au moins partielle. S'il existait, chez les Bassar, des groupes simultanément fondeurs et forgerons, ceux-ci, on l'a dit, étaient peu nombreux. Et si cette combinaison était rare, c'est qu'elle était marquée d'une certaine instabilité, conduisant les groupes concernés à renoncer à terme à leur implication dans les deux activités à la fois. Il y avait donc incontestablement une tendance forte à la polarisation opposant « ferriers » et forgerons, mais cette polarisation, de toute façon imparfaite car souffrant quelques exceptions, était, pour certains groupes au moins, le résultat sur le long terme d'une propension à l'éclatement des activités un temps réunies. Cette instabilité, qui semble véritablement caractériser la configuration bassar dans certaines de ces composantes, soulève la question de la raison d'être d'une telle situation.

Or, pour rendre compte de ce trait, les analyses requises, nourries par l'apport de matériaux nouveaux, se révèlent en définitive bien plus en phase avec les propositions de B. Martinelli énoncées dans la première partie de son article qu'avec l'esquisse typologique qui suit où les Bassar apparaissent pourtant de façon explicite. C'est en effet en s'efforçant de mieux caractériser les différents groupes engagés dans les diverses activités métallurgiques que se laissent mieux cerner à la fois les raisons d'une telle instabilité chez les Bassar et les facteurs qui y ont favorisé une tendance à la segmentation des activités. L'exploration des cas hybrides — ceux qui, dans une certaine mesure, font figure d'exception — nous mettra sur la voie d'une telle analyse.

Des fondeurs autrefois simultanément forgerons

Si la configuration bassar prête tant à équivoque, c'est que, à bien y regarder, elle présente deux facettes assez contrastées. D'un côté, on observe que, dans leur grande majorité, les métallurgistes se divisent de fait entre des « ferriers », limitant leur contribution à

[1] Un aspect déjà souligné par Caroline Robion-Brunner (2010 : 13-14).

[2] Ainsi par exemple Langlois 2006, Robion-Brunner 2010 : 115-116.

l'extraction et à la réduction du minerai, et des forgerons, exclusivement engagés dans l'artisanat de la forge. Parfois cette division va même jusqu'à prendre la forme d'une distribution dans l'espace entre deux vastes aires complémentaires : c'est, pour la partie ouest du pays bassar où la production métallurgique a connu son plus important développement, la distinction établie par P. de Barros (1985 : 200), carte à l'appui, entre une « smelting zone », au nord, et une « smithing zone », au sud, parfaitement discernables. Mais d'un autre côté, on l'a dit, une observation plus attentive fait apparaître quelques cas où, au contraire, les deux activités étaient pratiquées de front. Ainsi, même dans cette contrée de l'ouest du pays bassar, on constate qu'il existait au moins une communauté engagée simultanément dans les deux activités de réduction et de forge[3]. Si dans cette partie ouest le principe « dualiste » souffre donc au moins une exception, on constate toutefois, de façon très révélatrice, que cette localité se situe exactement sur la ligne de partage entre les deux zones (Dugast 1992 : 183). Comme si la seule façon de conjurer la tendance à la segmentation entre les deux activités était de se placer à la jonction des deux zones de spécialisation. Mais, ne disposant pas de données suffisamment précises sur ce cas, nous nous contentons de le signaler.

Pour trouver un nombre plus significatif d'exemples qui s'écartent du modèle dit « dualiste », il faut se tourner vers la partie orientale du pays bassar, et en particulier vers l'agglomération de Bassar. Simultanément, certains de ces exemples présentent des traits plus insolites encore.

Le cas le plus éloquent concerne un important quartier de métallurgistes. Il a pour nom Bikucaab. L'étymologie de cette appellation indique qu'il héberge des forgerons[4]. C'est donc sans surprise qu'on y découvre des traditions bien établies de métallurgistes. Mais, paradoxalement, les plus explicites d'entre elles sont des traditions de fondeurs et non de forgerons. Invités à commenter ce décalage entre les éléments fournis par la toponymie et ceux affichés par les traditions d'abord présentées, les habitants de cette localité apportent des précisions essentielles : dans son ensemble, le quartier était certes engagé dans les activités d'extraction et de réduction du minerai (s'adonnant donc à un travail de fondeurs), mais, à une époque reculée, l'une de ses fractions (celle qui porte en propre le nom de Bikucaab, donné par extension à l'ensemble du quartier) se livrait en outre au travail de la forge. D'où son nom. Cette composante pratiqua ainsi les deux activités pendant une longue période jusqu'au moment, bien antérieur encore au début de la colonisation, où elle abandonna la forge pour dès lors limiter ses activités métallurgiques, à l'instar des autres groupes du quartier, aux seules opérations de fonte. De là les principales traditions du groupe, centrées sur cette production.

Si, compte tenu de l'époque reculée à laquelle se produisit cet abandon, les nouvelles conditions apportées par la colonisation ne sont pas en cause, à quels facteurs rapporter cette sorte de spécialisation ? Les estimations quantitatives et périodisées effectuées par P. de Barros révèlent que le contexte historique est alors, sur l'ensemble du pays bassar, celui d'une intensification de la production métallurgique. Cet essor aurait-il imposé des adaptations conduisant à la recherche d'une plus grande efficience par abandon des branches d'activité soumises à une trop forte concurrence au profit d'une spécialisation dans celles au potentiel le plus important ? On ne peut l'exclure, mais force est de constater que ce n'est pas en de tels termes que les intéressés exposent les mobiles de leurs aïeux. Plutôt que de considérer qu'ils n'auraient pas nécessairement conscience des déterminants principaux de leurs choix, et que par conséquent cela nous autorise à répondre à leur place, nous préférons les suivre dans le mode même de formulation de leurs arguments, en postulant qu'au minimum les effets éventuels des contraintes économiques se sont trouvés médiatisés par un épais manteau de représentations, dont la plupart, nous le verrons, sont d'ordre symbolique. Quel que soit le crédit qu'on leur accorde, ces représentations seront de toute façon très instructives à explorer, y compris pour les questions relatives à l'histoire des groupes concernés.

Pour expliquer comment se produisit cet abandon, les informateurs racontent un récit qui présente tous les traits des discours fermement inscrits dans les traditions orales, tels que mythes, contes ou légendes. Le genre précis dont il relève n'est toutefois pas aisé à déterminer. L'important n'est pas là. Relativement codifié, il est en outre d'une remarquable stabilité. Ce récit n'est en effet pas produit uniquement par les informateurs de Bikucaab. D'autres groupes de l'agglomération y ont recours pour rendre compte d'une situation comparable. Sont ainsi concernés les quartiers de Caadumpu et de Kuwaakpɔŋu à Nangbani (Bassar), ainsi que celui apparenté (et portant le même nom) de Bikucaab à Kabou-Sara, environ 25 km au nord de Bassar. Or, de l'une à l'autre de ces occurrences, le récit mentionné ne présente que des variantes minimes, qui au plus affectent la forme mais laissent la trame invariable. À cette stabilité du récit fait écho une

[3] Il s'agit de la localité de Bikambɔmbi.

[4] Le nom Bikucaab provient en effet du substantif *bikucaabi*, qui se décompose en *bi/ku/caa/bi*, donnant *bi/caa/bi* + *ti/ku/ti*, soit « forgerons » + « fer », et par conséquent : « les forgerons de fer ». Il s'agit bien des forgerons au sens restreint de fabricants d'objets en fer puisque les fondeurs sont quant à eux désignés par un terme distinct : *bipaafitiibi*.

certaine uniformité de l'événement qu'il évoque quel que soit le lieu où celui-ci se soit produit. Cette forme, sinon de véritable spécialisation, du moins de recentrage sur l'une des activités par abandon de l'autre, et ce dans un contexte qui ne doit rien aux effets de la colonisation, est donc loin d'être unique et présente même un certain degré de récurrence. Elle est comme telle pleinement représentative de certains aspects de l'organisation du travail métallurgique en pays bassar. Qu'à chaque fois, en outre, le même récit soit produit en guise d'explication du phénomène montre l'étroite solidarité de cet élément de tradition orale avec les faits en question. L'exclure du champ de l'analyse, ou le tenir pour négligeable, reviendrait à amputer considérablement la réalité soumise à l'observation.

Le récit : les raisons de l'abandon de l'activité de forge

Prendre au sérieux un récit de tradition orale pétri de matière symbolique mais pauvre en revanche en informations strictement historiques impose de se transporter dans un autre univers d'appréciation que celui qu'affectionnent d'ordinaire les scientifiques, plus à leur aise en présence de « faits objectifs et fiables ». Pour en tirer le plus d'enseignements possible, il est indispensable de lire les faits relatés à l'aune des catégories adéquates, qui en l'occurrence sont celles avec lesquelles raisonnent les intéressés. Seul un effort d'assimilation de ces catégories et des modes de raisonnement dont elles sont le fondement permet de donner à un tel matériel toute sa portée. C'est ce que nous allons tenter ici par l'analyse du récit annoncé, enrichie de l'examen de nombre de ses références implicites à divers aspects de l'univers culturel bassar.

Dans une version qui colle de très près aux propos entendus, au point d'en être une traduction littérale à peine lissée — juste assez pour en rendre la lecture plus aisée[5] —, le récit qui nous intéresse se présente sous la forme suivante :

> Ce qui s'est passé, c'est que quand les forgerons de fer forgent, ils construisent la forge à part, et il y a la case du vieux. Le vieux était couché dans sa case et il les [ses fils] a entendus faire une chose qui n'est pas bonne. Quelle était cette chose ?
>
> Ils forgeaient la forge et cela les a fait dispute. Celui qui soufflait [actionnait le soufflet], l'autre lui a dit qu'il ne soufflait pas bien : « Que se passe-t-il et toi tu ne souffles pas vite vite pour que le fer rougisse ? » Alors le souffleur lui dit que si c'est ainsi, lui, il va lui montrer comment on souffle. S'il dit que c'est la poche [du soufflet] qui ne souffle pas bien, lui, il va souffler avec sa bouche. Et il plaqua sa bouche au foyer et commença à souffler, à souffler. Et le morceau de fer rougit.
>
> Quand le morceau de fer rougit, comme ils étaient trois personnes, celui qui prend la pince pour retirer le fer et le déposer sur la pierre-enclume [*dicaataŋkpal*] pour que l'autre forge, lui aussi dit [s'adressant au souffleur] : « Ah ! Si c'est ce que toi tu vas nous montrer, ce n'est pas toi seul qui es magicien [*ukpaŋkpanti*]. » Et, à son tour, il prit la pince pour déposer et il prit sa main pour la mettre dans le feu et saisir le fer et le retirer et l'amener pour le poser sur la pierre [servant d'enclume].
>
> Et aussi celui qui va prendre le marteau de pierre pour forger, lui aussi a pris le marteau de pierre pour déposer et il dit que : « Qu'est-ce vous me montrez donc ? » Et il prit le marteau de pierre pour déposer et lui aussi prit son poing pour frapper le fer et le fer s'aplatit pour devenir une houe.
>
> Ainsi, c'est devenu très très gênant. Et leur père couché dans la case n'a rien compris et il dit : « Oh ! Ces enfants-là font quoi ? » Et il se leva pour sortir et il marcha pour venir s'appuyer contre le mur devant la forge et regarder ce qu'ils étaient en train de faire : « Non, ces enfants, comme ils font, ils feront ainsi pour se tuer. » Et il entra à nouveau dans la case et prit la calebasse et l'amena pour la retourner [la renverser] et prit son pied pour la piétiner et la cassa. Alors il dit : « La forge, qu'ils ne la forgent plus ; ce qu'ils font là, nous, nous ne forgions pas comme ça. »

Tel que le commentent spontanément ses narrateurs, le sens premier de ce récit se perçoit sans peine. Un événement totalement hors normes est venu troubler la routine d'un atelier de forge, compromettant de façon irrémédiable son devenir. Les travailleurs s'étant livrés à de dangereuses démonstrations de puissances magiques, qui les exposent à de graves accidents, il devenait de la responsabilité de leur doyen d'y mettre un terme définitif. Bref, les narrateurs semblent se faire le relais d'une interprétation fataliste, qui emprunte beaucoup au surnaturel comme pour mieux établir le caractère perçu comme inéluctable de l'abandon de leur activité de forge. Sous cet angle, il aurait pu être question de n'importe quelle autre activité (poterie, vannerie, sculpture des manches d'outils, voire agriculture...), le message aurait été le même : tout excès de cet ordre est dangereux et peut

[5] Le lecteur intéressé pourra trouver dans ma thèse quatre versions transcrites en *ncam* (langue des Bassar) et traduites en français (Dugast 1992 : 232-237).

entraîner par réaction (peut-être excessive) l'abandon en bloc de toute l'activité.

Mais c'est de métallurgie dont il est question, et il semble bien que cette particularité soit pour beaucoup, sinon dans le message général du récit, du moins dans nombre de ses ressorts essentiels. Par métallurgie, nous entendons non seulement la forge, présente bien sûr de façon tout à fait évidente, mais aussi la fonte, même si celle-ci paraît absente. N'oublions pas qu'un tel récit n'est raconté pour expliquer l'abandon de la forge que dans un contexte où le groupe concerné était simultanément engagé dans la pratique de la réduction du minerai. Ne serait-ce que pour cette raison, la fonte est bien impliquée. Car en réalité, nous espérons pouvoir le montrer, c'est aussi des relations réciproques entre forge et fonte dont traite le récit.

La forge pervertie par l'irruption de kusoou

Nous partirons de la scénographie mise en place. D'entrée de jeu, deux espaces sont distingués. Le premier, assigné à l'équipe de travailleurs, est régi par une hiérarchie rigoureuse, qui repose sur la répartition des tâches en fonction des outils (respectivement, par ordre hiérarchique croissant, le soufflet, les marteaux et la pince). Le deuxième espace, décrit dans le récit comme « la case du vieux », est la case vestibule, entrée principale de la cour d'habitation. C'est là que se tient le doyen, en charge de superviser tout ce qui a cours dans son domaine. Entre les deux espaces, une hiérarchie de second ordre est implicitement posée : dans le cours normal des choses, celui du doyen exerce une certaine autorité morale sur celui des forgerons.

Cette description concorde avec ce que nous savons de l'organisation du travail de la forge en pays bassar. L'activité se déroulait dans un atelier (*kucaapuu*), un édifice établi à une courte distance des habitations. Comparables en bien des points aux vestibules d'entrée des cours, vastes constructions circulaires en terre et à toit de paille conique, ces ateliers s'en distinguaient surtout par une plus grande hauteur de la toiture (pour limiter les risques d'incendie) et par la présence d'éléments indispensables au travail de la forge tels qu'une large pierre enclume (*dicaataŋkpal*) et un foyer en terre cuite (*ncaafan*) pour protéger le soufflet de la chaleur du feu. La hiérarchie entre les travailleurs était très stricte. Le maître forgeron dirigeait les opérations et était affecté au maniement de la pince. Un autre de ses attributs distinctifs était le balai (voir Dugast 1986 : 37 ; Hahn 1997 : 127), utilisé principalement pour débarrasser l'enclume des scories produites par les percussions des marteaux. Ce « patron » avait sous ses ordres des apprentis qui se partageaient les autres outils. Le plus jeune, le plus récemment arrivé dans l'atelier, était chargé d'activer le soufflet. Celui qui avait déjà acquis un peu d'expérience, car déjà passé au préalable par ce premier stade, manœuvrait les marteaux, ces lourdes pierres taillées selon des formes distinctes en fonction de l'usage auquel chacune était destinée (voir Dugast 1986 : 43-45). Elles étaient si lourdes qu'elles ne pouvaient être maniées qu'à deux mains, raison pour laquelle un travailleur leur était pleinement affecté.

Par rapport à ce portrait rapide d'un atelier de forge bassar, le récit décrit une situation où la rivalité qui s'installe entre les protagonistes malmène la hiérarchie qui d'ordinaire règne entre les travailleurs. Plus que par la rivalité en elle-même, cet ordre est perverti par le recours à des puissances magiques. Tel est le sens des commentaires spontanément apportés par les narrateurs, commentaires qui apparaissent comme un prolongement exégétique du récit : effaré par ce qu'il voit, le doyen constate que « ce n'est plus la forge qu'ils sont en train de faire, c'est *kusoou* qui est entré dans l'atelier ». *Kusoou*, c'est l'un des termes bassar qui désignent les affaires de sorcellerie, au sens très large.

L'intrusion de *kusoou* vient donc dévoyer cet espace qui, en principe voué au travail — et à un travail d'une certaine nature, nous le verrons —, devrait en être exempt. Ensuite, comme par ricochet, cette profonde altération se répercute sur le rapport entre ce même espace et celui investi par le doyen. La fin du récit mérite à cet égard toute notre attention. Rapportée au contexte culturel bassar, l'intervention du doyen n'est pas racontée en termes anodins. La manière dont ce personnage est dit s'enquérir de ce qui se passe à l'intérieur de l'atelier (« Et il se leva pour sortir et il marcha pour venir s'appuyer contre le mur devant la forge et regarder ce qu'ils étaient en train de faire »), correspond très précisément à ce qui est dit des *binakanliibi*, ces entités de brousse de diverses natures qui ont en commun d'être irrésistiblement attirées par les diverses occupations qui accaparent les hommes au sein de leurs habitations. Butant contre les protections dressées pour leur faire obstacle de façon à leur interdire l'accès à la cour[6], ces entités de brousse en sont réduites à s'agglutiner contre les parois de l'enceinte (d'où leur nom : *binakanliibi*, « ceux qui sont collés », de *nakan*, « coller »). Elles se pressent plus particulièrement contre le mur du vestibule, se penchant subrepticement vers l'ouverture dessinée par la porte pour jeter un coup d'œil furtif à l'intérieur de la

[6] Il s'agit de protections faisant intervenir trois ordres d'entités surnaturelles : les ancêtres, les *awaa* — entités auxquelles certaines personnes sont tenues de rendre un culte individuel et qui, dans quelques cas, conduisent le détenteur de ce culte au statut de devin —, et une puissance médecine préparée spécifiquement pour rendre les lieux habitables (pour une présentation plus détaillée de ces questions de protection des lieux habités, voir Dugast 2004 : 211-212 ; 2009 : 163).

cour. Le spectacle de ce qui s'y passe les fascinent et les étonnent en même temps, car si étranger à ce qui leur est familier dans leur univers de brousse.

C'est donc le même comportement qui est prêté au doyen. Avec comme différence que lui ne vient pas de la brousse, mais bien au contraire de l'espace policé du monde des hommes dont, de surcroît, il est l'un des ordonnateurs. Les derniers passages du récit viennent comme en écho de la mention initiale faisant état de l'agencement des lieux en deux espaces disjoints mais étroitement articulés : ils soulignent ainsi la profonde mutation subie par ce dispositif. L'attitude du doyen, en contraste si net avec celle qu'il devrait adopter dans une situation normale, en porte témoignage. Au lieu de se diriger d'un pas serein vers l'atelier où s'activent ses dépendants, il est dépeint comme s'avançant avec un mélange de crainte et de curiosité pour, ayant franchi la distance qui sépare les deux lieux mais s'abstenant de pénétrer dans celui de la forge, venir s'appuyer contre le mur et lancer un bref regard vers l'intérieur. Si son comportement s'apparente à celui d'un *unakanli* (singulier de *binakanliibi*), ce n'est pas à proprement parler qu'il lui est assimilé. C'est plutôt que, sous l'effet de l'intrusion de *kusoou*, l'espace de l'atelier a muté. Il est soudain voué à des forces inquiétantes, de celles qui d'ordinaire règnent dans l'espace de brousse. Dès lors, c'est bien parce que le doyen est resté dans son rôle, avec toute la solennité qui y est attachée, qu'il se voit contraint d'adopter un comportement évoquant celui d'un être de brousse face à un espace de village : il se trouve, lui, en position symétrique et inverse, celle de l'un des notables de l'espace du village tenu tout à coup de faire face à une enclave de la brousse qui s'est immiscée dans son domaine[7].

« Travail de l'intelligence » et « travail de la magie » : la part des ancêtres

Dans les commentaires qui prolongent le récit, on l'a vu, les propos prêtés au doyen sont l'expression d'une antinomie radicale entre le travail de la forge et le domaine de *kusoou*, l'univers trouble de certaines forces invisibles. Cette antinomie vient principalement de ce que la forge est *nciin tundi*, « travail de l'intelligence », tout en étant aussi largement affaire d'habileté technique. En cela, elle s'oppose à *kumiliŋŋu tundi*, « travail de la magie », en quoi consiste pour l'essentiel la réduction du fer. Par conséquent, si des manifestations telles que celles décrites dans le récit pourraient dans une certaine mesure être tolérées dans le cadre du travail de la fonte, elles font figure de faits totalement contre nature s'agissant de la forge.

Mais cette polarité ne traduit pas seulement des tendances, lesquelles s'exprimeraient d'un côté par l'association privilégiée entre la forge et le savoir technique, et de l'autre par l'affinité marquée de la réduction pour les opérations magiques[8]. Du côté de la forge tout au moins, cette association va plus loin puisqu'elle est affectée d'un caractère d'exclusivité : aucune place n'y est faite aux procédures magiques, comme si celles-ci ne sauraient être admises en son sein. Ainsi, même l'opération la plus délicate de la forge bassar, celle qui recèle la plus grande part d'incertitude et qui, pour cette raison, mais aussi de par la mutation qu'elle accomplit dans la nature même du matériau travaillé, pourrait sembler présenter quelque accointance avec le domaine de la magie — similaire à celle qui prévaut dans l'opération de réduction, où la magie a pleinement droit de cité —, même cette opération, donc, est fermement déclarée exempte de toute pratique de cet ordre. Je veux parler de la confection de la boule de *ditaŋkundi*, formée de l'assemblage de fragments prélevés, après concassage, sur la loupe de fer brut en vue d'affiner le métal avant le travail de façonnage proprement dit[9]. Selon les forgerons, tout y est affaire de dosage, de respect des justes proportions entre ses différents composants, donc de connaissance et de savoir-faire, avant que l'habileté ne s'en mêle à son tour pour réussir, avec les premières percussions, à faire adhérer les uns aux autres les morceaux de fer concassés qui devront former la pièce de fer à façonner. Même sous forme de simple apport ponctuel, l'intervention d'une préparation magique est proscrite pour cette opération comme elle l'est pour toutes les autres qui prennent place dans un atelier de forge.

7 Sur les rapports mouvants entre espace de brousse et espace de village, et notamment sur l'existence temporaire de certaines enclaves de brousse à l'intérieur du village, à propos d'une population culturellement proche des Bassar — les Gourmantché du Burkina Faso —, voir la très belle étude de Michel Cartry (1979).

8 À propos des Dogon, Caroline Robion-Brunner (2010 : 111-112) souligne les contrastes entre les commentaires fournis en situation d'échec dans les cas respectivement de la réduction du minerai et de la forge : dans le premier cas, une rupture d'interdit en sera tenue pour responsable ; dans le second, où « contrairement à l'extraction et à la réduction du minerai de fer, les connaissances magiques interfèrent peu sur la réussite des opérations » — car « dans sa forge, le forgeron est un technicien pas un "magicien" » —, le forgeron « est totalement responsable et reconnu comme tel par tous, de ses succès et de ses échecs. »

9 Voir Dugast 1986. Dès la fin du 19ème siècle, l'ingénieur des mines allemand F. Hupfeld a fourni une brève description du procédé : le forgeron assemble « les petits morceaux de fer dans une enveloppe faite d'herbe sèche et d'argile mouillée jusqu'à l'obtention d'une balle de la grosseur du poing qui est portée plusieurs heures dans le feu de la forge. La masse de fonte en liquéfaction est ensuite sortie de la forge et il est merveilleux de voir la qualité du travail réalisé avec des instruments aussi primitifs. » (traduction de R. Cornevin 1962 : 89).

Par contraste, on l'a dit, l'opération de réduction est dite avant tout affaire de « magie ». Sans une telle procédure, l'entreprise est déclarée vaine : seule *kumiliŋŋu*, la magie, peut réussir la transformation de *tipitan*, le minerai, en fer (*tikuti*). Mais il s'agit d'une magie particulière, qui requiert la participation et même le plein engagement d'acteurs spécifiques : les ancêtres des fondeurs actuels. En témoigne notamment le fait que toute opération réussie, constatée lors de la sortie de la loupe, est saluée par les sifflements d'une flûte et les cris stridents de l'une des jeunes filles qui a pris part aux travaux de fabrication du charbon. Ces manifestations bruyantes glorifient à la fois la puissance médecine (*mpaanyɔkɔ*, littéralement : « médecine de la fonte »), matérialisation de la magie en question, et les ancêtres qui en furent les premiers détenteurs et usagers. Les informateurs font comprendre qu'en réalité ce n'est pas à ce seul titre, vaguement honorifique, que les ancêtres sont loués, mais avant tout parce que, présents à chaque opération, ils prennent une part active au processus. Cette part, précisent-ils, se concentre d'ailleurs exclusivement sur l'activation de la magie de la fonte ; leur concours pour les aspects techniques, lui, est nul. Tout se passe comme si, entre ces domaines, une rigoureuse division des tâches se mettait en place : aux ancêtres la mise en œuvre de la magie (quand bien même ce sont leurs descendants qui en assurent la préparation matérielle, effective) ; aux fondeurs actuels les aspects strictement techniques de l'opération de réduction — lesquels sont jugés comparativement secondaires. On comprend donc que, dans le cadre de la réduction, l'intervention de la magie n'est pas qu'un élément d'appoint, laissé à l'initiative de chaque fondeur. Seule la magie des ancêtres, celle qu'eux-mêmes actionnaient de leur vivant pour leurs propres opérations de réduction, est susceptible d'être véritablement opérationnelle, et à la condition supplémentaire qu'ils l'activent eux-mêmes[10]. D'où une telle double glorification, au moyen de la flûte-sifflet et des louanges de la jeune fille, qui est adressée au moins autant aux ancêtres ayant consenti leur aide qu'à leur magie, mobilisée une fois de plus par leur intermédiaire.

Une telle sollicitation des ancêtres en rapport avec une magie dont ils maîtrisaient en leur temps la mise en œuvre n'est pas propre aux activités métallurgiques. On en connaît des exemples dans de tout autres domaines, y compris dans le cas de certaines pratiques rituelles sans rapport aucun avec une quelconque activité de production. C'est donc là un phénomène répandu dans divers secteurs de la vie sociale bassar. Ce qui ne signifie pas qu'il soit banal. Cette relative fréquence est au contraire le signe qu'il s'agit d'une procédure aux potentialités non négligeables, à même de contribuer au montage de structures relativement complexes. Un exemple particulier, étudié ailleurs de façon approfondie, permet de bien mettre en lumière les caractéristiques de ce type d'intervention. Il est tiré d'un rite individuel destiné à une entité prénatale aux prérogatives bien circonscrites, entité sur laquelle il est inutile de s'étendre ici sinon pour indiquer qu'elle est parfaitement distincte des instances ancestrales. Le concours de certains ancêtres — ceux qui, les premiers, ont officié de tels rites — est pourtant requis par l'officiant : sans leur participation, ce spécialiste rituel ne serait pas en mesure de faire aboutir le rite au bénéfice de l'intéressé. Précisons que ces ancêtres sollicités sont ceux de l'officiant, en aucune façon ceux du bénéficiaire du rite. L'activité ici pertinente dans laquelle les ancêtres se sont engagés de leur vivant concerne en effet l'office du rite destiné aux entités prénatales ; et c'est pour l'officiant actuel que cette activité passée constitue un enjeu, car il se propose de la reconduire pour une situation précise. Ce personnage adresse donc aux ancêtres de longues incantations. Mais, à la différence du mode d'interpellation en vigueur dans le cadre du culte des ancêtres, tous ne sont pas sollicités : seuls le sont ceux qui, de leur vivant, ont été effectivement officiants. Et pour une raison facile à comprendre : dans les prières, il leur est demandé d'officier eux-mêmes le rite, comme ils l'ont toujours fait, l'officiant actuel se déclarant n'être que l'humble exécutant de ceux qui, réellement, sauront faire aboutir les demandes formulées (Dugast 2009 : 179-180).

Si cette forme est si proche de celle à l'œuvre dans le cas de la fonte, c'est que, par-delà les différences tranchées entre les domaines concernés (ici la production de fer, là le rétablissement de relations apaisées avec une entité surnaturelle), les deux situations ont en commun un trait essentiel : celui de nécessiter le concours de certains ancêtres non pas directement, mais en tant qu'ils sont seuls en mesure de mobiliser une force magique dont ils étaient les maîtres de leur vivant[11]. Dans chacun de ces cas, la mise en œuvre d'une puissance magique s'interpose donc entre les ancêtres — qui en sont les seuls

[10] Certaines formules recueillies dans l'ouest du pays bassar à l'occasion de la construction du four laissent transparaître une idée comparable. Sans que n'apparaisse explicitement, pour cette opération, de part consacrée à une éventuelle magie, la participation des ancêtres présente les mêmes contours en ce que ce sont eux-mêmes qui sont censés réaliser le travail effectif. S'adressant aux ancêtres, l'officiant dit notamment : « You all come and build this furnace. It is not we who build it. » (Herbert et Goucher 1987 : 5).

[11] Sur ce plan, la ressemblance est encore plus forte avec certaines détentions rituelles telles que le pouvoir sur la pluie (détenu par un groupe étroitement associé à la chefferie) ou l'invulnérabilité à la guerre (détenu par l'un des quartiers les plus anciennement établis à Bassar). Sur ces deux exemples, voir Dugast 1992, chap. 7.

véritables détenteurs — et la finalité qu'elle sert — au bénéfice de leurs descendants.

Un autre trait souligne la prépondérance, dans toute opération de fonte, de la magie, et plus précisément de la part qu'y prennent les ancêtres. La venue, sur les lieux de la réduction, des ancêtres accourus pour activer leur puissance magique exigeait la mise à l'écart de tous ceux qui, parmi les fondeurs, auraient, du fait des usages en matière de lévirat, pris en mariage les veuves de leurs parents décédés. Le non respect de cette précaution se serait traduit par le phénomène redoutable d'*ataa*, que déclenche la présence en un lieu donné de deux hommes ayant connu la même femme. En soi, a*taa* (littéralement « les pieds ») a une portée générale : il est susceptible de sévir dans tout type de contexte dès lors que les deux protagonistes concernés sont présents en un même lieu. Cependant, il affecte avant tout les situations où sont mis en relation des termes dont l'un est en état de fragilité. Typiquement, le cas d'école est celui d'un malade qui reçoit la visite soit d'un « rival » (dont il ignore en général le statut vis-à-vis de lui-même) soit de deux hommes qui, venus ensemble à son chevet, se trouvent eux-mêmes dans une situation de « rivalité » (c'est-à-dire qu'ils ont connu la même femme). Dans l'un ou l'autre de ces cas, on dit que la simple mise en présence de ces personnages constituera une grave menace pour la survie du plus fragile d'entre eux, le malade. Mais l'élément en état de fragilité peut être d'une toute autre nature qu'une personne souffrante. Ainsi, divers processus de transformation sont susceptibles d'occuper cette place et, plus que tout autres, les plus incertaines des opérations magiques. La préparation des poisons de flèche (si critique qu'elle est entourée de très nombreux interdits) est souvent citée en exemple, mais la réduction du minerai ne l'est guère moins. Cette fragilité explique que leur soient associés tous les interdits classiques d'abstinence sexuelle, de contact avec les femmes en période de règles, etc. C'est à ce cortège d'interdits que se rattache celui relatif à *ataa*. Sa transgression ferait « tourner » la préparation du poison de flèche comme elle ferait échouer l'opération de réduction.

Que l'accès simultané des lieux à deux hommes potentiellement en relation d'*ataa* soit évité semble par conséquent une précaution assez banale dès lors que l'activité est jugée relever d'un « travail de la magie ». Que l'interdit soit étendu à un cercle élargi qui inclut les ancêtres (se traduisant alors par l'injonction de tenir à l'écart tout homme ayant contracté une union léviratique avec une veuve) signale que la présence de ces derniers ne se réduit pas à une simple évocation : loin de rester confinés dans un arrière-plan lointain d'où ils dispenseraient avec bienveillance leur bénédiction, ils sont invités à occuper les premières loges pour s'engager concrètement dans le processus. Et de fait, nous avons vu que si leur présence est rendue nécessaire, c'est qu'il leur revient d'activer la puissance magique dont ils restent les propriétaires.

Du côté de la forge, on saisit immédiatement qu'il ne saurait en être de même dans la mesure où cette activité est *nciin tundi* (travail d'intelligence), excluant en particulier tout élément de nature magique. Ainsi, l'interdit dont il vient d'être question à propos de la réduction du fer n'était absolument pas en vigueur pour les forgerons : les hommes ayant hérité des veuves de leurs aînés selon le principe du lévirat étaient tout aussi autorisés que les autres à s'introduire dans un atelier de forge. Non que les ancêtres des forgerons ne manifestaient aucune forme de présence aux côtés de leurs descendants — nous y reviendrons longuement —, mais que cette présence n'était aucunement liée à la mise en œuvre, de leur part, d'une quelconque puissance magique.

Elle présentait néanmoins certains traits communs avec la situation décrite à propos de la réduction. Ces traits communs proviennent des propriétés particulières que recèle tout rapport noué avec les ancêtres dans le cadre d'une activité spécialisée. Ce type de rapport va, chez les Bassar (et probablement dans bien d'autres populations africaines), bien au-delà des normes définies par le culte des ancêtres au sens strict. Il se rapporte en effet spécifiquement aux activités dans lesquelles ces personnages se sont illustrés de leur vivant. Les ancêtres ne sont pas des entités de l'invisible comme les autres : ils s'en distinguent par le fait qu'ils sont d'anciens vivants, et que, comme tels, ils ont eu à mener en leur temps certaines activités. Chez les Bassar, les plus emblématiques d'entre elles sont dites en outre être poursuivies « en bas » (c'est-à-dire sous terre, là où les ancêtres sont censés mener une vie identique, en ses points essentiels, à celle qu'ils connurent sur terre). De cette pratique passée, surtout quand elle est de surcroît prolongée dans le monde d'« en bas » (*taapu*), il reste comme une forme d'adhérence qui subsiste à jamais entre les ancêtres et l'activité dans laquelle ils se sont autrefois illustrés. De là la nécessité de les honorer, voire de faire appel à eux, avant toute poursuite ou reprise de cette activité par les vivants, et ce, d'autant plus que celle-ci est spécialisée. Toute spécialisation est en effet définie aussi par le caractère étroitement circonscrit du domaine concerné. Or, c'est avant tout en tant que domaine spécifique, donc discriminant, que cette activité adhère à la personnalité de ceux qui y ont excellé : mieux qu'un nom ou qu'une quelconque autre référence, elle prend en elle-même, dans sa mise en œuvre concrète, valeur d'emblème pour ceux qui s'y sont consacrés.

Cela est particulièrement vrai des forgerons — surtout des forgerons d'une certaine catégorie, nous le verrons : ceux considérés comme les plus résolument engagés dans leur spécialité. Ces artisans du fer partagent ainsi avec les fondeurs le principe général selon lequel la conduite de leur activité offre l'occasion de rendre un hommage à leurs ancêtres. Cependant, la manière dont cet hommage est rendu et surtout la nature de cette relation qui les lie à leurs ancêtres dans ce cadre diffèrent fortement d'un cas à l'autre. Au lieu que, comme dans le cas de la réduction, l'hommage rendu transite par l'activation d'une puissance magique indispensable à la réussite de l'opération, qu'il soit en outre subordonné au succès de l'entreprise et qu'il se manifeste alors par de bruyantes démonstrations, il emprunte, chez les forgerons, des modalités à la fois plus discrètes et plus complexes.

Pour l'essentiel, la forme que prend alors cette célébration se résume au travail en lui-même. Travailler à la forge ne vise en effet pas seulement la production d'objets de fer. Les efforts, l'habileté, les savoir et savoir-faire que mobilisent les forgerons, tout cela enchante leurs ancêtres : « Quand nous, les forgerons, nous accomplissons le travail de nos ancêtres, c'est leur *kunyaanyaau* [leur plaisir, leur fierté, leur glorification] que nous leur donnons. C'est pourquoi ils viennent rester à nos côtés quand nous travaillons. » Et les informateurs y insistent : « S'ils ressentent de la fierté, c'est parce que c'est leur travail que nous sommes en train de faire. »

Mais pour que cet hommage soit sans accrocs, il faut non seulement que le travail accompli soit celui des ancêtres, il faut aussi qu'il le soit à leur manière. La manière (*ŋyaamin*) dont une activité est menée est en cette matière un critère essentiel. Comme on aurait pu s'y attendre s'agissant de la forge, la manière dont les ancêtres travaillaient définit une norme, faite de mesure et d'une certaine retenue, du respect des hiérarchies, d'abord au sein de l'atelier mais aussi au-delà de ses limites. S'y conformer, c'est s'assurer leur pleine approbation, et donc leur adhésion, leur soutien et même leur protection.

Forger à la manière des ancêtres, c'est aussi reproduire leurs gestes quasiment à l'identique. On entre là dans le domaine de l'imitation, principe de base sur lequel repose l'apprentissage, une dimension jugée essentielle pour une activité dite « travail de l'intelligence » comme la forge — par opposition à la fonte, « travail de la magie », où la connaissance des ingrédients à rassembler, des gestes à effectuer et des formules à prononcer est perçue comme décisive. Toutefois, s'agissant des ancêtres, la question de l'imitation dépasse celle de la conformité au modèle que ceux-ci ont représenté, où la reproduction des gestes adéquats viserait avant tout, dans le contexte d'une opération technique qui exige un grand savoir-faire, à parvenir au résultat escompté. Comme de nombreuses sociétés africaines, les Bassar connaissent l'institution de l'imitatrice, ce personnage féminin haut en couleurs dont la prestation la plus spectaculaire se produit lors des funérailles du patriarche qui, de son vivant, l'avait choisie pour remplir cet office. Il s'agira pour cette femme (toujours une belle-fille classificatoire du défunt) de mimer le comportement et les attitudes du disparu, moins pour réactiver son souvenir dans la mémoire des participants que pour lui rendre un ultime hommage. Toute éphémère qu'elle soit, cette prestation a été longuement préparée, puisque entre le futur imité et son imitatrice la relation s'est instituée dès l'époque du choix effectué par le notable, en prévision notamment de cette composante de ses funérailles. Un long apprentissage est donc nécessaire là aussi, fondé sur l'observation et le mimétisme. L'efficacité de la représentation livrée lors des funérailles en dépend. Au moment où son imitatrice se met en action, on dit que le défunt vient à ses côtés et savoure l'honneur qui lui est fait ; empli de fierté, il en vient à calquer ses gestes sur ceux qu'accomplit sa bru. Plus l'imitation de celle-ci sera parfaite, plus le défunt éprouvera de satisfaction. Pour une large part, c'est un phénomène du même ordre qui est à l'œuvre dans le cas de la forge. Au-delà de toute préoccupation quant à l'efficacité technique des gestes effectués, l'imitation est valorisée pour elle-même, en ce qu'elle est un hommage rendu au labeur et au savoir-faire passés des ancêtres. Comme pour les funérailles, l'honneur fait à ceux-ci est proportionnel au degré de perfection de l'imitation des gestes qu'ils accomplissaient de leur vivant, et ce non seulement parce que cette gestuelle était intimement associée à l'activité qui leur tenait le plus à cœur et à laquelle ils s'identifiaient par-dessus tout, mais aussi et surtout parce que, s'agissant d'un travail aussi technique, la précision requise dans les gestes en faisait toute la valeur.

D'un côté, des forgerons qui s'astreignent avec humilité à calquer leurs gestes et pratiques sur le modèle fourni par leurs ancêtres, ne ménageant ni leur peine ni leur talent pour atteindre une reproduction mimétique de ce modèle, de l'autre des fondeurs qui se contentent d'attendre de leurs prédécesseurs une participation décisive au processus en cours : le contraste des attitudes est patent. Particulièrement remarquable est l'inversion de l'ordre des prestations : les fondeurs en sont les bénéficiaires, faisant en sorte de mobiliser autour d'une magie leurs aïeux de qui dépend le succès de l'opération ; les forgerons, à l'inverse, effectuent eux-mêmes le travail de leurs ancêtres, fait ici de savoirs et savoir-faire élaborés, afin de livrer à ceux-ci un spectacle qui les réjouissent, gagnant en retour la considération de leurs prédécesseurs disparus. Tout aussi contrastées sont, en elles-mêmes, les formes d'hommage rendu à ces travailleurs des premiers temps : discret et laborieux du côté de la forge, où il tient tout entier dans l'imitation des ancêtres à la peine, cet hommage est bruyant et presque festif du côté de la fonte, où chaque opération de réduction réussie offre l'occasion d'une glorification tapageuse.

Cet écart sur plusieurs plans combinés traduit des manières différentes d'envisager non seulement l'activité elle-même mais aussi le type de rapports aux ancêtres que celle-ci sous-tend. Mais forge et réduction se distinguent encore par la façon dont est pensée leur origine pour les groupes qui s'y sont consacrés.

Des spécialisations distinctes en nature : de la prédestination à l'acquisition

Dans les cas où l'une de ces activités prend une valeur emblématique très marquée à l'échelle du groupe entier (typiquement, pour reprendre la nomenclature de B. Martinelli, pour les métallurgistes qui, à Bassar, relèvent du modèle « dualiste »), elle est généralement considérée comme d'origine surnaturelle. Or, en cette matière, deux schémas nettement distincts font référence dans le système de représentations bassar, au-delà même du contexte particulier des activités métallurgiques.

Selon le premier schéma, l'activité spécialisée serait décernée, avant la naissance, par un Dieu Créateur, que les Bassar nomment tantôt Unimbɔti (Dieu), tantôt *ŋwiin* (le soleil), tantôt encore *ŋwinnimbɔti* (une combinaison des deux premières appellations). Cette croyance s'appuie sur les théories du destin en vigueur dans cette société. Le Dieu solaire créateur a entre autres attributions celle de régenter l'octroi de la destinée de chacun, fixée bien avant sa naissance au cours d'un dialogue entre lui et la personne. Pour faire bref, l'essentiel des traits personnels de la destinée prendront la forme de « choses » (*tiwan*) déposées dans la main de l'individu lors de cette entrevue primordiale avec le soleil. Dès ce moment, l'intéressé s'efforcera de conserver intactes ces « choses » jusqu'à son arrivée, à la naissance, dans le monde des hommes, après un long périple sur lequel il n'est pas utile de s'étendre ici (pour plus de précisions sur cet aspect, voir Dugast 2010). Ces « choses » sont, au moment de leur dépôt dans la main du sujet, à l'état de germes, et elles le resteront durant tout le parcours prénatal qu'il lui faudra accomplir avant sa conception dans le ventre d'une femme. Ce n'est qu'avec sa naissance qu'elles se mettront à éclore, se développant au même rythme que l'individu, sous la protection vigilante d'un ancêtre tutélaire (dont le rôle premier aura consisté à déclencher la conception du futur enfant).

En règle générale, l'essentiel du profil de destinée d'une personne résulte de la configuration particulière de ces « choses » octroyées par le soleil prénatal, conformément, pour la plupart, au choix qu'elle aura elle-même formulé mais dont une autre part pourra provenir directement du soleil qui, de sa propre initiative, peut décider de lui en remettre quelques autres en complément. À ce schéma général, certains forgerons — ceux appartenant à des groupes spécialisés à titre exclusif dans leur activité — ajoutent une composante particulièrement importante à leurs yeux : le sang. Il s'agit là d'un élément lié non plus au destin individuel mais à une forme de destinée collective, à l'échelle de tout un quartier (*kitiŋgban*). Cette fois les éléments en présence sont d'une grande simplicité puisqu'il n'existerait en tout et pour tout que deux types de sang entre lesquels se répartiraient tous les ressortissants bassar : le sang de cultivateur, pour la majorité de la population, et le sang de forgeron pour certains groupes particuliers. De façon révélatrice, même les fondeurs auraient un sang de cultivateur. Cette forme de destinée n'est pas seulement collective, elle est aussi orientée vers un domaine spécifique : celui de l'activité qui assurera l'essentiel de la subsistance du groupe concerné. Une telle conception peut sembler assez étonnante de la part d'une société qui n'a développé ni système de castes, ni même plus simplement quelque forme que ce soit d'ostracisme envers ses forgerons. Si elle n'a pas conduit à une partition aussi prononcée de la société, elle joue toutefois un rôle central dans l'édification d'une forme d'identité spécifique attribuée à certains forgerons. Nous y reviendrons.

Mais l'attribution, à l'échelle de tout un groupe, d'un sang spécifique (celui de forgeron) n'épuise pas les composantes du destin prénatal qui se rapportent à l'artisanat du fer. Pour quelques-uns des ressortissants de tels quartiers, il faut en outre compter, dans ce domaine, avec certaines des « choses » détenues dans la main (donc à titre individuel). Ainsi, ceux qui viennent au monde en tenant dans leur poing fermé, sous forme invisible, *dikpeetil*, le briquet traditionnel[12], ou *nloon*, le tisonnier, ou encore *kubaau*, la pince, sont voués à une réussite éclatante dans cette activité : appelés comme tous leurs semblables à s'y adonner, ils se démarqueront toutefois d'eux par une destinée de

[12] Dans l'ouest du pays bassar, auprès de groupes de forgerons engagés à titre exclusif dans cette activité (on est au cœur de la « smithing zone », voir *supra* p. 97), Bruno Martinelli (1982 : 59) a recueilli un « mythe d'invention du briquet *dekpetr* » qui est plus précisément un mythe d'origine de cet instrument, puisque c'est à partir du modèle avec lequel le premier forgeron des lieux est venu au monde qu'il est déclaré avoir été en mesure de fabriquer un nouvel exemplaire pour le remettre à son interlocuteur, fondeur. Mais ce qui nous intéresse plus particulièrement ici est que, pour décrire l'événement, le mythe rapporté a recours aux termes mêmes en lesquels les Bassar expriment tout ce qui a trait au destin découlant du choix prénatal : c'est en le tenant dans la main que ce personnage exceptionnel (il est notamment présenté comme le premier ancêtre) est arrivé au monde avec le premier briquet, modèle de tous ceux qui seront fabriqués par la suite.

« grand forgeron » (*ucaakpaan*).

C'est donc à ce premier schéma, de type prédestination, que se rattache la forge quand celle-ci est déclarée avoir une origine d'ordre surnaturel pour tout un groupe. Du côté de la réduction, on ne rencontre pas, à ma connaissance[13], pareille représentation quant à son origine pour les cas où elle est dite provenir de l'au-delà. À son sujet, c'est un second schéma qui est mobilisé. Lui aussi est fourni par le canevas plus général des représentations bassar en matière de rapports avec le monde invisible.

Parmi les « choses » qu'une personne est susceptible de se voir octroyer par le soleil prénatal il en est une qui concerne sa « force ». La détention de cette qualité — qui, comme toutes celles remises dans la main, n'est pas accordée à tous — définit ce que les Bassar appellent une « personne forte » (*unipɔɔl*). Entre autres pouvoirs, une telle personne a celui de fréquenter divers types d'entités surnaturelles, relevant de catégories variables en fonction du degré de sa force. Deux grandes catégories se dégagent dans ce domaine. Les plus fortes de ces personnes sont en mesure de « monter voir le *ŋwiin* » (le soleil) en empruntant en guise d'échelle un bois spécifique, dit *ŋwindɔ* (littéralement bois — dans le sens de « bâton », *ndɔ* — du *ŋwiin*). Les autres, celles dont la force est moindre, auront plus modestement la capacité de se rendre auprès des *ikpalibi*, ces êtres des espaces non humanisés que la littérature ethnologique a coutume d'appeler des génies de brousse. Auprès de l'un comme des autres, ces personnes fortes auront la possibilité — au cours d'entrevues décrites comme particulièrement conviviales, et notamment centrées autour de copieuses discussions — d'acquérir de nouveaux pouvoirs magiques. Si les génies de brousse sont en mesure de délivrer les puissances médecines les plus courantes (telles celles qui abondent parmi les Bassar), les magies aux capacités les plus développées ne peuvent être acquises qu'auprès du soleil.

C'est précisément de cette catégorie que relève la magie de la fonte : les ancêtres, qui en demeurent les détenteurs on s'en souvient, en auraient fait l'acquisition non auprès des *ikpalibi*, mais du soleil. Cependant, c'est essentiel, bien que faite auprès de l'astre solaire, cette acquisition n'est en rien inscrite dans la destinée de son futur possesseur. C'est là toute la différence avec la forge. En particulier, le type d'entrevue avec cette entité surnaturelle est d'une autre nature que celle au cours de laquelle, dans le temps prénatal, est fixé le programme de vie de la personne. Ici, les échanges de paroles n'ont d'autre visée que de livrer ce qu'on pourrait appeler la « recette » (formules verbales comprises) permettant la mise en œuvre de la puissance magique confiée (celle de *mpaanyɔkɔ* dans le cas qui nous intéresse).

Appréhendées sous l'angle de leur origine surnaturelle, les activités de la fonte et de la forge présentent ainsi entre elles de nouvelles différences marquées en ce qu'elles se rapportent à des catégories distinctes de la pensée bassar : bien que toutes deux soient dites provenir du soleil, l'une serait acquise avant la naissance (et même la conception), selon un processus indéfiniment réitéré lors de la création de tout nouvel individu, tandis que l'autre aurait été recherchée, après sa venue au monde, par un ancêtre destiné d'abord seulement à devenir une « personne forte », la nature des pouvoirs qu'il s'apprête à acquérir n'étant pas déterminée à l'avance puisque c'est seulement une fois arrivé sur terre qu'il effectue ses choix en la matière.

Certains propos des informateurs soulignent encore davantage les contrastes signalés, et surtout les rattachent aux catégories déjà rencontrées : tout ce qui est acquis par certaines « personnes fortes », après leur venue sur terre et en faisant usage de leur « force », que ce soit auprès du soleil ou des *ikpalibi*, ne saurait être considéré comme un travail ; cela relève nécessairement de *kumiliŋŋu*, la magie. Par opposition, le travail véritable, lui, ne peut qu'être fourni par Dieu avant la naissance, lors de l'établissement des éléments du choix prénatal. Ainsi, du seul fait qu'elle relève de la première catégorie, la forge serait du côté du travail ; la réduction du fer, en revanche, par son seul rattachement à la seconde, serait du côté de la magie. Voilà qui recoupe l'opposition déjà mentionnée, à propos de ces deux activités, entre *nciin tundi*, « travail de l'intelligence », et *kumiliŋŋu tundi*, « travail de la magie ».

Telles sont donc, pour toute activité spécialisée, les deux principales voies d'origine reconnues par les Bassar. On admettra que de semblables conceptions confortent l'idée, formulée par certains observateurs des métallurgies africaines, selon laquelle les activités de réduction et de forge seraient, là où elles sont pratiquées par des groupes différents, des formes de spécialisation distinctes en nature. Mais les données bassar font entrevoir un troisième cas, à certains égards intermédiaire. Il s'agit bien sûr de l'existence de cette catégorie de groupes qui auraient, à une époque au moins, pratiqué la fonte et la forge simultanément, et qui auraient ensuite été contraints de renoncer à la seconde de ces activités, en expliquant chaque fois cet abandon par le récit rapporté plus haut. Comment cette catégorie trouve-t-elle sa place dans le tableau qui vient d'être brossé ? C'est la question sur laquelle il nous faut nous arrêter à présent.

[13] Mes investigations s'étant concentrées pour l'essentiel dans l'agglomération de Bassar, il n'est pas exclu que des conceptions différentes existent dans la partie occidentale du pays bassar, où la métallurgie a connu son plus grand essor.

Des façons contrastées de s'engager dans la forge

Curieusement, l'attention portée à ces groupes simultanément fondeurs et forgerons ne permet pas de déceler, entre eux et les unités qui s'étaient spécialisées soit dans la réduction soit dans la forge, de différences nettes, du moins à première vue, dans la manière dont ces deux activités étaient pratiquées. Pour autant qu'on puisse en juger, les techniques étaient strictement les mêmes, et ce tant du côté de la forge que de celui de la fonte. En ce qui concerne cette dernière, la similitude allait même au-delà : tous les autres traits identifiés jusqu'ici (le caractère « magique » de l'opération, la part qu'y prenaient les ancêtres, la forme d'hommage qui leur était rendu, le type d'origine reconnu à cette magie des ancêtres) semblent avoir été tout aussi invariables que ceux relatifs aux techniques. Partout, que les groupes aient été exclusivement engagés dans cette activité ou qu'ils se soient adonnés en outre à la forge, ces paramètres demeurent identiques dans leur totalité. Pour ce qui est de la forge en revanche, une exploration soigneuse révèle un schéma moins uniforme : quelques-uns des critères autres que ceux relatifs aux techniques présentent des différences sensibles.

Nombreux cependant sont ceux qui restent constants : le caractère *nciin tundi* (« travail de l'intelligence »), la part prépondérante de l'apprentissage — démarche longue et ponctuée d'étapes fortement marquées — et, dans une moindre mesure, l'imitation, tous ces traits paraissent indissolublement liés à l'activité en elle-même, et présents quel que soit le contexte dans lequel elle s'exerce. C'est d'ailleurs bien pour cela que le récit qui, rappelons-le, concerne en propre les groupes à la fois fondeurs et forgerons, se concluait par l'antinomie radicale entre ces qualités, invariablement associées à la forge, et ce qui relève du registre de *kusoou*, la sorcellerie au sens le plus large (incluant le recours à des pratiques magiques) : même dans ces groupes, ces qualités restent de rigueur. C'est donc la forge en soi, en tant qu'activité technique ayant ses spécificités immuables, qui est foncièrement incompatible avec ces pratiques condamnables.

Les différences véritables entre les deux types de forge n'apparaissent qu'avec les deux derniers des traits que nous avons identifiés jusqu'ici : le type de rapport aux ancêtres et, surtout, la forme reconnue à l'origine de l'activité pour le groupe concerné. Ces deux traits divergent en effet sensiblement selon que l'on considère les groupes exclusivement engagés dans la forge ou ceux qui pratiquèrent cette activité conjointement avec celle de la réduction. Nous nous attacherons particulièrement au dernier critère (relatif à l'origine), duquel découlent bien d'autres traits distinctifs entre deux types de rapports à la forge qu'il devient nécessaire d'identifier.

Tous les quartiers de Bassar qui comptaient des forgerons avant la période coloniale ne se déterminaient en effet pas de la même manière vis-à-vis de leur activité. De tous, celui qui jouit de la plus grande notoriété est incontestablement celui de Binaparba. Cette renommée exceptionnelle provient notamment de ce que, à la différence de tous les autres groupes, son engagement dans cette production était exclusif. En particulier, ses ressortissants affirment ne jamais s'être livrés au travail de la terre jusqu'à ce que, quelques décennies après le début de la colonisation, les importations de fer européen les contraignirent à abandonner leur activité de forgerons.

Dans l'esprit des ressortissants de ce quartier, un tel engagement exclusif dans l'artisanat du fer n'est pas le fait d'un choix librement établi, qui aurait été arrêté après évaluation objective des conditions en présence. Il tient à l'origine qu'on pourrait dire divine de l'activité : celle-ci résulte, dans ce quartier, d'un programme prénatal établi collectivement. C'est en effet à Binaparba que l'on recueille les informations les plus explicites sur les représentations symboliques à l'œuvre en cette matière, dont nous avons fait état plus haut, articulant aspect collectif et traits individuels. Un habitant de ce quartier les résume remarquablement : « Le sang de forgeron, c'est pour tout garçon de Binaparba ; *dikpeetil*, *kubaau*, *nloon* [le briquet, la pince, le tisonnier], c'est pour les grands forgerons. » Plus largement, bien des aspects soulignés jusqu'ici apparaissent comme propres à ce groupe. « Quand le *ŋwiin* finit de fabriquer une personne de Binaparba, c'est la forge qu'il met dans son corps. C'est avec le sang qu'il le fait : c'est le sang de forgeron qu'il met dans son corps, ce n'est pas un autre sang. » Ceci ne signifie pas que l'habileté à la forge serait innée pour le futur forgeron. L'apprentissage conserve toute sa place comme caractéristique première de cette activité : « C'est ce qui fait [le sang de forgeron] que quand quelqu'un de Binaparba apprend la forge, il l'apprend plus facilement. » Le lien atavique de tout ressortissant du quartier avec la forge transparaît également à travers sa conviction qu'après sa mort il poursuivra cette activité « en bas » : c'est de sa mise en œuvre qu'il se nourrira encore dans le monde des ancêtres. Le fait est particulièrement révélateur de nos jours où de nombreuses personnes de Binaparba n'ont pas exercé le métier : quelle que soit leur profession, même pour ceux qui travaillent dans la fonction publique et qui n'ont pas touché un outil de forgeron de leur vie, tous sont considérés comme forgerons et seront, à ce titre, appelés à pratiquer la forge « en bas ». C'est dire si cette activité est, pour ce quartier, un marqueur d'identité. D'autres commentaires soulignent le caractère totalisant de cette activité pour ce groupe : « La forge, c'est ça qui nous nourrit ; pour constituer la dot, c'est aussi avec ça ; pour les funérailles, c'est encore avec *kucaau* [la forge] que nous couvrons les dépenses. »

Par rapport aux développements que les forgerons de Binaparba accordent à ces représentations, les artisans des autres quartiers font pâle figure. Ils admettent que chez eux l'activité était moins étroitement scellée au destin de toute la communauté. Aussi marquée qu'ait pu être la vocation des forgerons de tels quartiers — comme à Bikucaab, où est revendiquée une très ancienne pratique de la forge (ainsi qu'en témoigne la toponymie de ce quartier) —, on n'y recueille en particulier rien qui rappelle les propos tenus à Binaparba quant au fait que le métier serait, à travers la détention d'un sang spécifique, inscrit dans la destinée de chaque nouveau-né. Moins encore y est-il question de personnages particuliers qui seraient venus au monde en tenant en main, de façon invisible, le briquet (ou le tisonnier ou la pince) qu'ils auraient obtenu de leur soleil, particularité qui les destinerait à un statut de « grand forgeron ».

L'origine de l'activité est, elle aussi, narrée dans ces groupes en termes bien plus prosaïques qu'à Binaparba : « La forge, nos aïeux l'ont cherchée et trouvée [auprès d'un autre groupe] ; ce n'était pas notre travail. » On reconnaît dans ce dernier vocable un élément du discours associé à l'origine divine d'une activité : n'est véritablement travail que ce qui a été obtenu du soleil créateur avant la venue au monde des personnes concernées. Avec ces autres groupes de l'agglomération de Bassar qui ont pu pratiquer l'activité à un moment ou à un autre de leur histoire, on est dans une situation d'une bien moindre envergure : non seulement rien ne rattache l'origine de leur forge à une provenance divine du même ordre que celle de Binaparba, mais on n'a pas davantage affaire à une situation du type de celle qui caractérise les groupes de fondeurs dont l'habilitation à conduire la réduction du minerai proviendrait des visites que l'un de leurs ancêtres fut en mesure de rendre au soleil. Certes, cette seconde forme serait de toute façon inconcevable s'agissant de la forge, puisqu'on se souvient que seules des activités très connotées par la magie peuvent découler de telles visites au soleil. Or, on l'a dit, la forge conserve son caractère de *nciin tundi* quel que soit le contexte où elle voit le jour. Néanmoins, ce rappel permet de mesurer l'ampleur de l'écart qui, de ce point de vue, sépare les deux types de forge : c'est par simple apprentissage auprès de groupes déjà forgerons (mais non identifiés car concernant des périodes trop reculées) que l'activité aurait été acquise dans ces groupes. En d'autres termes, là où il est question d'une forme de prédestination dans le cas de Binaparba, on a affaire à un strict transfert par apprentissage quand il s'agit de tous les autres quartiers de forgerons.

Techniquement identiques, on l'a dit, les deux types de forge qui se dégagent ne diffèrent ainsi guère que par des traits qu'un regard occidental pourrait juger futiles mais dont les effets sont (et surtout ont été, historiquement) essentiels aux yeux des intéressés : l'existence ou non de rapports avec les entités surnaturelles, plus particulièrement avec celles liées au monde prénatal. Dans ce domaine, un élément occupe une place centrale : la conception d'une destinée collective de forgerons. De cette différence fondamentale semble se déduire la plupart des traits qui distinguent les deux types de forge. Ainsi en est-il du caractère spécialisé ou polyvalent du groupe considéré. Si le quartier de Binaparba s'était spécialisé dans la forge à l'exclusion de toute autre activité, c'est d'abord parce que, le sang de ses ressortissants étant celui de forgeron, il n'était pas concevable que ceux-ci se livrent à une quelconque autre activité. La pratique de l'agriculture, en particulier, se trouvait exclue par cette première considération : dépourvus du sang de cultivateur, c'est sans grande réussite que les habitants de Binaparba auraient pu envisager de se livrer au travail de la terre. Le refus de pratiquer la réduction du fer, aspect qui nous intéresse davantage dans le cadre de cet article, repose sur des critères un peu différents. À l'exclusivité qui lie les artisans de Binaparba à la forge, il faut ajouter ici que, du fait de ce lien consubstantiel, ceux-ci sont appelés à se conformer, plus que tout autres forgerons, aux principes qui président à la mise en œuvre de cette activité. En particulier, entièrement voués à ce « travail d'intelligence », ils sont portés à réprouver tout usage d'une quelconque forme de magie en rapport avec une activité centrée sur le fer. Or, à leurs yeux comme à ceux de tout ressortissant bassar, la réduction ne saurait être mise en œuvre sans le concours d'une puissance magique. C'est donc là une activité dont ils doivent s'écarter. Voilà pourquoi il aurait été inenvisageable pour eux d'étendre leur activité à la réduction du minerai.

En revanche, du côté des autres forgerons, l'absence de sang spécifique ne les liait pas de manière aussi indissoluble à la forge et leur autorisait par conséquent la pratique de toute activité de leur choix parallèlement à celle-ci, quand bien même il s'agirait d'une autre activité centrée sur le fer qui présenterait d'inquiétantes accointances avec le monde de la magie. À l'inverse de ceux de Binaparba, poussés par leur idéologie au maintien de leur spécialisation, ceux de Bikucaab et des autres quartiers concernés trouvaient commode d'associer forge et réduction du minerai : des activités si étroitement complémentaires n'avaient-elles pas vocation à être rapprochées ? De pures raisons pratiques (assurer soi-même l'ensemble de la chaîne opératoire) semblent en effet expliquer la fréquence relative de la formule, du moins dès lors que l'élément le plus exigeant du tandem — la forge — était partiellement libéré des contraintes d'ordre symbolique qui pesaient sur sa mise en œuvre. Mais cette forme de tolérance vis-à-vis de la présence simultanée de la réduction ne mettait-elle pas en danger la pérennité de ce type de forge plus accommodante ? Telle pourrait être la leçon du récit.

Forge et réduction : des liaisons dangereuses ?

Rigidité extrême d'un côté, souplesse relative de l'autre, on comprend que les conditions d'une coexistence avec la réduction du fer aient été très différentes entre les deux types de forge. Là où la combinaison avec la réduction est tolérée, cette double activité produirait à terme une sorte de contamination du champ de *nciin tundi*, associé à la forge, par les forces émanant du domaine de *kumiliŋŋu tundi*, attaché à la fonte. Avec le temps, cette contamination aurait raison des derniers traits encore solidaires du caractère « travail de l'intelligence » que conserve cette forme assouplie du travail de la forge. Passé un seuil, l'extinction graduelle de ce caractère finirait par dépouiller cette activité de ce qui permettait encore de la qualifier comme forge : ainsi que le constate, dépité, le doyen au terme du récit, ce n'est plus la forge que ses descendants sont en train de pratiquer.

On pourrait se satisfaire d'une telle lecture, et retenir que, moins que les traits distinctifs entre les deux types de forge en eux-mêmes, ce qui permettrait d'expliquer leurs destins contrastés serait cet aspect variable du contexte dans lequel elles évoluent : l'absence de tout contact avec la réduction pour les unes, sa présence pour les autres. Là où s'observait une forme de tolérance vis-à-vis d'un tel contact, la forge se serait trouvée par ce seul trait exposée à l'atmosphère de magie qui entoure la fonte du minerai, tandis qu'ailleurs elle en aurait été épargnée par le simple fait qu'elle lui était soustraite.

Pareille interprétation n'est pas dénuée de tout fondement. Quand les travailleurs du récit se livrent aux démonstrations de pouvoirs qui y sont rapportées, ils ne font, pour un auditeur bassar, qu'adopter un comportement propre à tout détenteur de puissances magiques mis en situation de tacite concurrence. Quel que soit le domaine d'exercice de la magie concernée, un même schéma tend en effet à se reproduire : dès que deux détenteurs se rencontrent, ils n'ont rien de plus pressé que de se défier en « se montrant leurs puissances » (*i.e.* en les actionnant) afin de se mesurer. Et il est vrai que, dans le contexte de la réduction, activité relevant du domaine de *kumiliŋŋu* comme on sait, une telle attitude était jugée parfaitement licite. Peut-on penser que le récit qui nous intéresse se fait l'écho de telles représentations ? Sa narration étant propre aux groupes qui pratiquèrent simultanément la fonte et la forge, cela pourrait témoigner de ce que les Bassar conçoivent que, s'agissant des mêmes personnes, celles-ci, habituées à adopter un comportement de ce type dans le cadre de la réduction, éprouveraient à terme moins d'inhibitions à le reproduire une fois placées dans le contexte de la forge, où pourtant ce type d'attitude devrait être proscrit.

Sans refuser toute pertinence à un tel schéma — il en a sans doute une part—, on ne peut manquer de relever qu'il laisse inexploités bien des traits contenus dans le récit et surtout qu'il repose sur nombre d'approximations qui réduisent son degré de rigueur. En premier lieu, les « démonstrations de puissances » qui avaient cours dans le cadre de la fonte opposaient bien plus les équipes que les individus. Or, ce sont des individus, appartenant de surcroît à la même équipe de travailleurs, qui s'affrontent dans le récit. On ne peut donc faire l'hypothèse qu'il y aurait eu prolongement dans la forge d'une rivalité qui aurait vu le jour dans le contexte de la réduction. On ne peut davantage supposer que, plus simplement, l'affrontement que décrit le récit soit la transposition, dans l'atelier de forge, d'un modèle de comportement qui serait usuel dans le cadre de la fonte : les échelles ne sont pas les mêmes.

En second lieu, souscrire à une telle lecture serait admettre implicitement que la seule menace qui soit susceptible de mener un atelier de forge au désastre décrit dans le récit serait celle émanant de la pratique conjointe de la réduction du fer. Les différences mises en évidence entre les deux types de forge ne seraient alors pour rien dans les sorts différents qu'elles ont connus. Identiquement vulnérables, elles n'auraient différemment été affectées que parce que l'une — la forge de Binaparba — est restée à l'écart des risques émanant de la réduction tandis que l'autre y aurait été confrontée du seul fait de son voisinage avec cette autre activité. Une exploration plus poussée des représentations bassar en la matière montre qu'il n'en est rien. La source des difficultés rencontrées par les protagonistes du récit est déclarée se situer ailleurs, et, d'avoir été maintenus à distance de la fonte, les forgerons de l'autre catégorie n'étaient pas considérés comme moins exposés. Simplement, ils auraient joui d'un type de protection qui leur était propre et dont l'efficacité était plus grande.

Des visites redoutées

Jusqu'ici, nous nous en sommes tenus aux commentaires immédiats des narrateurs du récit : ce que redoute tout forgeron est l'intrusion de *kusoou* dans son atelier, qui serait synonyme de désordres si profonds qu'elle était de nature à entraîner l'abandon de l'activité. Mais quels en seraient les vecteurs ? Des réponses apportées à cette question, il ressort que la principale crainte dans ce domaine est que des entités indésirables ne perturbent le travail des forgerons ou, en leur absence, viennent occuper les lieux. Ces entités sont principalement de deux sortes : les *ikpalibi* (êtres de brousse de type génies dont il a déjà été question) et les *binikpitib* (« mauvaises personnes », c'est-à-dire certains humains qui ont le pouvoir de se livrer, de façon invisible, à des actions malfaisantes). En de telles circonstances, ces deux types d'entités sont souvent pensées sur le mode de la similitude tant leur nocivité les rapproche.

Mais ce n'est pas là leur seul critère de rapprochement. Les *binikpitib*, bien que d'abord et avant tout des personnes humaines, se caractérisent par leur aptitude à se rendre, en *kusoou* (c'est-à-dire de façon invisible), auprès des *ikpalibi* envers qui ils entretiennent de cordiales relations, rendues dans les propos tenus à leur sujet par une expression récurrente : ils se voient, se parlent et même mangent ensemble. On aura reconnu les traits qui définissent la deuxième classe des « personnes fortes », celles qui, faute de pouvoir atteindre le soleil, se contentent de visites aux *ikpalibi*, dans l'espoir de faire l'acquisition de nouvelles médecines en vue de renforcer leurs pouvoirs occultes. Ce sont donc des puissances de même nature que partagent *ikpalibi* et *binikpitib*, ce qui explique que les uns et les autres aient parfois tendance à être confondus quand sont évoqués les méfaits dont ils se rendent responsables.

La crainte d'avoir affaire à de telles entités n'est pas propre aux forgerons. On la retrouve dans quasiment toutes les sphères de la vie sociale bassar. Qu'il s'agisse en tout premier lieu des habitations (voir Dugast 2004 : 211-212), mais aussi des champs, des bivouacs de chasseurs, etc., partout on rencontre cette idée qu'une portion d'espace investie par des humains doit être gagnée sur les forces hostiles (de la brousse, mais aussi du village) afin de ne pas se voir transformée à brève échéance en un lieu de désolation. Même la réduction du fer n'échappe pas à la règle : à côté de la puissance magique *mpaanyɔkɔ*, activée on l'a vu par les ancêtres pour déclencher et faire aboutir le processus de la réduction, il était nécessaire de mettre en place une autre procédure magique, de protection (*diwundi*) cette fois, qui fermait l'accès de chaque four (*kipaai*) à toutes les entités dont la présence était indésirable car potentiellement source de nuisances.

Que même la fonte du minerai soit exposée à ce type de menace est riche d'enseignements : la mention de tels dangers extérieurs à elle et dont elle pourrait elle-même pâtir ne tend-t-elle pas à la disculper vis-à-vis de la forge dans les cas où celle-ci a vu son fonctionnement perverti ? Au pire, même si la forge se révélait effectivement sensible aux forces émanant de la pratique de la fonte, ne devrait-on pas la considérer plus exposée encore à ces autres dangers qui menacent jusqu'à la fonte elle-même ?

De fait, les forgerons ne sont pas avares de descriptions au sujet de ces tentatives d'intrusion de la part des êtres redoutables mentionnés. Malgré la similitude évoquée, chacun des deux types d'entités se voit attribuer des intentions spécifiques. Le plus souvent, la motivation des *ikpalibi* à investir un atelier de forge est le simple amusement. Ces génies de brousse, de tempérament facétieux, aiment imiter les humains pour mieux s'en moquer. Bien qu'invisibles par nature, ils sont susceptibles d'être aperçus par certains humains dits clairvoyants. Et s'ils ont ainsi la faculté d'apparaître parfois, c'est qu'ils sont dotés d'une corporéité, laquelle est simplement soustraite à la perception de ceux qui n'ont pas le don de clairvoyance. C'est pourquoi, trait rare pour des entités de l'invisible, il est possible de décrire leur apparence, parfois même en détail. Globalement similaire à celle des humains, celle-ci s'en démarque toutefois par certaines bizarreries anatomiques. Naturellement, de leur point de vue à eux, ce sont, à l'inverse, les humains qui présentent d'étranges singularités corporelles. Entretenant des sentiments ambivalents à l'égard de ces derniers, ils sont partagés entre l'admiration et la moquerie. Lorsque c'est cette dernière qui l'emporte, ils prennent un plaisir particulier à imiter les comportements, démarches ou attitudes des hommes qu'ils ont tendance à trouver grotesques, offrant alors une perception des humains symétrique à celle que ces derniers ont d'eux.

Que de ressources offertes alors par un atelier de forge, avec ses outils si clairement différenciés, support d'une répartition des rôles si marquée ! Une vraie scène y est déjà en place, permettant au jeu du mimétisme moqueur de s'y déployer avec une grande profusion. Les *ikpalibi* font partie de cette catégorie d'êtres que les Bassar désignent du nom de *binakanliibi*, « ceux qui se collent », en référence à l'attitude, déjà évoquée lors du commentaire du récit, qu'adoptent ces entités fascinées par le spectacle des actions, ordinaires ou non, qui se déroulent dans toute cour. Quand il s'agit d'un atelier de forge, la fascination est encore plus forte : « D'abord, ils viennent se coller à l'entrée de *kucaapuu* [l'atelier de forge] et ils regardent comment les forgerons travaillent. Et quand les forgerons partent, ils pénètrent dans l'atelier, s'emparent des outils, et se mettent à les imiter. Là, c'est devenu *kigbiŋgbiilaŋ* [une aire de jeux] pour eux. »

Bien que motivée par une forme de dérision, une telle attitude pourrait ne pas porter à conséquence si les *ikpalibi* n'avaient la fâcheuse propriété, en pareille occasion, de laisser derrière eux leur « vent » (*kubuŋu*). Or, ce « vent » a pour effet de semer la discorde parmi les humains entre lesquels il circule : on comprend que la mésentente ne tardera pas à s'installer entre les travailleurs si rien n'est entrepris pour y remédier. Nous aurons l'occasion d'y revenir.

Du côté des *binikpitib* — les « mauvaises personnes » —, leurs mobiles seraient moins innocents. Lorsqu'ils investissent un atelier de forge, c'est pour y fabriquer leurs instruments de « sorciers », ceux dont ils ont besoin pour commettre leurs méfaits dans le monde invisible. Parmi les dommages qu'ils occasionnent lors d'une telle intrusion, on signale le fait qu'ils désorientent la « chance » (*diyimɔɔl*) de l'atelier (*i.e.* tout ce qui lui assurait un fonctionnement harmonieux, une production appréciée et une clientèle nombreuse et fidèle), lui substituant *kuyikpiiu*, la « malchance ». S'étant adonnés à une production illicite en ce lieu, y perpétrant des actes répréhensibles, ils en auraient en quelque sorte redéfini les paramètres de sorte que quoi qu'entreprennent de forger les travailleurs à leur suite, l'activité de ces derniers sera désormais guidée par *kuyikpiiu* : seul le mal pourra en résulter. Comme vis-à-vis du « vent » laissé par les *ikpalibi*, une procédure de rattrapage serait alors nécessaire afin de rétablir l'ordre souhaité des choses.

Serait, car les forgerons de Binaparba se déclarent prémunis contre toute intrusion de cette sorte et donc sans raison d'y recourir. La protection sans faille dont ils bénéficiaient en aurait été la cause. De telles procédures de rattrapage seraient donc l'apanage des forgerons de l'autre catégorie, pour qui elles seraient indispensables. Nous développerons ces points en temps utile.

Entre les *ikpalibi* et les *binikpitib*, les effets nocifs de leur séjour dans la forge peuvent donc être distingués pour qui se soucie d'exactitude, mais l'usage le plus courant est de les considérer globalement. Ainsi, certains informateurs évoquent l'effet d'un « vent » aussi au sujet des « mauvaises personnes ». Cette part accordée à la similitude ne résulte pas nécessairement d'un manque de discernement : elle découle de la perception de la forge ainsi envahie comme un autre lieu de rencontre entre les deux types d'entités, un lieu où, à l'instar de ce qu'ils font en brousse dans les cas jugés les plus typiques (voir *supra*), les *binikpitib* viendraient côtoyer les *ikpalibi* avec l'espoir d'obtenir d'eux de nouvelles médecines et des pouvoirs supplémentaires. La forge soudain devenue non seulement le lieu d'une intrusion temporaire, mais un repaire où se déroulent de si terrifiantes tractations : on ne peut concevoir image plus radicalement antinomique avec la vocation fondamentale de tout atelier de forge.

Manières de forger

Pour faire allusion à de tels usages réprouvés d'un atelier de forge, les Bassar ont coutume de dire que, si ces êtres indésirables ont investi les lieux, c'est pour y « forger à leur manière ». Le sens de l'expression se laisse immédiatement appréhender (on y recourt fréquemment sous forme d'euphémisme, pour faire entendre, sans avoir à l'exprimer ouvertement, que ces entités sont venues faire un usage condamnable de l'atelier et des outils qui s'y trouvent). Il arrive toutefois que certains informateurs la commentent plus avant en ajoutant : « Tel que nous forgeons, ce n'est pas de cette façon que ces entités forgent. » Intéressant commentaire à travers lequel on reconnaît, inversée quasiment trait pour trait, la formule qui conclut le récit de l'abandon de la forge. Le doyen disait alors, prononçant la sentence qui en quelque sorte avait valeur de malédiction : « La forge, qu'ils ne la forgent plus ; ce qu'ils font là, nous, nous ne forgions pas comme ça. » Ce que, pour expliciter l'inversion par rapport à l'expression précédente, l'on pourrait reformuler comme suit : « Tel qu'ils forgent, ce n'est pas de cette façon que nous forgions. »

Un tel rapprochement mérite qu'on s'y arrête. Dans les deux cas, qu'il s'agisse de l'intrusion dans la forge d'êtres indésirables ou du constat navré que le doyen établit au terme du récit au sujet du comportement de ses fils, la formule se réfère tacitement à une manière « correcte » de forger, et, par rapport à cette norme, à une manière « inconvenante » de procéder. Est-ce à dire que les protagonistes du récit sont dépeints comme forgeant à la manière des êtres de brousse ou des sorciers malfaisants ? Pas tout à fait, car il y a plutôt deux « mauvaises manières » de forger qui s'opposent en se situant de part et d'autre d'une norme seule licite.

Cette norme est celle instituée par les ancêtres, qui eux-mêmes se conformèrent à l'éthique du métier, bannissant notamment des ateliers toute forme de magie, et s'employant aussi à développer les connaissances et savoir-faire requis pour cette activité placée sous le signe de *nciin tundi*, « travail de l'intelligence ». D'où la place faite à l'imitation. D'où, également, celle accordée à l'apprentissage (duquel il n'est jamais question s'agissant de la fonte), par lequel se fait la patiente acquisition de ces connaissances et savoir-faire. Car cet apprentissage contribue aussi à l'instauration de la « bonne » manière de forger. Correctement dispensé, il permet que se transmette et soit valorisée, génération après génération, la manière de forger des ancêtres. C'est alors que ceux-ci, honorés par le spectacle de leurs descendants se livrant avec application au travail qui fut le leur, redoubleront de sollicitude à leur égard.

À la norme définie par la manière, hautement valorisée, de forger des ancêtres, elle-même se conformant au mieux à l'éthique de la profession, s'opposent donc deux manières inconvenantes de travailler dans l'atelier. L'une est le fait des êtres indésirables contre lesquels on cherche à prémunir tout atelier de forge (les *ikpalibi* et les *binikpitib*), l'autre procède de l'intérieur même de l'atelier et est le fait des travailleurs eux-mêmes. Non seulement chacune de ces mauvaises manières de forger s'oppose à sa façon à la norme incarnée par le comportement valorisé des ancêtres, mais en outre de l'une à l'autre ces façons s'inversent, fournissant un cas d'école de ces fameuses oppositions établies de part et d'autre d'une norme (Sperber 1974 : 72). C'est notamment le rapport aux outils qui établit cette double inversion vis-à-vis de la norme. Les ancêtres apprécient qu'il soit fait un bon usage des outils, c'est-à-dire un usage qui à la fois révèle la dextérité acquise par chaque travailleur, témoigne des connaissances au service desquelles il l'emploie et enfin respecte la hiérarchie entre les travailleurs (puisque, rappelons-le, à chaque outil ou catégorie d'outils correspond un poste précis dans la division du travail). Par rapport à cette norme, les *ikpalibi* et les *binikpitib* sont dits « abuser » des outils en ce qu'ils ont une fâcheuse tendance à les malmener et à les détériorer ; mais aussi parce que, autre manière de leur faire violence, ils en font un usage contraire à leur vocation en produisant par leur truchement des objets nocifs. De leur côté, les protagonistes du récit, en délaissant les outils auxquels chacun d'eux est affecté pour forger à l'aide de leurs seules ressources corporelles, pèchent par un excès inverse puisque précisément ils n'en font aucun usage, les proclamant ainsi inutiles, comme vaines les connaissances et habileté patiemment acquises lors de l'apprentissage de leur maniement. Pour résumer le tableau d'ensemble, on pourrait ainsi parler d'utilisation « abusive » des outils — qui en est une forme de « sur-utilisation » — pour qualifier l'emploi qu'en font les êtres invisibles indésirables et de leur « sous-utilisation » à propos de l'attitude adoptée par les forgerons du récit.

Mais, dans la pensée bassar, ce contraste entre deux usages également blâmables de la forge n'épuise pas les relations entre ces deux catégories, même s'il contribue à les structurer. La manière de forger des êtres invisibles *ikpalibi* et *binikpitib* est dite *nsoopuyaamin*, « de manière sorcière » (de *usoopu*, « sorcier », et *ŋyaamin*, « manière »). Celle des protagonistes du récit est qualifiée de *ŋkpaŋkpantiyaamin*, expression que l'on pourrait traduire par : « de manière magique » (de *ukpaŋkpanti*, « magicien », plus précisément « celui qui a le pouvoir de se transformer et de tout transformer »). Afin d'éviter les problèmes liés aux questions de traduction, tenons-nous en d'abord aux termes eux-mêmes. Une fois ceux-ci déduits de leur composante commune, les rapports entre les deux catégories se ramènent à ceux entre *usoopu* et *ukpaŋkpanti*. *Usoopu*, c'est celui qui nuit à autrui ; *ukpaŋkpanti*, c'est d'abord celui qui a le pouvoir de se métamorphoser ou de modifier l'apparence des choses. On comprend que le premier terme convienne pour décrire la manière de forger des entités invisibles que sont les *ikpalibi* ou les *binikpitib* : par le « vent » qu'ils laissent une fois qu'ils ont occupé l'atelier, les premiers, génies de brousse, occasionnent en effet autant de nuisances que les seconds, « mauvaises personnes » venues de façon invisible forger des objets maléfiques. On comprend de même que le second terme soit adapté à la manière de forger des personnages du récit, puisque leur comportement évoque des pouvoirs du même ordre que ceux de la métamorphose, à savoir des pouvoirs d'ordre magique. Dans les deux cas, les ancêtres ont tout motif de réprouver la conduite des occupants de leurs ateliers.

Ce sont donc ces menaces extérieures, indépendantes du contexte (en particulier du voisinage ou non de la réduction), et qui par conséquent s'appliquaient à tout type d'atelier de forge, que redoutaient les forgerons. Pourtant, tout en reconnaissant y être également exposés, ceux de Binaparba disent ne jamais avoir réellement été inquiétés par la perspective de ce genre d'intrusion. Un tel destin serait le lot exclusif des autres groupes de forgerons, ceux qui, tels les artisans de Bikucaab, ne disposaient pas des mêmes formes de protection. Ce sont donc ces dispositifs de protection déclarés dissemblables qu'il nous faut explorer à présent, en tentant d'y rattacher les autres traits distinctifs mis en évidence jusqu'ici entre les deux types de forge identifiés.

La forge de Binaparba : la protection infaillible des ancêtres

Les forgerons de Binaparba le déclarent sans ambages : ce sont leurs ancêtres qui, tels des gardiens d'une vigilance extrême, se dressaient devant tout intrus cherchant à pénétrer dans l'atelier. Leur principale motivation en serait la volonté d'ériger ce lieu en un espace voué au travail exemplaire de la forge, respectueux de ses principes fondamentaux, puis de le maintenir en cet état. Une telle déclaration fait aussitôt saisir le lien entre la conduite attendue des forgerons actuels pour honorer leurs ancêtres et la protection sans faille assurée par ces derniers en retour : plus les travailleurs s'approcheront de la perfection dans leurs efforts pour reproduire le modèle qu'incarnent leurs aïeux, plus ceux-ci, voyant leurs vœux exaucés, mettront de détermination à écarter tout risque émanant du monde invisible, vis-à-vis duquel leurs descendants sont par nature démunis et impuissants. Ils repousseront donc avec la dernière énergie toute velléité d'introduire dans la forge d'autres normes de comportement que celles dont ils sont eux-mêmes à la fois le modèle et les garants.

L'explication a de quoi convaincre : aucun autre groupe de forgerons que celui de Binaparba n'étant à ce point attaché à l'étiquette de la profession, il est légitime de penser que ce type de connexion n'avait cours nulle part ailleurs. De fait, les ancêtres des autres groupes, tels que celui de Bikucaab, n'étaient pas impliqués au même titre dans le déroulement de l'activité. Parmi les traits qui distinguent les deux types de forge, ceux relatifs aux rapports aux ancêtres prennent ainsi un nouveau relief. En particulier, le travail en lui-même ne constituait, dans ces autres quartiers, nullement une forme d'hommage due aux ancêtres. On peut concevoir qu'il y ait là un facteur de risque supplémentaire au pervertissement de la forge : moins soucieux du coup de respecter le modèle de comportement associé à l'activité, les travailleurs de ces autres quartiers seraient en situation de céder plus aisément à la tentation d'adopter des normes de conduites inappropriées en pareil lieu. Combiné à une protection des ancêtres moins assidue pour des raisons étroitement solidaires, ce facteur contribuerait à faire perdre à terme à l'atelier son statut d'espace voué à des actions conformes au modèle fourni par les premiers travailleurs, ici relativement indifférents. La vulnérabilité de la forge de Bikucaab et des quartiers similaires serait ainsi éclairée.

Sans doute une telle lecture apporte-t-elle d'utiles éclairages sur la question qui nous occupe. Mais le degré d'investissement des ancêtres est-il seulement fonction de l'attitude de leurs descendants au sein des ateliers ? Une certaine circularité du raisonnement se profile, puisqu'il est également dit, à l'inverse, qu'une protection moins efficace peut être responsable d'une dégradation du comportement des travailleurs. Une autre déclaration des informateurs de Binaparba vient attirer l'attention sur un élément de première importance. La protection assurée par les ancêtres autour du travail des forgerons est comparée à celle que fournit, sur un plan individuel, un ancêtre tutélaire (*usindaan*) vis-à-vis de son protégé ; les premiers écartent des ateliers les entités invisibles indésirables, le second détourne de « sa personne » tout sorcier mangeur d'âme.

Le rapprochement avec la figure de l'*usindaan* est tout à fait suggestif. Notons qu'un tel ancêtre tutélaire n'a pas seulement pour rôle de prémunir la vie de son protégé contre les attaques des sorciers. Il est aussi tenu de veiller à ce que soit préservé le lot de « choses » avec lequel cette personne est venue de chez son *ŋwiin*, son soleil créateur. Avec ce deuxième attribut, cet ancêtre se fait en quelque sorte le garant de la réalisation de la destinée de son filleul.

Transposées au domaine des forgerons, ces précisions orientent vers le domaine que nous avaient révélé les croyances relatives à l'origine de l'activité dans ce quartier de Binaparba. On se souvient que, à ces « choses » tenues dans la main s'articulait étroitement un autre élément pris dans le monde prénatal : le sang. Là où les premières établissaient le profil du destin individuel de chaque forgeron, le second définissait la dimension collective de la vocation de travailleur du fer, partagée par tous les ressortissants du quartier. L'invitation à aborder la question de la protection des ateliers de forge à la lumière de celle assurée par un *usindaan* vis-à-vis de son protégé semble d'abord guidée par le souhait d'attirer l'attention sur la place prépondérante qu'occupent les questions de destinées dans cette affaire. Elle semble aussi motivée par la nécessité de penser ensemble cette articulation entre les deux types de protection et celle entre les dimensions collectives et individuelles de la destinée des mêmes forgerons. Cela ne signifie pas qu'entre les deux dimensions il y ait de simples correspondances terme à terme, la protection collégiale des ancêtres exercée sur le domaine associé au sang devant être appréhendée de manière analogue à la protection assurée par un *usindaan* sur les éléments de destinée propre à son protégé. Entre les deux situations, certaines différences significatives interdisent de pousser l'analogie jusqu'à son terme. Pour mettre ces différences en lumière et affiner la comparaison, il nous faut présenter en quelques mots les attributs principaux de tout ancêtre tutélaire.

De tous les ancêtres, *usindaan* se distingue par le fait qu'il est celui qui a « sorti » (c'est la traduction littérale du terme consacré en bassar) l'enfant, expression qui résume le long processus au cours duquel il parvient à séduire une personne virtuelle, alors encore seulement à l'état d'âme (*kinaŋ*), et à la conduire dans le monde des hommes, en l'introduisant dans l'utérus d'une femme mariée dans le lignage (sur ce processus, voir Dugast 2009 : 165-166). De cette intimité qui remonte aux tout premiers temps d'existence de la personne, un lien indéfectible en restera à jamais entre elle et son *usindaan*, un lien d'une nature telle que, dès que l'individu sera exposé à un danger émanant d'une entité du monde invisible, l'ancêtre en sera immédiatement alerté et accourra sans attendre pour venir au secours de son protégé.

S'il s'attache particulièrement à défendre ce avec quoi la personne est arrivée depuis le monde de l'origine, c'est que la part qu'il a prise dans le processus d'acheminement de cet être en devenir l'établit comme passeur entre ce monde et celui des hommes. À ce titre, il se doit d'être le garant de l'intégrité non seulement de la personne mais aussi de ce qu'elle détenait au moment où il l'a prise en charge. C'est pourquoi sa protection est étroitement circonscrite à ce qui, chez la personne, lui vient du monde prénatal : d'abord son *kinaŋ* (âme), qu'il aura à défendre contre les sorciers mangeurs d'âmes ; ensuite ses « choses », attribuées par le soleil, que la personne tient dans son poing et que convoitent d'autres catégories de personnes malfaisantes qui, avec les sorciers proprement dits, ont la particularité d'agir en *kusoou*, c'est-à-dire de manière invisible. Or, c'est précisément le registre où s'exerce l'action protectrice de l'*usindaan*.

En ce qui concerne le sang de forgeron et la protection collective des ancêtres (alors non spécifiés), la situation est différente. Ces dissemblances ne tiennent pas seulement à la généralisation à l'échelle collective de traits attachés à une seule personne quand il s'agit de l'*usindaan*. Certes, il semble cohérent que le sang, en tant qu'élément d'origine prénatale revêtant une dimension collective en ce qu'il est attribué à tous les garçons du quartier sans exception, soit associé à une forme de protection qui engage les ancêtres dans leur ensemble. Et, dans une certaine mesure, c'est bien ce qui est dit se produire. Mais le risque encouru n'est aussi pas de même nature que celui redouté au sujet des objets détenus dans la main sous forme invisible. À la différence de ces derniers, on ne dit pas à propos du sang qu'il pourrait être dérobé par des mauvaises personnes : quelle que soit leur « force », un tel acte serait hors de leur portée. Principalement pour des raisons qu'on pourrait qualifier de « concrètes » : les conditions « matérielles » propres respectivement à la détention du sang et à celle des « choses » n'autorisent pas les mêmes formes de prédation. S'il peut arriver que, profitant d'une défaillance de l'*usindaan*, une personne malveillante parvienne à ouvrir la main d'un enfant pour saisir ce qu'il tient, il ne lui est en aucun cas possible de s'emparer de son sang. La vulnérabilité des deux types d'éléments ne se situe pas sur le même plan. Ici, c'est la réalisation même du travail qui est menacée, et c'est pourquoi c'est ce dernier dans son déroulement concret qui est protégé, et non le sang qui en est la promesse pour un futur proche. Par ailleurs, par la dimension collective qui lui est reconnue, le sang de forgeron n'est pas annonciateur d'une réussite individuelle exceptionnelle comme le sont les « choses » prénatales tenues en main. Par sa relative banalité, il ne saurait par conséquent susciter la même convoitise que les choses détenues dans la main.

Cette double différence est essentielle. Ce dont un *usindaan* assure la garde est un lot de « choses » à l'état de potentiel, encore détachable de la personne lorsque celle-ci arrive dans le monde terrestre. Au fur et à mesure que ces « choses », ayant commencé à éclore, se développent au même rythme que l'enfant, elles s'inscrivent davantage en lui. Au terme de sa croissance, l'individu est parvenu en pleine possession de ses aptitudes. Plus personne ne semble en mesure de les lui ravir. Ceci explique que l'ancêtre tutélaire s'efface peu à peu de son protégé jusqu'à pour ainsi dire s'en détacher totalement[14]. La protection assurée collectivement par les ancêtres de Binaparba en rapport avec l'autre élément prénatal — le sang de forgeron propre à leurs descendants — suit un cycle tout différent. Ce n'est que lorsque la vocation inscrite dans ce sang vient à se réaliser effectivement que cette protection entre en vigueur. Et, autre différence, cette protection porte non sur le sang lui-même, mais sur la réalisation qui en est l'expression concrète : le travail de la forge. Bref, entre les protections assurées respectivement par un *usindaan* et par le collège d'ancêtres, l'objet concerné change de nature : dans le premier cas il est de l'ordre d'une aptitude, dans le second d'une mise en œuvre effective.

Mais leur point commun demeure : un lien étroit avec des attributs de la personne acquis dès le monde prénatal. Même si, on vient de le voir, ce lien présente des aspects dissemblables entre les deux cas (ce qui fait l'objet de la protection consiste en éléments véritablement d'origine prénatale dans le cas de l'*usindaan*, simplement en une activité qui dérive d'un élément d'une telle origine dans le cas de la protection collégiale), cette relation commune avec de tels attributs affecte les protections dispensées d'un caractère absolu : ici comme là, les ancêtres concernés se montreront d'une totale intransigeance vis-à-vis de toute tentative venant d'êtres malveillants de pervertir ce dont ils ont la garde.

C'est cet engagement plein et entier de leurs ancêtres qui donnait aux ressortissants de Binaparba l'assurance que leurs ateliers resteraient prémunis contre toute forme de dégradation due à de telles interventions. À Bikucaab, et dans les autres quartiers de forgerons, la configuration en vigueur ne permettait pas de bénéficier d'une protection de cette nature. Quelles étaient alors les procédures de substitution mises sur pied ?

La forge de Bikucaab : une protection de fortune

À Bikucaab, de même que dans les autres quartiers relevant de la même catégorie de forge, l'absence de toute destinée collective de forgerons, partant de toute connexion avec le monde de l'origine, privait les ancêtres de ces quartiers de réelle fonction de protection sur le modèle, au moins partiel, de celle qui, à l'échelle individuelle, s'instaure chez tous les Bassar entre une personne et son ancêtre tutélaire (*usindaan*). Faute d'une telle couverture, les forgerons de ces localités étaient donc contraints de se tourner vers

[14] Cette observation rejoint celle effectuée par Michel Cartry (1987 : 157) à propos du *ngali* des Gourmantché du Burkina Faso (l'équivalent de l'*usindaan* bassar). Rappelons que, de par leur grande proximité culturelle, Gourmantché et Bassar présentent de nombreux traits de similitude en maints domaines.

d'autres solutions.

Pour tenter de prémunir leurs ateliers contre les convoitises des entités de l'invisible, ils s'en remettaient aux pratiques les plus usuelles dans la société bassar en ce domaine. Ils recouraient donc à une procédure consistant à « attraper » l'atelier de forge, procédure en tous points similaire à celles en vigueur pour « attraper » une cour ou un quartier (voir Dugast 2004 : 211-212). Il s'agit, au moyen de l'enterrement d'une médecine (impliquant donc nombre de composants végétaux, parfois animaux), de placer les lieux sous la protection de la puissance ainsi constituée. Cette puissance (appelée, dans le cas d'une forge, *ncaanyɔkɔ*, c'est-à-dire « la médecine de la forge ») est dite « se lever » aux moments les plus critiques afin de monter la garde et d'interdire l'accès de l'endroit à toute entité indésirable. Ce type de puissance a pour particularité d'être assimilée à un être vivant : elle connaît des cycles alternant périodes d'activation et de repos (notamment sur un rythme diurne), elle a besoin d'être renouvelée au moyen d'offrandes sans lesquelles elle dépérit comme un être vivant qui serait privé d'alimentation, etc. Autre particularité : elle est associée à certains interdits dont la transgression, involontaire de la part de son détenteur ou sciemment malveillante de la part de toute autre personne, lui fait perdre ses pouvoirs. En dépit d'une indéniable efficacité, ce type de protection est par conséquent traversé de failles diverses qui à terme la fragilisent.

Ces failles étaient si présentes à l'esprit des forgerons de ces groupes qu'ils préféraient ne pas se fier entièrement à ce seul dispositif. C'est pourquoi ils le redoublaient, en ayant notamment recours aux fumigations de la poudre *ntimpɔnyɔkɔm* (littéralement : « poudre de la terre forte »), une poudre aux multiples usages mais dont le plus emblématique est celui qu'en font les chasseurs au moment où ils doivent s'installer temporairement en pleine brousse pour y bivouaquer. Utilisée en fumigation, cette poudre a le pouvoir d'éloigner les entités indésirables : l'odeur dégagée est en effet dite incommoder terriblement ces entités, qu'elle met en fuite. Le chasseur se garantit ainsi les conditions d'une nuit paisible, mais bien d'autres usagers y ont également recours. En ce qui concerne les forgerons, il s'agit de mettre cette poudre dans le feu du foyer avant de commencer toute nouvelle journée de travail. Certains prennent la précaution supplémentaire de procéder à une autre fumigation au moment de cesser le travail, de manière à dissuader au moins pour un temps les éléments indésirables de s'approcher de l'atelier sitôt celui-ci déserté par les travailleurs.

Toujours dans le même but, les forgerons de ces quartiers préféraient travailler de jour. C'est là l'une des rares différences relatives à l'organisation du travail entre les forges de ces quartiers et celles de Binaparba. Dans cette dernière localité, comme en témoignent les sources[15], le travail s'effectuait principalement de nuit (plus exactement, du milieu de la nuit jusque vers les premières heures de la matinée qui suivait). Cela présentait l'avantage de profiter des heures les plus fraîches du cycle diurne, de façon à la fois à moins fatiguer les travailleurs et à limiter les risques d'incendie (les ateliers étant, rappelons-le, des édifices à toit de paille). Pourquoi, dans ces conditions, les forgerons des autres localités ne tiraient-ils pas eux aussi avantage d'un travail accompli principalement de nuit ? Parce qu'ils redoutaient la rencontre d'*ikpalibi* ou de *binikpitib*, qui ont une prédilection pour les sorties nocturnes. À Binaparba de telles craintes étaient sans objet, assure-t-on, car les ancêtres se chargeaient de repousser toutes ces entités indésirables quelle que soit l'heure. La nuit profonde ne présentait donc pas de danger particulier pour ces travailleurs, protégés de façon ininterrompue.

L'absence d'une intervention similaire des ancêtres dans les autres quartiers imposait donc le recours à d'autres stratégies de protection qui, on le voit, étaient fort imparfaites. Elles étaient notamment toutes concentrées sur la période de la journée durant laquelle la forge était en activité, laissant le reste du temps l'atelier à peu près sans défense face aux intrusions d'*ikpalibi* ou de *binikpitib*. Ceux-ci n'avaient guère de mal à s'y introduire pour y « forger à leur manière ». Non que de tels agissements laissaient totalement indifférents les ancêtres de ces quartiers, faute d'identification de leur part aussi marquée qu'à Binaparba vis-à-vis de l'activité de la forge, mais que, en l'absence de l'inscription de ce métier parmi les éléments détenus à titre collectif depuis le monde de l'origine (en l'occurrence, sous la forme du « sang » de forgeron), ils n'étaient pas en mesure d'agir avec toute la vigueur nécessaire, à la façon d'un *usindaan* (ancêtre tutélaire) vis-à-vis tant des « choses » tenues en main par son protégé que de son *kinaŋ* (son « âme »), montant la garde à ses côtés de façon assidue ou accourant à la moindre menace car alerté aussitôt.

La différence entre les dispositifs à l'œuvre dans les deux types de communautés de forgerons est maintenant patente. Là où ceux de Binaparba avaient l'assurance absolue que leurs ancêtres ne seraient jamais défaillants face à toute menace d'intrusion dans leurs ateliers, ceux de Bikucaab ne disposaient pas des mêmes garanties. La configuration de recours qu'ils avaient mis en place rendait à peu près inévitable que, tôt ou tard, *ikpalibi* ou *binikpitib* finissent par investir

[15] Ainsi, l'explorateur allemand Heinrich Klose rapporte de ses observations, qui datent de 1894, que « Binaparba est un village de forgerons purs dans lequel toute la nuit le feu brille dans de petites huttes et les coups réguliers de marteau retentissent… » (traduction de R. Cornevin 1962 : 88).

leurs espaces de travail. Les conséquences n'en étaient pas désastreuses pour autant, puisqu'il existait des procédures de rattrapage. Ainsi, les forgerons, souvent prévenus de ces intrusions par leurs rêves[16], s'employaient à renvoyer le « vent » ou *kuyikpiiu* (la « malchance ») laissés dans l'atelier par ces entités après leur passage. Il leur suffisait en général[17] pour cela, dans la perspective d'une reprise du travail, d'asperger l'eau d'une macération en différents points, et notamment sur les outils, éléments particulièrement vulnérables. Cette macération était un produit dérivé de la puissance médecine *ncaanyɔkɔ* enterrée pour « attraper l'atelier », ce qui indique à quel point était anticipé, lors de la préparation de cette médecine de protection, le fait qu'elle serait impuissante à elle seule à prémunir l'espace de la forge des intrusions de *kusoou*.

Mais toutes ces procédures de « rattrapage », à leur tour, présentent des failles. Il suffit à ce stade d'un faux-pas du maître forgeron, avec par exemple, là aussi, la transgression involontaire de l'un des interdits associés à la médecine de protection, pour que soit rendue inefficace la macération qui en est dérivée. Ayant ainsi échoué à restaurer l'état de l'atelier, ce responsable ne pourra empêcher que le « vent » des *ikpalibi* fasse son effet dévastateur. On sera alors arrivé au seuil de la situation décrite dans le récit.

L'intrusion de kusoou *dans l'atelier*

Dans le complexe des représentations bassar que nous avons esquissées ci-dessus, un scénario probable se dessine comme paraissant implicitement présent à l'esprit des narrateurs du récit. En l'absence de toute forme d'élection divine prédisposant les ressortissants des groupes de forgerons concernés à se consacrer exclusivement à la forge, les ancêtres de ces groupes sont dans l'incapacité d'assurer la moindre protection à ces lieux de travail. Livré à lui-même dans ce domaine, chaque maître forgeron doit prendre l'initiative d'installer une puissance de type *ncaanyɔkɔ*, visant, selon la formule consacrée, à « attraper son atelier ». Dès lors engagé dans une lutte de tous les instants contre les forces de *kusoou*, il ne pourra manquer d'accumuler les fautes ou négligences. Ainsi finira par arriver le moment où les entités indésirables seront parvenues à déposer qui leur « vent », qui leur *kuyikpiiu*.

Prenons l'exemple du « vent » laissé par les *ikpalibi* (mais nous avons vu que l'effet du passage des *binikpitib*, l'autre catégorie d'êtres indésirables, n'est pas très différent). Ce « vent », a-t-on coutume de dire, sème la discorde parmi les gens entre lesquels il passe. Ainsi, des personnes paisiblement occupées à discuter sous un arbre peuvent en faire l'amère expérience. Lorsque, sans qu'on soit capable d'en identifier la raison, une altercation éclate brusquement entre elles, cette soudaine détérioration de l'atmosphère est imputée au passage parmi elles d'un *ukpalibi* malveillant. Plus précisément, au « vent » qu'il aura laissé au sein du groupe. Pour déplaisante qu'elle soit, une telle situation ne porte pas nécessairement à conséquence : assez rapidement les intéressés se ressaisissent et l'affaire en reste là. Si l'effet en était aussi limité dans le cas d'un atelier de forge, il en résulterait entre les travailleurs une mésentente passagère dont il n'y aurait vraisemblablement pas lieu de se formaliser.

Tout prend des proportions considérables du fait du contexte particulier de la forge, et en premier lieu de la présence du soufflet. Pour se donner du cœur à l'ouvrage, les travailleurs d'une forge s'activent au rythme du soufflet, que celui préposé à cet instrument actionne avec la cadence propre à certaines danses bassar. Le phénomène est courant sinon généralisé en Afrique, mais les forgerons bassar ont dans ce domaine un répertoire extrêmement limité. Si limité qu'il se réduit même à une seule possibilité : celle de la danse de mariage. Comparativement, les forgerons « de la pince » qui se sont installés en pays bassar dans les dernières décennies d'expansion de la métallurgie bassar jouent sur un registre beaucoup plus diversifié : il n'est pratiquement aucune danse bassar dont ils ne soient en mesure de reproduire le rythme avec leur soufflet. C'est que celui-ci est d'une facture très différente du soufflet bassar (voir Dugast 1986), dont le maniement, également tout autre, offre une vaste gamme de possibilités. L'extrême rigidité du soufflet bassar ne se prête à l'inverse qu'à des rythmes extrêmement saccadés, et seule la danse de mariage répond à une telle exigence. C'est du moins ce qu'affirment les forgerons bassar, toujours prompts à souligner l'extrême spécificité de leur outillage et de leurs techniques par rapport aux forges des sociétés voisines.

Quoi qu'il en soit, c'est donc la danse de mariage qui a, sinon l'exclusivité, du moins très nettement la faveur des forgerons quant aux rythmes avec lesquels le soufflet est actionné. Extrêmement énergique, elle est avant tout une danse de jeunes, qui exalte la force physique mais aussi surnaturelle. Par la vivacité de son rythme, elle excite les danseurs, les conduisant à faire

[16] On raconte aussi que parfois le maître de l'atelier pouvait entendre des bruits étranges émanant de son lieu de travail, la nuit la plupart du temps. S'il s'y rendait en s'éclairant d'une torche enflammée, les bruits cessaient et rien ne se laissait voir. Le lendemain il redoublait de vigilance quant aux procédures à suivre pour compenser les effets du passage probable des entités indésirables.

[17] D'autres procédures sont parfois indiquées. Il n'est pas possible de les mentionner toutes ici.

la démonstration de leurs pouvoirs, notamment de ceux acquis au moyen de médecines. En tant que danse de mariage, elle célèbre la force et la beauté viriles de ceux qui ont réussi à séduire une nouvelle mariée et à l'introduire dans leur lignage à l'expansion duquel elle contribuera. Répondant ainsi simultanément aux sages préoccupations de prospérité qui habitent les doyens et aux désirs fougueux de faire étalage de leur force qui animent les jeunes hommes, elle est l'une de ces occasions où les unes et les autres se rencontrent.

Mais dans le contexte de la forge, il en va différemment. À Binaparba, où l'activité est conçue à la fois comme un don divin et comme un hommage rendu aux ancêtres, les travailleurs savaient mieux qu'ailleurs ne pas franchir la limite entre émulation au travail et démonstration de puissances médecines. Surtout, l'efficacité de la garde des ancêtres y étant à toute épreuve, il n'existait aucun risque qu'une entité invisible nuisible ait laissé son « vent » parmi les travailleurs, de sorte que l'émulation produite pouvait se déployer sans danger. La vivacité des rythmes et l'ardeur de la jeunesse ne servaient que l'effort commun pour accroître la production, attitude qui en retour ne pouvait qu'emplir de fierté les ancêtres et les disposer plus favorablement encore à remplir leur rôle de protecteurs. Dans les autres quartiers, tels celui de Bikucaab, l'absence de réelle protection des ancêtres sur ce qui n'était pas une vocation venue du monde de l'origine, rendait la situation plus indécise : si l'essentiel de l'énergie restait mobilisée vers la production, la fragilité du dispositif de protection ne permettait que de différer le moment où se produirait la rencontre entre le « vent » des *ikpalibi*, avec sa tendance à provoquer une dissension, mais en général bénigne, on l'a vu, et l'amplification générée par l'effet stimulant des rythmes du soufflet. Alors, la querelle qui, dans tout autre contexte, aurait pu n'être qu'éphémère prenait dans celui de la forge le chemin de la surenchère à coups de démonstrations de puissances magiques. Ou encore, d'un autre point de vue, la saine stimulation, inhérente à la forge, que produit le soufflet actionné suivant le rythme de la danse de mariage, dégénérait, au contact du « vent » des *ikpalibi*, en rivalité devenue hors de contrôle.

Le doyen, réplique atténuée des ancêtres

On retrouve ici l'opposition entres les deux manières non conventionnelles de forger, l'une s'écartant de la norme par une utilisation outrancière des outils, l'autre par leur délaissement. Lorsque, comme à Binaparba, les ancêtres se montrent sourcilleux quant à la correction des attitudes adoptées dans l'atelier, ils en maintiennent à l'écart les entités invisibles car celles-ci se caractérisent par un usage « abusif » des outils. Rien ne viendra perturber la sérénité de l'atelier et les effets stimulants de l'action énergique du soufflet pourront s'exercer au seul bénéfice de l'émulation collective des travailleurs. Lorsque, comme à Bikucaab et dans quelques autres quartiers, faute d'occuper une place de protecteurs attitrés (de type ancêtre tutélaire), les ancêtres ne sont pas en mesure d'intervenir pour tenir éloignés des lieux les entités du monde invisible qui, les premières, enfreignent les codes de bonne conduite implicitement associés à un tel espace, les conséquences en sont que tôt ou tard, pour toutes les raisons que nous avons analysées, ce seront à terme les ressortissants du groupe qui forgeront de manière inconvenante : non plus en « abusant » des outils, mais au contraire en les négligeant au point de s'en passer. Certes, ce faisant ils se livrent à une surenchère qui met en péril la cohésion du groupe, et plus encore, limite ultime, jusqu'à leur vie même. On conçoit qu'il y ait là amplement de quoi justifier l'intervention du doyen soucieux de la perpétuation de son lignage et de l'harmonie en son sein. Pourtant, le parcours effectué jusqu'ici dans la subtilité des catégories bassar semble autoriser une lecture complémentaire qui, sans démentir cette appréhension première, l'enrichit et l'infléchit peut-être quelque peu.

En dédaignant les outils, les protagonistes montrent aussi en quoi ils ne font désormais plus cas des « bonnes manières » associées à la pratique de la forge. Et ce fait à lui seul, sans doute autant que le risque de voir sa descendance s'exterminer, est présenté dans le récit comme à la base de la motivation du doyen lorsqu'il profère son interdiction. Rappelons que s'il commence certes par s'exclamer : « Non, ces enfants, comme ils font, ils feront ainsi pour se tuer », c'est une autre sentence qu'il énonce au moment d'édicter l'interdit qui frappera désormais toute sa descendance : « La forge, qu'ils ne la forgent plus ; ce qu'ils font là, nous, nous ne forgions pas comme ça. » Ce faisant, il exprime un point de vue qui ressemble étrangement à celui qu'on attribuerait aux ancêtres dans le cas du quartier de Binaparba.

Or, qu'est-ce qu'un doyen (sans doute partout en Afrique, mais de manière en tout cas particulièrement explicite chez les Bassar, voir Dugast 1992 : 307-310) sinon un ancêtre en devenir ? C'est lui l'officiant du culte des ancêtres, c'est-à-dire l'intercesseur auprès de ces instances, donc leur interlocuteur privilégié vis-à-vis de l'ensemble de leurs descendants. Sa désignation à cet office est automatique et ne s'encombre d'aucune procédure de type divinatoire, comme c'est le cas pour les principaux autres offices de la société bassar (*utandaan*, un ritualiste responsable d'un *ditaŋgbandi* — entité d'une grande importance chez les Bassar —, et *ubɔti*, chef) : le simple fait d'être le plus âgé de sa communauté suffit pour être « naturellement » reconnu comme celui dont la parole sera prise en considération par les ancêtres.

Pour autant, doyen et ancêtres ne se confondent nullement : tandis que ceux-ci sont ancrés dans le monde invisible et sont en mesure de percevoir aussi bien ce qui y a cours que ce qui se produit dans le monde des hommes, celui-là, à moins d'être un clairvoyant (capacité qui serait de toute façon indépendante de son office) a un champ de perception limité au seul monde visible. De ces aptitudes différentes découle une transformation essentielle. À Binaparba, dans leur opposition aux manières inconvenantes de forger susceptibles de prendre place dans tout atelier de leurs descendants, les ancêtres s'en prennent essentiellement aux entités invisibles puisque cette inconduite est d'abord leur fait. Dès lors, on peut qualifier l'action des ancêtres d'indirectement préventive. À Bikucaab, et partout où le récit est raconté, le doyen, dépourvu de tels pouvoirs, en est réduit à agir de façon « curative » : lorsque son regard de simple humain constate que les « bonnes manières » ne sont plus respectées dans l'atelier, le mal est fait. Ce sont ses dépendants eux-mêmes qui lui en livrent le spectacle. N'ayant à sa portée que de maigres pouvoirs, il en est réduit à édicter l'abandon de la forge par tous les siens. Il le fait toutefois avec les mêmes motifs que ceux qui poussent les ancêtres de Binaparba à interdire l'accès de l'atelier aux intrus indésirables : en déplorant que ses jeunes n'aient su se conformer au bon usage de la forge, défini ici aussi par la manière dont eux-mêmes — lui-même et ses semblables, c'est-à-dire les prédécesseurs des travailleurs actuels — forgeaient. Aux ancêtres de Binaparba qui luttent contre toute manière dévoyée de forger, à commencer par celles ayant cours dans le monde invisible de la part d'entités tout à fait étrangères au groupe, fait écho le doyen de Bikucaab qui, anticipation encore inaboutie des ancêtres, en est réduit à voir les siens outrepasser la norme sous ses yeux. Là où les premiers, visant à assurer la perpétuation de l'activité dans leur quartier, se concentrent sur des entités du monde invisible, potentiellement utilisatrices abusives des outils de la forge, le second, mis devant la scène désolante de ses propres enfants effectivement dédaigneux des mêmes outils, se résignera à en instaurer l'abandon.

Les caractéristiques immuables de la forge

S'il existe bien un rapport de transformation (au sens structural) entre les deux figures centrales que sont, à Binaparba, les ancêtres appréhendés collectivement et, à Bikucaab (ou dans tout autre quartier qui, ayant connu un destin similaire, a recours au même récit pour en rendre compte), le doyen, quelle leçon s'en dégage ? Même là où des croyances solides n'ont pas institué la forge comme activité à laquelle se consacrer de manière exclusive, même là, donc, où divers compromis ont permis l'ouverture vers d'autres activités (dont, principalement, la fonte), la forge conserve néanmoins son caractère de *nciin tundi*, « travail d'intelligence », trait inhérent à sa nature, foncièrement opposée aux activités de type *kumiliŋŋu tundi*, « travail de magie », comme la réduction du fer. Surtout, elle conserve ses propriétés d'activité qui ne peut être conduite que d'une manière jugée adéquate par des instances supérieures, instances toutefois jamais totalement extérieures puisque légitimées par le fait qu'elles ont, en leur temps, forgé précisément de la manière qui convient. Quand la forge est une activité vis-à-vis de laquelle les forgerons sont en rapport d'élection divine (notion qui, chez les Bassar, se décline de manière précise à travers le concept de choix prénatal, étendu ici à tous les membres de la collectivité), elle présente deux caractéristiques notables : elle s'impose à titre exclusif, engageant toute la communauté dans une réelle spécialisation ; elle associe au quotidien les ancêtres à sa mise en œuvre, de sorte que ceux-ci s'impliquent efficacement comme rempart contre les forces de désagrégation d'où qu'elles viennent. Quand ce rapport d'élection divine fait défaut, la propension de la forge à impliquer ceux qui pratiquèrent l'activité par le passé demeure, mais elle ne semble pas résister au processus d'ancestralisation, c'est-à-dire au passage dans l'autre monde : seuls les anciens forgerons encore vivants, au premier rang desquels le doyen, sont en mesure de le faire. Mais ils sont condamnés à le faire trop tard, et avec des moyens comparativement dérisoires : dépourvus des pouvoirs qui reviennent en propre aux ancêtres, ils en sont réduits à faire usage du seul suffisamment efficace dont ils disposent, celui de malédiction, solution radicale qui interdit à jamais la poursuite de l'activité.

Abandonner, perpétuer : les termes d'une transformation

Pour expliquer l'abandon de la forge par leurs aïeux, les ressortissants de Bikucaab — à l'instar de ceux de tous les autres quartiers où pareille évolution est inscrite dans la mémoire historique — ont recours à un récit, toujours le même, dont l'analyse révèle qu'il est une transformation réglée, à la fois globalement inversée et extrêmement concise, concentrée, des représentations en vigueur dans les localités où, à l'image du quartier de Binaparba, l'activité a au contraire connu son plein déploiement et s'est maintenue jusqu'à quelques décennies après l'arrivée des Européens. Cette transformation, et les représentations de divers ordres qui en constituent les termes de part et d'autre, fournissent le cadre dans lequel sont pensés, dans cette société, nombre de faits relatifs aux rapports complexes que certains groupes ont entretenus avec la métallurgie sous ses différentes formes. Les destins historiques contrastés des plus emblématiques de ces groupes, les attributs qui leur sont reconnus en fonction de leur degré d'implication dans leur activité, les conceptions attachées aux activités archétypes que sont la fonte et la forge, l'éventail des possibles en matière de rattachement à l'une ou à l'autre, les conséquences de ces options quant aux rapports, fort complexes, avec diverses entités du monde surnaturel (les ancêtres, le monde de l'origine, les génies de brousse, les êtres globalement associés à l'univers de la sorcellerie), tout cela tient dans le récit rapporté et dans sa transformation majeure que constituent les discours des forgerons de Binaparba sur la nature, à multiples facettes, de leur engagement dans leur activité.

D'un côté (dans la localité de Binaparba, pour suivre l'exemple retenu dans cet article), le fonctionnement harmonieux d'un atelier de forge est conçu comme le produit d'une vocation inscrite dès le monde prénatal à l'échelle de toute une communauté : il apparaît comme la réalisation, ici-bas, d'un idéal souhaité dès le monde de l'origine. Comme tel, il mobilise tous les efforts des ancêtres, disposés, comme l'est un ancêtre *usindaan* vis-à-vis de la personne dont il a rendu possible la venue au monde, à s'investir dans ce projet avec la dernière énergie pour tenter de déjouer toutes les tentatives de subversion venues des entités invisibles malfaisantes. La contrepartie de cet engagement entier des ancêtres est celui exigé des travailleurs, tenus de respecter les préceptes spécifiquement attachés à l'activité de la forge : exclusion de toute forme de magie, part faite à l'apprentissage et au respect du bon usage des outils comme de la hiérarchie entre les artisans, bref, conformation du comportement et des attitudes à toutes les exigences de ce « travail de l'intelligence ». De l'autre (dans le quartier de Bikucaab, principal représentant de cette catégorie de forgerons), où la forge reste une activité qui fait figure d'emblème (comme en témoigne la toponymie), l'engagement envers elle, pour poussé qu'il soit, n'y prend pas le caractère absolu qu'il présente à Binaparba. Surtout, l'absence de croyances en une inscription de l'activité dans le programme prénatal de tout ressortissant de ce quartier laisse transparaître une identification moins forte à l'activité. Ces différences qu'un regard exclusivement « historisant » se bornerait à interpréter comme ne reflétant que les différences de profondeur historique entre les pratiques de forgerons des deux types de communautés, sont transformées, par le système de pensée en présence, en différences de nature soumises aux règles de transformation que nous avons identifiées. De la sorte se construit un cadre de référence qui permet de penser simultanément chacun des termes de cette alternative, cette alternative elle-même, et les multiples connexions avec la constellation de traits que cette étude a fait apparaître.

Des perspectives historiques renouvelées : l'apport de l'étude des systèmes de représentations

C'est donc de façon trompeuse que le récit rapporté se présente comme une tentative maladroite d'échafauder une explication causale d'un événement historique bien circonscrit : l'abandon, par certains groupes qui y étaient pourtant rattachés par un fort sentiment d'identification, et hors de toute contrainte extérieure repérée comme telle, d'une activité aussi cruciale que la forge pour l'économie régionale. En dépit de son apparente prétention à rendre compte d'un fait historique précis, ce récit n'a pas tant vocation à satisfaire une curiosité d'ordre causal qu'à fournir, sous forme extrêmement condensée, un complexe de représentations à la cohérence éprouvée qui soit à même d'offrir à l'auditeur des éléments d'appréciation d'une autre envergure. C'est en s'efforçant de se glisser dans la peau d'un tel auditeur, mobilisant comme lui toutes les références implicites aux divers éléments de la culture bassar qui y sont sollicités, que le lecteur extérieur parvient à son tour à se faire une idée satisfaisante du dispositif symbolique mis en place. Ce faisant, il atteint un degré d'intelligibilité dont l'aurait privé des attentes trop exclusivement orientées vers la production d'éléments d'explication strictement historique.

Pour autant, l'inaptitude de ce récit à répondre à de telles attentes le disqualifie-t-elle comme document utile pour toute entreprise de reconstitution de l'histoire locale ? Nous ne le pensons pas, car ce complexe de représentations, une fois appréhendé pour ce qu'il est, fournit un socle solide à l'échafaudage d'hypothèses relatives aux changements parfois importants qui modifièrent la distribution des rôles dans l'histoire de la métallurgie de cette région. Pour indirecte qu'elle soit, sa contribution dans ce domaine précis n'en serait donc pas moins appréciable.

Sur le versant des études historiques, l'analyse proposée ici doit avant tout être conçue comme une pièce supplémentaire à verser au dossier global, mettant à disposition des recherches futures une grille de lecture plus fine, offrant des critères plus précis. Pour s'en tenir à quelques exemples, la distinction entre deux types de forge, passée inaperçue jusqu'ici, avec leur caractérisation maintenant explicite, devrait apporter un gain notable de perspicacité à toute réflexion sur l'histoire de la métallurgie locale. Cette distinction n'est en effet pas seulement pertinente sur le plan synchronique, affinant notre perception de la diversité des groupes en présence, surtout quant au type de rapport instauré avec leur activité ; elle a aussi une portée non négligeable sur le plan diachronique puisqu'aux deux types de groupes distingués sont associés des devenirs historiques contrastés. Les deux dimensions sont même étroitement liées : la mise en évidence des configurations de traits propres à chacun des types de forge identifiés fait, dans le même mouvement, apparaître certaines prédispositions qui vont peser sur les évolutions historiques respectives des groupes impliqués. À la fragilité manifeste de l'engagement dans l'activité de forge propre à l'archétype de Bikucaab s'opposent ainsi l'ancrage ferme et la stabilité dont font preuve dans le même domaine les groupes correspondant au modèle de Binaparba.

Le plus singulier dans cet exemple est sans doute que des différences aussi tranchées en matière de devenir historique concernent des types de forge que rien ne distingue sur le plan des techniques. Tout repose sur le type de rapport que chacun des groupes entretient avec l'activité à laquelle il est lié. On retrouve ici les considérations développées en ouverture de cet article sur la caractérisation des divers types de relation que les acteurs en présence ont développé avec leur activité métallurgique. Il était notamment question, on s'en souvient, de la différence observable dans ce domaine selon que l'activité considérée était la réduction ou la forge. L'idée, empruntée à B. Martinelli, d'envisager la division des rôles entre « ferriers » et forgerons non seulement sous l'angle de la complémentarité au sein d'une même chaîne opératoire mais aussi et surtout sous celui du degré variable d'engagement dans l'activité correspondante semble avoir dans le cas présent tenu toutes ses promesses. Avec la mise en regard des deux types de forge identifiés, cette idée trouverait même une confirmation d'autant plus convaincante que, s'agissant d'une seule activité (la forge), et qui plus est en l'absence de toute différence de technique d'un cas à l'autre, le critère retenu apparaît comme une variable quasiment autonome, qui n'est plus aussi étroitement inféodée à une activité donnée. Toutefois, un tel décrochement par rapport à l'activité considérée impose en même temps une réévaluation de l'hypothèse.

Domaine technique de production et mode de relation à l'activité

De ce point de vue, l'exemple observé présente l'intérêt supplémentaire d'offrir une version vernaculaire d'une telle caractérisation des diverses activités métallurgiques. Déjà, fonte et forge se distinguent sous ce rapport par de nombreux traits que nous avons exposés tout au long de cette étude, mais dont on peut retenir ceux relatifs à l'origine de l'activité pour les cas les plus emblématiques : pour la fonte, c'est une magie acquise auprès de Dieu par un ancêtre particulièrement puissant, qui fit usage de sa puissance à un moment décisif de sa vie pour, après une ascension très particulière, se trouver en situation de faire une telle acquisition, à son bénéfice propre d'abord, puis à celui de tous ses descendants ; pour la forge, c'est un programme prénatal prenant une dimension collective strictement coextensive au groupe concerné. Jusque-là, l'expression vernaculaire des rapports entre les activités confirme avec une certaine rigueur la pertinence du mode de lecture suggéré à propos des métallurgies africaines : fonte et forge y apparaissent bien conçues non comme deux activités établies sur des bases communes et entretenant entre elles de simples relations de complémentarité, mais comme deux modes de relations, distincts en nature, avec une activité métallurgique. C'est vers cette voie, mais de façon plus radicale encore du fait de l'identité stricte des techniques concernées, que conduit la poursuite de la lecture vernaculaire des types d'activités métallurgiques en présence.

La mise en évidence de deux types de forge clairement discernables en dépit de leurs similitudes techniques rend en effet nécessaire une mutation du regard de l'analyste. Ce n'est plus l'activité en soi, en fonction de ses caractéristiques propres, qui apparaît porteuse d'un type de rapports bien particulier avec le groupe qui s'y engage. Pour une même activité, deux groupes distincts peuvent s'y trouver liés par des relations fort différentes en fonction de considérations établies sur un autre plan. Les faits bassar nous ont ainsi montré que si dans un cas (modèle de Binaparba), la forge serait une activité que Dieu lui-même, par le truchement du sang, aurait introduite dans le corps de tout ressortissant de la localité avant sa naissance (elle serait alors partie intégrante du patrimoine du groupe), dans l'autre (modèle de Bikucaab), elle aurait été acquise à un moment historiquement déterminé, par certains des aïeux du groupe, au cours de leur vie terrestre, auprès d'autres groupes humains (déjà détenteurs de cette spécialité), et ces aïeux l'auraient ensuite perpétuée au sein de leur collectivité. Soit d'un côté un groupe lié à la forge de toute éternité, dans une relation pérenne et surtout atemporelle, et de l'autre un groupe dont le rapport à l'activité s'inscrit dans l'histoire et ne dépend que des relations entre hommes.

Cet exemple montre combien il semble nécessaire, sinon de remettre véritablement en question, du moins de tempérer quelque peu l'idée selon laquelle c'est l'activité en soi qui est porteuse des caractéristiques identifiées. Certes, la double caractérisation, par les Bassar eux-mêmes, de la forge et de la réduction comme étant respectivement *nciin tundi* (« travail de l'intelligence ») et *kumiliŋŋu tundi* (« travail de la magie »), corrobore assez bien l'idée de différences significatives dans la manière dont fondeurs et forgerons s'investissent dans leur activité. En particulier, l'image de la forge comme un artisanat spécialisé au sens plein du terme en ressort confortée. Toutefois, cette corroboration ne fonctionne que tant que l'on s'en tient à ces caractérisations idéales. En somme, tant que l'on restreint le champ de l'observation aux seuls groupes de métallurgistes dont la distribution correspond au modèle « dualiste » de B. Martinelli. L'existence, aux côtés de groupes de forgerons dont le profil semble se conformer à cette figure idéale, d'autres groupes engagés dans la même activité mais avec un profil tout différent, montre pour sa part les limites du modèle, ou à tout le moins en souligne le caractère relatif. S'il y a bien plusieurs manières de s'investir dans une activité centrée autour du fer, s'il est vrai que ces manières sont qualitativement distinctes, si enfin l'on ne peut nier que la forge se distingue par une tendance à s'instaurer comme activité spécialisée au sens plein du terme (avec un caractère d'exclusivité que ne semble pas exiger, au même degré en tout cas, l'activité de réduction du minerai), toutes ces propositions ne pèsent néanmoins pas tout à fait du même poids. Il semble en particulier que les deux premières imposent ses limites à la troisième. Même si la forge, considérée en soi, est incontestablement une activité qui tend à s'imposer à titre exclusif, c'est là une dominante qui ne s'impose pas à tout coup et qui connaît des exceptions du fait de la variabilité toujours offerte quant à la manière dont il est possible de s'engager dans une activité. Toutefois la dimension temporelle semble redonner l'avantage à cette dominante : les exemples qui la contredisent — dont l'existence ne peut être contestée — ne perdurent en effet pas au-delà d'une certaine durée. C'est l'instabilité caractéristique de ces configurations sur laquelle nous avons attiré l'attention dès l'introduction et dont le récit analysé condensait l'expression vernaculaire.

Si parmi les propositions théoriques de B. Martinelli l'idée d'un couplage entre l'activité de forge et une véritable spécialisation artisanale semble devoir être pondérée — bien que conservant son intérêt sur un plan général —, celle, plus générale ou plus abstraite, relative à la diversité des façons de s'investir dans une activité métallurgique paraît porteuse de vertus heuristiques dépassant les seuls domaines retenus par l'auteur. L'exemple bassar conduit en effet à fractionner l'entité « forgerons » en deux unités qui ne sauraient mieux être distinguées — et c'est là qu'on retrouve tout l'intérêt de la démarche préconisée par B. Martinelli — qu'en prêtant attention à la manière dont les groupes concernés sont engagés dans leur activité. Ce critère devient ainsi un puissant outil de description et de catégorisation des groupes de métallurgistes.

Bibliographie

Cartry, Michel 1979. « Du village à la brousse ou le retour de la question. A propos des Gourmantché du Gobnangou (Haute-Volta) », dans M. Izard et P. Smith (éds), *La fonction symbolique. Essais d'anthropologie*, Paris, Gallimard (« Bibliothèque des Sciences Humaines ») : 265-288.

Cartry, Michel 1987. « Le suaire du chef », dans M. Cartry (éd.), *Sous le masque de l'animal. Essais sur le sacrifice en Afrique noire*, Paris, Presses Universitaires de France, (« Bibliothèque de l'École des Hautes Études, Sciences religieuses » 88) : 131-231.

Cornevin, Robert 1962. *Les Bassari du Nord-Togo*. Paris, Berger-Levrault (« Mondes d'Outre-Mer »).

de Barros, Philip 1985. *The Bassar : Large Scale Iron Producers of the West African Savanna*. PhD. thesis, Los Angeles, University of California.

Dugast, Stéphan 1986. « La pince et le soufflet : deux techniques de forge traditionnelles au Nord-Togo ». *Journal des africanistes* LVI (2) : 29-53.

Dugast, Stéphan 1992. *Rites et organisation sociale : l'agglomération de Bassar au Nord-Togo*. Thèse de doctorat, Paris, EHESS.

Dugast, Stéphan 2004. « Une agglomération très rurale. Lien clanique et lien territorial dans la ville de Bassar (Nord-Togo) ». *Journal des Africanistes* (numéro spécial : *Cité-état en Afrique et statut politique de la ville en Afrique et ailleurs*) 74 (1-2) : 203-248.

Dugast, Stéphan 2009. « Le rite de *tigiikaal* pour les génies de marigot (Bassar du Togo) », dans Michel Cartry, Jean-Louis Durand, Renée Koch Piettre (éds), *Architecturer l'invisible. Autels, ligatures, écritures*, Turnhout, Brepols (« Bibliothèque de l'École des Hautes Études, Sciences Religieuses » 138) : 153-220.

Dugast, Stéphan 2010. « Figures voltaïques du destin prénatal. Du soleil personnel au conjoint de rivière chez les Bassar du Togo ». *Incidence* 6 : 237-268.

Hahn, Hans-Peter 1997. *Techniques de métallurgie au Nord-Togo*. Presses de l'UB, Lomé, Université du Bénin, Faculté des Lettres et Sciences Humaines (« Patrimoines » 6).

Herbert, Eugenia W. et Goucher, Candice 1987. Resource Guide for « The Blooms of Banjeli : Technology & Gender in West African Ironmaking », Watertown, Documentary Educational Resources.

Hupfeld, Friedrich 1899. « Die Eisenindustrie in Togo ». *Mitteilungen von Forschungreisenden und Gelehrten aus den deutschen Schutzgebieten*, XI : 175-194.

Langlois, Olivier 2006. « De l'organisation bipartite du travail du fer dans les monts Mandara septentrionaux ». *Techniques et culture* (numéro spécial : *Spécialisation des tâches et société*) n° 46-47 : 175-209.

Martinelli, Bruno 1982. *Métallurgistes bassar : technique et formation sociale*. Lomé, Université du Bénin, Institut national des sciences de l'éducation (« Études et documents de sciences humaines, série A » 5).

Martinelli, Bruno 1992. « Agriculteurs métallurgistes et forgerons en Afrique soudano-sahélienne ». *Études rurales* 125-126 : 25-41.

Robion-Brunner, Caroline 2010. *Forgerons et sidérurgie en pays dogon. Vers une histoire de la production du fer sur le plateau de Bandiagara (Mali) durant les empires précoloniaux*. Journal of African Archaeology Monograph Series, Vol. 3 (« Peuplement humain & paléoenvironnement en Afrique de l'Ouest » 1).

Sperber, Dan 1974. *Le symbolisme en général*. Paris, Hermann (« Savoir »).

Lecture historique, économique et spatiale de la production sidérurgique : les sites de réduction du village de Wol (pays dogon, Mali)

Caroline ROBION-BRUNNER
TRACES-UMR 5608, Toulouse

Depuis 2002, dans le cadre du projet international et interdisciplinaire « Peuplement humain et évolution paléoclimatique en Afrique de l'Ouest » dirigé par Eric Huysecom, un volet paléométallurgique s'est donné pour but d'étudier le développement de la production du fer en pays dogon, depuis ses origines jusqu'à nos jours. Dans l'état actuel de nos connaissances (2010), une centaine de sites de réduction ont été pour la première fois répertoriés, cartographiés et étudiés. Florissante entre le 11e et le 19e siècle de notre ère, la production traditionnelle du fer dans cette région d'Afrique a cessé progressivement à partir du 20e siècle, supplantée par les importations de fer européen. Au moins sept traditions techniques ont été caractérisées dans différentes zones géographiques. Selon le volume des déchets métallurgiques et leur organisation spatiale, les sites de réduction semblent avoir alimenté des marchés différents. De petits ateliers fonctionnaient dans le cadre d'une économie locale, produisant du fer uniquement pour le village des sidérurgistes. Quelques établissements jouaient un rôle dans l'économie régionale et leurs produits étaient distribués à l'échelle du pays dogon. Dans ces villages, la sidérurgie était une activité économique importante. Enfin, certaines localités avaient mis en place une production intensive, où le surplus était destiné à un marché extérieur. Le développement de l'industrie sidérurgique a entraîné une profonde modification du paysage par l'exploitation des ressources naturelles (minerai, bois, argile, etc.) et par l'aménagement des différents secteurs d'activités (extraction, réduction, forgeage). L'étude de ces vestiges matériels (puits de mine, fourneaux, déchets métallurgiques, etc.) et de leurs inscriptions géographiques permet de reconstituer l'histoire de la production du fer car ils sont la matérialisation de la mémoire des métallurgistes. Dans cet article, nous allons associer la démarche de l'archéogéographie aux données issues de l'ethnohistoire. Cela nous conduira à placer le territoire au centre de notre questionnement car il procède de la combinaison de références spatiales, symboliques et temporelles. Mais il est tout autant l'expression de l'histoire des hommes et de leur société, et le reflet d'un « enracinement culturel » dynamique et permanent de ces derniers. Nous baserons notre démonstration sur l'analyse de l'organisation spatiale et temporelle d'un atelier sidérurgique dogon, (Wol, plaine du Séno).

Fer, production, agriculteur, système dualiste, territoire, ethnohistoire, archéologie, pays dogon, Mali.

Since 2002, within the framework of the international and interdisciplinary research project "Human Demographic and Paleoclimatic Changes in West Africa," directed by Eric Huysecom, a paleometallurgical element was added whose objective was to study the rise of iron production in Dogon Country, from its origins to the present. As of 2010, about one hundred iron smelting sites have been located, mapped, and studied for the first time. Flourishing between the 11th and 19th centuries, traditional iron production was gradually replaced by European imports from 1900 onwards. At least seven different technological traditions have been characterized in different geographic areas. Based on the levels of metallurgical waste and site spatial organization, iron smelting was apparently geared toward markets of different scales. Small production sites or workshops were for local, probably village consumption. Others were oriented toward regional production within Dogon Country. For these smelting villages, ironworking was a major economic activity. Finally, in certain areas, intensive, large-scale production was oriented toward the sale of iron in foreign or external markets. The rise of regional and large-scale iron production had profound effects on the landscape due to the exploitation of natural resources (ore, charcoal, clay, etc.) and the development of ironworking sectors (mining, smelting, smithing). The study of the material remains of these activities (mine shafts, furnaces, blacksmith forges) and their effects on the terrain has permitted the reconstruction of iron production histories. In this paper, we are going to integrate the archaeogeographical data with that from ethnohistory. This will bring the region into focus using a combination of spatial, symbolic, and temporal reference points. And, this territorial or regional focus will also express the history of a people and their society and the reflect the dynamic and permanent creation and development of its cultural roots. We will base our presentation on the analysis of the spatial and temporal dimensions of iron production at the Dogon metallurgical site of Wol in the Seno Plain.

Iron, production, farmer, dualist system, landscape, ethnohistory, archaeology, Dogon Country, Mali.

Introduction

La production du fer se caractérise par une longue chaîne opératoire durant laquelle le minerai subit des changements physiques et chimiques importants. Pour que cette substance naturelle se transforme en produit fini, plusieurs individus aux compétences et savoirs complexes sont mobilisés. Ils ont pour mission de réaliser une suite d'opérations techniques que l'on peut regrouper en trois grandes étapes, l'acquisition des matières premières (minerai, combustible et matériaux de construction), la réduction du minerai de fer et la fabrication des demis-produits et des produits finis. Ainsi, contrairement à d'autres artisanats (la poterie, le tissage, la tannerie), cette activité ne peut être entreprise par une seule personne.

Dans la littérature scientifique, nous retrouvons plusieurs termes pour nommer les hommes participant à la production du fer : métallurgistes, sidérurgistes, ferriers, mineurs, fondeurs, forgerons, etc. Toutefois, rares sont les chercheurs qui ont défini ce que recouvraient ces appellations. Il est donc difficile d'identifier précisément le travail effectué par les différents acteurs de la sidérurgie et de connaître leur statut social afin de reconstituer le contexte historique de cette activité.

En Afrique noire, c'est le terme de forgeron que l'on retrouve le plus souvent dans les recherches ethnographiques pour parler de celui qui travaille le fer. Ce nom générique, employé indifféremment pour évoquer la réduction du minerai de fer ou le forgeage d'un objet, recouvre souvent une dimension plus sociale et symbolique que technique (Francis-Bœuf 1937, Dugast 1955, Ardouin 1978, Jonckers 1979, Gardi 1989). Les observateurs ont privilégié plutôt l'analyse des mythes relatifs au fer et au forgeron que la description de l'ensemble des opérations sidérurgiques. De plus, ils ont fréquemment étendu à la production du fer ce qu'ils ont observé pour la forge. La raison étant que cette dernière phase de la métallurgie est toujours vivante à l'heure actuelle, alors que la réduction du minerai a disparu, généralement il y a plus d'un demi-siècle. Toutefois, le forgeron n'est pas forcément celui qui maîtrise l'ensemble de la chaîne opératoire. La confusion entre forgeron et sidérurgiste entraîne alors une mauvaise perception de l'organisation politique, sociale et économique qui régit la production du fer.

Grâce aux recherches de terrain entreprises par Bruno Martinelli au Togo, Burkina Faso et Mali (1992, 1993, 2000 et 2002) et Olivier Langlois au Cameroun (2005-2006), l'identité sociale et technique des métallurgistes ont été pour la première fois conjointement abordées. Leurs travaux ont permis d'établir la diversité et la complexité des systèmes organisationnels de la production du fer en Afrique de l'Ouest et d'en distinguer trois principaux :

- Un système « dualiste », dans lequel les opérations de réduction et de forge sont systématiquement conduites par des personnes distinctes [les agriculteurs exploitaient et réduisaient le minerai de fer ; les forgerons forgeaient et transformaient le métal en objet] ;

- Un système « unitaire », dans lequel les opérations de réduction et de forge sont assurées par les mêmes acteurs (que nous appellerons alors « fondeurs-forgerons ») ;

- Un système « mixte », dans lequel des opérations de réduction sont menées indifféremment par des forgerons et des agriculteurs » (Langlois 2005-06 : 179).

Ce schéma, intégrant à la fois des notions technologiques, économiques, sociales et politiques, envisage la production du fer dans un contexte général et discute la chronologie d'apparition des différentes organisations socio-économiques. Ainsi, il pose la question de la spécialisation des tâches et de leur évolution dans l'histoire des techniques. Bruno Martinelli (2000) propose un accroissement toujours plus important de la spécialisation des activités :

- La métallurgie a été mise en place par des individus non-spécialistes dont l'activité principale serait la chasse, l'élevage ou l'agriculture ;

- L'augmentation et la généralisation de la production sidérurgique ont entraîné une spécialisation des tâches où la forge, puis l'extraction et la réduction seraient réservées à des populations dédiées à ces activités ;

- Certaines formations étatiques du passé ont fait le choix de stratifier leur société et de mettre en caste leurs artisans spécialistes.

En Afrique sahélienne, il semble que le système unitaire, où des forgerons castés maîtrisaient l'ensemble de la chaîne opératoire de la sidérurgie, soit très largement représenté. Cette organisation des tâches s'intègre parfaitement dans l'organisation hiérarchisée des populations mandingues où les artisans sont rassemblés au sein de groupes de spécialistes endogames. Le système dualiste est quant à lui rarement décrit par les observateurs, il apparaît comme plus anecdotique voire une persistance d'une ancienne situation au sein de sociétés segmentaires sans pouvoir politique pérenne et centralisé.

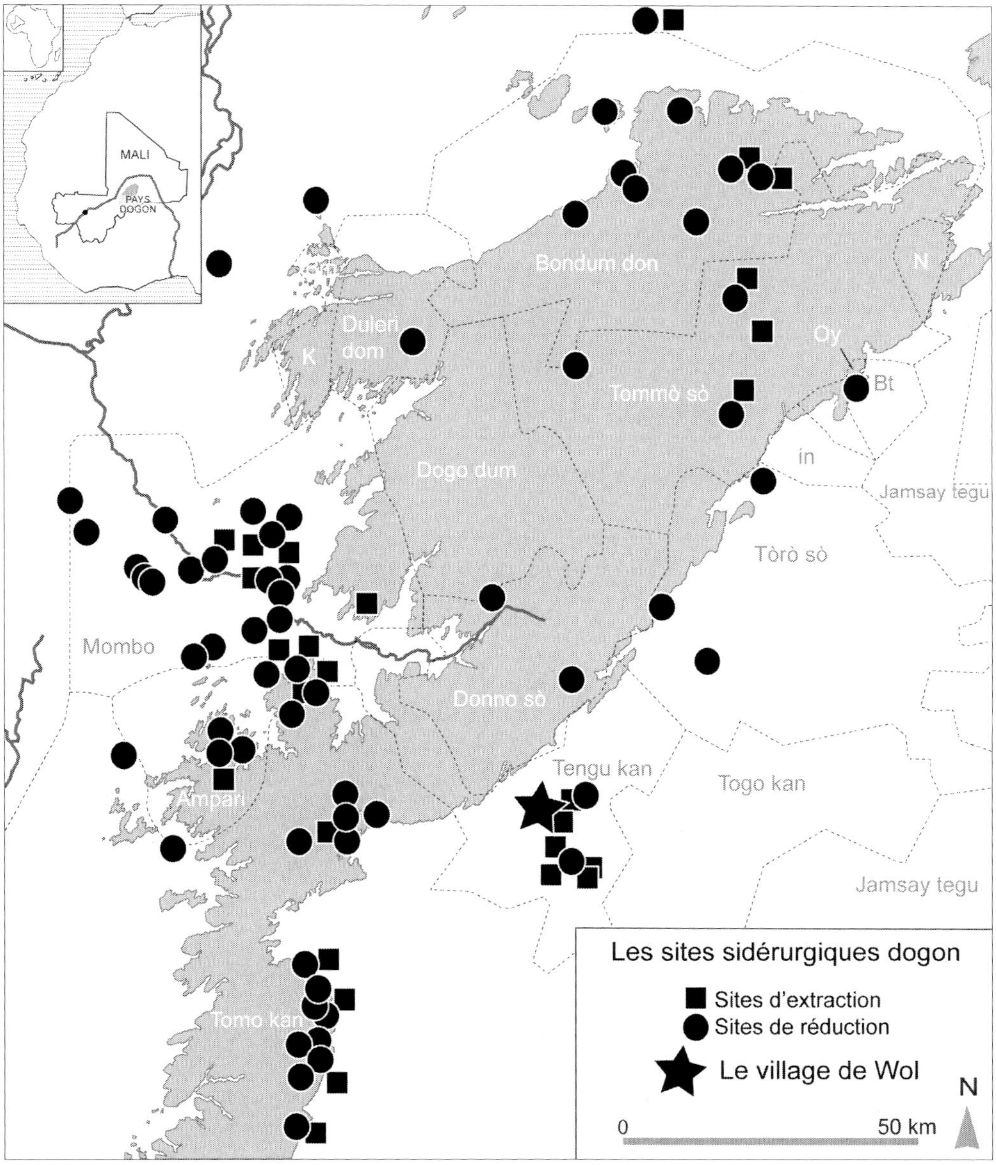

Fig. 1 : Localisation des sites sidérurgiques dogon

Afin de poursuivre ce débat, nous souhaitons à l'occasion de cet article décrire minutieusement un exemple d'organisation dualiste de la production du fer. Le village de Wol (Fig. 1), situé dans la plaine du Séno (pays dogon, Mali), a accueilli jusqu'au milieu du 20ème siècle un district sidérurgique dont l'exploitation était conduite uniquement par la catégorie sociale des agriculteurs (Robion-Brunner 2010). L'importance des données ethnohistoriques et archéologiques recueillies durant nos missions de terrain[1] nous permettent d'analyser les relations entre histoire du peuplement, inscription territoriale et activités sidérurgiques et de montrer dans le cadre d'un système dualiste l'analogie symbolique liant maîtrise de terres et exploitation-transformation des ressources naturelles (bois, minerai, céréales, etc.). La comparaison des perceptions des espaces du passé par les populations actuelles et des reconstitutions archéologiques élaborées à partir de l'étude des vestiges matériels rendra compte des valeurs accordées par les hommes à leurs lieux de transformation du minerai de fer. Nous verrons alors apparaître le rôle des géosymboles (Bonnemaison 1997, Guillaud 2008) comme lieux de mémoire des systèmes politiques, économiques et sociaux.

[1] Les données présentées dans cet article sont le résultat de 10 missions de terrain menées à bien par une équipe composée de C. Robion-Brunner (Univ. de Genève), V. Serneels, S. Perret, R. Soulignac, M. Mauvilly (Univ. de Fribourg), B. Eichhorn (Univ. de Francfort), B. Traoré (Univ. de Bamako), A. Dembélé (Mission Culturelle de Bandiagara) et A. Tessougné. Par ailleurs, de nombreux villageois dogon ont été engagés pour les enquêtes ethnohistoriques et les interventions archéologiques.

	Jèmè-na	Jèmè-irin	Jèmè-yélin
Localisation géographique	Plaine du Séno Yarenga (Burkina Faso)	Falaise Plateau de Bandiagara	Plaine du Séno Plateau méridional
Origine identitaire	Forgerons mythiques	Captifs / anciens agriculteurs	Forgerons du Mandé récemment venus
Savoir technique	Métallurgistes	Simples forgerons	Métallurgistes
Localisation de leurs habitations	Groupées dans des villages de forgerons	Isolées dans les villages dogon	Groupées (quartier) dans les villages dogon
Détenteurs de terres	Oui, mais cultivées par les Dogon	Non	?

Tab. 1 : Eléments de différentiation entre les Jèmè-na, les Jèmè-irin et les Jèmè-yélin

La production du fer en pays dogon durant les empires précoloniaux

Le patrimoine sidérurgique du pays dogon

Depuis 2002, nos recherches effectuées dans le cadre du programme interdisciplinaire et international « Peuplement humain et évolution paléoclimatique en Afrique de l'Ouest », dirigé par le Professeur Eric Huysecom[2], ont permis de révéler l'extraordinaire patrimoine sidérurgique et la richesse des traditions orales concernant l'histoire des techniques du travail du fer en pays dogon (Robion-Brunner 2010). Cette région du Mali, située à l'est du delta intérieur du Niger (Fig.1), jouxte la frontière nord du Burkina Faso (entre 13°30' et 15° de latitude nord et entre 2° et 4° longitude ouest). Elle présente des caractéristiques morphologiques originales qui se répartissent en quatre zones géographiques différentes : le plateau et la falaise de Bandiagara, la plaine du Séno et les massifs de grès du Gourma (Daveau 1959 ; Huet 1994). Son climat est de type soudano-sahélien, défini par la succession, au cours de l'année, de deux saisons, l'une sèche et l'autre humide, et par un couvert végétal surtout herbacé, la savane et des reliques forestières (Le Drezen et al. 2006 ; Le Drezen 2008). Cette région, habitée essentiellement par les Dogon, agriculteurs sédentaires, se caractérise par une mosaïque linguistique (Hochstetler et al. 2004 ; Blench et Douyon 2006) doublée d'interactions culturelles complexes. L'organisation sociale de cette ethnie est à la fois lignagère, villageoise et clanique (Paulme 1940, rééd. 1988 ; Bouju 1984 ; Jolly 2003). Comme la majorité des sociétés d'Afrique de l'Ouest, elle est stratifiée en trois catégories : les agriculteurs, les artisans spécialisés et endogames et les esclaves (Deliège 1993 ; Tamari 1997 ; Beridogo 2007 ; Herrenschmidt 2007). Les forgerons appartiennent à la deuxième catégorie. Dans la littérature ethnographique (Paulme 1940, rééd. 1988, Huysecom 2001), trois castes de forgerons sont identifiées au pays dogon - les Jèmè-irin, les Jèmè-na et les Jèmè-yélin. Elles sont réparties dans des espaces géographiques divers et possèdent chacune un savoir métallurgique différent (Tab. 1).

Plus d'une centaine de sites sidérurgiques, principalement des fourneaux de réduction et des amas de scories, ont été pour la première fois répertoriés, cartographiés et étudiés (Fig. 1). La plupart de ces sites sidérurgiques ont progressivement cessé leur activité au cours du 20ème siècle, supplantée par les importations européennes. Quelques ateliers ont toutefois subsisté jusqu'au milieu du siècle dernier. Les traditions orales attestent que la grande majorité des ateliers de réduction connus sur le plateau dogon étaient en activité au cours des 16ème et 19ème siècles. Pour les périodes plus anciennes, les datations par la méthode du carbone 14 sur les charbons provenant de fouilles archéologiques de six sites attestent d'une activité importante et continue depuis le 11ème siècle de notre ère (Fig. 2). La production du fer sur le plateau de Bandiagara est donc contemporaine du développement des empires médiévaux de la vallée du Niger (empire du Mali et empire Songhaï). Elle débute avant la date admise pour la première vague de peuplement des Dogon, située en général autour du 13ème siècle de notre ère, et se prolonge après l'installation de cette nouvelle

[2] Eric Huysecom, professeur au département d'anthropologie de l'Université de Genève (Suisse) et au département d'histoire et d'archéologie de Bamako (Mali).

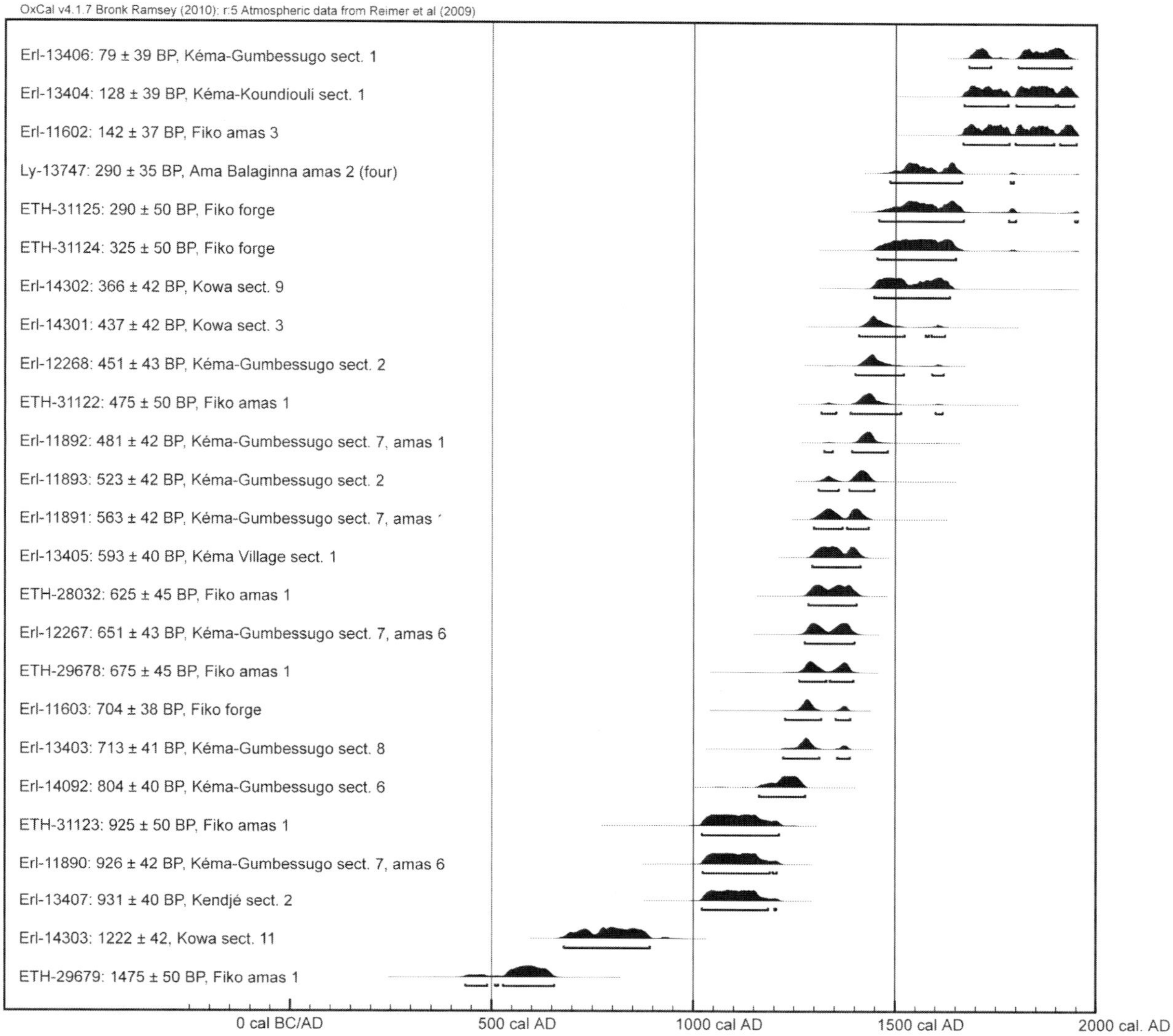

Fig. 2 : Datations radiocarbones des sites sidérurgiques dogon

population (Griaule 1938, Gallay et al 1995).

L'existence d'une activité productive antérieure à l'an 1000 n'est pas encore clairement démontrée, mais au moins deux dates plus anciennes (6ème et 8ème siècle de notre ère) ont été obtenues dans les couches de débris métallurgiques de deux sites métallurgiques distincts (Fig. 2). Par contre, les fouilles entreprises sur l'abri rituel de Dangandouloun, la grotte funéraire C de Sanga (phase 2 ou tellem ancien) et les sites d'habitat de Damassogou, de Nin-Bèrè 1 et 3, d'Amabéré-Dougon et de Songona ont permis de mettre à jour des objets en fer, ainsi qu'un morceau de fer brut datés du 1er millénaire de notre ère (Mayor 2003, 2005 ; Huysecom et al. 2010) (Fig. 3). Ainsi, avant l'arrivée des premiers Dogon, la région était occupée par des populations utilisant des objets en fer appartenant à différentes catégories – pointes de fer, anneaux, tiges, haches, daba, couteaux, etc. – et maîtrisant éventuellement les processus techniques de réduction du minerai de fer.

La classification des sites de réduction en sept traditions sidérurgiques

En prenant en compte à la fois des critères technologiques, culturels et économiques, nous distinguons actuellement sept traditions sidérurgiques au pays dogon (Fig. 4). Les traditions sidérurgiques identifiées au pays dogon montrent à la fois des parentés et des différences significatives (Tab. 2).

D'un point de vue technologique, elles appartiennent toutes à la méthode directe avec séparation de la scorie et du fer, leurs bas fourneaux possèdent une superstructure et la combustion du charbon de bois est assurée par une ventilation naturelle (Tab. 2). L'étude macroscopique et morphologique des scories et l'évaluation quantitative des différents types de déchets métallurgiques ont permis de distinguer deux modes d'évacuation des déchets (Tab. 2). Dans les traditions Fiko, Ouin, Ama,

Traditions sidérurgiques	Fiko	Ouin	Ama	Tinntam	Aridinyi	Wol	Enndé
Langue	Mombo	Ampari	Tomo kan	Bondum don	Tomo kan	Tengu kan	Tengu kan Tomokan Mombo
Nb. de sites de réduction	17	5	4	3	9	5	environ 7
Morphologie de la cuve	Elliptique	Circulaire	Circulaire	Circulaire	Circulaire	Circulaire	Circulaire
Nb. d'embrasures	environ 20	8	5	9	5	6	5
Nb. de porte	1	1	1	1	1	1	1
Matériaux de construction	Scories de fond	Scories de fond, briques losangiques	Scories de fond, briques, tuyères, moellons de grès	Moellons de grès, scories de fond, tuyères	Blocs de scories	Scories, briques quadrangulaires	Scories
Morphologie des tuyères	Section quadrangulaire	Section triangulaire ou ogivale	Section circulaire dont une extrémité bouchée par de la scorie	Section circulaire, parfois tuyère double	Section circulaire, parfois tuyère double	Section circulaire avec une facette aplatie	Section circulaire
Type majoritaire de scories	Scories coulées	Scories coulées	Scories coulées	Scories coulées	Scories internes en forme de bloc	Scories coulées	Scories coulées internes
Organisation spatiale	2 fourneaux au centre d'un amas fermé	1 fourneau au centre d'un amas ouvert	1 fourneau au centre d'un amas ouvert	1 à 2 fourneaux au centre d'un amas fermé	1 fourneau au centre d'un amas ouvert	1 ou plusieurs fourneaux au centre d'une butte	1 fourneau associé à plusieurs tas
Vol. de déchets par site	2 000 / 60 000 m^3	70 / 500 m^3	50 / 550 m^3	50 / 30 000 m^3	500 m^3	3 000 m^3	500 m^3
Vol. total de déchets	> 200 000 m^3	> 2 500 m^3	< 2 000 m^3	> 30 000 m^3	> 50 000 m^3	> 10 000 m^3	> 10 000 m^3
Sites fouillés	Fiko (2003-10) Kéma koundiouli (2005) Gumbessugo (2009) Kéma (2009) Kendjé (2009) Kowa (2009)	Ouin 1 (2002,2007) Ouin 4 (2007)	Ama balaginna (2006)	Tintann (2008)	Aridinyi (1996) Kobo (2004)	Sokora (2010)	Enndé (2004) Sokora (2010)

Tab. 2 : Récapitulatif des principales caractéristiques de chaque tradition sidérurgique dogon

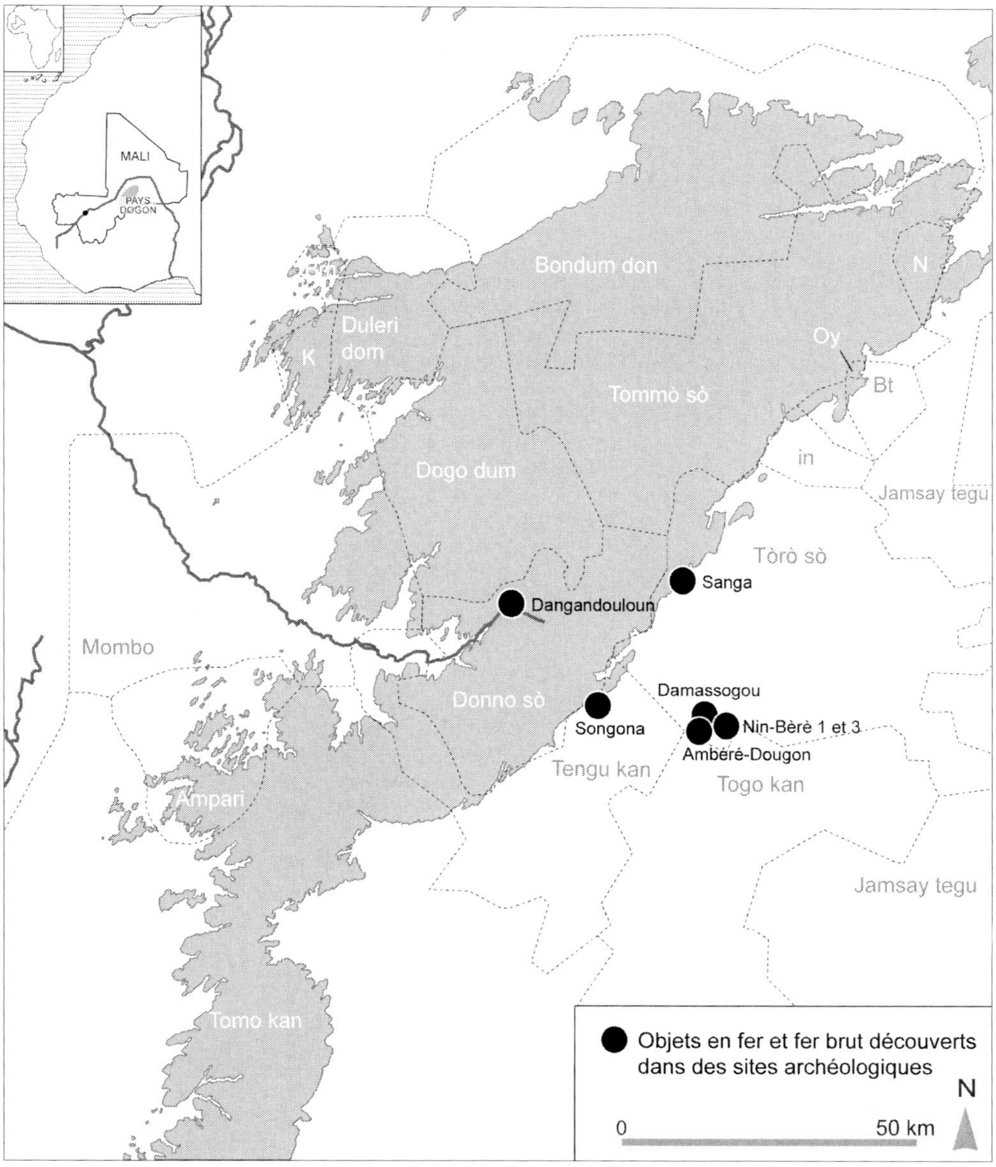

Fig. 3 : Localisation des objets en fer et du morceau de fer brut découverts lors de fouilles archéologiques

Tinntam et Wol, la séparation de la scorie et du métal est latérale, les scories externes coulées sont majoritaires. Dans les traditions Aridinyi et Enndé, la séparation est verticale, les scories internes sont majoritaires. Notons que, dans ce second groupe, le type de scories internes obtenu n'est pas identique. Dans la tradition Enndé, les scories internes sont coulées, alors que dans la tradition Aridinyi, ce sont de gros blocs formés au fond de la cuve.

D'un point de vue morphologique (Tab. 2), les fourneaux de ces traditions montrent une grande diversité architecturale. Dans une aire géographique restreinte, les sidérurgistes dogon ont fait preuve de dynamisme et de créativité dans la réalisation des structures de réduction. La majorité des fourneaux ont une cuve de section circulaire, une porte pour évacuer les scories et le produit brut et sont bâtis à l'aide de scories. Toutefois, le nombre des embrasures, la présence ou l'absence d'escalier ou de regard et la nature des matériaux de construction divergent. Au final, aucune tradition ne possède exactement la même structure de réduction.

Sur le plan économique (Tab. 2), l'organisation spatiale et le volume de scories témoignent d'une grande diversité de taux et d'intensité de production. Certes, généralement, les sites sidérurgiques se composent d'un ou de plusieurs amas au centre desquels émergent un fourneau. Cependant, la tradition Fiko se distingue par des sites composés d'énormes cratères de déchets contenant une batterie de deux fours. Elle totalise un volume de scories autour des 300'000 tonnes. Les traditions Ouin, Tinntam, Wol, Ama et Aridinyi comprennent quant à elle une majorité de sites au volume compris entre 1'000 et 10'000 m^3 de

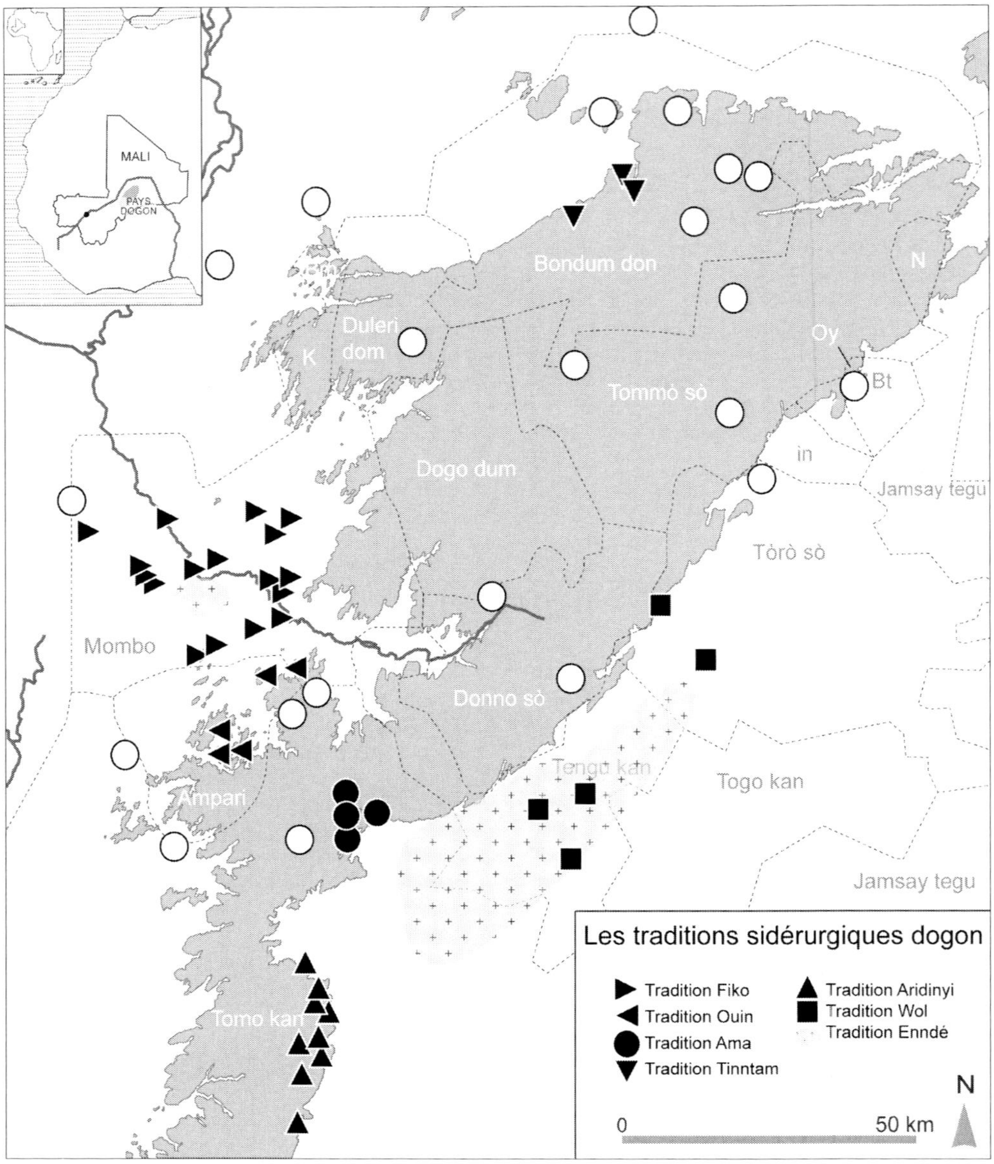

Fig. 4 : Localisation des sept traditions sidérurgiques dogon

scories et un site dépassant les 10'000 m³. L'emplacement, l'organisation spatiale et le volume des déchets de la tradition Enndé montrent des sites de réduction plus modestes composés de petits tas de scories éparpillés.

L'organisation des ateliers

Malgré d'importante variation dans le volume des déchets selon les sites et les traditions sidérurgiques, nous constatons une organisation spatiale récurrente.

Les ateliers de réduction sont établis à proximité des habitations. Ils sont constitués de plusieurs aires de travail entourées par des rejets de scories formant des anneaux accolés ou emboîtés. Certains amas sont isolés et établis à quelques mètres de cette concentration (Fig. 5). Que signifie cette répartition spatiale des ateliers et comment l'interpréter d'un point de vue historique ?

Les relations entre ces structures laissent penser que certaines ont pu être en activité de manière contemporaine au moins pendant la dernière période de fonctionnement. Il semble qu'il y ait eu, au début de l'installation, une ou deux aires de travail, puis que d'autres aient été mises en place à proximité. Au cours de leur développement, les accumulations de déchets tendent à se recouvrir et à s'enchevêtrer. Les aires de réduction se déplaçant au fur et à mesure acquièrent au final la forme de grappe[3].

Pour mieux comprendre et reconstituer l'histoire

[3] Ce développement des sites de réduction en grappe a été observé et étudié lors des sondages effectués sur différents secteurs du complexe Kéma (complexe appartenant à la tradition Fiko, Huysecom et al. 2010).

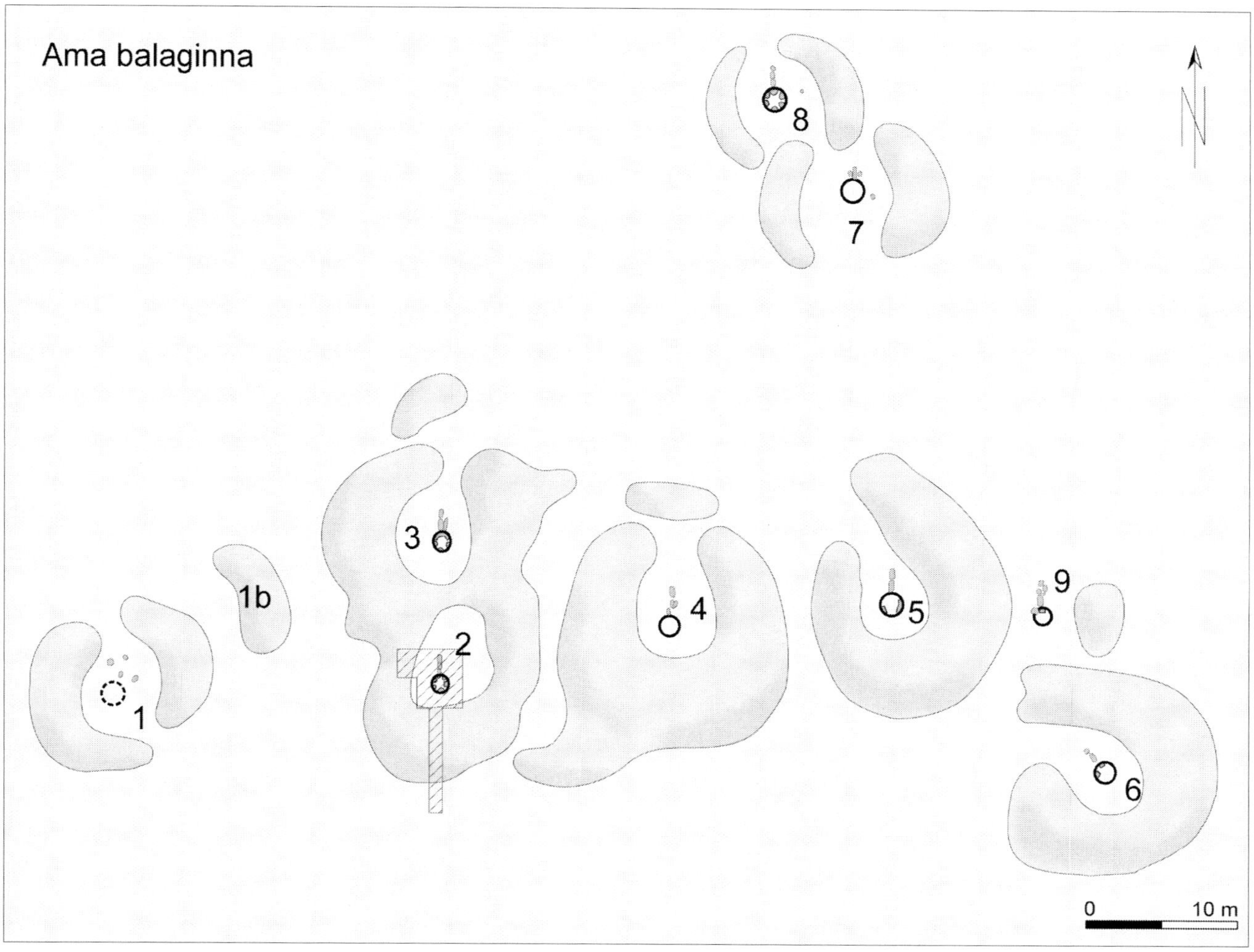

Fig. 5 : Organisation spatiale du site Ama balaginna (relevé topographique)

d'un atelier de réduction du minerai de fer, nous allons analyser le(s) discours des villageois de Wol sur la fondation de leur agglomération et sur l'organisation d'une saison de production sidérurgique (Fig. 1).

Le village de Wol, plaine du Séno

La cartographie de l'agglomération

Deux missions de terrain (au total une quinzaine de jours) passées à Wol nous ont permis de constituer une documentation orale significative sur l'histoire du village et de la production traditionnelle du fer et de cartographier les différentes aires de production du métal et des objets (sites d'extraction, de réduction et de forgeage).

Le village actuel de Wol, installé dans la partie de la plaine du Séno qui jouxte la falaise de Bandiagara, se compose de cinq quartiers (Fig. 6) : Wol maoundé, associé aux fondateurs de l'agglomération, Wol lé, Wol anakanda, Wol konsogou et Wol Kadiel.

Les sites d'extraction du minerai de fer sont au nombre de deux et sont situés au sud du village à une dizaine de kilomètres. Il s'agit d'un ensemble de puits de mine, aujourd'hui partiellement comblés. Des aires de concassage et de triage sont visibles à proximité.

Actuellement, les sites sidérurgiques se répartissent en périphérie et à l'intérieur des différents quartiers de Wol. Ils constituent au total 11 amas de déchets appartenant tous au même groupe technique. Leur assemblage métallurgique est morphologiquement identique et dans des pourcentages équivalents. Il se compose majoritairement de scories coulées (60%), associées à des scories argilo-sableuses (15%), à des scories de fonds de four (5%) et du matériel argileux (20%). Les scories coulées externes se présentent sous la forme de fragments de plaque. Ces derniers sont souvent courbes, avec une surface très lisse et l'autre pouvant être soit incrustée de petits grains de sable (surface inférieure au contact avec le sol), soit froissée par un flux à l'état visqueux (surface supérieure en contact avec l'air). La géométrie de ces coulures particulières correspond en fait à des écoulements venant remplir des petites dépressions ou canaux. Au

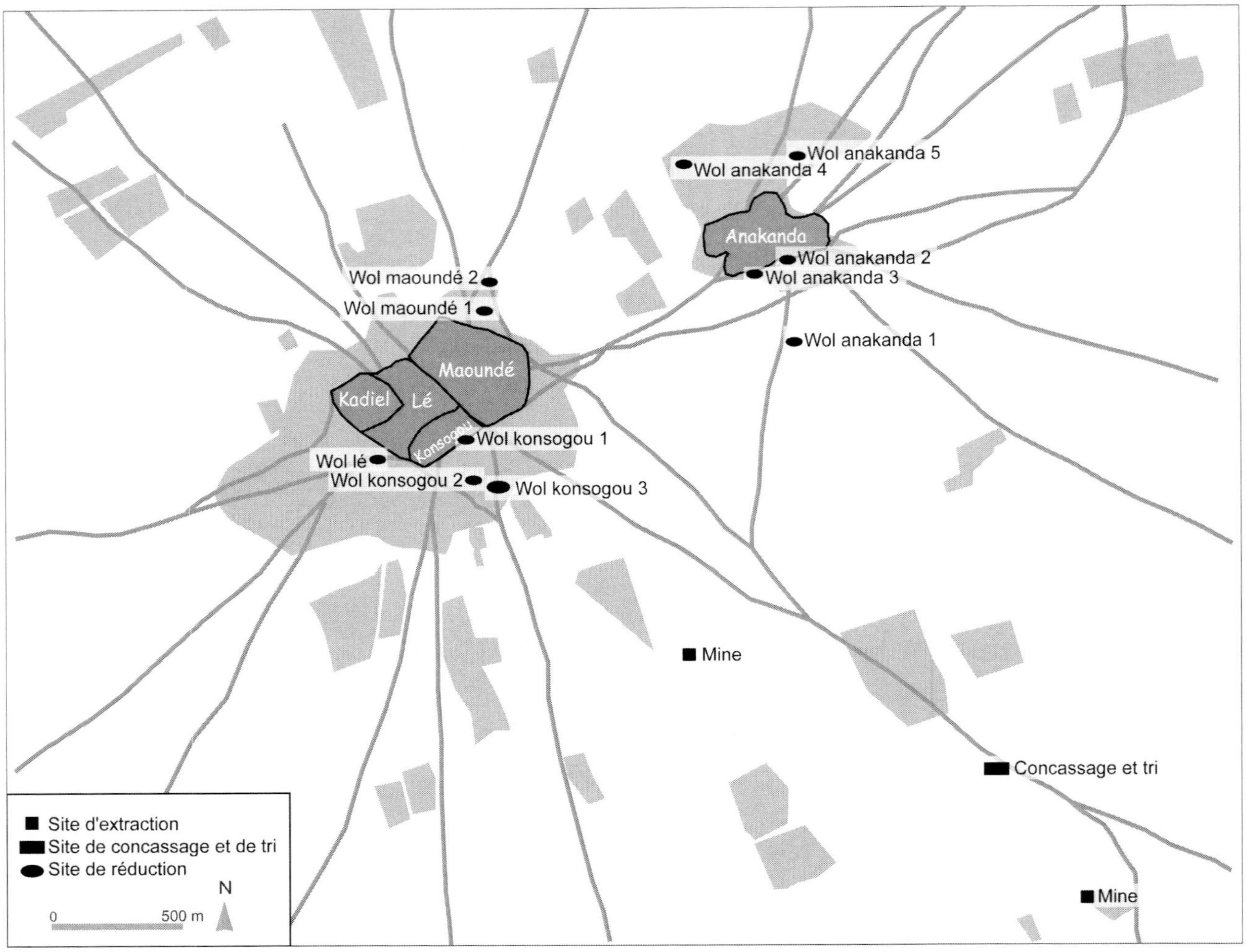

Fig. 6 : Localisation des différents quartiers, sites d'extraction et de réduction du minerai de fer du village de Wol

cours du refroidissement, il se forme une grande bulle de gaz qui se développe horizontalement. Les scories de fonds de four n'ont pas été observées directement sur les sites de réduction, mais dans le village de Wol. Récupérées comme matériau de construction, elles sont utilisées dans les fondations des maisons et des greniers. L'organisation spatiale des sites de réduction est également similaire. Il s'agit d'amas de déchets isolés les uns des autres, établis au sommet de dunes de sable naturelles (Fig. 7). Ils mesurent de 50 cm à 3 m de haut. Leur superficie est plus ou moins importante, de 20 m à 50 m de long et de 18 m à 40 m de large.

Nous avons identifié au sommet de plusieurs buttes de déchets des parois de bas fourneaux arasés. Aucune structure de réduction n'a pour l'instant fait l'objet d'intervention archéologique. Les informations dont nous disposons pour comprendre le fonctionnement de ces fourneaux ont été acquises lors de la fouille du site A19 de Sokora, atelier appartenant à la même tradition sidérurgique (Huysecom et al. à paraître).

Actuellement, il n'y a plus qu'une famille de forgerons pour l'ensemble du village, elle réside dans le quartier Wol konsogou et y a aménagé son atelier de forge. De patronyme Karambé, elle est originaire d'Iribanga, village voisin dans la plaine du Séno. Cela fait juste une génération (30 ans) qu'elle s'est installée à Wol.

Origines des Poudjougo : entre mythe et réalité historique

Les Poudjougo, habitants de Wol, constituent avec les Lougwé, Morogwé et Monopouzo un groupe à part dans l'ethnie dogon. Ces patronymes sont peu répandus, ils ne sont portés que dans certains villages de la falaise de Bandiagara et de la plaine du Séno : Kani-Kombolé, Wol, Idiéli, Amani, Ogol, Ibi, Bamba, etc. Ils ont en commun un récit mythique et une devise patronymique qui les distinguent des autres familles dogon.

« Le mythe généralement répandu concernant la fondation d'Amani fait partir le fondateur du Mandé. Après avoir progressé souterrainement celui-ci, muni d'un *duge*[4], surgit d'un trou situé dans les éboulis de la

[4] Le duge est une pierre d'alliance remise par le Binou (être

Fig. 7 : Site de réduction de Wol anakanda 4

falaise, à l'emplacement actuel d'Amani. C'est de là que vient la devise de *monopuzo* (litt. : *mono*, trou et *puzo*, poussé), poussé du trou, et le nom *pudyugu* (litt. : *puzo*, poussé et *go*, sorti) donnés à la famille issue de cet homme. Celui-ci eu trois fils : deux jumeaux, Aydé et Aségué, puis Aounno lequel se révéla doué de pouvoirs extraordinaires. [...] Adoum ayant entendu dire qu'Aydé était ressorti à Wori [Wol] et Aségué à Kani kombolé, envoya son fils Aounno en haut de la falaise pour voir si ses frères revenaient. Celui-ci resta trois ans sans les voir apparaître. Le père, dépité, s'enfonça dans le sol et ne reparut plus. Aounno remplaçait son père et était devenu le gardien du *duge* apporté par celui-ci » (Diéterlen 1941, 46-47).

> « Les Poudjougo ont quitté le Mandé pour venir s'installer plus à l'Ouest. Leur déplacement s'est opéré non sur terre mais sous terre. Après un long séjour dans les profondeurs de la terre, ils sont sortis au pied de la falaise. Le père d'Andé et Anségué, des jumeaux, a décidé de rester et de fonder Agouron [Amani près de Sanga]. Les deux frères ont poursuivi leur route sous terre. Ils sont ressortis dans la zone de Gourou [cercle de Koro]. Il n'y avait pas de village, ils ont vu que le lieu n'était pas bon. Ils sont rentrés sous terre et sont sortis à Wol. Anségué, le plus petit des jumeaux a vu que ce lieu possédait des pierres de fer. Il dit à son grand frère qu'il a décidé de s'installer à côté pour creuser ce lieu. Wolo [Wol] fait référence à l'épineux qui était abondant sur les lieux débroussaillés par le fondateur. De tout temps, c'est ma famille qui organisait la fabrication du fer à Wolo. Andé, le grand frère, a continué sa route sous terre et est allé fonder un peu plus loin le village de Kani Kombolé » (Y. Poudiougo, chef de village de Wol, 2004).

À travers ces récits sur les origines et leur devise patronymique (Griaule 1938 ; de Ganay 1941, 14-15), les Poudjougo affirment leur antériorité sur les autres Dogon arrivés par la suite « sur la terre », leur lien privilégié avec le sous-sol et ainsi leur légitimité à l'exploiter et à produire du fer.

Fondation et développement du village Wol[5] *(Fig. 6)*

Les premières habitations ont été construites à proximité du trou d'où était sorti Anségué, fondateur de

surnaturel et protecteur) au prêtre. Elle est la preuve de sa capacité à communiquer avec le monde des esprits. Le prêtre la porte sous forme de collier. À la mort de ce dernier, le collier est dissimulé par les membres de sa famille. On dit que le Binou « dort » jusqu'au jour où le duge est redécouvert.

[5] L'histoire du village de Wol est reconstituée à partir de longs entretiens menés en 2004 et 2009 auprès de Y. Poudjougo, chef de village, résidant dans le quartier de Wol lé ; de Alsen Poudjougo, son fils et de Drissa Poudjougo, responsable du quartier de Wol maoundé.

Wol[6]. Elles ont constitué le premier quartier, appelé Wol maoundé. Sa population augmentant au fur et à mesure des années qui s'écoulaient, une partie d'entre elle fonda plus au sud le quartier de Wol lé.

À partir du 15ème siècle, subissant plusieurs razzias organisées par les Mossi du Yatenga, le quartier Maoundé se scinda en deux, une partie de ses habitants alla s'installer à côté de Wol lé et se mit sous sa protection ; l'autre partit se réfugier dans la falaise auprès des habitants de Konsogou. Wol lé était considéré comme un lieu où ses occupants maîtrisaient certains fétiches. Ce pouvoir leur permettait de rester et d'imposer la crainte aux attaquants. C'est à cette période que ce quartier prit la chefferie du village et que le premier lieu d'installation des Poudjougo à proximité de la grotte mythique fut abandonné et transformé en lieu de culte. En effet, les cérémonies d'intronisation du *Hogon*[7] du village se déroule dans cette cavité qui abrite les objets rituels et sacrificiels.

Wol lé prit donc la chefferie et prospéra. Une partie de sa population fonda par la suite le quartier d'Anakanda, qui veut dire nouveau lieu. Lors de cette fondation, le chef de Wol lé remit au plus vieux du quartier le couteau de sacrifice.

Au début du 20ème siècle, les Poudjougo de Konsogou sont revenus s'installer à Wol et ont fondé un quartier à côté de celui de Maoundé, qu'ils appelèrent Wol konsogou.

Peu de temps après, un nouveau quartier sorti de Wol lé, Wol kadiel.

L'histoire de l'agglomération de Wol permet de retracer la généalogie des différents quartiers, de leur fondation à leur développement, et de comprendre les rapports et les liens qu'ils entretiennent.

La production du fer dans le village de Wol

L'organisation d'une saison de production

Le complexe de Wol est présenté par les autochtones comme un grand centre sidérurgique de la plaine du Séno, ayant approvisionné en fer les villages voisins et ceux de la falaise, voire du plateau. Selon nos informateurs, durant le 19ème et le 20ème siècle, il aurait supplanté tous les sites locaux avant l'arrêt définitif de la production traditionnelle du fer[8].

Ce district comprend 11 amas de déchets métallurgiques, chacun correspond à un lieu de réduction du minerai de fer et appartient à un quartier et à une famille :

- Wol maoundé en possède deux situés au nord des habitations, ces sites sont actuellement très dégradés, une carrière d'argile est en train de s'étendre et les villageois ramassent des blocs de terre mêlés à des scories pour fabriquer les briques de leurs maisons. Ils représentent des monticules d'environ 20 m de diamètre et d'une épaisseur oscillant entre 20 et 30 cm ;

- Un seul site de réduction est affilié au quartier de Wol lé, mais ses dimensions sont importantes puisqu'il fait plus de 3 m de hauteur pour une surface de 25 m de long et 20 m de large. Ce lieu est également utilisé par les habitants comme carrière d'argile ;

- Wol anakanda est le quartier qui possède le plus de sites de réduction : cinq. Ils sont répartis tout autour des habitations. Certains amas sont en train d'être recouverts par les habitations. Celui implanté au nord-ouest représente la butte de déchets la plus volumineuse de Wol, elle fait plus de 5 m de hauteur pour une surface de 50 m de long et 18 m de large. La surface de cet amas se compose de plusieurs petits amoncellements denses de scories et de parois de fours répartis à divers endroits ;

- Wol konsogou comprend trois sites de réduction dont un est très dégradé par l'exploitation régulière d'argile ;

- Le quartier Wol kadiel ne possède pas de site sidérurgique.

Essayons de distinguer à la fois les différentes étapes de la production du fer et définissons les acteurs impliqués dans cette activité.

Tout d'abord avant de commencer la saison, les métallurgistes devaient procéder au sacrifice d'un poulet. Ce poulet était offert par le quartier fondateur du village, Wol maoundé. La personne en charge du sacrifice était l'homme le plus âgé et le plus respecté du quartier de Wol anakanda. Le sacrifice se faisait sur le lieu d'extraction afin que les esprits de la terre soient

[6] Actuellement, Wol est construit au pied d'un inselberg gréseux, peu étendu mais aux parois verticales et très élevées. Cette butte abrite une cavité qui revêt encore aujourd'hui un caractère sacré pour les populations locales.

[7] Le *Hogon* est un chef religieux choisi par le dieu Ama et/ou les hommes. Son pouvoir est à la fois sacré, immuable et intangible (Jolly 1998-1999).

[8] Actuellement, aucune date radiocarbone ne nous permet d'évaluer chronologiquement le début de la production du fer dans ce village. Selon les traditions orales, cette activité serait liée à la fondation de Wol, agglomération crée avant la première vague de peuplement des Dogon (autour du 13ème siècle).

à la mine				au bas fourneaux			
Sacrifice			Extraction	Sacrifice			1er réduction
Donneur	Opérateur	Lieu		Donneur	Opérateur	Lieu	
Maoundé	Anakanda	Brousse, mine	Toutes les familles de Wol	Lé	Anakanda	Ancien Maoundé	Lé

Tab. 3 : Identité des métallurgistes selon l'étape de la chaîne opératoire de la sidérurgie

favorables aux mineurs.

À partir de ce sacrifice, le travail d'extraction pouvait démarrer. Chaque quartier, chaque famille avait son lieu d'extraction. Lorsque le minerai était extrait, on le concassait, on le triait et l'acheminait jusqu'aux différents lieux de réduction. C'étaient les hommes jeunes qui faisaient ce travail dur et dangereux et certains interdits devaient être respectés pour prémunir des dangers de la mine. Les mineurs ne devaient pas y amener du fonio, porter la couleur rouge ou avoir eu des rapports sexuels la veille (Huysecom 2001).

Avant de mettre en route les bas fourneaux, les métallurgistes devaient procéder au sacrifice d'un taureau noir, cet animal était offert par le quartier qui détenait la chefferie, Wol lé. Comme pour celui du poulet, ce sacrifice était réalisé par le quartier possédant le couteau de sacrifice, Wol anakanda. L'exécution du taureau avait lieu sur le premier emplacement de fondation du village, le site abandonné par Wol maoundé.

Après la réalisation de ce sacrifice et sa consommation par l'ensemble des villageois, le site de réduction de Wol lé démarrait sa première réduction. Lorsque le responsable des fours de Wol sortait la première loupe du four, les autres quartiers et familles pouvaient démarrer le travail de réduction du minerai de fer. Chaque regroupement de métallurgistes contrôlait la gestion de sa production de fer brut qu'elle pouvait vendre aux habitants des villages voisins ou qu'elle pouvait transformer en outils ou armes pour leur consommation propre. Nos informateurs ne sont pas très précis et loquaces sur l'identité des personnes qui réalisaient leurs objets en fer. Nous savons que la famille de forgerons Karambé qui réside actuellement au village n'était pas présente à l'époque de la production du fer. Les rares témoignages que nous avons recueillis sur ce sujet sont contradictoires, ils évoquent soit la présence avant les Karambé de forgerons Jèmè-irin, soit celle de forgerons Jèmè-na, soit que les agriculteurs forgeaient leurs propres outils. Nous penchons pour cette dernière situation qui montre que l'ensemble de la chaîne opératoire de la sidérurgie était à Wol uniquement aux mains des agriculteurs et qu'actuellement il est difficile pour des cultivateurs d'avouer leur maîtrise du marteau et du soufflet.

Les enseignements apportés sur les relations entre l'Homme-métallurgiste et son Territoire

La sidérurgie est présentée à Wol comme étant maîtrisée et dirigée uniquement par les familles d'agriculteurs. À aucun moment des différents entretiens enregistrés, il n'est mention dans cette activité de forgerons. Ils sont parfois évoqués lorsque l'on demande l'identité sociale des personnes qui transforment le fer brut en outils ou en armes. Ainsi, le monde de la sidérurgie à Wol est exclusivement détenu par des agriculteurs, les forgerons sont marginalisés.

Le minerai est une ressource naturelle dont l'exploitation implique un contrôle de l'espace local et régional. Cette maîtrise de la terre et de son sous-sol influe directement sur l'identité des sidérurgistes. Elle s'acquiert suivant « le principe d'antériorité de rang dans l'ordre d'occupation d'un lieu qui légitime l'autorité rituelle généralement reconnue aux premiers occupants » (Bouju 1995, 352). Par conséquent, les étrangers ne participent pas aux activités sidérurgiques, seules les familles issues de la lignée des fondateurs a en charge la valorisation du sous-sol de son village et donc de la production du fer. Ainsi, seuls les agriculteurs participent à la transformation du minerai en fer.

L'identité des différents acteurs suivant qu'il offre l'animal sacrifié, qu'il réalise cette offrande, qu'il dirige le processus de réduction ou qu'il apporte sa force musculaire n'est pas identique (Tab. 3). Chaque quartier est représenté selon la place qu'il occupe dans l'histoire du village, elle traduit la dynamique des rapports de pouvoir entre les différents quartiers et la généalogie de leur fondation. Ainsi, Wol maoundé, quartier fondateur, offre le premier sacrifice et accueille le second car il est à la source de l'histoire du village. Toutefois, Wol lé, quartier de la chefferie, offre le second sacrifice et initie la première réduction de l'année. Il est actuellement à la tête des autres secteurs de Wol, c'est lui qui contrôle concrètement la production du fer. Wol anakanda, quartier numériquement très important, exécute les sacrifices et dirige les cérémonies propitiatoires. Il est garant de la bonne marche des différentes étapes de la chaîne opératoire de la sidérurgie.

L'organisation socio-éonomique de la production du fer épouse l'histoire et la fondation des différents quartiers du village. Chaque année, en procédant à leur activité métallurgique, les habitants de Wol réactivaient leur passé, redéfinissaient l'histoire de leur village et révélaient la hiérarchie des familles.

Cette hiérarchie spatiale ancre les hommes dans leur sol et définit la légitimité du pouvoir de chaque famille et de chaque quartier. Nous avons vu que certains lieux et certains objets (comme le couteau de sacrifice) ne sont pas réunis aux mains d'une seule famille, mais dispersés entre plusieurs d'entre elles, chacune détenant une parcelle de la légitimité du fondateur. Ces lieux et objets sont hiérarchisés entre eux, rappelant les préséances concomitantes du pouvoir et du territoire.

L'étude de l'organisation de la production permet d'accéder à l'histoire du village et de retracer les trajets migratoires des différentes familles.

Conclusion

L'étude qui précède a montré l'importance de croiser les données ethnohistoriques et les observations des vestiges archéologiques. Ce rapprochement entre les perceptions des populations actuelles et les reconstitutions archéologiques permet d'envisager globalement l'histoire de la production du fer en puisant dans le passé les références du présent. Cela permet aussi de reconstituer une véritable spatialisation diachronique des activités humaines.

En travaillant sur la production du fer, nous nous sommes aperçue que la gestion du territoire était au cœur de l'organisation des activités métallurgiques, que l'espace était chargé d'affect et qu'il faisait l'objet d'enjeux politiques, économiques et sociaux. Nous sommes ainsi en mesure d'interpréter l'existence de plusieurs sites de réduction appartenant à un seul village, d'affilier ces secteurs à un quartier et de reconstituer le développement rural de cette agglomération à travers la production annuelle du fer.

Un des enseignements que nous pouvons retenir, c'est que comprendre la gestion d'un district sidérurgique permet à l'archéologue de choisir son secteur de fouille selon la chronologie relative des activités, l'importance de la production et l'identité des métallurgistes. Ces lieux de production sont chargés au cours du temps par les hommes de valeurs symboliques qui traduisent l'inscription des rapports de pouvoirs entre les groupes humains et la dynamique des systèmes politiques, économiques et sociaux.

Cette étude de cas fournit pour la première fois en pays dogon un exemple détaillé d'une saison sidérurgique conduite selon un système dualiste. En mettant l'accent sur les relations entre production du fer et agriculteurs, elle montre que les activités métallurgiques sont vécues par cette catégorie sociale de manière similaire à celles de l'agriculture. En effet, il s'agit dans les deux cas d'exploitation et de transformation de ressources naturelles et de mise en valeur d'un territoire où la détention se définit suivant le principe de la préséance d'occupation d'un lieu. Contrairement aux forgerons, artisans de caste, qui ne sont pas liés directement à la terre, les agriculteurs organisent la production du fer en l'ancrant dans l'espace et dans leur système des maîtrises.

Remerciements

Les missions ayant permis de réunir les données de cette étude ont été financées par le Fonds National de la Recherche Suisse (FNS), la Fondation Suisse-Liechtenstein pour les recherches archéologiques à l'étranger (SLSA) et la Faculté des Sciences de l'Université de Génève. Nos recherches sur le terrain ne seraient pas envisageables sans le soutien de la Mission Culturelle de Bandiagara, de l'Institut des Sciences Humaines de Bamako, de l'Université du Mali et du Consulat Suisse à Bamako. Je tiens à remercier tout particulièrement Eric Huysecom, Vincent Serneels et Ancé Tessougué pour leur soutien et leur collaboration indéfectible, ainsi que tous les forgerons et agriculteurs dogon qui me font l'amitié de partager leur histoire et patrimoine.

Bibliographie

Ardouin, C. D. 1978. La caste des forgerons et son importance dans le Soudan Occidental. *Etudes Maliennes* 24, 1-32.

Béridogo, B. 2007. Le régime des castes et leur dynamique au Mali. *Recherches Africaines* 00 (revue en ligne consultable à l'URL suivante : http ://www.recherches-africaines.net/document.php?id=81).

Blench, R. et Douyon, D. 2006. L'apport de la linguistique pour décrypter la préhistoire du Plateau dogon. *Etudes Maliennes* 26 (n° spécial : Programme de Recherche International "Peuplement humain et évolution paléoclimatique en Afrique de l'Ouest"), 183-189.

Bonnemaison, J. 1997. Les lieux de l'identité : vision du passé et identité culturelle dans les îles du sud et du centre de Vanuatu. *Autrepart* 4 (n° spécial : Empreintes du passé, Cahiers des Sciences Humaines), 11-41.

Bouju, J. 1984. *Graine de l'homme, enfant du mil.* Paris, Société d'Ethnographie 6.

Bouju, J. 1995. Fondation et territorialité : Instauration et contrôle rituel des frontières (Dogon Karambé, Mali). In J.-F. Vincent, D. Dory et R. Verdier (eds.), *La construction religieuse du territoire*, 352-365. Paris, Editions de l'Harmattan.

Daveau, S. 1959. *Recherches morphologiques sur la région de Bandiagara*. Dakar, IFAN 56.

Deliège, R. 1993. *Le système des castes*. Paris, PUF.

Dieterlen, G. 1941. *Les âmes des Dogons*. Paris, Institut d'Ethnologie 40.

Dugast, I. 1955. *Monographie de la tribu des Ndiki (banen du Cameroun)*. Paris, Institut d'Ethnologie 58, 2 vol.

Francis-Boeuf, C. 1937. L'industrie autochtone du fer en Afrique Occidentale Française. *Bulletin du comité d'études historiques et scientifiques de l'AOF* 20, 403-464.

Gallay, A., Huysecom, E., Mayor, A. 1995. Archéologie, histoire et traditions orales : trois clés pour découvrir le passé dogon. In L. Homberger (éd.), *Die Kunst der Dogon. Catalogue d'exposition (1995 ; Zürich)*, 13-43. Zürich, Museum Rietberg.

Ganay (de), S. 1941. *Les devises des Dogon*. Paris, Institut d'Ethnologie XLI.

Gardi, B. 1989. Des "ingénieurs traditionnels" au Mali. Quelques remarques sur les "gens de caste". In J.-P. Chrétien, G. Prunier, (eds.), *Les ethnies ont une* histoire, 91-98. Paris, Karthala - ACCT.

Griaule, M. 1938. *Jeux dogons*. Paris, Institut d'Ethnologie 32.

Guillaud, D. 2008. L'archéogéographie : pour une reconnaissance du passé dans l'espace. *EchoGéo* 4 (revue en ligne consultable à l'URL suivante : http ://www.echogeo.revues.org/index2278.htlm).

Herrenschmidt, O. 2007. Caste. In P. Bonte et M. Izard (eds.), *Dictionnaire de l'ethnologie et de l'anthropologie*, 129-131. Paris, PUF.

Hochstetler, J. L., Durieux, J. A. and Durieux-Boon, E. I. K. 2004. *Sociolinguistic survey of the dogon language area*. SIL International (ouvrage en ligne consultable à l'adresse suivante : http ://www.sil.org/silesr/abstract.asp?ref=2004-2004).

Huet, J.-C. 1994. *Villages perchés des Dogon du Mali. Habitat, espace et société*. Paris, Editions de l'Harmattan.

Huysecom, E. 2001. Technique et croyance des forgerons africains : éléments pour une approche ethnoarchéologique. In J.-P. Descoeudres, E. Huysecom, V. Serneels, et J.-L. Zimmermann (eds.), *Aux origines de la métallurgie du fer*, 73-82. Table ronde internationale d'archéologie : l'Afrique et le bassin méditerranéen (1 ; 4-7 juin 1999 ; Genève), Sydney University de Sydney 14.

Huysecom, E., Mayor, A., Ozainne, S., Robion-Brunner, C., Ballouche, A., Cissé, L., Eichhorn, B., Garnier, A., Le Drezen, Y., Lespez, L., Loukou, S., Rasse, M., Sanogo, K, Serneels, V., Soriano, S., Soulignac, R., Taïbi, N. et Tribolo, C. 2010. Le Pays dogon et son passé: apport de la douzième année de recherche du programme "Peuplement humain et paléoenvironnement en Afrique de l'Ouest". *Jahresbericht 2009. Fondation Suisse-Liechtenstein pour les recherches archéologiques à l'étranger, Zürich, Vaduz*, 79-176.

Huysecom, E., Ozainne, S., Mayor, A., Jeanbourquin, C., Robion-Brunner, C., Ballouche, A., Chaix, L., Cissé, L., Eichhorn, B., Garnier, A., Guindo, N., Kahlheber, S., Le Drezen, Y., Lespez, L., Loukou, S., Sanogo, K, Serneels, V., Soriano, S., Soulignac, R., et Taïbi, N. À paraître. Le tell de Sadia en Pays dogon: la treizième année de recherche du programme "Peuplement humain et paléoenvironnement en Afrique de l'Ouest". *Jahresbericht 2010. Fondation Suisse-Liechtenstein pour les recherches archéologiques à l'étranger, Zürich, Vaduz.*

Jolly, E. 1998-99. Chefs sacrés, chefs de guerre, deux pôles du pouvoir. *Clio en Afrique* 5 (Dossier thématique : Les Dogon, le pouvoir et la chefferie. Analyses à partir des traditions orales), (revue en ligne consultable à l'URL suivante : http ://www.mmsh.univ-aix.fr/iea/Clio/35/thematique/jolly/index.htlm).

Jolly, E. 2003. Aux filles des âges. Classes d'âge et génération dans cinq régions dogon (Mali). *l'Homme* 167-168, 67-104.

Jonckers, D. 1979. Notes sur le forgeron, la forge et les métaux en pays Minyanka. *Journal des Africanistes* 49/1, 103-124.

Langlois, O. 2005-06. De l'organisation bipartite du travail du fer dans les monts Mandara septentrionaux. *Techniques et cultures* 46-47, 175-209.

Le Drezen, Y. 2008. *Dynamiques des paysages de la vallée du Yamé depuis 4000 ans. Contribution à la compréhension d'un géosystème soudano-sahélien (Ounjougou, Pays dogon, Mali)*. Thèse non publiée, Université de Caen.

Le Drezen, Y., Rasse, M., Ballouche, A., Lespez, L. et Huysecom, E. 2006. Dynamiques d'interface Nature/Sociétés dans un anthroposystème soudano-sahélien à l'Holocène récent (Ounjougou, Pays dogon, Mali). *Communication orale, La Baule, Colloque international interactions Nature-Société « analyse et modèles ».*

Martinelli, B. 1992. Les métallurgistes du fer en Afrique de l'Ouest. In : A. Blandin (ed.), *Fer noir d'Afrique de l'Ouest*, 14-20. Marseille, A. Blandin.

Martinelli, B. 1993. Agriculteurs métallurgistes et forgerons en Afrique soudano-sahélienne. *Etudes rurales* 125-126 (n° spécial Mines et métallurgie dans le monde rural), 25-41.

Martinelli, B. 2000. Le choix de la combustion lente - Mutation technique et mutation sociale au Yatenga, Burkina Faso. In P. Pétrequin, P. Fluzin, J. Thiriot, P. Benoît (eds.), *Arts du feu et productions* artisanales, 123-142. Antibes, Editions APDCA (XXe Rencontres internationales d'Archéologie et d'Histoire d'Antibes).

Martinelli, B. 2002. Au seuil de la métallurgie intensive - Le choix de la combustion lente dans la boucle du Niger (Burkina Faso et Mali). In H. Bocoum, (ed.) *Aux origines de la métallurgie du fer en Afrique - une ancienneté méconnue,* 165-188. Paris, Editions de l'UNESCO (Mémoire des peuples).

Mayor, A. 2003. L'abri-sous-roche de Dangandouloun en pays Dogon (Mali) : quand et comment ? In M. Besse, L.-I. Stahl Gretsch et P. Curdy, (eds.), *Constellasion : hommage à Alain Gallay*, 353-374. Lausanne, Cahiers d'archéologie romande 95.

Mayor, A. 2005. *Traditions céramiques et histoire du peuplement dans la Boucle du Niger (Mali) au temps des empires précoloniaux*. Thèse de doctorat non publiée, Université de Genève.

Paulme, D. 1940, rééd. 1988. *Organisation sociale des Dogon*. Paris, Jean-Michel Place.

Robion-Brunner, C. 2010. Forgerons et sidérurgie en pays dogon. *Vers une histoire de la production du fer sur le plateau de Bandiagara (Mali) durant les empires précoloniaux* (Journal of African Archaeology Monograph Series 3, Peuplement humain et paléoenvironnement en Afrique de l'Ouest, Série Monographique 1). Frankfurt, Africa Magna Verlag.

Tamari, T. 1997. *Les castes de l'Afrique occidentale, artisans et musiciens endogames*. Nanterre, Société d'Ethnologie.

Woody resource exploitation for iron metallurgy of the Fiko Tradition: Implications for the environmental history of the Dogon Country, Mali

Barbara EICHHORN
Institut für Archäologische Wissenschaften, Goethe Universität

Le combustible le plus utilisé pour la sidérurgie du fer en Afrique de l'Ouest était le bois, ou le bois converti en charbon. Dans cette partie du continent africain, la cause invoquée pour expliquer la dégradation de l'environnement était souvent la surexploitation du bois. En pays dogon, les sites de la tradition Fiko se caractérisent par d'énormes amas de déchets métallurgiques possédant une préservation exceptionnelle de charbons de bois. La quantité des déchets indique une production de surplus du fer et les datations radiocarbones autant que les traditions orales révèlent une utilisation à long-terme. L'analyse anthracologique a pour but d'étudier la sélection du combustible et de détecter des changements dans la végétation ligneuse. Les résultats ne révèlent pas une sélectivité extrême dans les essences. Par contre, celles utilisées se caractérisent souvent par une haute densité du bois. Les variations dans la séquence anthracologique du site de Fiko sont considérées comme des indices d'un changement de la végétation avec une diminution graduelle d'espèces préférées et une augmentation d'espèces capables de rejeter des souches. Un calcul des masses brutes pour toute la tradition Fiko permet seulement d'estimer approximativement l'ordre de magnitude de l'utilisation et la régénération du bois. Cependant, il indique une exploitation des ressources ligneuses proche de la limite écologique et, pour cette raison, une corrélation entre utilisation du bois et changement de végétation. L'histoire de chaque site sidérurgique influencerait la magnitude de dégradation : par exemple sur le territoire de Kéma, la modification de la végétation était moins grave à cause de plusieurs déplacements de sites de réduction du minerai de fer. Alors qu'à Fiko, la dégradation était plus importante parce que la sidérurgie se déroulait dans un espace plus circonscrit.

Fer, métallurgie, anthracologie, charbon de bois, sélection du combustible, dégradation, dogon, Mali.

Wood, or wood transformed into charcoal, has been the most important fuel for West African iron smelting. Severe environmental degradation due to over-exploitation has often been presumed. Fiko Tradition sites in the Dogon Country are characterized by huge metallurgical waste heaps with excellent preservation of charcoal. The amount of waste points to excess iron production and radiocarbon dates as well as oral traditions indicate long-term use. Anthracological analysis was applied to investigate fuel selection and to assess changes of the woody vegetation. Results do not reveal extreme selectivity for single species. A wide array was used, the majority of charcoal fragments originating from taxa with high density wood. Variations within the sequence of the Fiko site complex are interpreted as signs of vegetation change, pointing toward gradual decline of species preferably used and increase of species able to re-sprout after cutting. Mass balance calculations for the whole Fiko Tradition can only indicate the magnitude of wood use and regeneration but point to exploitation near the ecological threshold and thus a relation between wood use and vegetation change. Individual site history influenced the magnitude of degradation: Repeated displacement of iron production at Kéma lead to less severe vegetation change than at Fiko, where iron bloomery took place within a small area.

Iron, metallurgy, anthracology, charcoal, fuel choice, vegetation, degradation, Dogon, Mali.

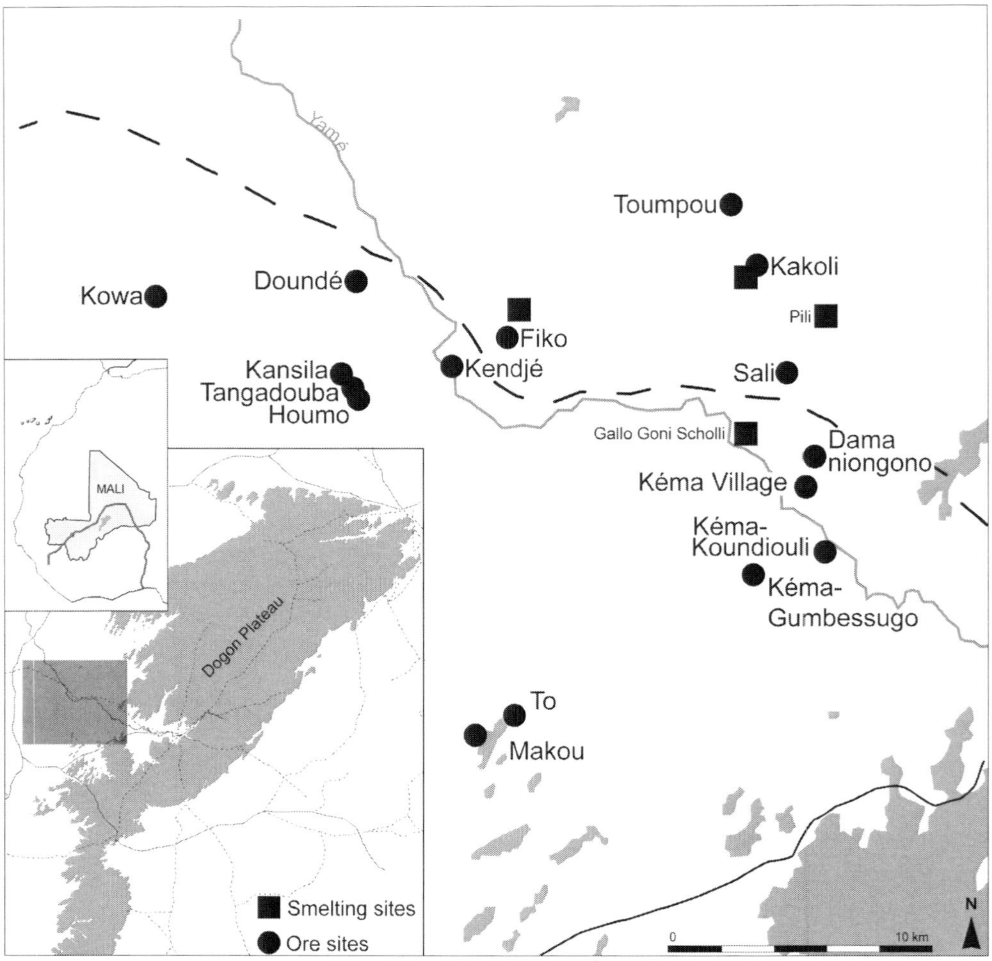

Fig. 1 : Location of the sites of the Fiko metallurgical tradition (map: Caroline Robion-Brunner)

Introduction

In anthropological literature, presumed severe ecological consequences of West African iron metallurgy have often been put forward (e.g. Haaland 1980, 1985; Goucher 1981, 1986; de Barros 1986; Herbert and Goucher 1987; Hahn 1997; Thompson and Young 1999; Pelzer *et al.* 2004). The assumption of environmental degradation was mainly based on estimates of wood consumption, an approach which is not sufficient enough to determine landscape degradation. Wood is a regenerative resource and its use may be sustainable as long it does not exceed the production rate (Von Maltitz and Scholes 1995). West African savannas are reproductive systems and even fields and fallows in traditional agroforestry systems reproduce large amounts of wood biomass (Clément 1982; Ohler 1985; Breman and Kessler 1995; Nouvellet *et al.* 2003). To detect vegetation degradation, archaeobotanical or palaeobotanical methods are indispensable as they are the most reliable means available to reveal such changes in the past. Palaeoecological reconstructions based on charcoal analysis have so far not been applied to their fullest extent at West African metallurgy sites. Mainly charcoal originating from single furnaces has been analysed which has not allowed to reconstruct sequences. Interpretation has been hampered by bad charcoal preservation or insignificant numbers of identifiable fragments (Rolando 1992; Neumann and Vogelsang 1996; Dupuy and Rolando 1999; Kiethéga 2009, 269 ff.). At Fiko Tradition sites at the Western margin of the Dogon Plateau in Mali (Fig. 1, Fig. 2), characterised by a surplus production with involvement in large-scale long-distance trade and through occupation during several centuries (Huysecom *et al.* 2009; Robion-Brunner 2010), we have been able to follow a long-term approach combining analysis of charcoal retrieved from slag heaps with a series of corresponding radiocarbon dates. The most recent phases have been supplemented by oral traditions about site history. Thus, anthracological sequences could be established (Eichhorn and Neumann, in press; Eichhorn *et al.* submitted a, b; Fig. 3, Table 1). They allow us to draw conclusions on wood use for this technology and to reconstruct the research area's vegetation history during the past millennium. The results of these on-site analyses complement the off-site vegetation history data

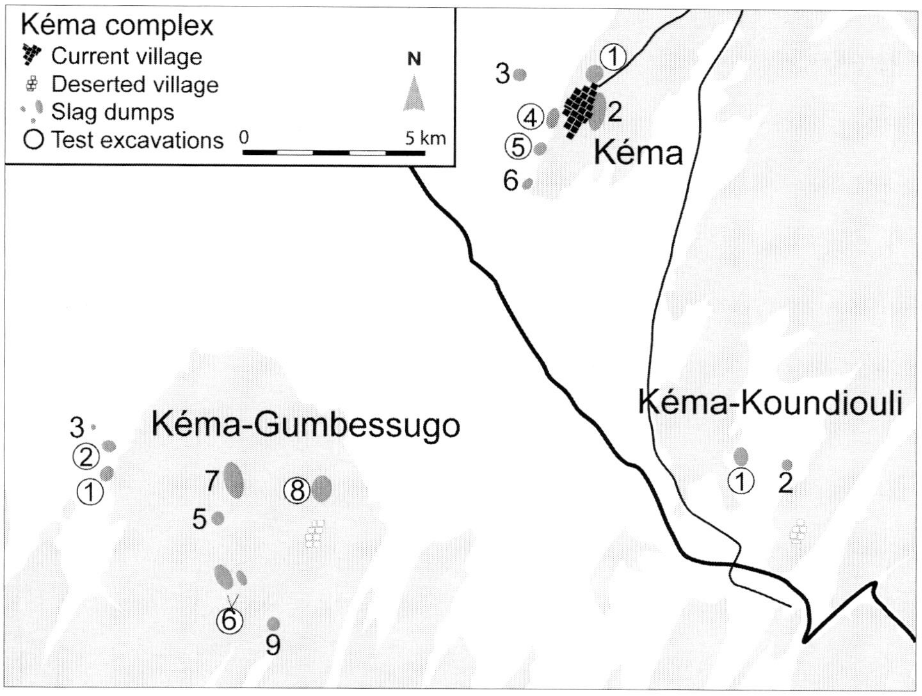

Fig. 2 : Map of the Kéma site complex (map: Caroline Robion-Brunner)

obtained at the nearby Ounjougou site complex, whose archaeobotanical sequence does not sufficiently cover the past 1500 years (Huysecom *et al.* 2004a; Eichhorn and Neumann, in press; Ozainne *et al.* 2009). Fluctuations in the record are not necessarily caused by metallurgical activities but woody vegetation may have also been altered by intensified agriculture or a desiccation trend during the period in question (Mayor *et al.* 2005; Höhn 2007; Kahlheber and Neumann 2007). In order to test a possible correlation of the indicated vegetation changes with the metallurgical activities of the Fiko Tradition, an interdisciplinary methodology has been applied (Eichhorn *et al.*, submitted a, b) allowing to estimate the magnitude of wood consumption for the whole Fiko Tradition area and throughout its entire long chronology with the help of slag-charcoal-wood conversion rates. The obtained results were compared to approximations of woody biomass reproduction in order to test if wood consumption was at the ecological threshold.

Environmental settings and site characteristics

The sites of the Fiko metallurgical tradition referred to in the following are situated in the western part of the Dogon plateau in Mali, in close vicinity of the Yamé River (Huysecom *et al.* 2009: 144 ff.; Fig. 1, Fig. 2). Annual rainfall in the area is about 500 mm and it is situated in the northern Sudanian bio-geographical domain, near its boundary to the Sahel (Granier 2001; Nouaceur 2001). The current vegetation is strongly influenced by human land use and consists in large parts of a mosaic of cultivated fields and mainly young fallows, in addition heavily browsed by livestock. Useful trees are left standing in the fields, resulting in a typical agroforestry park landscape. Besides these useful trees typical fallow species able to re-sprout from suckers after cutting dominate the woody vegetation. Savanna or potential forest species like *Pterocarpus erinaceus*, *Anogeissus leiocarpus*, *Diospyros mespiliformis* or *Gyrocarpus americanus* persist mainly on steep slopes, in rock crevices, ravines and gallery forest patches. One of the species which, according to the anthracological investigations, was intensively used for the iron bloomery process, *Prosopis africana* (Fig. 4), has almost vanished from the vicinity of the sites. The formerly species rich gallery forest of the Yamé River, whose presence during almost the entire Holocene has been proven by charcoal analysis at the site complex of Ounjougou further to the East on the Dogon plateau (Eichhorn and Le Drézen 2006; Eichhorn and Neumann in press; Eichhorn *et al.* submitted a, b; Ozainne *et al.* 2009) is reduced to small patches and, near Kéma, dominated by the useful and thus maintained palm *Borassus aethiopum*.

The site complexes of Fiko and Kéma discussed here both belong to the Fiko metallurgical tradition. Fiko Tradition sites are distributed over an area of about 450 km^2 and represent eight iron smelting networks on both sides of the Yamé River. Archaeological sites are characterised by large dumps of metallurgical waste in the form of closed crateriform rings often several metres high. The total amount of metallurgical waste of all Fiko Tradition sites has been estimated at between 225,000 m^3 and 300,000 m^3 (Robion-Brunner 2010). At the site complex of Kéma-Gumbessugo (part of the Kéma complex, Fig. 2), a number of working areas around the abandoned village Gumbessugo have been identified, each one made up of several metallurgical waste heaps close to each other. The presumably oldest preserved heaps (sector 8) are situated on the sandstone hill and closest to the abandoned village while sectors 5, 6 and 7 are located on different terraces. The most recent ones (sectors 1, 2 and 3) are to be found in the plain, on the Western hill foot. This chronology scheme has been deduced from site topography and distance to the village. According to

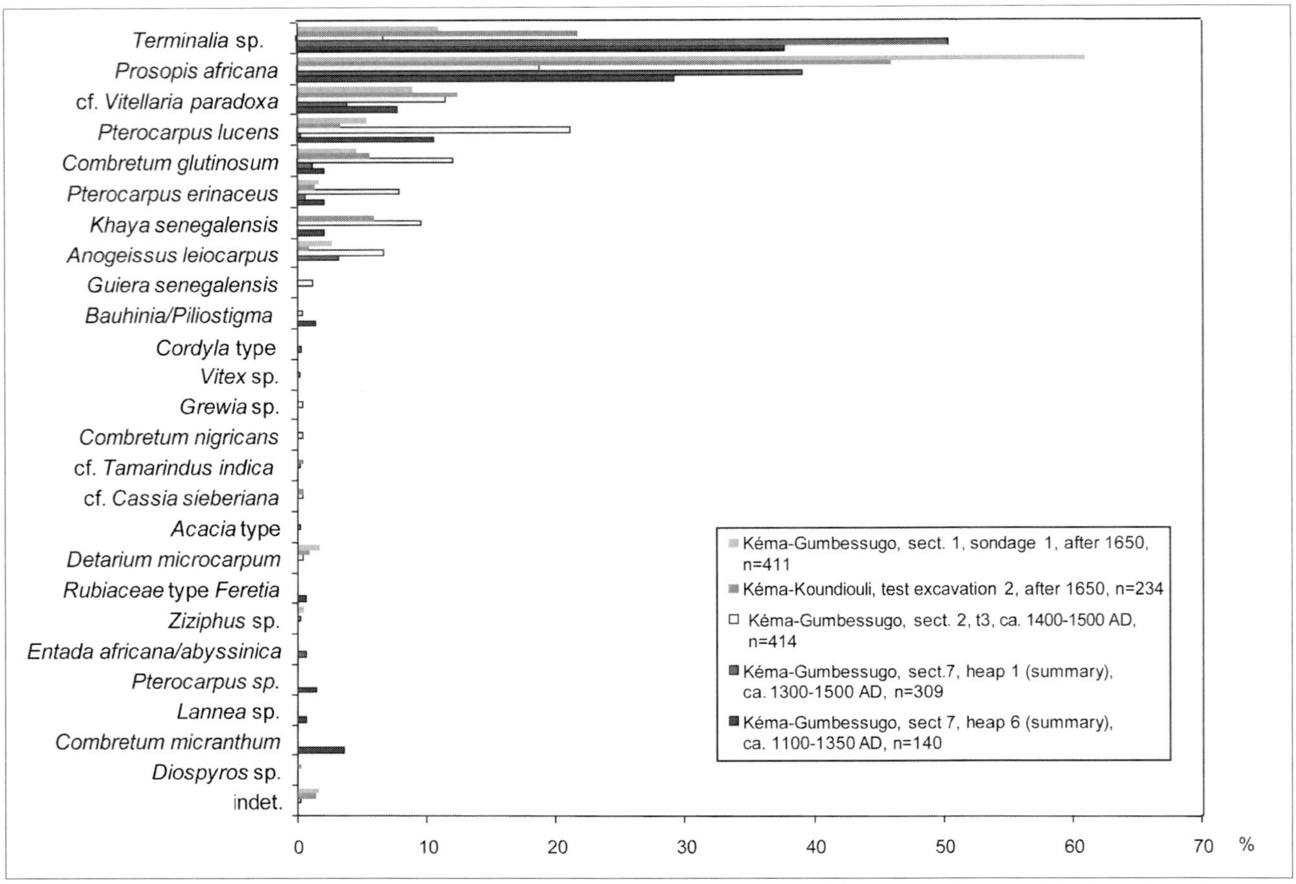

Fig. 3 : Charcoal analytical results for the Kéma complex

oral traditions, Gumbessugo was raided by warriors of the Ségou Kingdom. Therefore the abandonment of the village and of its iron reduction sites has tentatively been dated to the 18th century. For the following, the oral traditions convey a local history of displacement, founding of Kéma-Koundiouli on the other side of the Yamé River and, later, the present village of Kéma, both of them with corresponding iron reduction workshops (Huysecom *et al.* 2009). At the site of Fiko (Huysecom *et al.* 2004b, 2005, 2009) the largest and oldest slag heap (heap 1) is situated on the sandstone terraces while later iron reduction continued in the plain. In order to establish firmly the chronology a large number of radiocarbon dates has been obtained at Fiko Tradition sites (Fig. 5). A single date from Fiko indicates that metallurgical activities went back as long as about 600 AD, followed by one date around 800 AD at Kowa. The assemblage of all other dates indicates intensive and probably continuous production during the past millennium.

Fuel choice

Charcoal analysis conducted on charcoal assemblages retrieved during test excavations at Fiko and Kéma (methodology described in Eichhorn *et al.* submitted a, b) has followed three main aims:

- the reconstruction of fuel use for the Fiko metallurgical tradition
- the reconstruction of possible vegetation changes during the reconstructed sequence
- the estimation of ecological consequences of wood exploitation for the iron bloomery of this tradition

The results show that fuel choice was neither extremely selective, preferring one single highly estimated species, as indicated for other bloomery sites (Neumann and Vogelsang 1996; Neumann 1999; Dupuy and Rolando 1999), nor completely arbitrary. Several species have been used at the Fiko Tradition sites (Huysecom *et al.* 2009, 155; Table 1). This corresponds well with Kiethéga (2009, 249ff.) who similarly lists a large number of species traditionally used for iron production in Burkina Faso. The same holds true for Mafa iron smelting in North Cameroon (David *et al.* 1989) or north-eastern Nigeria (Sassoon 1964). In general, our charcoal analytical results reflect thus well the typical Sudanian woody vegetation close to the limit of the Sahel. The spectra are nevertheless dominated in number by some taxa, namely *Prosopis africana* and *Terminalia* species, *Vitellaria paradoxa* and *Pterocarpus lucens* followed by members of the Combretaceae

	Fiko heap 1 horizon B	Fiko heap 1 horizon A	Fiko, heap 3	Saré-Ma	Kéma-Gumbessugo sect 7 heap 6	Kéma-Gumbessugo sect 7 heap 1	Kéma-Gumbessugo sect 2	Kéma-Koundiouli, near furnace	Kéma-Koundiouli, test excav. 2	Simi	Kobo	Ouin 4
metallurgical tradition	Fiko	Fiko	Fiko	not classified	Fiko	Fiko	Fiko	Fiko	Fiko	Ama	Aridinyi	Ouin
Prosopis africana	Fiko	xx	x		xxx	xxxx	xxx	xxxx	xxxx	xxxx	xxxx	xxxx
Terminalia sp.	xxxx	xxxx	xx	x	xxxx	xxxx	xx	xxxx	xxx	x		x
Pterocarpus lucens	xx	xxxx	xxxx	xxxx	xx	x	xxx	x	x			
Combretum glutinosum	xx	xx	xxx	x	x	x	xx		xx			
cf. *Vitellaria paradoxa*		x	x		xx	x	xx	x	xx			xxxx
Anogeissus leiocarpus	x		xx			x	x		x			x
Bauhinia/ Piliostigma	x	x		x	x		x					
Acacia type	x	x		x			x					
cf. *Cassia sieberiana*	x	x		x			x					
Pterocarpus erinaceus					x	x	xx	x	x			
Combretum micranthum			x	x	x							
Acacia cf. nilotica	x	x	x	x								
Lannea sp.	x			x	x							
cf. Tamarindus indica	x	x					x		x			
Khaya senegalensis					x		x	x	xx			
Ziziphus sp.	x	x					x					
Parinari cf. curatellifolia	x	x										
Diospyros sp.	x							x				
cf. *Parkia biglobosa*								x				
Balanites aegyptiaca			x									
Vitex sp.							x					
Combretum nigricans							x					
Guiera senegalensis							x					
varia	p	p	p	p	p	p	p		p			p
number of dicot taxa	17	15	13	10	11	9	18	8	11	2	1	6
straw				xxx							x	

Table 1: Woody taxa represented as charcoal at sites of the Fiko Tradition and other metallurgical traditions in the Dogon Country (percentage of charcoal fragments: x: <5%; xx: >5-15%; xxx: >15-30%; xxxx: >30%; p: present). Varia: *Diospyros* sp., *Saba senegalensis*, *Faidherbia albida*, *Boscia* sp., cf. *Celtis*, *Syzygium guineense*, cf. *Hexalobus monopetalus*, Sapotaceae undiff..

family. They are all important constituents of the surrounding savannas but several other taxa, especially many which are typical residents of the current agroforestry parks are much less represented. Obviously species were chosen for some reason, possibly for their quality as fuel. In order to test if the fuel value of the taxa is related to the choice we relied on data on wood density from the literature (Nygard and Elfving 2000; Armstrong *et al.* 2004; Picard *et al.* 2006) and related fragment number percentage to wood density classes. Results indicate that the charcoal assemblages of both Fiko and Kema are in all samples dominated by trees and shrubs with dense woods (density >650 kg/m^3; Huysecom *et al.* 2009; Eichhorn *et al.* submitted a, b) that guarantee a high burning value. Light-wooded species (e.g. from the families Anacardiaceae, Burseraceae, Moraceae, Verbenaceae, Sterculiaceae and Bombacaceae) are hardly represented, although quite common in the savannas and agroforestry parks of the area. Many of these species yield highly esteemed edible fruits which might be another reason to avoid cutting their wood for iron production.

Vegetation change or stability?

Although some light-wooded tree and shrub species are underrepresented, the charcoal assemblages reflect well typical northern Sudanian savannas, woodlands and parklands, thus matching the "principle of least effort" (Shackleton and Prins 1992; Marston 2009) – the basic principle underlying all ecological interpretations of charcoal analysis – that people use neighbouring wood resources in a proportion corresponding to their frequency in the vegetation. The Fiko sequence (Eichhorn *et al.* submitted a, b; Eichhorn and Neumann in press) shows changes in the abundance of the dominant taxa in the course of occupation. *Terminalia* sp. and *Prosopis africana* which

Fig. 4 : *Prosopis africana*, to the left an adult tree in the Séno-Gondo plain, to the right SEM-micrograph of the wood charcoal (cross section)

were much preferred in the beginning decrease, whereas *Combretum glutinosum* and *Pterocarpus* cf. *lucens* increase significantly. Among the accompanying taxa, some other changes are obvious. The shea butter tree (*Vitellaria paradoxa*), a typical resident of the Sudanian agoforestry parks, is increasingly used, and some Sudanian species are gradually replaced by Sahelian trees and shrubs, among them *Balanites aegyptiaca*. *Parinari* cf. *curatellifolia*, a species today only present further to the south in areas with higher precipitation, vanishes from the assemblage. These fluctuations indicate distinct vegetation changes, e.g. an increase of species that are able to re-sprout from suckers or the complete retreat of demanding species from the area. They need not inevitably be related to the ecological consequences of iron reduction, but might be due to other increasing human impacts such as intensified agriculture or factors independent from human influence like climatic oscillations during the past millennium (Mayor *et al*. 2005). Therefore a direct interrelation has to be tested.

The image resulting from the charcoal analyses conducted at the Kéma complex is less unambiguous (Fig. 3). A similar trend of decrease of preferred taxa and increase of species able to regenerate after cutting became evident when we compared the data available for sectors 7 and the more recent sector 2 of Kéma-Gumbessugo (Eichhorn *et al*. submitted a, b; Fig. 2, Fig. 5). But new data from sector 1, which according to AMS-dating, still operated in the past 300 years, indicate that the most preferred taxa were still sufficiently present to be highly represented in the charcoal assemblage. More precise dating is hampered by a radiocarbon plateau, but oral traditions indicate several movements and early displacement of the iron reduction workshops to the other side of the Yamé River. This is in contrast to Fiko, where iron reduction was conducted in a small area over more than 1000 years. It seems likely that vegetation was here locally more degraded than at Kéma, where displacement allowed for exploitation of formerly less disturbed vegetation, especially the gallery forest of the Yamé.

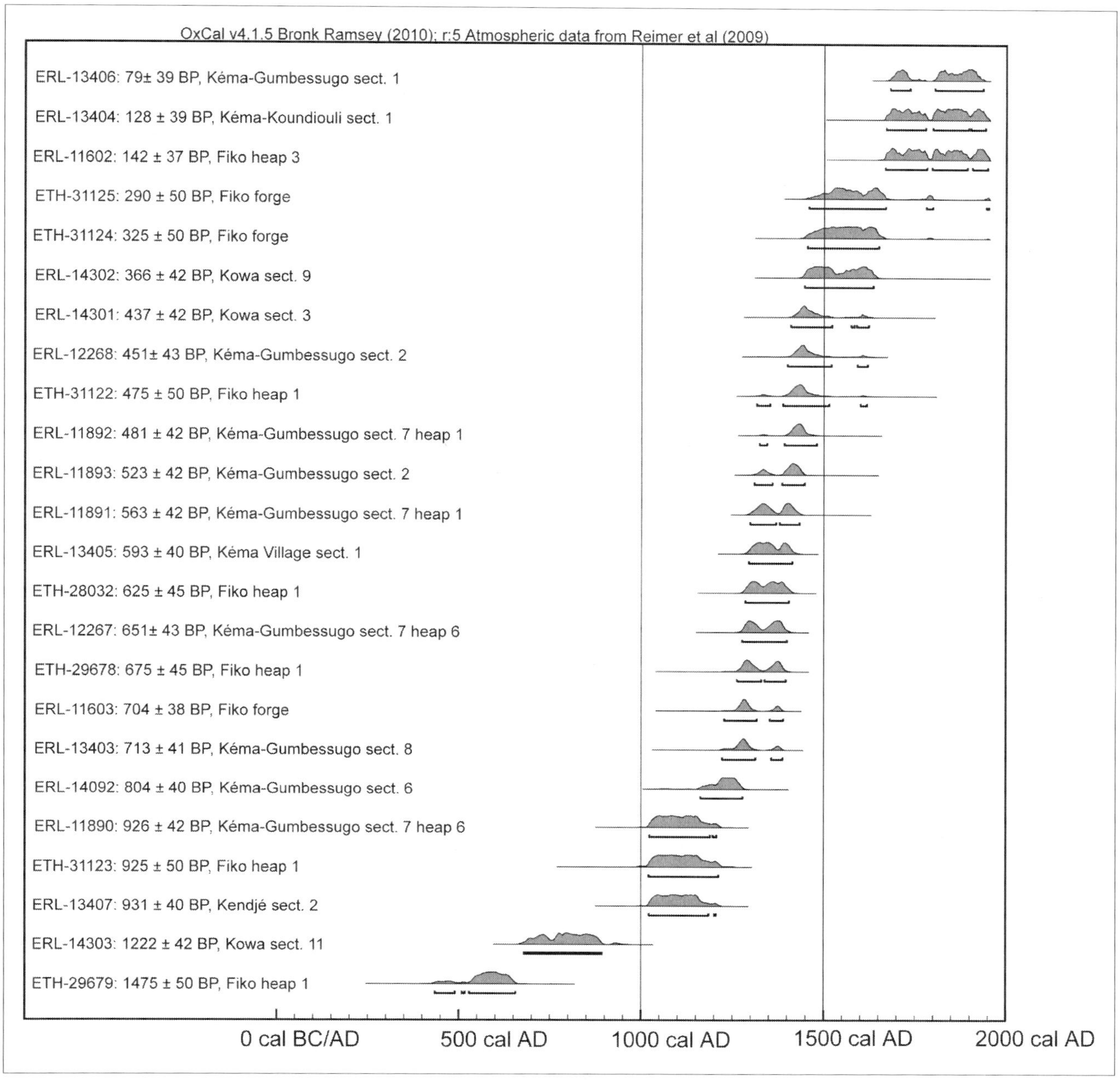

Fig. 5 : Radiocarbon chronology for the Fiko Tradition sites

Wood consumption and reproduction

We can only roughly estimate the amount of wood that was needed for the metallurgy of the Fiko Tradition (Eichhorn *et al.* submitted a, b). The evaluated conversion rate of slag mass to fresh wood amounts to approximately 1:20. For an estimated total amount of metallurgical waste of 225,000 t to 300,000 t the mass of fresh wood needed would add up to between 4,500,000 t and 6,000,000 t. These values may vary to a certain extent with waste specific gravity varying from slag heap to heap. The total amount of reproduced wood depends on the chronology (total number of years) and may have fluctuated in the past with oscillations of precipitation and human impact on the vegetation. Although these calculations can only indicate the rough magnitude of wood consumption and reproduction, they point to exploitation near the ecological threshold, especially because metallurgy is only one of the wood-consuming technologies in the area. Ceramic firing, cooking fuel, construction and furniture timber have to be added to the wood amount used for iron smelting and smithing. It seems likely that total consumption locally surmounted reproduction, affecting the standing stock and thus resulting in vegetation degradation. Furthermore, selective use of hardwoods would have affected vegetation composition by indirectly supporting species with low wood density and species able to withstand cutting pressure by re-sprouting from suckers.

Conclusion

An interdisciplinary archaeobotany, metallurgy and archaeology approach has been apt to test the environmental impact of large-scale metallurgy on the woody vegetation of a clearly defined area with a chronology based on a series of radiocarbon dates. In contrast to earlier approaches which mainly concentrated on the enormous amount of wood exploited for iron metallurgy we also tried to integrate data on the reproductive capacity of the woody vegetation on the credit side.

Anthracological analysis applied on the charcoal assemblages of slag heaps of sites attributed to the Fiko Tradition in the lower Yamé River valley has generally revealed distinct changes in woody vegetation composition during the past millennium. Qualitative changes at Fiko site complex include the retreat of species currently distributed in Sudano-Guinean vegetation further south where higher precipitation levels prevail, and the appearance in the sequence of taxa with Sahelian affinities. These changes can most likely be explained by climatic change. More prominent are quantitative changes affecting some hardwood taxa preferred for use in the iron bloomery process. The species which were most abundant in the beginning gradually decline while trees and shrubs with a high regenerative capacity augment in the course of occupation. Species typical of agroforestry parklands (Boffa 1999; Kahlheber 1999; Yaméogo *et al*. 2005) also increase. At the site complex of Kéma, vegetation change is less evident, probably due to successive displacements of the iron production workshops which have hindered continuous damage of woody vegetation in a small area during several centuries.

Due to a large number of variables an attempt to calculate net wood consumption can only reveal the order of magnitude, which nevertheless points to exploitation of wood near the ecological limit for metallurgy of the Fiko Tradition. It is thus most likely that part of the indicated vegetation changes can be directly correlated with the metallurgical activities. Individual site history resulted in locally different extent of these modifications.

Acknowledgements

I wish to thank Katharina Neumann and Eric Huysecom for their support of this work. I thank all members of the project "Peuplement humain et paléoenvironnement en Afrique de l'Ouest" for their cooperation, especially Caroline Robion-Brunner, Vincent Serneels and Sébastien Perret. I am very much indebted in the German Research Foundation (DFG) for research funding. I am grateful to the government of Mali for granting necessary visa and permits, and the "Mission Culturelle de Bandiagara" for friendly support of this work.

Bibliographie

Armstrong, M., Lelievre, T., Reilly, D. and Robertson, B. 2004. Evaluation of the wood quality and utilisation of plantation grown *Khaya senegalensis* (African mahagony). In *Prospects for high-value hardwood timber plantations in the 'dry' tropics of northern Australia*, 1-16. Conference, 19th -21st October 2004 Mareeba, Australia. Queensland Government, Department of Primary Industries and Fisheries,

Boffa, J.-M. 1999. *Agroforestry parklands in sub-Saharan Africa*. Rome, FAO.

Breman, H and Kessler, J.-J. 1995. *Woody plants in agro-ecosystems of semi-arid regions with an emphasis on the Sahelian countries*. Berlin, Springer.

Clément, J. 1982. Estimation des volumes et de la productivité des formations mixtes forestières et graminéennes tropicales. Données concernant les pays de l'Afrique francophone au nord de l'équateur et récommendations pour la conduite de nouvelles études. *Bois et Forêts des Tropiques* 198, 35-58.

David, N., Heimann, R., Killick, D. and Wayman, M. 1989. Between bloomery and blast furnace: Mafa iron-smelting technology in North Cameroon. *The African Archaeological Review* 7, 183-208.

De Barros, P. 1986. Bassar: a quantified, chronologically controlled, regional approach to a traditional iron production center in West Africa. *Africa* 56, 148-174.

Dupuy C. and Rolando, C. 1999. Un four de métallurgie en stratigraphie à Koussané (Mali): Fouille, anthracologie et datations sur charbons. *Mémoires de la Société Préhistorique Française* 26, 381-385.

Eichhorn, B. and Le Drézen, Y. 2006. Les paléoenvironnements végétaux à Ounjougou au cours de l'Holocène. Méthodologie et résultats préliminaires. *Etudes Maliennes* 65, 43-67.

Eichhorn, B. and Neumann, K. in press. Holocene vegetation change and land use at Ounjougou (Mali). In S. Nixon, M.A. Murray and D.Q. Fuller (eds.), *The Archaeology of African Plant Use*. Walnut Creek: Leftcoast Press.

Eichhorn, B., Robion-Brunner, C., Serneels, V., Perret, S. submitted a. Iron metallurgy in the Dogon Country (Mali, West Africa). "Deforestation" or sustainable use? In *Proceedings of the 4th International Meeting of Anthracology (8th – 13th September 2008: Brussels.). BAR International Series*.

Eichhorn, B., Robion-Brunner, C., Serneels, V., Perret, S. submitted b. Fuel for iron – wood exploitation for metallurgy on the Dogon Plateau, Mali. In *Proceedings of the World of Iron Conference (16th – 20th February 2009: London)*.

Goucher, C. 1981. Iron is iron till it is rust: trade and ecology in the decline of West African iron-smelting. *Journal of African History* 22: 179-189.

Goucher, C. 1986. The iron industry of Bassar, Togo: An interdisciplinary investigation of African technological history. Unpublished PHD-thesis, University of Michigan, Ann Arbor.

Granier, C. 2001. Biogéographie. In J.C. Arnaud (ed.), *Atlas du Mali*, 22-24. Paris, Les Éditions Jeune Afrique.

Haaland, R. 1980. Man's role in the changing habitat of Mema during the old kingdom of Ghana. *Norwegian Archaeological Review* 13, 31-46.

Haaland, R. 1985. Iron production, its socio-cultural context and ecological implications. In R. Haaland and P. Shinnie (eds.), *African iron working – ancient and traditional*, 50-72. Oslo, Norwegian University Press.

Hahn, H.-P. 1997. Eisentechniken in Nord-Togo: Kultur- und technikgeschichtliche Interpretationen. In R. Klein-Arendt (ed.), *Traditionelles Eisenhandwerk in Afrika*, 129-145. Köln, Heinrich-Barth-Institut.

Herbert, E.W. , Goucher, C. 1987. *Resource guide for the blooms of Bandjeli : Technology and gender in West African ironmaking*. Waterton, Documentary Educational Resources.

Höhn, A. 2007. Where did all the trees go? In R. Cappers (ed.), *Fields of change. Progress in African Archaeobotany*, 35-42. Eelde, Groningen, Barkhuis Publishing.

Huysecom, E., Ozainne, S., Raeli, F., Ballouche, A., Rasse, M. and Stokes, S. 2004a. Ounjougou (Mali): A history of Holocene settlement at the southern edge of the Sahara. *Antiquity* 78, 579-593.

Huysecom, E., Ballouche, A., Cissé, L., Gallay, A., Konaté, D., Mayor, A., Neumann, K., Ozainne, S., Perret, S., Rasse, M., Robert, A., Robion, C., Sanogo, K., Serneels, V., Soriano, S. and Stokes, S. 2004b. Paléoenvironnement et peuplement humain et en Afrique de l'Ouest: rapport de la sixième année de recherche à Ounjougou (Mali). *Jahresbericht 2003. Fondation Suisse-Liechtenstein pour les recherches archéologogiques à l'étranger, Zürich et Vaduz*, 27-68.

Huysecom, E., Ballouche, A., Gallay, A., Guindo, N., Keita, D., Kouti, S., Le Drézen, Y., Mayor, A., Neumann, K., Ozainne, S., Perret, S., Rasse, M., Robion-Brunner, C., Schaer, K., Serneels, V., Soriano, S., Stokes, S. and Tribolo, C. 2005. La septième campagne de terrain et ses apports au programme interdisciplinaire Paléoenvironnement et peuplement humain en Afrique de l'Ouest. *Jahresbericht 2004. Fondation Suisse-Liechtenstein pour les recherches archéologogiques à l'étranger, Zürich et Vaduz*, 57-142.

Huysecom, E., Ozainne, S., Robion-Brunner, C., Mayor, A., Ballouche, A., Chaix, L., Eichhorn, B., Guindo, N., Le Drezen, Y., Lespez, L., Mezger, H, Neumann, K., Perret, S., Poudjougo, M., Rasse, M., Sanogo, K, Schneider, K, Serneels, V., Soriano, S., Soulignac, R., Traoré, B. D., and Tribolo, C. 2009. Nouvelles données sur le peuplement du Pays dogon: la onzième année de recherche du programme "Peuplement humain et évolution paléoclimatique en Afrique de l'Ouest". *Jahresbericht 2008. Fondation Suisse-Liechtenstein pour les recherches archéologiques à l'étranger, Zürich, Vaduz*, 71-183.

Kahlheber, K. 1999. Indications for agroforestry. Archaeobotanical remains of crops and woody plants from medieval Saouga, Burkina Faso. In M. van der Veen (ed.), *The exploitation of plant resources in ancient Africa*, 89-100. New York, Kluwer Academic/Plenum.

Kahlheber, S. and Neumann, K. 2007. The development of plant cultivation in semi-arid West Africa. In: T. Denham, J. Iriarte and L. Vrydaghs (eds), *Rethinking Agriculture. Archaeological and Ethnoarchaeological Perspectives*, 320-346. Walnut Creek, Left Coast Press.

Kiethéga, J.-B. 2009. *La métallurgie lourde du fer au Burkina Faso. Une technologie à l'époque précoloniale*. Paris, Éditions Karthala.

Marston, J. M. 2009. Modeling wood acquisition strategies from archaeological charcoal remains. *Journal of Archaeological Science* 36, 2192-2200.

Mayor, A., Huysecom, E., Gallay, A., Rasse, M., and Ballouche, A. 2005. Population dynamics and paleoclimate over the past 3000 years in the Dogon country, Mali. *Journal of Anthropological Archaeology* 24, 25-61.

Neumann, K. 1999. Charcoal from West African savanna sites: Questions of identification and interpretation. In M. van der Veen, M. (ed.), *The exploitation of plant resources in ancient Africa*, 205-219. New York, Kluwer Academic/Plenum.

Neumann K. and Vogelsang R. 1996. Paléoenvironnement et préhistoire au Sahel du Burkina Faso. *Berichte des Sonderforschungsbereichs 268* 7, 177-186.

Nouaceur, Z. 2001. Climat. In J.C. Arnaud (ed.), *Atlas du Mali*. 16-19. Paris, Éditions Jeune Afrique.

Nouvellet Y., Sylla, M.L. and Kassambara, A. 2003. La production de bois d'énergie dans les jachères au Mali. *Bois et Forêts des Tropiques* 276, 1-15.

Nygard, R. and Elfving, B. 2000. Stem basic density and bark proportion of 45 woody species in young savanna coppice forests in Burkina Faso. *Annals of Forest Science* 57, 143-153.

Ohler, F.M.J. 1985. The fuelwood production of wooded savanna fallows in the Sudan zone of Mali. *Agrofrestry Systems* 3, 15-23.

Ozainne, S., Lespez, L., Le Drezen, Y., Eichhorn, B., Neumann, K. and Huysecom, E. 2009. Developing a chronology integrating archaeological and environmental data from different contexts. *Radiocarbon* 51, 457-470.

Pelzer, C., Müller, J. and Albert, K.-D. 2004. Die Nomadisierung des Sahel – Siedlungsgeschichte, Klima und Vegetation in der Sahelzone von Burkina Faso in historischer Zeit. In K.-D.Albert, D. Löhr and K. Neumann (eds.), *Mensch und Natur in West-Afrika*, 256-288. Weinheim, Wiley VCH.

Picard, N., Ouattara, S., Diarisso, D., Ballo, M. and Gautier, D. 2006. Defining units for savanna management in Sudano-Sahelian areas. *Forest Ecology and Management* 236, 403-411.

Reimer, P.J., Baillie, M.G.L., Bard, E., Bayliss, A., Beck, J.W, Blackwell, P.G., Bronk Ramsey, C., Buck, C.E., Burr, G.S., Edwards, R.L., Friedrich, M., Grootes, P.M., Guilderson, T.P., Hajdas, I., Heaton, T.J., Hogg, A.G., Hughen, K.A., Kaiser, K.F., Kromer, B., McCormac, F.G., Manning, S.W., Reimer, R.W., Richards, D.A., Southon, J.R., Talamo, S., Turney, C.S.M., van der Plicht, J. and Weyhenmeyer, C.E. 2009. IntCal09 and Marine09 radiocarbon age calibration curves, 0–50,000 years cal BP. *Radiocarbon* 51: 1111–1150.

Robion-Brunner, C. 2010. Forgerons et sidérurgie en pays dogon. *Vers une histoire de la production du fer sur le plateau de Bandiagara (Mali) durant les empires précoloniaux* (Journal of African Archaeology Monograph Series 3, Peuplement humain et paléoenvironnement en Afrique de l'Ouest, Série Monographique 1). Frankfurt, Africa Magna Verlag.

Rolando, C. 1992. *Contribution de l'analyse anthracologique à l'étude des paléoenvironnements sahéliens.* Unpublished PHD-thesis, University of Provence-Côte d'Azur, Marseille.

Sassoon, H. 1964. Iron-smelting in the hill village of Sukur, north-eastern Nigeria. *Man* 64, 174-178.

Shackleton, C.M. and Prins, F. 1992. Charcoal analysis and the "Principle of Least Effort" - A conceptual model. *Journal of Archaeological Science* 19, 631-637.

Thompson, G. and Young, R. 1999. Fuels for the furnace. Recent and prehistoric ironworking in Uganda and beyond. In M. Van der Veen, M. (ed.), *The exploitation of plant resources in ancient Africa*, 221-239. New York, Kluwer Academic/Plenum.

Von Maltitz, G.P. and Scholes, R.J. 1995. The burning of fuelwood in South Africa: When is it sustainable? *Environmental Monitoring and Assessment* 38, 243-251.

Yaméogo, G., Yélémou, B. and Traoré, D. 2005. Pratique et perception paysannes dans la création de parc agroforestier dans le terroir de Vipalogo (Burkina Faso). *Biotechnology, Agronomy, Society and Environment* 9, 241-248.

Analyse de la répartition spatiale de bas fourneaux d'un territoire sidérurgique au sud-ouest du Niger (4e-14e siècle ap. J.-C.)

Rodrigue GUILLON[1], Christophe PETIT[2], Jean Louis RAJOT[3], Vincent BICHET[4], Oumarou Amadou IDÉ[5], Zibo GARBA[6], David SEBAG[7], Amadou Abdourhamane TOURÉ[1,3,6]

[1] ARTeHIS, UMR 5594, Dijon, France ; [2] Arscan, UMR 7041, Paris, France ;
[3] Bioemco, UMR IRD 211, Niamey, Niger ; [4] Chrono-environnement UMR 6249, Besançon, France ;
[5] IRSH UAM, Niamey, Niger ;[6] UAM, équipe AIRE-développement, Niamey, Niger ;
[7] M2C, UMR 6143, Mont-Saint-Aignan, France

Au Niger, des prospections pédestres ont permis la cartographie d'un grand nombre de bas fourneaux. Sur un secteur test d'une superficie de 32km², situé en rive gauche du fleuve Niger, plus de quatre mille bas fourneaux ont été recensés par GPS. Ces bas fourneaux à usage unique ont été identifiés par la cuve ou, dans les secteurs érodés, par des blocs ou des fragments de scories piégées. Cette métallurgie couvre un millénaire, du 4e siècle au 14e siècle. Les données spatiales ont été traitées à l'aide d'un Système d'Information Géographique (SIG) et par des outils mathématiques (Fonction K de Ripley et densité par la méthode du noyau). Les résultats de ces analyses montrent que les forgerons construisaient leurs bas fourneaux à proximité du minerai et sur des sols sableux. Toutefois, des facteurs socioculturels semblent intervenir dans le choix d'implantation, ce qui occasionne des concentrations dans des secteurs spécifiques.

réduction du minerai de fer, bas fourneaux, Niger, répartition spatiale, géomorphologie, période médiévale

On the west bank of the Niger River, archaeological prospecting has mapped more than 4000 low shaft furnaces on an area of 32km². These single-use furnaces have been identified by either a shaft or a block of slag in the erosion surface. This smelting activity is dated between 4th and 14th century AD. Spatial data were processed by a Geographic Information System (GIS) and mathematical tools (Ripley's K function, Kernel density estimation). The results of this analysis show that smiths built low shaft furnaces near ores and in sandy soils. However, the choice of location for the furnaces seems also to depend on sociocultural factors, thus leading to the formation of clusters in specific places.

reduction of iron ore, low shaft furnaces, Niger, spatial analysis, geomorphology, medieval period

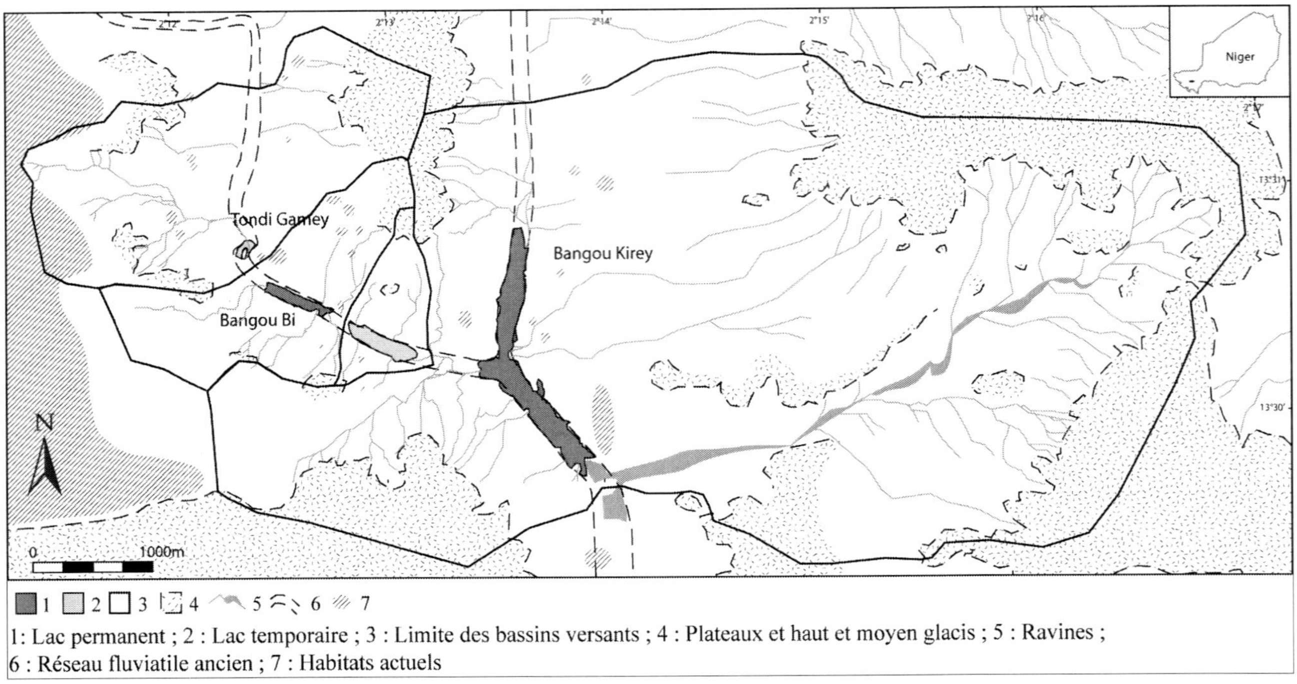

Fig. 1 : Carte générale du territoire sidérurgique

Introduction

La vallée moyenne du fleuve Niger, à la latitude de Niamey, est connue pour ces quelques riches découvertes archéologiques ; les sites néolithiques tels que l'habitat de Kirkissoye et les sites funéraires de notre ère comme Bura et Karey Gourou n'en sont que les exemples les plus remarquables (Devisse, 1993 ; Gado, 2004 ; Vernet, 1996). Toutefois, les traces de métallurgie du fer ont été peu signalées dans cette région, bien qu'il faille peu de temps à un œil averti pour découvrir dans ce paysage sahélien les nombreux témoins archéologiques de cette activité. Les scories, résidus de la réduction du minerai de fer, sont généralement présentes sous forme de très nombreux blocs affleurant sur des sols, le plus souvent érodés.

Dans cette région et plus largement au sud du Niger, la métallurgie du fer a été principalement étudiée en suivant une approche ethnographique qui s'est intéressée au symbole du fer et des forgerons dans la société et à l'organisation sociale des ateliers par le biais d'enquêtes et de reconstitutions (Celis, 1994 ; Echard, 1983 ; Luxereau, 1983). Cependant, aucun de ces travaux ne signale les nombreux vestiges archéologiques visibles sur le terrain. Quant aux archéologues, ils se sont plutôt intéressés à la datation des plus anciennes réductions de minerai de fer comme dans le massif de Termit où la métallurgie apparaîtrait dès la seconde moitié du 3e millénaire avant notre ère (Paris *et al.*, 1992 ; Quéchon, 2002). Ces travaux ont ainsi permis de remettre en cause la thèse diffusionniste en Afrique de l'Ouest. L'intérêt des archéologues s'est aussi porté sur les sites métallurgiques d'envergures industrielles comme dans le pays Dogon au Mali (Huysecom *et al.*, 2004 ; Robion-Brunner, 2010) ou dans la région de Bassar au Togo (de Barros, 1986, 1988, 2000).

Cet article propose, à l'aide d'un Système d'Information Géographique (SIG), l'analyse spatiale des données archéologiques concernant la métallurgie du fer inventoriées sur trois bassins versants totalisant une superficie de 32km^2. Au sein de ce territoire, l'ensemble métallurgique de Bilfouda correspondant à une observation à l'échelle hectométrique, est présenté comme exemple. L'objectif de cette étude est de mettre en évidence l'organisation spatiale des structures de réduction du fer dans son contexte géomorphologique et socio-culturel.

Contexte géomorphologique

La région de Niamey se trouve au cœur du Sahel, zone climatique tampon qui présente une pluviométrie comprise entre 150 et 600mm suivant un gradient nord-sud entre le désert saharien, au nord, et la savane soudanienne, au sud. Le paysage géomorphologique est constitué de plateaux latéritiques cuirassés étagés, vestiges de surface d'érosion et de grands glacis tertiaires, entaillés par des vallées fossiles. A l'échelle du site, il est ainsi possible de distinguer schématiquement de haut en bas ; la surface cuirassée du plateau supérieur (255m d'altitude) définie par Eschenbrenner et Grandin (1970) pour l'Afrique de l'Ouest, comme la surface intermédiaire. Celle-ci se distingue des surfaces cuirassées du haut glacis qui

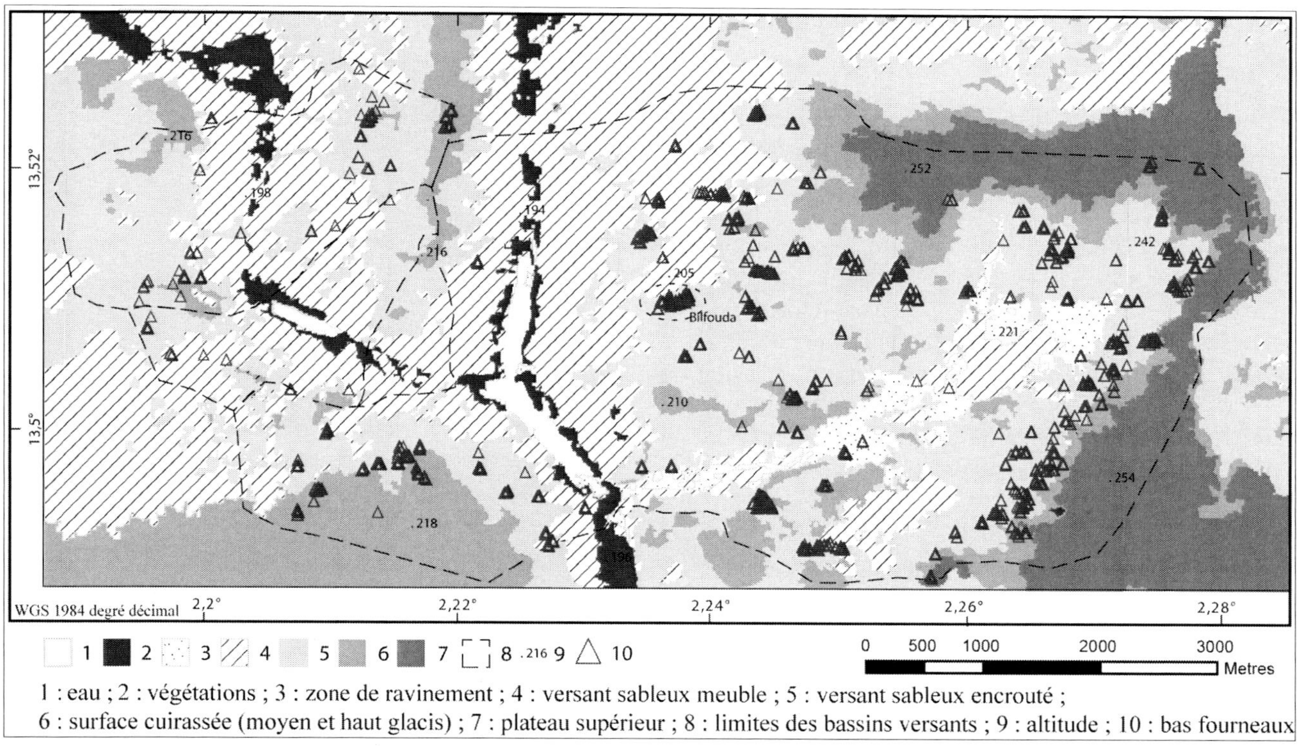

Fig. 2 : Carte de répartition des bas fourneaux et des unités de surfaces (modifiée, d'après Guillon et al., 2010).

arment les bords de plateaux (240m) et du moyen glacis (210-220m). Ces glacis, hérités de l'époque tertiaire, sont partiellement recouverts par des dépôts de sables éoliens quaternaires plus ou moins épais qui forment des surfaces sableuses sur lesquelles un réseau largement ramifié de ravines draine les bassins endoréiques actuels lors de la saison des pluies.

La géomorphologie du secteur est structurée par un réseau hydrographique qui s'étire du nord au sud, du territoire malien jusqu'au fleuve Niger à 30km en aval de Niamey (Fig. 1). Cette paléo-rivière appelée « Kori de Ouallam » fait partie des principaux affluents fossiles en rive gauche du fleuve Niger ; elle est aujourd'hui parsemée de nombreux lacs qui se développent dans les bas-fonds délimités par les dépôts sableux éoliens plus ou moins remaniés. L'étude est menée à 15km à l'est de Niamey, sur un territoire de 32km² qui couvre les bassins versants des lacs permanents de Bangou Bi et de Bangou Kirey ainsi que celui du lac temporaire de Tondi Gamey. Les bas-fonds les plus profonds de cette paléo-rivière se sont remis en eau dans les années 1960 suite à la remontée de la nappe phréatique (Leduc *et al.*, 2001). Ce phénomène paradoxal qui se poursuit en période de déficit pluviométrique a permis à la population actuelle, installée à proximité, d'aménager les rives en jardins maraîchers. La brousse en périphérie de la ville de Niamey fondée en 1924 à partir d'un village de pêcheurs connaît depuis, une pression anthropique croissante sur le milieu agricole et forestier (Banoin et Guengant, 1998).

Le traitement d'une image SPOT 5 a permis de réaliser une carte (Guillon *et al.*, 2010), mettant en évidence sept unités de surfaces présentées ci-dessous par ordre croissant d'altitude (Fig. 2).

Les surfaces en eau, correspondant aux deux lacs permanents, couvrent une superficie de 0,4km² autour desquelles des zones fortement arborées ou maraîchères se développent sur 0,6km², le plus souvent, dans les bas-fonds. Les ravinements anciens ou récents, sont répartis sur 1,2km². Ils incisent les versants qui se différencient en fonction de la nature de leur sol et de leur couverture végétale : un bas versant sableux meuble, aujourd'hui cultivé en mil (10,5km²) et un haut versant sableux encroûté (11,8km²). Le reste des bassins versants (7,3km²) est constitué de surfaces cuirassées. La surface cuirassée du moyen glacis apparaît à mi-versant en de nombreux points et forme, au sud-ouest de notre zone d'étude, une large zone tabulaire. Cette surface est regroupée avec celle du haut glacis qui arme les talus des hauts plateaux. Ces deux entités couvrent une superficie de 4,6km² et renferment de nombreux affleurements de bancs d'oolithes ferrugineuses interstratifiés appartenant à la formation géologique du Continental Terminal (CT3) (Dubois et Lang, 1984). Pour finir, la surface cuirassée supérieure, dite surface intermédiaire, forme un plateau à surface encroûtée et caillouteuse d'une superficie de 2,7km² où la végétation arbustive a pratiquement disparu.

Les bas fourneaux du sud-ouest nigérien

Caractérisation

Les bas fourneaux sont identifiés par des cuves contenant des scories affleurant à la surface du sol ou par des blocs massifs de scories plus ou moins démantelés (Fig. 3). Une vingtaine de sondages archéologiques ont permis de mettre en évidence l'existence de plusieurs types de bas fourneaux. Les fours présents sur l'ensemble métallurgique de Bilfouda appartiennent tous au type le plus courant. Il s'agit de blocs de scories correspondant au remplissage d'une fosse située sous la cuve du bas fourneau construite au niveau du sol. Pour ce type de structure, l'essentiel des résidus de réduction du fer étaient évacués de la cuve par égouttage dans une fosse sous-jacente qui recueillait ainsi la majeure partie de la scorie produite en formant un bloc prenant l'empreinte de la fosse. Ce bloc est parfois surmonté d'une colonne, analogue à un spéléothème tel la jonction entre une stalactite et une stalagmite, qui joint les scories restant dans la cuve à celles qui se sont écoulées dans la fosse. Cette configuration s'explique par le refroidissement rapide de la scorie lors de son écoulement à la fin de la phase de réduction (Fig. 4). Ces observations attestent clairement que ces bas fourneaux, dits à scorie piégée, sont à usage unique. Ceci explique la construction d'un grand nombre de bas fourneaux tout au long de la période d'activité. Cette pratique n'est pas unique en Afrique de l'Ouest. Elle a été observée, par exemple, sur le site de Silla dans la vallée moyenne du Sénégal en Mauritanie (Robert-Chaleix, 1994) et dans la région de Markoye sur les rives du Gorouol au nord-est du Burkina Faso (Fabre, 2009).

Au cours des prospections, de nombreux fragments d'oolithes ferrugineuses concassés et calibrés de taille centimétrique ont été découverts en tas à proximité des bas fourneaux ou agglomérés à la scorie restant dans la cuve. Ceci démontre leur utilisation comme minerai de fer, d'autant plus qu'il est facilement exploitable en surface ou à faible profondeur. Les pisolithes ferrugineuses présentes sur les plateaux sont rarement utilisées comme minerai. Quant aux niveaux latéritiques, potentiellement riche en fer, ils semblent ne jamais avoir été exploités dans la région.

Cartographie

L'inventaire des bas fourneaux a été réalisé par prospection pédestre par deux personnes sur une quinzaine de jours cumulés ce qui a permis de prospecter de manière exhaustive plus de 88% des surfaces non lacustres des bassins versants. Si les bas fourneaux ne sont pas sur des terrains érodés, ils sont identifiables par la présence d'une cuve en argile

Fig. 3 :

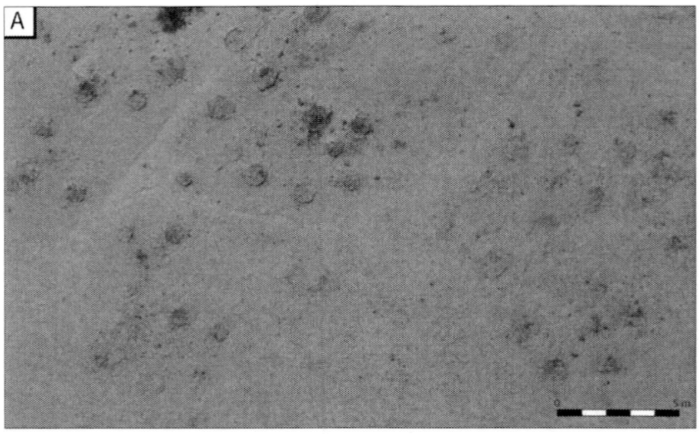

A. Vue aérienne ; cuves de bas fourneaux visibles sur des surfaces non érodées.

B. Vue au sol ; blocs de scorie piégée visibles sur des surfaces fortement érodées.

sableuse cuite à la surface du sol; par contre, si l'érosion des sols est importante, il ne reste que les blocs massifs de scories. Ainsi, chaque bas fourneau a pu être géoréférencé à l'aide d'un GPS (Global Position System, Garmin 76S) avec une précision comprise entre 5 et 10m. Pour les ensembles métallurgiques qui concentrent plusieurs centaines de bas fourneaux sur quelques hectares tels que Bilfouda, un plan précis a été réalisé à partir des photographies aériennes à faible altitude prises à l'aide d'un PIXY©, un paramoteur radiocommandé. Chacune d'elles a été géoréférencée à l'aide de repères installés au sol, puis l'identification et la position de chaque bas fourneau ont été vérifiées sur le terrain. La cartographie obtenue a une précision inférieure au mètre.

Datation

Les activités de métallurgie sur l'ensemble du secteur d'étude s'étendent sur près de mille ans, du 4e siècle au 14e siècle de notre ère. Cette chronologie est établie d'après des datations radiocarbones réalisées sur des charbons de bois récoltés lors des sondages

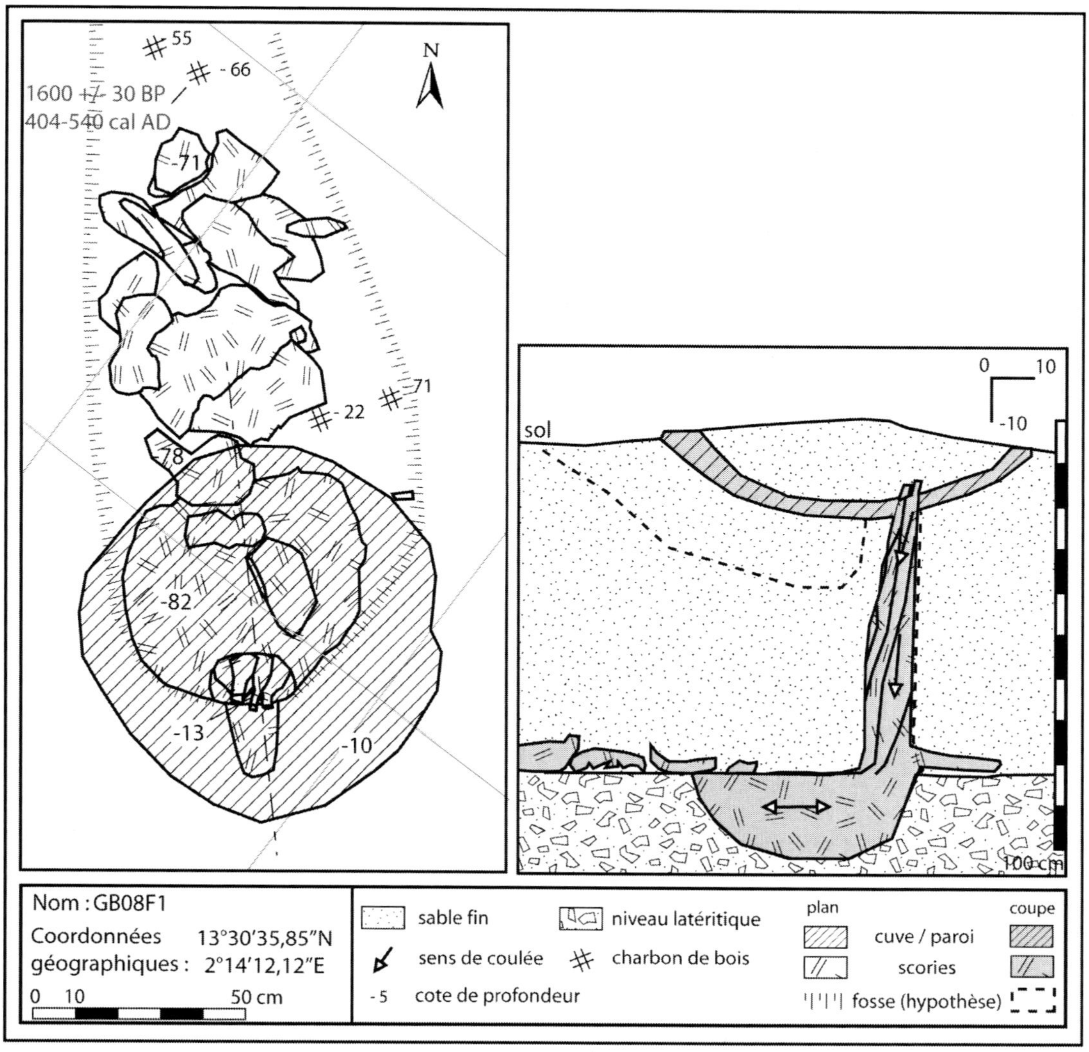

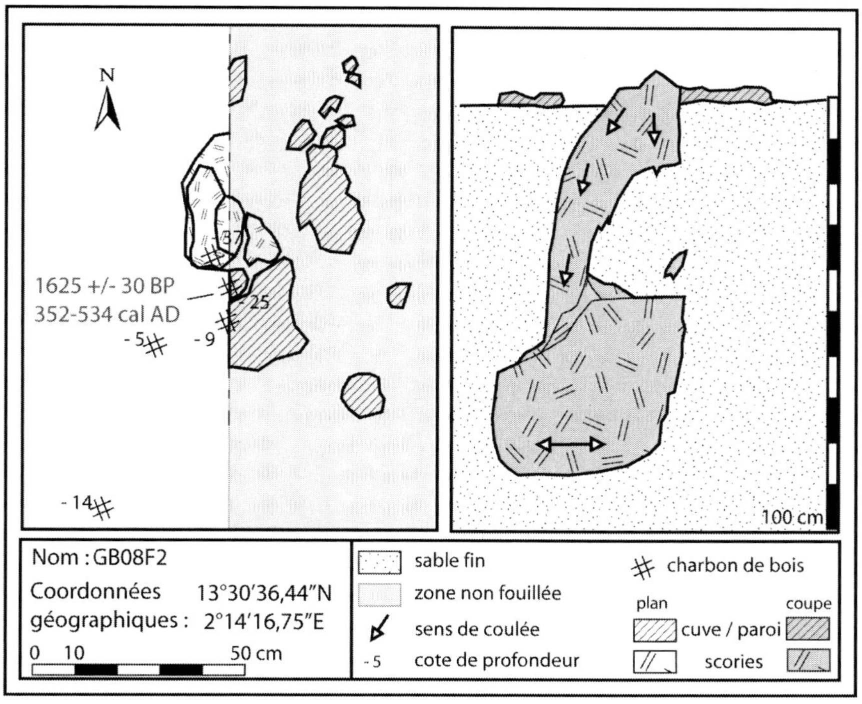

Fig. 4 : Plan et coupe de deux bas fourneaux avec évacuation de la scorie par égouttage

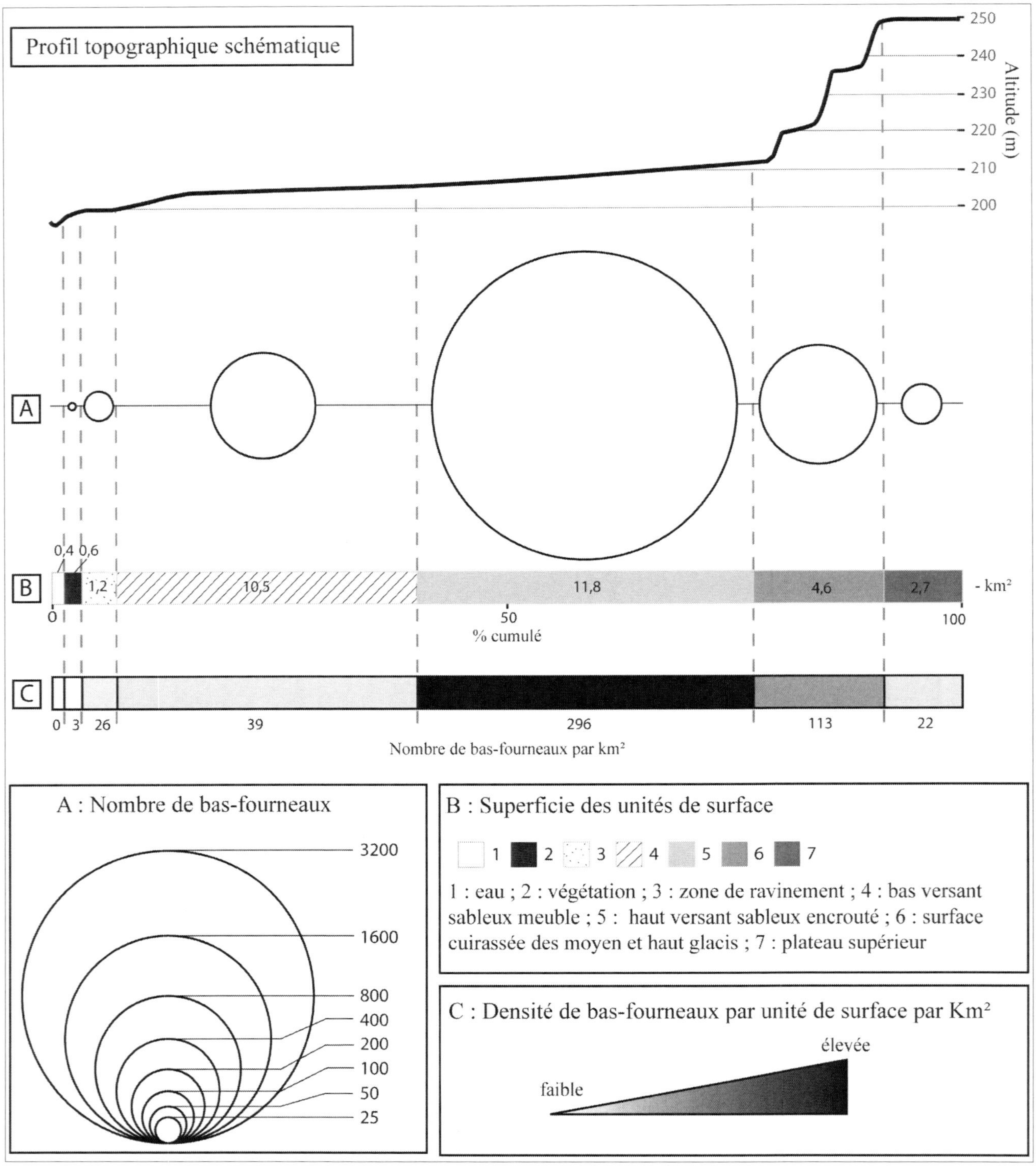

Fig. 5 : Comptage et densité des bas fourneaux en fonction des unités de surface.

archéologiques sur une vingtaine de bas fourneaux. Il est encore trop tôt pour présenter de façon synthétique les données chronologiques obtenues sur la totalité de la zone prospectée. Toutefois pour l'ensemble métallurgique de Bilfouda deux dates issues de deux bas fourneaux à usage unique sont disponibles : la période de fonctionnement du bas fourneau GB08F1 se place entre 404 et 540 cal AD (1600 ± 30 BP ; Ly 6320) et, celle du four GB08F2 entre 352 et 534 cal AD (1625 ± 30 BP ; Ly 6321).

Répartition spatiale contrainte par les facteurs géomorphologiques

Sur les 32km² du secteur d'étude, 4504 bas fourneaux ont été recensés. La répartition spatiale des bas fourneaux est à première vue très hétérogène. Plus de 75% des structures de réduction du fer se trouvent

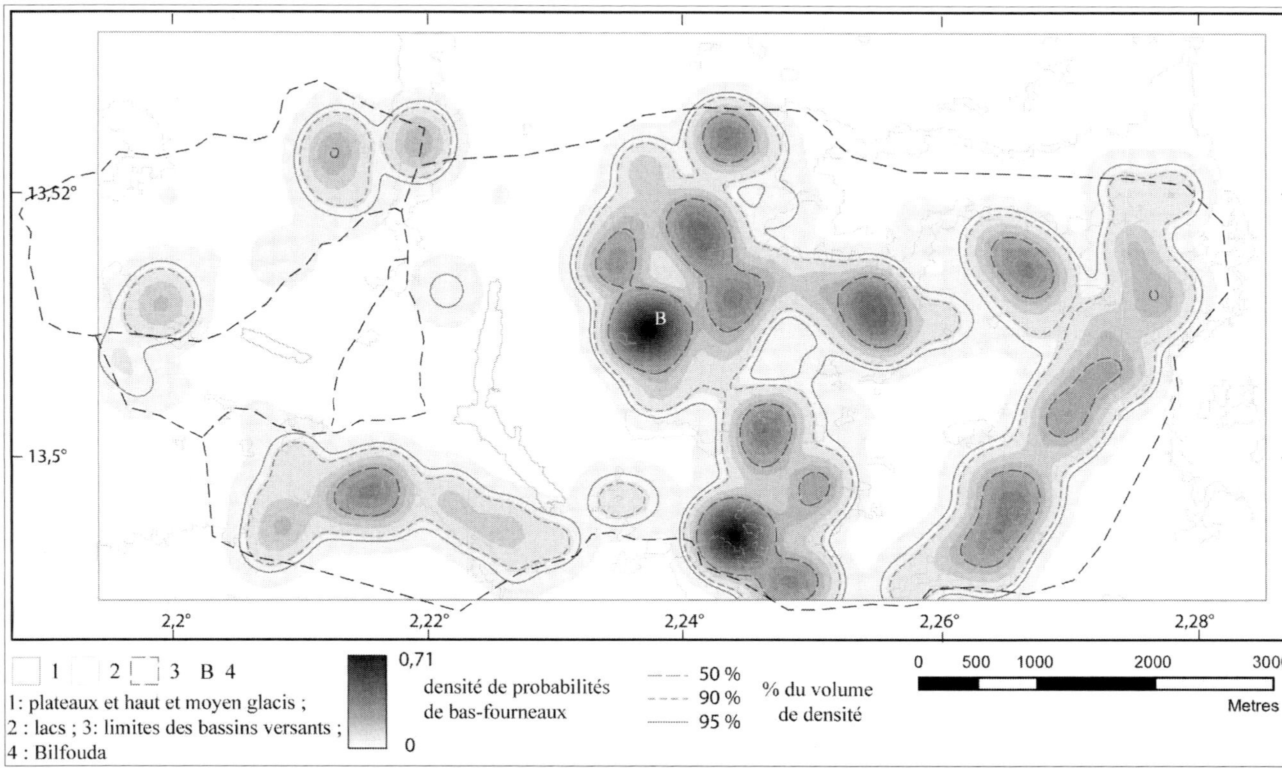

Fig. 6 : Carte de densité par la méthode du noyau construite avec un rayon d'influence h de 160m déterminé par la valeur maximale de la fonction transformée L(r) de l'analyse K(r) de Ripley tel que le définie Zaninetti (2005).

sur les versants sableux encroûtés où la densité atteint 296 bas fourneaux par km^2 (Fig. 5). Sur le bas versant, où les sols sont sableux et cultivés, la densité n'est que de 39 par km^2. Les surfaces cuirassées de mi-versant, pentues ou tabulaires présentent une densité qui s'élève à 113 bas fourneaux par km^2, alors que les plateaux supérieurs ont une densité faible de 22 bas fourneaux par km^2.

Les bas fourneaux qui nécessitaient le creusement d'une fosse n'ont pas été directement installés sur les affleurements d'oolithes ferrugineuses qui arment le sommet des haut et moyen glacis ou des plateaux cuirassés. Ils occupent essentiellement les hauts versants qui présentent une couverture sableuse plus facile à creuser. Les bas fourneaux qui ont été construits sur le moyen glacis ou les talus, sont largement érodés ; ceci implique donc la présence lors de leur installation d'une couverture sableuse qui est aujourd'hui érodée. De la même façon, sur les plateaux, ce sont les surfaces sableuses qui ont été utilisées par les forgerons pour construire des bas fourneaux.

Dans la plupart des cas, la ressource en minerai n'est jamais très éloignée ; la moitié des bas fourneaux se trouve à moins de 100m de zones potentiellement utilisables comme sources de minerai de fer.

La prospection exhaustive permet d'affirmer que les secteurs à proximité des bas-fonds ont été très peu utilisés par les métallurgistes alors qu'ils ont un certain potentiel pour les ressources en eau, en bois et en argile qui sont des éléments indispensables à la construction des structures de réduction et à leur fonctionnement. L'absence de bas fourneaux près de ces zones semblent donc être une volonté des métallurgistes.

Si globalement la répartition des bas fourneaux paraît contrainte par les facteurs géomorphologiques (sol meuble pour creuser les fosses et proximité du minerai) l'organisation de cette activité peut être perçue plus précisément en utilisant des méthodes mathématiques pouvant mettre en évidence des regroupements qui seraient plus le fruit de facteurs sociaux que de contraintes liées au milieu naturel.

Organisations spatiales des ensembles métallurgiques

Méthodes

Deux méthodes d'analyses spatiales ont été utilisées.

L'analyse de la fonction k de Ripley permet de tester la répartition spatiale des bas fourneaux en la comparant à une répartition aléatoire issue de la loi de Poisson (Besag, 1977). Cette analyse permet également d'identifier les concentrations relatives et la ségrégation de semis de points à différentes échelles. Cette répartition peut ainsi être qualifiée d'agrégée, de régulière, ou d'aléatoire (Bevan et Conolly, 2006). Cette méthode a l'avantage de tenir compte des différentes échelles spatiales et de ne pas être influencée par la taille et la forme de la zone d'étude (Deweirdt, 2010). Elle a donc été préférée à l'analyse du plus proche voisin (nearest neighbor analysis) plus communément utilisée.

La seconde méthode est l'analyse de densité par la méthode des noyaux (Kernel density estimation ou KDE) ; elle permet, dans le cas d'une distribution agrégée, de délimiter les différents groupes de points en effectuant un lissage des densités de points. En archéologie, les cartes de densité d'artefacts ont déjà été interprétées comme le reflet d'actions ritualisées accomplies à certains endroits spécifiques (Barceló, 2002).

Résultats

L'analyse de la fonction K de Ripley met en évidence une distribution spatiale agrégée des bas fourneaux et ceci à toutes les échelles. A l'intérieur de la zone d'étude, des secteurs géographiques où se concentrent des bas fourneaux peuvent être délimités ; au sein de ces mêmes secteurs géographiques, une nouvelle distribution agrégée peut être décelée à une échelle plus locale.

La carte de densité (Fig. 6) permet d'identifier une vingtaine de zones dont la densité de probabilité est supérieure à 0,15. Ces zones délimitent des surfaces sur lesquelles l'activité de métallurgie se concentre. Le contour à 95% du volume de densité englobe seulement 46% du secteur étudié. Autrement dit, la majeure partie des bas fourneaux se trouve concentrée sur moins de la moitié de la surface disponible. Par conséquent, de très grandes surfaces autour des bas-fonds et sur les plateaux sont totalement dépourvues de bas fourneaux.

La délimitation des groupes de densité permet d'individualiser différents secteurs géographiques qui peuvent donc être interprétés comme des ensembles métallurgiques, lieux où se concentre la construction de bas fourneaux.

L'ensemble métallurgique de Bilfouda

L'ensemble métallurgique de Bilfouda est identifiable sur la carte de densité issue de la méthode des noyaux par une très forte valeur de densité ; il est composé de 470 bas fourneaux répartis sur environ 2,5ha (Fig. 7). Cet ensemble est situé à environ 700m au sud des plus proches talus sur lesquels affleurent en surface le minerai de fer. Toutefois à proximité du site, le Continental Terminal, qui est mis au jour dans les ravines actuelles, est facilement exploitable sous un faible recouvrement sableux. Il est alors probable que les oolithes ferrugineuses utilisées comme minerai aient été extraites par des puits peu profonds que les prospections n'ont pas pu repérer.

Les bas fourneaux montrent une certaine organisation spatiale au sein même de l'ensemble métallurgique. Comme le suggère l'analyse de la fonction K de Ripleys, des regroupements de bas fourneaux sont identifiables sur ce site à une échelle plus précise ; ils constituent des concentrations de plusieurs dizaines de bas fourneaux, et dessinent des formes linéaires, curvilignes ou en amas. De telles organisations spatiales ont été déjà décrites en Afrique de l'Ouest, au sud du Niger dans la région de l'Ader où Echard (1983) décrit des agencements de bas fourneaux linéaires. Par ailleurs, dans la vallée moyenne du Sénégal en Mauritanie, sur le site archéologique de Silla, Robert-Chaleix et Sognane (1983) ont cartographié deux types d'organisation, l'une étant décrite comme circulaire avec deux fours centraux et l'autre comme des « alignements sinueux ».

Eléments de discussion et perspectives

La répartition spatiale des bas fourneaux dans le secteur d'étude montre une organisation qui semble répondre d'une part à des exigences géomorphologiques par la proximité des talus riches en minerai de fer et par la présence d'une couche sableuse suffisamment épaisse pour creuser la fosse de collecte des scories et d'autre part à des facteurs anthropiques étant donné la répartition non uniforme des ensembles métallurgiques le long de ces talus.

Les prospections exhaustives menées sur ce territoire garantissent la présence de zones de concentration de ces vestiges métallurgiques et de zones où ils sont absents. Celles-ci peuvent s'expliquer par des facteurs ethnoculturels tels que la propriété du territoire, l'appartenance ethnique, ou bien encore les croyances spirituelles des métallurgistes, comme cela est fortement évoqué par les études ethnographiques (Echard, 1983 et Luxereau, 1983). Les rituels et les exigences de chaque groupe ethnique favorisent une prise de choix dans l'implantation des bas fourneaux qui est aujourd'hui difficile à interpréter. Comme le signale Coulibaly (2006, 160) pour les sites archéologiques du Bawmu au Burkina Faso « les facteurs qui, d'une manière ou d'une autre, ont pu contraindre les métallurgistes à implanter à tel ou tel autre endroit un atelier de réduction ne sont guère faciles à identifier ».

Nous constatons toutefois que les ensembles métallurgiques sont préférentiellement implantés sur les zones sableuses au plus près du minerai ce qui paraît être la principale condition pour les métallurgistes. Or, les points d'approvisionnement en eau et en bois, autres éléments nécessaires à la production du fer, sont actuellement concentrés dans

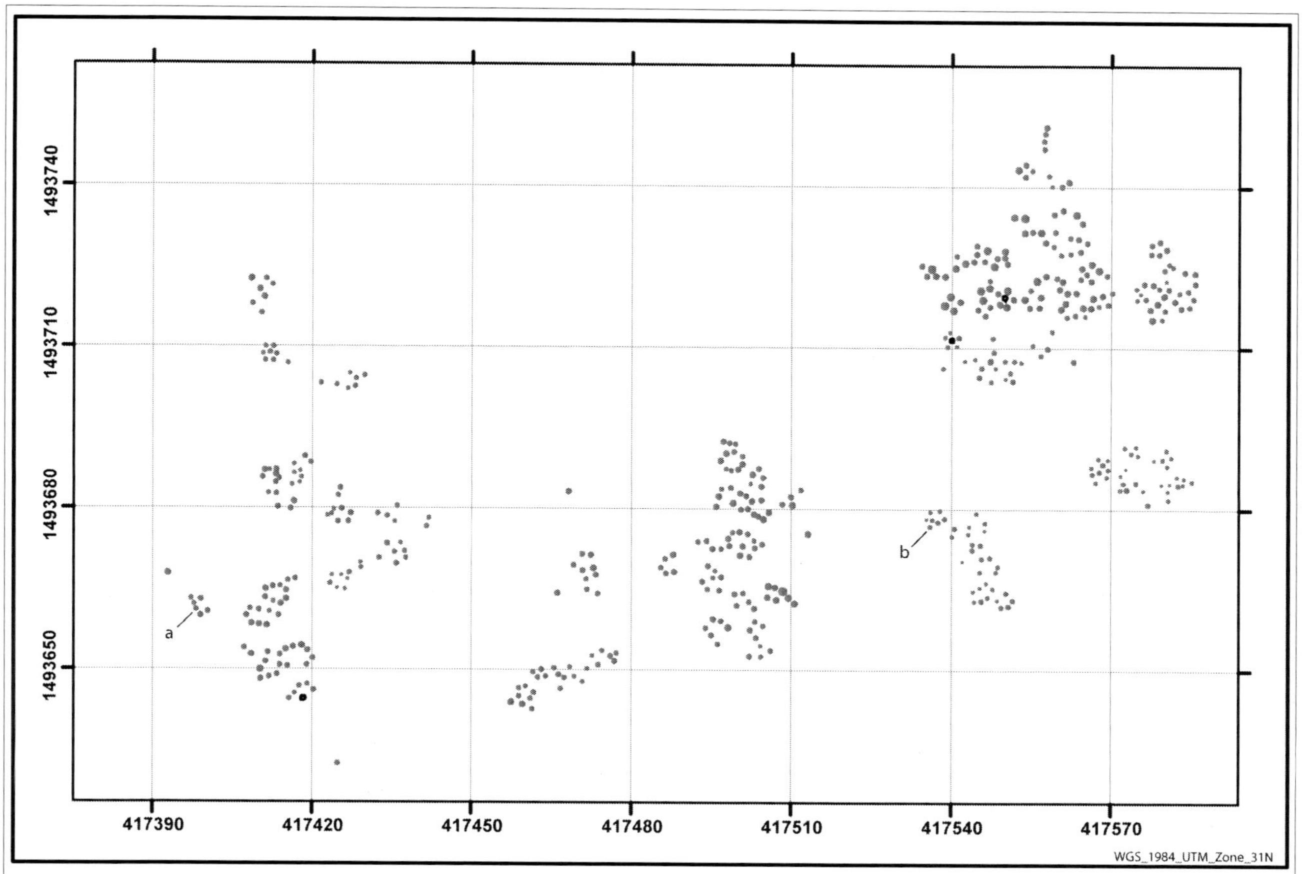

1 2
1 : Bas-fourneaux 2 : Débris de cheminées écroulées
Datation radiocarbone. a : 1600 ± 30 BP (Ly 6320) ; b : 1625 ± 30 BP (Ly 6321)

Fig. 7. Carte de répartition des bas fourneaux de Bilfouda

les bas fonds (Fig. 2) et donc éloignés des structures de réduction. Cependant, la localisation de ces ressources ne pouvait pas être négligée dans le choix du lieu de construction des bas fourneaux, car en comparaison avec le minerai de fer le transport de l'eau et du bois n'était pas plus aisé et les volumes à transporter étaient vraisemblablement équivalents. La répartition actuelle de ces ressources résulte en fait d'une détérioration progressive du paysage sahélien depuis une soixantaine année. Cela sous-entend qu'antérieurement aux années 1950 la ressource en bois était nettement mieux répartie et plus abondante (Touré *et al.*, 2010). En faisant l'hypothèse qu'il en était de même au cours du premier millénaire de notre ère, l'approvisionnement en bois des bas fourneaux ne constituerait donc pas une contrainte. Quant à l'eau, son accès est envisageable par des puits situés au plus près des ensembles métallurgiques. Cette pratique était ordinaire avant les années 1950 car la nappe phréatique était nettement plus base et les lacs dans les bas-fonds n'existaient pas (Leduc *et al.*, 2001).

Quel que soit le type de bas fourneaux à usage unique que nous avons pu identifier sur le terrain, un ensemble métallurgique identifiable à l'échelle hectométrique peut être défini par sa situation géomorphologique, le nombre de bas fourneaux qu'il contient et l'organisation spatiale des bas fourneaux à l'échelle décamétrique. Si à l'échelle du territoire les contraintes géomorphologiques sont prégnantes, les concentrations à plus petites échelles sont sans doute plutôt du ressort de facteurs anthropiques de nature sociale, culturelle et/ou rituelle. La distribution clustérisée des bas fourneaux rend compte de la dynamique de l'activité métallurgique qui s'est développée sur plus d'un millénaire dans le cadre géomorphologique de la région de Niamey en rive orientale du fleuve. Le territoire sidérurgique s'est structuré sur le long terme nécessitant une certaine continuité dans la pratique de la métallurgie.

Remerciements

Ce programme de recherche a pu être réalisé grâce à la participation des universités de Niamey, de Rouen et de Dijon ainsi que de l'IRSH et de l'IRD de Niamey. Son financement a été assuré par le projet 6116 de la Coopération pour la Recherche Universitaire et Scientifique (CORUS2) intitulé ; Impacts de la pression anthropique et du changement global sur les flux sédimentaires en zone sahélienne : dynamique éolienne et aérosols terrigènes.

Nous tenons à remercier tout particulièrement Aliko Maman, technicien de l'IRD de Niamey, pour sa participation active aux prospections et aux recensements des bas fourneaux.

Bibliographie

Abdourhamane Touré A., Guillon R., Garba Z., Rajot J.-L., Petit C., Bichet V., Durand A., Sebag D. 2010. Evolution des paysages du Sahel au cours des six dernières décennies dans la région de Niamey : de la disparition de la brousse tigrée à l'encroûtement de la surface des sols. *Pangea* 47/48, Orléans, sous presse.

Banoin M., Guengant, J.P. 1998. Les systèmes agraires traditionnels nigériens dans l'impasse face à la démographie, in Ch. Floret et R. Pontanier (eds.). *Jachère et systèmes agraires*. 1-14. Niamey (SEN), Faculté d'Agronomie de Dakar, IRD.

Barceló, J. A. 2002. Archaeological thinking: Between space and time. *Archeologia e calcolatori*, 13, 237-257.

Barros (de) P. 1986. Bassar: A quantified, chronologically controlled, regional approach to a traditional iron production centre. *Journal of the International African Institute*, 56 (2), 148-174.

Barros (de) P. 1988. Societal repercussions of the rise of large-scale traditional iron production: a West African example. *The African Archaeological Review*, 6, 91-113.

Barros (de) P. 2000. Iron metallurgy: sociocultural context, in M. S. Bisson, S. T. Childs, P. de Barros et A. F. .C Holl, (eds). *Ancient African metallurgy. The socio-cultural context*, 147-198, J. O. Vogel edition.

Besag, J. E. 1977. Comments on Ripley's paper. *Journal of the Royal Statistical Society B*, 39, 193-195.

Bevan, A. et Conolly, J. 2006. Multiscalar approaches to settlement pattern analysis, in G. Lock, et B. L. Molyneaux, (eds.). *Confronting scale in archaeology. Issues of theory and practice*, 217-234 New York, Springer.

Celis G. R. 1994. La métallurgie traditionnelle chez les Songhraï (Niger). Techniques et croyances : la reconstruction de Yelwani. *Anthropos* 89, 401-420.

Coulibaly E. 2006. *Savoirs et savoir-faire des anciens métallurgistes d'Afrique. Procédés et techniques de la sidérurgie directe dans le Bwamu (Burkina Faso et Mali)*. Paris, Karthala.

Devisse J. 1993. *Vallées du Niger*. Paris, Réunion des Musées Nationaux.

Deweirdt E. 2010. *De l'analyse spatiale à la caractérisation de sites de la fin de l'âge du fer et du début de l'époque gallo-romaine dans le nord et l'est de la Gaule*. Thèse non publiée, Université de Bourgogne, Université de Gand.

Dubois D. et Lang J. 1984. Etude lithostratigraphique et géomorphologique du continental terminal et du Cénozoïque inférieur dans le bassin des Iullemmeden (Niger). *Bulletin de l'Institut Fondamental d'Afrique Noire* 43 (1/2) série A, 1-42.

Echard N. 1983. Scories et symboles, remarques sur la métallurgie hausa du fer au Niger. in N. Echard (ed) *Métallurgies africaines. Nouvelles contributions* 209-224 mémoires de la société des africanistes 9, Paris.

Eschenbrenner V. et Grandin G. 1970. La séquence de cuirasse et ses différenciations entre Agnibilékrou (Cote d'Ivoire) et Diébougou (Haute-Volta). *Cahier ORSTOM*, série géologie 2 (2) 205-245.

Fabre J. M. 2009. La métallurgie du fer au Sahel burkinabé à la fin du 1er millénaire AD. in S. Magnavita, L. Koté, P. Breunig et O. A. Idé (eds), *Crossroads, Cultural and technological developments in first millennium BC/AD West Africa* 167-178. Journal of African Archaeology Monograph Series, 2, Francfort sur le Main.

Gado B. 2004. Les systèmes des sites à statuaire en terre cuite et en pierre dans la vallée du Moyen Niger entre le Gorouol et la Mékrou. Une énigme archéologique entre le mythe, l'histoire et le pillage, in A. Bazzana et Bocoum (eds.). *Du nord au sud du Sahara. Cinquante ans d'archéologie française en Afrique de l'ouest et au Maghreb*. 155-181. Paris, Sépia.

Guillon R., Petit C., Rajot J. L., Idé O. A., à paraître. La métallurgie du fer au Sahel : répartition spatiale de bas fourneaux au sud-ouest du Niger. Premiers résultats. *Pangéa*, 47/48, Orléans, sous presse

Huysecom E., Ballouche A., Cissé L., Gallay A., Konaté D., Mayor A., Neumann K., Ozainne S., Perret S., Raeli F., Rasse M., Robert A., Robion C., Sanogo K., Serneels V., Soriano S. Stokes, S. 2004. Paléoenvironnement et peuplement humain en Afrique de l'ouest : rapport de la sixième campagne de recherche à Ounjougou (Mali). *Jahresbericht SLSA 2003*, 27-68.

Leduc, C., Favreau, G., Schroeter, P. 2001. Long time rise in a sahelian water table: The continental Terminal in south-West Niger. *Journal of hydrology* 243, 43-54.

Luxereau A., 1983. Métallurgie dans le Sahel nigérien : contraintes de l'écosystème, effet de la technique, l'exemple de la région de Maradi (Niger), in N. Echard *Métallurgies africaines. Nouvelles contributions* 225-236, mémoires de la société des africanistes 9.

Paris F., Person A., Quéchon G., Saliège J. F. 1992. Les débuts de la métallurgie au Niger Septentrional Aïr, Azawagh, Ighazer, Termit. *Journal des Africanistes* 62 (2), 55-68.

Quéchon G. 2002. Les datations de la métallurgie du fer à Termit (Niger) : leur fiabilité, leur signification, in H. Bocoum (ed.), *Aux origines de la métallurgie du fer en Afrique, une ancienneté méconnue Afrique de l'Ouest et Afrique Centrale*, 105-114. Editions de l'UNESCO, Paris.

Robert-Chaleix D. et Sognane M. 1983. Une industrie métallurgique ancienne sur la rive mauritanienne du fleuve Sénégal. In: Echard N. *Métallurgies africaines. Nouvelles contributions* 45-62, mémoires de la société des africanistes 9.

Robert-Chaleix D. 1994. Métallurgie du fer dans la moyenne vallée du Sénégal : les bas fourneaux de Silla. *Journal des africanistes* 64 (2) 113-127.

Robion-Brunner C. 2010. *Forgerons et sidérurgie en pays dogon. Vers une histoire de la production du fer sur le plateau de Bandiagara (Mali) durant les empires précoloniaux*. Journal of African Archaeology Monograph Series, 3. Francfort sur le Main.

Vernet R. 1996. *Le sud ouest du Niger : de la Préhistoire au début de l'Histoire*. Etudes nigériennes 56, IRSH, Niamey, Sepia, Paris.

Zaninetti, J.-M. 2005. *Statistique spatiale. Méthodes et applications géomatiques*. Lavoisier, Paris.

Données archéologiques et ethnographiques : une confrontation parfois difficile.

L'exemple du district sidérurgique de Markoye (Burkina Faso).

Jean-Marc FABRE
TRACES - UMR 5608 Toulouse

Avec plus d'une centaine d'ateliers répertoriés, la région de Markoye, au nord du Burkina Faso, peut être considérée comme un district sidérurgique daté de la fin du premier millénaire et du début du second. Afin de replacer dans un contexte plus large cette activité, dont le volume de production semble dépasser les besoins du marché local, nous considérons ici d'autres zones de production situées dans les régions voisines de la Boucle du Niger (Burkina Faso, Mali, Niger). Mais, pour ces périodes anciennes, les données sont peu nombreuses et le recours à des études portant sur des époques plus récentes est obligatoire. Les quelques exemples présentés ici montrent les difficultés de cette démarche comparative pourtant souvent appliquée, notamment face à des faits de nature et de chronologie très différentes.

Fer, métallurgie, comparaison méthodologique et chronologique, tradition orale, archéologie, expérimentation, Burkina Faso

The Markoye area, where more than a hundred workshops were found out, can be interpreted as an industrial iron district. Its somewhat large production was dated from the end of the first millennium to the early second one. As it seems the produced amounts were overtaking the demand of the place, the point of view must be widened. That's why we now turn our attention to other iron plots in the neighbourhood, that is to say in the region of the loop of the Niger river (Burkina Faso, Mali, Niger). But the archaeological evidence about early ages is scarce and one may be bound to compare it with later data. Through a few examples, we want to point the difficulties of doing so, which may requires too many different methods applied to very different periods or facts.

Iron, metallurgy, methodological and chronological comparison, oral tradition, archaeology, experimentation, Burkina Faso

Considérer l'Afrique comme un ensemble, même découpé en grandes régions, revient à s'affranchir des distances et s'accompagne trop souvent de la compression du temps. L'africaniste est confronté aux difficultés de l'étude diachronique, qui ne peut se résumer à la présentation de traditions dites ancestrales censées éclaircir un passé obscur encore trop peu renseigné par l'archéologie.

Depuis bon nombre d'années, la métallurgie du fer est un des thèmes privilégiés de la recherche archéologique en Afrique. Dans les pays de la Boucle du Niger, de nombreuses études, en particulier des thèses universitaires, lui sont consacrées et mettent en lumière des régions de production plus ou moins importantes et des technologies relativement variées (Celis 1991 ; Kienon-Kabore 2003 ; Coulibaly 2006 ; Robion-Brunner 2008 ; Kiethéga 2009 ; Thiombiano 2010). Mais ce corpus de données en cours d'élaboration reste encore aujourd'hui nettement insuffisant pour permettre des comparaisons scientifiquement raisonnables. La cause principale de cette difficulté tient probablement à l'hétérogénéité des données, d'une grande dispersion géographique et chronologique, ainsi qu'aux méthodes de collecte, parfois divergentes, et au vocabulaire, encore peu normalisé, utilisé pour décrire les vestiges ou les pratiques.

Cependant, ces comparaisons, qui facilitent la compréhension de la chaîne opératoire, sont absolument nécessaires pour insérer l'activité d'un district sidérurgique dans un contexte plus large, sur le plan historique, socio-économique ou technologique. Elles n'en demeurent pas moins problématiques, en particulier si l'on considère les méthodologies appliquées et les objectifs poursuivis par les différents chercheurs. On pourra ainsi se rendre compte de la prudence nécessaire à l'archéologue contraint d'utiliser des données ethnographiques ou de la difficulté, pour l'ethnologue, d'éviter les pièges du temps.

Dans la région de Markoye et la vallée du Béli (Burkina Faso), les prospections et sondages effectués entre 2003 et 2009 dans le cadre d'un programme de recherche financé par le ministère de la recherche français et qui associe le laboratoire TRACES à l'université de Ouagadougou[1], ont permis de caractériser une importante production du fer localisée dans plus d'une centaine de sites de réduction d'extensions très variées. Les plus petits comprennent tout au plus cinq ou six bas fourneaux tandis que les plus grands s'étendent sur des hectares et comptent plusieurs milliers de fourneaux. Dans tous les cas, ceux-ci sont des bas fourneaux à scorie piégée, dont il ne reste la plupart du temps que la fosse réceptacle creusée dans le sol, de forme globalement cylindrique. Les fouilles menées sur plusieurs de ces structures permettent de distinguer deux types, relativement proches, qui se sont succédés dans le temps. Le premier se caractérise par la présence d'un massif argileux cylindrique au centre de la fosse et un diamètre moyen de 0,6 m. Dans le second, que l'on peut considérer comme une évolution du précédent, le massif argileux est remplacé par une tuyère usagée, disposée verticalement, et le diamètre moyen est plus important (jusqu'à 1,3 m). Ces deux types correspondent à deux phases de production : la première, la plus modeste, est centrée autour de l'an mil ; la seconde, sensiblement plus importante, se déroule aux 12-13ème siècles. Pour une présentation plus détaillée des vestiges métallurgiques du district de Markoye-Béli et leur interprétation historique, on peut se reporter à un article de synthèse récent (Fabre 2009).

Cela étant, après une description géographique de la région, qui met en valeur son caractère sahélien très prononcé et la rapproche d'autres zones de production des pays voisins du Niger et du Mali, - c'est là un préalable nécessaire à la démarche comparative-, nous considérerons les principaux éléments constitutifs de la production sidérurgique du Sahel burkinabé de la fin du 1er millénaire en évoquant en parallèle des exemples choisis dans ces mêmes régions : le minerai et son extraction, le combustible, la construction et l'architecture du bas fourneau et enfin le savoir-faire des métallurgistes.

Des contraintes importantes pour l'habitat et pour l'activité métallurgique

Des hommes dans un milieu fragile

La commune de Markoye appartient à la province sahélienne de l'Oudalan, à l'extrême nord du Burkina Faso, frontalière du Mali au nord et du Niger à l'est (Fig. 1). Cette région est habitée par une population relativement cosmopolite. Bien qu'on observe depuis quelques décennies une nette tendance à la sédentarisation, les populations nomades, ou nomadisantes, sont encore aujourd'hui très nombreuses et si l'on tient compte de leur culture d'origine, pour relativiser ces changements récents, les représentants des cultures nomades, qui réunissent Kel Tamachek, Bella et Peul, sont nettement majoritaires. Les sédentaires sont essentiellement représentés par les Songhay, détenteurs de la tradition orale locale. Par conséquent, du point de vue des populations, la région

[1] Ont participé à ce programme Michel Barbaza (préhistorien spécialiste de l'art, TRACES), Marie-Pierre Coustures (archéomètre spécialiste du fer, TRACES), Lassina Koté (archéologue néolithicien, université de Ouagadougou) et Christophe Sanou Dya (géomorphologue, université de Ouagadougou). J'avais, pour ma part, en charge la partie métallurgie : repérage, inventaire et étude des ateliers.

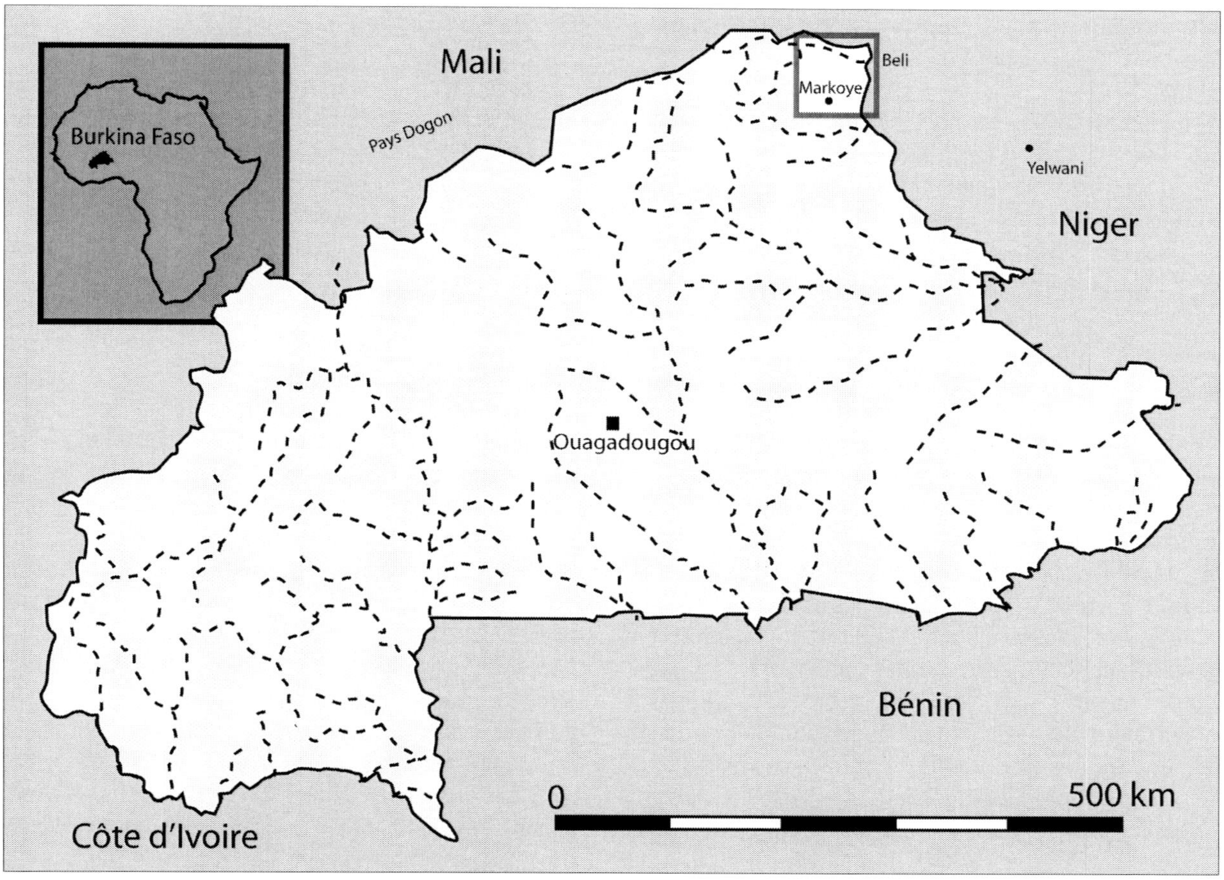

Fig. 1 : carte de localisation de la zone étudiée et des principaux lieux cités

s'apparente assez bien au Gourma de Gao (Mali) (Barral 1977, 7).

Le même parallèle peut être fait avec des critères de géographie physique. Les paysages de l'Oudalan, en particulier au nord de Markoye, sont très semblables à ceux du Mali voisin. Entre les cordons dunaires qui s'étirent d'est en ouest, les lithosols et les flats argileux blancs donnent un caractère pré-désertique particulièrement marqué. Cependant, la région est assez régulièrement jalonnée de mares et de marigots, autour desquels s'est concentrée l'activité humaine depuis très longtemps.

La pluviométrie est relativement faible et irrégulière, avec moins de 500 mm en moyenne à Markoye, entre 1951 et 1990, et parfois 150 mm (Lindqvist and Tengberg 1993, 129). Elle autorise cependant la culture du mil, mais les années sans récolte sont nombreuses et les populations ont très souvent recours à l'importation de céréales. L'élevage ne cesse de se développer et le cheptel, entre deux sécheresses excessives, augmente, suivant un cycle qui paraît immuable.

Deux saisons se partagent l'année. La saison des pluies, de juin à septembre, précède une longue saison sèche, avec un taux d'humidité relative qui descend au-dessous de 40%. La moyenne annuelle des températures est parmi les plus élevées de la planète, autour de 23°, et le rayonnement solaire particulièrement vif et constant engendre un fort taux d'évaporation.

Dans un tel contexte climatique, les surfaces cultivables se limitent aux zones sablonneuses de l'erg ancien, les seules à présenter un potentiel de rétention hydrique suffisant (Barral 1977, 14). L'augmentation des surfaces cultivées a repoussé la végétation ligneuse aux abords des mares ou des cours d'eau, sous la forme d'une forêt galerie, composées de mimosacées. Sur les dunes de l'erg récent, la steppe à graminées, où le cram-cram abonde, constitue la base des parcours pastoraux,

C'est la présence ou la proximité de l'eau et du sable qui conditionne l'implantation des habitats d'une certaine envergure. Les villages actuels, tels que Markoye, Oursi, Tin Akof, qui recouvrent des habitats plus anciens, sont à proximité d'une dune qui constitue l'essentiel de leur terroir agricole, et d'un point d'eau suffisamment important pour résister à la plupart des saisons sèches. Le lien étroit entre l'occupation du sol et la présence de sable s'illustre parfaitement à grande échelle : sur l'ensemble du Sahel burkinabé, les zones de relativement dense population s'étirent d'est en ouest, suivant les cordons dunaires (Fontès, Aizpuru et al. 1999, 29). Depuis le 19ème siècle, la pression sur les espaces sablonneux aurait même augmenté, de nombreux parcours pastoraux ayant été transformés en terres cultivées (D'Aquino 1996, 320-325).

Le plus souvent, le point d'eau attractif est une mare, dont le niveau baisse à l'approche du mois de mars et que les villageois approfondissent par endroits en creusant des puisards pour atteindre la nappe un peu plus bas. Parfois c'est un cours d'eau, comme le Béli à Tin Akof, qui subsiste à l'état de poches d'eau plus ou moins étendues et profondes. C'est d'ailleurs la signification des toponymes peul (Béli) ou tamachek (Agachar) qui désignent l'ancien cours d'eau pérenne : les mares.

En l'absence d'étude paléoenvironnementale, il est difficile de se représenter avec quelque précision le paysage de la région de Markoye à la fin de l'âge du Fer. Cependant, la répartition des sites archéologiques que nous avons repérés révèle de nombreuses similitudes avec l'occupation du sol actuelle. De toute évidence, les critères d'implantation de l'habitat ont peu varié au cours du dernier millénaire. En effet, comme aujourd'hui, les habitats sédentaires se concentraient sur les dunes, à proximité d'un point d'eau et d'un terroir agricole : c'était le cas à Markoye, mais aussi à Tin Akoff (Vogelsang et al, 1999, 63), Oursi (Pelzer, Von Czerniewicz, Petit, 2009), Saouga (Albert et al. 2000, 335) ou Kissi (Magnavita 2009). Les recherches menées dans les années 1990 par les universités de Cologne et Francfort sur l'ensemble de l'Oudalan (Burkina Faso) ont permis d'établir une carte archéologique qui se superpose bien à l'occupation actuelle, avec cependant une densité un peu moindre (Vogelsang, Albert, Kahlheber, 1999, 53).

Par ailleurs, un site de l'Age du fer, qui ne comprend pas d'habitat construit et qui a été partiellement fouillé par M. Barbaza et L. Koté à Zigbéry, au nord de Markoye a été daté du 11ème siècle et interprété comme un vaste enclos destiné à l'élevage (Barbaza 2005, 69-72). Il apparaît donc que dès cette époque, des populations pastorales nomades côtoyaient des populations sédentaires qui se livraient à l'agriculture et la métallurgie.

Bien que relativement austère, la région de Markoye devait offrir, comme aujourd'hui, un cadre de vie aux ressources multiples et variées, à la condition impérieuse que l'équilibre entre la population, ses besoins vitaux et les capacités de l'agriculture, de l'élevage et de la pêche, constamment précaire, ne soit pas rompu.

Mais l'activité sidérurgique obéit à des contraintes légèrement différentes, qui viennent s'ajouter aux besoins vitaux des populations. Le fonctionnement de l'atelier métallurgique nécessite du minerai, du combustible, de l'eau et de l'argile.

Le minerai

A ce jour, aucune étude spécifique sur les minerais utilisés par les anciens métallurgistes de Markoye n'a été réalisée. Les oxydes de fer sont omniprésents dans le paysage, essentiellement sous la forme des cuirasses latéritiques. Une publication de C. Sanou Dya, géomorphologue à l'Université de Ouagadougou, montre cependant la diversité et la complexité de ces formations géologiques (Sanou 1993, 118-123). Dans les régions de collines basiques, comme c'est le cas à Markoye, les cuirasses ferrugineuses pisolithiques, formées au Pliocène et dites primitives, ont été exploitées localement selon leur teneur en oxyde de fer. Elles sont situées en stratigraphie sous la surface bauxitique formée durant l'Eocène inférieur. Quand elle est présente, cette dernière a par conséquent dû être perforée, ou contournée (exploitation sur les versants) pour accéder au minerai. J. B. Kiethéga, auteur d'une thèse d'Etat récemment publiée, décrit aussi l'exploitation d'un autre niveau de cuirasse, dite Plio-Vallafranchienne, issue de la désagrégation des cuirasses plus anciennes et qui repose directement sur le socle (Kiethéga 2009, 236-237).

Dans d'autres régions du Burkina Faso et au Mali voisin, des puits ont été creusés pour accéder à ces diverses couches riches en minerai. Dans sa vaste enquête ethnographique, J. B. Kiéthéga a recensé pas moins de 170 gisements exploités sur une grande partie du territoire burkinabé (Kiethéga 2009, 145-199). Certains sites, en particulier dans l'ouest du pays, présentent un grand nombre de puits, comme à Noumoussoba où 2000 puits ont été dénombrés. La plupart du temps, il s'agit d'ouvrages de faible profondeur, avec parfois des galeries de jonction. Cependant, dans le nord, en zone sahélienne, les informateurs de Gorom-Gorom et Gandéfabou (Oudalan) indiquent un ramassage de surface : cette méthode serait la plus appropriée aux zones présentant une forte altération (Kiethéga 2009, 199).

En Pays dogon, c'est encore plus spectaculaire avec le site minier de Gallo Ghono Scholli, comportant plusieurs milliers de puits et qui a alimenté de nombreux ateliers de la tradition Fiko (Robion-Brunner 2010, 74). Cependant, ce n'est pas non plus ici une règle : dans d'autres traditions métallurgiques du Pays dogon, telle que la tradition Ouin, le gisement qui constitue l'approvisionnement en minerai a été identifié mais pas les travaux d'extraction, probablement beaucoup plus discrets (Robion-Brunner 2010, 57).

Dernier exemple très différent, au nord-ouest du Burkina Faso, dans le Yatenga, où le minerai a pu être acheminé sur des distances parfois plus longues pour des productions spécifiques (Martinelli 2002, 177).

Ces exemples reflètent bien la diversité des

pratiques, adaptées aux contextes locaux, que met en lumière l'enquête ethnographique de R. Celis, menée dans la région songhay de Tillabéry au Niger. L'art de la mine y est réduit à la plus simple expression : une simple collecte de surface. Le minerai est « ramassé sur le pourtour de la colline Tondi Cira », qui « signifie pierres rouges, ce qui décrit bien la colline, rouge dans sa moitié supérieure, et brun-foncé dans sa partie inférieure (minerai de fer) » (Celis 1994, 404-405).

Dans la région de Markoye et dans la vallée du Béli, aucun vestige d'extraction clairement identifiable n'a été repéré. Au vu de la diversité des pratiques relevées dans les régions voisines, on peut émettre deux hypothèses :

- la collecte de surface ou au moyen de travaux relativement superficiels qui n'auraient pas marqué durablement le paysage ;
- un approvisionnement extérieur à la zone de transformation : un minerai choisi pour ses qualités ou ses facilités de traitement.

Les observations faites sur plusieurs sites, notamment en bordure du marigot de Kuna, tendraient à privilégier la première hypothèse, celle d'un approvisionnement local. En effet, rien ne semble distinguer le minerai stocké en petits tas en bordure de l'atelier des collectes de surface que l'on peut faire dans le secteur, en bordure des buttes cuirassées. Cependant, ce ne sont là que des observations visuelles ; des analyses en cours et une prospection spécifique avec échantillonnage des versants des buttes cuirassées devraient permettre d'éclaircir ce point[2].

Le combustible

J.B. Kiethéga a évoqué la possibilité, d'après la tradition orale, de réduire le minerai en utilisant directement du bois comme combustible (Kiethéga 2009, 491). Bien entendu, il s'agit de bois très sec, à forte valeur énergétique, et cette pratique n'est mentionnée que pour les zones les plus arides du Sahel burkinabé (l'informateur de Kiethéga est à Gorom-Gorom). Toujours pour une époque récente, cette pratique est confirmée dans une région voisine du Niger par l'enquête de Celis, ainsi que par un informateur local, Kouni Altine de Markoye : les métallurgistes songhay utilisaient essentiellement le *Bani, Acacia nilotica*, abondant dans le lit des marigots, en particulier celui du Béli. Pour les époques anciennes, B. Eichhorn (Cf. *supra*, pp.139-148) a mis en lumière une préférence pour les bois à forte densité (> 650 kg / m3) qui offrent un bon potentiel énergétique, catégorie dont fait partie l'*Acacia nilotica* ; l'utilisation directe du bois, sans transformation en charbon, n'est pas démontrée en Pays dogon car les protocoles d'analyses actuellement en cours ne permettent pas de distinguer si le combustible avait subi, avant son utilisation, une première carbonisation (communication personnelle de B. Eichhorn).

A Markoye, l'utilisation du bois comme combustible pour la sidérurgie est bien difficile à mettre en évidence sur le terrain tant la combustion a été complète dans les bas fourneaux. Il est bien rare de trouver un charbon de bois de quelques milligrammes pour pouvoir dater les structures ; par conséquent, il est vain d'espérer trouver un morceau de bois témoignant de son utilisation comme combustible. Peut-être, comme le firent leurs lointains descendants, les anciens métallurgistes de l'Oudalan utilisaient-ils directement le bois mort récolté aux environs des ateliers sans le transformer, en particulier l'*Acacia nilotica*, mais rien ne permet aujourd'hui de l'affirmer avec certitude. L'ampleur des activités de réduction laisse cependant supposer une certaine gestion du stock de combustible sur l'ensemble de la région, ou une contribution des régions voisines. En effet, avec quelque 20 000 bas fourneaux inventoriés sur moins de 300 km^2, la pression exercée sur le couvert forestier, qui n'occupe qu'une très faible partie de la surface, dut être relativement forte et peut-être dépasser les ressources locales. Certes, de nombreuses études montrent les capacités de régénérescence de la forêt en milieu aride (Clément 1982; Picard, Ballo et al. 2006) et tendent à relativiser l'impact des activités anthropiques, qui ne seraient qu'un des éléments de la dégradation du couvert végétal. Cependant, à la différence d'autres régions de production importantes, comme le district de Fiko au Mali où la métallurgie s'est déroulée durant près d'un millénaire et où la productivité des ligneux entre pour une part non négligeable dans le stock de combustible disponible (Cf. *supra*, pp.139-148), à Markoye l'activité sidérurgique est bien plus concentrée dans le temps, comme dans l'espace.

L'eau et l'argile

Ces deux éléments entrent en jeu essentiellement dans la construction des structures de réduction, qui dans le cas de bas fourneaux à scorie piégée représente une phase importante de l'activité métallurgique. En effet, étant donné que le fourneau ne sert qu'une fois, il doit être reconstruit après chaque opération et le métallurgiste a donc besoin d'une quantité d'argile importante, ainsi que d'eau pour la travailler. A partir des vestiges étudiés, c'est-à-dire des fosses réceptacles creusées dans le sol, on a pu évaluer en moyenne à environ 100 l d'argile le matériau nécessaire, auxquels il faut rajouter l'argile nécessaire à la construction de la

[2] Une prospection thématique sur les sites d'extraction était programmée en janvier 2010, mais elle a été annulée en raison d'un climat d'insécurité dans la vallée du Béli.

Fig. 2 : plusieurs centaines de bas fourneaux à scorie piégée dans la vallée du Béli (Burkina Faso)

superstructure (la cheminée) et à la fabrication de la porte et des tuyères, mais il n'est pas possible d'en évaluer le volume, d'autant plus qu'au moins une partie de ces éléments a pu être réutilisée. Représentant donc une masse minimale de 200 kg par fourneau, on peut bien sûr comprendre que les métallurgistes avaient tout intérêt à établir les ateliers au plus prés des gisements argileux. Dans la région qui nous intéresse, les concentrations argileuses se trouvent bien souvent dans les marigots. En s'établissant en bordure de ces derniers, les métallurgistes s'assuraient donc la proximité de l'argile, de l'eau et du combustible. Par conséquent, il n'est pas étonnant de constater sur la carte de répartition des sites métallurgiques, que la grande majorité des installations obéit à ces règles d'implantation (Fig. 3).

Limiter le transport des matériaux de construction, tout comme du combustible, est un des objectifs poursuivis par les anciens métallurgistes. Essayer de réduire le travail nécessaire pour leur mise en œuvre lors de la construction du fourneau est un des moteurs de l'évolution technologique perceptible dans la région. Cet aspect, qui a déjà été publié sur le plan de la quantité des matériaux mobilisés (Fabre 2009, 175-176), va être développé sur le plan du travail à fournir, à la lumière de l'expérimentation de Celis (Celis 1994), qui introduit la composante humaine.

Technologie et main d'oeuvre

Aux contraintes matérielles évoquées ci-dessus s'ajoutent celles de la main-d'œuvre et du savoir-faire. A Markoye, la technologie utilisée par les métallurgistes est celle de la réduction directe dans des bas fourneaux à scorie piégée. Cette distinction, courante chez les chercheurs européens, n'est pas toujours clairement exprimée en Afrique. Les deux techniques, scorie coulée / piégée, ne se distinguent pas par le produit obtenu : dans les deux cas, il s'agit d'une masse de fer plus ou moins carburée allant du fer doux à l'acier. La distinction se fait plutôt en amont, dans le fonctionnement de l'atelier et en particulier dans le travail de construction des bas fourneaux. En effet, la plupart du temps, un fourneau à scorie piégée n'est pas réutilisable ; il faut donc en reconstruire un nouveau à côté, après chaque réduction. Cela implique du travail et donc de la main-d'œuvre, des matériaux et de l'espace. On a ainsi dans la vallée du Béli certains sites métallurgiques, comprenant plusieurs milliers de bas fourneaux contigus, qui s'étendent sur plusieurs hectares (Fig. 2).

Il est toujours très difficile d'évaluer la quantité de travail nécessaire à la construction du bas fourneau et à son fonctionnement. Ici encore, l'expérimentation de R. Celis est riche d'enseignements car elle donne une idée de la main-d'oeuvre et du temps nécessaires à la

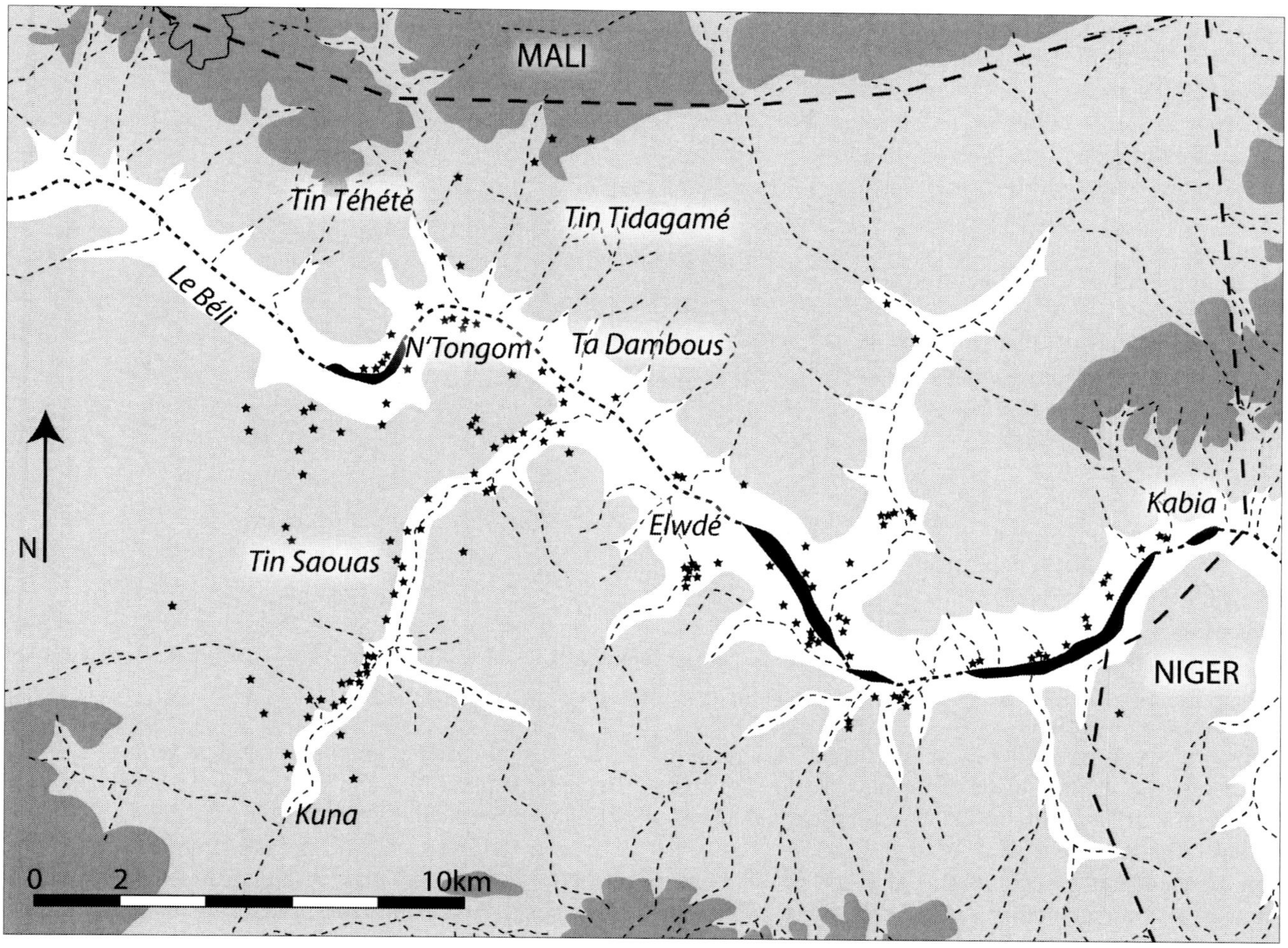

Fig. 3 : carte des sites de réduction de la vallée du Béli (Burkina Faso)

Jour	Date	Travail Effectué	Main-d'œuvre	Étapes de la chaîne opératoire et durée de travail en journée / homme
1	En février	Ramassage, tri et concassage du minerai (environ 300 kg) sur le lieu de collecte	4/6 personnes	Préparation + de 20 jours
2	16/02	Préparation du pisé et confection des gerbes de mil (gabarit) et des liens d'écorce	4/6 personnes	
3	17/02	Construction de la superstructure du bas fourneau	4/6 personnes	
4	19/02	Collecte de bois mort	4/6 personnes	
5	20/02	Rechapage interne du fourneau Fabrication des tuyères (24) et de la porte	4/6 personnes	
6	23/02	Modelage des disques pour obstruer les tuyères Construction de l'estrade pour alimenter le four Creusement de la fosse	4/6 personnes	
7	24/02 + nuit et début de matinée	Remplissage du four Allumage Charges successives (environ 180 kg) Extraction de la loupe (50 x 30 cm)	4/6 personnes	Réduction 4/6 jours
8	Sans date	Épuration de la loupe et forgeage des premiers outils	3/4personnes	Post-réduction 3/4 jours

Fig. 4 : l'expérimentation de Yelwani (Niger) en février 1986, d'après Celis, 1994.

préparation d'une réduction de minerai. La comparaison est d'autant plus intéressante que le type de bas fourneau utilisé pour l'expérimentation de G. Celis ressemble sur bien des points au type de bas fourneau le plus couramment utilisé par les métallurgistes de l'Oudalan (Celis, 1994 et Fabre 2009). Rien de très surprenant à cela si l'on considère la proximité géographique des deux régions et leur appartenance à la même culture songhay ; on notera cependant que les Songhay de Markoye, contrairement à leurs homologues de la région de Tillabéri au Niger, n'attribuent pas les vestiges sidérurgiques à leurs ancêtres.

Fig. 5 : un bas fourneau de la région de Markoye (Burkina Faso) avec son système de ventilation

Dans le tableau de la figure 4 sont résumées les principales étapes de l'opération expérimentale, avec le nombre de personnes ayant participé et le temps nécessaire à chaque tâche. Pour plus de détails, on se reportera avec avantage à la description publiée par Celis (1994).

Ce tableau récapitulatif appelle tout d'abord quelques commentaires, ou précisions. Certains, éléments n'ont pas été quantifiés, comme le bois utilisé par exemple. Par conséquent, il n'est pas possible d'établir un ratio entre les différents matériaux comme le minerai, le combustible, les déchets et le métal produit. Tout au long de l'expérimentation, le nombre de personnes actives et le temps consacré à chaque tâche ne sont pas toujours indiqués avec précision. De plus, sur bien des aspects, le cadre expérimental se distingue d'une situation normale de production, où les différents intervenants sont habitués à reproduire les mêmes gestes et où bien souvent la rétribution est étroitement liée au produit. On peut supposer ici que les participants n'ont pas strictement cherché à reproduire les conditions de production et que la main-d'œuvre utilisée excède peut-être les besoins réels. Cependant, en restant sur des valeurs relatives, on peut constater qu'en terme de travail, la préparation est beaucoup plus importante que l'étape de la réduction, le rapport se situant autour de 5 pour 1.

Même si l'on réutilise le four, la préparation reste le poste qui nécessite le plus de main-d'oeuvre. En effet, on supprime les journées de travail 2, 3 et 6, mais on conserve les journées 1, 4 et 5, en augmentant la charge de travail pour cette dernière avec le nettoyage de la fosse et la réparation des éventuels dommages subis par la superstructure, soit au minimum une dizaine de journées de travail. De plus, dans l'exemple de Yelwani, l'extraction du minerai est réduite à sa plus simple expression, un ramassage de surface, et on utilise directement le bois comme combustible, sans avoir à le transformer au préalable en charbon, ce qui allège la charge de travail de ces deux postes. L'importance du travail de préparation à effectuer avant la réduction est confirmée par les expérimentations que nous effectuons depuis une dizaine d'années à Lastours (Aude), où est reconstituée une batterie de deux bas fourneaux romains de la Montagne Noire (Decombeix, Fabre, Rico 2002). Le concassage du minerai, la réparation de l'intérieur du four et la fabrication de la porte constituent au moins les 2/3 du travail à effectuer pour une opération de réduction à scorie écoulée. L'étude réalisée par Nicole Echard sur les forgerons de l'Ader (Niger) montre aussi la somme de travail que représentait la préparation de la réduction. De son point de vue, l'invention d'une cheminée réutilisable constitue l'innovation majeure des métallurgistes nigériens (Echard 1986, 29-30). Un autre élément décisif pour limiter la main-d'œuvre et le travail nécessaires au fonctionnement de l'atelier est l'adoption de la ventilation naturelle ; actionner les soufflets nécessite parfois la présence de plus de 5 personnes. Ces deux éléments, l'allègement de la charge de travail pour la construction et pour la ventilation, nous semblent avoir été largement pris en compte par les anciens métallurgistes de l'Oudalan, comme le montre l'évolution du bas fourneau au cours du temps : sa construction nécessite moins de matériaux et de main-d'œuvre, mais ses capacités de traitement augmentent. Cependant, dans leur recherche d'efficacité, les métallurgistes de l'Oudalan

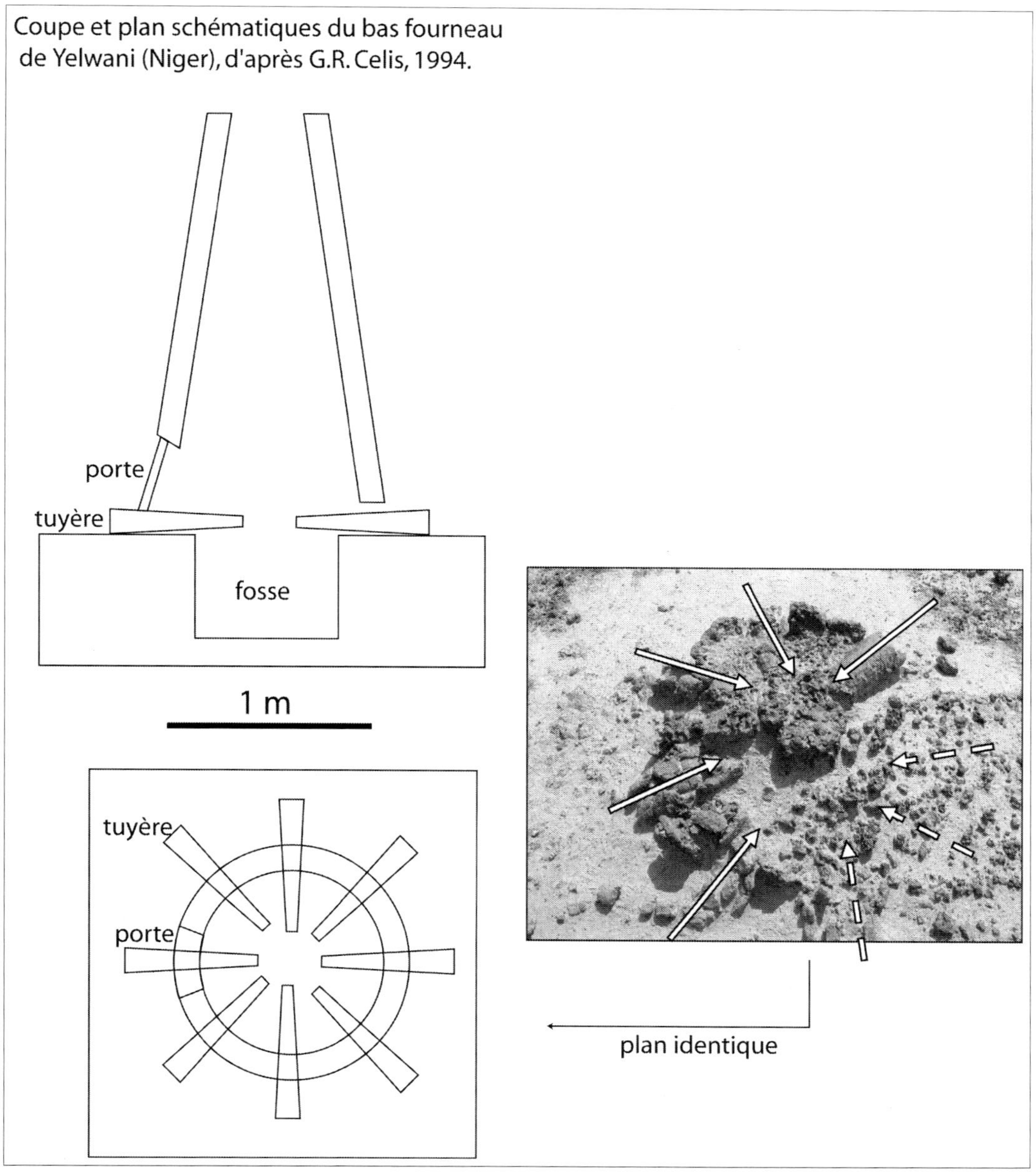

Fig. 6 : Coupe et plan schématiques du bas fourneau de Yelwani (Niger) d'après Celis 1994, et vue verticale d'un four de Markoye, à la même échelle

n'ont pas abouti à la conception d'un bas fourneau réutilisable.

Même s'il faut rester très prudent et probablement se garder de vouloir estimer la population des métallurgistes d'un district, on voit très clairement ici l'apport de l'ethnoarchéologie et de l'expérimentation, qui permettent d'évaluer une partie du fonctionnement et de l'organisation d'un atelier.

Il est en revanche plus problématique de calquer ce schéma de fonctionnement sur d'autres ateliers, plus anciens, avant d'en avoir étudié les vestiges. Ainsi, G. Celis, qui s'appuie sur le témoignage d'un ancien forgeron nigérien, selon lequel le four pouvait être utilisé une vingtaine de fois, propose de voir dans l'Ouest du Niger une région de très forte production, en raison du grand nombre de vestiges de bas fourneaux, qui s'étendent parfois à perte de vue.

Nous avons précédemment évoqué la grande similitude entre les bas fourneaux de la région de Markoye et celui qui a été reconstitué à Yelwani (Fig. 5 et 6). Cependant, d'après les fouilles archéologiques entreprises sur plusieurs exemplaires, une différence très significative les distingue. A Markoye, ce sont des fourneaux à scorie piégée dont la fosse réceptacle, creusée dans le sol, n'a pas été réutilisée. Pour preuves, d'une part, on note le grand nombre de fosses ou bases de fourneaux, parfois très proches les unes des autres, qui ont été abandonnées, remplie par un bain de scorie qui s'est figée en refroidissant et, d'autre part, l'absence des dépotoirs qui ne manqueraient pas de marquer le paysage si l'on avait réutilisé ces bases de fourneau après les avoir vidé de leur scorie (Fig. 7).

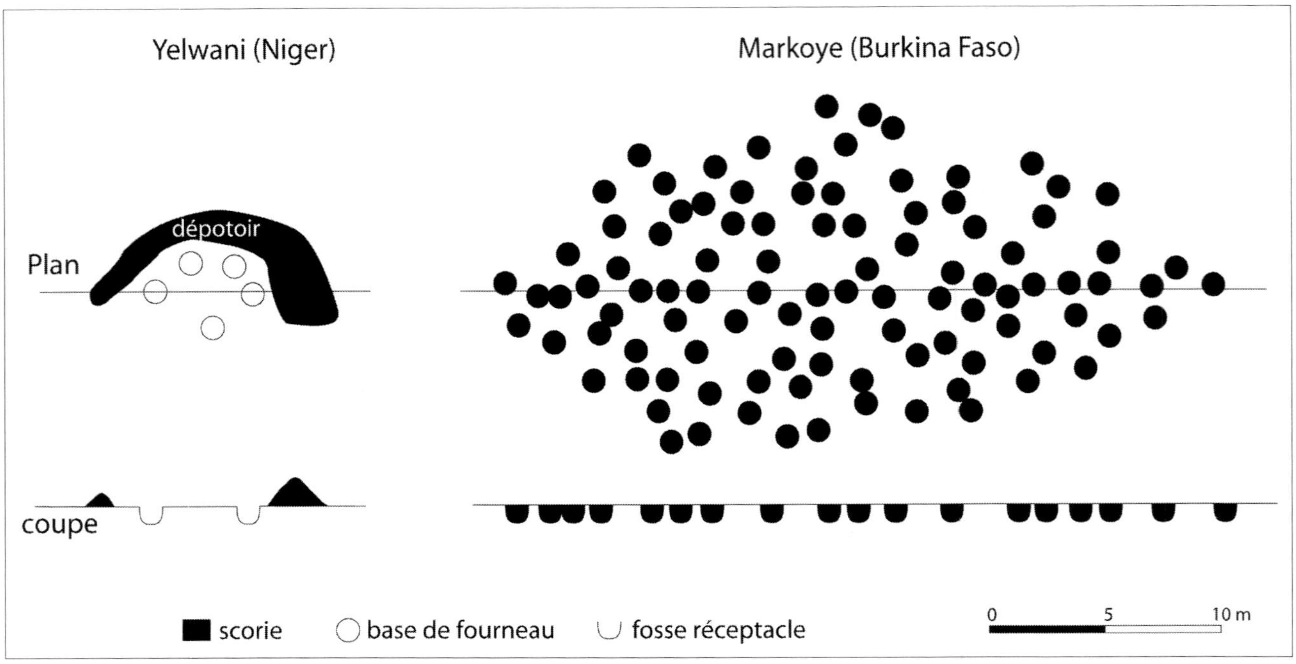

Fig. 7 : Comparaison entre les représentations schématiques des modèles expérimentaux de Yelwani (Celis, 1994) et des vestiges archéologiques de Markoye (Burkina Faso) pour une production sensiblement équivalente.

Selon les modèles, la quantité de scorie présente dans la fosse réceptacle est comprise entre 100 et plus de 250 kg, ce qui devrait former, pour une seule base de fourneau utilisée une vingtaine de fois, un dépotoir ou ferrier de 2 à 5 tonnes. Certains sites métallurgiques comportent plus de mille bases de fourneaux et devraient donc s'accompagner de dépotoirs pour le moins remarquables. Il n'en est rien, et ce n'est pas le fait de l'érosion ; les scories, très massives, ont bien résisté et leur accumulation a même joué la plupart du temps un rôle dans la fixation des sols[3]. Tout ceci illustre les difficultés que pose l'utilisation de données subactuelles, issues de l'enquête orale, pour interpréter des vestiges archéologiques beaucoup plus anciens. Dans des conditions de production similaires au protocole expérimental présenté ici, les ateliers sidérurgiques auraient dû laisser des dépotoirs très volumineux. Ce n'est pas le cas dans la région voisine, l'Oudalan, où un bas fourneau très semblable a été reproduit à des milliers d'exemplaires quelques siècles auparavant. Il est fort probable qu'une partie des sites métallurgiques de la région de Tillabéry (Niger), que G. Celis interprète à la lumière de son expérimentation, appartienne à la même phase de production que dans l'Oudalan, avec une technologie commune au cours de la première moitié du 2ème millénaire.

Les travaux de J.B. Kiethéga illustrent à nouveau les problèmes de chronologie et de méthodologie (Kiethéga 2009). Dans cet important recensement des traditions orales concernant la métallurgie du fer au Burkina Faso, la région de l'Oudalan n'a pas été étudiée, mais presque toutes les autres régions du pays ont été prises en compte pour ce recueil dont les informations ont parfois servi à orienter des fouilles archéologiques. Il y avait une certaine urgence à mener cet important travail de collecte de la mémoire des forgerons appelée à disparaître et le résultat est à la hauteur de l'investissement consenti par les chercheurs : c'est une impressionnante somme de traditions métallurgiques de tout le territoire burkinabè, qui est synthétisée dans une carte (Kiethéga 2009, 277).

Sans entrer dans le détail, on notera qu'en l'état actuel il est impossible d'insérer les données archéologiques disponibles pour l'Oudalan dans le cadre bien défini de la carte des provinces métallurgiques. En effet la région IIIb à laquelle appartient l'Oudalan y est caractérisée par la présence exclusive de bas fourneaux à soufflets. Or cela ne correspond absolument pas à ce que nous avons pu voir sur le terrain. Le nombre important de tuyères utilisées, probablement huit, indique plus volontiers une ventilation naturelle. Nous proposons d'expliquer cette différence par le grand écart chronologique qui sépare les données. La plupart des datations au 14C effectuées sur les sites dont la tradition orale conserve la mémoire sont plutôt récentes, tandis que les bas fourneaux de

[3] En Europe, dans des régions de production intensive, un atelier constitué d'un petit nombre de bas fourneaux réutilisables a pu constituer en peu de temps un dépotoir impressionnant. C'est par exemple le cas de l'atelier de Monrouch (Les Martys, Aude), dont les six bas fourneaux ont fonctionné entre 60-50 et 30-20 av. J.-C., qui a laissé un ferrier de plus de 2000 tonnes de scories (Decombeix et al. 1998, 89).

l'Oudalan étaient en activité dès la fin du 1er millénaire.

Conclusion

L'enquête ethnographique est une priorité sur le plan patrimonial et il n'est pas dans notre intention ici de remettre en cause l'intérêt de cette discipline. C'est l'utilisation des données et la place que prend cette recherche qui sont critiquables. En appliquant au départ les méthodes de l'ethnographie, on recueille la plupart du temps des données subactuelles, qui pour certaines n'ont rien à voir avec un passé plus lointain. Ces recherches ne doivent pas se substituer à la recherche archéologique, qui dispose d'autres méthodes comme la prospection exhaustive de zones test avant d'élaborer un modèle et la fouille stratigraphique des sites qui s'accompagne inévitablement de leur datation. Dans le cas de la métallurgie, comme dans d'autres, l'archéologue est souvent confronté à la mauvaise conservation des vestiges ; il est donc contraint à une certaine modestie dans ses interprétations. La tentation de l'extrapolation à partir de modèles subactuels est grande mais elle peut poser des problèmes. A moyen terme, il serait préférable d'arriver à bien distinguer l'histoire ancienne de la tradition.

L'histoire des populations sahéliennes, où la production du fer a pu prendre une place importante, s'inscrit dans la longue durée et ce qui peut apparaître aujourd'hui hérité d'une longue tradition est parfois le simple reflet de notre ignorance du passé. Pour que cette méconnaissance des périodes anciennes ne se traduise pas par du mépris, voire du négationnisme comme on a pu l'entendre récemment[4], l'africaniste doit être amené à reconsidérer certains faits en les inscrivant dans le temps long et en utilisant l'archéologie, au même titre que l'ethnographie, sans mésestimer ni l'une ni l'autre de ces disciplines.

[4] Discours de N. Sarkozy, prononcé le 26 juillet 2007 à l'université Cheikh Anta Diop de Dakar, qui a suscité de nombreuses réactions dans la communauté scientifique (par exemples : Gassama (dir.) 2008 et Konaré (dir.) 2008).

Bibliographie

Albert, K. D., Hallier, M., Kahlheber, S., Pelzer, C. 2000. Montée et abandon des collines d'occupation de l'âge du Fer au nord du Burkina Faso. In *Kulturentwicklung und Sprachgeschicte un Naturraum Westfrikanishe Savanne. Berichte des Sonderforschungsbereichs 268*, 335-351; Frankfurt-am-Main, 14.

Barbaza, M. 2005. Le Sahel des "siècles obscurs". Données croisées de l'art rupestre, de l'archéologie, des chroniques et des traditions orales. *Préhistoire, Art et Sociétés* 60, 61-102.

Barral, H. 1977. *Les populations nomades de l'Oudalan et leur espace pastoral*. Paris, ORSTOM.

Celis, G. 1991. *Les fonderies africaines du fer, un grand métier disparu.* Francfort, Museum für Völkerkunde.

Celis, G. 1994. La métallurgie traditionnelle chez les Songhaï (Niger). Techniques et croyances : la reconstitution de Yelwani. *Anthropos* 89, 401-420.

Clément, J. 1982. Estimation des volumes et de la productivité des formations mixtes forestières et graminéennes tropicales. Données concernant les pays de l'Afrique francophone au nord de l'Equateur et recommandations pour la conduite de nouvelles études. *Bois et Forêts des Tropiques* 198, 35-58.

Coulibaly, E. 2006. *Savoirs et savoir-faire des anciens métallurgistes d'Afrique. Procédés et techniques de la sidérurgie directe dans le Bwamu (Burkina Faso et Mali).* Paris, Karthala.

D'Aquino, P. 1996. Du sable à l'argile. L'occupation de l'espace dans le Djelgodji (Nord - Burkina Faso). *Cahiers des Sciences Humaines* 32, 311-333.

Decombeix, P.M., Fabre, J.M., Tollon, F., Domergue, C., 1998. Evaluation du volume des ferriers romains du domaine des Forges (Les Martys - Aude), de la masse de scories qu'ils renferment et de la production de fer correspondante. *Revue d'Archéométrie* 22, 77-90.

Decombeix, P.M., Fabre, J.M., Rico, C., 2002. Expérimentations de réduction directe du fer dans des reconstitutions de bas fourneaux romains de la Montagne Noire, in J.M. Mata Perelló et J.R. González (eds.), *Libros des actas del primer simposio sobre la minería y la metallurgia antigua en el sudoeste europeo*, 291-314. Barcelone.

Echard, N. 1986. Histoire du peuplement et histoire des techniques : l'exemple de la métallurgie hausa du fer au Niger. *Journal des Africanistes* 56-1, 21-34.

Fabre, J.M. 2009. La métallurgie du fer au Sahel burkinabé à la fin du Ier millénaire AD., in S. Magnavita, L. Koté, P. Breunig and O. A. Idé (eds.), *Crossroads / Carrefour Sahel, Cultural and technological developments in first millennium BC / AD West Africa*, 167-178. Frankfurt am Main, Africa Magna Verlag, 2.

Fontès, J., Aizpuru, M., Carayon, J.-M., Larincq, P., Guinko, S. Hien, M. 1999. La carte numérique, un outil d'appui à la caractérisation et à l'inventaire des ressources végétales. Un exemple en milieu tropical sec, au Burkina Faso. *Sécheresse* 10, 19-25.

Gassama, M. (dir.) 2008. *L'Afrique répond à Sarkozy ; contre le discours de Dakar*, Paris, Philippe Rey.

Kienon-Kabore, T. 2003. *La métallurgie ancienne du fer au Burkina Faso : province du Bulkiemdé. Approche ethnologique, historique, archéologique et métallographique*. Paris, L'Harmattan.

Kiethéga, J. B. 2009. *La métallurgie lourde du fer au Burkina Faso, une technologie à l'époque précoloniale*. Paris, Karthala.

Konaré, A. B. (dir.) 2008. *Petit précis de remise à niveau sur l'histoire africaine à l'usage du président Sarkozy*. Paris, La Découverte.

Lindqvist, S. et Tengberg, A. 1993. New Evidence of Desertification from Case Studies in Northern Burkina Faso. *Geografiska Annaler, Series A, Physical Geography* 75-3, 127-135.

Magnavita, S. 2009. Sahelian Crossroads : some aspects of the Iron Age sites of Kissi, Burkina Faso, in S. Magnavita, L. Koté, P. Breunig and O. A. Idé (eds.), *Crossroads / Carrefour Sahel, Cultural and technological developments in first millennium BC / AD West Africa*, 79-104. Frankfurt am Main, Africa Magna Verlag, 2.

Martinelli, B. 2002. Au seuil de la métallurgie intensive. Le choix de la combustion lente dans la boucle du Niger (Burkina Faso et Mali), in H. Bocoum (ed.), *Aux origines de la métallurgie du fer en Afrique. Une ancienneté méconnue. Afrique de l'Ouest et Afrique centrale*, 165-188. Paris, UNESCO.

Pelzer C., Von Czerniewicz, M., Petit, L.P. 2009. De l'évènement à l'histoire structurelle : Oursi hu-Beero, in S. Magnavita, L. Koté, P. Breunig and O. A. Idé (eds.), *Crossroads / Carrefour Sahel, Cultural and technological developments in first millennium BC / AD West Africa*, 167-178. Frankfurt am Main, Africa Magna Verlag, 2.

Picard, N., Ballo, M., Dembélé, F., Gautier, D., Kaïré, M., Karembé, M., Mahamane, A., Manlay, R., Ngom, D., Ntoupka, M., Ouattara, S., Savadogo, P., Sawadogo, L., Seghieri, J., Tiveau, D. 2006. Evaluation de la productivité et de la biomasse des savanes sèches africaines : l'apport du collectif Savafor. *Bois et Forêts des Tropiques* 288, 75-80.

Robion-Brunner, C. 2010. Forgerons et sidérurgie en pays dogon. *Vers une histoire de la production du fer sur le plateau de Bandiagara (Mali) durant les empires précoloniaux* (Journal of African Archaeology Monograph Series 3, Peuplement humain et paléoenvironnement en Afrique de l'Ouest, Série Monographique 1). Frankfurt, Africa Magna Verlag.

Sanou, C. D. 1993. Connaissance des cuirasses au Burkina Faso : géomorphologie et utilisation. *Berichte des Sonderforschungsbereichs* 268, Frankfurt 1, 117-131.

Thiombiano, E. 2010. *Les vestiges de l'occupation humaine ancienne dans la province du Gourma. Des origines à la pénétration coloniale : cas de Kouaré et de Namoungou*. Thèse non publiée, Université de Ouagadougou.

Vogelsang, R., Albert, K. D., Kahlheber, S., 1999. Le sable savant : les cordons dunaires sahéliens au Burkina Faso comme archive archéologique et paléoécologique du Holocène. *Sahara* 11, 51-68.

La paléométallurgie du fer dans la province du Bam (Burkina Faso) : identité des acteurs et mobilité des techniques.

Salif Noaga BIRBA
UMR 7041, Paris1 Sorbonne

La province du Bam au Burkina Faso fait parti des régions qui ont eu une longue histoire paléométallurgique. Des témoins tant matériels et humains y existent dans presque toutes les localités de la province. Les témoins matériels sont constitués par des vestiges de diverses natures, les traces d'anciennes mines d'exploitation du minerai, les ateliers de réduction et les foyers anciens de forge. Tous ces vestiges permettent d'écrire le complexe technique et les savoir-faire de la sidérurgie ancienne.

Les acteurs de cette technologie ancienne demeurent les forgerons qui continu de nos jours à travailler le fer importé d'Europe. Ces forgerons ne constituent pas une ethnie à part dans la province du Bam. Ils sont organisés en caste et pratiquent l'endogamie. A la différence d'autres régions métallurgiques, dans la province du Bam, la main d'œuvre est constituée uniquement par les forgerons qui demeurent maîtres dans toutes les grandes phases de la chaîne opératoire. Les autres groupes sociaux non forgerons sont isolés dans toute activité métallurgique même à la forge. Au cours de nos enquêtes, nous avons pu identifier trois principaux clans de forgerons (les Zoromé, les Kindo, les Kané) considérés comme étant les acteurs importants de la paléométallurgie du fer dans la province. Les sources orales et celles écrites les font venir du Yatenga entre le 15ème et 16ème siècle, suite aux exactions qu'ils subissaient de la part du pouvoir royal. Cependant, force est de constater que les premiers âges du fer dans la province reste encore méconnu car avant l'arrivé de ces forgerons, les Nînsi, les Dogons qui excellaient dans la métallurgie du fer y étaient déjà. Des recherches futures avec des fouilles et des datations nous permettrons de situer avec précision la chronologie du fer dans la province.

Quant à la mobilité des techniques, la province du Bam fait parti de la zone métallurgique dominée par les structures de réduction appelées « boose ». Nous avons pu identifier trois types de structure de réduction : les fourneaux à tuyères ou à induction directe. Ils sont les plus répandus dans la province et fonctionnent en compagnie des bas-fourneaux appelé « fonoga » et seraient introduits dans la province par les forgerons Zoromé dont les principales voies furent nord-ouest par la province de Lorom et de l'ouest par le Yatenga. Le troisième type de structure de réduction est le fourneau à soufflet (tirage forcé) introduits à partir de la province du Soum plus au nord et la province du Sanmatenga à l'est.

Bam, Fer, Forgeron, Fourneau, Paléométallurgie,

Province of Bam in Burkina Faso is one of the regions which have had a long paleometallurgical history. There are human and material witnesses in almost all parts of the province. Material witnesses are formed by vestiges of different nature, traces of ancient mineral exploitation, workshops of reduction and ancient forge furnaces. All these traces allow describing the technical complex and know-how of ancient ferrous metallurgy.

The actors of this ancient technology are the smiths who nowadays are still working traditionally with the iron imported from Europe. These smiths form an ethnic group only in the province of Bam. They are organized in cast and practice endogamy. Unlike to other metallurgic regions in the province of Bam the workforce is formed only by smiths who are the experts in all the principal phases of the chain of operations. Other social groups besides smiths are separate in all the metallurgic activity, even in forge shops. As a result of our inquiries we have indentified three basic classes of smiths (the Zoromé, the Kindo, the Kané) which are considered as the most important actors of ferrous paleo-metallurgy in the province. The oral and written sources confirm that they came from Yatenga between 15th and 16th century, following the exactions which they experienced from the royal power. However, it is necessary to notice that first ages of iron in the province stay unrecognized yet since before the arrival of these smiths in ferrous metallurgy there already existed the Nînsi and the Dogons.

Concerning the mobility of technique, the province of Bam is a part of the metallurgic area where dominate the structures of mineral reduction called boose. We could identify tree types of this structure: The furnaces with nozzles, with natural exclusion and operate sometimes with company of fonoga, low-furnace. These furnaces belonged to the smiths from the west (yatenga) and nord-west (Lorom). The third type is the blast furnace (forced traction) occurred in the north (Soum) and in the south (Sanmatenga) and having been used by different clans of smiths.

Blacksmith, Bam, Iron, Furnace, Paleometallurgy.

Introduction

Le Burkina Faso, à l'instar des autres pays ouest-africains, possède un patrimoine sidérurgique qui témoigne aujourd'hui encore des savoir-faire des anciens métallurgistes. En effet dans ce pays, la production traditionnelle du fer est restée en activité jusqu'à la période coloniale.

Notre réflexion porte sur la paléométallurgie du fer dans la province du Bam et a comme objectif premier de faire connaître et d'étudier les vestiges relatifs à cette activité (Fig. 1). Il s'agit de faire l'état des lieux des différents sites et d'établir l'origine des principaux clans de forgerons et de tracer la diffusion des différentes techniques de réduction du minerai de fer dans cette aire géographique. Notre travail est basé essentiellement sur des enquêtes orales et des prospections archéologiques.

Fig. 1 : Carte de la province du Bam

Nature des vestiges métallurgiques

La province du Bam, située dans la région centre nord du Burkina Faso, fut une région de production ancienne du fer de grande importance. Les conditions géologiques, climatiques et humaines de la zone furent, en effet, déterminantes dans le développement de cette industrie. De nombreux centres métallurgiques se sont formés autour de villages habités par des forgerons tels que Sandouré, Loulouka, Kargo, Zoura, Kougssabla, etc. Ils conservent de nos jours encore les vestiges de cette production ancienne. Ces derniers comprennent des sites d'extraction du minerai de fer, des ateliers de réduction sur lesquels on peut voir des fourneaux de réduction assez bien conservés, des tuyères, des amas de scories ainsi que des foyers anciens en pierre qui étaient les lieux de transformation du métal en produits finis. Ces témoins archéologiques forment un ensemble cohérent, représentant les différentes étapes techniques de la chaine opératoire de la sidérurgie traditionnelle.

Les anciennes mines d'extraction du minerai de fer

Les enquêtes orales menées auprès des forgerons du Bam ont révélé que le minerai de fer était exploité soit par ramassage en surface, soit par creusage de puits et de galeries. Nos prospections archéologiques ont permis l'identification de plus d'une trentaine de sites miniers dont la plupart sont localisées sur les flancs de collines. Actuellement, l'accès aux mines est, dans la grande majorité des cas, comblé par des éboulements de terre, dus à des phénomènes d'érosion ou à, des actions anthropiques. Nous vous présentons les quatre plus importants centres miniers.

Le site minier de Sandouré (13°21'99'' N, 001°36'16''W)

Le village de Sandouré est un important centre métallurgique, jadis reconnu comme étant la localité possédant les meilleurs métallurgistes de la province du Bam. Le village recèle encore de nos jours de nombreux vestiges métallurgiques dont un site d'extraction. Il est situé sur le flanc sud-ouest de la colline Windigotanga à 3 km du village. Il est composé de puits de mines peu profonds dont l'accès se fait par des ouvertures circulaires, rectangulaires ou carrés. Pour y accéder, il existe des encoches et des escaliers avec des marches

Fig. 2 : Mine de Badinogo

Fig. 3 : Entrée d'une des mines de Badinogo

simples ou des crans. Les puits sont de forme verticale d'environ un mètre et demi de diamètre à l'ouverture et profonds de cinq à dix mètres. Certains se rejoignent entre eux grâce à un système de galeries souterraines. Selon nos informateurs, ces types de puits étaient exploités soit par un individu soit par une famille restreinte.

Le site minier de Badinogo (13°20'50''N, 001°36'32''W)

Lors de nos prospections sur le site de Badinogo, nous avons identifié environ 10 puits tous situés sur les flancs des collines qui entourent le village. Ces mines sont de forme verticale caractérisées par de grandes excavations de plusieurs mètres de profondeurs communiquant entre elles par des souterrains (Fig. 2 et 3). Leurs ouvertures ne respectent pas une forme géométrique déterminée. Nos enquêtes ethnographiques ont révélé que leur exploitation était collective et cyclique. Aujourd'hui, elles sont devenues des lieux de sacrifices pour les populations locales.

Le site minier de Sargo (13°20'20''N, 001°36'12''W)

Cette mine est située sur le flanc d'une grande colline appelée Kougritanga, entre le village de Kougsabla à 6 km au sud-ouest et le village de Loulouka à 4 km au nord. Elle possède plusieurs puits reliés entre eux par un système de galeries, d'où le terme Kug vadgo, appellation locale de mine à galeries. Selon les témoignages des forgerons ayant exploité cette mine par le passé, elle était connue dans la province de par la qualité de son minerai, appelé yânga. Il n'était donc pas rare que des hommes se déplaçaient de loin afin de l'exploiter.

Le site minier de Zouroutanga (13°32'74''N, 001°33'27''W)

Située à 9 km au nord-est du village de Yalka, la mine de Zouroutanga se trouve contre le flanc d'une colline. Ce site couvre une superficie de 120 m^2. Les excavations sont petites et ont été réalisées dans la roche latéritique. Aujourd'hui, elles sont presque toutes comblées. Marquées par le temps, elles présentent des bordures irrégulières. Les forgerons de Yalka, de Kargo et de Woussé venaient se ravitailler en minerai sur ce site.

Les ateliers de réduction

En plus des mines, nos prospections archéologiques entreprises dans la province du Bam ont permis d'identifier des traces tangibles de réduction de minerai de fer. Plus d'une quarantaine d'ateliers de réduction dans un bon état de conservation ont été repérés. Ils se caractérisent par des amas de scories associés à des fragments de parois de fourneaux ou à des tuyères. Sur certains ateliers, les bases des fourneaux sont toujours visibles et certains sites conservent toujours des structures en élévation. Ces sites de réduction sont localisés soit aux abords des cours d'eau soit à côté des mines. Cette organisation spatiale s'explique par le fait que l'eau et le minerai sont deux éléments déterminant dans le processus de la production du fer.

Dans cet article, nous analyserons quelques-uns des plus importants ateliers de réduction. Il s'agit des sites de Badinogo, de Kougsabla, de Darigma, et de Zoura.

Fig. 4 : Vestiges d'un bas fourneau près du village de Badinogo

Fig. 5 : Déchets métallurgiques près du village de Badinogo

Le site métallurgique du village de Badinogo

Il est composé de quatre ateliers de réduction. Un atelier de réduction est un espace où des déchets du travail métallurgique (scories dispersées, des ferriers) attestent d'une production ancienne de fer (Mangin et al. 1992). Nous décrivons ici les trois plus importants. Le premier atelier (13°20'54''N, 001°36'24''W) comprend deux fourneaux de réduction en assez bon état de conservation. Ils mesurent respectivement 4,65 et 5,80 m de hauteur. Le matériau principal utilisé pour leur construction est de l'argile additionnée à de la paille, mais on constate également que des scories étaient utilisées pour réaliser les parois du fourneau. Cet élément suggère qu'il y est eu des réductions antérieures. Autour de ces structures, nous trouvons des amoncellements de scories associés à des fragments de tuyères.

Le second atelier de réduction (13°20'43''N, 001°36'29''W) est situé à l'ouest de la mine. Il comprend un fourneau à moitié détruit et des scories associées à du minerai non réduit. Le fourneau est constitué de petits moellons de pierre. Il constitue actuellement une des rares structures de réduction faite avec d'autres matériaux que de l'argile.

Enfin, le troisième atelier (13°21'94''N, 001°36'37''W) est situé à environ 5 km du village. Il couvre une superficie de 200 m². Nous y trouvons une grande quantité de déchets composés de scories de nature diverses (scories coulées, scories de fonds, etc.), des tuyères, des morceaux d'argile cuite ainsi que des bases de fourneaux (Fig. 4 et 5).

Le site de Kougsabla

Le site métallurgique de Kougsabla se trouve sur la localité du village de Ronghin au milieu de plusieurs collines entourant le dit village et celui de Kougsabla. Le site est composé de trois ateliers.

Le premier atelier (13°15'68''N, 001°33'30''W) s'étend sur une superficie de 50 m². Il est composé de cinq fourneaux dont les diamètres à la base varient entre 100 et 120 cm.

Le deuxième atelier (13°15'65''N, 001°33'56''W) est caractérisé par la présence d'un fourneau à induction directe mesurant 5 m de hauteur. En plus de l'ouverture principale qui mesure 1,5 m, le fourneau compte neuf autres ouvertures à la base qui servaient d'entrées pour les tuyères (Fig. 6).

Le troisième atelier de réduction (13°15'66''N, 001°33'64''W) est situé au sud du village. Il couvre une superficie de 100 m² avec des tas de scories de plus de 0,5 m de hauteur. On y dénombre une dizaine de bases de fourneaux dont les diamètres sont de l'ordre de 80 à 120 cm. L'épaisseur des parois varie entre 8 et 10 cm. Les tuyères mesurent environ 20 cm de longueur, leur orifice fait 12 cm de diamètre.

Le site de Darigma

Le village de Darigma est peuplé uniquement par des forgerons. Il fut un centre important de production du fer. Nous avons identifié quatre ateliers de réduction (13°23'52''N, 001°32'30''W ; 13°23'54''N, 001°32'31''W ; 13°23'56''N, 001°32'33''W et 13°23'50''N, 001°32'39''W). Ces ateliers possèdent des monticules des déchets de réduction comprenant des scories de types divers, des fragments de tuyères et des bases de fourneaux.

Le site de Zoura

Ce site comporte quatre importants ateliers de réduction (13°17'58''N, 001°28'19''W ; 13°13'52''N, 001°26'16''W ; 13°15'60''N, 001°27'88''W et 13°17'40''N, 001°30'24''W). Contrairement aux autres sites qui sont situés contre les flancs des collines, l'ensemble des ateliers de Zoura sont situés en plaine aux abords des cours d'eau.

Fig. 6 : Booanga (fourneau à induction naturelle) du site de Kougsabla

Les principaux acteurs de la production sidérurgique dans la province du Bam

Localisée entre des provinces du Yatenga à l'ouest, de Lorom au nord-ouest, de Soum au nord, de Sanmatenga à l'est et de Passoré au sud, la province du Bam a connu au cours de son histoire plusieurs clans de forgerons. Ces derniers ont apporté leurs savoir-faire techniques. Ainsi, appelés « saaba » en langue mooré, les forgerons ne constituent pas une ethnie à part dans notre zone d'étude. Ils appartiennent aux groupes ethniques de la province, mais la diversité de leurs origines et l'intérêt qu'ils suscitent pour la compréhension des différentes traditions métallurgiques nous conduit à leur réserver une attention particulière. Grâce aux sources orales, nous avons pu suivre l'histoire des principaux clans forgerons et rendre compte de l'organisation sociale du travail.

L'ensemble des groupes de forgerons qui vivent dans la province du Bam constitue un groupe social organisé en système de caste. Ils sont dans une position sociale ambivalente. Ils sont à la fois craints et méprisés par les autres groupes sociaux. Quant à l'organisation sociale du travail, il faut noter qu'à la différence d'autres régions métallurgiques, les forgerons demeurent les seuls maîtres de toutes les grandes phases de la chaîne opératoire. Nous distinguons dans cette province trois principaux clans de forgerons suivant leur patronyme.

Les forgerons Zoromé

Le clan Zoromé semble être le plus ancien groupe de forgeron installé dans la province du Bam. Le nom Zorom viendrait d'un terme péjoratif moaga (pl. Zoromsé) qui désigne un inconnu ou un gourmand. Ces forgerons constituent un groupe très important. Leur principal centre est Loulouka, village peuplé seulement par des forgerons.

De l'avis général, les Zoromé sont d'origine dogon et seraient venus du Yatenga. Le départ des forgerons Zoromé du yatenga serait lié à l'arrivée des nouveaux conquérants Nakomsé ayant pratiqué une vigoureuse opération de dispersion des forgerons. Michel Izard a montré dans son étude que Naaba Wumtanaga et/ou son fils Naaba Autugum ont commis des exactions sur les forgerons à la fin du 15ème siècle. Ces derniers ont subi des brimades de toute sorte suite à la résistance qui les opposa aux conquérants. Ces deux « Naaba » les auraient durement mis au travail, cruellement opprimés, astreint au port infamant d'une marque distinctive : un morceau de charbon en sautoir, et obligé parfois à changer de patronyme. C'est ainsi que des Zoromé devinrent des Wûtane ou des Guiti (Izard 1980). Cette situation a sans doute provoqué la fuite de certains forgerons, dont les Zoromé, vers des localités voisines du Yatenga dont le Bam. A cet effet, Jean-Baptiste Kiethega affirme « Du Yatenga, les travailleurs du fer ont d'abord gagné les régions limitrophes du Bam et du Passoré. De nombreux témoignages concordent pour faire de la province du Bam une zone refuge de forgerons venus du Yatenga. Ils y créèrent des centres importants comme Rouko, Loulouka, Rollo, Darigma, Zoura » (Kiethéga 2009).

Les traditions orales recueillies auprès des forgerons de Loulouka nous confirment que les Zoromé sont d'origine dogon et qu'ils sont venus de Guiti dans le Yatenga suite aux exactions qu'ils ont subies de la part des Nakomsé. En l'état actuel des connaissances, ce serait ces derniers qui auraient introduit les premières techniques de l'exploitation du minerai de fer dans le Bam. Ils sont considérés partout dans la province comme les ancêtres des forgerons actuels, de ce fait, tous les autres clans forgerons leur doivent respect et soumission.

Les forgerons Kindo

Le deuxième clan de forgeron est constitué par les Kindo. Tout comme les Zoromé, les Kindo seraient originaires du Yatenga. Mais contrairement au clan Zoromé, ils seraient des moosé nakomsé convertis au métier de la forge suite à une querelle de succession. Selon Jean Baptiste Kiethega la plupart des forgerons moosé du Sanmatenga viendraient du Bam et ceux du Bam du Yatenga. Ce sont les métallurgistes mossé du Yatenga qui ont introduit la technique de réduction du minerai de fer avec le fourneau à tuyères vers le Sud (Kiethéga 2009). L'installation des Kindo dans le Bam est postérieure à celle des Zoromé. Les kindo ont participé à la formation des centres métallurgiques très importants dont Kougsabla, Darigma, Loulouka et Douré.

Les forgerons Kané

Les forgerons Kané sont présents dans presque toute la province. Selon les traditions orales, ils seraient d'origine maranga (la région de Mopti) et seraient passés par le Yatenga. Dans le Bam, l'un de leurs premiers établissements fut Kangarin, village situé à 40 km au Nord-Ouest de Kongoussi. Ils se sont dispersés par la suite dans toute la province. Ils ont appris le travail du fer auprès des forgerons Zoromé et Kindo.

Maurice Delafosse situe l'arrivée des Maransé au Yatenga sous le règne de Naaba Nabasséré. Ils étaient des commerçants, des teinturiers d'origine sonraï (Delafosse 1912). Selon les traditions orales, c'est une fraction de ce groupe maranga qui a migré dans le Bam et a changé de patronyme et de profession. Mais dans l'état actuel des recherches, nous ignorons les raisons de leur départ du Yatenga. Une autre version soutenue par les sources orales les fait venir de Barabullé dans le Jelgoji (actuel province du Soum). Du Jelgoji, ils longèrent le lac Bam et descendirent à Yalka et à Sandouré situés au Nord et à Zoura à l'Est de Kongoussi où ils rentrèrent en contact avec les forgerons anciennement installés dans la province.

Essai de chronologie et de voies d'apparition des structures de réduction dans le Bam

La province du Bam fait partie de la zone métallurgique dominée par les structures de réduction appelées « boose ». Nous avons pu identifier deux types de structures de réduction. Nous avons le fourneau à tuyères ou à induction naturelle, qui est le plus répandu. Il est appelé booanga en langue mooré. La deuxième catégorie de fourneaux est constituée par les fourneaux à soufflets ou à tirage forcé. A ce niveau on distingue le fonoga de très petite taille, il mesure environ 0,5 cm de hauteur et le boaaga, le plus important des fourneaux à tirage forcé. Le fonoga fonctionne en compagnie du fourneau à induction naturel (booanga). Il permet de faire un traitement d'affinage pour épurer et carburer le fer du bônga par petites quantités, en vue d'opérations précises réalisées à la forge (Martinelli 2002).

Notons qu'en l'absence de toute datation, la seule chronologie que nous possédons reste celle des sources orales. Celles-ci sont unanimes quant à l'ordre d'apparition des types de fourneaux utilisés dans la province du Bam. Le fourneau à induction naturel (booanga) et le fonoga auraient été les premiers à être utilisés dans le Bam. La plupart des forgerons interrogés assurent leur antériorité par rapport au fourneau boaaga. Ces premiers fourneaux sont attribués aux forgerons Zoromé qui ont dû quitter le Yatenga entre le 16ème et le 17ème siècle suite aux exactions de Naaba Wumtanango (Izard 1980). Les principales voies de leur diffusion dans le Bam furent les trajectoires Nord-Ouest par le royaume de Lorom et de l'Ouest par le Yatenga. Quant au fourneau boaaga, il est postérieur au fourneau à tuyères et il fut introduit dans le Bam par les Nakomsé. Sa diffusion s'est faite à partir de deux régions principales : une diffusion à partir du nord (Soum) dans laquelle le premier centre métallurgique attestant l'utilisation de cette technique de réduction fut Bourzanga, une localité de la province du Bam, située à l'extrême nord faisant frontière avec le sahel. Selon les traditions orales, ce fourneau fut introduit dans cette localité par les forgerons venus d'Aribinda, eux même ayant reçu la technique des métallurgistes du Yatenga. La deuxième région d'apparition de ce fourneau est la province voisine de Sanmatenga située à l'est. Selon les traditions orales c'est à partir des villages limitrophes de Sanmatenga tels que Zoura, Sabcé, et Sigivoussé que le boaaga a fait son apparition dans la province du Bam. En effet, les informations recueillies par Jean Baptiste Kiethega le 27 décembre 1981 auprès du Saanaaba de Zoura et de son fils confirment l'introduction de ce fourneau dans leur village par les forgerons du Sanmatenga ayant eux-même reçu cette technique du moogho central (Ouagadougou). Selon les informateurs de Jean Baptiste Kiethega « la tradition de Zoura reconnait d'ailleurs deux époques différentes dans l'histoire de leur métallurgie. Lorsque les ancêtres arrivèrent, il y a dix générations, ils ne connaissaient que le booanga, ce fourneau que faisaient travailler des forces mystérieuses, des génies. La seconde période est marquée par l'introduction du boaaga, plus petit, à tirage forcé d'air qui s'était développé dans le Sanmatenga à l'est » (Kiéthega 2009).

Cependant, même si chaque type de structure de réduction appartient à des clans bien distincts au départ, il faut souligner qu'il y a eu une mobilité interne des techniques de réduction. Par exemple on trouve des forgerons qui au départ utilisaient uniquement des fourneaux à soufflet (boaaga) et qui ont par la suite, intégré le fourneau à tuyères et vis-versa. Ainsi, durant les phases récentes de la production traditionnelle du fer, la plupart des centres métallurgiques de la province du Bam ont utilisé simultanément les fourneaux à induction directe et ceux à ventilation forcée.

Conclusion

Les témoins de la paléométallurgie du fer dans la province du Bam sont nombreux et divers. Constitués de traces d'exploitation de minerai de fer, d'ateliers de réduction de différentes formes et d'anciens foyers de forges, ces vestiges forment un complexe technique complet. Les principaux acteurs de cette métallurgie ancienne demeurent les trois clans de forgerons que sont les Zoromé, les Kindo et les Kané. Toutefois, il faut noter que certains sites métallurgiques sont attribués par les traditions orales à des métallurgistes Nînsi et Dogon. Ils sont considérés comme étant les premiers forgerons de la province. Certains fourneaux à induction naturel leur sont attribués. Pour ce qui est de la diffusion des techniques de réduction, le fourneau à induction directe (boanaga) et le fononga semblent être contemporains et seraient les premières structures de réduction connues par les forgerons du Bam. Quant au booaga, fourneau à tirage forcé, son introduction dans le Bam est tardive et serait venu des régions de Sanmatenga à l'est et du Soum plus au nord.

Même si nous sommes parvenus à certaines hypothèses, il faut cependant les confronter aux données archéologiques. En l'absence de fouilles et de dates 14C, il est très difficile de situer avec précision les origines et l'évolution des différentes techniques sidérurgiques.

Bibliographie

Birba, N. 2004. La métallurgie primaire du fer sur la rive gauche du lac Bam. Mémoire de maîtrise, Histoire et Archéologie, Université de Ouagadougou.

Bouda, B. 1999. La paléométallurgie du fer au Burkina Faso : la mobilité des hommes et des techniques dans l'aire des Boosé. Rapport de DEA, Université de Ouagadougou.

Coulibaly, E. (ed.) 2006. Savoirs et savoir-faire des anciens métallurgistes de la sidérurgie directe dans le Bwamu (Burkina Faso et Mali). Paris, Karthala.

Delafosse, M. (ed.)1912. Le Haut Sénégal-Niger, t1, le pays, les peuples, les langues. Paris, Maisonneuve-Larose.

Essomba J.M. 2002. Bilan de l'archéologie de l'âge du fer au Cameroun méridional. In Aux origines de la métallurgie du fer en Afrique. Une ancienneté méconnue Afrique de l'Ouest et Afrique centrale. Editions de l'UNESCO, Paris, pp.134-146.

Garçon, A.F. 2006. Vents et fours en paléométallurgie du fer. Du minerai à l'objet. Programme de Recherche-SRA Bretagne, rapport final.

Izard, M. 1980. Les archives orales d'un royaume africain : recherches sur la formation du Yatenga. Thèse de doctorat d'Etat es-Lettres, Paris V.

Kiethéga, J.B. (ed.) 2009. La métallurgie lourde du fer au Burkina Faso. Une technologie à l'époque précoloniale. Paris, Karthala.

Latanka, A.Y. 2001-2002. La métallurgie du fer dans les massifs Kabye (Nord Togo) des origines jusqu'au début de la période coloniale. Rapport de DEA Université de Ouagadougou.

Martinelli, B. 1993a. Fonderies ouest-africaines. Classement comparatif et tendances. Techniques et culture, n°21, Atouts et outils de l'ethnologie des techniques. Sens et tendance en technologie comparée.

Martinelli, B. 1993b. Agriculteurs métallurgistes et forgerons en Afrique soudano-sahélienne. Etudes rurales, n°125-126, P. 25-41 (numéro spécial « Mines et métallurgie dans le monde rural ».

Martinelli, B. 2002. Au seuil de la métallurgie intensive. Le choix de la combustion lente dans la boucle du Niger (Burkina Faso et Mali). In Aux origines de la métallurgie du fer en Afrique. Une ancienneté méconnue Afrique de l'Ouest et Afrique centrale. Editions de l'UNESCO, Paris, pp.165-188

Martinelli, B. 1995a. Transmission de savoirs et évolution technologique dans la métallurgie ouest-africaine. Cahiers d'Histoire des techniques, n°3, P.163-188 (numéro spécial « La transmission des connaissances techniques ».

Martinelli, B. 1995b. Les forgerons et la statuaire dogon ; L'art du Pays dogon. Paris/zurich, Museum Rietberg, P. 76-82 (Collections du musée de l'Homme, catalogue d'exposition).

Pellequer, S. 2008. Les fourneaux métallurgiques à ventilation naturelle de haute température dans l'Europe ancienne : fourneaux à sole percé suspendue et fourneaux de réduction du minerai de fer. Mémoire de Master Histoire des Techniques, Paris1-Panthéon Sorbonne.

Yandia, F. (ed.) 2001. La métallurgie traditionnelle du fer en Afrique Centrale. Sociétés, économies et cultures. Paris, l'Harmattan.

Bilan de recherche sur la siderurgie directe dans la province du Bulkiemde au Burkina-Faso: un exemple d'approche pluridisciplinaire

Hélène KIÉNON - KABORÉ TIMPOKO
Département d'Archéologie ISAD, Université de Cocody Abidjan

Dès le début des nos recherches sur la sidérurgie directe dans la province du Bulkiemdé en 1990, compte tenu des vestiges archéologiques découverts et de la problématique d'ensemble, une approche pluridisciplinaire a été adoptée. Deux types de métallurgie du fer ont été identifiés. On a en effet une sidérurgie des populations encore présentes sur l'espace de la province du Bulkiemdé et qui pratiquent toujours les techniques de forge et une autre dont les traces sont constituées de vestiges métallurgiques du fer et de sites d'habitat que les traditions orales attribuent à une population ancienne à l'origine de la diffusion des techniques sidérurgiques sur le plateau central des Moosé. Nos recherches ont abordé les techniques sidérurgiques des deux populations afin d'établir une comparaison entre les deux technologies par une approche pluridisciplinaire.

Pour atteindre ces objectifs, nous avons eu besoin des sciences historiques pour établir l'histoire des techniques métallurgiques du fer en nous basant le plus souvent sur les traditions orales, car les documents écrits sont rares. Des fouilles archéologiques on été menées sur les sites de réduction et les sites d'habitat afin de comparer les résultats avec les données des traditions orales. Des études métallographiques ont été faites sur les scories de deux types de fourneaux trouvés en fouille afin de comprendre le fonctionnement de l'aire de réduction. Des objets en fer trouvés en fouille et ceux des habitants actuels ont été également l'objet d'approche métallographique. Cette approche nous a permis de connaître le degré de technicité de chaque population et de voir l'évolution technologique du 9ème au 19ème siècle de notre ère. L'approche pluridisciplinaire dans l'établissement de l'histoire des techniques sidérurgiques dans la province du Bulkiemdé s'est avérée essentielle pour la compréhension de l'évolution des techniques, des apprentissages et des transmissions des savoir-faire sidérurgiques.

Sidérurgie, métallurgie, fourneau, métallographie.

As of the beginning of research on the direct iron and steelmaking in the province of Bulkiemdé in 1990, taking into account the archaeological vestiges discovered and of the overall problems, a multi-field approach was adopted. Two types of metallurgy of iron were identified. There is indeed an iron and steel industry of the populations still present on the space of the province of Bulkiemdé and which always practice the techniques of forging mill and another whose traces consist of metallurgical vestiges of iron and sites of habitat that the oral traditions allot to an old population at the origin of the diffusion of the iron and steel techniques on the central plateau of the Moosé. Our research approached the iron and steel techniques of the two populations in order to establish a comparison between the two technologies by a multi-field approach.

To achieve these goals, we needed historical sciences to establish the history of the metallurgical techniques of iron by generally basing us on the oral traditions, because the written documents are rare. Archaeological excavations one carried out on the sites of reduction and the sites of habitat in order to compare the results with the data of the oral traditions. Metallographic studies were made on slags of two types of furnaces found in excavation in order to understand the operation of the area of direct reduction. Objects out of iron found in excavation and those of the current inhabitants were also object of a metallographic approach. This approach enabled us to know the level of technicality of each population and to see the technological change from the 9th to the 19th century of our era. The multi-field approach in the establishment of the history of the direct iron and steelmaking techniques in the province of Bulkiemdé proved to be essential for the comprehension of the evolution of the techniques, the trainings and the transmissions of iron and steel know-how.

Iron, steelmaking, metallurgy, furnace, metallography.

Les recherches sur la sidérurgie directe dans la province du Bulkiemdé s'inscrivent dans un vaste programme de recherche mis en place par le Laboratoire d'Archéologie de l'Université de Ouagadougou au Burkina Faso. En effet, de 1973 à nos jours, des investigations ont montré le vaste et riche potentiel de l'industrie sidérurgique ancienne du Burkina-Faso.

Dès 1983, la province du Bulkiemdé a fait l'objet de véritables recherches programmées (Fig. 1). Des sites de la métallurgie du fer et divers vestiges y ont ainsi été découverts. Du point de vu historique, cet espace constitue un vaste carrefour de plusieurs civilisations, influencé par les populations Moosé du Nord et de l'Est et les peuples communément appelés « Gurunsi »[1] du Centre-Ouest et du Sud. Ce brassage de peuples et de civilisations va créer une richesse culturelle et sociale spécifique à la province du Bulkiemdé. Cela aura un impact sur la sidérurgie, les forgerons et les autres groupes humains en général. En effet, la province du Bulkiemdé a constitué, dès le 16ème siècle de notre ère, une zone de peuplement et de conquête pour les populations Nakomsé[2] déchues ou en manque de pouvoir. Sur cet espace, existaient déjà à cette époque, des restes de vestiges sidérurgiques qui n'appartiennent pas au Nakomsé. Ces derniers les attribuent sans hésiter aux Nînsi[3]. Ce peuple est considéré comme un groupe de métallurgistes ayant diffusé la métallurgie sur une grande partie du territoire actuel du Burkina-Faso. Actuellement, ils n'occupent plus le Bulkiemdé, mais ils ont laissé des vestiges importants et diversifiés.

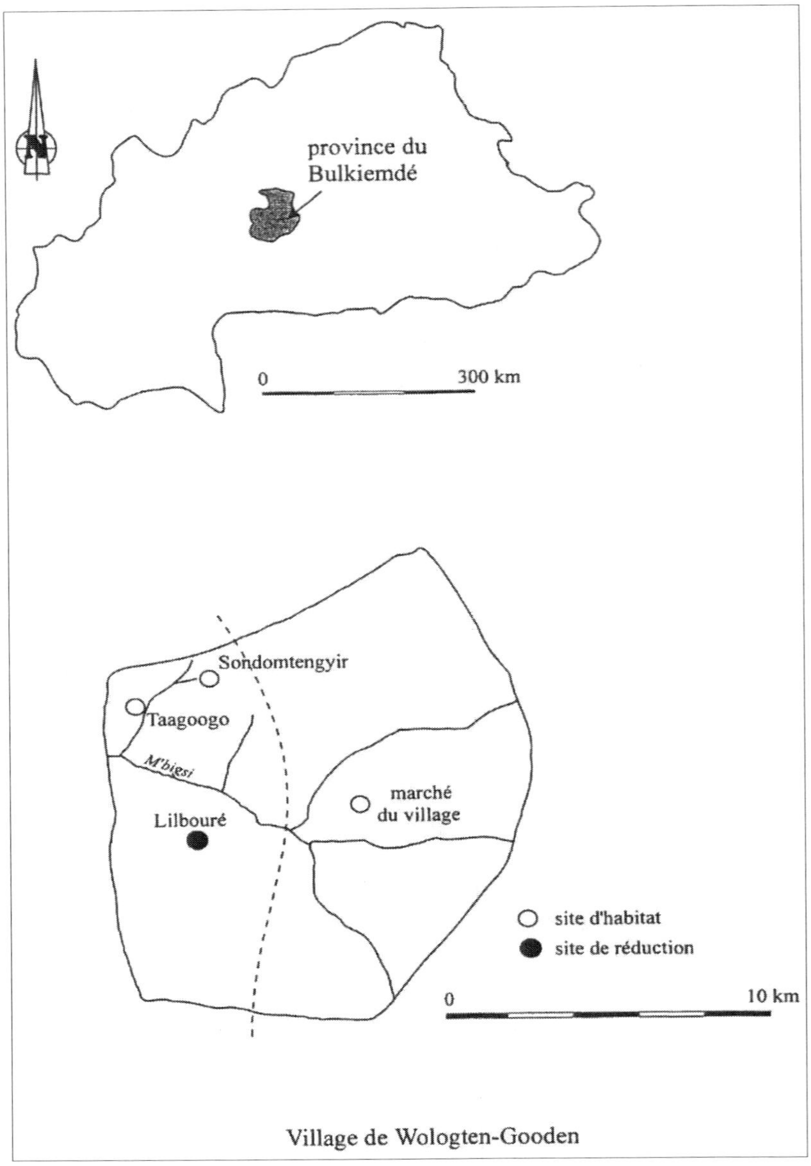

Fig. 1 : Localisation de la province du Bulkiemdé et du village de Wôlogtêng-Gooden

Cette région abrite deux types de métallurgie : une ancienne et une autre plus récente qui a aussi disparu au début de la période coloniale et que nous pouvons appréhender à travers les traditions orales.

Compte tenu de la spécificité de la zone d'étude, nous nous sommes fixée pour objectif général de remonter l'histoire des techniques sidérurgiques anciennes de la province en adoptant une approche pluridisciplinaire. Notre article fera le bilan de cette recherche. Il s'articulera autour de deux points principaux :

-La méthode d'approche
-Les résultats acquis

1 Les populations Gurunsi occupent une partie du Sud et du Centre-Ouest du Burkina-Faso. C'est un groupe de plusieurs composantes socioculturelles qui sont les Nuna,les Kassena, les Sissala, les Kô et les Léla.

2 Les populations Nakomsé (singulier Nakobga) désignent les conquérants venus du Nord Ghana actuel dès la fin du 15ème siècle pour conquérir et s'installer sur l'espace actuel du Burkina-faso appelé le Moogo. Ils ont conquis et assimilé plusieurs populations qui se reconnaissent aujourd'hui sous l'appellation Moosé (singulier Mooga ou Moaga) qui est en fait un mélange de peuples dominés et de peuples conquérants détenteurs du pouvoir traditionnel.

3 Les Nînsi sont des populations considérées comme des peuples pré-Nakomsé, anciens occupants d'une grande partie de l'espace du Burkina-Faso. Leur identification pose un problème aujourd'hui dans l'historiographie des peuples du Burkina-Faso. Leur identité est un peu confuse car ils sont souvent assimilés à plusieurs groupes socioculturels comme les Samo, les Gurunsi, les Bisa, etc.

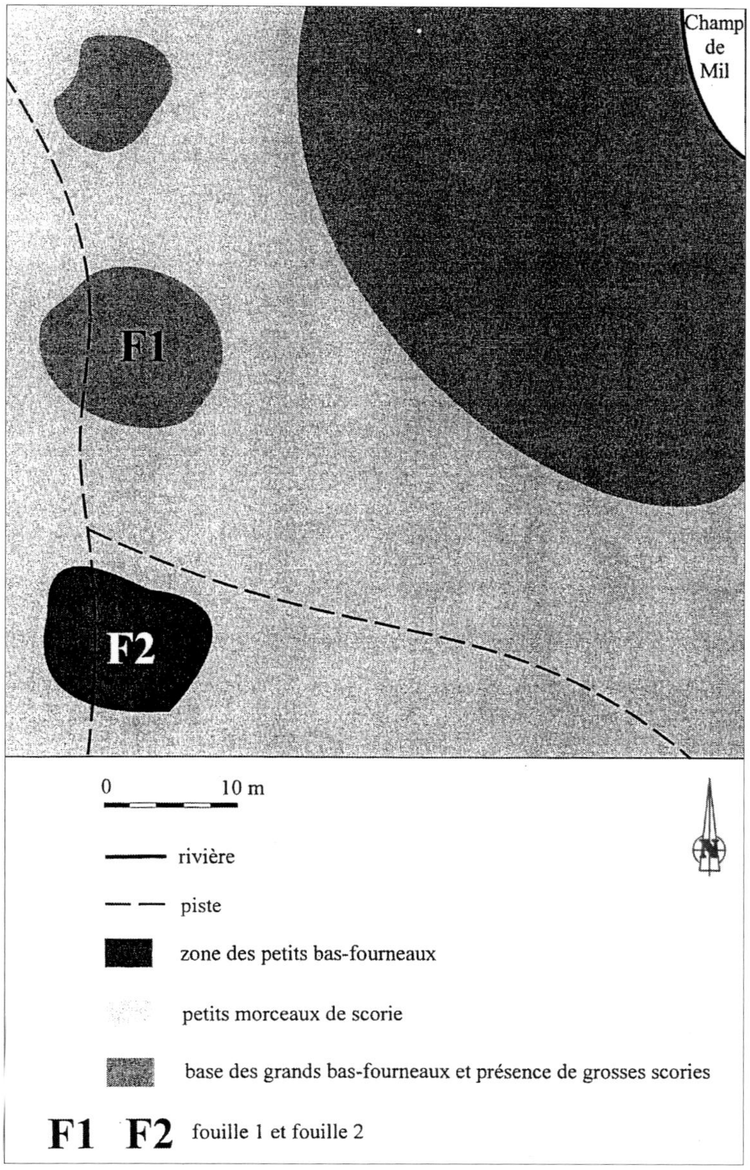

Fig. 2 : Schéma de la vue d'ensemble du site de réduction.

Méthode de recherche

L'histoire des techniques sidérurgiques de la province du Bulkiemdé couvre l'ensemble de la chaîne opératoire, de l'extraction du minerai de fer à sa transformation en loupe, puis en produits finis. La compréhension de ces différentes étapes englobe plusieurs disciplines. Ce sont entre autre, l'histoire, l'archéologie, la géologie, la botanique, la métallographie, etc. L'historien des techniques sidérurgiques en Afrique subsaharienne doit tenir compte de cette approche pluridisciplinaire pour appréhender cette technique ancienne dont la pratique nécessitait chez les métallurgistes et forgerons plusieurs connaissances.

Par ailleurs, comme précédemment signalé, deux types de métallurgie ont évolué sur cet espace. Il était question pour nous de connaître leurs différences et leurs relations. Par conséquent, nous avons mis en place une méthodologie de recherche de terrain et de laboratoire permettant de mener une approche globale de la métallurgie du fer ancien dans la province du Bulkiemdé. Pour ce faire, nous avons répertorié tous les vestiges archéologiques et historiques, recueilli les témoignages sur l'histoire des techniques sidérurgiques, ainsi que sur les aspects sociaux et rituels liés à ces activités, comparé les techniques entre des peuples anciens et actuels, analysé le savoir-faire des métallurgistes et forgerons à travers l'approche métallographique et établi une chronologie de cette industrie.

Voici notre méthodologie :

Les sources orales ont été incontournables pour approcher la sidérurgie des peuples récents. Leur utilisation pour reconstituer l'histoire de l'Afrique a toujours soulevé des controverses. Cependant pour connaître les savoirs et savoir-faire traditionnels de ce continent, les traditions orales, dans cette société où l'oralité est la clé de transmission et d'apprentissage des connaissances, constituent des sources importantes pour appréhender les techniques en voie de disparition ou disparues. Ainsi, nous avons interrogé les derniers témoins de l'industrie sidérurgiques. Les prospecteurs, les modes de prospection, les différents types de mines, les modes d'extraction, le traitement du minerai de fer, les types de fourneaux utilisés, les modes de réduction, les espèces végétales utilisées dans la réduction et le forgeage, les techniques de transformation de la loupe de fer en produits finis et les étapes rituelles, ont pu être ainsi identifiés.

De 1986 à 1990, nous avons recueilli des informations concernant les arbres utilisés par les métallurgistes et forgerons grâce à une fiche d'enquête. Ce travail de terrain a permis d'interroger près de 200 familles de métallurgistes résidents dans 20 villages différents de la province du Bulkiemdé. La méthode a consisté à recueillir auprès de ceux-ci toutes les informations sur les espèces végétales qui entrent en ligne de compte dans la chaîne opératoire de la sidérurgie directe. Un herbier a été constitué, il a permis de déterminer les espèces. Ce travail a été réalisé avec l'aide de la Professeure Jeanne Millogo, botaniste de l'Université de Ouagadougou au Burkina-Faso, UFR/SVT. Les techniques anciennes de prospection basées sur l'observation des éléments de la nature ont montré que certaines plantes comme le *Guera senegalensis, le Saba senegalensis, le Cassia sieberiana* indiquent l'existence de certains minerais.

Certaines espèces végétales jouent un rôle primordial dans la réduction du minerai de fer et le forgeage des objets. *Le Burkea africana* est considéré par les métallurgistes et forgerons comme la meilleure espèce pout effectuer les opérations de réduction et de forgeage. Le *Terminolia macroptera* a la réputation de faciliter l'épuration de la loupe et de donner une meilleure qualité au fer. *Le Cassia sieberiana,* les racines du *Guiera senegalensis* et le *Kaya senegalensis* carbonisés ensemble comme charbon de bois, faciliteraient la réduction du minerai de fer au fourneau. Des recherches futures doivent mettre l'accent sur les compositions de ces espèces qui joueraient un rôle déterminant dans la réduction, l'épuration et la transformation du fer en produits finis.

A partir des traditions orales, nous avons pu répertorier des sites sidérurgiques et reconstituer la chronologie relative de cette activité en nous référant aux périodes d'installation des populations récentes. Il semble que ces dernières se soient établies dans la province du Bulkiemdé au début du 16ème siècle de notre ère. Les traditions orales sont unanimes pour confirmer qu'à cette période, lors de l'installation de certains Nakomsé, certains vestiges sidérurgiques étaient déjà présents sur cet espace. Ainsi, le 16ème siècle peut être considéré comme date butoir du peuplement des populations anciennes (Kiénon-Kaboré, 2005, 51).

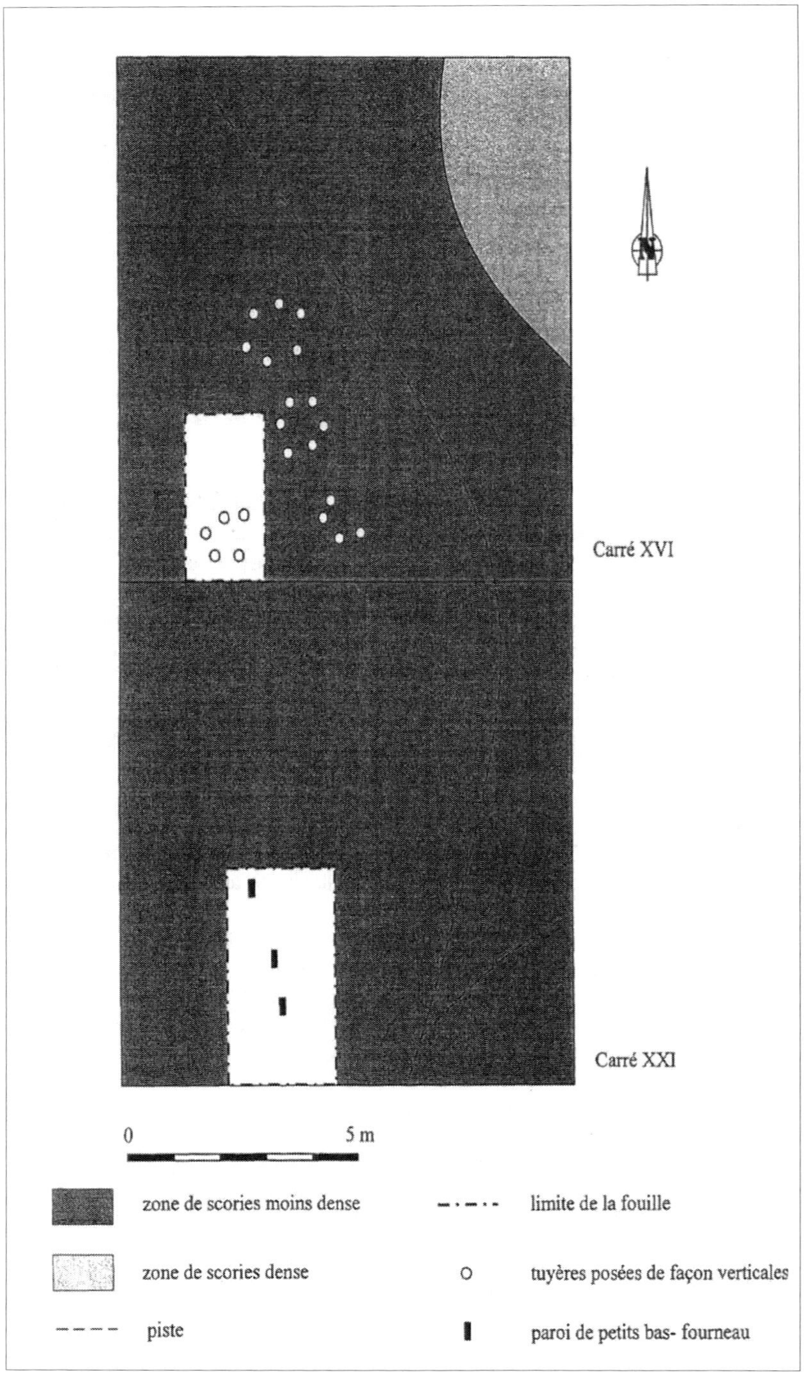

Fig. 3 : Plan d'ensemble des carrés XVI et XXI avant la fouille.

L'approche métallographique a également été déterminante dans la connaissance, la compréhension et l'éclairage de certaines zones d'ombre de l'histoire des techniques sidérurgiques. Les analyses métallographiques effectuées au Laboratoire de Paléométallurgie du Fer et Culture de Belfort en France sous la direction du Professeur Philippe Fluzin sur les scories et les objets issus des sondages archéologiques, ainsi que ceux appartenant aux peuples actuelles ont permis d'affiner et de compléter nos observations archéologiques et ethnoarchéologiques.

Les résultats acquis

Les vestiges archéologiques étudiés dans la région du Bulkiemdé sont les sites d'extraction, les fourneaux de réduction, les tuyères, les scories et les sites d'habitats que les traditions orales associent au travail du fer. Notre objectif était de faire une étude complète de ces vestiges afin de rendre compte de l'ensemble de la chaîne opératoire de la sidérurgie.

Nous avons ainsi entrepris dans un premier temps

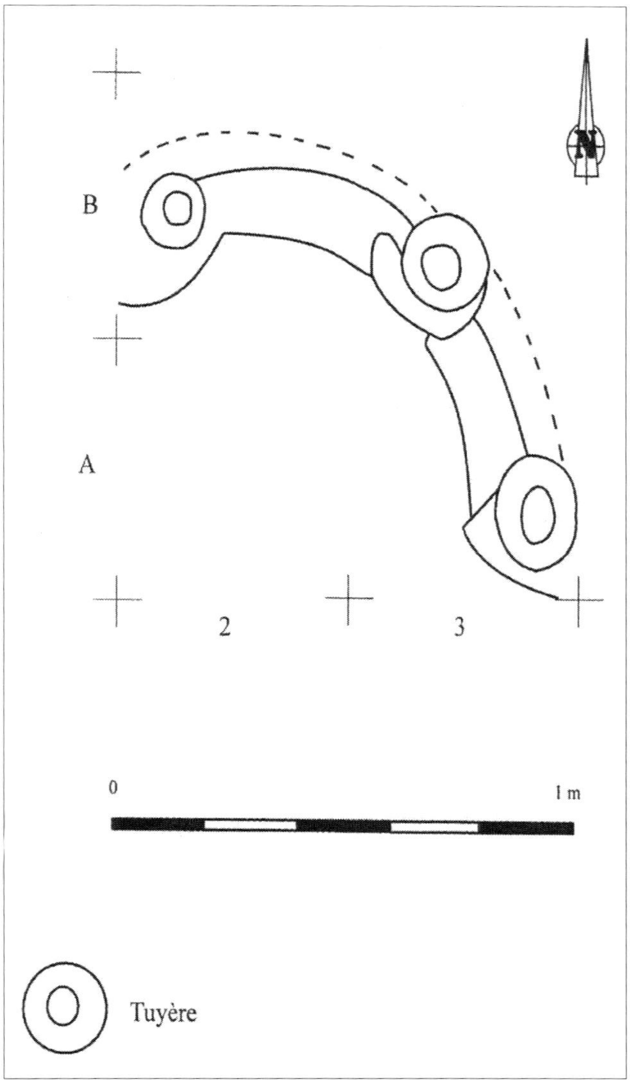

Fig. 4 : Fin de la fouille du carré XVI à - 20cm.

Fig. 5 : Base du bas- fourneau du carré XVI à -20cm.

une étude descriptive des anciennes mines sur l'espace du Bulkiemdé, surtout dans le village de Ralo. Des puits circulaires d'environ 1m à 1,5m de diamètre, creusés dans la cuirasse ferrugineuse avec des systèmes de circulation à crans, à spirale et à encoches, ont été identifiés dans différents quartiers. Plusieurs centaines de puits reliés par des systèmes de galerie sont encore bien conservés. Certains forgerons actuels ont tout simplement suivi le modèle préexistant en exploitant les anciennes mines.

Des études géomorphologiques et géologiques faites par Dya Sanou et Urbain Wiminga[4] sur notre zone d'étude, montrent une abondance des cuirasses ferrugineuses riches en minerai de fer réductible. Celles-ci ont souvent été des facteurs déterminants dans le développement de la sidérurgie et l'installation des forgerons sur certaines zones du Bulkiemdé.

Quant aux vestiges de réduction, ce sont ceux appartenant au village de Wolgteng-Gooden qui ont été sondés. Ils se situent dans le quartier Lilbouré à 10m du cours d'eau M'bigsi (Fig. 1), à environ 15km au Nord du chef lieu de province Koudougou. D'une superficie d'environ 2500m², ce site de réduction est constitué de bases de fourneaux, de tuyères et d'abondants restes de gros blocs de scorie. Les fourneaux se concentrent surtout au centre du site (Fig. 2).

Deux sondages ont été effectués dans la partie Nord et Sud respectivement au niveau des carrés XVI et XXI (Fig. 3). Ils ont permis de dégager deux types de fourneaux. Cette distinction a été révélée par la morphologie des structures et des déchets.

Le premier type de fourneau possède une cuve en argile, de forme circulaire de près de 1m de diamètre (Fig. 4 et 5). Cette cuve est constituée de six piliers

[4] Dya SANOU et Urbain WIMINGA sont enseignants à l'Université de Ouagadougou, spécialistes en géomorphologie et géologie, ils ont assuré respectivement les études géomorphologiques et géologiques. Ils faisaient partie de l'équipe pluridisciplinaire du Projet Campus sur l'histoire du fer au Burkina Faso, financé par la Coopération Française.

Fig. 6 : Surface du carré XXI avant la fouille.

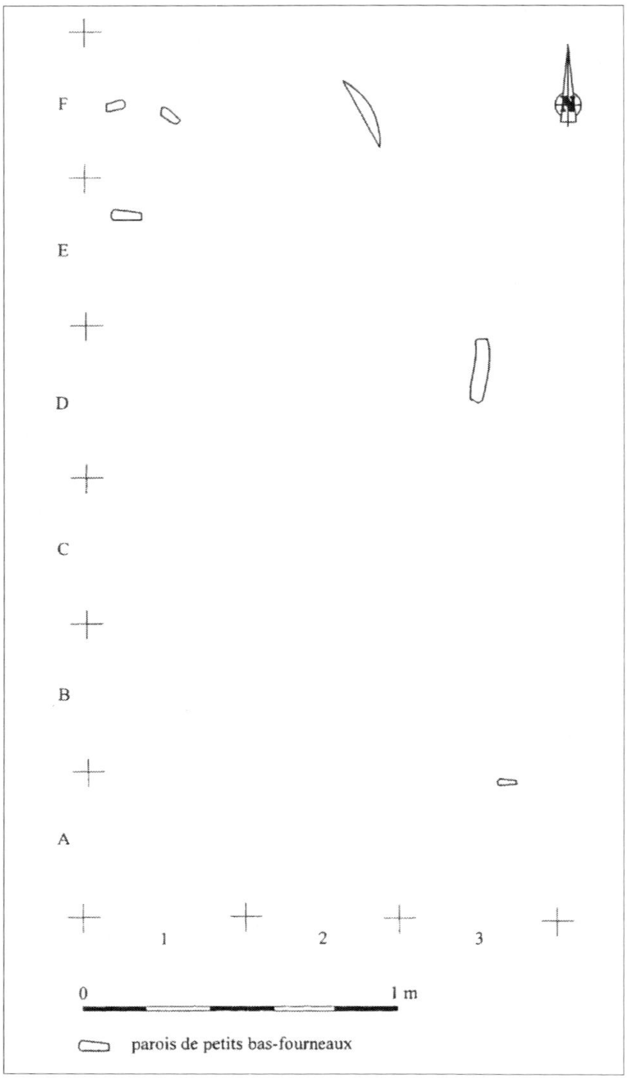

Fig. 7 : Schéma de la surface du carré XXI avant la fouille.

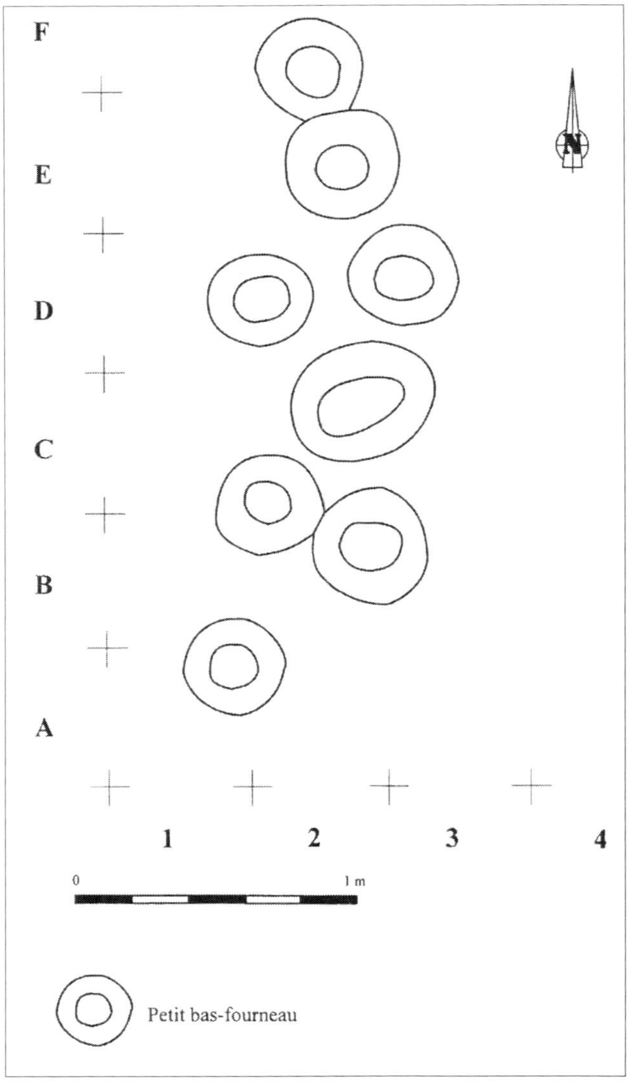

Fig. 8 : Fin de fouille carré XXI.

élaborés à partir de tuyères de réemploi. Ces tuyères-piliers sont disposés à environ 20 à 30cm d'intervalle les unes des autres. Pour l'instant, elles n'ont pas été observées sur d'autres sites de la région. Elles sont constituées d'une tuyère principale de 25cm de diamètre externe dans laquelle a été introduite une plus petite de 13cm de diamètre. Une ouverture principale de 60cm de large a été aménagée du côté ouest de la cuve. Les déchets métallurgiques liés à cette structure se composent de gros blocs de scories.

Le deuxième type de fourneaux se trouve sur la même aire de réduction et appartient à la même unité stratigraphique que le premier. Il se situe à 5m plus au sud du premier type de four (Fig. 6, 7, 8, 9). L'aire de réduction dégagée par le sondage comprend un ensemble de plusieurs fourneaux, près d'une dizaine, disposés en batterie (Fig. 10). Chaque structure de réduction a été construite en argile, leur cuve a une forme circulaire. Ces fours ont de petites dimensions, environ 30cm de haut, leur diamètre externe à la base fait 24cm et 33cm au sommet. Leur cheminée est tronconique. Aucun système de soufflerie n'a été trouvé à proximité. Les scories qui parsèment la surface sont de petits morceaux très légers et très poreux d'environ 5 à 6 cm de longueur.

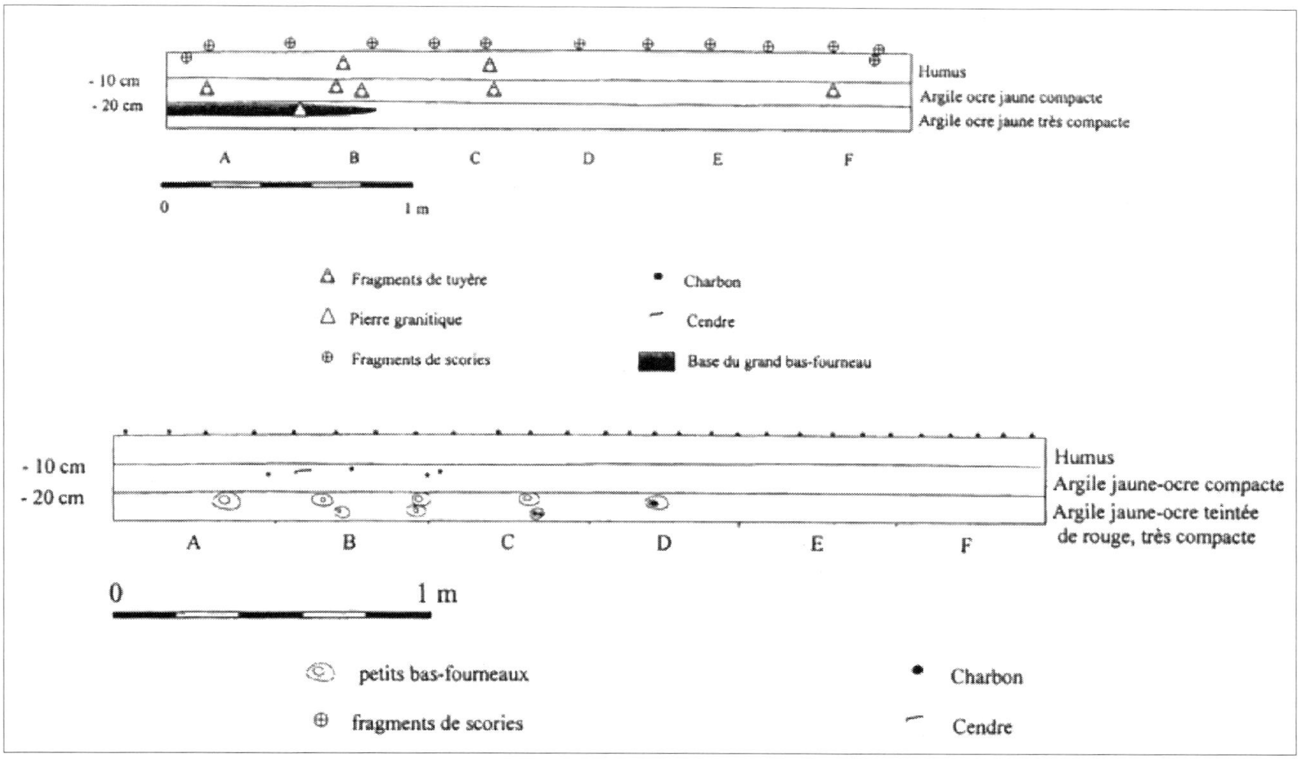

Fig. 9 : Coupes stratigraphiques des carrés XVI et XXI.

Pour déterminer la fonction de ces deux types de fourneaux découverts dans un même niveau stratigraphique, nous avons eu recours aux études métallographiques.

Les analyses des scories des fourneaux du type 1 ont montré qu'elles présentaient les caractéristiques des scories de réduction (les éléments métalliques sont très rares et se situent très fréquemment à proximité des porosités) (Fig. 11). La faible proportion de métal dans les scories pourrait indiquer une réduction relativement performante.

Les analyses des scories des fourneaux de type 2 ont prouvé que ce sont des structures d'épuration des loupes issues des fourneaux de type 1. Au niveau des matrices, on a la présence de quelques îlots de métal très rares et de fragments de métal non cohésifs qui ressemblent à des morceaux de loupe (Fig. 12).

Cette étude métallographique confirme l'hypothèse de la simultanéité des opérations de réduction et d'épuration entreprise sur un même site. Cette pratique sidérurgique n'a jamais été signalée par les traditions orales dans la province du Bulkiemdé. Certes, le Professeur Jean-Baptiste Kiéthèga a fait des fouilles dans les provinces du Bam et du Sanmatenga où il a découvert des fourneaux de type 2, mais aucun d'eux n'a été associé à des vestiges de fourneaux de type 1 (Kiéthéga, 1996, 410).

Les sondages réalisés sur les sites d'habitat, de réduction et d'épuration ont également fourni des charbons de bois. Leur analyse a permis d'obtenir des dates radiocarbones. Le site de réduction de Lilbouré

Fig. 10 : Les petits bas-fourneaux du carré XXI.

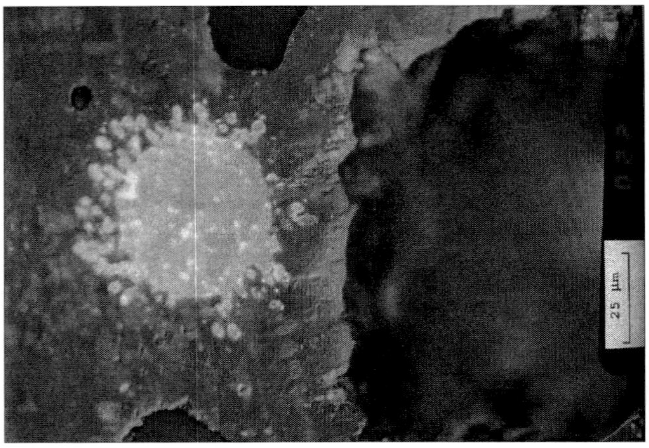

Fig. 11 : Scorie de réduction du grand bas-fourneau : éléments métalliques à proximité des porosités ; présence de dendrites de wüstite.

est daté entre 1440-1635 de notre ère et le site d'habitat de Sondomtengyir entre 895-1030 de notre ère. Ce site a été découvert dans le village de Wolgteng-Goodên. Une confrontation entre les datations absolues et les datations relatives, acquises grâce aux traditions orales, a permis de constater que les données ethnohistoriques ne sont pas très éloignées des données archéologiques. En effet, la chronologie établie par Michel Izard et les traditions orales recueillies auprès des populations de Wolgteng-Goodên donnent comme date approximative de l'installation de la chefferie le 16ème siècle (Izard, 1970). Ces derniers affirment avoir trouvé à leur établissement dans la zone des sites archéologiques qui ne leur appartenaient pas. Cette date constitue, approximativement, l'abandon de la sidérurgie ancienne sur cet espace du Bulkiemdé ; elle ne contredit pas la datation absolue du site de réduction situé entre 1440-1635 de notre ère.

Conclusion

L'étude sur la sidérurgie ancienne menée au Bulkiemdé renferme d'importantes informations sur le plan historique, cultuel, archéologique, botanique, métallographique, etc.

Dans cet article, nous avons présenté la découverte de deux types de métallurgie sur un même espace qui remplissaient des fonctions différentes (opérations de réduction et d'épuration). La connaissance des techniques des anciens habitants n'aurait pas pu être

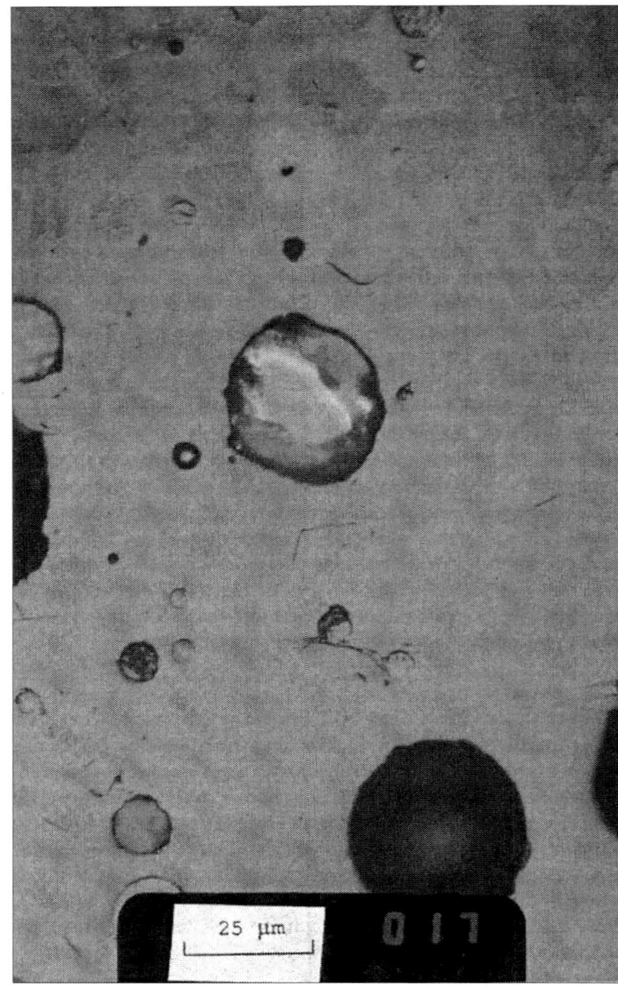

Fig. 12 : Scorie d'épuration des petits bas-fourneaux : îlots de métal et résidus de loupe dans la matrice.

connue sans l'approche pluridisciplinaire. Toutefois, de nouvelles perspectives s'offrent encore à nous.

Les essences boisées utilisées par les métallurgistes sont un thème qui mériterait d'être appréhendé avec beaucoup plus d'intérêt. Ils nous renseigneraient sur les principes actifs de ces espèces durant les opérations de réduction du minerai et de forgeage du fer.

L'approche métallographique lèverait des zones d'ombre sur le degré de technicité des forgerons et mettrait en évidence les différents traitements chimiques et mécaniques subis par le métal. Ces études sont très urgentes à mener pour identifier les techniques des forgerons actuels car ces derniers sont en train d'abandonner leur travail traditionnel.

Bibliographie

Bocoum, H., I. Guillot Et P. Fluzin, 1988. Apport de la métallographie structurale à l'interprétation fonctionnelle de trois objets en fer du Sénégal. *Revue d'archéométrie* 12, 57-70.

Bocoum, H. (dir.), 2002. *Aux origines de la métallurgie du fer en Afrique – Une ancienneté méconnue*, Paris, éditions de l'UNESCO, Coll. Mémoire des peuples.

Coulibaly E. 2006. *Savoirs et savoir-faire des anciens métallurgistes d'Afrique occidentale : procédés et techniques de la sidérurgie directe dans le Bwamu (Burkina Faso et Mali).* Ed Karthala, 422p

Eschenlohr, L Et Serneels, V., 1991. *Les bas-fourneaux mérovingiens de Boécourt, les Boulies (Ju/Suisse)*, Cahier d'archéologie jurassienne, sous les presses de l'imprimerie du pays à Porventruy.

Fluzin Ph, 1993. Interprétation des études métallographiques des scories : recherche d'éléments discriminatoires. *Colloque de Besançon 10-13 novembre 1993.Annales littéraires de l'Université de Besançon.536, série archéologie 40*

Fluzin Ph., Bénoit P. Kiénon T.H., Kiéthega J.B., El Kedim, 1994. Apports de l'archéométrie à la restitution de la chaîne opératoire des procédés sidérurgiques directs à partir des vestiges archéologiques, intérêt des comparaisons ethnoarchéologiques. *Norberg, conference on May 8-13, 19, the importance of iron making technical innovation and social change,* 56-64.

Izard, M.1970. Introduction à l'histoire des royaumes Mossi. T1 et T2 *Recherches voltaïques,* 12 et 13.

Kiénon-Kaboré T.H. 2003. *La métallurgie ancienne du fer au Burkina Faso : province du Bulkiemdé. Approche ethnologique, historique, archéologique et métallographique. Un apport à l'histoire des techniques métallurgiques en Afrique*. Ed l'Harmattan, 328p

Kiéthéga, J.B.1996. *La Métallurgie lourde du fer au Burkina-Faso.* Doctorat Es Lettres et Sciences Humaines, Université de Paris I Sorbonne, TI, TII, 802P

Martinelli, B. 1998. La mémoire en travail - A propos de la forge au Burkina Faso, in *Les territoires du travail - Mémoires en Actes*, CATEIS 1, 65-76.

Martinelli, B. 1993. Fonderies ouest-africaines. Classement comparatif et tendances, MSH, *revue Techniques et cultures*, n°21.

Pleiner, R. 1985. Problems in the standardization of metallography. Investigations of archeological objects. Furnaces and Smelting Technology in Antiquity. *British Museum Research* Laboratory, 48, 79-180

Robion-Brunner, C. 2010. *Forgerons et sidérurgie en pays dogon. Vers une histoire de la production du fer sur le plateau de Bandiagara (Mali) durant les empires précoloniaux*. Journal of African Archaeology Monograph Series, vol 3, 167p, peuplement humain et environnement en Afrique de l'Ouest N°1.

Serneels, V. 1998. La chaîne opératoire de la sidérurgie ancienne. *In Recherche sur l'économie du fer en méditerranée nord-occidentale*, s.l, Edition Monique Mergoil.

Serneels, V. 1994. L'apport des analyses chimiques de minerais, scories et produits associés à l'étude de sidérurgie ancienne. In *archéologie et archéométrie,* Besançon, 75-80

Thiombiano-Ilboudo, F. E. 2010. *Les vestiges de l'occupation Humaine ancienne dans la province du Gurma. Des origines à la pénétration coloniale. (Cas de Kouaré et de Namoungou).* Thèse de Doctorat Unique, Université de Ouagadougou, Burkina-Faso, 664p.

The Bloom Refining Technology in Ufipa, Tanzania (1850-1950)

Edwinus C. LYAYA[1,2], Bertram B. MAPUNDA[2], Thilo REHREN[1]

[1] UCL Institute of Archaeology, London
[2] UDCASS, Department of History and Archaeology, Dar es Salaam

La variabilité des processus sidérurgiques en Afrique a occasionné une classification de ses vestiges peu claire. Le but de cet article est de découvrir si l'on peut rapprocher ou différencier macroscopiquement, chimiquement et microscopiquement le processus de raffinage de celui de la réduction de fonte. Macroscopiquement, les sites de raffinage sur le terrain peuvent être différencié de ceux de réduction sur la base de la taille du secteur, la morphologie des scories, la quantité et la composition des déchets. Chimiquement, il est difficile de distinguer les deux processus, toutefois il y a une différence significative lorsqu'on analyse leurs microstructures respectives. La scorie de raffinage contient principalement des prill de fer de forme arrondie indiquant un important processus de réduction, alors que celle de réduction comprend des particules de fer ferrique de forme plus angulaire. Ces résultats indiquent que le processus de raffinage a dû agglomérer des fragments de scories et de fer à l'intérieur d'une masse de métal riche en carbone.

Analyses métallographiques et chimiques, loupe de réduction et de raffinage, prill de fer arrondi, scorie, Tanzanie.

The classification of African metalliferous relics generally lacks clarity, because African ironworking involved variable processes. The purpose of this paper was to find out how the refining process was related to or different from the smelting process, macroscopically, chemically, and microscopically. Macroscopically, refining sites or clusters in the field can be differentiated from smelting clusters based on attributes such as area size, slag morphology, quantity and composition of the remains. Chemically, it has been difficult to draw a line between the two processes, but there is a significant difference between the two based on microstructural analyses. Refining slag principally contain roundish iron prills indicative of a highly reducing process if compared to the smelting process, which results in more angular ferritic iron particles. These results indicate that the refining process was meant to consolidate incoherent and slag-rich bloom fragments into larger, denser and possibly more carbon-rich metal ready to be forged into high-quality implements.

Metallography and chemical analysis, smelting and refining bloom, roundish iron prills, metalliferous, slag, Tanzania.

Introduction

Bloomery ironworking is generally assumed to have involved two processes, namely smelting and smithing. This two-stage technology has been documented in most parts of the Old World, including southern Africa (e.g. Miller and Killick 2004; Chirikure 2006, 147; Chirikure and Rehren 2006), west Africa (e.g. Filipowiak 1985, 36), eastern Africa (e.g. Sutton 1985; Larick 1986; Childs 1996; Barndon 2004, 76; Craddock *et al.*, 2007), and central Africa (e.g. Van Noten and Raymaekers 1988, 106). These scholars have generally established that the bloom resulting from the smelting process was re-worked during the smithing stage in order to forge tools. Although this assumption is widely accepted, it ought to be rethought for some regions, because it does not give due weight to an intermediate process which involves bloom refining in a special furnace prior to smithing.

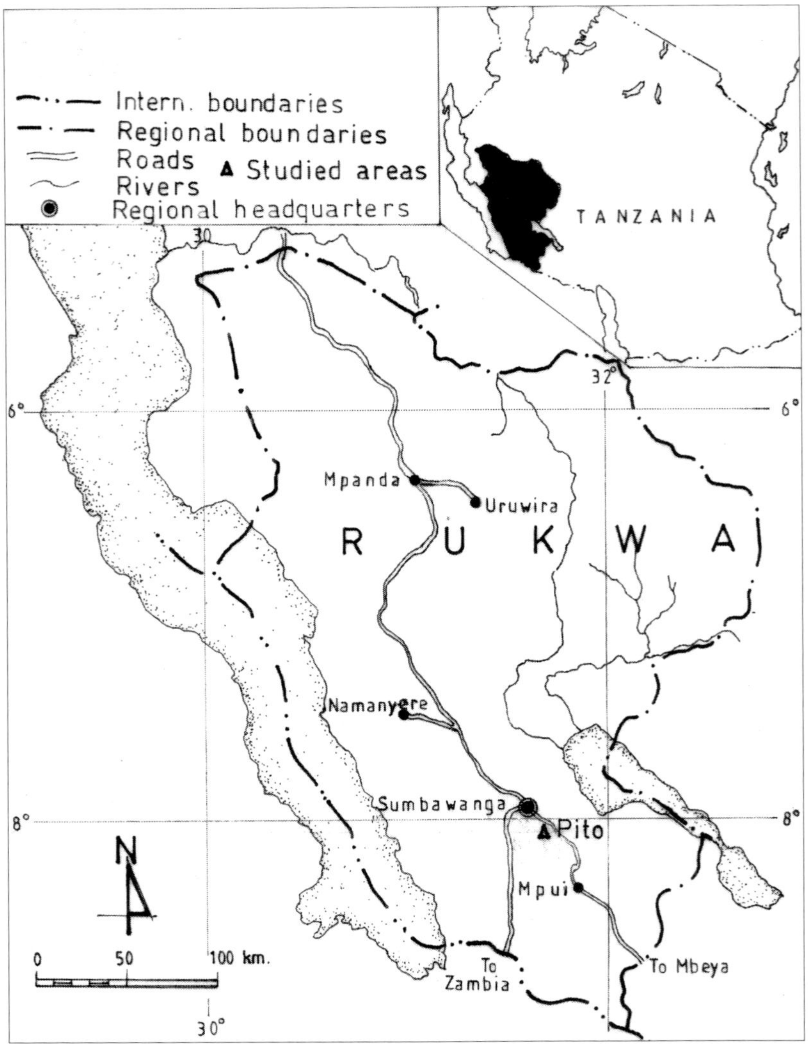

Fig. 1 : Pito Ward, Sumbawanga, in Ufipa, SW Tanzania

A separate refining tradition set between smelting and smithing is well documented in central and eastern Africa (Greig 1937; Chaplin 1961; Brock and Brock 1965; Wembah-Rashid 1969; Davison and Mosley 1988; Mapunda 1995a; Barndon 2004), and is thought to improve the quality of the bloom prior to smithing, and possibly also to enhance the overall iron yield. Just as smelting and smithing processes, this second stage in the ironworking *chaîne opératoire* (Barndon 2004, 92) produced its own slag. The presence and acceptance of refining as a separate technological process calls for a rethinking of the classification of metalliferous relics. For this, we need to investigate what refining slags look like, and how they are different from smelting and smithing slags. Based on theoretical considerations, we expect that refining slag should look different from smelting and smithing slags, because the three ironworking processes were both technologically and functionally different from each other. In particular, based on ethnographic reports and the idea of re-smelting an incompletely consolidated bloom, the refining slag should reflect more reducing conditions and a larger contribution of fuel ash to the slag formation than the smelting slag. A full examination of the refining process is indispensable because it will give the process its due weight, and will enhance clarity on metalliferous slags. This paper presents the results of an initial archaeometallurgical study of Fipa refining slag from the Pito ward in Sumbawanga, Tanzania (Fig. 1), with the view of comparing it to associated smelting slags macroscopically, chemically, and microscopically.

Background Information to Fipa Ironworking Technology

The name Fipa comes from the word 'lyamfipa', meaning plateau people (Wembah-Rashid 1969, 65; Mapunda 2004, 75). The Fipa are famous ironworkers. Traditionally they lived in upland (plateau) regions, often where water, iron ore and termite mounds were plentiful, as these were essential for their basic needs, especially iron working (Mapunda 2010). The Fipa practised a three-stage ironworking tradition, involving smelting, refining, and smithing. Despite the fact that they were banned from smelting iron during the colonial period, they continued producing iron until the second half of the 20th century, due in part to the inaccessibility of Ufipa (the land of the Fipa), which not only impaired checks by the colonial authorities but also hindered the influx of imported metalware. Noteworthy that because Fipa ironworking medicines, which were important to help the smelt turn out successfully, were controlled by the master smelter, the Fipa are well-known for traditional healing in modern day Tanzania, which is a reflection of the socio-cultural impact of ironworking (Mapunda 2004). Because of these reasons, there is substantial information that has been published on Fipa ironworking technology.

The Fipa ironworking historiography began with amateur ethnographers and anthropologists in the 1910s, followed by professional ethnographers and anthropologists in the 1960s. These early writers, including Wychaert (1914), Greig (1937), Wise (1958), and Wembah-Rashid (1969), focused on documenting and producing descriptive reports of Fipa ironworking, which were based on interviews with retired smelters and observations of smelting processes, especially when the retired smelters were commissioned to demonstrate the process. After the amateur and professional ethnographers and anthropologists, the period between the 1970s and 2000s was marked by the work of ethnoarchaeologists and historical archaeologists. These later researchers had a different approach to the investigation of the Fipa iron technology, and have systematically studied different themes of Fipa ironworking, including the social history, culture and socio-cultural implications of ironworking. This group includes Sutton (1985), Barndon (1992; 1996; 2004), and Mapunda (1995a; 1995b; 2003; 2004).

According to archaeological research conducted so far in Ufipa and neighbouring areas, between 400 and 1000 AD ironworking was already being practised there (Clark 1974). This understanding is based on metallurgical relics found in association with the Kalambo pottery tradition, which is related to Urewe ware in the interlacustrine region, and the Mwabulambo and Gokomere traditions in Malawi and Zambia to the south (Mapunda 2003, 78). Although the evidence is fragmentary and patchy, slag and tuyère analyses indicate that the ironworking technology practised during this period was different from the technologies of later groups, such as the *Katukutu* and *Malungu* (Mapunda 2004, 76). By 1000 AD, the triangular incised ware (TIW) pottery tradition emerged in Ufipa. Because TIW is traditionally a coastal tradition, Mapunda (2003; 2009) argues that it may have spread to Ufipa possibly through trade interaction between the coast and the interior (see also Haaland 1993; 2005).

By 1400 AD, the *Katukutu* ironworking technology emerged in Ufipa, as evident in the Nkansi district (Mapunda 1995a; 2003; 2004; 2010). This technology is characterised by short furnaces, 80-120cm high, globular in shape, decorated with holes punched with a stick or a finger, and natural-draft air supply. Mapunda (1995a; 1995b) concludes that this smelting technology utilised high quality magnetite iron ores. The *Katukutu* technology was followed by the *Malungu* technology, which emerged around 1680 AD south of Ufipa (Mapunda 2004), and reached south-western Tanzania around the mid-nineteenth century AD (Mapunda 2010, 159). Characteristic features of *Malungu* include the use of limonite iron ores, and truncated natural-draft furnaces ranging from 2.3m to 4m in height. *Malungu* furnaces are always located on the western side of a termite mound, for various technical and cultural reasons (Barndon 1992; Mapunda 2010) and had about ten tuyère ports, with multiple tuyères placed in each port (Mapunda 1995a, 50). The *Malungu* technology was associated with a separate bloom refining technology in small forced-draft furnaces, called the *vintengwe* technology or the small furnaces technology (e.g. Mapunda 1995b, 50; 2003, 76; Barndon 1992; 1996; 2004). The *Malungu* technology was in turn followed by the Barongo-type forced-draft technology that emerged in the 19th century AD (Mapunda 2003; 2004). This technology is characterised by furnace slabs 60-90cm high that were made from termite mounds, five tuyère ports, and flared tuyère ends (Mapunda 1995b, 53).

The culture and rituals of Fipa ironworking have also been documented. For example, Barndon (1992; 1996, 65-71; 2004) discusses the cultural aspects of the *Malungu* technology by saying that the Fipa ironworking medicines, which were important to help the smelt turn out successfully, were controlled by the master smelter. Symbolically, the furnace was likened to a bride, and the songs, ritual ceremony, and decorations resembled a wedding ceremony. The use of magic, sexual taboos and secrecy probably controlled the transmission of metalworking knowledge (Barndon 1996, 69).

Lastly, the socio-cultural significance of Fipa ironworking is well known. For example, Mapunda (2004, 78-83) interprets its socio-cultural context in terms of iron hoe symbolism, communal labour, political rank, protecting society, stratified economic well-being, and ironworking taboos promoting socio-cultural moral values. Mapunda writes that (1) customarily an iron hoe was used to symbolise the passage to manhood and by extension a legal right to marry, (2) iron smelting stimulated communal labour and concentrated/nucleated settlements, because settlements of this type were necessitated by the demand for communal labour for iron production, farming, and defence, and (3) ironworking was an indicator of political rank, because smelting was an inherited skill and only members of designated clans could smelt and had the right to become leaders (Mapunda 2004, 79; 2010).

The decline of traditional ironworking in the 1930s or thereafter was due to suppression by the colonial government, with the view to stimulate the use of imported metals (Mapunda 2004, 78), and marked the end of a long social history of the Fipa ironworking technology. The decline of traditional ironworking translated into more importation of manufactured goods from Europe.

Vintengwe: Bloom Refining Technology

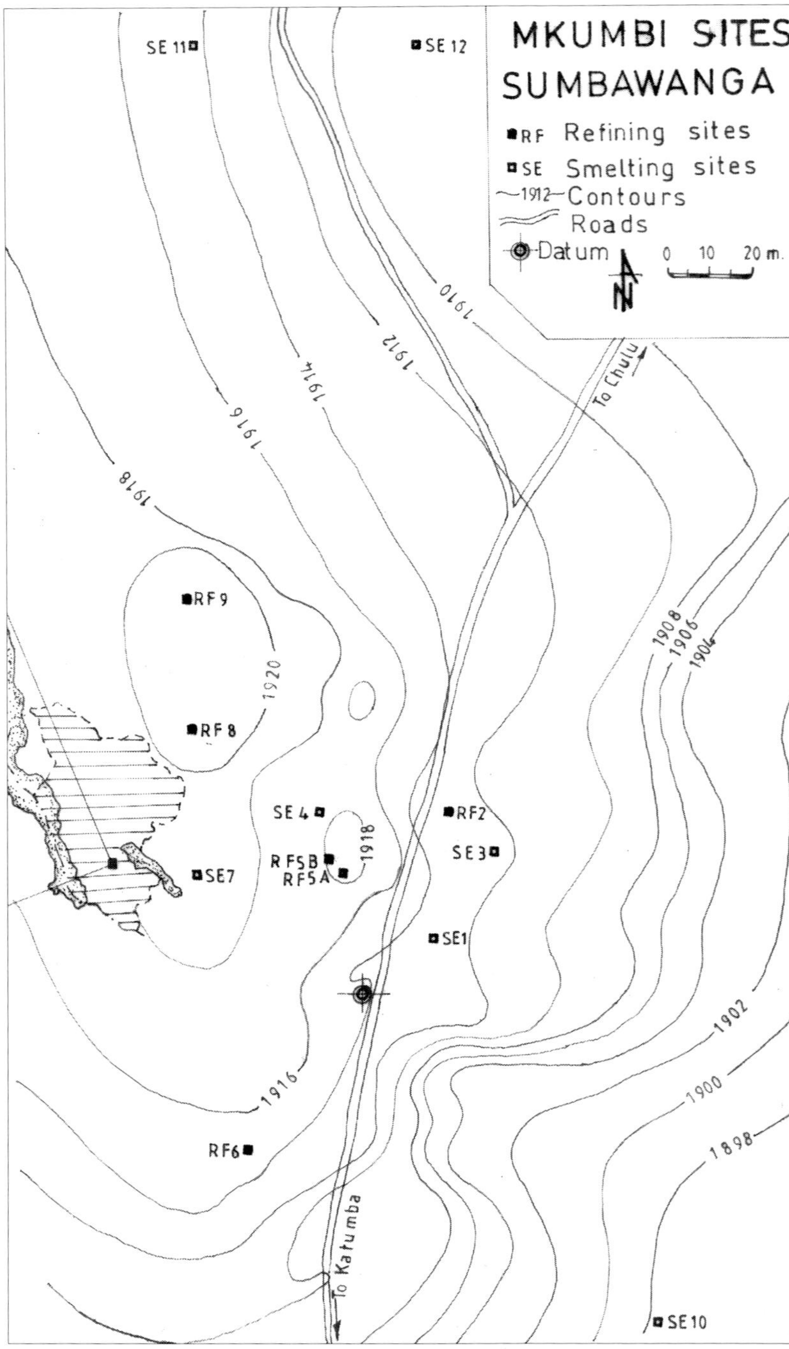

Fig. 2 : Spatial Distribution of Mkumbi Smelting and Refining Sites in Sumbawanga (Note: samples were taken from RF9 and SE6)

It is known that refining furnaces in Ufipa were bellows-operated using three draught holes (Greig 1937; Phillipson 1968; Barndon 1996; 2004), almost cylindrical in shape, and with a height ranging from 30 to 45cm (Greig 1937). They were always built on a sloping area to allow the slag to flow down via a small funnel-shaped channel dug in front of the furnaces following the slope (Wise 1958). The technological function of this process was to refine the smelted bloom from the tall, *Malungu* furnaces. This meant that ore smelting was the first stage and bloom refining was the second stage in the *chaîne opératoire* of traditional ironworking in Ufipa (Barndon 2004, 92). Greig (1937, 79) writes that "at the end of another day the kiln (the tall furnace) has burnt out, and after it has cooled the iron is sorted out from among the ashes. This iron still contains a great deal of impurity and has to be treated further in a miniature blast furnace". In addition to Greig (1937), Wembah-Rashid (1969, 66) confirms "exactly there are three stages: the kiln stage [or smelting stage, own interpretation], the blast furnace [or refining stage, own interpretation] and the smithing stage". This three-stage process was not only practised by the Fipa, but also many others, such as the Nyiha south of Ufipa (Brock and Brock 1965), the Tabwa of eastern Democratic Republic of Congo (DRC) (Mapunda 1995a), the Lungu and Kaonde of northern Zambia (Chaplin 1961, 54, 58), and the Phoka and Chewa of northern Malawi (Phillipson 1968, 102; Davison and Mosley 1988, 77). So far, it appears from a geographical perspective that this technology is a central and eastern African phenomenon. Because tall smelting furnaces in this part of Africa are generally called *malungu*, and refining furnaces are called *vintengwe*, we refer to the latter as the *Vintengwe* technology or *kintengwe*, in singular. The 'Tanganyika-Nyasa Corridor tradition'

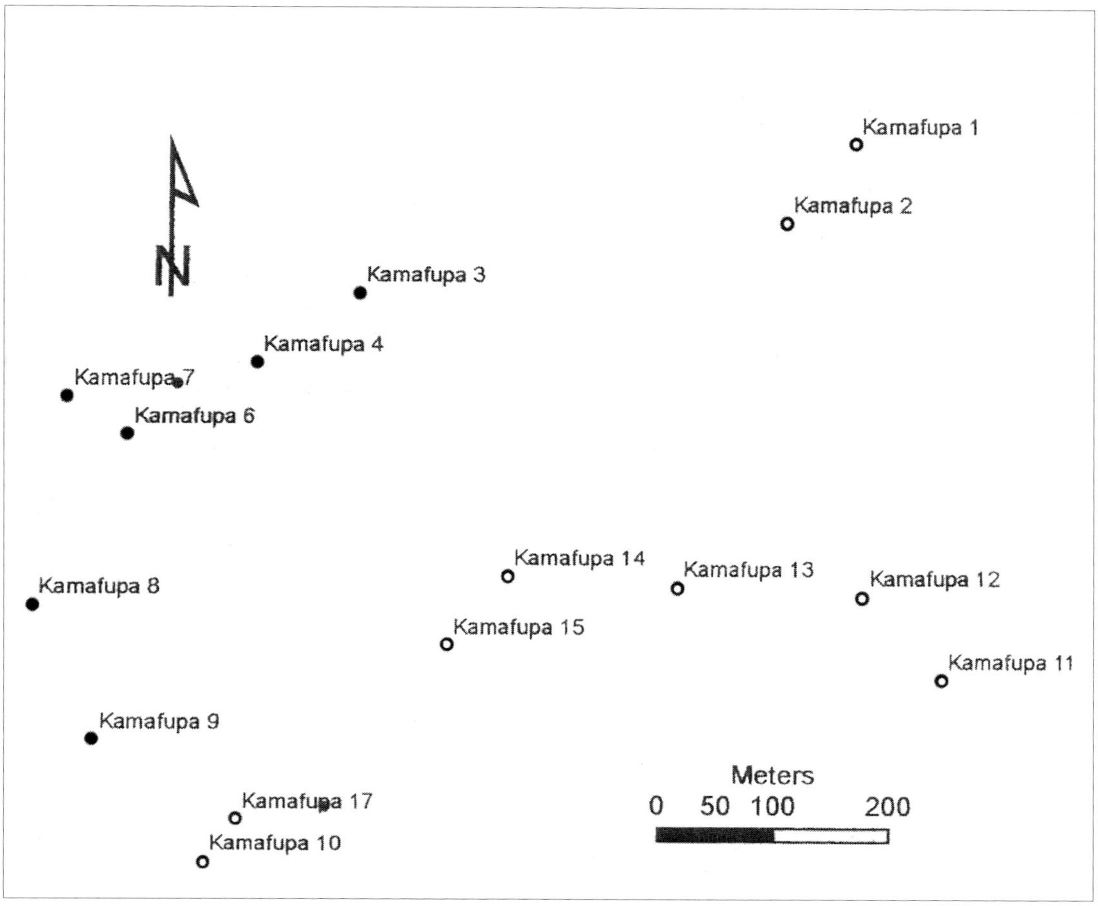

Fig. 3 : Spatial Distribution of Kamafupa Sites in Sumbawanga (Note: Empty circles are smelting and black dots are refining sites, and samples were taken from Kamafupa 9 and 11)

nomenclature (e.g. Davison and Mosley 1988; Barndon 1992; 1996) refers to both traditions, and did not stimulate the search for this technology in other parts of Africa, including southern Africa, where Mapunda (2010, 159) argues it is very likely that the technology expanded as far as Zimbabwe. His argument is based on evidence that the technology practised at Chigarambo Hill near Great Zimbabwe has much in common with *ilungu* furnaces, including the fact that the date range falls close to that of the *malungu* furnaces. However, before we search for this technology in other regions, we need to devise appropriate means of identifying this tradition.

A refining furnace was usually situated next to a smelting furnace for convenience, since the materials to be refined in the small furnaces would be the bloom from the smelting furnace (Mapunda 1995b). Recent fieldwork in Sumbawanga in SW Tanzania has found that Mkumbi refining sites are located at a distance of between 15 and 37m away from neighbouring smelting sites (Fig. 2). Barndon (1996; 2004) claims that all these activities were secluded from settlements in Ufipa contexts; in contrast, early travellers, missionaries, and ethnographers in Tanzania had suggested that small furnaces were built near or in a village (Greig 1937, 79). This claim was recently verified by a field survey conducted in Ufipa, in the context of which we found one refining site (Malimbo 1) and a smithing site (Malimbo 2) close to each other, as well as very close to the village, but far away from Chulu smelting sites, which were secluded from settlements (Lyaya 2009). Moreover, refining activities took place away from both smelting and settlement areas, in a separate refining industrial area (Lyaya 2009; Mapunda 2010). This observation is based on archaeological surveys conducted at Kamafupa sites, which yielded many refining sites confined in one area located between at least 167 and 413m away from smelting sites (Fig. 2 et 3). To sum up, the location of the sites associated with the refining process appears spatially unconstrained, as the process has been recorded to occur in secluded areas, or conducted in close proximity to the sites associated with the smelting process, as well as in or near villages. Regardless of the location, refining was conducted by the smelters (Wise 1958), who used a different technological process from smelting.

There is not much written about the cultures or rituals associated with this tradition, but Davison and

Fig. 4 : Selected samples of smelting slags from Ufipa

Fig. 5 : Examples of refining slags from Ufipa showing characteristic tap flow morphologies

Mosley (1988) note that no taboos were attached to the secondary refining process. However, Barndon (1996) indicates that Fipa refining furnaces did have the anthropomorphic attributes of a woman, and that medicinal barks from different tree species and animal bones, as well as a 'white juice', were used as part of the rituals. Furthermore, taboos surrounding the refining process may have been in place together with those related to smelting during the construction of the furnaces, and the Nyiha of Tanzania did exactly this. Brock and Brock (1965, 100) write: "As he (the master smelter) prayed to *mulungu* (Nyiha divinity) cocks were killed and their blood spread on the large (*ilungu*) and small (*ishitengwi*) furnaces".

Refining Slag in the Field

This section presents the physical properties of refining slag in order to show what refinery slag look like in the field. We know that archaeological materials without known contexts are less useful, so interpretations of refining slag in the laboratory without prior knowledge of refining sites may also easily cause confusion (Miller and Killick 2004, 27; Chirikure 2006, 147). Thus, correct field identification is the first step towards an accurate interpretation of archaeometallurgical materials; meaning that the role of matrix and provenience should be given due weight in the classification of metalliferous slags (Lyaya 2007). Following the same line of thought, a field survey was carried out at the Pito ward in southern Ufipa (Fig. 1), because the eastern Ufipa or the area along the shore of Lake Tanganyika and northern Ufipa have received relatively due weight (Mapunda 1995a; 1995b; 2010). The fieldwork was carried out principally in the Mkumbi, Chulu, Nangesu, Kamafupa, Malonje, Nantula, and Tupa villages, and the field results have been published elsewhere (Lyaya 2009). More specifically, the samples for this work were surface collections from the Mkumbi, Kamafupa, and Tupa sites. They were chosen because (1) they were within reach of several still standing smelting furnaces, and (2) in these villages, there are still smelters and sons of smelters who actually participated in the traditional ironworking technology.

In the field, refining sites are always situated on small ant-hills, whether in the bush or in settlements. The fact that the refining process was separated from the smelting and smithing processes shows that they were both functionally and technologically different, and also provides a good opportunity to examine the respective remains separately and determine reliable information. If these processes had taken place in the same area, the remains would probably have been mixed; and therefore it could be difficult to distinguish these metalliferous slags from each other, since they can have a very similar appearance.

Unlike smelting slag (Fig. 4), two basic types can morphologically be distinguished among refining slag, namely flow or tap slag and cake-like slag. The first type flowed and cooled outside the furnace (Fig. 5); in contrast, the second type did not flow outside the furnace, but melted and cooled inside the furnace. The flow of slag was functionally and technologically necessary, and enabled the removal of impurities from the crude bloom. Physical attribute analysis of the refining sites at Mkumbi (Fig. 2) showed that flow slag dominated refining site materials at about 98%, the remaining 2% being cake-like slag, including furnace wall and tuyère pieces. Although the 98% figure of flow slag may not be exactly replicable everywhere in the field, we are confident, based on field observations from the other study sites, that refining slag is basically flow slag. It appears in many geometric forms, which are

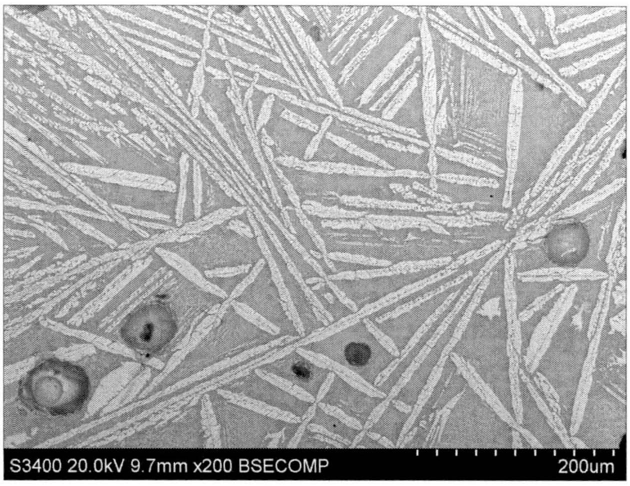

Fig. 6 : Photomicrograph of tap smelting slag from Mkumbi sites

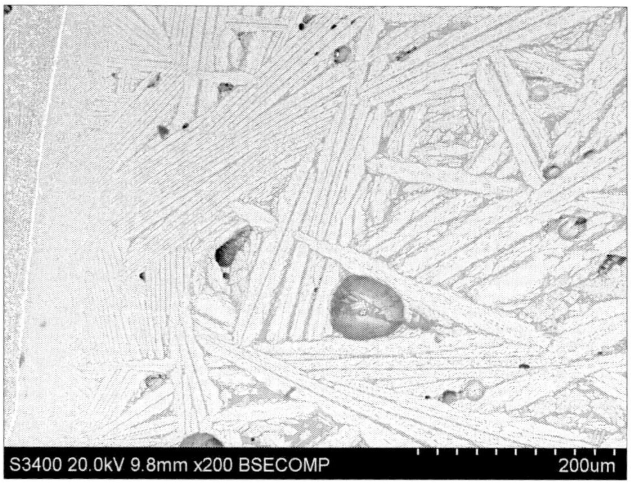

Fig. 7 : Photomicrograph of tap refining slag from Mkumbi sites

essentially not significant as they are products of chance, and not resulting from functional and technological factors. The minority cake-like slag appears as a hemi-spherical cake or cup-shaped, and is not considered further.

In terms of colour, almost all refining slags are basically grey, ranging from pure grey to green colour, while refinery cake slag appears greyish brown. Normally the difference in colour is the function of the slag's chemical composition and oxidation. The greyish colour of the refinery slag is an indication of little, if any, free iron oxides.

In addition to shape, texture, and colour, refining slag is generally smooth and slippery, except for the cake type, which tends to be rough. The smoothness or roughness of the surface is the function of slag viscosity, so their smoothness indicates a low viscosity or high fluidity.

Furthermore, refinery slag tends to have very low ferro-magnetic properties when tested on a bar magnet. While this can give us a rough idea of magnetic properties of slags in the field, it remains a qualitative field method. Refining slag also tends to have sand or quartz inclusions that are picked up on the way while flowing outside the furnace. For that reason, the inclusions are found on the bottom surfaces of the flowed slags. Lastly, refining slag has a high tendency of appearing in smaller fragments than smelting slags, which is the function of the little materials, the little bloom and charcoal charged in the *vintengwe* as compared to the large quantities of ore and charcoal charged in the *malungu*. The above are the physical characteristics of refinery slag as visible in the field; the following section deals with the chemical properties of refinery slag.

Refining Slags in the Laboratory

In this section we present the results of the chemical and microscopic analyses of three sets of smelting and refining slags from the sites of Kamafupa, Mkumbi and Tupa, respectively, all three located in Ufipa, SW Tanzania. These samples were selected randomly, and, for the purpose of comparison, each of the sets includes three refining slags and two smelting slags from each of the sites. Metallography was first carried out by means of optical microscopy, followed by scanning electron microscopy, and the chemical analysis was performed by X-ray fluorescence. The comparative analysis of smelting and refining slags from different sites in the Ufipa region is ongoing. Preliminary results based on optical microscopy suggest that the macroscopic similarities noted in the field, with subtle but systematic differences in attributes such as colour, size, and surface condition, are also found in the analytical studies, while the chemical analysis by X-ray fluorescence analysis proved less diagnostic so far.

Both slag types show the typical textures of tap slag (Fig. 6 and 7), with magnetite skins or tap lines outlining the lightly oxidised surfaces of the hot slag in contact with ambient air, and the very elongated fayalite morphology characteristic of rapid cooling.

ED-XRF results (Fig. 8) and microstructural analyses show that both slag types are almost devoid of free iron oxides (wüstite or iron-rich spinels), which is an indication of technical efficiency if other factors, such as labour, nature of ore, and fuel consumption, are kept

Oxides	Na_2O	MgO	Al_2O_3	SiO_2	P_2O_5	K_2O	CaO	TiO_2	V_2O_5	MnO	FeO	Co_3O_4	CuO	ZnO	Rb_2O	SrO	Y_2O_3	ZrO_2	BaO	La_2O_3	CeO_2	Nd_2O_3	WO_3	Analytical
	wt%	wt%	wt%	wt%	wt%	wt%	wt%	wt%	wt%	wt%	wt%	ppm	ppm	ppm	ppm	ppm	ppm	ppm	ppm	ppm	ppm	ppm	ppm	Total
Refining Slag: Mkumbi																								
S9 RF1	0.24	0.23	8.80	35.11	0.06	1.50	0.64	0.50	0.04	1.62	50.69	438	37	12	28	69	38	440	3677	170	589	143	23	106.28
S9 RF2	0.07	0.17	9.21	36.48	0.13	1.04	0.68	0.50	0.06	1.35	49.74	482	16	7	9	55	33	566	3274	152	827	259	11	106.89
S9 RF3	0.18	0.18	7.24	31.07	0.10	1.05	0.48	0.43	0.05	1.38	57.32	550	37	13	3	47	35	436	2908	125	580	208	9	105.06
Smelting Slag: Mkumbi																								
S6 SE1	0.21	0.26	10.06	41.15	0.26	1.38	1.15	0.51	0.05	1.36	43.11	367	19	34	38	76	33	465	2918	157	614	242	31	104.80
S6 SE2	0.19	0.10	10.49	50.73	0.34	1.65	1.15	0.50	0.04	0.74	33.55	467	38	35	49	88	38	605	2773	180	632	238	33	107.24
Refining Slag: Kamafupa																								
S 9 RF1	0.12	0.12	10.53	34.18	0.10	1.21	0.59	0.47	0.03	0.84	51.43	671	27	16	10	53	44	458	1699	228	543	75	9	105.75
S 9 RF2	0.14	0.17	11.20	38.06	0.13	1.16	0.57	0.39	0.03	0.85	46.82	671	29	16	16	47	33	755	1635	206	1029	139	28	104.94
S 9 RF3	0.09	0.23	7.01	28.28	0.30	0.90	1.19	0.36	0.04	0.34	60.99	714	63	21	3	80	27	410	821	144	330	86	16	103.99
Smelting Slag: Kamafupa																								
S11 SE1	0.18	0.21	8.29	27.05	0.52	1.44	1.38	0.37	0.02	0.28	60.02	535	50	41	4	103	41	341	549	144	584	71	12	107.93
S11 SE2	0.11	0.10	7.47	28.52	0.43	1.38	0.90	0.39	0.01	0.26	60.15	702	47	30	4	63	47	392	476	200	581	108	7	107.73
Refining Slag: Tupa																								
S8 RF1	0.12	0.10	7.49	36.65	0.09	0.49	0.81	0.39	0.08	0.08	53.49	531	25	13	3	61	24	526	263	159	252	73	16	106.22
S8 RF2	0.10	0.16	8.32	35.50	0.14	0.76	0.97	0.43	0.02	0.50	52.79	740	23	24	3	88	27	438	1133	135	347	73	8	107.84
S8 RF3	0.07	0.07	7.02	27.08	0.16	0.60	0.62	0.35	0.02	0.73	62.90	830	32	11	4	42	25	423	1694	143	359	142	19	102.48
Smelting Slag: Tupa																								
S33 SE1	0.17	0.10	5.96	39.85	0.08	0.80	0.65	0.41	0.04	0.07	51.71	437	23	15	3	61	25	518	312	134	212	61	13	106.15
S34 SE1	0.19	0.10	5.78	38.84	0.17	0.57	0.70	0.33	0.08	0.06	53.00	545	37	32	3	46	31	420	140	167	283	59	21	109.47
Ore																								
Wanzale1	0.07	0.03	9.79	22.77	0.07	0.16	0.06	0.28	0.05	1.05	65.18	904	31	30	4	1	27	637	1920	121	909	117	6	77.73
Tupa1	0.16	0.03	5.71	42.12	0.00	0.24	0.00	0.28	0.05	0.02	51.23	514	38	21	2	1	22	371	95	156	168	66	16	85.45

Fig. 8: ED-XRF compositional data obtained from the 15 slag and 2 ore samples from the Fipa sites. Results have been normalised to 100% and represent the average of three ED-XRF runs. Only trace elements above 10 ppm are shown. Analytical total prior to normalisation is given at the end column

constant (Morton and Wingrove 1969; 1972; Tylecote *et al.,* 1971). Initially, we expected more iron oxide, and possibly even free iron oxide such as wüstite, in smelted slag than in refining slag, because refining was meant to reduce any residual free iron oxides incorporated within the bloom and transform it into iron metal of the desired quality (e.g. Greig 1937; Davison and Mosley 1988; Barndon 1996). Nevertheless, careful metallographic examination of the 15 samples showed that none of the slags had any significant amounts of free iron oxide, and were instead solely composed of fayalite and a glassy matrix (Fig. 6 and 7). Small particles of metallic iron were very rarely found, and occasionally residual quartz grains were encountered. Also, both slag types showed a similar flow and cooling pattern. Thus, in the following section we explore the chemical composition of the slags in order to test our hypothesis that smelting and refining slags show systematic differences related to their technological origin.

Smelting versus Refining Slag: Melting Temperatures and Efficiency

One feature observed in Kamafupa slag, despite the fact that the refining slag sample S9 RF3 overlaps with smelting slag, is that there is generally more iron oxide in smelting slag than in refining slag. Unexpectedly, however, the slag samples from the Mkumbi sites exhibit the opposite pattern to the Kamafupa slag, with higher iron oxide content in the refining slag, and slag from Tupa shows no systematic difference in terms of iron oxide levels between the two types. The very low levels of iron oxide in the Mkumbi slag can be attributed to the mechanical incorporation of quartz within the slag while it was flowing out of the furnace, as shown by optical microscopy and ED-SEM analyses (Fig. 9).

A common method of presenting the composition of iron smelting slags is by plotting them into the ternary diagram FeO – Al_2O_3 – SiO_2, and interpreting their position within this diagram in light of theoretical melting temperatures and technical efficiencies. In the iron-rich region typical for bloomery slag, this diagram offers two broadly linked regions of low melting temperature, labelled Optimum 1 and Optimum 2 (Charlton 2006; Rehren *et al.,* 2007).

Most of the samples analysed in this study fall into or near the Optimum 1, associated with technically highly efficient and relatively fuel-intensive iron smelting (Charlton 2006). Only the two silica-rich samples with incorporated quartz grains are situated above Optimum 1, with theoretical melting temperatures in excess of 1400°C. This is unlikely to have been the actual smelting temperature for this bloomery process, and we can thus ignore these samples, because the quartz inclusions resulting in the high silica level identified by the chemical analysis were not part of the original smelting process. All other samples from both processes cluster around Optimum 1 (Fig. 10), with the refining slag on average at slightly more iron-rich positions than the smelting slags. This is in contrast to the expectation that the refining process operated under more reducing conditions, removing more iron (as metal) from the system than the preceding smelting process.

The concentrations of alumina and silica were technically expected to rise in the refining process, because any remaining free iron oxide in the smelting slag was expected to be further reduced to iron metal, which should have definitely increased the concentration of all other oxides per unit weight. In our data, this is not the case, and a less clear-cut picture emerges from these figures. Although other factors might be responsible for the mismatch, one possible technical factor is that slags from both sites were collected randomly, not contiguous to each other (Fig. 2 and 3). This idea is further supported by the indication of different ore types being used, not only between the different sites, but also within them, as shown by inconsistent concentrations of typical ore markers such as barium and zirconium. This means we might be comparing two clusters within some of the sites which are technically not directly related. In order to avoid this mismatching of chemical data, we plan in the near future to compare slag samples from the closest clusters, because, based on ethno-historical and archaeological information, refining furnaces were often built immediately next to smelting furnaces for convenience reasons (e.g. Davison and Mosley 1988, 77; Mapunda 1995b, 50). It is worth noting that it was also difficult to differentiate smelting from smithing slags on the basis of chemical analyses in southern Africa (Miller and Killick 2004, 27).

Another prediction was that more fuel ash indicators such as magnesia (MgO), phosphorous oxide (P_2O_5), potash (K_2O), and lime (CaO) would be expected in refining slag than in smelting slag, because of the fact that further fuel ash was added into the refining system in addition to the fuel ash from the initial smelting stage, which would lead to an increase in the concentration of such indicators per unit weight. Unfortunately results have turned out to be either inconclusive, or even opposite to our expectations. Although the results from Kamafupa sites do not show this overturn systematically, slags from Mkumbi sites

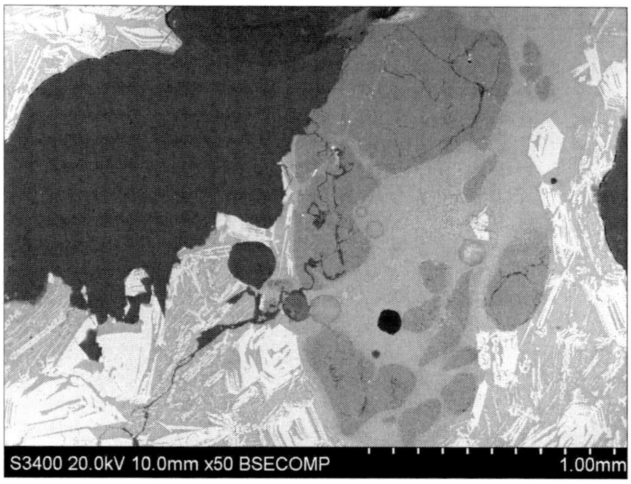

Fig. 9: Photomicrograph of quartz inclusions in smelting sample S6 SE2 from Mkumbi area, SW Tanzania

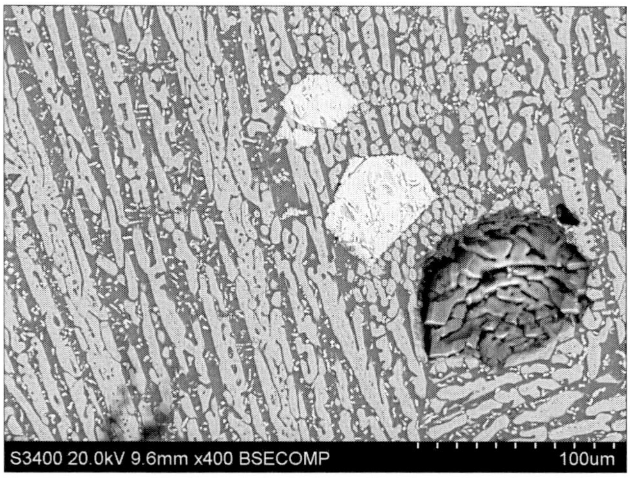

Figure 11: Photomicrograph of angular iron prills in smelting slag

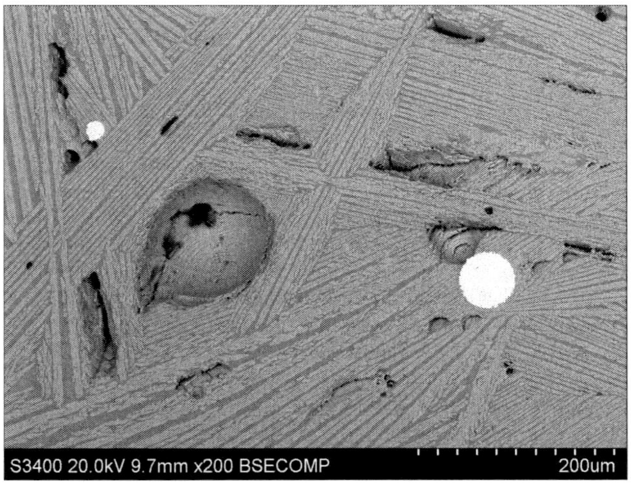

Figure 12: Photomicrograph of roundish iron prills in refining slag

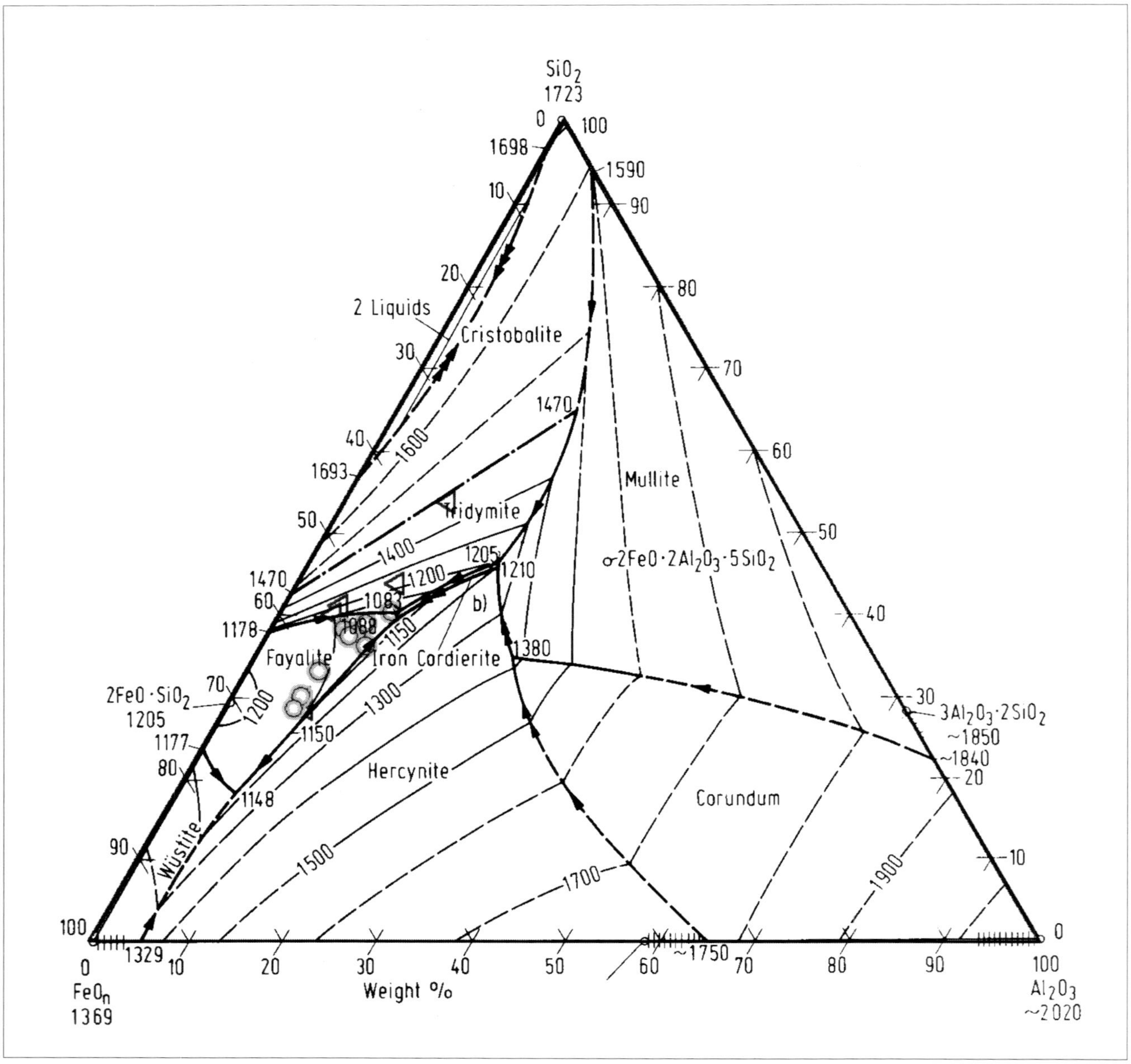

Fig. 10: FeO-SiO2-Al2O3 diagram showing ideal melting temperatures in the system, with refining (circles) and smelting (triangles) samples from Ufipa, SW Tanzania, plotted. Note that none of the slags falls in the wüstite field.

show these unexpected results systematically across their minor and trace oxides related to fuel ash. This finding, and the fact that there is no visible difference between the processes in the slags from Tupa sites, can be explained if we accept that the samples for this study were collected randomly, and not necessarily by selecting slags from directly related smelting and refining episodes. Nevertheless, such a close match is difficult to obtain from archaeological material.

The main difference observed so far between smelting and refining slags is that the former have occasional crystals of iron metal in an angular crystal shape typical of ferritic soft iron (Fig. 11), while refining slags have more frequent inclusions of roundish iron prills rich in carbon (Fig. 12), that is steel or even cast iron prills due to the carbon-rich environment provided by the refining furnace. Some of the refining slags also show regions which solidified as glass rather than fayalitic crystals, consistent with their position near the Optimum 1 (Fig. 10). Thus, the refining slags appear to indicate more strongly reducing conditions than smelting slags, suggesting that the refining process changed the original bloom of soft iron rich in slag inclusions into a carbon-rich and dense steel bloom of much higher metal quality.

Technical Efficiency and Ore Type of the Ufipa Smelting Process

Based on the FeO content in the analysed slag, it appears that the Fipa smelters were relatively successful iron smelters. The FeO content of their slags averages around 55 wt%, whereas the FeO content in iron smelting slag from central Kenya (Iles and Martinon-Torres 2009) and Yoruba in western Nigeria (Ige and Rehren 2003) averages 58 wt% and 59 wt% respectively. Similarly, Fipa smelters were relatively more skilled than the smelters of Baganda in Southern Uganda, and as skilled as the Nyanga smelters of eastern Zimbabwe, because the FeO content in their slag averages 59 wt% and 54 wt% respectively (Humphris *et al.,* 2009; Chirikure and Rehren 2004). Although we need to study more samples and consider other factors as well, it is already possible to propose that the Fipa ironworking technology was one of the best in the region, with relatively little iron lost in the slag.

Both refining and smelting slags have relatively high levels of alumina relative to silica. Refining slag levels of Al_2O_3 range from 7 to 11 wt%, and SiO_2 from 27 to 38 wt%, with a ratio of alumina to silica of approximately 1:4, while alumina levels in smelting slags range from 6 to 10 wt%, and silica from 37 to 51 wt%, which is indicative of an alumina to silica ratio of approximately 1:5. However, the higher silica levels in this group are due to incorporated quartz in the analysed material, and the ratios are therefore nearly identical for both slag types. Significant minor oxides often associated with different ore types, such as titania, manganese, or phosphorous oxide, are all very low in the Ufipa slags. On the basis of the low levels of these oxides and the high alumina, it is possible to suggest that the Ufipa smelters used a lateritic ore. The low level of titania in Fipa slag and potential iron ores as compared to slags associated with the Yoruba of south-western Nigeria (Ige and Rehren 2003, 18) and pastoralist smelters of central Kenya (Iles and Martinon-Torres 2009, 2321) rules out the possibility of the use of a 'black sand' magnetite ore. The raw material could have been a bog ore, but again all samples show very low levels of phosphorous oxides as compared to, say, the Yoruba samples. Also, based on trace oxides carrying more specific geo-chemical signatures, such as the Rare Earth Elements, zirconium, or barium, which show no systematic and significant difference between refining and smelting slags and among the different sites, it seems likely that all the three sites used a similar ore.

Conclusion

Ethnographic and archaeological work from the beginning of the last century has identified a three-step sequence of iron production processes in south-western Tanzania and central Africa, comprising a unique refining stage set between the ubiquitous smelting and smithing stages of the traditional bloomery process. Overall, the smelting and refining processes seem to produce very similar slags, indistinguishable within their own variability. This is understandable when one considers that the original smelting process was already very efficient in reducing all free iron oxide to iron metal, leaving little if any chemical work to be done for the refining process. As a result, the original smelting slag initially trapped in the bloom simply re-melted and flowed from the bloom during the refining process, without any further chemical change and hence appearing indistinguishable from the smelting slag, other than by its lower quantity and flow size. What chemical change may have happened during this process seems to be confined to a carburisation of the bloom, visible in the on average higher carbon content of the metal prills trapped in the slag. The main purpose of the refining process, then, seems to be the consolidation of incoherent and slag-rich bloom fragments into larger, denser and possibly more carbon-rich blooms ready to be worked into high-quality artefacts.

We are aware that this picture is based on preliminary results, and that there is a need to extend this research to other areas in Tanzania and outside it, so as to find out whether the observed features of Fipa refining slag are replicable. A more systematic mapping and collection of refining slag will be critical in order to achieve this end, and to avoid an unnecessary mismatch of sites, as this may have caused the unexpected results discussed above. If we are able to reach this goal, then this could prove that African ironworking, especially in east and central Africa, was different from that practised in other parts of the continent at least from this point of view, and that the refining process was meant to improve the quality of the original bloom from the smelting furnaces.

Bibliographie

Barndon, R. 1992. *Traditional Iron Working among the Fipa, An Ethnoarchaeological Study from Southwestern Tanzania*. Unpublished MA Thesis, University of Bergen.

Barndon, R. 1996. Fipa ironworking and its technological style. In P.R. Schmidt (ed.), *The Culture and Technology of African Iron Production*, 58-73. Gainsville, University Press of Florida.

Barndon, R. 2004. *An Ethnoarchaeological Study of Iron Smelting Practices among the Pangwa and Fipa in Tanzania*. Oxford, Archaeopress.

Brock, B. and Brock, P.W.G. 1965. Ironworking amongst the Nyiha of southwestern Tanganyika, *South African Archaeological Bulletin* 18, 97-100.

Chaplin, J.H. 1961. Notes on traditional smelting in northern Rhodesia, *South African Archaeological Bulletin* 16, 53-60.

Charlton, M. 2006. *Ironworking in Northwest Wales: An Evolutionary Analysis*, Unpublished PhD Thesis, University College London.

Childs, S.T. 1996. Technological history and culture in western Tanzania. In P.R. Schmidt (ed.), *The Culture and Technology of African Iron Production*, 277-317, Gainsville, University Press of Florida.

Chirikure, S. 2006. New light on Njanja ironworking: Towards a systematic encounter between ethnohistory and archaeometallurgy, *South African Archaeological Bulletin* 61, 142-151.

Chirikure, S. and Rehren, Th. 2004. Ores, furnaces, slags, and prehistoric societies: aspects of Nyanga agricultural complex, AD 1300-1900, *African Archaeological Review* 21(3), 135-152.

Chirikure, S. and Rehren, Th. 2006. Iron smelting in pre-colonial Zimbabwe: evidence for diachronic change from Swart village and Baranda, northern Zimbabwe, *Journal of African Archaeology* 4(1), 37-54.

Clark, J.D. 1974. *Kalambo Falls Prehistoric Site Vol. II: The Later Prehistoric Cultures*, Cambridge, Cambridge University Press.

Craddock, P., Freestone, I., Middleton, A. and Van Grunderbeek, M. 2007. Early Iron Age iron-smelting debris from Rwanda and Burundi, East Africa, *Historical Metallurgy* 41(1), 1-14.

Davison, S. and Mosley, P.N. 1988. Iron smelting in the upper north Rukuru Basin of northern Malawi, *Azania* 23, 57-100.

Filipowiak, W. 1985. Iron working in old kingdom of Mali. In R. Haaland and P. Shinnie (eds.), *African Iron Working: Ancient and Traditional*, 36-49, Bergen, Norwegian University Press.

Greig, R.C.H. 1937. Iron smelting in Fipa, *Tanganyika Notes and Records* 4, 77-80.

Haaland, R. 1993. Excavation at Dakawa, an Early Iron Age site in east-central Tanzania, *Nyame Akuma* 40, 47-57.

Haaland, R. 2005. New perspectives on the technology and socio-cultural context of iron working at Dakawa. In B.B. Mapunda and P. Msemwa (eds.), *Salvaging Tanzania's Cultural Heritage*, 190-197, Dar es Salaam, Dar es Salaam University Press.

Humphris, J., Martinon-Torres, M., Rehren, Th. and Reid, A. 2009. Variability in single smelting episodes - a pilot study using iron slag from Uganda, *Journal of Archaeological Science* 36, 359-369.

Ige, A. and Rehren, Th. 2003. Black sand and iron stone: iron smelting in Modakeke, Ife, south western Nigeria, *Institute of Archaeometallurgical Studies* 23, 15-20.

Iles, L. and Martinon-Torres, M. 2009. Pastoralist iron production on the Laikipia plateau, Kenya: wider implications for archaeometallurgical studies, *Journal of Archaeological Science* 36, 2314-2326.

Larick, R. 1986. Iron smelting and interethnic conflict among precolonial Maa-speaking pastoralists of North-central Kenya, *The African Archaeological Review* 4, 165-176.

Lyaya, E.C. 2007. *The Physical Properties of Metalliferous Slag: the Case of Smelting and Smithing Processes*, Unpublished MA Dissertation, University of Dar es Salaam.

Lyaya, E.C. 2009. Revisiting African Bloom Refining Technology in Tanzania, *Nyame Akuma* 72, 30-40.

Mapunda, B.B. 1995a. *An Archaeological View of the History and Variation of Ironworking in Southwestern Tanzania*, Unpublished PhD Dissertation, University of Florida.

Mapunda, B.B. 1995b. Iron Age archaeology in the south-eastern Lake Tanganyika region, southwestern Tanzania, *Nyame Akuma* 43, 46-57.

Mapunda, B.B. 2003. Fipa iron technologies and their implied social history. In C.M. Kusimba and S.B. Kusimba (eds.), *East African Archaeology Foragers, Potters, Smiths and Traders*, 71-85, Philadelphia, University of Pennsylvania Museum of Archaeology and Anthropology.

Mapunda, B.B. 2004. Iron technology and its social implications: the case of the Fipa Southwestern Tanzania. In T. Oestigaard, N. Anfinset and T. Saetersdal (eds.), *Combining the Past and the Present: Archaeological Perspectives on Society*, 75-85, London, British Archaeological Press.

Mapunda, B.B. 2009. The Indian Ocean and its Hinterland during the Iron Age: evidence for socio-cultural interactions from southern Tanzania, *Journal for Indian Ocean Archaeology* 5, 85-96/142-144.

Mapunda, B.B. 2010. *Contemplating the Fipa Ironworking*, Kampala, Fontain Publishers.

Miller, D. and Killick, D. 2004. Slag identification at southern African archaeological sites, *Journal of African Archaeology* 2(1), 23-47.

Morton, G.R. and Wingrove, J. 1969. Construction of bloomery slags: Part I: Roman, *Journal of the Iron and Steel Institute* 207, 1556-1564.

Morton, G.R. and Wingrove, J. 1972. Construction of bloomery slags: Part II: Medieval, *Journal of the Iron and Steel Institute* 210, 478-488.

Phillipson, D.W. 1968. Cewa, Leya, and Lala iron smelting furnaces, *South African Archaeological Bulletin* 23(91), 102-113.

Rehren, Th., Charlton, M., Chirikure, S., Humphris, J., Ige, A. and Veldhuijzen, H.A. 2007. Decisions set in slag: the human factor in African iron smelting. In S. La Niece, D. Hook and P. Craddock (eds.), *Metals and Mines, Studies in Archaeometallurgy*, 211-218, London, Archetype Publications in association with the British Museum.

Sutton, J.E.G. 1985. Temporal and spatial variability in African iron furnaces. In R. Haaland and P. Shinnie (eds.), *African Iron Working: Ancient and Traditional*, 164-196, Bergen, Norwegian University Press.

Tylecote, R.F., Austin, J.N. and Wraith, A.E. 1971. The mechanism of the bloomery process in shaft furnaces, *Journal of the Iron and Steel Institute* 209, 342-363.

Van Noten, F. and Raymaekers, J. 1988. Early iron smelting in central Africa, *Scientific American* 258(6), 104-111.

Wembah-Rashid, J.A.R. 1969. Iron workers of Ufipa, *Bulletin of the International Community of Urgent Anthropological Research* 11, 65-72.

Wise, R. 1958. Iron smelting in Ufipa, *Tanganyika Notes and Records* 50, 106-111.

Wychaert, R. P. 1914. Forgenos Paiens et Forgerons Chretiens au Tanganyika, *Anthropos* 9, 371-380.

The role of iron in foraging societies of northern Namibia in the 15th to the 20th century AD

Eileen KOSE
Institute of Prehistory, University of Cologne

Cet article parle du rôle joué par le fer dans les *Late Ironworking Groups* qui vivaient le long du cours moyen du fleuve Kavango entre le 16ème et 20ème siècle apr. J.-C. Ces communautés recentes de chasseurs-cueilleurs sont soit des locuteurs des langues bantoues soit de langues khoisanes. Dans ces groupes, le fer a été utilisé principalement pour produire des armes de chasse pour le prestige des hommes. Les techniques de la sidérurgie ont été peu développeés et les métallurgistes ont eu accès librement aux gisements de fer. Comme les gens vivaient dans des communautés d'échange égalitaire, la production de fer ne menait pas à l'enrichissement personnel des fondeurs ou des forgerons. Cependant, les sidérurgistes possèdaient un prestige social élevé grâce à leur savoir permettant de contrôler la transformation des pierres en métal. Comme les peuples Kavango entretenaient des réseaux d'échange avec leurs voisins chasseurs-cueilleurs, les objects de fer produits principalement pour des besoins locaux ont été distribués plus largement en Afrique du sud-ouest. Vers la fin du 18ème siècle et le début du 19ème siècle, la demande d'ivoire a augmenté dans les marchés européens. Cela a conduit l'introduction de la chasse commerciale chez les peuples Kavango. L'arrivée de nouveaux groupes de chasseurs bantous a entrainé des conflits territoriaux. Dès ce moment, des societés nouvelles, féodales, ont été developpées et des souverains ont monopolisé le commerce d'ivoire. Les métallurgistes et les forgerons sont devenus les concurrents des nouveaux souverains à cause de leur savoir-faire lié à la chasse et à la production des armes de chasse, dont les familles royales dependaient.

Fer, sociétés de chasseur-cueilleurs, le rôle de la chasse, la formation des états féodaux

This article discusses the role of iron among the Late Ironworking Groups living along the middle Kavango River between the 16th and 20th centuries AD. These late foraging societies spoke either Bantu- or Khoisan languages. Within these groups, iron was mainly needed to produce weapons for male status hunting. The smelting techniques were of a low standard and people had open access to the ore deposits of the region. As people lived in egalitarian exchange communities, ironworking did not lead to a personal enrichment of the ironworkers. Then ironworkers, however, held a high social prestige due to their knowledge of mastering the transformation from stone to metal. Due to the exchange networks that the Kavango peoples maintained with their foraging neighbours, iron items produced for local needs only found wide distribution in south-western Africa. By the late 18th and the early 19th century, the increasing demand for ivory on the European market led to the introduction of commercial hunting among the Kavango peoples. Territorial conflict over hunting grounds arose with the arrival of Bantu-speaking hunters. New feudal states developed, and rulers monoploized the ivory trade. The local ironworkers became competitive for the new kings due to their hunting skills and the ability to produce the hunting tools the royal clans depended on.

Iron use, hunter-gatherer societies, status hunting, formation of feudal states.

Introduction

In classical historical conceptions of the advent of the Iron Age, many scholars argue that the introduction of iron into societies led to increased agricultural food production causing increased population growth and consequently societal changes with new, complex, forms of political organizations (for a comprehensive discussion see de Barros 2000). Therefore, most research on African metallurgy is restricted either to the question of its origins and invention, or to technological and socio-cultural aspects of metallurgy in classical Iron Age cultures (Killick 2004).

So far, research on metallurgy and the use of metal among the Khoi and San peoples, and among the foraging Bantu-speaking peoples of southern Africa has been neglected. However, when the first Europeans met with the indigenous foraging and pastoral peoples of southern and south-western Africa, they found them using iron and copper items and some of them were also involved in iron and copper production (Heintze 1970/71; Klein-Arendt 2004, 241ff; Kolb 1979, 117f; Shapera 1963, 315). The history of metallurgy in these societies is almost unknown, although in many contemporary Bantu-speaking communities, oral traditions exist about a pre-culture of highly skilled metalworkers short in stature (Klein-Arendt 2004, 241ff). Moreover, there is linguistic evidence for words related to the field of metallurgy, which are of Khoisan origin (ibid.). Despite the indigenous and historical descriptions of well-developed metallurgical traditions among the Khoisan peoples of southern Africa, there is a general lack of archaeological evidence that helps one to trace back metallurgy in these societies. However, a few published finds of metal items at early herder sites dating as early as the 3rd to the 5th century AD, offer a glimpse in the antiquity of the appearance of metal among the Khoisan peoples of southern Africa (Smith *et al.* 1995, 12; Ralf Vogelsang *pers. comm.*).

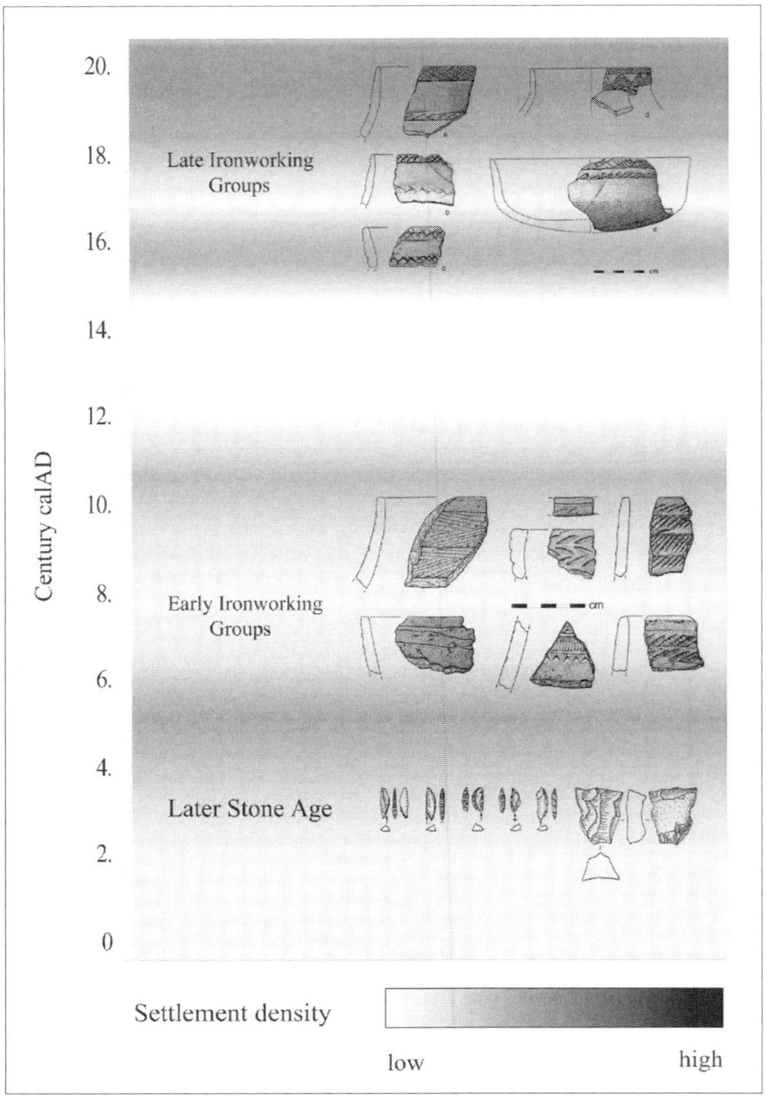

Fig. 1 : Chronology of Later Stone Age and Ironworking Groups along the middle Kavango (after Kose 2009a, Fig. 1).

Historical and ethnic background of the middle Kavango Region

Recent research of the University of Cologne focused on the archaeology and late history of ironworking along the middle Kavango River in northern Namibia. In this region, there is evidence for two occupation periods of ironworking groups. The earlier period lasted from the 4th to the 11th century AD, and the later from the 15th century until recent times (Kose 2009b, 130ff; Kose and Richter 2007, 109ff) (Fig. 1). The earliest sites indicate that Late Stone Age hunters introduced iron production and pottery into the region. The social community appears as a frontier or contact society with close contacts to the early Xaro and Divuyu communities in the Okavango Delta region. However, the introduction of pottery and metallurgy in this area is still virtually unknown and differs in many ways from the farming Iron Age migrations along the east coast of Africa.

The same is true for the later period. Here the excavated material from the sites dating from the 15th until the early 20th century, together with oral traditions, also indicated that hunting and fishing was the main subsistence strategy of the later (Bantu-speaking) Kavango peoples until the late 19th century.

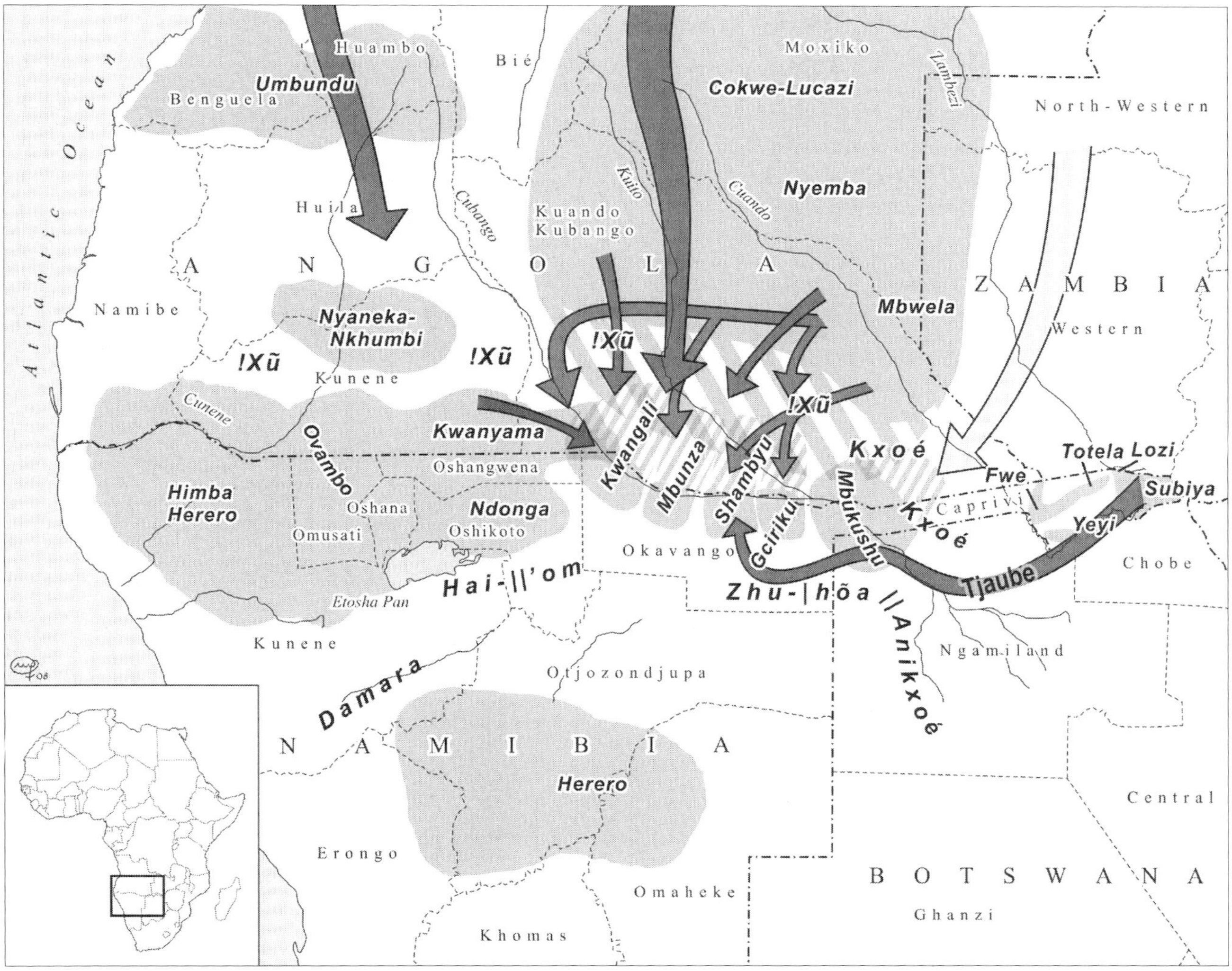

Fig. 2 : Migration and recent settlement of the Kavango groups (after Kose 2009a, Fig. 2). Cartography: M. Feinen.

Also, within and around the Okavango delta, live a number of Khoe groups following a sedentary fishing and hunting subsistence strategy in the abundant Okavango environment (Fleisch and Möhlig 2002, 19ff; Köhler 1997; Passarge 1905; Tlou 1985, 8ff; Von Oppen 1993, 104). Some of them were proficient in iron metallurgy (Köhler 1997). Within the chronological framework of the Late Ironworking Groups, radiocarbon data from archaeological sites point towards two main settlement intervals concentrating in the 16th century and from the 18th century AD onwards (Kose 2009a, 127ff; ibid. 2009b, 130ff) (Fig. 1). The data support oral chronicles and linguistic evidence suggesting that beginning with the late 18th century, the contemporary Bantu-speaking communities immigrated into the middle Kavango region (Fig. 2). There, they absorbed groups of Khoe and San foragers who had already occupied the middle Kavango River some centuries earlier (Fleisch and Möhlig 2002, 29ff; Kose 2009a, 144ff; Seidel *et al.* 2007, 154f). The history of the late migration movements to the middle Kavango River rooted in two main events: some groups evaded the expansion of the Lozi kingdom in contemporary western Zambia, and settled along the river and in the Okavango Delta plains (Fleisch and Möhlig 2002, 23; Tlou 1985, 11ff). Another important parameter constituted the European need for ivory. Specialized ivory hunters explored new hunting grounds in the more central parts of southern Africa in search of tusks of better quality. Also, they acquired ivory from local hunters for lower prices than they would have paid in the depleted coastal regions (Siiskonen 1990, 102ff; Von Oppen 1993, 412f). The increased demand for ivory, accelerated by the Portuguese trade policy at the beginning of the 19th century, caused major population shifting in the Angolan hinterland as far west as the Lozi kingdom (Seifert 2009, 249; Siiskonen 1990, 102ff). Profitable elephant hunting in the southern African interior along long-distance trading routes opened immense new trading opportunities for local groups (Von Oppen 1993, 71ff). The Kavango peoples participated in the international ivory trade. As in most oral traditions that exist from this region, elephant hunting was regarded as the main reason for their migration to the river (Fisch 1994, 120; ibid. 2005; Fleisch and Möhlig 2002; Gibson *et al.* 1981; McKittrick 2008, 791; Von Tonder 1966, 46ff). In many societies of southern Africa, including the Kavango region, local leaders and skilled hunters controlled and monopolized ivory trade and all over Kavango, hunters had to deliver captured ivory to their rulers without expecting much return (Fisch 1994, 121). Consequently, feudal states developed from small hunting groups and royal clans further established and strengthened their power through trade.

The Kavango peoples were always in close contact with the farming peoples of southern Angola such as peoples of the Ngangela-Nyemba groups and southern Chokwe. Many of them migrated to the Kavango River in the late 19th and 20th century and strongly influenced the late metallurgical traditions of the Kavango peoples (Kose 2009a) (Fig. 2). Today, San, Khoe and Bantu groups all live along the river. However, the larger part of the total population consists of several Bantu-speaking groups such as the Shambyu, the Mbukushu and others.

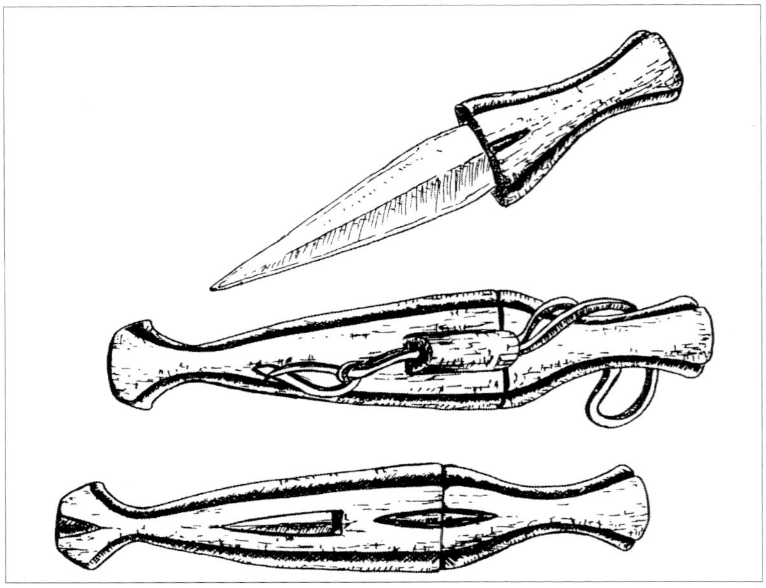

Fig. 3 : Double-edged knife of the Kavango hunters (after Fisch 1994, 25).

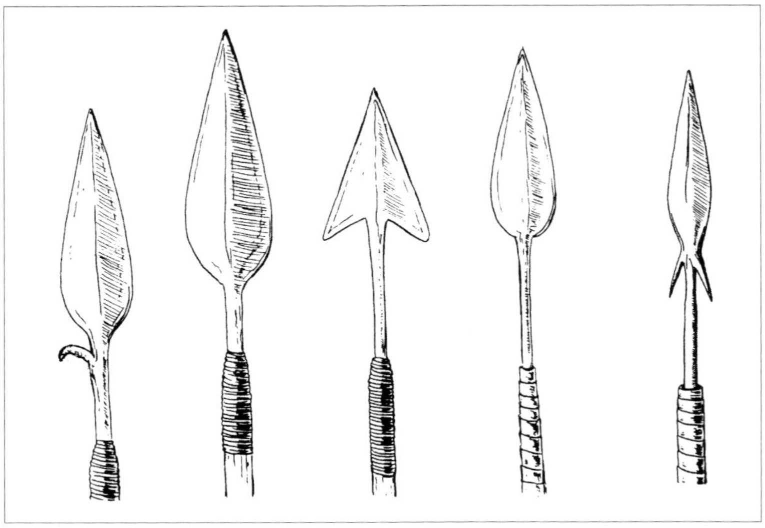

Fig. 4 : Spearheads of the Kavango hunters (after Fisch 1994, 28).

The role of iron in the Kavango societies

Many scholars argue that the access to iron tools and the adoption of iron (and copper) working technologies led to intensified food production in agricultural societies, resulting in population growth and new social structures (for a concise discussion de Barros 2000). New social differentiation occurred together with new settlement hierarchies. Therefore, an intensification of iron production is considered essential to the rise of complex forms of political organizations and centralized states.

Generally, iron tools played varying roles in past societies. Iron weapons guaranteed success in hunting and enabled territorial supremacy in warfare. Iron currency guaranteed the accumulation of wealth and iron regalia legitimized kingship. With the rise of iron production, few specialists and clans had access to the knowledge of smelting and forging and exercised control over peoples through the monopolization of iron production and their products. Production and trade monopolies of metal constituted a desirable income for these clans of tradesmen and their rulers (ibid.). Also, in most societies, metalwork was linked to the control over spiritual forces (Herbert 1993). The new material and its masters were included into concepts of esoteric supremacy and royalty, which existed long before metallurgy was introduced (Seifert 2009).

In the foraging societies of northern Namibia, people did not depend on metallurgy to ensure food production. Subsistence hunting and fishing was mostly done using elaborate pitfall and snare systems (Fisch 1994, 40ff). However, people produced iron in order to manufacture hunting tools, which belong to the sphere of male status hunting (Fisch 1994, 40ff; Seifert 2009, 281). Therefore, the variety of tools produced was rather limited. The personal hunting equipment of men was the most precious possession of an individual (Fisch 1994, 14). Characteristically, these hunting equipments consisted of two types of knives (Fig. 3), a small axe, a wooden throwing club, and two to three

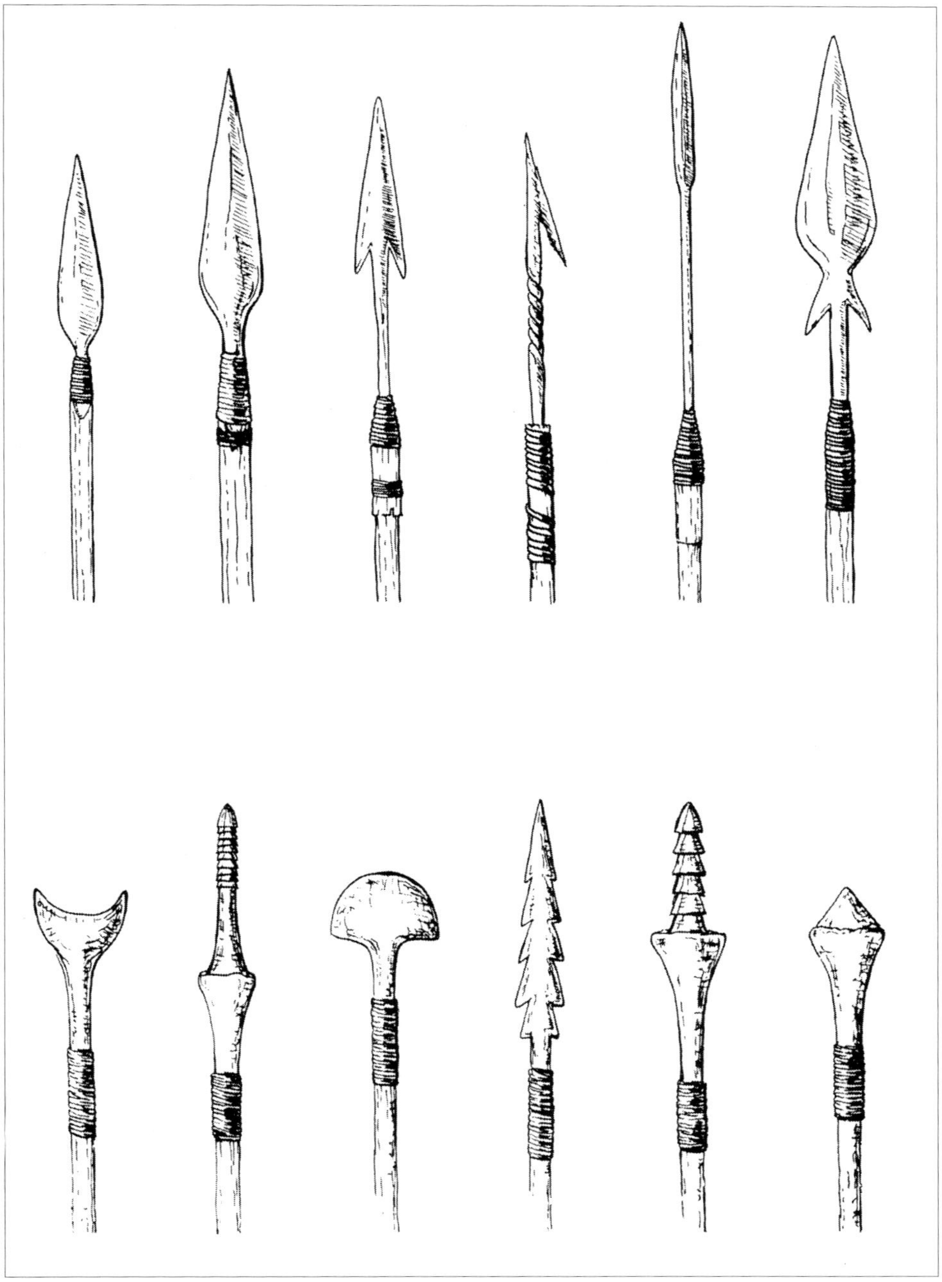

Fig. 5 : Arrowheads of the Kavango hunters (after Fisch 1994, 31). Above: iron arrowheads, below: wooden arrowheads.

ground harpoons, hooks for catching crocodiles and fishing spears. Also they produced carving knives, needles for basketry, razors and cosmetic knives, hoes, fire starters and the blacksmith's hammer and anvil for domestic and professional purposes.

People performed hunting via stalking methods, by chivvy, battue, snares and pitfalls. They distinguished between hunting for household needs, hunting for status reasons and ritual hunting (Fisch 1994, Seifert 2009, 280f). In status hunting, single individuals stalked down animals with spears, which demanded special physical and mental skills. This is why it was considered the most prestigious hunting method. Elephant and hippopotamus hunters were the most respected, as it was highly dangerous to stalk down these large mammals by individual hunters. Therefore, rituals to guarantee success of the hunters were in particular held before large game stalking (Fisch 1994, 81). Also, status hunting focused primarily on species such as hippopotamus and elephants, eland, anteaters and pangolin that were considered the property of the king for different reasons (Fisch 1994, 12).

types of spears out of a range of five types that were produced (Fig. 4), a bow and arrows together with a quiver. Spears were considered to be the most prestigious hunting weapons and men even carried them when not hunting (Fisch 1994, 26). Only one type of spear was also used for personal protection. Further, the prestigious role of iron is reflected in the use of arrows. Among about 12 to 13 different types of arrows made from wood and iron, young individuals used to hunt with wooden arrows whereas experienced hunters used the iron arrowheads (Fig. 5). Apart from the aforementioned personal hunting weapons, the Kavango peoples also produced larger axes, hooks for

Due to the limited need for iron, people used to smelt only once a year in small pits. People exploited small to medium scale mines of high-quality laterite ores that were exposed on the surface. As these ores occur abundantly throughout the region, the Bantu-speaking groups shared their mining areas with the neighbouring peoples from southern Angola (Kose 2009a, 142ff). Some of the mines were on foreign territory and most of them in regions that were considered to belong to Bushmen. The result of a smelt was normally a piece of raw iron of the size of a lower arm. The efficiency of the smelting methods applied was very poor, as most of the analysed slag still showed a very high content of iron oxides.

Ironworking was a typical male activity. Mining and smelting was carried out under seclusion for fear of fertile women and the ironworkers had to follow sexual taboos. All ironworkers were part-time professionals. It is not clear, however, how many ironworkers existed in the past. It seems as if each larger community had its own ironworking family. There existed no trade specialization and every male member of the community was allowed to learn about the trade. Only those groups of the Kavango peoples, which were in close cultural contact with the southern Angolan ironworking peoples, developed trade specialization at a very low level.

Among the Kavango peoples as elsewhere among foragers and herders of southern Africa, there existed no markets in the past. People lived in reciprocal exchange communities and the ironworkers provided tools without receiving a direct donation in return. Services could be given back years later. There existed no fixed exchange rates for tools up to the beginning of the colonial period in the late 19th and early 20th century. Only then, exchange rates developed to some extent. Also, the Bantu-speaking communities maintained close exchange relationships with the San and Khoe peoples living north and south of the river and periodically, the exchange partners met for trading purposes (Biesele 2002, 60; Shapera 1963, 146; Köhler 1997; Wilhelm 1954, 142). In this way, iron from the Kavango region reached the wide spread exchange networks of the foraging communities, although the Kavango peoples produced metal only for their own needs. Once introduced to the exchange network, trade items reached distances as far as 1000 km away from its region of origin (Kose 2009b, 143ff).

Unlike many other examples from classical Iron Age societies in central and southern Africa, iron played no role in marriage ceremonies among the Kavango peoples (Gibson *et al.* 1981). Furthermore, the kings and queens of the Bantu-speaking Kavango peoples did not possess iron regalia nor were they seen as blacksmith kings. Iron spears were only used in the installation ceremony of new chiefs only among the Kwangali (Gibson *et al.* 1981, 68). The sacred kingship of the Kavango peoples is defined through the ability of providing the country with rain and being an outstanding hunter. However, all over northern Namibia and southern Angola, there exist myths of a divine blacksmith hero who overcomes an old and obsolete system due to his ability to control the water supply of the country and the esoteric power of metallurgy (Seifert 2009). Beyond doubt, these tales refer to the concept of the blacksmith king found in the more central parts of Africa (de Barros 2000, 161f; de Maret 1985).

Although the general picture of the Late Ironworking Groups in Kavango is rather liberal and little commercial, a most interesting ethnic and economic aspect occurred in the central part of my research area with the emergence of commercial hunting and conflicting interests in elephant resources. Here, oral traditions exist describing the migration of a group of ironworking Khoe hunters to the middle Kavango region prior to the arrival of the Bantu-speaking communities (Fleisch and Möhlig 2002, 29ff; Hartmann 1987). These hunters originated from the Okavango Delta region (Fig. 2) where, as mentioned above, many Khoe groups live today. Following their oral chronicle, the Tjaube people, which is their emic name, were in particular attracted by the rich hunting grounds and iron ore deposits found in the palaeo-river systems south of the Kavango River. From there, several ironworking sub-chiefs established new settlements along the Kavango River. Interestingly, I was able to find archaeologically all smelting and mining sites mentioned in the chronicle. The whole chronicle has a very strong focus on iron metallurgy and originally, the royal family carried out iron production exclusively. Later, as the local population grew, more members of the royal clan were involved in metal production to satisfy the increasing demand of iron. With the arrival of the Bantu-speaking hunting groups of the Shambyu, a territorial conflict started about profitable hunting grounds (Kose 2009a, 144ff). Since the Shambyu owned no iron weapons according to the oral chronicles, the Tjaube people initially were able to keep control due to their superior arms. Later, the Bantu conquered the territory with the assistance of ironworking neighbours. According to oral tradition, the new Bantu rulers monopolized iron tools as a consequence of the battle, and guarded them at their royal residence. In this way, it is said they were able to avoid rebellion and were always prepared for warfare. The Tjaube people were enslaved by their invaders and their descendants today belong to the Wakwandjadi clan. However, the ironworkers of the Wakwandjadi clan kept a strong competitive position with respect to the new rulers. The ironworking families kept the knowledge of iron production and their mines of ore stringently secret. Their outstanding hunting abilities -particularly in stalking-, the knowledge of the country and the knowledge of making important hunting tools made them indispensable for the ruling kings. As ivory became the main income of the newly established royal clans, the newcomers tried to incorporate successful elephant hunters in their family through marriages or appointing them to offices in the royal residence (Fisch 1994, 33). In this way, the ironworking hunters played a dominant role in confirming the new dominion, and promoting their own status. Still these days, in ritual ceremonies, people appease the ancestors of the royal clan and famous hunters of the Wakwandjadi clan (Fisch 1994, 120).

Conclusion

The Kavango region in northern Namibia is a unique example were iron production in foraging societies is recorded from the 4th century AD until the early 20th century. Oral history and chronicles of the late Kavango peoples illustrated that iron was mainly needed to produce hunting weapons used for stalking techniques. Success in stalking was of great personal prestige for the hunter. At the same time, there existed many less dangerous and more effective techniques for subsistence hunting. Thus, iron was not necessary for the well-being of the community but important in conceptions of masculine status. Due to the limited amount of iron needed to provide every man with his personal hunting equipment, the smelting techniques were less developed. Moreover, there was no need to control access to high quality ores. Ironworkers were highly respected within their communities but the limited demand for iron did not lead to an enrichment of ironworking clans or families. Although people did not produce iron objects for trading purposes, iron objects from the Kavango groups found wide distribution through exchange networks of non-ironworking foragers.

With the increasing demand for ivory on the European market, many groups of hunters migrated to the river in search of new hunting grounds. Local leaders and sub-chiefs tried to expand their sphere of control and small feudal states developed. The supra-regional ivory trade enabled the empowerment of new leaders and lead to more centralized political organizations. Iron weapons assumed importance in territorial conflicts and economic questions in the emergence of commercial hunting. This, however, did not result in an increased production of the metal, but lead to a stronger clan organization of the ironworkers and restricted access to the knowledge of metallurgy. To answer the strongly competitive position of the ironworking families, the royal clan exerted control over iron objects. In doing so, the king ensured control over hunting activities and personal enrichment. Although ironworkers and hunters did not benefit from their skills in a direct way, they held a high position within their communities, combining masculine status and the knowledge to produce the tools and to provide the ivory tusks the ruling clan depended on.

Bibliography

Biesele, M. 2002. A sketch of !Xun ethnography, in Szaláy, M. (ed.), *The moon as shoe. Drawings of the San,* 53-66. Zürich, Schneidegger and Spiess.

de Barros, P. 2000. Iron Metallurgy: Sociocultural context, in Vogel, J.O. (ed.), *Ancient African Metallurgy. The sociocultural context,* 147-198. New York, Altamira Press.

de Maret, P. 1985. The smith's myth and the origin of leadership in Central Africa, in Haaland, R. and Shinnie P. (eds.), *African ironworking - ancient and traditional,* 73-87. Oslo, Norwegian University Press.

Fisch, M. 1994. *Die Kavangojäger im Nordosten Namibias. Jagdmethoden, religiös-magische Praktiken, Lieder und Preisgedichte.* Windhoek, Namibia Scientific Society.

Fisch, M. 2005. *The Mbukushu in Angola (1730-2002). A history of migration, flight and rainmaking.* Köln, Rüdiger Köppe Verlag.

Fleisch, A. and Möhlig W. J. G. (eds.) 2002. *The Kavango peoples in the past. Local historiographies from northern Namibia.* Köln, Rüdiger Köppe Verlag.

Gibson, G. D., Larson, J. T. and McGurk, C. R. 1981. *The Kavango Peoples.* Studien zur Kulturkunde 56. Wiesbaden, Franz Steiner Verlag.

Hartmann, B. 1987. Die Tjaube, eine Vorbevölkerung im Kavangogebiet (nach einer Erzählung von R. Hausiku). *Journal Southwest African Scientific Society* 40/41, 75-95.

Heintze, B. 1971. Buschmänner und Ambo - Aspekte ihrer gegenseitigen Beziehungen. *Journal South West African Scientific Society* 26, 45-56.

Herbert, E. 1993. *Iron, gender, and power: Rituals of transformation in African societies.* Bloomington, Indiana University Press.

Killick, D. 2004. What do we know about African iron working? *Journal of African Archaeology* 2(1), 97-112.

Klein-Arendt, R. 2004. *Die traditionellen Eisenhandwerke der Savannen-Bantu. Eine sprachhistorische Rekonstruktion auf lexikalischer Grundlage*. Schriften zur Afrikanistik 8. Frankfurt a. M, Peter Lang.

Köhler, O. 1997. *Die Welt der Kxoé-Buschleute im südlichen Afrika. Eine Selbstdarstellung in ihrer eigenen Sprache, 3.III Materielle Ausrüstung: Werden und Wandel, 3.IV Wohnplatz und Buschlager.* Frankfurt a. M, Dietrich Reimer.

Kose, E. 2009a. A sketch of pre-colonial metalworking in northern Namibia and southern Angola, in Möhlig, W. J. G., Seidel, F. and Seifert, M. (eds.), *Forgotten Words. Contact scenarios, Speaker Strategies and Language Change in Africa,* 127-157. Sprache und Geschichte in Afrika 20. Köln, Rüdiger Köppe.

Kose, E. 2009b. New light on ironworking groups along the middle Kavango in northern Namibia. *South African Archaeological Bulletin* 64 (190), 130-147.

Kose, E. and Richter, J. 2007. The prehistory of the Kavango people. *Sprache und Geschichte in Afrika* 18, 103-130.

McKittric, M. 2008. Landscapes of power: ownership and identity on the mittle Kavango River, Namibia. *Journal of African Studies* 34 (4), 785-802.

Passarge, S. 1905. Das Okawangosumpfland und seine Bewohner. *Zeitschrift für Ethnologie* 37, 649-716.

Richter, J. 2005. Archaeology along the Kavango River/Namibia. *Southern African Field Archaeology* 11/12, 78-104.

Tlou, T. 1985. *A history of Ngamiland - 1750 to 1906 - The formation of an African state*. Gaborone, Macmillan.

Seifert, M. 2009. Folktales as a source for historical traces: the reintroduction of iron working along the central Kavango, in Möhlig, W. J. G., Seidel, F.& Seifert, M. (eds.), *Forgotten Words. Contact scenarios, Speaker Strategies and Language Change in Africa,* 265-296. Sprache und Geschichte in Afrika 20. Köln, Rüdiger Köppe.

Seidel, F., Kose, E. and Möhlig W. J. G. 2007. Northern Namibia - Overview of its historiography based on linguistic and extralinguistic evidence, in Bubenzer, O., Bolten, A. and Darius, F. (eds.), *Atlas of cultural and environmental change in arid Africa*, 150-153. Africa Prehistorica 21. Köln, Heinrich-Barth-Institut.

Shapera, I. 1963. *The Khoisan peoples of South Africa. Bushmen and Hottentots*. London, Routledge and Kegan Paul.

Siiskonen, H. 1990. *Trade and socioeconomic change in Ovamboland, 1850–1906*. Helsinki, Suomen Historiallinen Seura.

Smith, A. B., Yates, R., Miller, D., Jacobson, L., Evans, G. 1995. Excavations at Geduld and the appearance of early domestic stock in Namibia. *South African Archaeological Bulletin* 50 (161), 3-20.

Von Oppen, A. 1993. *Terms of Trade and Terms of Trust: The history and context of pre-colonial market production around the Upper Zambezi and Kasai*. Studien zur Afrikanischen Geschichte 6. Münster/Hamburg, Lit Verlag.

Vogelsang, R., Eichhorn, B. and Richter, J. 2002. Holocene human occupation and vegetation history in northern Namibia. *Die Erde* 133, 113–132.

Wilhelm, J. H. 1954. Die !Kung-Buschleute. *Jahrbuch des Museums für Völkerkunde zu Leipzig* 12, 91-189.

Technological Variability in Iron Metallurgy: the case of two Oromo traditional smelting sites in Wollega, Ethiopia

Temesgen BURKA
Department of Archaeology and Heritage Management, Addis Ababa University

Une enquête ethnoarchéologique effectuée sur deux sites de réduction du minerai de fer en Ethiopie occidentale, région de Wollega, a révélé que deux familles de métallurgistes étroitement liées avaient pourtant adopté deux technologies sidérurgiques différentes. Un autre aspect intéressant est que les activités de réduction et de forgeage ont été menées par des professionnels aux identités distinctes. Ces deux communautés se sont installées dans des zones écologiques différentes, Nord-Est et Sud-Ouest du Wollega, distantes d'environ 200km. Ces recherches au Wollega ont permis de mettre en lumière de nouvelles données sur la technologie et l'organisation de production du fer en opposition à celles recueillies précédemment dans la vallée de l'Omo et sur les forgerons du Sud-Ouest de l'Ethiopie (Haaland 2004; Todd 1985). Ces dernières montraient que les activités de réduction et de forgeage étaient exécutées par les mêmes artisans et que la technique de réduction du minerai de fer était identique dans les régions voisines car les artisans avaient migré d'une communauté à l'autre (Haaland 2004). Au contraire, dans les deux districts du Wollega habités par des communautés aux origines identiques, la réduction du fer était réalisée selon des procédures technologiques distinctes. Dans un cas, le four ne possédait pas de superstructure, dans l'autre la cheminée magnifiquement construite faisait environ 2m de haut et était décorée d'éléments anthropomorphiques. En plus, de ces variations morphologiques et stylistiques, il y a également des concepts intrigants au sujet de l'origine de la métallurgie. Tandis qu'à l'Est, la tradition l'associe au travailleur du grenier (une femme), à l'ouest aussi bien le four que le grenier partage le même nom gumbii, signifiant le grenier construit par des femmes. Dans cette présentation, en utilisant quelques caractéristiques technologiques liées à la réduction du fer dans les deux secteurs du Wollega, je souhaite aborder les relations entre la production du fer, la production agricole et la procréation humaine.

Métallurgie du fer, ethnoarchéologie, Ethiopie, Wollega, Oromo, tumtuu, buftuu, gumbii,

An ethnoarchaeological enquiry into two traditional iron smelting sites in western Ethiopia (Wollega) has revealed that two closely related iron smelting lineages have adopted two different technologies of iron smelting. Another intriguing aspect is that smelting and smithing activities took place by separate occupational identities. The two iron smelting communities have settled in different northeastern and southwestern ecological zones of Wollega. The distance between them is about two hundred kilometers as the crow flies. The data from Wollega has shed new light on the technology and organization of iron production in Ethiopia as opposed to other records for Omo valley smelters /smiths of southwestern Ethiopia (Haaland 2004; Todd 1985). The established view in the Omo valley is that 1. Smelters and smiths have no distinct occupational identity in that the two activities are performed by the same craftsmen and 2. Smelting among neighboring communities was basically similar because the smith has migrated from the one and settled in the other (Haaland 2004). In contrast, iron smelting in two Wollega districts where similar lineages inhabit constituted distinct technological procedures. These include furnaces without superstructure in one and splendidly built furnace superstructures of about 2 meters tall with a number of different charging mechanisms and anthropomorphic decorations in the other. In addition to the physical variations in the apparatus there are also intriguing concepts on the tradition of the origin of the technology. Whereas the story of its origin in the east associates it with a granary worker (a woman), in the west both furnace and granary share the similar name of gumbii, meaning granary made by women. In this presentation, by using some technological features of the smelting activities in both areas, I would like to comment on the relationships between iron production, agricultural production and human procreation.

Iron metallurgy, ethnoarchaeology, Ethiopia, Wollega, Oromo, tumtuu, buftuu, gumbii

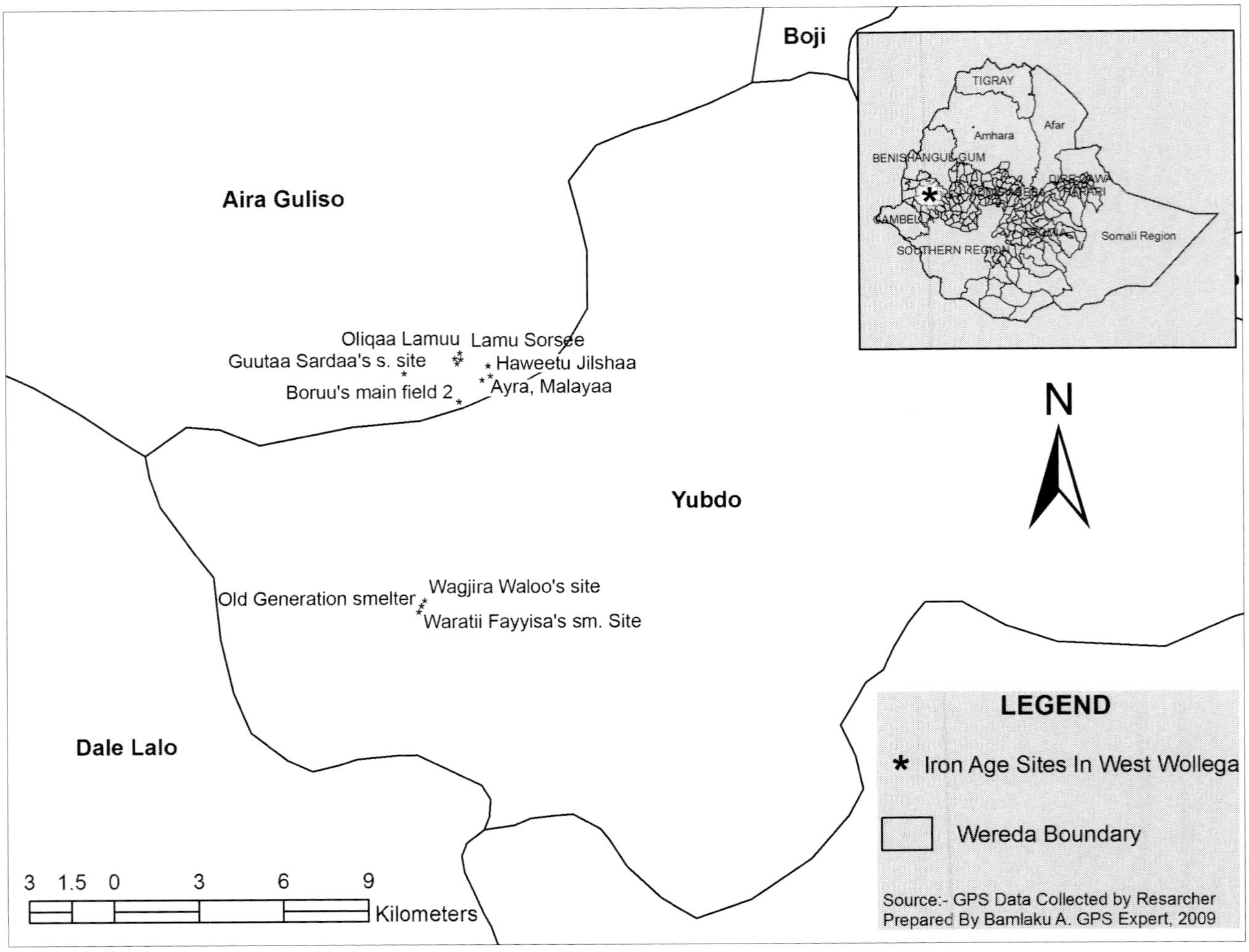

Map. 1 : Sites in West Wollega, Aira Gulliso associated with iron working.

Background of Study

An ethnoarchaeological study of iron smelting technology in Wollega, western Ethiopia, started by the end of 2004 when I met two old smelters in the environs of Aira[1] town, an old missionary station and now a local administrative center (Map.1). Survey of former smelting sites and study of the community's tradition began by the mid-2005 in the districts of Abee-Dongoro and Aira-Gulliso (Burka 2006, 2008).

The two old smelters (one of them died in September 2007) with their other two apprentices (one of them became a team leader in the November-December 2007 reconstruction project) agreed to demonstrate the activity that stopped over forty years ago. Although they tried to describe the technology in the same language I share, it showed that they were not accustomed to verbal description of it. Instead, they preferred to 'instruct' me in practice. These were smiths who in the later days took up smelting activities as well. We negotiated regarding the cost I was to cover and that they were to start preparation as soon as the Ethiopian 2005 summer rainy season subsided. The problem of starting the project during the Ethiopian summer was twofold: the lack of grass for the thatched roof smelting house and that it was a farming season. However, because of some internal intrigue the Aira-Gulliso project was temporarily suspended and I rather concentrated on the Abee-Dongoro (Map.2) one (Burka 2006). In the northeast as well, the challenge was not simple.

Smelters vs. Smiths: the struggle for knowledge and status

The organization of iron production in northeast Wollega is similar to the one in the southwest. In both sites (Abee-Dongoro and Aira-Gulliso) smelters and smiths occupied separate occupational and social identities. Iron smelting in the northeast seems to have

[1] The Oromo place names as well as clan names such as Air or Ayra, Abe Dongoro or Abee Dongoroo are not yet standardized. As a result, the spellings in the GIS map and in the text got vary. However, I think, if are well aware of this, there is no problem as far as the meaning is.

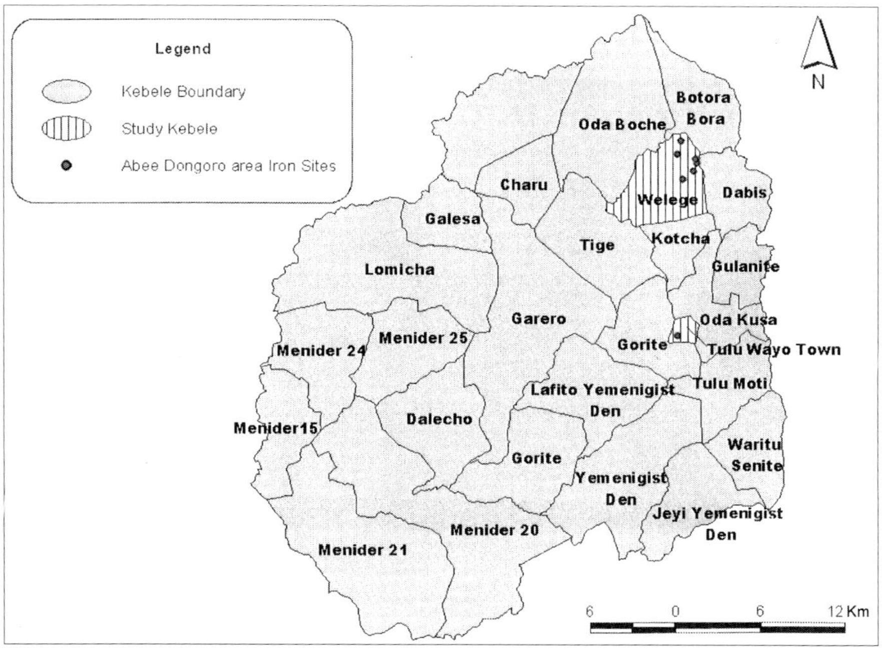

Map. 2 : Iron production and mining sites in East Wollega

been dropped earlier than in southwest Wollega. Only two brothers who participated in the activity were then alive (Burka 2006). The smelters were struggling to dissociate themselves from the identity of craftsmen (smiths) for it is currently regarded lower in the society. This is true also in the southwest (Burka 2008).

The social stigma attached to the craft, where the mainstream does not distinguish between smelters and smiths affected the reconstruction project. The former smelters decided to distance themselves from the activity blaming this on their old age. This has affected the result of the work since the only two first hand participants who were alive refused to supervise the demonstration by the second generation and only give verbal instruction from a distance. However, the old smelters did not stop their claim to the right to ownership of the mining site and the knowledge of their ancestors (see Fig.1). The myth of origin is linked to a granary worker woman in their lineage. Why did the old smelters refuse to monitor the ethnoarchaeological demonstration? Why, if they were not interested in the demonstration of 2005, were they stressing the ownership right of the knowledge of smelting? A number of reasons can be cited but the most important one seems to do with the negative perception towards craftsmen in the society.

There are three perceptions regarding the position of iron craftsmen in the Wollega: the smelters' view, the mainstream view and the smiths' view. The first group considers itself part of the chiefly agricultural society but different from the craftsmen (smiths). They argue that their skill descended to them as a special quality and gift, which they maintained by keeping it to themselves, until they decided to drop it and when some smiths learned the skill to fulfill their personal needs (see Burka 2009). They argue that they had an equal or even better position with the former ruling strata of Oromo chiefs. Their skill (smelting) should be, accordingly, considered as any of the activities producing farming tools, which is not regarded as low. This was the case in both parts of Wollega. On the contrary, the mainstream society categorically defines iron workers as the *tumtuu*, a collective name for smiths, weavers and potters (Burka 2006). The groups of smelters are attributed with charcoal and its soot. Despite this, however, the current existence of intermarriage between smelters and smiths provides a clue that marginalization did not go beyond verbal denigration. The smiths, however, do not share this view.

The last group, the smiths (otherwise called *tumtuu*), claim they are different from the rest of the population particularly in terms of being the first born, the oldest lineage of the society (Burka 2006, 2009). Some in the east attribute their difference to circumcision, which they claim was not practiced by the rest of the population in the past. Their myth of origin traces to one of the first twin Oromo brothers, Hinno who forged the first metal of *Waaqa* (Oromo for God) into Kallacha (Fig.1), a phallic object believed to have heavenly origin. The Oromo mainstream also accepts that the *tumtuu* belong to the first born, the *hangafaa*. Contrary to the common view in the society of the *tumtuu's* eldership (see Burka 2006) there is no necessary weight given to the *tumtuu* as the weight which other elders obtained in the same society. Such equivocation of respect for the *tumtuu* must have been

Fig. 1 : Kallacha-a ritual phallic object worn on forehead of the ritual fathers symbolizing male fertility and power

Fig. 2 : An ex-slave helping second generation smelters in processing the ore

superficial in the face of lenient marginalization and is probably of late origin (see Burka 2009).

It was under due to these circumstances that the 2005 smelting reenactment in northeast Wollega was conducted under the supervision of an ex-slave (Burka 2006) of the old smelters who also had first hand experiences (Fig.2). On the other hand, the reconstruction of the traditional smelting in southwestern Wollega was made two years later in 2007 (Burka 2008), preceded by interviews with the old smelters. Drawing on Randi Barndon (2004), I call the demonstration in northeastern Wollega a reenactment since it was conducted by the second generation of smelters/smiths (Burka 2006) and a reconstruction for the southwest as it involved people who once participated in the activity (Burka 2008).

Tradition about the iron smelting

Therefore, smelting in both localities of Wollega has been conducted by people who claim relation to the mainstream Oromo society, unlike the smithing activity which was (and is) carried out by an 'endogamous' group called *tumtuu*. *Tumtuu* is a socio-economic collective identity constituting the smiths, potters and weavers (Burka 2006). This does not, however, rule out the use of other terms for the rest of occupational elements in different parts of the region. For instance, in some parts of the Oromo region of southwest Wollega, a group of potters are called *Waataa*, a name usually applicable to the marginal hunters and gatherers scattered in different parts of Ethiopia and Kenya (see e.g. Kassam and Bashuna 2004; Pankhurst 1999, 2001). A critical analysis of stories and genealogies in both areas has shown that some individuals from the smiths have stepped outside of their own occupation to participate in smelting as well as smithing activities. I have previously suggested that this phenomenon might have taken place in the recent past when smelting was gradually abandoned by smelters and the supply of scrap iron could not satisfy local or regional demands for iron tools (Burka 2006). Even then, as oral sources from Aira-Gulliso reveal, smiths who took up smelting apparently used the technical know-how of old smelters who decided to share their knowledge with them. There was also a trend where some poor members of the smelter community took refuge among the smiths and adopted the latter's skills while sharing theirs. This partly explains the continuity of a similar technological tradition in both villages separately inhabited by both smelters and smiths.

Ethnography of Abee-Dongoro

Before the mid-19th century, this region as elsewhere in Wollega, was the home of Horro descendants of the Macca Oromo who lived in a republic-like administrative system (Waqweyya 1988; Ta'a 1980; Triulzi 1975). By the mid-19th century, it seems that the region of Horro and Guduru had undergone dynamic changes that had affected the traditional administrative system (Hultin 1984; Triulzi 1975) and the life of the people of the region in other ways as well. The period witnessed the rise of local lords and intensive regional rivalry and fighting in Horro and Guduru among whom it appears that a lord by the name of Abishee Garbaa emerged to dominate events (see Ta'a 1980). During this period we have also a record of the trade in iron of Horro (Triulzi 1975) northwards across the Blue Nile. Abee-Dongoro, which is characterized by rugged chains of hills and deeply cut gorges, seems to have witnessed the impact of rivalries between the lords. The fact is indicated by the remains of trenches along many hills for defense against cavalry forces (Waqweyya 1988). One is therefore tempted to posit that the resources of the district such as iron must have attracted different groups or powers to the region. As a result, such dynamics must have invited expansionist regional powers such as King Teklaimanot of Gojjam from north of the Blue Nile to take part in the rivalry for controlling the resources of the region. The rivalry between regional warlords, previously confined to areas around the Blue Nile, seems to have finally attracted other regional lords such as the Kingdom of Shoa under Minelik II. This intensive regional rivalry in the latter part of the 19th century finally resulted in fighting between powers at the Battle of Embabo in Guduru in 1882 (see Zewde 1991). In the long run, local war lords in Wollega were subdued and the balance of power went in favor of the Kingdom of Shoa, which led to the incorporation of Wollega and the rest of the southwestern regions leading to the creation of the modern Ethiopian state.

As a result of such shifts in balances and movements of people, a significant number of non-Oromo populations settled in different parts of Horro and Guduru including the Abee-Dongoro district. In the 20th century, with the expansion of Orthodox Christianity and the fertility of the region, many people from drought-prone areas of northern Ethiopia immigrated and settled among the Oromos. The district administrative capital, Tullu Waayyu, is said to have been developed in the process of such regional rivalries as a garrison town (Waqweyya 1988). With the new Amhara power coming into the region, the significance of the iron producing lowland Dongoro seems to have become important for the new administration. This is clear from the bestowing of Amhara type nobility titles on both iron smelters and smiths. It seems that the smiths and smelters used the opportunity to liberate themselves from the controls of traditional local chiefs. The plausibility of this view is supported by oral sources that state that during the temporary Italian occupation in the late 1930s, a son of the previous local chief conducted a bloody campaign against the iron producing lowlanders and is said to have subdued them.

Ethnography of Aira Gulliso

An ethnographic observation of this district reveals that it is an exclusively Oromo-inhabited or Oromo-speaking region (Burka 2008). Aira Gulliso seems to have been a buffer region, one free of direct domination by kingdoms that arose to the northeast, southwest and south in the 19th century. The Sibu country as it is called (Bartels 1970, 1983, Hultin 1983) did not seem to have been under elaborate structural rule even in the late 19th century when the newly forged modern Ethiopian empire was to annex it. Although with the help of the expanding kingdom of Shoa, the rule of Nekemte extended beyond river Didessa from east, it is held that the region remained under the effective control of their local chiefdoms (Tola 1983). In the mean time, missionaries bought land from one Amhara assignee to the region and established a station close to present day Aira town. It seems that the missionaries were particularly welcomed by the *tumtuu* class. The region of Aira Gulliso is best known for its traditional iron smelting, locally known as *Gordana Muruu* (Burka 2008). The iron from this part of Wollega were part of trade items that crossed the western lowlands across the Nilotic speaking population to the Sudanese markets (Triulzi 1973; Zewde 1987) such as in Fazoqli. Fazoqli is mentioned in the 6th century AD silent trade between the local inhabitants and Aksumite trade mission**s** (Wainwright 1942). The people of Fazoqli were said to have bartered their gold for items brought from northern Ethiopia such as iron.

Fig. 3 : Underground furnace set with the long clay tuyeres

Iron smelting technology in Wollega

The technology of iron smelting in Ethiopia involves considerable diversity in terms of both tools (furnaces, tuyères, mines) and techniques (tool use, mining, and charcoal selection). Previous descriptions of practices from different Oromo inhabited areas attest to this (Cline 1937; Huntingford 1955; Lewis 1965). For instance, in northeastern Wollega my 2005 observations (Burka 2006) and 2009 field trips to record oral traditions in different parts of Wollega south of the Nile showed that smelting used to be conducted in an underground furnace throughout the region. I have argued previously (2006) that the technology was more sophisticated than just bowl furnaces known for some regions of Africa. The furnace is built in a sloping position underground for a length of over one meter and plastered with clay and dried by fire burning inside it. There is close links between mining techniques, granary workshops, beehive heating, and the furnace of east Wollega. Two long clay tuyères are made to fit the depth of the furnace (Fig.3). The two other tuyères are horn tuyères permanently attached to the bellows and iron tuyères that connect the clay and horn tuyères. The blowing is conducted by two blowers sitting side by side operating rhythmically raising their hands in concert which enables the continuous flow of air (Burka 2006, 2008). The total number of tuyères needed for one smelt is ten. This differs from the smith's forge only in that the latter is operated by a single blower working on two bellows connecting into one short clay tuyere. The forge is a small bowl dug into the ground under a rectangular open-walled hut (Fig.4). Such a hut is mostly temporarily built near a cattle pen, corn field or

Fig. 4 : The forge in west Wollega with its components

Fig. 5 : Clay procurement for tuyeres in east Wollega

Fig. 6 : The scaffold built for blowers behind the furnace superstructure in west Wollega

other place outdoors.

Clay tuyère making has some peculiarities in northeast Wollega. As I observed during the demonstration, the clay was extracted from along a river bank by the master smith and his assistant. It was in a similar river system where potters used to obtain clay. It was selected and put into the container and carried to the residence area near the house of the smith (Fig.5). Then participants of the smelting demonstration were summoned to work on the clay, which they shared among themselves. The first activity was to knead the coarse clay by pounding it on a flat piece of timber with a wooden hammer. In the meantime, a wooden mold is prepared from a 'ritually clean' plant. Then the two brothers began to mold the clay according to the skills they learned from their father. The only other thing they included was fragments of straw. They did not add either pottery shards or slag fragments, a practice known in the past. The other innovation was to make the tuyères the same day the clay was extracted. The master smith's explanation for such improvisation was that he had proved through experience that his smithing clay tuyères, which he makes without many additives, survived many years and so would these for the demonstration.

Two reenactments were made. The first was almost a fiasco primarily because only one of the tuyères survived while the rest cracked and became broken. They blamed this on the rainy Ethiopian summer which made it impossible to dry the tuyères properly. Their fathers only began smelting at the end of September, the time when the rain begins to subside. During the second demonstration I could observe that during subsequent night of the smelting heavy rain fell and the next morning the tuyères were found almost disintegrated. As a result, I could not take the remains for my collection for future analysis. This I think happened due to lack of hardening materials inside them. They were not also well fired before use. Was a similar procedure followed in southwest Wollega for the 2007 reconstruction?

In southwest Wollega, the 2007 demonstration showed that the technology of iron smelting involved radically different approaches. From a geographical point of view, Aira-Gulliso is mainly a flat country as opposed to the rugged, forested and highly humid northeast. A few streams with some trees along them, which smelters exploited for charcoal, are sparsely interspersed with coffee plants. The smelters were not limited to one mining site as in the northeast. There are two main localities from which they mined iron ore. One of the sites was only a one hour walk and the second is about half a day's walk. However, there is striking similarity between the two regions in terms of the people who are credited with the knowledge of iron smelting. Smelting has been conducted mainly by similar lineages as in the east, including the Malkee lineage. People from other lineages, particularly the Laaloo ones, were also smelters. The Abayyani lineage is connected with smithing although some of them have also conducted smelting activity in association with individuals from the former lineages. However, in terms of the technology of iron smelting southwestern Wollega is strikingly different from its counterpart in the northeast.

In the first instance, it is conducted in an enormous furnace superstructure about two meters tall (Burka 2008). The furnace is situated in a modestly built house with a high domed roof that is 19.5 m tall. This is in contrast to the open wall hut smelting place of the northeast. The blowers sit on a bed built above the shoulder of the furnace (Fig.6) about 1.5 m from the base of the furnace. As in many parts of Africa, the furnace is designed to symbolize a pregnant woman with bulging belly and full breasts (Fig.7). Other anthropomorphic features of the furnace include: the mouth-like upward opening, the glottis and epiglottis projection inside the mouth, the head-like projections depicted as an afro hair style and a genital opening or vagina, which served various technological purposes. One of its uses is to feed charcoal through the front aperture before the clay tuyères were inserted from above so as to rest the tips on the charcoal bed. The aperture also served as leverage for the blowing rhythms of the blowers. The aperture is sealed except for the small opening (symbolizing a vagina) and reopened after the smelting is over for tapping out the smelting product (Fig.8).

Clay for both furnaces and tuyères is obtained from different sources and therefore of different quality. The clay soil for furnace construction is the same as the ones which farmers commonly use for plastering the walls of their vernacular houses and the granary/*gumbii* (Burka 2008). Surprisingly, *gumbii*/granary is the Oromo term for furnace in southwestern Wollega as opposed to the *boolla buufaa* (blowing pit) in the northeast. Although the name is different in the east, there is a story that links iron production with agricultural production (Burka 2006). The clay for the tuyères is obtained from the same source for potters, which means it is of higher quality. There is an instance in 2007 where one of the two demonstrators commissioned potters for selecting the clay for tuyère making. According to old smelters, contrary to the northeastern tradition, smelting has been conducted during the rainy season, which they regarded as a very suitable time.

The process for both furnace and tuyères making involves a serious and lengthy period of preparation of the materials and rituals. Once clay for the furnace was extracted it was to be left for fermentation (*bukaa'uu*)

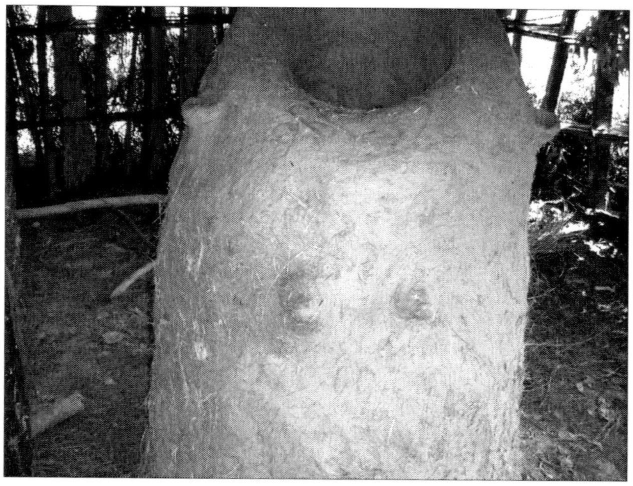

Fig. 7 : The upper front face of west Wollega furnace with woman's fertility organs

Fig. 8 : The bottom front face of the west Wollega furnace with aperture named after the female sexual organ

Fig. 9 : Pit constructed near the furnace in which clay is mixed with different additives and kept for 'fermentation'

Locality/group	Furnace height	No. of tuyeres	No. of bellows	Rituals	References
Dime Haberland	2 m	36-60	6-10 pots	Not mentioned	
Dime Todd	80cm	36	6 pot bellows	Not mentioned	
Tsara (Haaland)	80cm	30	5 pot bellows	Some rituals	
Shoa/Oromo Cline	2m	Natural draught	----	Not mentioned	Destroyed after smelt
Jimma/Oromo Lewis/Huntingford	2m	1 or 2	Goat or buckskin	Not mentioned	>>
E. Wollega/Oromo Burka	Underground 1-1,50m	10	4 bag bellows	Protective medicine	Goat, chicken
W. Wollega	About 2m Anthropomorphic Female attributes	10	4 bag bellows	Protective medicines	Goat, chicken, decoration

Table 1. Comparison of Iron smelting Variables in different localities and groups of smelters

for nine to fifteen days in a pit (Fig.9) while occasionally being mixed and kneaded with refractory materials such as sand and straw. After they were assured of its fermentation they begin to mix the clay with the additive materials. On the other hand, the clay for tuyères was prepared in about four days. The procedure of molding the tubes around the wooden mold is similar to the one in the northeast.

This same procedure is also used by potters who allow their clay soil to undergo similar fermenting. However, close to the town of Aira, I have observed a female potter who makes coffee pots on the day or next morning after the clay is extracted from an old mining site by ancient smelters. According to her, the custom of undergoing a lengthy period of preparation has less to do with the technical requirements than with tradition.

In any case, the table 1 provides a glimpse of the diversity within the Oromo smelters as well as their close neighbors in southwestern Ethiopia (e.g. Cline 1937 for Shoa Oromo; Huntingford 1955 and Lewis 1965 for Jimma Oromo; Burka 2006 and 2008 for northeast and southwest Wollega; Haberland 1959, Haaland 2004 and Todd 1985, for Omo valley smelters).

Rituals in iron production

The rituality of iron production is rooted in the myth of its origin in the society. Metal is believed to have an extraterrestrial origin, in the form of thunder and lightning, called *sibila bakakka*. It is therefore believed that it has extraordinary uses including protecting people from evil forces as well as healing them from diseases. According to smelters, the success of smelting depends mainly on the appeasement of powerful supernatural forces from malevolently intervening during critical operation. For this reason, there are a number of human body attributes applied to the body of the furnace to confirm that the process of smelting is equivalent to procreation. The ascription of women's fertility in the form of full breasts, 'pregnant' belly, and so forth, is a mechanism to situate smelting in a critical situation such as child delivery so as to warn participants to observe ritual procedures. In addition, beyond evocative or placating words, there are practical gestures to appease spirits of ancestors, land, river, and the environment, such as the sacrificing a mother goat and smearing the blood onto the furnace and inside the smelting house and even outside of it. Any food, including drinks, is shared with the spirits by throwing parts all around the furnace. Women are central in iron smelting.

Smelting as agricultural production and human procreation

The connection between iron smelting in Wollega and agricultural production is derived from the story of its origin in east Wollega (Burka 2006) that attributes its origin to a granary maker woman. In addition, the similar Oromo term for furnace (*gumbii*) and granary (*gumbii*) in southwestern Wollega (Burka 2008) attests to the significance of the assumption that iron smelting is embedded in and derived from the local knowledge of the people.

The human procreation aspect of iron production is highly pronounced in southwestern Wollega although some attributes are also present in the east. In both areas blowing connotes movements during sexual intercourse. Tuyères are connected with a man's genitals. The smelting pit in the northeast is covertly symbolizing the woman's womb, whereas in the southwest is is overtly displayed through body decorations. The furnace is an anthropomorphic structure (Burka 2008). It has head-like extensions from the top, a mouth-like opening, an epiglottis structure seen from top down into the mouth, a lip-like shape, a chest with two full woman's breast indicative of fertility, an outer bulged stomach, and an aperture between the legs to depict a woman's vagina.

The products of smelting, both the bloom (*dilalii*) and the slag, are also connected with procreation. This is made evident during the bloom retrieval which involves the use of a forceps-like device to drag it out of the furnace symbolizing childbirth. Similarly, the immediate refining of the bloom from the slag (*balxii*) depicts the separation of the afterbirth from the child. The Oromo term for bloom (*dilalii*) is equivalent in meaning to the winnowed cereals as opposed to the chaff (*girddii*), strengthening the assumption that iron smelting has been closely connected to agricultural production.

Acknowledgements

My thanks should primarily go to Professor Randi Haaland, who enabled the beginning of the project in Wollega during my M. Phil study at UiB. I also thank the University of Naples L'Orientale for providing me some money for continuing the research as well as my working institution, the University of Addis Ababa that covers much of the field research expenses for my PhD study. But, above all, I am grateful to former smelters, smiths and elders (story tellers) in Wollega, who are always assets to ethnographic study. The organizers of this conference Bruno and Carolin deserve deep appreciation for allowing me share the Wollega experience with the scientific community involved in various experiences in African metallurgy gathered at Aix-en-Provence. Finally, I am grateful to Mr. David Chapple of the Department of History for editing this manuscript.

Bibliographie

Barndon, R. 2004. *An Ethnoarchaeological Study of Iron-Smelting practices among the Pangwa and Fipa in Tanzania*. John Alexander and Lawrence Smith (eds.) Cambridge *Monographs in African Archaeology, 61*.

Bartels, Lambert. 1970. Studies of the Galla in Wallaga: Their own views of the past. *Journal of Ethiopian Studies*, 8(1): 135-160.

Bartels, Lambert. 1983. *Oromo Religion: Myths and Rites of the Western Oromo of Ethiopia: An attempt to understand*. Dietrich Reimer Verlag. Berlin.

Blackhurst, Hector. 1996. Adopting an Ambiguous position: Oromo Relationships with strangers. In P.T.W. Baxter, Jan Hultin, and Alessandro Triulzi (eds.) *Being and Becoming Oromo: Historical and Anthropological Enquiries*: 239-250. Uppsala: NordiskaAfrikaninstitute.

Burka, Temesgen. 2006. *Iron Smelting in Wollega, Ethiopia: An Ethnoarchaeological Study*. Unpublished MA Thesis, University of Bergen.

Burka, Temesgen. 2008. The Socio-cultural aspects of furnace shape, decorations:Iron smelting activities among the Oromo of West Wollega, Ethiopia. *Nyame Akuma*, 69:2-10.

Burka, Temesgen. 2009. Why the tumtuu is not so marginalized: New perspectives on the positions of the smiths in western Ethiopia, Wollega. *Nyame Akuma*, 72:12-20.

Cline, W. 1937. *Mining and Metallurgy in Negro Africa*. Menasha: George Banta.

Haaland, R. 2004. Iron smelting - A vanishing tradition: Ethnographic Study of this craft in Southwest Ethiopia. *Journal of African Archeology* 2 (1): 65-79.

Hultin, J. 1984. Sons of slaves or sons of boys: On the premise of rank among the Macha Oromo. Paper for the Eighth international Conference of Ethiopian Studies, Addis Ababa: Institute of Ethiopian Studies. Reprinted in J. Hultin, *The Long Journey*. 1987, Uppsala.

Huntingford, G.W.B. 1955. *The Galla of Ethiopia. The Kingdom of Kafa and Janjero*. London: International African Institute.

Lewis, H.S. 1965. *A Galla Monarchy: Jimma Aba Jifar, Ethiopia (1830-1932)*. Madison: University of Wisconsin.

Kassam, A. and Bushana, Ali Balla. 2004. Marginalization of the Waata Oromo Hunter-Gatherers of Kenya: Insider and outsider perspectives. *Africa: Journal of the International African Institute*, 74 (2):194-216.

Pankhurst, A. 1999. Caste in Africa: the evidence from southwestern Ethiopia reconsidered. *Africa* 69(4):485-509.

Pankhurst, A. 2001. 'Introduction'. In Freeman, D. and Pankhurst, A. (eds.) *Living On the Edge: Marginalized Minorities of Craft workers and Hunters in Southern Ethiopia*, 1-23. Addis Ababa University.

Ta'a, Tesema. 1980. *The Oromo of Wollega: a Historical Survey to 1910*. Unpublished MA Thesis,

Addis Ababa University.

Todd, J. A. 1985. Iron production by the Dimi of Ethiopia. In Haaland, R. and Shinnie, P. (eds.) *African Iron Working: Ancient and Traditional*, 36-56. Norwegian University Press, New York.

Todd, J. and Charles, J. A. 1978. Ethiopian Bloomery Iron and the significance of inclusions Analysis in Iron Studies. *Journal of the Historical Metallurgical Studies*, 12:63-87.

Triulzi, Alessandro. 1975. Trade, Islam, and the Mahdia in northwestern Wallagga. *The Journal of African History*, 16 (1):55-71.

Triulzi, Alessandro. 1973. Some notes on the Galla countries south of the Abbay prior to the Battle of Embabo (1840s-1882): Paper submitted to Historical Society of Ethiopia. A.A. (Memographed, Miscellaneous 1).

Wainwright, G.A. 1942a. Cosmas and the Gold trade of Fazoqli. *Man*, 42: 52-58.

Waqweyya, Chernet. 1988. *Land Tenure System and Self-settled Waloyes in Abe Dongoro Woreda: 1900-1974*. Unpublished BA Thesis. Addis Ababa University.

Zewde, Bahru. 1987. An Overview and Assessment of Gambella Trade (1904-1935). *The International Journal of African Historical Studies*, 20 (1):75-94.

Zewde, Bahru. 1991. *A History of Modern Ethiopia, 1855-1974*. James Currey, London.

La réduction métallurgique : des sens aux savoirs transmis

Philippe ANDRIEUX
Direction de la Culture, Créteil

La recherche classique en paléométallurgie utilise principalement la fouille archéologique et l'analyse physique ou chimique. Ces pratiques rendent compte de fait et d'état final des artefacts. L'auteur de l'article a suivi une démarche différente basée sur l'expérimentation séquentielle de bas fourneaux reconstitué. Le protocole expérimental a varié autant les compositions de parois des bas fourneaux que les composants de la charge minérale. L'analyse de soixante bas fourneaux a permis de définir une lecture de la pratique métallurgique à partir des altérations des parois et des massiots réalisés. Pendant les expérimentations, un certain nombre de phénomènes sensoriels se sont répétés. L'article qui suit en présente les caractéristiques et les significations.

Paléométallurgie, Bas fourneau, Expérimentation, Tracéologie, Céramique, Fer, Sensoriel, Sensualité, Couleur, Odeur, Âge du Fer.

Classic paleometallurgical research uses mainly archaeological excavations and physical or chemical analysis. These practices reflect the nature and final state of artifacts.. The author of this article used a different approach based on the sequential testing of reconstituted shaft furnaces. The experimental protocol varied the compositions of the shaft furnace walls and the components of the ore charge. Sixty shaft furnaces were analysed whichhelped define the metallurgical process based on alterations or changes in the furnace wall and the raw iron products produced. During the experiment a number of sensory phenomena repeatedly occurred. The following article presents the characteristics and significance of these sensory phenomena.

Paleometallurgy, low furnace, Experimentation, Traceology, Pottery, Ceramic, Iron, Sensory, Sensuality, Color, Odor, Iron Age.

Fig. 1 : Une des séries de bas-fourneaux de type Scharmbeck lors de l'expérimentation de P. Andrieux.

À Paul Louis Pelet,
qui me suggéra de regarder le fourneau
plutôt que les appareils de mesure.

Il y a vingt-cinq ans, M. Mangin, Professeur à l'Université de Besançon, relançait en France la recherche et les études sur la paléométallurgie du fer (Mangin 1984, 1985, 1986, 1989). Sous son impulsion et avec l'appui de l'Archéodrome de Beaune[1], je mettais en place une série d'expérimentations de reconstitution de bas founeaux datés des premiers siècles de notre ère, contemporains de l'époque romaine, ce que nos collègues de l'Est appellent l'Age du Fer romain. Les fourneaux reconstitués s'inspiraient de celui découvert à Scharmbeck (Allemagne, un peu au nord de Brême ; Wegewitz 1957) et de ceux des Montagnes Sainte-Croix en Pologne, fouillés par K. Bielenin (1974, 1983, 1986).

[1] Il me faut ici exprimer à nouveau ma gratitude à Madame Frères-Sautot, qui fut la directrice de l'Archéodrome de Beaune Tailly. La prise en charge des quatre-vingts expérimentations par cet établissement a rendu possible un projet qui n'aurait été possible nulle part ailleurs. Cet établissement, aujourd'hui disparu, fut pensé par Jean-Paul Devosges, alors Directeur des Antiquités de Bourgogne. Il fut financé à l'origine par la Société des Autoroutes Paris-Rhin-Rhône, aujourd'hui privatisée. Cet établissement fit beaucoup en France pour l'expérimentation en archéologie sur toutes nos périodes et un grand nombre des techniques.
Le colloque qui y fut réalisé en avril 1988 reste un des rares moments où se confrontèrent les expérimentations des différentes techniques. Il s'en dégagea alors un cadre global de réflexion sur l'expérimentation.

J'avais rencontré M. Mangin lors de la mise en place d'expérimentations métallurgiques sur le bronze à l'Archéodrome de Beaune.

L'expérimentation des structures métallurgiques lui semblait nécessaire après les essais de R. Tylecote en Angleterre (Tylecote et Merkel 1985), R. Pleiner en Tchéquoslovaquie (Pleiner 1969, 1970 ; Guyan et al. 1970) et G. Sperl en Autriche (Sperl 1977).

C'est avec lui que nous avons construit l'idée d'une expérimentation systématique qui permettrait de mieux comprendre et identifier les traces d'ateliers et de structures de réduction de minerai de fer.

La rencontre de P.-L. Pelet, fouilleur de l'atelier des Bellaires (Romainmôtier VD, Suisse, Pelet 1973, 1993), devait nous confirmer dans notre projet.

Quatre-vingts fours furent reconstitués et quatre-vingts tests de réduction de minerai réalisés selon un protocole expérimental assignant des variantes structurées des compositions de la masse minérale et des parois des bas fourneaux (Annexe 1). Le protocole visait à tester les comportements respectifs et les interactions des parois de four et des charges minérales traitées (Fig. 1). Les résultats furent présentés dans une thèse de doctorat (Andrieux 1986) et dans plusieurs publications (Andrieux 1983, 1988a, 1988b, 1989).

Les structures restituées étaient inspirées des fourneaux à scorie piégée d'Europe du Nord-Est tels que ceux fouillés par K. Bielenin (1973 ; Bielenin et

Fig. 2

a : Fourneau de Scharmbeck (Montagnes sainte Croix, Pologne, fouilles Bielenin), restitué d'après des éléments de fouille.

b : Exemple de culot de scories sous les bas-fourneaux de type Scharmbeck (Montagnes sainte Croix, Pologne, fouilles Bielenin).

Woyda 1978), dans la région des Montagnes Sainte Croix de Pologne (Fig. 2).

C'est la reconstitution du bas fourneau de Scharmbeck qui servit de modèle générique (Wegewitz 1957)[2]. Il correspond à une colonne façonnée en matériaux argilos-sableux (Fig. 2a), possédant un dispositif structuré en simple ou double tuyère et surmontant une fosse « dégueuloir » destiné à permettre l'évacuation des scories lors de la séparation entre le métal et les terreux du minerai au niveau de ou des tuyères.

Les miens furent sans doute plus grossiers par manque certain de professionnalisme comparé aux réalisations de l'époque. Ils furent cependant construits selon le même modèle et le même protocole (Fig. 3, Annexe 2).

Un des choix de reconstitution porta sur les soufflets dont, à l'époque, le placement et le nombre n'étaient pas encore clairement définis. Pour ce qu'on croyait en savoir ou en estimer, le choix se porta sur deux soufflets axés à angle droit.

Un certain nombre de constats se firent alors jour :

- Expérimenter implique la participation personnelle à l'action, donc un ressenti autant physique que sensoriel.
- Expérimenter implique un apprentissage si on souhaite, par la suite, réaliser un travail de comparaison valide.

De fait les deux points sont intimement liés.

Suivant les conseils de P. L. Pelet lors de l'expérimentation de fourneaux de type « Bellaires » (Pelet 1973 et Annexe 3 fig.7), je mis en place un système de relevé de température automatique et me concentrais selon son conseil sur les « manifestations » du bas fourneau.

C'est alors que je commençais à constater un certain nombre de faits ressortant de l'observation visuelle, du toucher, de l'oreille, de l'odeur.

C'est à partir de ce positionnement que je fus amené

[2] Poser comme modèle la reconstitution du bas fourneau de Scharmbeck, au moment où on met en place une série d'expérimentations sur les bas fourneaux d'Europe Centrale, peut sembler, à l'issue de l'étude, une légitimation problématique.
Pour comprendre l'utilisation de ce vestige il faut, dans un premier temps, se rappeler que nous sommes en 1981 et que les paleométallurgistes français reprennent seulement les études sur l'archéologie du métal. Trois noms dominent alors la bibliographie : R. Tylecote, R. Pleiner, K. Bielenin. Le premier est ingénieur métallurgiste, les seconds sont archéologues.
C'est R. Pleiner (1969), après la publication initiale (Wegewitz 1957), qui donne une analyse et fait connaître ce vestige. Toutefois, sa restitution pose un certain nombre de questions.
Il n'empêche qu'à l'époque c'est le seul vestige « complet » publié. On comprend donc pourquoi je m'en suis inspiré.

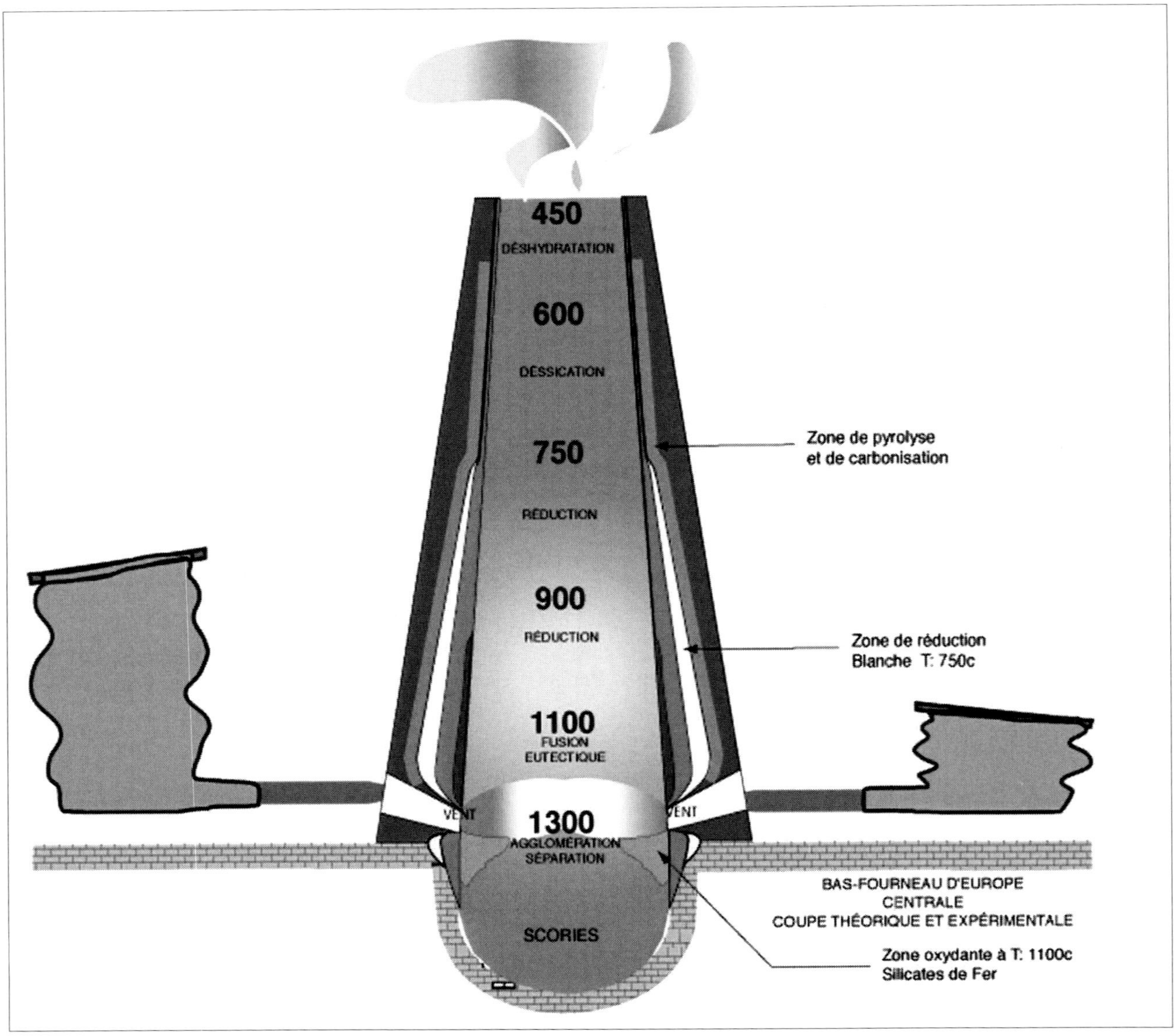

Fig. 3 : Coupe théorique de la thermique et des altérations des bas-fourneaux de type Scharmbeck d'après l'expérimentation de P. Andrieux.

à m'interroger sur les moyens que pouvaient utiliser les hommes de l'Âge du fer pour contrôler les conditions de réduction.

À mesure de la progression des séries de tests, je fus amené à constater un certain nombre de phénomènes et de sensations qui, dans un premier temps, me posèrent plus de questions qu'ils ne me donnèrent de réponse. Ils étaient cependant incontournables par leur répétition et leur cohérence.

C'est la rencontre avec des Maîtres Forgerons japonais, lors d'une manifestation du Musée du Fer de Nancy-Jarville, l' « Opération Katana » (1989)[3], qui devait me mettre en face de la réalité de l'apprentissage sensoriel éprouvé et de son utilité concrète pour la conduite d'une réduction métallurgique.

La validation de mes constats et de mes hypothèses par des artisans de ce niveau me confirmait bel et bien l'existence de l'intervention possible des sens dans l'analyse des phénomènes exprimés par le bas fourneau et la possibilité pour le métallurgiste d'en tirer des informations utiles à la conduite de son opération de réduction.

À partir de cette validation, je commençais à me

[3] Réalisée avec l'aide du GRMT en 1989, dans le cadre du Musée du Fer de Nancy-Jarville, le but de cette manifestation était de présenter le travail de forge des maîtres japonais devant des scientifiques et des chercheurs. C'est à cette occasion que Wakita Ryosui devait demander à Ph. Andrieux de construire un bas fourneau et de réaliser une réduction de minerai de fer. C'est tout au long de cette expérimentation qu'il mit en évidence le rôle des sens dans la conduite du fourneau.

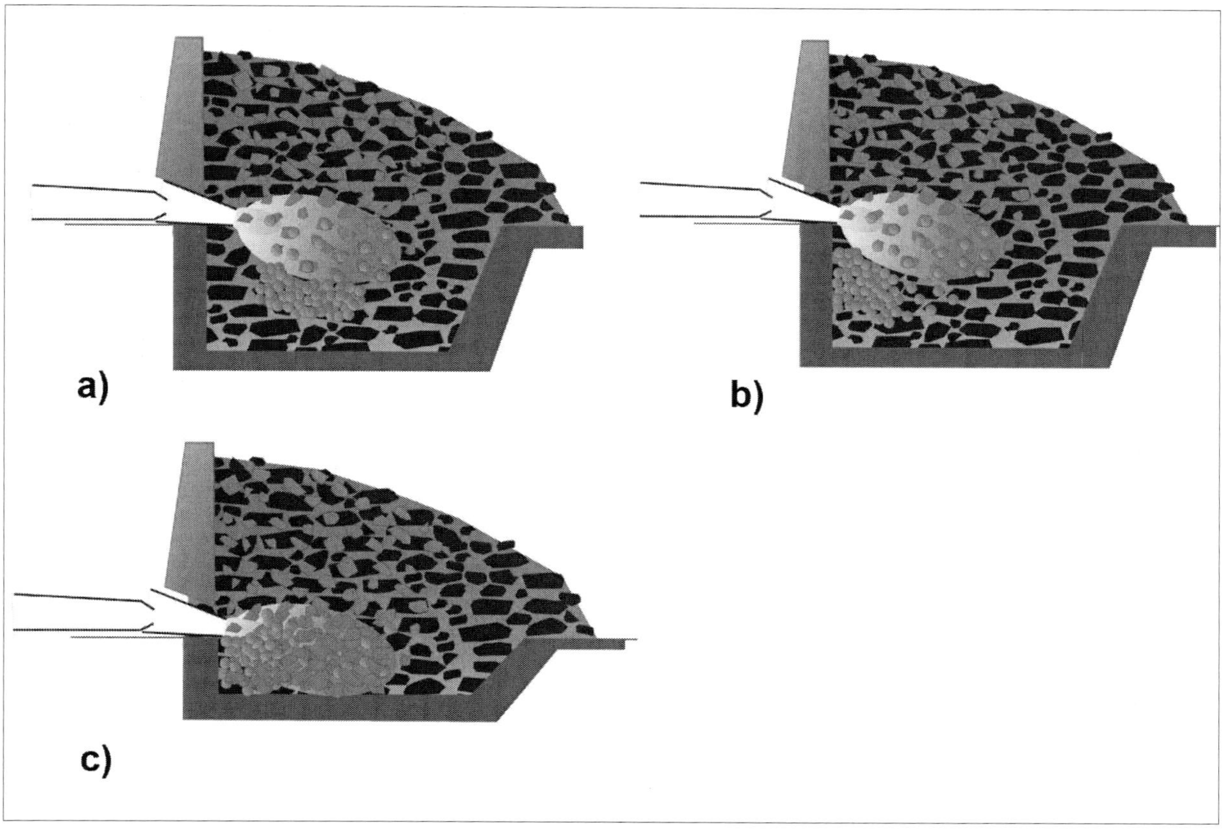

Fig. 4 : Coupe théorique de la thermique et de la dynamique des bas-foyers d'après l'expérimentation de P. Andrieux.
a : Placement correct de la tuyère.
b : Placement incorrect de la tuyère trop au contact des parois.
c : Placement incorrect de la tuyère, trop près du fond du foyer.

poser la question de l'éducation des sens du métallurgiste et des moyens qui peuvent permettre de transmettre un savoir où, bien souvent, les mots qui pourraient l'expliciter n'existent pas.

Le silence du métallurgiste est-il volontaire ou sa parole ne peut-elle pas existée sans le fourneau ?

L'article proposé envisagera l'analyse de chaque étape de l'appropriation du ressenti de l'acte métallurgique et des problèmes que peuvent poser la transmission d'un savoir construit sur le sensuel, sa corrélation avec la tracéologie des matériaux, la nécessité et les conditions de l'acte d'apprentissage.

Un fourneau, deux structures imbriquées

En fait, l'analyse du comportement relatif entre la charge minérale et la charge réductrice (ici le charbon de bois) conduit à un constat déjà évoqué lors de communications antérieures : un fourneau ou un foyer de réduction ne me semblent pas une structure simple mais l'addition de deux structures :

- La structure motrice de la réduction : la tuyère.
- La structure de maintien de la charge minérale et réductrice (combustible).

La tuyère (Fig. 4)

La tuyère est au cœur de la compréhension de la réduction. Elle requiert un positionnement précis et critique. C'est ce positionnement qui va provoquer ou non des phénomènes physico-chimiques qui, eux-mêmes génèreront des témoins observables par les métallurgistes.

Ces critères correspondent à un positionnement au sein de la masse de combustible réducteur et la proximité ou non d'un élément pouvant polluer la réaction.

Sa fonction est d'injecter l'oxygène (comburant) nécessaire à :

- La production de chaleur
- La production du CO réducteur

Une trop grande proximité de la paroi par rapport au « nez » de la tuyère va générer quatre types de problèmes :

- La fusion de la paroi dont l'écoulement viendra sur l'extrémité du nez de tuyère et perturber sinon obturer la ventilation. Le métallurgiste sera alors constamment obligé de dégager les écoulements, outre le fait que cet eutectique de fusion des argilos-sableux de paroi aura tendance à provoquer, sinon amplifier la fusion du nez de tuyère. Les caractéristiques de la ventilation et de sa pénétration au sein de la masse en réaction sont alors fortement modifiées.

• La température de la paroi, zone froide en regard de la zone de réaction, va provoquer un figé des scories et du métal en cours de séparation. Ces derniers vont « coller » sur la paroi, en dessous de la tuyère (Fig. 4b). Cette dernière va alors rapidement se trouver obturée par le lac de scorie qui existe à la partie supérieure du massiot, puis par les produits ne pouvant plus s'évacuer. La ventilation perd son efficacité.

• L'insuffisance de pénétration du nez de tuyère au sein de la masse de combustible va envoyer trop d'air, donc d'oxygène, non converti en oxyde de carbone par un passage suffisant dans le charbon de bois, au sein de la masse combustible réducteur - charge minérale. Le métal réalisé sera alors ré-oxydé en tout ou partie (Fig. 4b).

• L'insuffisance de distance entre le nez de tuyère et le fond de la structure, zone froide, va figer les scories à son contact. L'écoulement ne se fait plus, noyant le métal en cours de réalisation. L'accumulation va consommer les calories du « globe de réduction » et faire chuter la température de réaction : le métal ne se dissocie pas de ses scories, la masse s'agglutine devant la tuyère, la bouche, et la réaction de réduction s'arrête (Fig. 4c)

On constate donc bien que la tuyère, élément constitutif de la réduction, exige un positionnement très précis (Fig. 4a). L'expérimentation montre qu'il s'agit en fait d'une structure à part entière possédant ses règles propres, quelle que soit la structure de maintien des charges minérales et réductrices.

C'est donc la validation des réactions générées par ce dispositif structuré que va rechercher le métallurgiste. Cette réaction se trouvant hors de la vue du métallurgiste, il va la concevoir par le biais des effets secondaires qui en découlent.

Des sens au savoir

Le métallurgiste de l'Antiquité n'avait aucun de nos moyens scientifiques de mesure thermique, aucun de nos moyens d'analyse des compositions gazeuses, aucun de nos moyens de quantification d'énergie.

Il en est de même pour les mondes qui n'ont pas partagé la Révolution Industrielle occidentale jusqu'à une période récente.

Pourtant, des millions de tonnes, de fer, de cuivre et autres métaux, ont été produites avec efficacité et un rendement parfaitement respectable. En témoignent les découvertes de sites français et européens de l'époque préromaine et romaine.

Il en est de même pour l'Afrique qui, bien au-delà des témoignages ethnographiques, a démontré récemment, par l'archéologie, la présence de grands ateliers. Ils sont comparables en de nombreux points à ceux évoqués au paragraphe précédent. Nous prendrons pour exemple les récentes études sur les métallurgistes dogon (Mali) (Robion-Brunner 2010).

Une telle production, une telle qualité de métal, une diffusion aussi large au sein des activités quotidiennes des sociétés et cultures de référence, imposent à notre esprit l'image d'artisans regroupés en structures de production exigeant une connaissance et un savoir faire maîtrisé et surtout :

• Compris, ce qui impose une capacité d'observation et d'analyse,
• Théorisé, ce qui impose une capacité de synthèse,
• Enseigné puisque diffusé, ce qui impose une capacité de structuration de concepts transmissibles.

J'écrivais un peu plus haut que ces hommes ne possédaient pas nos moyens de connaissance de la matière, s'impose alors immédiatement à notre esprit une évidence :

Il existe d'autres chemins de connaissance que notre structure de connaissance contemporaine.

Si nous voulons en avoir une preuve inverse, il suffit de se remémorer les difficultés que les archéologues et les expérimentateurs en métallurgie ancienne ont eu à restituer les pratiques archéotechniques, malgré des quantités impressionnantes d'analyses dont on ne saurait mettre en doute la qualité et l'exactitude.

La donnée factuelle ne saurait compenser la structuration d'une image mentale construite sur l'expérience et la connaissance de tous les matériaux qui vont interagir au sein de la réaction de réduction d'un minerai métallique.

Il existe une différence de fond entre nos techniques actuelles et celles qui nous préoccupent aujourd'hui : les matériaux actuels en jeu sont structurés pour ne pas interagir, l'ensemble des paramètres est quantifié avec précision, les phénomènes mesurés et rapportés à des modèles.

Les témoins sensuels du métallurgiste

Ces témoins sont dits « sensuels » car, s'ils mettent bien en jeu les sens dont nous disposons, ils possèdent deux caractéristiques :

• Ils sont nécessairement éduqués, affinés, par la pratique,
• Ils sont la source des interprétations qui se rencontrent lors de mentions dans telle ou telle culture.

Un exemple simple permettra de mieux comprendre.

Lors de sa descente dans un fourneau de réduction du type « colonne », le minerai concassé se met à crépiter lors de sa brutale montée en température. Ce bruit est provoqué par le choc thermique et également par la vaporisation de l'eau de constitution du minerai (Fe2O3 + n(H2O) ; Annexe 4).

La zone de crépitement se situe une vingtaine de centimètres en dessous du gueulard de la colonne, pour un fourneau d'un mètre vingt de haut environ (Fig. 1 et 3). Cette zone correspond à une température d'environ six à sept cents degrés, si on part du principe que le haut du gueulard est à environ cinq cents degrés.

Dans l'excellent film ethnographique de N. Echard, « Noces de feu », ce crépitement est appelé « Cri de la Vierge » par les métallurgistes africains. Cette dénomination est en référence au fait que le fourneau est considéré comme une vierge dans la conception de l'opération métallurgique. Le métallurgiste est alors en position rituelle d'accoucheur du fer, dans une conception où il aide la Terre à évoluer (Eliade 1976 ; Dupré et Pinçon 1995 ; Podlewski 1966).

Les témoins considérés sont :
• La vue : les couleurs,
• L'ouïe : les bruits au sein du four, le son des soufflets,
• L'odorat : les odeurs du four et les tests par inspiration.
• Le toucher : la chaleur.

La figure 5 nous montre l'organisation thermique d'un fourneau à colonne : c'est à partir de cette représentation que nous allons proposer nos interprétations sensorielles.

Nous verrons que les différents types d'indices se recoupent.

La vue va permettre au métallurgiste d'estimer la température et la qualité de l'atmosphère (Fig. 5a). La flamme au gueulard est un indicateur très précis sur deux points :

- Au lancement de l'opération, l'expérimentation montre que l'introduction de la charge minérale ne peut se faire dans de bonnes conditions qu'au moment où les gaz de combustion s'enflamment spontanément au gueulard. La température y est alors supérieure à 450°c. Cette inflammation indique l'établissement d'un gradient thermique de la colonne et, en conséquence, une augmentation régulière des températures à mesure de la descente de la charge minérale.

- Au cours de l'opération, sa composition colorée indique la teneur de ce que nous savons être l'oxyde de carbone et la chaleur interne au plus chaud : la flamme est un mélange d'aspect « huileux », mêlant le bleu - violet (Oxyde de carbone) à cœur, à un enrobage rouge orangé (oxydation du premier).

La couleur aux tuyères et également un indicateur thermique précieux :
• Au lancement de l'opération, la couleur de combustion se doit d'être jaune éblouissant dès l'inflammation du gueulard
• Cette couleur doit se maintenir tour au long de l'opération.

Le son va donner des indications à deux niveaux (Fig. 5b) :
• Une vingtaine de centimètres, sous le gueulard, lors de l'éclatement du minerai à la chaleur.
• Un son s'établit au souffle dès la ventilation dans la tuyère. La sonorité provoquée par la ventilation indique, par sa « profondeur » et sa « plénitude », la qualité de pénétration de l'air dans la masse en réduction. Il est lié à la couleur émise par la tuyère. Un son moins riche, voire absent, laisse présager de problèmes de manipulation tel qu'un défaut de porosité de la colonne thermique. Un défaut sonore alerte également sur des crasses ou l'obturation en cours de la tuyère[4].

L'odorat comporte deux aspects :
• Le premier est une forme de test pratiqué par les Maîtres forgerons japonais (Fig. 5c). Ils m'ont indiqué ce procédé lors de l'« opération Katana », au Musée du Fer de Nancy-Jarville. J'ai vérifié de nombreuses fois l'exactitude du procédé, en particulier lors de l'expérimentation de la reconstitution des fourneaux gallo-romains des Martys en collaboration avec C. Domergue.
• Le second est plus classique.

Ces deux utilisations de l'odorat sont donc exploitées :
• Par utilisation active (Opération Katana) : s'approchant du gueulard, le métallurgiste, s'aidant de petits mouvements de sa main, attire des gaz vers sa bouche et les inspire pendant une minute

[4] Ce son permet au maître de stage de séminaire de pratique archéométallurgique de commenter l'étonnement des étudiants en train de manipuler alors que celui-ci à le dos tourné.... Et qu'il commente la qualité du processus sans le regarder ! On peur alors poser le problème des moyens de connaissance du métallurgiste ancien.

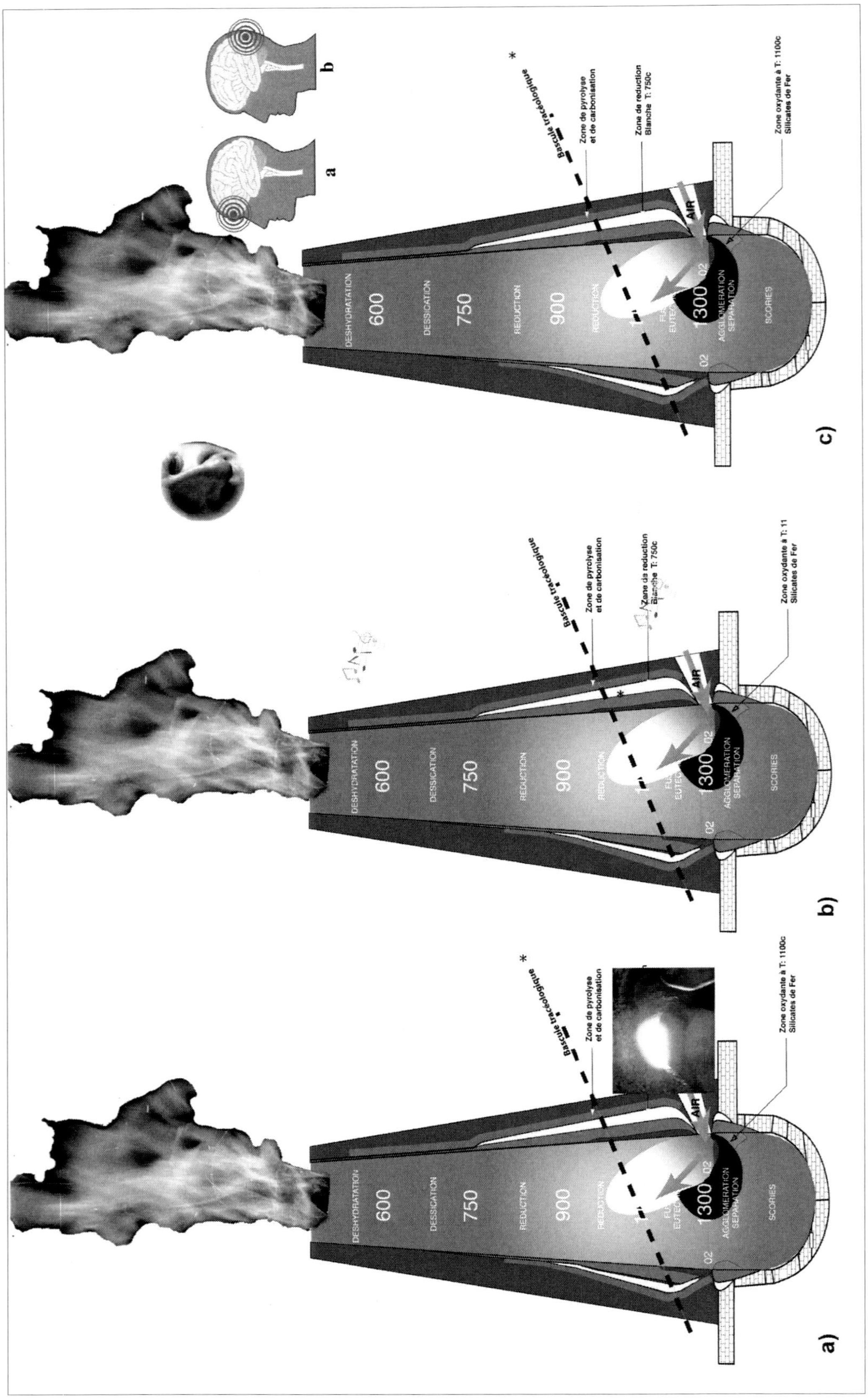

Fig. 5 : Indices visuels et sensoriels des bas-fourneaux de type Scharmbeck d'après l'expérimentation de P. Andrieux.

a : Indices lumineux

b : Indices sonores

c : Indice de céphalée (concentration en CO) : a) insuffisante ; b) suffisante.

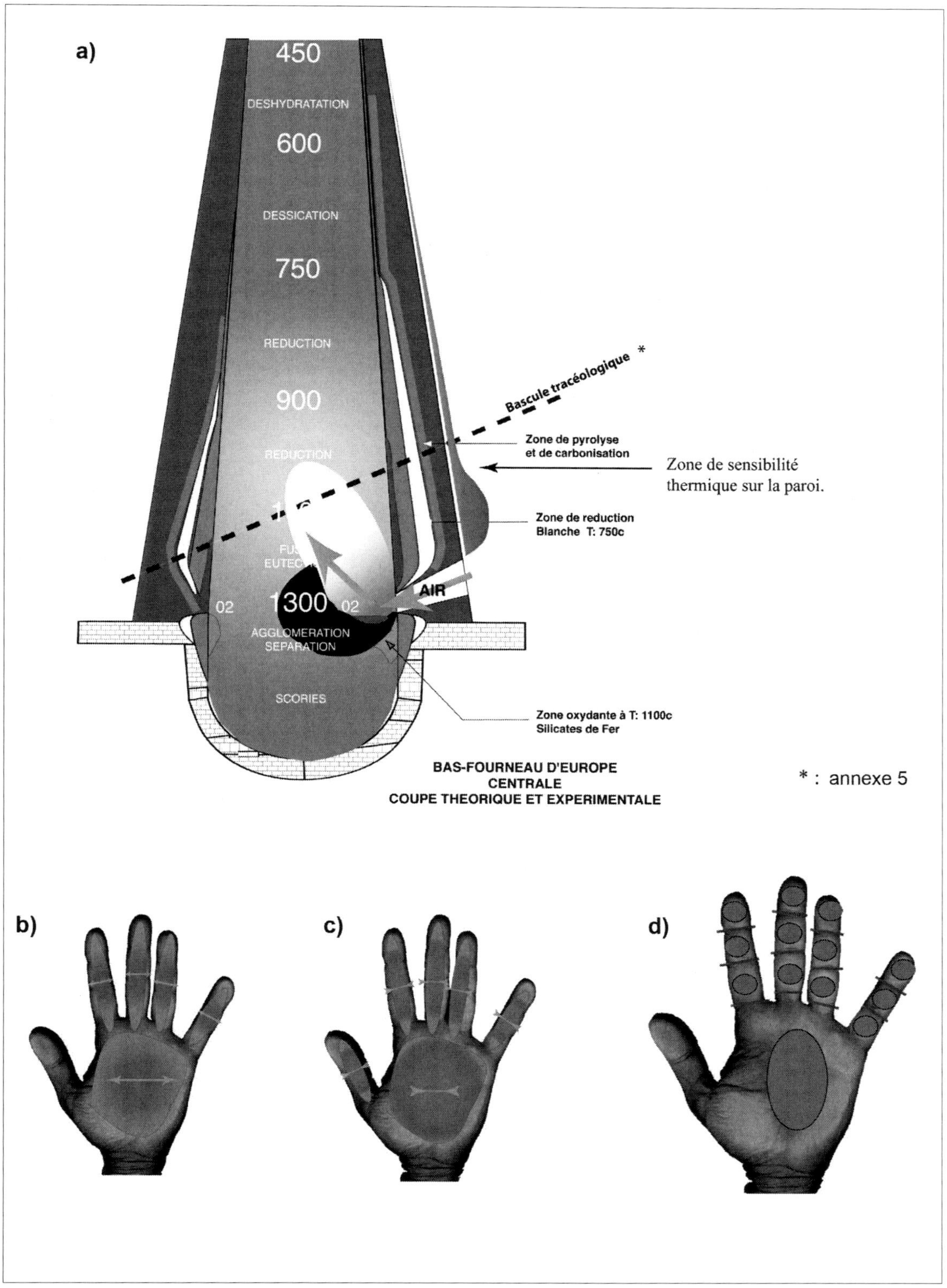

Fig. 6 : Les sensations et les zones de sensibilité sur la main

a : Représentation de la zone et de la limite de sensibilité lors des tests manuels au contact des parois sur les bas-fourneaux de type Scharmbeck lors de l'expérimentation de P. Andrieux.

b : État des zones de sensibilité lors des tests manuels pour des fumées inférieures à 300°c. La main ressent des sensations humides qui donnent une impression de gonflement.

c : État des zones de sensibilité lors des tests manuels pour des fumées supérieures à 300°c. La main ressent des sensations de piqûres qui donnent une impression de dessèchement et de contraction.

d : État des zones de sensibilité lors des tests manuels au contact des parois.

environ : Si une céphalée surgit au niveau frontal dans les deux minutes qui suivent : l'atmosphère n'est pas assez réductrice (Fig. 5Ca). Si une céphalée surgit au niveau de sa nuque dans les deux minutes qui suivent, l'atmosphère est assez réductrice (Fig. 5Cb).

- Par utilisation passive : une odeur aillée, avec un « fond de foin coupé » s'établit à proximité du fourneau.

Pour la première, il s'agit d'une réaction sensorielle liée à la teneur en oxyde de carbone des gaz inhalés.... la céphalée disparaît au bout de quelques minutes.

On comprendra que la seconde perception d'odeur est sans doute due au métal en réalisation et à sa mise en température qui libère et vaporise les eaux de constitution du minerai.

Le toucher est pour le métallurgiste, mais aussi pour ceux qui travaillent sur l'ensemble des phénomènes thermiques, un outil de perception très particulier.

La main permet d'apprécier :

- des odeurs en s'imprégnant,
- des teneurs en eau en s'imprégnant,
- des rayonnements en les détectant,
- des températures en les ressentant.

La main passée au-dessus du gueulard permet de saisir des odeurs par son imprégnation et sa capacité à les retenir quelques instants. On détecte alors une gamme de parfum allant de la fragrance « lourde » à celles plus aillées.

Ce phénomène semble lié à la possibilité de condensation de vapeurs à sa surface et à leur piégeage dans les stries de la peau. On pense en particulier à la distillation de goudrons résiduels au sein des charbons de bois. Ces produits semblent pour certains relever de la classe des « Aromatiques ». Cette particularité permet alors de conserver quelques instants le dépôt et le soumettre à notre odorat.

Le passage au-dessus du gueulard renseigne sur la teneur en eau, non seulement des combustibles, mais également de l'état de cuisson des matériaux argilos-sableux soumis à la montée de température[5].

Ce « toucher » des vapeurs permet de savoir l'état de dessiccation des parois du fourneau en métallurgie.

Le phénomène se traduit de la façon suivante :

- Tant qu'on éprouve une sensation de « mouillé » sur la paume et entre les doigts, accompagnée d'une impression de « gonflement de la main, on est dans des classes de températures inférieures à deux cents degrés. Le parfum recueilli sur la main est fort, il sent le « feu d'herbe ».
- Alors qu'on ne sent plus la sensation de « mouillé » mais que persiste la sensation de gonflement de la main, on est dans des températures situées entre deux cents et trois cents degrés.

On peut représenter ces sensations selon le schéma de la figure 6.

- Si, bien au contraire, on ressent une impression de dessèchement, de « rétrécissement » de la main, on est dans des températures qui dépassent les trois cents degrés : il n'y a plus d'eau dans l'évacuation gazeuse, on considère que la déshydratation est achevée.

À ce stade, le métallurgiste pourra charger le fourneau jusqu'à la gueule et passer d'une ventilation de séchage et cuisson de la surface interne de la structure, calme, à une ventilation de réduction, plus vigoureuse. Son oreille prend alors le relais et recherche le son décrit plus haut.

Il nous reste alors à passer à l'aspect le plus surprenant des possibilités sensitives de la main du métallurgiste : sa capacité à détecter des rayonnements thermiques.

Le rayonnement thermique se répartit sur l'ensemble de la structure. L'éducation de la main va permettre au métallurgiste d'avoir une « vision » des phénomènes internes.

À la fin de la série des quatre-vingts fourneaux qui allaient m'amener à la rédaction d'une Thèse d'Université (Andrieux 1986, 1983, 1988a), j'étais en possession d'une masse de données recueillies dans le cadre d'un protocole expérimental mis en place dès le début.

Outre les données de températures, les coupes horizontales et verticales des fourneaux, les stratigraphies horizontales des altérations au niveau de chacun des cinq couples de mesure, d'autres indices étaient apparus à mesure que mes séries d'expérimentations avançaient.

L'un des plus étonnants fut le constat d'une sensation mixte de chaleur et de froid mêlés à chaque fois que j'approchais mes mains ouvertes à quelques millimètres de la paroi de la colonne de réduction. Cette sensation semblait également s'établir à une distance croissante de la paroi à mesure que je descendais vers les tuyères (Fig. 6).

La main : un outil de sensations multiples et/ou plurielles

[5] Cette particularité ne se limite pas seulement à la métallurgie, je l'ai également exploitée dans la pratique de cuisson céramique au bois, comme pour la précédente.

Lorsqu'on est amené à manipuler les argilos-sableux par quintaux, à élaborer des mélanges texturés comme les pisés de fourneaux (bronze et fer), des pâtes à moules (bronze), des pâtes techniques (tubes à vent, tuyères, creusets pour la fusion du bronze), on apprend alors assez vite à repérer les états des mélanges et les seuils de compositions critiques.

La main devient un guide qui donne des informations multiples et fines.

Lorsque cette main se met à toucher les fours ou les fourneaux « à pleine paume », les ressentis ne donnent pas seulement des informations froid - chaud de type tout ou rien. La main informe de différentes manières tout au long de son approche de la surface concernée.

Si nous considérons l'évolution des sensations de l'approche au toucher, pour ne pas dire la palpation, on ressent :

- Un rayonnement diffus,
- Un rayonnement localisé,
- Un mélange de rayonnement et de vapeurs,
- Des vapeurs,
- Des vibrations.

Approcher la paroi du four jusqu'à l'effleurement permet d'éprouver une panoplie de sensations à la fois thermiques et vibratoires. Étrangement, ces sensations sur la face interne de la main peuvent sembler contradictoires et ce fut pour moi un grand étonnement.

On peut schématiser cette géographie sensorielle de la manière suivante :

- La face interne de la main est approchée à quelques millimètres de la paroi du four.

- On ressent alors à la fois de la chaleur, du froid, mais aussi une impression de vapeur chaude dont la limite est très nette. Cette limite est ressentie comme une limite de densité, comme si on posait la main sur un fluide élastique.

- Si on positionne alors la main sous le gueulard et qu'on entreprend de descendre la colonne en suivant la frontière « virtuelle » évoquée plus haut, on constate la persistance de cette limite qui « repousse » alors la main et tend à l'éloigner proportionnellement à cette descente (Fig. 6).

Le plus étonnant reste à venir :

À une quarantaine de centimètres au-dessus de la ou des tuyères, la main éprouve le sentiment d'un globe nettement plus important et encore plus franc. Plus étrange encore, ce globe est en pulsation, comparable à ce que ressent la main d'un futur père alors qu'il caresse le ventre prometteur de sa compagne.

J'ai soumis un certain nombre d'étudiants à cette expérience et tous en ont été profondément impressionnés.

À noter qu'à mesure du déroulement de la réduction, le globe donne l'impression de remonter. Je mets ce constat en parallèle avec le constat général des mesures thermiques fait à l'intérieur du fourneau, au niveau des parois : il y a effectivement une « remontée » des températures les plus fortes, depuis le niveau de la ou des tuyères, au cours de la réduction. Celles-ci semblent réagir à la formation du massiot qui, petit à petit, à mesure de sa croissance, fait obstacle à la dynamique de ventilation. Ceci trouve une vérification lorsqu'on examine la géométrie du même massiot en position relative, telle qu'elle est représentée dans les schémas proposés (Fig. 4).

Ceci semble justifier également pourquoi la tuyère nécessite une position plongeante, au-dessus d'une fosse, ou dans une position géométrique nettement au-dessus de la base du fourneau pour ceux qui ne possèdent pas de fosse.

Wakita Ryosui donne l'explication ethnotechnique suivante, brièvement résumée : « Le fourneau est l'épouse du métallurgiste. Le ventre que nous ressentons informe sur la position du bébé. Le métallurgiste est en position d'accoucheur, avec ses mains, il contrôle la position du bébé. Il sait alors quand accoucher son enfant. »

On remarquera la similitude de cette interprétation avec les récits collectés par les ethnologues. Dans les deux cas, le métallurgiste est accoucheur (Monino 1983 ; Dupré et Pinçon 1995).

Conclure ?

Si nous regroupons les sources possibles d'indices sensuels, nous constatons que le métallurgiste dispose d'un ensemble de possibilités non négligeables pour obtenir des données sur le comportement de la réduction.

Les sens, associés, confrontés maintes et maintes fois aux comportements du bas fourneau, puis à validation par l'état du produit final, vont pouvoir se structurer, se hiérarchiser, se croiser.

Au-delà du constat, des sensations, des concepts se créent en mémoire. La répétition de sensations identiques provoque une « auto éducation » entre le sens concerné et sa mémorisation. Il s'effectue alors, à partir de sensations identiques, un travail de reconnaissance et d'association au « déjà connu » au sein de la mémoire de l'individu concerné. La répétition fait alors apprentissage. On passe du sens au sens éduqué, affiné : on entre dans le sensuel, tel le pianiste et son phrasé.

À partir de ses appropriations élémentaires, l'individu qui y est soumis ne tarde pas à faire le lien entre ces indices sensuels élémentaires et les résultats de ses réductions.

On entre alors dans une structuration comparative dynamique :

- Si je vois ou sens çà : j'ai ce résultat...
- Si je modifie tel geste, ou telle structuration, ou tel positionnement d'élément du fourneau : j'ai tel autre résultat...
- Si j'ai tel résultat qui me satisfait : j'ai observé ou senti tels ou tels phénomènes.

Intervient alors l'imaginaire qui va essayer de synthétiser l'ensemble : l'individu structure une image mentale dynamique globale. Cette image s'intègrera par le filtre de la culture de l'individu concerné.

On passe du constat à l'agi, cet agi est alors exprimé. Il s'intègre alors, à son tour, dans la culture où s'exprime l'individu.

Le sens est devenu, sensualité, les sensualités sont devenues images globales dynamiques codées culturellement, ce qui s'appelle un Savoir !

Or, nous sommes tous des Homo Sapiens Sapiens, dotés des mêmes sens, dotés des mêmes mécanismes neurosensoriels, dotés des mêmes comportements biologiques. Ils sont chacun identifiés, eux aussi, par leur expression dans telle ou telle culture.

Il n'est donc peut-être pas étonnant que de cultures en cultures, nous exprimions de manière identique dans des conditions technologiques identiques.

Nous pouvons alors comprendre, nous qui pensons, trop souvent aujourd'hui, avoir le seul vrai Savoir, pourquoi des cultures si différentes apparentent la réduction métallurgique à l'élaboration d'un enfant au sein d'un utérus !

Annexes

Annexe 1 :

Les matériaux argileux de base étaient composés d'argile d'une tuilerie bourguignonne, non calcaire et dégraissée au sable siliceux.

Les compositions de parois furent testées par la réalisation de parois de compositions spécifiques, à partir de la composition de base testée en direct dans les premières expériences:

- 10, 20, 30% de sable siliceux
- 10, 20, 30% de calcaire sous forme de calcaire finement broyé

De même les charges minérales furent adaptées :

- Minerai pur
- 10, 20, 30% de sable siliceux
- 10, 20, 30% de calcaire sous forme de calcaire finement broyé

Au sein de ce protocole figurait une exigence : se soumettre au fonctionnement propre de chaque bas fourneau, en respectant la cohérence chronologique des moyens de conduite de la réduction.

Ceci devait nous amener à concevoir des matériaux, des prises de mesures et une ventilation qui respectent rigoureusement les conditions de la chronologie des entourages techniques des structures testées.

Annexe 2 :

Le combustible était du charbon de bois de grosse granulométrie.

La ventilation était basée sur un double couple de soufflets en cuir.

Le choix se posait d'avoir deux ou quatre soufflets possédant chacun un ou deux trous d'introduction de l'air. Aujourd'hui, certains pensent que sur ce plan particulier, le modèle expérimental s'éloignait significativement du modèle archéologique - d'autant que les collègues polonais se posent la question d'un tirage naturel.... Ce que nos expérimentations d'alors semblent contredire.

Les soufflets furent mécanisés par un système bielle-manivelle. Ce dispositif permettait de reproduire l'action de deux souffleurs identiques dont le rythme et les volumes d'air produits étaient calqués sur nos premières expérimentations manuelles personnelles. Il reprend le principe du soufflet du fourneau à fusion de l'étain décrit et représenté au livre 9 du De Re Metallica de Georgius Agricola (1556).

La quantité de charbon était de 2 kg de charbon pour 1 kg de minerai.

Le minerai était une hématite (selon un terme aujourd'hui récusé par les géologues) d'Hamersley (Australie) (Annexe 3) dont la composition à 60-70% d'oxyde de fer était compatible avec les analyses de minerais de sites fouillés. Cette haute teneur était également justifiée pour permettre des ajouts au sein des compositions minérales testées.

Les mesures étaient faites au niveau des tuyères et à quatre niveaux supérieurs espacés de 20 cm. Les températures étaient relevées au niveau de la paroi interne de chaque structure.

Après chaque série de tests, les prélèvements de parois étaient faits à ces niveaux et décrits par couleurs et altérations au moment du prélèvement.

Le but de ces expérimentations était purement archéologique : mettre au point un référentiel des altérations des parois de fours qui offre la possibilité d'identifier la situation du vestige dans la structure et les conditions physico-chimiques qui y régnaient. Une thèse de troisième cycle en publiait les résultats en 1986.

Les interventions des expérimentateurs étaient minimales (charges et nettoyage des tuyères). Elles étaient relevées en temps et caractéristiques. Le fait de vouloir observer le comportement du four sans intervention humaine n'était pas anodin. Les premières expérimentations nous avaient démontré que le fait d'intervenir sur la masse en combustion et réduction, amenait des tassements détruisant la porosité de la colonne, empêchant la circulation des gaz, provoquant des étouffements de la réaction.

En respectant la marche du bas fourneau, on voyait ce dernier produire des indices de teneur en gaz réducteur, de progression de réaction et de température de réaction.

Annexe 3 : Le fourneau : pour des aspects différents, des ensembles variants autour d'une même structure...

Le fait d'avoir expérimenté pendant plus de vingt-cinq ans un certain nombre de structures d'élaboration du métal, permet de se rendre compte qu'au-delà d'apparentes différences, les fourneaux de réduction ont tous une structure variante qui s'organise au service d'une structure centrale identique.

Hélas, cette structure est souvent celle qui est la plus difficile à retrouver, tellement elle est soumise aux contraintes physico-chimiques induites par les températures et les atmosphères qu'elle a en charge de créer : je veux parler ici de l'ensemble tuyère - ventilation.

Celle-ci peut être simple ou multiple, son rôle est cependant à chaque fois identique : produire chaleur et atmosphère.

Sa gestion dépend d'un certain nombre de critères qui devront être gérés par celui qui la met en place et la manipule. Ce dernier lui appliquera des décisions techniques à partir de la synthèse d'un ensemble de témoins sensoriels globalisés.

Trois grandes familles de structures semblent exister (Marten et al. 1978) :

- Le type **« colonne de réduction »** correspond à une structure de maintien du charbon de bois réducteur au sein d'une colonne assurant sa descente régulière, accompagnée par la charge minérale, pour peu qu'on en respecte la mise en place préliminaire du gradient thermique dont les signes sont essentiellement optiques (Fig. 3).

Le témoin archéologique le plus connu, étudié en détail dans une thèse personnelle, et par de nombreuses autres expérimentations ultérieures, est celui des Montagnes Sainte Croix en Pologne (Bielenin 1973, 1978)

Il correspond à une colonne façonnée en matériaux argilos-sableux (Fig. 2a), possédant un dispositif structuré en simple ou double tuyère et surmontant une fosse « dégueuloir » destiné à permettre l'évacuation des scories lors de la séparation entre le métal et les terreux du minerai au niveau de ou des tuyères (Fig. 2b).

- Le type **« founeau-cuve »** correspond à ceux du jura Suisse, en particulier ceux des Bellaires fouillés par P.-L. Pelet (1977,1978).

La structure correspond à une cuve où la tuyère active est située au-dessus du sol et latéralement par rapport à la face avant, équipée de deux autres tuyères passives non-ventilées à la base[6]. Là encore, le

[6] Ces tuyères, massives, au fil des expérimentations nous ont semblé ne pas être ventilées. En effet, les tests de ventilation sur celles-ci, n'ont pas montré un réel effet sur le processus. Nous avons pensé un moment qu'elles pouvaient être mises en fonctionnement en fin de réduction, eu égard au fait qu'elles étaient en position sous le niveau relatif de l'élaboration du massiot. L'idée était alors de permettre une fusion et un écoulement plus aboutis des scories extrudant sous le massiot. Les tests se montrèrent inopérants. Nous les avons donc nommées « tuyères passives ». Par ailleurs, les altérations constatées en fouilles ne correspondent pas à une tracéologie

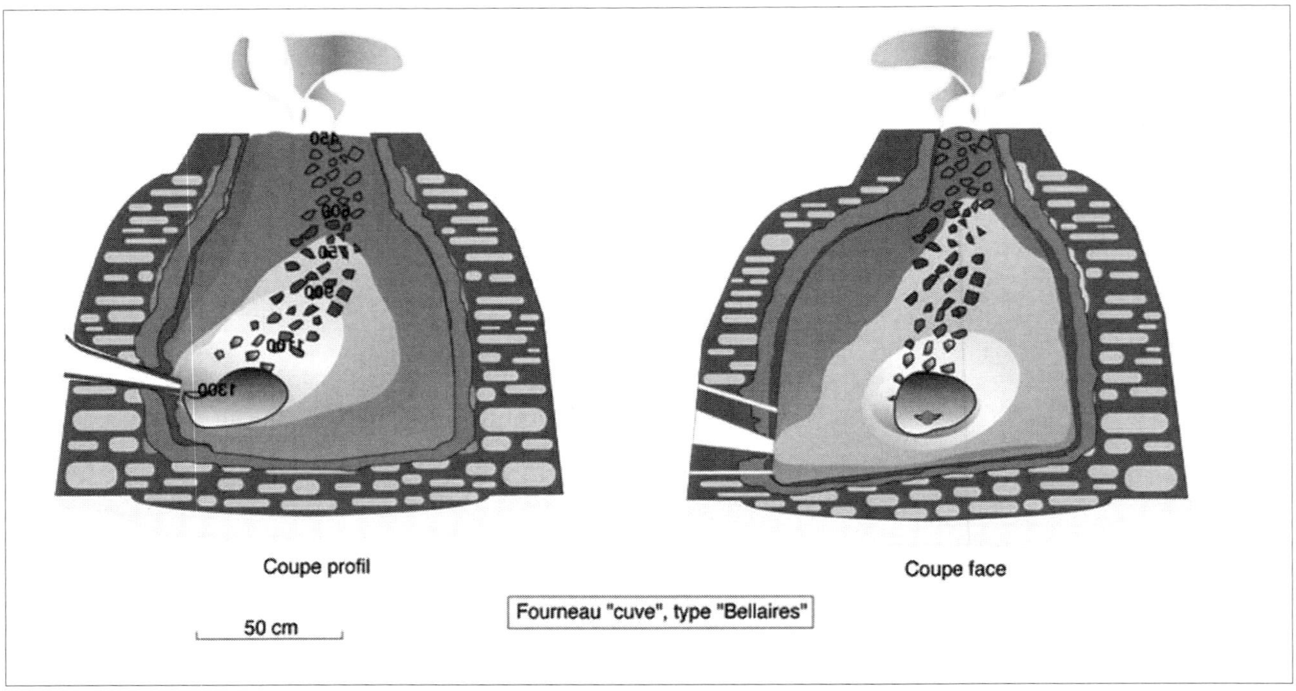

Fig 7 : Coupe théorique de la thermique, de la dynamique et des altérations des bas-fourneaux de type Belaires d'après l'expérimentation de P. Andrieux.

combustible réducteur (charbon de bois) et la charge minérale utilisent la gravité pour parvenir à la zone réductrice. Pourtant, cette charge minérale ne suivra pas un trajet totalement vertical. En effet, le point de sur-combustion que représente la tuyère ventilée latérale par son apport forcé et dynamique d'oxygène, va provoquer une déviation du combustible et de la charge minérale en direction de ce déséquilibre. Cette déviation, provoquée par un appel au feu et par écroulement du combustible réduisant de taille à mesure de sa combustion en direction de la tuyère, amène de manière oblique le minerai au feu et dans la zone de réduction - agglomération-épuration (Fig. 7). C'est ainsi que les résultats expérimentaux montreront généralement une concentration du métal à cœur du massiot, supérieure à ceux réalisés dans le dispositif précédent.

- Le type « **bas-foyer**» ou « **foyer de réduction** » ne comporte pas de dispositif de maintien du charbon réducteur et de la charge minérale, excepté le mur arrière où se trouve la tuyère (Fig. 4)

L'expérimentation montre la nécessité de pousser la charge au feu « devant » la tuyère, ou plus exactement devant la masse de combustible portée à haute température par le vent de la tuyère, au sein de ce je propose ici d'appeler le « globe de réduction ».

Annexe 4 : Hématite : un nom de minerai inapproprié

(avec l'aimable collaboration de Vincent Serneels)

L'hématite est un minéral de composition Fe_2O_3 : elle n'est pas hydratée et donc, elle ne peut pas se déshydrater ...

Il y a plusieurs minéraux de composition Fe_2O_3 $n.H_2O$ (ou à peu près) dont en particulier la Goethite (FeO.OH). Le mélange de divers hydroxydes de fer (avec aussi des minéraux argileux) est appelé limonite.

Souvent, on donne le nom d'« hématite » à un minerai qui est principalement composé du minéral hématite (mais qui contient aussi d'autres choses). Donc, si on a un minerai « hématite » qui crépite, ce n'est pas l'hématite (le minéral) qui est en cause mais les autres constituants. Ce crépitement est l'eau qui

de tuyère telles qu'on les constate sur les dispositifs actifs.

Paul Louis Pelet s'est également posé la question des nombreux trous entourant le cône de tuyère. Il imagina que ce pouvait être le moyen de fixer des baguettes de bois et, en les rassemblant, permettre l'extraction de la tuyère passive. En fait, il s'agit simplement d'un moyen d'évacuer l'eau de composition de la masse argileuse qui les compose pour en éviter l'éclatement. En effet, la masse de chaque tuyère est telle, qu'elle nécessiterait un séchage et une cuisson fort longue si elle n'était pas percée de ces petits canaux qui permettent l'évacuation de la vapeur d'eau à la cuisson, évitant ainsi les éclatements.

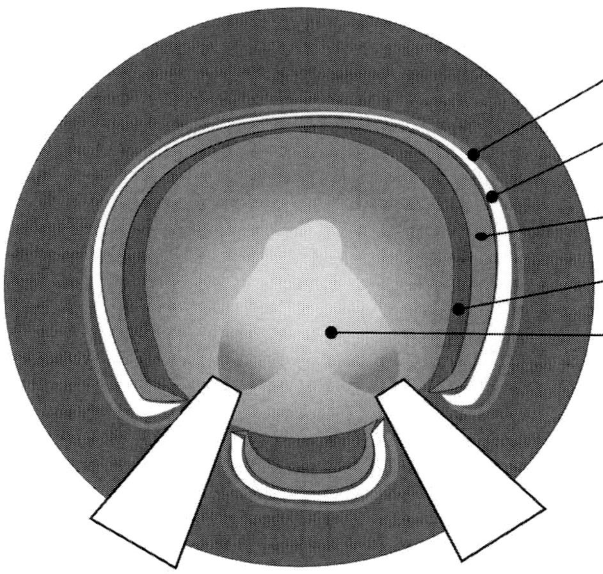

Fig 8 : Coupe au niveau de tuyères montrant la répartition des altérations et de la tracéologie des parois du bas-fourneau.

passe à l'état de vapeur et fait éclater le minerai.

Annexe 5 : Bascule tracéologique (Fig. 8)

Lors des expérimentations, l'étude des traces d'altération des parois montre qu'elles s'établissent de manières différentes selon leur placement par rapport à la tuyère. On constate en effet que ces altérations des parois sont sensibles à leur éloignement et aux masques matériels entre la zone de réduction (Globe thermique) et leur présence.

Sur les bas-fourneaux expérimentaux de type Europe de l'Est on constate que les traces opposées aux tuyères présentent les caractéristiques suivantes :

- Décentrement disproportionnel par rapport au « globe thermique » ou a lieu le réduction et la séparation fer-scories au plan horizontal.
- Inclinaison du plan coupant les altérations de la paroi par rapport au plan des tuyères.

Bibliographie

Agricola, G. 1556 [1992]. *De Re Metallica, Traduit de l'édition originale par A. France-Lanord*. Thionville, Gérard Klopp.

Andrieux, Ph. 1976. Essai d'un four de potier reconstitué du type de Sévrier (bronze final). *Etudes préhistoriques* 13, 37-40.

Andrieux, Ph. 1983. Esquisse d'une réflexion expérimentale sur l'identification de structures métallurgiques, in *Journées de Paléométallurgie, I.U.T. de Compiègne, 22-23 fév. 1983*, 51-66. Compiègne, I.U.T. de Compiègne.

Andrieux, Ph. 1986. *Prolégomènes à une étude tracéologique sur les structures d'élaboration thermique et les parois argilo-sableuses - Application à la Paléométallurgidu Fer.* Thése non publiée, Université de Franche-Compté.

Andrieux, Ph. 1988a. Expérimentation des fourneaux métallurgiques : étude des traces archéologiques : les relations entre structure et produit ; problèmes, dynamique des structures et production métallurgiques, in *Symposium d'Archéométallurgie de l'Université de Mayence, 12/15 sept 1986*, 486-495.

Andrieux, Ph. 1988b. Réflexions sur l'expérimentation et application : les métaux, in J. Tixier (dir.), *Technologie Préhistorique*, 73-96. Sophia-Antipolis, CNRS-CRA (Collection Notes et Monographies Techniques n° 25).

Andrieux, Ph. 1989. Dix ans d'expérimentation : Le Feu entre Terre et Métal, in R. Pleiner (éd.), *Archaeometallurgy of Iron, International Symposium of the UISPP, Liblice 5-9 oct. 1987*, 77-92. Prague, Archaeological Institute CSAV.

Andrieux, Ph. 1991. Les problèmes et la problématique dans l'expérimentation et l'étude du comportement des bas-fourneaux métallurgiques : l'exemple du fer, in *Congrès international d'expérimentation en archéologie, Bilan et perspectives, Beaune, 6-9 avr. 1988*, 109-117. Paris, Errance.

Andrieux, Ph. 1991. La céramique : un matériau traceur et un témoin archéo-technique, in *Congrès international d'expérimentation en archéologie, Bilan et perspectives, Beaune, 6-9 avr. 1988*, 243-249. Paris, Errance.

Andrieux, Ph. 1991. Introduction à l'étude thermique des éléments de construction des fourneaux métallurgiques et de leur relation avec les productions expérimentales, in K. Bielenin (ed.), *From Bloom to Knife, Actes du Symposium de l'UISPP - Comité pour la Sidérurgie Ancienne - Programme Ameliowka, 19 au 22 sept. 1989,* 71-77. Materialy archaeologiczne 26.

Andrieux, Ph. 1995. Les témoins archéologiques et leur restitution expérimentale dans l'étude de la gestuelle et des conceptions culturelles : les liens possibles entre l'objectivité et la sensualité, in *Symposium International du Comité pour la Sidérurgie Ancienne "Paléométallurgie du Fer et Cultures" I.U.T. de Compiègne, 1-3 nov. 1993*, 65-68. Paris, AEDEH.

Andrieux, Ph. 1998. Expérimenter la métallurgie : le lien entre la dynamique thermique et le vestige archéologique, in *XIIIè Congrès de l'Union Internationale des Sciences Préhistoriques et Protohistoriques, Forli (Italie), 8-14 sep. 1996*, PAGES. Forli, Abaco.

Andrieux, Ph., Firmin, G. 1991. To experiment or not to experiment...? That is the question...! ou l'histoire d'un colloque sur l'expérimentation en archéologie, in *Congrès international d'expérimentation en archéologie, Bilan et perspectives, Beaune, 6-9 avr. 1988*, 14-16. Paris, Errance.

Arnal, GB., Andrieux, PH., Evin, J., Gabasio, M. 1987. Expérimentation de la cuisson céramiques néolithiques. *Archéologie Expérimentale* 2, 39-49.

Bielenin, K. 1970. Schmelzversuche in Halbeingetieften Rennöfen in Polen, in *Die Versuchschmelzen und ihre Bedeutung für die Metallurgie des Eisens und dessen Geschichte, Congrès UISPP, Schaffhausen, 9-12 nov. 1970*, 62-71.

Bielenin, K. 1973. Dymarsky piec szybowy zaglebiony (Typu kotlinkowego) w europie starozytnej. *Materialy Acheologiczne* 14, 5-102.

Bielenin, K. 1974. Starozytne gornictwo i hutnictwo zelaza w Gorach Swietokrzyskich. *PWN Krakow-Warszawa-Wroclaw*, 99-126.

Bielenin, K. 1983. Der Rennofen mit eigentieftem Herd und seine Formen in Polen. *Offa* 40, 47-61.

Bielenin, K. 1986. Bloom Smithies on early historic smelting sites in the Holy Cross Mountain, in H. Cleere et B. Scott (ed.), *The Crafts of the Blacksmith, UISPP & Ulster Museum, Symposium of the UISPP of Belfast, 16-21 sept. 1984*, 35-46. Belfast,

Bielenin, K., Woyda, S. 1978. Zwei Eisenverhüttungszentren des Altertums im Weichselbogen (1. Jh.v.u.Z.- 4. Jh.u.Z.), Eisen + Archäologie. Eisenerzbergbau und verhüttung vor 2000 Jahren in der VR Polen, in *Deutschen Bergbau-Museum Bochum, 29 juin-13 août 1978*, 25-55. Bochum.

Domergue, C. 1994. La sidérurgie antique : des fourneaux romains remis en fonctionnement dans l'Aude. *Archéologia* 301, 59-66.

Domergue, C. 1997. Élaboration du fer par réduction directe : essais de reproduction des procédés antiques. *Revue de Métallurgie, CIT/Science et Génie des Matériaux*, 691-704.

Dupré, M-C, Pinçon, B. 1995. La métallurgie du fer : technique, symbolique et sémantique, Symbolique obstétrique et dynamique de la contradiction en Afrique centrale. *Cahier des Sciences Humaines* 1 (4), 825-848.

Eliade, M. 1976. *Forgerons et Alchimistes*. Paris, Flammarion (collection Champs).

Guyan, W.U., Pleiner, R., Fabesova, R. 1970. Die Versuchschmelzen und ihre Bedeutung für die Metallurgie des Eisens und dessen Geschichte, in *Die Versuchschmelzen und ihre Bedeutung für die Metallurgie des Eisens und dessen Geschichte, Congrès UISPP, Schaffhausen, 9-12 nov. 1970*, 62-71.

Mangin, M. 1980. Caractères et fonctions de la métallurgie du fer à Alésia, in Cl. Domergue (éd.), *Mines et fonderies antiques de la Gaule*, 237-258. Toulouse, CNRS.

Mangin, M. 1984. *Mines et Métallurgie du fer en Morvan Auxois (Côte d'or)*. Rapport de prospection, Université pour tous de Bourgogne.

Mangin, M. 1985. *Mines et Métallurgie du fer en Morvan Auxois (Côte d'or)*. Rapport de prospection, Université pour tous de Bourgogne.

Mangin, M. 1986. *Mines et Métallurgie du fer en Morvan Auxois (Côte d'or)*. Rapport de prospection, Université pour tous de Bourgogne.

Mangin, M. 1989. La production du fer en France avant le Haut Fourneau : Présentation sommaire des recherches récentes et en cours, in R. Pleiner (éd.), *Archaeometallurgy of Iron, International Symposium of the UISPP, Liblice 5-9 oct. 1987*, 27-47. Prague, Archaeological Institute CSAV.

Marten, I., Pleiner, R. et Serning, I. 1978. Some Reflections on the Classification of Prehistoric and Medieval Iron-smelting Furnaces. *Norway Archaeology Review* Vol. 11 (1), 27-47.

Monino, Y. 1983. Accoucher du fer. La métallurgie gbaya (Centrafrique), in N. Echard (éd.), *Métallurgies africaines, Nouvelles contributions*. Paris, Berger-Levrault (Mémoires de la Société des africanistes).

Pelet, P-L. 1973. *Une industrie méconnue Fer Charbon Acier dans le Pays de Vaud, vol 1 : les sources archéologiques*. Lausanne, Bibliothèque Historique Vaudoise 49.

Pelet, P-L. 1977. L'architecture des fourneaux à fer primitifs, évolutions autonomes et tendances générales, in A. Schriftleiter Ohrenberger et K. Kaus (eds.), *archäologische Eisenforschung in Europa, Symposion Eisenstadt 1975*, 173-180. Wissenschaftliche Arbeiten aus dem Burgenland 59.

Pelet, P-L. 1983. Recherches sur la métallurgie dans le Jura Vaudois, in Cl. Domergue (éd.), *Mines et fonderies antiques de la Gaule*, 204-214. Toulouse, CNRS.

Pelet, P-L. 1993. *Une industrie reconnue : Fer, Charbon, Acier dans le Pays de Vaud*. Lausanne, Cahiers d'Archéologie Romande 60.

Pleiner, R. 1969. Experimental smelting of steel in early medieval furnaces. *Pamàtky archeologickè LX*, 458-487.

Pleiner, R. 1970. Die Schmelzversuch in der Methodik der Erforschung des Rennverfahrens, in *Die Versuchschmelzen und ihre Bedeutung für die Metallurgie des Eisens und dessen Geschichte, Congrès UISPP, Schaffhausen, 9-12 nov. 1970*, 1-5.

Pleiner, R. 1989. *Archaeometallurgy of Iron, 1967-1987, International Symposium of the UISPP, Liblice 5-9 oct. 1987*. Prague, Archaeological Institute CSAV.

Podlewski, A-M. 1966. *Les forgerons Mafa : Description et évolution d'un groupe endogame*. Paris, Cahiers ORSTOM (Série sciences humaines, vol III n° 1).

Robion-Brunner, C. 2010. *Forgerons et sidérurgie en pays dogon. Vers une histoire de la production du fer sur le plateau de Bandiagara (Mali) durant les empires précoloniaux*. Journal of African Archaeology Monograph Series, Vol. 3 (« Peuplement humain & paléoenvironnement en Afrique de l'Ouest » 1).

Robion-Brunner, C., Huysecom, E. 2006. L'exploitation du fer sur le plateau dogon (Mali), in *Colloque en l'Hommage de G. Thilmans*, 263-273. Paris, Sépia.

Serneels, V., Perret, S., Robion-Brunner, C. 2007. Iron bloomery production in the Dogon Country (Mali / Western Africa), in *Early Ironworking in Europe II conference, 17th-21th sept. 2007, Plas Tan y Bwlch Occasional Paper No. 4*, 59-61.

Serneels, V., Robion-Brunner, C. Perret, S., 2006. La sidérurgie en pays dogon : problématiques, premiers résultats et perspectives. *Etudes Maliennes* 65, 113-126.

Sperl, G. 1977. Technologische Beziehungen zwischen der Frühgeschichtlichen Kupfer- und Eisenmetallurgie, in A. Schriftleiter Ohrenberger et K. Kaus (eds.), *archäologische Eisenforschung in Europa, Symposion Eisenstadt 1975,* 181-183. Wissenschaftliche Arbeiten aus dem Burgenland 59.

Tylecote, R.F., 1977. Iron working at Meroe, Sudan, in A. Schriftleiter Ohrenberger et K. Kaus (eds.), *archäologische Eisenforschung in Europa, Symposion Eisenstadt 1975,* 157-171. Wissenschaftliche Arbeiten aus dem Burgenland 59.

Tylecote, R.F., Austin, J.N., Wraith, A.E. 1970. Iron smelting experiments with a shaft furnace of the roman period, in *Die Versuchschmelzen und ihre Bedeutung für die Metallurgie des Eisens und dessen Geschichte, Congrès UISPP, Schaffhausen, 9-12 nov. 1970*, 25-69.

Tylecote, R.F., Austin, J.N., Wraith, A.E. 1971. The mechanism of the bloomery process in shaft furnace. *Journal of the Iron and Steel Institute*, 342-363.

Tylecote, R.F., Merkel, J.F. 1985. Experimental smelting technics: achievements and future, in P. T. Craddock and J. Hughes (ed.), *Furnaces an Smelting technology in Antiquity. British Museum Research Laboratory*, 3-20. London, British Museum Occasional paper 48.

Wegewitz, W. 1957. *Ein Rennfeuerofen aus einer Siedlung der älteren Romerzeit in Scharmbeck (Kreis Harburg). Nachrichten aus Niedersachsens Urgeschichte* 26, 3-25.

Anthropologie, ethnohistoire, ethnoarchéologie et archéologie du fer : quelle place accorder au discours des acteurs ?

Alain GALLAY
Université de Genève

L'histoire de la métallurgie du fer en Afrique est un sujet qui concerne des approches très diverses. Cette hétérogénéité des paradigmes disciplinaires pose la question de l'intégration de ces divers points de vue dans une formulation d'ensemble cohérente et la question de l'utilisation du discours des acteurs dans nos constructions scientifiques. On retient trois niveaux d'intégration : 1. le rôle de la volonté des acteurs et des discours en langues naturelles vernaculaires qui en rendent compte comme caractéristiques générales des sciences humaines, 2. l'opposition mécanisme, régularité, scénario permettant d'intégrer toutes les disciplines d'observation portant sur des phénomènes connotés historiquement et les commentaires qui peuvent les accompagner, 3. La nécessité de développer, dans une perspective constructiviste, un langage scientifique présentant des contraintes propres au positivisme logique.

Nos approches peuvent trouver un vrai statut scientifique sous deux conditions :

1. admettre que les explications prenant en compte la volonté des acteurs ne peuvent relever, aujourd'hui, que de la causalité structurelle ou de l'explication a posteriori comme c'est la cas pour les explications fonctionnalistes et historiques.

2. Mettre en place un certain nombre de concepts qui s'écartent résolument du langage naturel tenu par nos interlocuteurs pour accéder à un discours répondant aux normes du positivisme logique, seule manière d'engager des processus de pronostics-validation donnant à nos connaissances un caractère cumulatif sur le long terme.

Mali, poterie, classifications indigènes, discours des acteurs, positivisme logique.

Many different sciences contribute to understanding the history of iron metallurgy in Africa. Merging these different inputs into a single consistent vision, while extracting the best from « non scientific » sources (i. e. the testimonies of the local actors) are two key issues. Rarely discussed explicitly, the process can be represented as a 3-tiered pyramid. The first step consists of the actors' intentions and their « natural » rhetorics, which are a basic ingredient of any « human science ». With the second step, we collect inputs made, as always in the case of historical processes, by different fields of observation. The third step forges a true scientific language in a constructivist perspective, under the strict rules of logical positivism. This programme can be implemented under two conditions :

1. Assume that explanations based on the actors' statements can only, as always the case for functionalist and historical interpretations, have the pattern of structural causality or ex post explanations.

2. Forge a number of concepts cleared of the flaws of the actors' rhetorics, to raise the speech to a logical positivism level, which can only cope with a forecast-validation process, allowing cumulative knowledge over the long term.

Mali, pottery, local classifications, natural rhetorics, logical positivisme.

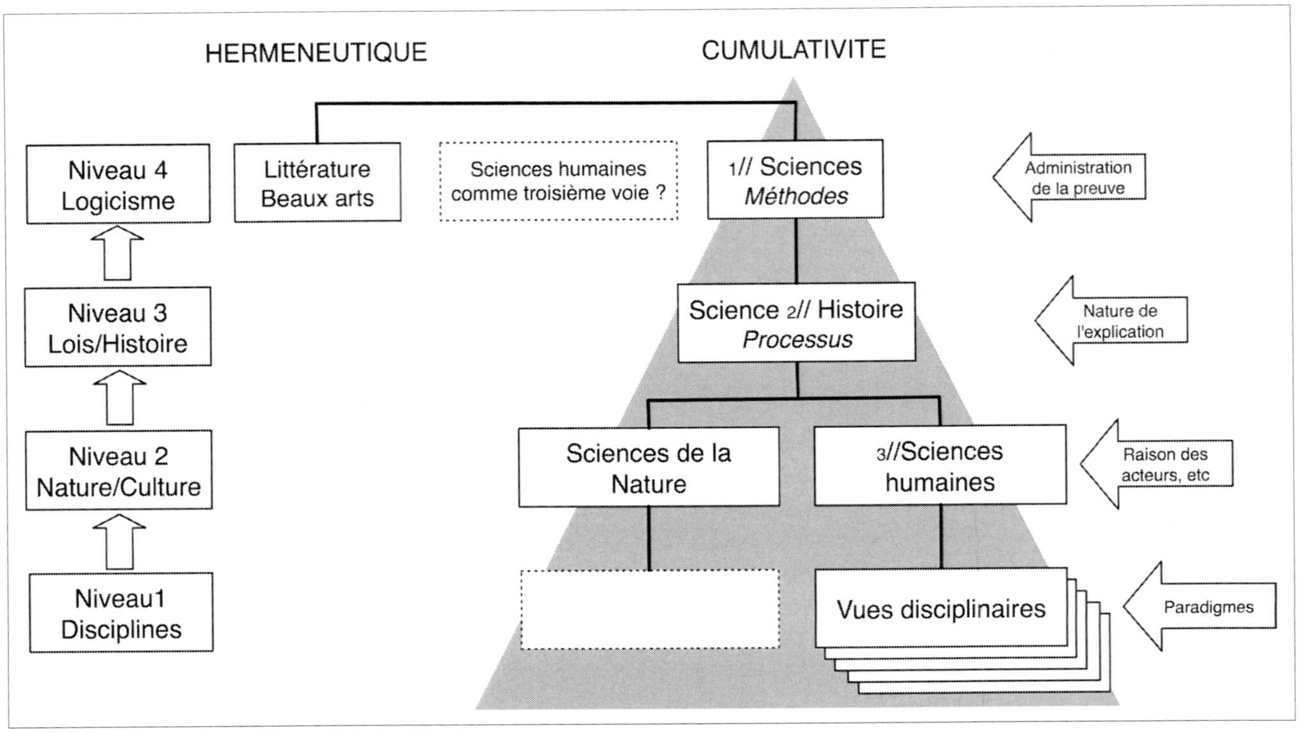

Fig. 1 : Intégration des programmes disciplinaires dans des questionnements généraux.

L'histoire de la métallurgie du fer en Afrique est, typiquement, un sujet qui implique des disciplines très diverses, physico-chimie de la métallurgie, anthropologie sociale et culturelle, ethnohistoire, ethnoarchéologie, archéologie expérimentale et archéologie. Cette hétérogénéité des paradigmes disciplinaires pose un problème essentiel, celui de l'intégration des données dans une formulation d'ensemble cohérente répondant aux objectifs posés. Cette question est à la fois théorique et pratique. Nous examinerons ici les conditions épistémologiques et théoriques nécessaires au succès d'une telle approche et la place que le discours des acteurs, qui, traditionnellent, est une composante incontournable de nos études, tient dans cette confrontation (Gallay à paraître 2).

Problèmes posées par l'intégration de paradigmes disciplinaires hétérogènes

Nous ne pouvons promouvoir une réelle transdiscplinarité que si nous réfléchissons aux caractéristiques communes qui pourraient placer ces disciplines sur un même plan (Gallay, Gardin 2009). Au delà des paradigmes disciplinaires, dont l'originalité et la spécificité des méthodes se justifient pleinement, se dessinent trois niveaux d'intégration supérieurs posant chacun des problèmes épistémologiques communs (Fig. 1).

Particularités propres aux sciences de l'Homme par opposition aux sciences de la Nature

On peut montrer que les sciences de l'Homme partagent entre elles un certain nombre de particularités qui les distinguent des sciences de la Nature. Nous n'en retiendrons ici qu'une seule, stratégique : la place qu'occupe le discours des acteurs dans ces disciplines. De nombreux paradigmes des sciences humaines mettent en effet en avant, sous des dénominations et des contenus variables, l'importance de la volonté et/ou de la rationalité des acteurs dans la construction des faits sociaux, un niveau de conscience qui n'existerait pas, du moins à ce niveau de complexité, dans le monde animal. On doit donc se poser la question de la place de cette intentionnalité et des discours qui en rendent compte dans nos constructions scientifiques.

Nature de l'explication

Toutes les disciplines d'observation analysant des phénomènes complexes se déroulant dans le temps se situent toujours au sein d'une opposition entre des processus récurrents généraux, sinon toujours universels, appelés ici mécanismes et des phénomènes diachroniques irréversibles relevant de l'histoire, appelés ici scénarios. Cette situation est valable pour des disciplines des sciences de la Nature comme l'astronomie, la géologie ou la biologie de l'évolution. Elle l'est également pour les sciences de l'Homme

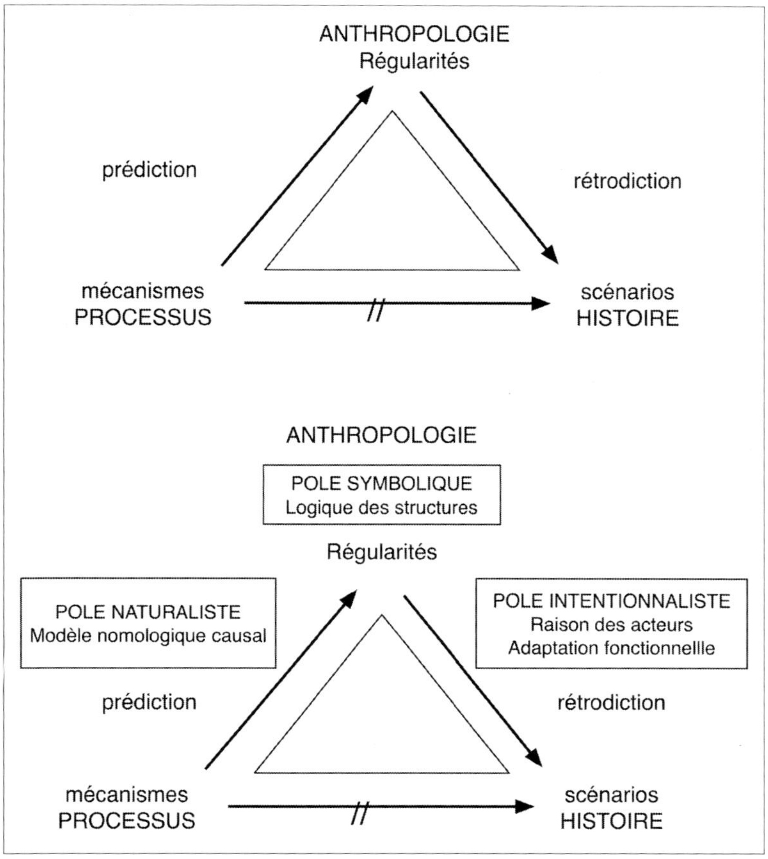

Fig. 2 : Position des trois pôles des sciences humaines par rapport à l'opposition entre science et histoire.

(Gallay 1995). Ces oppositions permettent de mieux comprendre la diversité des sciences humaines mais également de les intégrer dans un schéma général. Nous ne reviendrons pas ici sur cette tripartition dont nous avons parlé à plusieurs reprises.

Il paraît plus important de souligner ici que ces oppositions permettent de jeter un regard neuf sur les diverses théories de l'anthropologie proposées depuis que cette discipline existe. L'histoire de cette discipline présente le plus souvent ces dernières comme des points de vue irréductibles sur les affaires humaines et s'attache surtout à définir les conditions historiques qui ont sucité leurs apparitions et leurs développements. Le modèle proposé permet par contre d'en saisir l'articulation en montrant que les points de vue développés ne sont pas irréductibles, mais au contraire parfaitement intégrables dans une vision globale de la discipline (Fig. 2). Nous prolongeons ici le point de vue de Berthelot (2001-1 et 2) selon lequel les sciences humaines s'organisaient autour de trois pôles : le pôle naturaliste, le pôle symbolique et le pôle intentionnaliste.

Le pôle naturaliste est proche de l'idéal de Durkheim (1895) qui désirait étudier les faits sociaux comme des choses. Les phénomènes sociaux sont dans la continuité des phénomènes naturels et n'ont pas à relever d'une explication spécifique. Ce modèle est un modèle causal. Ce pôle naturaliste est celui qui pose le moins de problèmes dans cette confrontation. Nous pouvons le situer du côté de la recherche des mécanismes car il se réfère dans sa forme la plus particulière au modèle nomologique déductif des sciences dures. Rappelons qu'un modèle nomologique est un modèle qui a la forme logique d'une loi et en particulier d'une loi de la nature et dont l'énoncé prend une forme universelle (Nadeau 1999).

Les pôles rationaliste et intentionnaliste dont il est surtout question ici sont présents notamment dans les théories économiques, mais peuvent être élargis aux théories sociales. Ces derniers font intervenir les raisons des acteurs comme condition d'une action orientée vers une fin et comme mécanisme explicatif. Un modèle téléologique de l'action se substitue ici au modèle causal. Cette position réserve une place explicative centrale aux conduites " logiques " (Pareto) ou " rationnelles " (Weber) dans l'ensemble des actions sociales qui font l'Histoire (Passeron 2001).

Le pôle symbolique n'est pas intégrable dans notre modèle lorsqu'il est présenté sous sa forme idéaliste traditionnelle qui voit dans les structures dégagées l'expression directe de l'inconscient comme le propose Lévi-Strauss. Une autre lecture du structuralisme est néanmoins possible dans la perspective du positivisme logique. Dans une perspective constructiviste les structures dégagées ne sont alors que des modèles ou des régularités rendant compte de divers phénomènes liés à l'activité symbolique de l'esprit humain et rien que cela. Mais elles restent valables en tant que telles et partagent avec ce temps de la recherche l'ensemble de ses propriétés. Leurs valeurs heuristiques restent intactes comme c'est le cas pour la linguistique structurale. Il existe en effet en science, en deçà de l'analyse causale, un type d'explication relevant de la compréhension des structures et parfaitement recevable (Franck 2001, 2002).

Le pôle intentionnaliste se retrouve alors du côté des scénarios. L'intentionnalité des acteurs ne permet pas de construire un discours scientifique au sens fort du terme, il ne permet aucune prédictibilité raisonnable, aucune anticipation susceptible de validation ou de réfutation dans la perspective du modèle nomologique déductif du naturalisme. Il a néanmoins parfaitement sa place dans le processus de la connaissance dans le mesure où il permet de vraies explications *a posteriori* comme c'est le cas pour le jeu historique. Les théories fonctionnalistes et les théories de l'adaptation se situent dans la même perspective. Le regard que l'on peut porter sur ces paradigmes n'est toujours que rétrospectif. Il est le même que celui de l'historien et n'exclut pas la possibilité d'identifier, sous certaines conditions, et *a posteriori*, des causes. Ce débat concerne aussi bien l'histoire humaine que les phénomènes naturels, comme en témoigne cette réflexion du biologiste Gould à propos de la conception qu'avait Darwin des mécanismes de l'évolution :

« (Dans ses travaux) Darwin se référait à ce que nous appelons maintenant « contingence », autrement dit, l'imprédictibilité due à l'extrême complexité des séquences historiques, et non pas le hasard dans le sens du jeu de dés. Cette distinction ne peut pas être plus importante, car le pur hasard interdit toute explication de détails, tandis que la contingence, bien qu'au départ incompatible avec des prédictions, permet réellement d'expliquer l'existence de tel ou tel détail, après coup. La contingence est au cœur du mode de connaissance de l'historien, tandis que le hasard pur nie que l'on puisse même expliquer les détails. » (Gould 2001, 310-311)

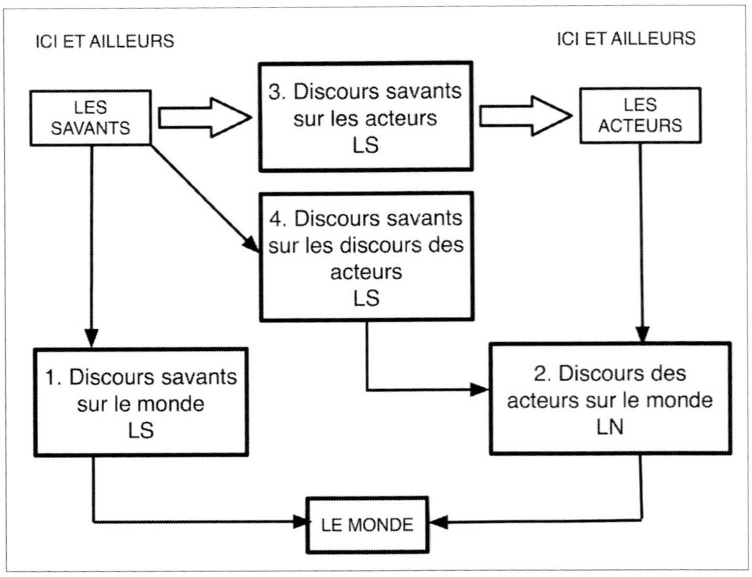

Fig. 3 : Relations entre discours des acteurs et discours « savants » des observateurs.

Cette dissolution des diverses facettes de l'anthropologie dans un modèle général est importante car elle montre que l'épistémologie que nous développons a un vrai pouvoir de généralisation. Cette approche nous permet ainsi de relativiser les clivages traditionnels séparant les approches disciplinaires, clivages apparus au fil du temps pour des raisons le plus souvent historiques, institutionnelles et politiques. Ce point de vue est essentiel pour une discipline comme l'ethnoarchéologie qui se situe aux confins de l'ethnologie, de l'archéologie et de l'ethnohistoire et qui ne peut accéder à une reconnaissance que située par rapport à ces domaines, mais totalement intégrée. Étudier les relations entretenues entre les discours tenus par nos interlocuteurs et le discours scientifique nécessite d'autre part que les conditions d'articulation entre les divers paradigmes disciplinaires et la construction d'un discours scientifique homogène et cohérent soient parfaitement explicitées.

Nature des langages de la description et de l'explication

Nous devons désormais nous poser la question de la nature du langage que nous utiliserons dans nos constructions. On distingue habituellement :

- les langages naturels (LN) propres aux discours de tous les jours que nous pouvons retrouver sous des formes plus sophistiquées dans les œuvres littéraires, ou plus proches du discours scientifique comme c'est la cas pour la « pensée sauvage » selon Lévi-Strauss (1962)
- les langages documentaires (LD) construits pour faciliter l'accès à l'information,
- les langages scientifiques (LS) qui, sous leurs formes traditionnelles, et mis à part leurs formulations mathématiques *s. lato*, se distinguent par un vocabulaire savant plus strictement contrôlé alors que la syntaxe ne diffère habituellement pas de celle du langage naturel.

Le logicisme propose quant à lui une version plus contrainte du langage scientifique dans laquelle la syntaxe démonstrative répond, comme pour le vocabulaire, à des contraintes plus strictes ou du moins plus explicites sous la forme de dérivation de type si pi alors pi+1 (Gardin 1979 ; Gallay 1986, 1998, 2007).

Langage de l'observé et langage de l'observateur : une distinction nécessaire

Revendiquer un langage scientifique spécifique pour nos recherches de la connaissance pose alors une question fondamentale propre aux sciences humaines : que faire des explications que nos interlocuteurs donnent aux scientifiques qui enquêtent ? L'utilisation de la langue comme outil de compréhension touchant des êtres eux-mêmes doués d'une rationalité et d'un langage pose en effet certains problèmes. L'ethnologie est traditionnellement tournée vers l'analyse des systèmes de pensées des populations qu'elle étudie et prend trop souvent le discours en langue naturelle du sujet interrogé comme une explication acceptable des phénomènes empiriques observés. Le discours scientifique que l'ethnoarchéologue doit construire pour rendre compte de la réalité et formuler des règles d'inférence permettant d'interpréter les vestiges archéologiques ne peut pourtant entièrement se calquer sur les distinctions faites par les personnes étudiées. La logique du chercheur répond en effet à d'autres objectifs et doit se soumettre aux exigences d'un langage scientifique et une formulation si possible logiciste. Il convient en effet de distinguer :

- Les discours de l'observateur (ou du savant) sur le monde,
- les discours des acteurs sur le monde,
- les discours de l'observateur sur les acteurs,

et éventuellement :

- les discours de l'observateur sur les discours des acteurs.

Toutes ces formes d'expression ont leur légitimité si nous les distinguons clairement en fonction des objectifs qu'elles poursuivent (Fig. 3). Nous nous intéresserons ici plus particulièrement aux rapports entre discours des acteurs sur le monde et discours de l'observateur sur les acteurs. Il faut en effet toujours distinguer entre la rationalité propre aux formes du discours descriptif et du raisonnement explicatif du savant, et la rationalité prêtée par l'acteur au contenu de son action, décrite et expliquée par ce même savant dans une science de l'homme. Pareto ne disait pas autre chose que tous les fondateurs de la sociologie : celle-ci ne commence qu'avec la fin de l'illusion de la transparence du sens des actions à la conscience des acteurs (Passeron 2001). Lévi-Strauss (1950) avait bien saisi cette distinction dans son introduction à l'œuvre de Mauss, mais s'était trompé sur la nature du discours construit pour rendre compte de la réalité du discours indigène. Insistant à juste titre, à propos du *hau* maori, sur la nécessité de ne pas confondre théorie indigène et explication anthropologique, il annonce en effet :

« *Le hau n'est pas la raison dernière de l'échange : c'est la forme consciente sous laquelle des hommes d'une société déterminée, où le problème avait une importance particulière, ont appréhendé une nécessité inconsciente dont la raison est ailleurs.* » (1950, XXXIX)

Placer les structures dégagées au niveau de l'inconscient est soit une position idéaliste peu compatible avec une approche scientifique, soit un abus de langage qu'il convient de dissiper. Cette confusion dans les objectifs des sciences de l'homme persiste encore aujourd'hui. Nous pouvons néanmoins contourner ce dilemme en considérant, dans la perspective du positivisme logique, que les structures dégagées sont de simples modèles construits par l'ethnologue et lui permettant d'opérer des prédictions, mais qu'elles sont dépourvues d'existence matérielle.

Nous ferons néanmoins remarquer que la distinction entre « observateurs » ou « savants » et « acteurs » n'implique aucune suprématie du premier sur le second et que le terme « savant » n'est d'aucune façon l'apanage d'une science « occidentale » que certains veulent voir comme impérialiste. Les sociétés traditionnelles habituellement étudiées par les ethnologues peuvent posséder de vrais savants développant de vrais langages scientifiques suscitant expérimentation, prédiction et validation. Le savoir vers lequel nous devons tendre dépasse le cadre étroit des cultures pour tendre vers la plus grande généralité possible. Il est la propriété de tous et tous peuvent le produire. Les riziculteurs de la Guinée Bissau ont développé un extraordinaire savoir agricole. Celui-ci leur a permis de maîtriser sur le long terme les influences complexes des pluies tropicales et des marées dans la gestion de leurs cultures et de survivre aux guerres coloniales récentes en adaptant ces connaissances à des circonstances particulières atrocement éprouvantes pour continuer à produire du riz. Ces paysans n'ont pas développé un savoir différent de celui de la « science occidentale ». Ils ont simplement découvert et maîtrisé des connaissances dont l'efficacité révèle le fondement scientifique et cela malgré un discours qui paraît parfois éloigné de ce qu'un « occidental » pourrait attendre dans ces circonstances (Keita 2002).

Le langage scientifique, outil de connaissance, reste donc une construction extérieure à la réalité car il poursuit un objectif limité et très particulier, avoir un pouvoir prédictif le plus largement partagé sur le monde et être susceptible de subir des tests de validation. Les termes vernaculaires utilisés par les intéressés eux-mêmes ne peuvent avoir la même précision que des concepts élaborés à des fins scientifiques (Testart 1996-1 et 2).

Certains d'entre nous ont souligné à propos de la figure 3 que les « savants » n'étaient pas extérieurs au monde, mais dans le monde, et que notre façon de présenter la question de la connaissance était donc fallacieuse. Dans une perspective logiciste, cette question nous renvoie aux facteurs C pouvant influencer notre perception du monde.

Les facteurs C réunissent diverses contraintes contextuelles propres à l'observateur, comme c'est la cas pour l'observé, contraintes qui peuvent influencer sa perception du monde : Contexte socio-cuturel, Connaissances établies, Croyances plus ou moins partagées, sens Commun, le plus souvent présents dans nos constructions (Gardin, 1991-1 et 2).

Nous ne mettons nullement en question ces biais, mais nous avançons que toute recherche doit s'efforcer de minimiser leur impact sur la connaissance. Une manière de rationaliser ces divergences consiste à les inclure dans la sphère des antécédents. On obtient alors des formules univoques de type « si p.Ci alors qi », selon les convictions Ci de l'auteur Ai, le contexte d'observation qu'il a choisi pour justifier cette inférence, son image personnelle du sens commun Ci, etc., bref, les circonstances Ci où se situe l'énoncé, compris dans le sens le plus large.

Formellement parlant, une ambiguïté de type :

{p} → {q1} OU {q2} ... OU {qn}

pourrait se réduire en enrichissant la partie gauche de l'expression de règles non ambiguës telles que:

{p.C1} → {q1} ; {p.C2} → {q2} ; {p.Ci} → {q1} ; {p.Cn} → {qn}

On constate que les facteurs C se répartissent alors en trois grands ensembles respectivement liés (Gardin 1991-2, 1997) :

1. aux cultures particulières ciblées par l'étude, ou aux conditions environnementales naturelles ou humaines (restrictions L, T, F),

2. à l'influence de l'observateur, idéologie, contexte socioculturel, circonstances de l'étude etc., point essentiel soulevé par nos critiques,

3. à l'influence de l'informateur rencontré sur le terrain et de ses croyances (pour ce qui touche à l'ethnoarchéologie).

Le jeu normatif qui pourrait prolonger cette mise en forme pourrait consister à introduire, dans une problématique de logique des champs, les premiers facteurs dans la construction tout en cherchant à diminuer, sinon à supprimer, l'influence des deux seconds.

Dans le cas idéal où l'influence des facteurs C cités en 2 et 3 peut être raisonnablement éliminée reste le point 1, essentiel dans une démarche ethnoarchéologique. Si nous abandonnons provisoirement l'idée de retrouver des règles d'inférence de valeur universelle et de conserver les conséquences d'une certaine contextualisation, il s'ensuit en effet que l'interprétation des vestiges archéologiques ne peut déboucher que sur une série d'alternatives plausibles qu'il convient de conserver comme un résultat normal de la démarche interprétative. La construction, de pyramidale, se transforme alors en un sablier rendant compte objectivement de nos incertitudes. Le C de contextualisation devient alors l'équivalent du C de culture.

Place du discours des acteurs dans les constructions scientifiques

Cette confrontation est absolument nécessaire pour aborder, au plus haut niveau, la nature des langages utilisés dans nos constructions scientifiques et de préciser la place du discours des acteurs (scientiques extérieurs et/ou partenaires locaux) dans la construction du savoir scientifique. L'utilisation d'un LS permet d'étudier la réalité sans se référer aux intentions actionnelles des agents comme la linguistique saussurienne l'avait établi au niveau de l'étude de la langue en opposant langue et parole (Saussure 1916). On peut montrer que le discours « naturel » des acteurs ne peut répondre sous sa forme brute aux visées d'une démarche scientifique car :

1. Il ne répond pas aux mêmes objectifs. Les discours des acteurs répondent à des préoccupations relevant de la survie au sens large dans un cadre culturel et écologique délimité ; le discours scientifique cherche à construire un savoir le plus largement partagé, robuste face aux tests de validation, dont la signification devrait tendre vers le général, sinon l'universel.

2. Il ne se conforme pas toujours aux exigences du cycle prédiction-validation.

Quatre raisons permettent en effet de douter du caractère scientifique de l'explication par l'intentionnalité formulée en LN (Passeron 2001).

- Les acteurs sociaux ne peuvent prendre et ne prennent pas des décisions " logiques " en termes d'utilité. Pour décider, il faut risquer des paris qui amalgament, sans règles formulables sous des formes universalistes, des descriptions contextuelles et des évaluations, souvent fausses, ainsi que diverses données hétérogènes. Le choix politique est un choix qui s'apparente au raisonnement de l'expert et non au calculateur pur.

- L'utilité d'une décision dépend de l'étalon que l'on retient pour évaluer son résultat. L'appréciation de l'utilité est encore possible pour les techniques ; elle pose par contre d'énormes problèmes pour le fonctionnalisme social.

- L'évaluation de l'utilité dépend du moment de l'histoire où l'on choisit d'effectuer la mesure et de dresser un bilan de type " pertes et profits ". Les conséquences d'une décision se situent en effet au sein d'un système ouvert dont la trajectoire temporelle est imprédictible. Les conséquences dites utiles d'une décision perdent donc rapidement tout sens objectif. Projetée vers l'avenir l'utilité d'une action relève de l'explication historique *a posteriori* et non du programme scientifique strict au sens nomologique du terme.

- On ne peut calculer, ni considérer comme valeur (fonction d'autres valeurs) l'utilité sociale d'un comportement ou d'une activité collective. La non-calculabilité découle ici de l'hétérogénéité des valeurs sociales que produit ou détruit toute décision politique, qu'elle soit démocratique ou autoritaire.

3. Ses catégories mentales ne sont pas, selon Edelman (1992), des catégories classiques au sens

logique du terme. Ce dernier a bien montré que les langages naturels ne peuvent pas répondre aux exigences des objectifs scientifiques et rejette ainsi les thèses avancées par le cognitivisme. Dans ce courant de pensée, soutenu notamment par Fodor dans son livre *The language of thought* (1975), le langage naturel se constitue de façon indépendante du substrat physiologique et neurologique, du contenu de la parole et du contexte. Le langage naturel procède de représentations mentales abstraites et symboliques sémantiquement liées au monde par l'intermédiaire de relations fixes et bien définies, ainsi que par l'attribution sémantique de symboles à des objets appartenant à des catégories classiques. La pensée et la logique sont analogues et l'on peut décrire les mécanismes cérébraux sous forme d'algorithmes indépendamment de leur mise en œuvre organique. Les ordinateurs constituent un modèle adéquat du fonctionnement du cerveau. Les fonctions cognitives sont assumées par la manipulation de symboles selon certaines règles. Dans cette situation, l'exécution des opérations est indépendante de toute référence à la signification.

Selon Edelman au contraire, la pensée ordinaire n'est pas transcendante ; elle est incarnée dans le corps, dans le cerveau et dans le contexte. La signification se crée par rapport aux besoins et aux fonctions. Aucun organisme ne peut avoir des états intentionnels s'il lui manque l'expérience subjective. On ne peut décrire des attitudes propositionnelles (croire, souhaiter, etc.) au moyen d'algorithmes. De même on ne peut rendre compte de la mémoire à l'aide de codes internes ou de systèmes syntaxiques. La perception et la raison ordinaire ne sont pas exclusivement réglées par des catégories classiques (définition nécessaire et suffisante des classes logiques). Les signaux sensoriels qui sont à la disposition du système nerveux sont authentiquement analogiques ; ils ne sont ni dépourvus d'ambiguïté, ni en nombre fini. Le cerveau ne peut pas fonctionner comme une diode (allumée ou éteinte) puisqu'il doit identifier une perception sensorielle parmi des milliards, dont l'obscurité et l'illumination ne sont que deux possibilités. Il est donc erroné d'attribuer, comme Fodor le propose, les caractéristiques des constructions scientifiques humaines (telles que les mathématiques ou la logique) au raisonnement humain commun recourant au langage naturel.

Les catégories mentales du langage naturel ne sont pas des catégories classiques.

- Elles n'ont pas de frontières nettes (notion de centralité et d'appartenance par degrés) et peuvent comporter des ensembles polymorphes, tels que :

E = {élément X, x avec caractères AB ou AC ou CB}

E = {élément X, x avec caractères A ou B ou C}

- Les catégories peuvent présenter une gradation de 0 à 1, où seul 1 possède une définition complète.
- Les catégories peuvent se structurer autour d'un niveau de base prototypique.
- Il n'a pas obligatoirement de hiérarchie précise entre classes supra-ordonnées et subordonnées.

Le raisonnement en jeu dans la pensée ordinaire ne relève donc pas de la logique et accorde une grande importance à la métaphore et à la métonymie lorsque les symboles ne correspondent pas exactement à ce qui existe dans le monde. La position d'Edelman concernant la nature et le fonctionnement du langage naturel montre donc sans ambiguïté que la pensée commune ne peut fonctionner comme principe explicatif et que, dans cette perspective, le recours au discours indigène comme explication peut poser de gros problèmes. Il y a donc lieu de réfléchir à d'autres types de langages plus performants, au sens opératoire du terme. La modélisation des pratiques discursives, de quelque façon qu'on l'aborde (schématisation ou autres) implique la mise en cause du langage naturel. Qui dit modèle ou schématisation dit langage artificiel, par construction (Gardin 2001).

Ces questions théoriques sont illustrées à travers deux questions pratiques auxquelles nous ne donnons pas exactement le même type de réponse. Nous avons en effet nous même rencontré cette question essentielle à l'occasion de nos enquêtes sur les traditions céramiques de la Boucle du Niger, un domaine qui touche de façon périphérique les forgerons puisque les potières appartiennent le plus souvent aux mêmes castes. Il concerne l'intégration de distinctions faites par les personnes enquêtées dans des typologies en tant que caractéristiques extrinsèques. Rappelons qu'une typologie est, au sens fort qui est le seul que nous retenons, une classification mettant en relation bi-univoque des caractéristiques extrinsèques de type L (lieu) et/ou T (temps) et/ou F (fonction) et des caractéristiques intrinsèques de type P (physique) et/ou G (géométriques) et/ou S (sémiologique).

Discours scientifique et classifications indigènes

Une première question se pose au chercheur qui travaille sur les cultures matérielles : quelle place accorder dans nos constructions scientifiques aux classifications indigènes des artéfacts relevant de la production technique, armes, outils, poteries, etc., classifications exprimées dans des terminologies en langage vernaculaire ?

Nous tirerons nos exemples du domaine de la céramique qui nous est familier et qui présente peut-être un cas un peu différent de la métallurgie puisque qu'il s'agit d'un artisanat encore parfaitement vivant.

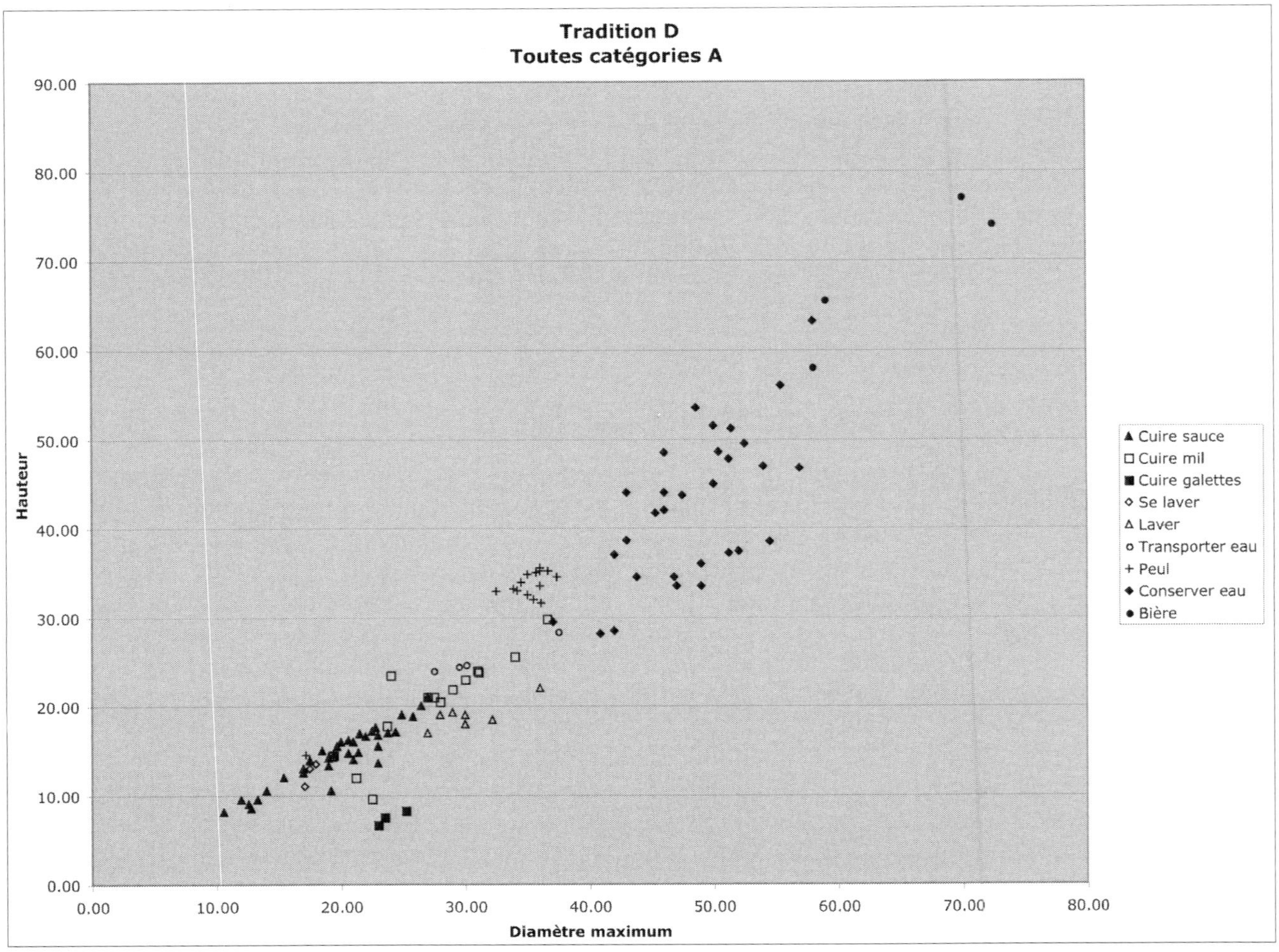

Fig. 4 : Tradition céramique Dogon D de Niongono (Mali). Diagramme A. Corrélation diamètre maximum de la panse / hauteur des poteries.

Dans le cas de la métallurgie au contraire les techniques traditionnelles sont, le plus souvent, soit déjà du domaine du souvenir plus que de l'expérience (cas de la réduction), soit fortement modifiées par des facteurs modernes (cas de la forge). Cette différence mériterait une réflexion spécifique que nous ne pouvons développer ici.

L'identification de la fonction des poteries constitue, pour l'archéologue, un enjeu important. Au plan ethnoarchéologique la construction de typologies rendant compte de la fonction de certains objets utilitaires peut être un objectif scientifique, parmi d'autres, des recherches menées sur le terrain. Pendant longtemps l'ethnologue s'était contenté de prendre pour base de sa réflexion les catégories indigènes. Nous avons nous même illustré ce point de vue pour la poterie soninké de Mourdiah et Goumbou et pour celle des Dogon du Sarnyéré (Gallay 1970, Gallay, Sauvain-Dugerdil 1981). Bedaux (1986-1 et 2) adopte le même point de vue lorsqu'il rend compte du classement des poteries de la tradition Dogon A dans une perspective qu'il donne comme « ethnoarchéologique », mais qui n'est en fait que purement descriptive car ce type d'approche est peu instructif pour l'archéologue. Il reste notamment d'une faible utilité du fait d'une trop grande contextualisation des observations et de l'imprécision des classes indigènes et des dénominations qui en résultent en termes purement fonctionnels. Les classes de récipients établies par nos interlocuteurs, qui mélangent des critères distinctifs hétéroclites se révèlent ainsi vite totalement inadaptées à l'objectif retenu et peu opératoires. Ces classements indigènes se développent selon des axes multiples et souvent hétérogènes et les utilisateurs n'ont pas obligatoirement une vision claire des relations entre formes et fonctions. Un récipient donné peut d'autre part répondre à des fonctions secondaires plus ou moins anecdotiques dont les enquêtes rendent compte au même titre que les fonctions les plus communes. La rationalisation et l'explicitation des catégories indigènes sur le plan de l'intrinsèque aboutissent ainsi à une impasse. Conscient de ces difficultés nous avons donc résolu cette question d'une autre façon en remaniant les catégories fonctionnelles indigènes de façon à ce qu'elles puissent s'adapter à des critères d'identifications extrinsèques simples, utilisables au

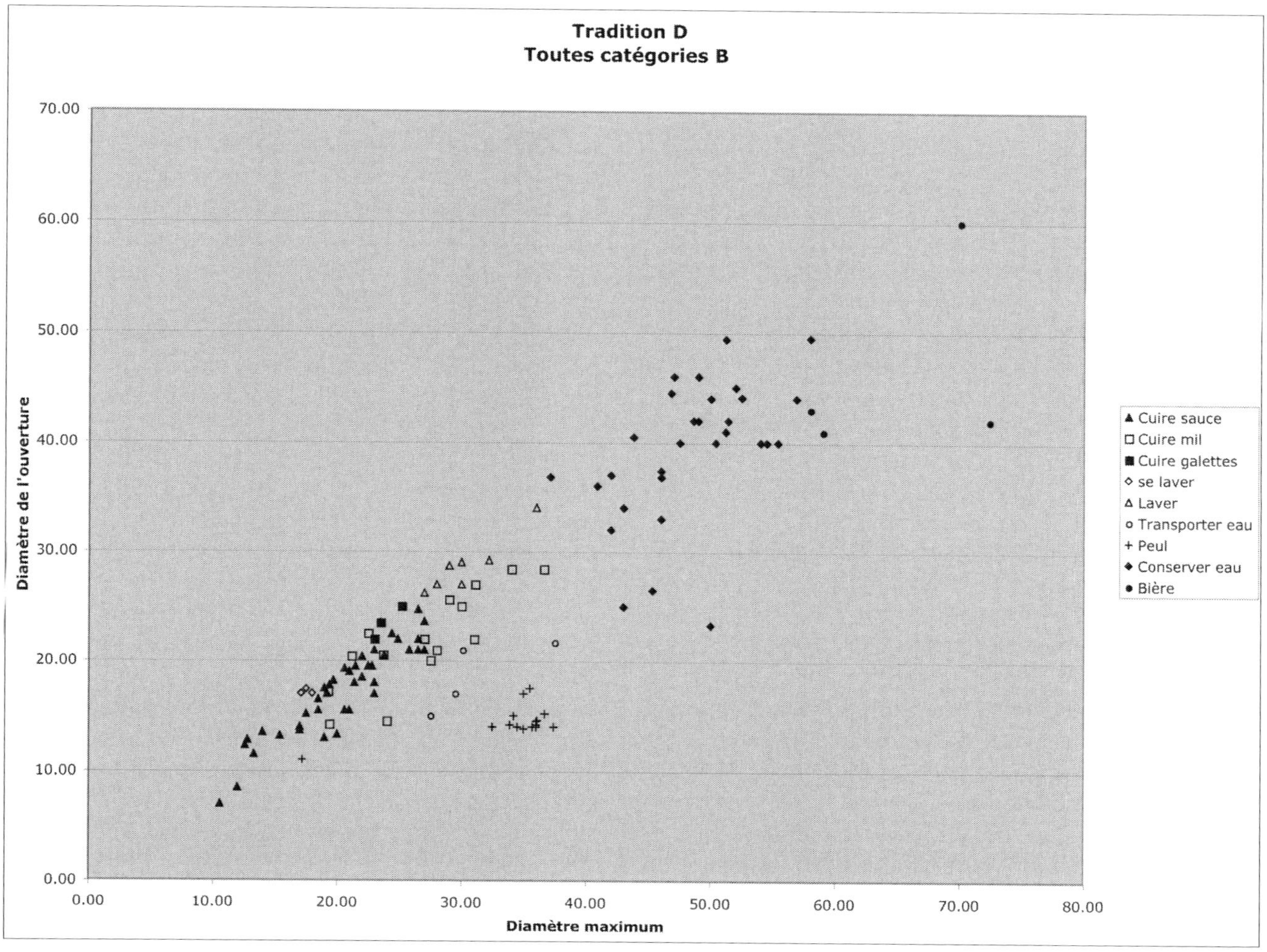

Fig. 5 : Tradition céramique Dogon D de Niongono (Mali). Diagramme B.
Corrélation diamètre maximum de la panse / diamètre de l'ouverture des poteries.

niveau archéologique.

Au plan extrinsèque fonctionnel nous avons retenu, sur la base de nos observations, un nombre limité de catégories, soit : marmites pour cuire la sauce, marmites pour cuire le mil, coupes pour cuire les galettes de céréales, bols pour les ablutions, jattes pour laver ou se laver, jarres pour transporter l'eau, jarres pour conserver l'eau, jarres pour préparer la bière de mil. Ces catégories très générales ont le mérite d'être simples et utilisables dans des contextes ethniques variés. Elles rendent compte clairement de l'éventail des utilisations potentielles des récipients dans la vie domestique. Cette volonté de décontextualiser nos informations est en effet un des principes essentiels de toute approche ethnoarchéologique dont peu de chercheurs se réclamant de cette discipline ont conscience. Les partitions proposées permettent d'obtenir des classes typométriques cohérentes en se fondant sur seulement trois mesures : le diamètre de l'ouverture, le diamètre maximum de la panse et la hauteur.

Nous donnons ici à titre d'exemple un aperçu des résultats obtenus pour les poteries de la tradition Dogon D, produite par les femmes des forgerons Jèmè-irin, et observées à Niongono, dont le corpus intègre quelques poteries peul pour le transport de l'eau, une forme absente de cette tradition dogon (Gallay, Kalapo *et al.* 2003).

Dans le diagramme A, rapport diamètre maximum/hauteur (Fig. 4), on observe globalement une corrélation très claire (coefficient de corrélation de 0.954) entre les deux variables, toutes catégories fonctionnelles confondues, une situation qui témoigne d'un gabarit général guidant la production. Cette bonne corrélation affecte toutes les classes de récipients, mais dans une moindre mesure les jarres pour conserver l'eau (coefficient de 0.671). Un gabarit général indépendant de la dimension des récipients se dessine à travers les catégories « cuire la sauce », « cuire le mil », « conserver l'eau » et « préparer la bière de mil ». Les catégories « se laver » et « laver » se distinguent par contre par un rapport hauteur /diamètre maximum plus faible. Cette tendance est encore plus marquée pour les poteries destinées à la cuisson des galettes. Les poteries peul utilisées pour le transport de l'eau se situent également en dehors de cette tendance avec des hauteurs plus élevées.

La ségrégation des divers types est globalement bonne, malgré un certain recouvrement entre les classes « cuire la sauce » et « cuire le mil » (Fig. 4).

Dans le diagramme B, rapport diamètre maximum/diamètre de l'ouverture (Fig. 5), la corrélation générale entre les deux mesures est globalement bonne (coefficient de corrélation de 0.932, sans poteries peul). Cette bonne corrélation se vérifie pour tous les types sauf pour les catégories « conserver l'eau » (coefficient de 0.513) et « préparer la bière de mil (coefficient de 0.457). Un gabarit général se dessine à partir des mêmes catégories que dans le diagramme A. La variation des diamètres de l'ouverture a néanmoins tendance à augmenter des poteries les plus petites aux poteries les plus grandes, phénomène particulièrement marqué pour les types « conserver l'eau » et « préparer la bière de mil ». Les catégories « se laver », « laver » et « cuire des galettes » se distinguent par un rapport diamètre de l'ouverture / diamètre maximum plus faible alors que la situation inverse caractérise les poteries utilisées pour le transport de l'eau, dont l'ouverture est plus étroite. Cet écart reste néanmoins faible pour les poteries de tradition D alors qu'il est particulièrement marqué pour les poteries de tradition peul.

Ce rapport a un excellent pouvoir discriminant et suffit à lui seul à isoler les catégories fonctionnelles. On notera néanmoins un certain recouvrement entre les catégories « cuire la sauce » et « cuire le mil » alors que la catégorie « transporter l'eau » est nettement ségrégée (Fig. 5).

Ce type d'approche offre ainsi à l'archéologue le moyen d'interpréter fonctionnellement ses découvertes dans un cadre géographique et temporel élargi qu'il convient naturellement de préciser de cas en cas. Les typologies obtenues ne peuvent en effet *a priori* prétendre à l'universel sans une extension du contexte d'observation. L'expérience montre que cette élargissement aboutit généralement à enrichir considérablement le modèle sans remettre obligatoirement en cause le noyau originel de la construction (Gallay 1992, 2007).

Dans ce cadre il est intéressant de voir que ce même problème avait été rencontré par Pétrequin à propos de la classification des pointes de flèche de Nouvelle Guinée et qu'il avait été résolu de la même manière (P. et A.-M. Pétrequin 1992, 2006) :

« *Parce que le système Dani de classement des flèches repose sur des critères complexes inabordables par l'archéologue (type de décor de la hampe, essence végétale utilisée, nom de magies de guerre, type de ligature, etc., sans rapport avec la forme des armatures elles-mêmes), la description des têtes de flèches et leur classement ont été faits selon les critères morphologiques classiques en archéologie* (1992, 216) ».

Discours scientifique et identités revendiquées

La question de la place du discours des acteurs dans nos constructions scientifique se pose d'une autre manière dans le cas des oppositions qualifiées intuitivement d' « ethniques ». On peut en effet après ce qui a été dit des classifications techniques se demander quelle place accorder dans nos constructions aux catégories identitaires revendiquées à divers niveaux de l'organisation sociale, lignages, castes, « ethnies », etc. ? Peuvent-elles fonctionner comme caractéristiques extrinsèques dans des typologies ?

Le débat n'est pas, en ce qui concerne les partitions ethniques, nouveau. On sait en effet que l'ethnologie conteste aujourd'hui fortement la « réalité » et la pertinence des découpages ethniques proposés. Elle considère en effet qu'il s'agit de structures artificielles imposées de l'extérieur par l'ancienne administration coloniale ou instrumentalisées aujourd'hui sur le plan politique par des pouvoirs extérieurs à l'Afrique. Ces partitions ne sauraient donc être une composante réelle et profonde de la société traditionnelle et ne sauraient à ce titre faire partie d'une analyse scientifique de la réalité sociale (Amselle 1985, 1997). La question est suffisamment importante pour que l'on tente d'y voir clair.

Il se trouve en effet des situations où les distinctions proposées par les personnes observées peuvent servir de base à l'élaboration d'un discours scientifique contrairement à ce qui a été dit pour les artéfacts. Ces cas doivent néanmoins faire l'objet d'une analyse en profondeur afin de dissiper tout malentendu à leur propos. Un bon exemple d'une situation de ce genre concerne le découpage « ethnique » et identitaire qui sert de base à notre analyse de la structure du peuplement dans le cadre de nos travaux sur les traditions céramiques de la Boucle du Niger. Ces identités concerne dans le discours local à la fois une partition « ethnique » reposant sur des spécialisations économiques (pêche, élevage, riziculture, agriculture des mils *sensu lato)*, des partitions dites de « caste » se référant à des spécialisations artisanales (forge, poterie, tissage, travail du bois, etc.) et, plus rarement, à l'opposition entre nobles et anciens esclaves (Gallay, Huysecom *et al.* 1998 ; Gallay 2005, à paraître 1).

Nous avons avancé l'idée que ces identités revendiquées par les personnes enquêtées pouvaient être prises en compte dans notre discours savant en tant que composante de nos typologies, typologies articulant caractéristiques céramiques (critères intrinsèques) et populations (caractéristiques extrinsèques). Cette classification présente donc un caractère hybride puisqu'elle mélange des catégories de l'observé (les identités) et des catégories de l'observateur (la céramique). L'analyse des différentes particularités formelles du style et des composantes des chaînes opératoires de montage relève en effet dans notre cas d'un discours savant construit à partir de l'observation directe des phénomènes sans passer par le discours indigène.

Ce caractère hybride nous a longtemps posé un problème d'autant plus aigu que la « réalité » de l'ethnie est fortement contestée dans le discours ethnologique dominant, pour des raisons parfois étrangères aux questions purement scientifiques. La réponse que nous donnons aujourd'hui à cette question et que nous soumettons à discussion est la suivante.

- Il est certain de l'ethnie est une réalité mouvante et complexe aux frontières floues dont il convient d'analyser les composantes en profondeur. L'ethnie s'inscrit dans l'histoire et ne peut, à ce titre, être considérée comme une réalité immuable héritée du passé. Dans cette perspective ceux qui contestent la réalité de l'ethnie ont en un certain sens raison. Après avoir contesté cette réalité Amselle nuance aujourd'hui sa position en insistant notamment, à juste titre sur l'importance, des facteurs historiques et des mécanismes de recompositions :

"*Il s'agit moins de savoir si les classifications ethniques étaient purement arbitraires et si les catégories sociales en général relevaient d'un pur constructivisme. A notre sens, il s'agit moins de savoir si l'ethnie existe ou n'existe pas que d'observer les conditions de son émergence, de son épanouissement et de sa disparition.*" (Amselle 1997, 9).

Dans cette même perspective Fay (1995, 1997) a bien analysé ces processus dans le cadre des populations du Delta intérieur du Niger.

Le cas des potières de Ngouréma, dans le même Delta, que nous avions analysé parle dans le même sens (Gallay 2000). Dans ce village du Maassina certaines potières se disent en effet appartenir à la caste des forgerons des Peul et, objectivement, travaillent pour ces derniers alors que les enquêtes permettent de démontrer leur origine somono. Les conséquences de cette situation d'acculturation sur les particularités techniques et esthétiques de la céramique sont parfaitement analysables et montrent en effet, tant au niveau des outils, que des techniques de montage et des particularités esthétiques, un caractère hybride totalement exceptionnel. Cet exemple est à ce titre doublement emblématique. Il montre d'abord que la réalité sociale n'est pas statique et peut se transformer fondamentalement dans certaines circonstances historiques. Par son caractère totalement exceptionnel – il s'agit du seul cas de ce type observé dans toutes nos enquêtes dans la Boucle du Niger entre 1988 et 2004 – il montre *a contrario* que les identités possèdent un contenu social et techno-économique d'une stabilité certaine.

Le concept d'ethnie reste néanmoins, objectivement, du fait de l'imprécision de son contenu et donc des difficultés de définition, une très mauvaise pièce dans la construction d'un discours scientifique. Cette réalité est reconnue par tous les scientifiques et il n'y a aucune raison de remettre en cause ce jugement.

- Notre expérience de terrain nous montre néanmoins que les identités revendiquées par les acteurs présentent un caractère opératoire indéniable au sein de la vie sociale et peuvent commander des comportements spécifiques objectivement analysables. Nous sommes ici, non au niveau de la réalité sociale objective mais au niveau du discours idéologique des acteurs. Que ces concepts soient d'origine fondamentalement africaine ou résultent d'un cadre classificatoire imposé par l'ancien colonisateur ne change rien à l'affaire. Dans la Boucle du Niger les identités revendiquées contrôlent, entre autres, des comportements techniques et culturels distincts et parfaitement identifiables comme c'est le cas pour les traditions céramiques. Cette concordance entre identités sociales et techniques est parfaitement reconnue, intégrée et revendiquée par nos interlocutrices.

- A ce titre, il nous a donc semblé légitime d'intégrer ce système idéologique d'oppositions dans la construction d'une typologie des traditions céramiques de la Boucle du Niger tout en tenant compte d'une difficulté supplémentaire concernant la question des relations organiques liant le système des castes et les partitions ethniques.

- Les termes d'identités changent néanmoins de finalité à partir du moment où ils sont intégrés dans une approche scientifique. Ils changent de nature dès l'instant où les distinctions retenues sont intégrées dans une perspective scientifique répondant à des objectifs qui ne sont pas ceux des personnes observées.

Les remaniements opérés par le discours scientifique sont ici d'autant plus importants que l'on doit tenir compte des relations entre ethnies et castes spécialisées. Nous savons que les castes de forgerons revendiquent une autonomie importante par rapport aux agriculteurs ou aux éleveurs. Cette situation est également valable pour les autres spécialisations artisanales, tissage, travail du bois, etc. Un forgeron se dira artisan travaillant pour les Bambara, jamais forgeron bambara. L'analyse des relations objectives reliant les deux corps sociaux montre néanmoins, dans la situation historique actuelle, une profonde synergie entre les deux corps sociaux, synergie qui nous incite à parler de « forgeron bambara ». Dans cette situation nous pouvons donc mettre en doute que les termes identitaires utilisés dans notre discours « savant » sont encore ceux de nos partenaires. Répondant à une finalité propre, ils sont devenus termes d'un langage scientifique. A ce titre ils acquièrent un certain pouvoir opératoire strictement limité, mais efficace, celui de pouvoir formuler des hypothèses sur la structure populationnelle d'une région à partir de l'analyse de la culture matérielle. La situation peut néanmoins se complexifier et nécessiter des analyses plus approfondies comme c'est le cas, plus complexe, pour les castes de forgerons des Dogon (Gallay 2003 ; Gallay, Kalapo *et al.* 2007).

Conclusion

Nous avons montré que l'intégration de l'intentionalité des acteurs dans un discours scientifique pose un certain nombre de problèmes épistémologiques. On peut en effet relever que le modèle nomologique-déductif des sciences dures situé du côté de l'analyse causale et de l'étude des mécanismes se prête mal à l'analyse de ce type de phénomène. Cette difficulté est à l'origine de l'idée communément admise, mais à notre avis fausse, que les phénomènes humains sont trop complexes pour qu'une approche comparable à celle des sciences de la Nature puisse leur être appliquée. Nous pensons au contraire que ce domaine peut également relever du domaine scientifique si l'on admet ses spécificités.

La première est qu'en ces domaines l'explication ne peut relever que de la causalité structurelle ou de l'explication *a posteriori*. En cela nous nous situons ici du côté de l'explication fonctionnaliste ou de l'explication historique.

La seconde concerne la nécessité de mettre en place un certain nombre de concepts qui s'écartent résolument des concepts du langage naturel tenu par nos interlocuteurs pour accéder à un discours répondant aux normes du positivisme logique seule manière d'engager des processus de pronostics-validation donnant à nos connaissances un caractère cumulatif sur le long terme.

Cette position n'exclut pas la possibilité de développer un discours sientifique sur les discours des acteurs, mais il s'agit d'une autre question qui n'est pas traitée ici. Il est néanmoins important de signaler cette voie qui conserve et reconnaît à l'idéologie indigène sa spécificité et son entière légitimité.

Qu'ils s'agisse d'un sujet ou de l'autre la position constructiviste développée nous paraît la condition indispensable pour tenir un discours scientifique tourné vers la généralisation et la décontextualisation des savoirs.

Bibliographie

Amselle, J.-L. 1985. Ethnie et espaces : pour une anthropologie typologique. In J.-L. Amselle, et E. M'bokolo (eds), *Au coeur de l'ethnie. Ethnies, tribalisme et état en Afrique*, 11-48. Paris (collection Textes à l'appui, série anthropologie), La Découverte.

Amselle, J.-L. 1997. Préface. In M. De Bruijn et H. Van Dijk (eds), *Peuls et Mandingues. Dialectique des constructions identitaires*, 9-11. Keyde, Afrika-Studiecentrum ; Paris (coll. Hommes et sociétés), Karthala.

Bedaux, R.M.A. 1986-1. Pottery variation in present day Dogon compounds (Mali) : preliminary results. In *Variation, culture and evolution in African populations. Papers in honour of Dr. H. Villiers*, 241-248. Johannesburg, Witwatersrand University Press.

Bedaux, R.M.A. 1986-2. Recherches ethnoarchéologiques sur la poterie des Dogons (Mali). In H. Fokkens, P. Banga et M. Bierma (eds), *Op zoek naar mens en materiële cultuur. Feestbundel aangeboden aan J.D. van der Waals*, 117-146. Groningen, Rijks University.

Berthelot, J.-M. 2001-1. Les sciences du social, in J.-M.Berthelot (ed.), *Epistémologie des sciences sociales*, 203-265. Paris, PUF.

Berthelot, J.-M. 2001-2. Programmes, paradigmes, disciplines : pluralité et unité des sciences sociales. In J.-M. Berthelot (ed), *Épistémologie des sciences sociales*, 457-519. Paris, PUF.

Durkheim, E. 1895. *Les règles de la méthode sociologique*. Paris, F. Alcan.

Edelman, G.M. 1992. *Biologie de la conscience* (trad. de *Bright air, brilliant fire*). Paris, O. Jacob.

Fay, C. 1995. Car nous ne faisons qu'un : identités, équivalences, homologies au Maasina (Mali). In Cl. Fay (ed), *Identités et appartenances dans les sociétés sahéliennes*, 427-456. Paris, Cahiers des sciences humaines 31, 2,.

Fay, C., 1997. Les derniers seront les premiers : peuplement et pouvoirs mandingues et peuls au Maasina (Mali). In M. De Bruijn et H. Van Dijk (eds), *Peuls et Mandingues: dialectique des constructions identitaires,* 165-191. Keyde, Afrika-Studiecentrum ; Paris, Karthala (coll. Hommes et sociétés).

Fodor, J.A. 1975. *The language of thought.* Cambridge Mass, Harvard University Press (The language and thought serie).

Franck, R. 2001. Histoire et structures. In J.-M. Berthelot (ed), *Épistémologie des sciences sociales,* 317-356. Paris, PUF.

Franck, R. (ed.) 2002. *The Explanatory Power of Models : Bridging the Gap between Empirical and Theoretical Research in the Social Sciences.* Bostoná, Dordrecht ; London, Kluwer Academic Publishers.

Gallay, A. 1970. La poterie en pays Sarakolé (Mali, Afrique occidentale) : étude de technologie traditionnelle. *Journal de la Société des Africanistes* 40, 1, 7-84.

Gallay, A., 1986. *L'archéologie demain.* Paris, Belfond (Belfond Sciences).

Gallay, A. 1992. A propos de la céramique actuelle du delta intérieur du Niger (Mali) : approche ethnoarchéologique et règles transculturelles. In *Ethnoarchéologie : justification, problèmes, limites. Rencontres internationales d'archéologie et d'histoire (12, CNRS-CRA-ERA ; 17-19 octobre 1991 ; Antibes),* 67-89. Juan-les-Pins, APDCA.

Gallay, A. 1995. L'ethnoarchéologie entre sciences et histoire : une réflexion fondée sur le développement des sciences de la nature. In A. Bazzana et M.-C. Delaigue (eds), *Ethno-archéologie méditerranéenne : finalité, démarches et résultats. Table ronde (Casa de Velasquez ; 3-5 juin 1991 ; Madrid),* 17-27. Madrid, Casa de Velasquez (Collection de la Casa de Velasquez 54).

Gallay, A. 1998. Mathematics and logicism in archaelogy : a historical approach. In Tabaczynski, S. (ed), *Theory and practice of archaeological research, 3 : dialogue with the data : the archaeology of complex societies and its context in the '90s,* 115-137. Warszawa, Institut of Archaeology and Ethnology, Committee of pre- and protohistoric science, Polish Academy of Sciences.

Gallay, A. 2000. Peuplement et histoire de la boucle du Niger (Mali) : un exemple de recomposition sociale dans l'artisanat du feu. In P. Pétrequin, P. Fluzin, J. Thiriot et P. Benoit (eds), *Arts du feu et productions artisanales. Rencontres Internationales d'archéologie et d'histoire (20, CNRS-CRA-ERA ; 21-23 oct. 1999 ; Antibes),* 237-259. Antibes, Ed. APDCA.

Gallay, A. 2003. Les traditions céramiques dogon. In R. Bedaux et J.D. Van Der Waals (eds), *Regards sur les Dogon du Mali,* 160-169. Leyde, Rijksmuseum voor Volkenkunde ; Gand, Snoeck.

Gallay, A. 2005. Céramiques, styles, ethnies: les traditions céramiques du Delta intérieur du Niger (Mali) entre ethnologie et archéologie. In B. Martinelli (ed), *L'interrogation du style: anthropologie, technique et esthétique. Colloque Style et expressions stylistiques (Collège de France ; 17-19 nov. 1999 ; Paris),* 97-115. Aix en Provence, Publications de l'Université de Provence.

Gallay, A. 2007. 25 ans de logicisme : quel bilan ? In *Congrès du centenaire : un siècle de construction du discours scientifique en préhistoire. 26ème congrès préhistorique de France (21-25 septembre 2004 ; Avignon)*, 23-36. Paris, Société préhistorique française.

Gallay, A., Kalapo, Y., Guindo, E., collab. 2003. *Étude ethnoarchéologique des traditions céramiques du Pays dogon : rapport de la mission janvier-février 2003*. Département d'anthropologie et d'écologie de l'Université et MAESAO, Genève. Rapport non publié disponible sur http://www.archeo-gallay.ch.

Gallay, A., Kalapo, Y., Guindo, E. collab. 2007. Les traditions céramiques dogon. *Études maliennes*, 127-144.

Gallay, A., Huysecom, E., Mayor, A., Gelbert, A., collab. à paraître 1. *Potières du Sahel : à la découverte des traditions céramiques de la boucle du Niger (Mali)*. Gollion, InFolio.

Gallay, A. à paraître 2. *Pour une ethnoarchéologie théorique : mérites et limites de l'analogie archéologique*. Paris, Errance.

Gallay, A., Gardin J.-C. 2009. Les méthodes logicistes en archéologie : perspectives et limites. In Walliser, B. ed. *La cumulativité du savoir en sciences sociales*, 111-161. Paris, Ed. de l'EHESS.

Gallay, A., Huysecom, E. et Mayor, A. 1998. *Peuples et céramiques du Delta intérieur du Niger (Mali) : un bilan de cinq années de missions (1988-1993)*. Mainz, P. von Zabern (Terra Archaeologica 3).

Gallay, A. & Sauvain-Dugerdil, C., collab. 1981. *Le Sarnyéré Dogon : archéologie d'un isolat, Mali*. Paris, Ed. ADPF (Recherche sur les grandes civilisations 4).

Gardin, J.-C., 1979. *Une archéologie théorique*. Paris, Hachette (L'Esprit critique).

Gardin, J.-C. (ed.) 1991-1. *Le calcul et la raison : essais sur la formalisation du discours savant*. Paris, École des hautes Études en sciences sociales (EHESS) (Recherches d'histoire et de sciences sociales 46).

Gardin, J.-C. 1991-2. Le rôle du sujet dans les sciences de l'homme : essais d'évaluation objective. *Revue européenne des sciences sociales (Genève)* 29, 89, 91-102.

Gardin, J.-C. 1997. Quand on voit c'qu'on voit, quand on sait c'qu'on sait. *L'homme : revue française d'anthropologie* 143, 83-90.

Gardin, J.-C. 2001. Entre modèle et récit : les flottements de la troisième voie. In J.-Y. Grenier, C. Grignon *et al.* (eds), *Le modèle et le récit*, 457-488. Paris, Eds de la Maison des sciences de l'homme.

Gould, S. J., 2001. *Les coquillages de Léonard : réflexions sur l'histoire naturelle*. Paris, Le Seuil (Science ouverte).

Keita, A. 2002. *La production des connaissances et solutions techniques chez les riziculteurs de mangrove ouest-africains : L'exemple des riziculteurs balantes de la Guinée-Bissau*. Mémoire de recherche en études du développement non publié, Institut universitaire d'études du développement de Genève.

Lévi-Strauss, C. 1950 (rééd. 1960). Introduction à l'œuvre de Marcel Mauss, in Mauss, M. *Sociologie et anthropologie*, IX – LII. Paris, PUF.

Lévi-Strauss, C. 1962. *La pensée sauvage*. Paris, Plon.

Nadeau, R. 1999. *Vocabulaire technique et analytique de l'épistémologie*. Paris, PUF.

Passeron, J.-C., 2001. Formalisation, rationalité et histoire. In J.-Y. Grenier, C. Grignon et P.-M. Menger (eds), *Le modèle et le récit*, 215-282. Paris, Maison des sciences de l'homme.

Pétrequin, P. et Pétrequin, A.-M. 1992. De l'espace actuel au temps archéologique ou les mythes d'un préhistorien. In : *Ethnoarchéologie : justification, problèmes, limites. Rencontres internationales d'archéologie et d'histoire (12, CNRS-CRA-ERA ; 17-19 octobre 1991 ; Antibes)*, 211-238. Juan-les-Pins, APDCA.

Pétrequin, P., Pétrequin, A.-M. &, Weller, O. collab. 2006. *Objets de pouvoir en Nouvelle-Guinée : approche ethnoarchéologique d'un système de signes sociaux : catalogue de la donation Anne-Marie et Pierre Pétrequin*. Paris, Edition de la Réunion des Musées nationaux.

Saussure, F. de, 1916. *Cours de linguistique générale*. Lausanne et Paris, Payot.

Testart, A. 1996-1. Pourquoi ici la dot et là son contraire ? Exercice de sociologie comparative des institutions. *Droit et cultures* 32, 7-35.

Testart, A. 1996-2. Pourquoi ici la dot et là son contraire ? Exercice de sociologie comparative des institutions : suite. *Droit et cultures* 33, 117-138.